HISTOIRE NATURELLE

DES POISSONS.

TOME CINQUIÈME.

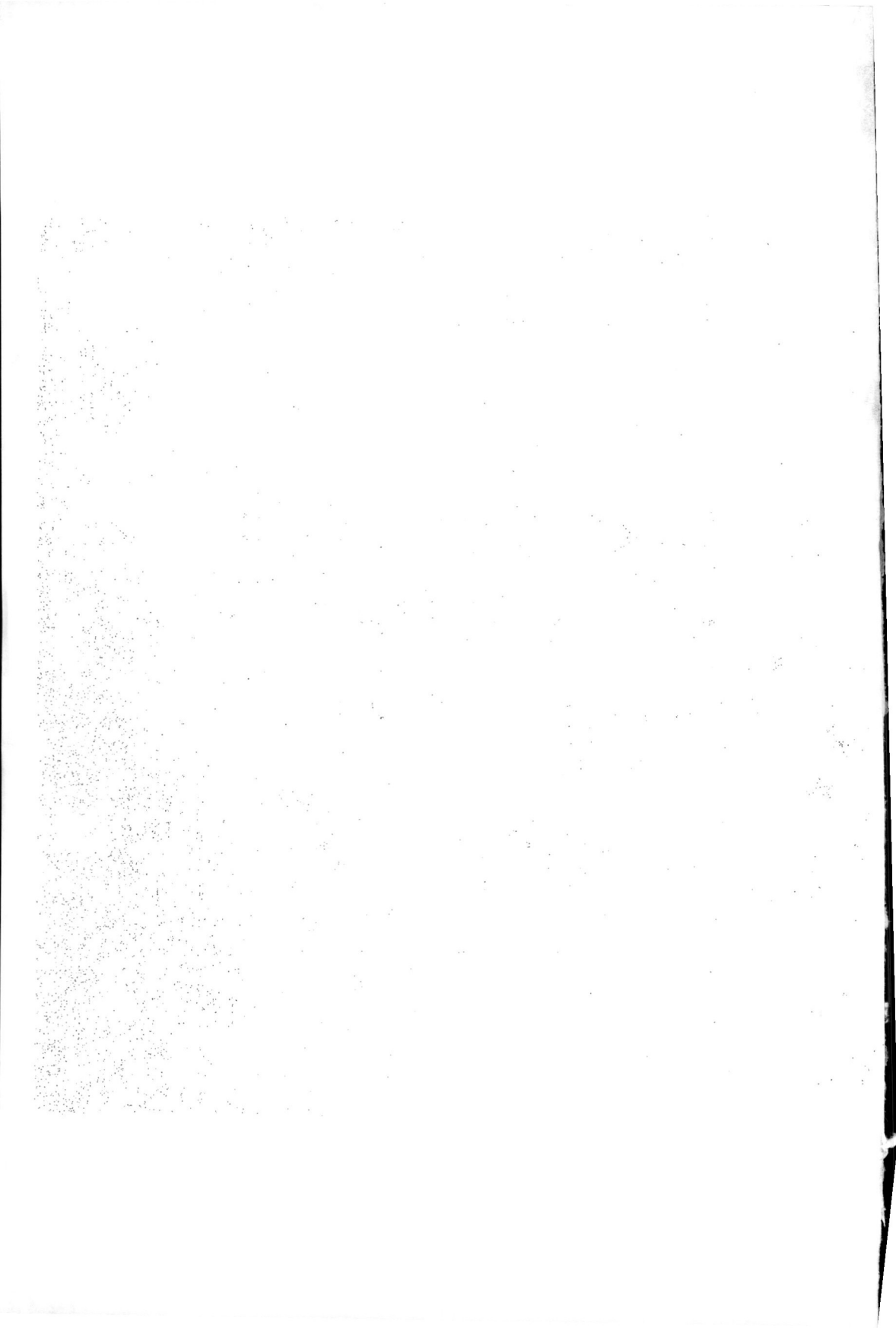

HISTOIRE NATURELLE

DES POISSONS,

DÉDIÉE

A ANNE-CAROLINE LA CEPÈDE:

PAR LE CITOYEN LA CEPÈDE,

Membre du Sénat, et de l'Institut national de France; l'un des
Professeurs du Muséum d'Histoire naturelle; membre de l'Institut
national de la République Italienne; de la société d'Arragon; de
celle des Curieux de la Nature, de Berlin; de la société royale
des Sciences de Gottingue; des sociétés d'Histoire naturelle, des
Pharmaciens, Philotechnique, Philomatique, des Observateurs de
l'homme, et Galvanique, de Paris; de celles d'Agriculture d'Agen,
de Besançon, et de Bourg; des sociétés des Sciences et Arts de
Montauban, de Nîmes, des Deux-Sèvres, de Nancy, et de Dijon;
du Lycée d'Alençon; de l'Athénée de Lyon, etc. etc.

TOME CINQUIÈME.

A PARIS,

CHEZ PLASSAN, IMPRIMEUR-LIBRAIRE,
Rue de Vaugirard, N° 1195.

L'AN XI DE LA RÉPUBLIQUE.

DÉDICACE.

A LA DOUCE BIENFAISANCE,

A LA SENSIBILITÉ PROFONDE, A LA GRACE TOUCHANTE,

A L'ESPRIT SUPÉRIEUR,

D'ANNE-CAROLINE HUBERT-JUBÉ LA CEPÈDE,

HOMMAGE

D'AMOUR, DE RECONNOISSANCE, ET DE DOULEUR ETERNELLE.

Nota. Voyez les articles du *mugilomore anne-caroline*, du *méné anne-caroline*, et du *cyprin anne-caroline*.

TABLE
DES ARTICLES
CONTENUS DANS CE VOLUME.

ADDITIONS aux articles de plusieurs genres de poissons cartilagineux et de poissons osseux.

AVERTISSEMENT,

ET

EXPLICATION

DE QUELQUES PLANCHES.

Ce cinquième et dernier volume de l'Histoire des poissons comprend la description de trois cent quarante-neuf espèces, dont quatre-vingt-quinze ne sont pas encore connues des naturalistes. Elles forment quatre-vingt-un genres, dont quarante-quatre n'ont été établis par aucun auteur.

L'Histoire des poissons renferme donc la description de quatorze cent soixante-trois espèces, dont trois cent trente-neuf n'avoient pas été reconnues par les naturalistes avant la publication de cette Histoire. Elles sont distribuées dans deux cent vingt-trois genres, parmi lesquels cent vingt-sept n'avoient pas été proposés aux amis des sciences naturelles.

Le professeur Gmelin, dans l'édition qu'il a donnée de Linné, n'a inscrit que huit cent trente-quatre espèces, réparties dans soixante-six genres ; et Bloch n'a traité ou donné la figure que de cinq cent vingt-trois espèces, placées dans quatre-vingt-un genres.

La *fistulaire petimbe,* décrite dans ce volume, est représentée dans le second volume, *planche XVIII, figure 3,* sous le nom de *fistulaire petimbuaba ;* et le *cyprin commersonnien,* dont ce cinquième volume renferme la description, est représenté *tome III, planche XI, figure 3.*

TOME V.   c

PLANCHE III du tome V, figure 3, SALMONE VARIÉ.

La figure de ce salmone a été gravée d'après un dessin trouvé dans les manuscrits de Commerson. Le nombre de rayons indiqué pour les nageoires par ce dessin que j'ai cru devoir faire copier fidèlement, n'est pas conforme à celui qu'annonce le texte de ce voyageur, texte manuscrit que j'ai dû suivre dans le mien.

PLANCHE VIII, figure 3, SPHYRÈNE CHINOISE.

La variété que la figure première représente, a été observée par Commerson, qui en a laissé dans ses manuscrits le dessin que j'ai fait copier et graver.

PLANCHE XIII, figure 2, POLYNÈME RAYÉ.

Le dessin de ce polynème, que j'ai trouvé dans les manuscrits de Commerson, et que j'ai fait graver, est défectueux, en ce qu'il n'indique pas les petites écailles qui, suivant le texte de ce naturaliste, couvrent la tête du poisson jusqu'au bout du museau.

Les genres décrits dans ce cinquième volume, au lieu d'être numérotés dans le texte ainsi qu'ils l'ont été, auroient dû porter les numéros qu'ils présentent dans la *Table générale des poissons*, placée à la fin de l'Histoire naturelle de ces animaux.

VINGTIÈME ORDRE

DE LA CLASSE ENTIÈRE DES POISSONS,

ou QUATRIÈME ORDRE

DE LA PREMIÈRE DIVISION DES OSSEUX.

Genres.		
149.	CIRRHITE.	Sept rayons à la membrane des branchies; le dernier très-éloigné des autres; des barbillons réunis par une membrane, et placés auprès de la pectorale, de manière à représenter une nageoire semblable à cette dernière.
150.	CHEILODACTYLE.	Le corps et la queue très-comprimés; la lèvre supérieure double et extensible; la partie antérieure et supérieure de la tête, terminée par une ligne presque droite, et qui ne s'éloigne de la verticale que de 40 à 50 degrés; les derniers rayons de chaque pectorale, très-alongés au-delà de la membrane qui les réunit; une seule nageoire dorsale.
151.	COBITE.	La tête, le corps et la queue, cylindriques; les yeux très-rapprochés du sommet de la tête; point de dents, et des barbillons aux mâchoires; une seule nageoire du dos; la peau gluante, et revêtue d'écailles très-difficiles à voir.
152.	MISGURNE.	Le corps et la queue cylindriques; la peau gluante, et dénuée d'écailles facilement visibles; les yeux très-rapprochés du som-

152.	MISGURNE.	met de la tête ; des dents et des barbillons aux mâchoires ; une seule dorsale ; cette nageoire très-courte.
153.	ANABLÉPS.	Le corps et la queue presque cylindriques ; des barbillons et des dents aux mâchoires ; une seule nageoire du dos ; cette nageoire très-courte ; deux prunelles à chaque œil.
154.	FUNDULE.	Le corps et la queue presque cylindriques ; des dents et point de barbillons aux mâchoires ; une seule nageoire du dos.
155.	COLUBRINE.	La tête très-alongée ; sa partie supérieure revêtue d'écailles conformées et disposées comme celles qui recouvrent le dessus de la tête des couleuvres ; le corps très-alongé ; point de nageoire dorsale.
156.	AMIE.	La tête dénuée de petites écailles, rude, recouverte de grandes lames que réunissent des sutures très-marquées ; des dents aux mâchoires et au palais ; des barbillons à la mâchoire supérieure ; la dorsale longue, basse, et rapprochée de la caudale ; l'anale très-courte ; plus de dix rayons à la membrane des branchies.
157.	BUTYRIN.	La tête dénuée de petites écailles, et ayant de longueur à peu près le quart de la longueur totale de l'animal ; une seule nageoire sur le dos.
158.	TRIPTÉRONOTE.	Trois nageoires dorsales ; une seule nageoire de l'anus.
159.	OMPOK.	Des barbillons et des dents aux mâchoires ; point de nageoires dorsales ; une longue nageoire de l'anus.
160.	SILURE.	La tête large, déprimée, et couverte de lames grandes et dures, ou d'une peau

Genres,

160. SILURE.

visqueuse; la bouche à l'extrémité du museau; des barbillons aux mâchoires; le corps gros; la peau enduite d'une mucosité abondante; une seule nageoire dorsale; cette nageoire très-courte.

161. MACROPTÉRONOTE.

La tête large, déprimée, et couverte de lames grandes et dures, ou d'une peau visqueuse; la bouche à l'extrémité du museau; des barbillons aux mâchoires; le corps gros; la peau enduite d'une mucosité abondante; une seule nageoire dorsale; cette nageoire très-longue.

162. MALAPTÉRURE.

La tête déprimée, et couverte de lames grandes et dures, ou d'une peau visqueuse; la bouche à l'extrémité du museau; des barbillons aux mâchoires; le corps gros; la peau du corps et de la queue, enduite d'une mucosité abondante; une seule nageoire dorsale; cette nageoire adipeuse, et placée assez près de la caudale.

163. PIMÉLODE.

La tête déprimée, et couverte de lames grandes et dures, ou d'une peau visqueuse; la bouche à l'extrémité du museau; des barbillons aux mâchoires; le corps gras; la peau du corps et de la queue, enduite d'une mucosité abondante; deux nageoires dorsales; la seconde adipeuse.

164. DORAS.

La tête déprimée, et couverte de lames grandes et dures, ou d'une peau visqueuse; la bouche à l'extrémité du museau; des barbillons aux mâchoires; le corps gros; la peau du corps et de la queue, enduite d'une mucosité abondante; deux nageoires dorsales; la seconde adipeuse; des lames larges et dures, rangées longitudinalement de chaque côté du poisson.

Genres.

165. POGONATHE.

La tête déprimée, et couverte de lames grandes et dures, ou d'une peau visqueuse; la bouche à l'extrémité du museau; des barbillons aux mâchoires; le corps gros; la peau du corps et de la queue, enduite d'une mucosité abondante; deux nageoires dorsales, soutenues l'une et l'autre par des rayons; des lames larges et dures, rangées longitudinalement de chaque côté du poisson.

166. CATAPHRACTE.

La tête déprimée, et couverte de lames grandes et dures, ou d'une peau visqueuse; la bouche à l'extrémité du museau; des barbillons aux mâchoires; le corps gros; la peau du corps et de la queue, enduite d'une mucosité abondante; deux nageoires dorsales; la seconde soutenue par un seul rayon; des lames larges et dures, rangées longitudinalement de chaque côté du poisson.

167. PLOTOSE.

La tête déprimée, et couverte de lames grandes et dures, ou d'une peau visqueuse; la bouche à l'extrémité du museau; des barbillons aux mâchoires; le corps gros; la peau du corps et de la queue, enduite d'une mucosité abondante; deux nageoires dorsales; la seconde et celle de l'anus réunies avec la nageoire de la queue qui est pointue.

168. AGÉNÉIOSE.

La tête déprimée, et couverte de lames grandes et dures, ou d'une peau visqueuse; la bouche à l'extrémité du museau; point de barbillons; le corps gros; la peau du corps et de la queue, enduite d'une mucosité abondante; deux nageoires dorsales; la seconde adipeuse.

Genres.

169. MACRORAMPHOSE. {
La tête déprimée, et couverte de lames grandes et dures, ou d'une peau visqueuse; la bouche à l'extrémité du museau; point de barbillons aux mâchoires; le corps gros; la peau du corps et de la queue, enduite d'une mucosité abondante; deux nageoires dorsales; l'une et l'autre soutenues par des rayons; le premier rayon de la première nageoire dorsale, fort, très-long et dentelé; le museau très-alongé.

170. CENTRANODON, {
La tête déprimée, et couverte de lames grandes et dures, ou d'une peau visqueuse; la bouche à l'extrémité du museau; point de barbillons ni de dents aux mâchoires; le corps gros; la peau du corps et de la queue, enduite d'une mucosité abondante; deux nageoires dorsales; l'une et l'autre soutenues par des rayons; un ou plusieurs piquans à chaque opercule.

171. LORICAIRE. {
Le corps et la queue couverts en entier d'une sorte de cuirasse à lames; la bouche au-dessous du museau; les lèvres extensibles; une seule nageoire dorsale.

172. HYPOSTOME. {
Le corps et la queue couverts en entier d'une sorte de cuirasse à lames; la bouche au-dessous du museau; les lèvres extensibles; deux nageoires dorsales.

173. CORYDORAS. {
De grandes lames de chaque côté du corps et de la queue; la tête couverte de pièces larges et dures; la bouche à l'extrémité du museau; point de barbillons; deux nageoires dorsales; plus d'un rayon à chaque nageoire du dos.

174. TACHYSURE.

{ La bouche à l'extrémité du museau; des barbillons aux mâchoires; le corps et la queue très-alongés, et revêtus d'une peau visqueuse; le premier rayon de la première nageoire du dos, et de chaque pectorale, très-fort; deux nageoires dorsales, l'une et l'autre soutenues par plus d'un rayon.

175. SALMONE.

{ La bouche à l'extrémité du museau; la tête comprimée; des écailles facilement visibles sur le corps et sur la queue; point de grandes lames sur les côtés, de cuirasse, de piquans aux opercules, de rayons dentelés, ni de barbillons; deux nageoires dorsales; la seconde adipeuse et dénuée de rayons, la première plus près ou aussi près de la tête que les ventrales; plus de quatre rayons à la membrane des branchies; des dents fortes aux mâchoires.

176. OSMÈRE.

{ La bouche à l'extrémité du museau; la tête comprimée; des écailles facilement visibles sur le corps et sur la queue; point de grandes lames sur les côtés, de cuirasse, de piquans aux opercules, de rayons dentelés, ni de barbillons; deux nageoires dorsales; la seconde adipeuse et dénuée de rayons; la première plus éloignée de la tête que les ventrales; plus de quatre rayons à la membrane des branchies; des dents fortes aux mâchoires.

177. CORÉGONE.

{ La bouche à l'extrémité du museau; la tête comprimée; des écailles facilement visibles sur le corps et sur la queue; point de grandes lames sur les côtés, de cuirasse, de piquans aux opercules, de rayons den-

177. CORÉGONE.

telés, ni de barbillons ; deux nageoires dorsales ; la seconde adipeuse et dénuée de rayons ; plus de quatre rayons à la membrane des branchies ; les mâchoires sans dents, ou garnies de dents très-petites et difficiles à voir.

178. CHARACIN.

La bouche à l'extrémité du museau ; la tête comprimée ; des écailles facilement visibles sur le corps et sur la queue ; point de grandes lames sur les côtés, de cuirasse, de piquans aux opercules, de rayons dentelés, ni de barbillons ; deux nageoires dorsales ; la seconde adipeuse et dénuée de rayons ; quatre rayons au plus à la membrane des branchies.

179. SERRASALME.

La bouche à l'extrémité du museau ; la tête, le corps et la queue, comprimés ; des écailles facilement visibles sur le corps et sur la queue ; point de grandes lames sur les côtés, de cuirasse, de piquans aux opercules, de rayons dentelés, ni de barbillons ; deux nageoires dorsales ; la seconde adipeuse et dénuée de rayons ; la partie inférieure du ventre carenée et dentelée comme une scie.

180. ÉLOPE.

Trente rayons, ou plus, à la membrane des branchies ; les yeux gros, rapprochés l'un de l'autre, et presque verticaux ; une seule nageoire dorsale ; un appendice écailleux auprès de chaque nageoire du ventre.

181. MÉGALOPE.

Les yeux très-grands ; vingt-quatre rayons, ou plus, à la membrane des branchies.

182. NOTACANTHE.

Le corps et la queue très-alongés ; la nuque élevée et arrondie ; la tête grosse ; la

182. NOTACANTHE.

{ nageoire de l'anus très-longue et réunie avec celle de la queue ; point de nageoire dorsale ; des aiguillons courts, gros, forts, et dénués de membrane à la place de cette dernière nageoire.

183. ÉSOCE.

{ L'ouverture de la bouche grande ; le gosier large ; les mâchoires garnies de dents nombreuses, fortes et pointues ; le museau aplati ; point de barbillons ; l'opercule et l'orifice des branchies très-grands ; le corps et la queue très-alongés et comprimés latéralement ; les écailles dures ; point de nageoire adipeuse ; les nageoires du dos et de l'anus courtes ; une seule dorsale ; cette dernière nageoire placée au-dessus de l'anale, ou à peu près, et beaucoup plus éloignée de la tête que les ventrales.

184. SYNODE.

{ L'ouverture de la bouche grande ; le gosier large ; les mâchoires garnies de dents nombreuses, fortes et pointues ; point de barbillons ; l'opercule et l'orifice des branchies très-grands ; le corps et la queue très-alongés et comprimés latéralement ; les écailles dures ; point de nageoire adipeuse ; les nageoires du dos et de l'anus courtes ; une seule dorsale ; cette dernière nageoire placée au-dessus ou un peu au-dessus des ventrales, ou plus près de la tête que ces dernières.

185. SPHYRÈNE.

{ L'ouverture de la bouche, grande ; le gosier large ; les mâchoires garnies de dents nombreuses, fortes et pointues ; point de barbillons ; l'opercule et l'orifice des bran-

Genres.

185. SPHYRÈNE. { chies, très-grands; le corps et la queue très-alongés, et comprimés latéralement; point de nageoire adipeuse; les nageoires du dos et de l'anus courtes; deux nageoires dorsales.

186. LÉPISOSTÉE. { L'ouverture de la bouche, grande; les mâchoires garnies de dents nombreuses, fortes et pointues; point de barbillons ni de nageoire adipeuse; le corps et la queue très-alongés; une seule nageoire du dos; cette nageoire plus éloignée de la tête que les ventrales; le corps et la queue revêtus d'écailles très-grandes, placées les unes au-dessus des autres, très-épaisses, très dures, et de nature osseuse.

187. POLYPTÈRE. { Un seul rayon à la membrane des branchies; deux évents; un grand nombre de nageoires du dos.

188. SCOMBRÉSOCE. { Le corps et la queue très-alongés; les deux mâchoires très-longues, très-minces, très-étroites, et en forme d'aiguille; la nageoire dorsale située au-dessus de celle de l'anus; un grand nombre de petites nageoires au-dessus et au-dessous de la queue, entre la caudale et les nageoires de l'anus et du dos.

189. FISTULAIRE. { Les mâchoires très-étroites, très-alongées, et en forme de tube; l'ouverture de la bouche à l'extrémité du museau; le corps et la queue très-alongés et très-déliés; les nageoires petites; une seule dorsale; cette nageoire située au-delà de l'anus et au-dessus de l'anale.

190. AULOSTOME. { Les mâchoires étroites, très-alongées et en forme de tube; l'ouverture de la bouche

190. AULOSTOME.

à l'extrémité du museau; le corps et la queue très-alongés; les nageoires petites; une nageoire dorsale située au-delà de l'anus et au-dessus de l'anale; un rang longitudinal d'aiguillons, réunis chacun à une petite membrane, placé sur le dos, et tenant lieu d'une première nageoire dorsale.

191. SOLÉNOSTOME.

Les mâchoires étroites, très-alongées et en forme de tube; l'ouverture de la bouche à l'extrémité du museau; deux nageoires dorsales.

192. ARGENTINE.

Moins de trente rayons à la membrane des branchies, ou moins de rayons à la membrane branchiale d'un côté qu'à celle de l'autre; des dents aux mâchoires, sur la langue et au palais; plus de neuf rayons à chaque ventrale; point d'appendice auprès des nageoires du ventre; le corps et la queue alongés; une seule nageoire du dos; la couleur générale argentée et très-brillante.

193. ATHÉRINE.

Moins de huit rayons à chaque ventrale et à la membrane des branchies; point de dents au palais; le corps et la queue alongés, et plus ou moins transparens; deux nageoires du dos; une raie longitudinale et argentée de chaque côté du poisson.

194. HYDRARGIRE.

Moins de huit rayons à chaque ventrale et à la membrane des branchies; point de dents au palais; le corps et la queue alongés et plus ou moins transparens; une nageoire sur le dos; une raie longitudinale plus ou moins large, plus ou moins distincte, et argentée, de chaque côté du poisson.

Genres.

195.　STOLÉPHORE.

Moins de neuf rayons à chaque ventrale et à la membrane des branchies ; point de dents ; le corps et la queue alongés, et plus ou moins transparens ; une nageoire sur le dos ; une raie longitudinale et argentée de chaque côté du poisson.

196.　MUGE.

La mâchoire inférieure carenée en dedans ; la tête revêtue de petites écailles ; les écailles striées ; deux nageoires du dos.

197.　MUGILOÏDE.

La mâchoire inférieure carenée en dedans ; la tête revêtue de petites écailles ; les écailles striées ; une nageoire du dos.

198.　CHANOS.

La mâchoire inférieure carenée en dedans ; point de dents aux mâchoires ; les écailles striées ; une seule nageoire du dos ; la caudale garnie, vers le milieu de chacun de ses côtés, d'une sorte d'aile membraneuse.

199.　MUGILOMORE.

La mâchoire inférieure carenée en-dedans ; les mâchoires dénuées de dents, et garnies de petites protubérances ; plus de trente rayons à la membrane des branchies ; une seule nageoire du dos ; un appendice à chacun des rayons de cette dorsale.

200.　EXOCET.

La tête entièrement, ou presque entièrement, couverte de petites écailles ; les nageoires pectorales larges, et assez longues pour atteindre jusqu'à la caudale ; dix rayons à la membrane des branchies ; une seule dorsale ; cette nageoire située au-dessus de celle de l'anus.

201.　POLYNÈME.

Des rayons libres auprès de chaque pectorale ; la tête revêtue de petites écailles ; deux nageoires dorsales.

202.	POLYDACTYLE.	Des rayons libres auprès de chaque pectorale; la tête dénuée de petites écailles; deux nageoires dorsales.
203.	BURO.	Un double piquant entre les nageoires ventrales; une seule nageoire du dos; cette nageoire très-longue; les écailles très-petites et très-difficiles à voir; cinq rayons à la membrane branchiale.
204.	CLUPÉE.	Des dents aux mâchoires; plus de trois rayons à la membrane des branchies; une seule nageoire du dos; le ventre carené; la carène du ventre dentelée ou très-aiguë.
205.	MYSTE.	Plus de trois rayons à la membrane des branchies; le ventre carené; la carène du ventre dentelée ou très-aiguë; la nageoire de l'anus très-longue, et réunie à celle de la queue; une seule nageoire sur le dos.
206.	CLUPANODON.	Plus de trois rayons à la membrane des branchies; le ventre carené; la carène du ventre dentelée ou très-aiguë; la nageoire de l'anus séparée de celle de la queue; une seule nageoire sur le dos; point de dents aux mâchoires.
207.	SERPE.	La tête, le corps et la queue très-comprimés; la partie inférieure de l'animal terminée en dessous par une carène très-aiguë, et courbée en demi-cercle; deux nageoires dorsales; les ventrales extrêmement petites.
208.	MÉNÉ.	La tête, le corps et la queue très-comprimés; la partie inférieure de l'animal terminée par une carène aiguë, courbée en demi-cercle; le dos relevé de manière que chaque face latérale du poisson représente

Genres.

208. **MÉNÉ.** { un disque ; une seule nageoire du dos ; cette dorsale, et sur-tout l'anale, très-basses et très-longues ; les ventrales étroites et très-alongées.

209. **DORSUAIRE.** { La partie antérieure du dos relevée en une bosse très-comprimée, et terminée dans le haut par une carène très-aiguë ; une seule dorsale.

210. **XYSTÈRE.** { La tête, le corps et la queue très-comprimés ; le dos élevé, et terminé, comme le ventre, par une carène aiguë et courbée en portion de cercle ; sept rayons à la membrane branchiale ; la tête et les opercules garnis de petites écailles ; les dents échancrées de manière qu'à l'extérieur elles ont la forme d'incisives, et qu'à l'intérieur elles sont basses et un peu renflées ; une fossette au-dessous de chaque ventrale.

211. **CYPRINODON.** { La tête, le corps et la queue ayant un peu la forme d'un ovoïde ; trois rayons à la membrane des branchies ; des dents aux mâchoires.

212. **CYPRIN.** { Quatre rayons au plus à la membrane des branchies ; point de dents aux mâchoires ; une seule nageoire du dos.

VINGT-UNIÈME ORDRE

DE LA CLASSE ENTIÈRE DES POISSONS,

ou PREMIER ORDRE

DE LA SECONDE DIVISION DES OSSEUX.

Genre.	
213.　STERNOPTYX.	Le corps et la queue comprimés ; le dessous du corps carené et transparent ; une seule nageoire dorsale.

VINGT-CINQUIÈME ORDRE

DE LA CLASSE ENTIÈRE DES POISSONS,

ou PREMIER ORDRE

DE LA TROISIÈME DIVISION DES OSSEUX.

Genre.	
214.　STYLÉPHORE.	Le museau avancé, relevé, et susceptible d'être courbé en arrière par le moyen d'une membrane, au point d'aller toucher la partie antérieure de la tête proprement dite ; l'ouverture de la bouche au bout du museau ; point de dents ; le corps et la queue très-alongés et comprimés; la queue terminée par un filament très-long.

VINGT-HUITIÈME ORDRE
DE LA CLASSE ENTIÈRE DES POISSONS,
ou QUATRIÈME ORDRE
DE LA TROISIÈME DIVISION DES OSSEUX.

Genre.

215. **MORMYRE.** { Le museau alongé; l'ouverture de la bouche à l'extrémité du museau; des dents aux mâchoires; une seule nageoire dorsale.

VINGT-NEUVIÈME ORDRE
DE LA CLASSE ENTIÈRE DES POISSONS,
ou PREMIER ORDRE
DE LA QUATRIÈME DIVISION DES OSSEUX.

Genres.

216. **MURÉNOPHIS.** { Point de nageoires pectorales; une ouverture branchiale sur chaque côté du poisson; le corps et la queue presque cylindriques; la dorsale et l'anale réunies à la nageoire de la queue.

217. **GYMNOMURÈNE.** { Point de nageoires pectorales; une ouverture branchiale sur chaque côté du poisson; le corps et la queue presque cylindriques; point de nageoire du dos, ni de nageoire de l'anus; ou ces deux nageoires si basses et si enveloppées dans une peau épaisse, qu'on ne peut reconnoître leur présence que par la dissection.

TOME V. E

218. MURÉNOBLENNE. { Point de nageoires pectorales; point d'apparence d'autres nageoires; le corps et la queue presque cylindriques; la surface de l'animal répandant, en très-grande abondance, une humeur laiteuse et gluante.

219. SPHAGEBRANCHE. { Point de nageoires pectorales ni d'autres nageoires; les deux ouvertures branchiales sous la gorge; le corps et la queue presque cylindriques.

220. UNIBRANCHAPERTURE. { Point de nageoires pectorales; le corps et la queue serpentiformes; une seule ouverture branchiale, et cet orifice situé sous la gorge; la dorsale et l'anale basses et réunies à la nageoire de la queue.

HISTOIRE NATURELLE
DES POISSONS.

DISCOURS
SUR LA PÊCHE,
SUR LA CONNOISSANCE DES POISSONS FOSSILES,
ET SUR QUELQUES ATTRIBUTS GÉNÉRAUX DES POISSONS.

Nous allons terminer l'Histoire des poissons. Mais tenons encore nos regards élevés vers des considérations générales : nous avons à contempler de grands spectacles.

Lorsque Buffon, il y a plus de soixante ans, conçut le projet d'écrire l'histoire de la Nature, il se plaça au-dessus du globe, à un point si élevé, que toutes les petites différences des êtres disparurent pour lui; il n'apperçut que des grouppes; il ne fut frappé que par de grandes masses; l'espace même sur lequel il domi-noit, perdit, par la distance, de son immensité.

D'un autre côté, son génie lui fit franchir les siècles. Sa vue s'étendit dans le passé; elle perça dans l'avenir. Les âges se rassemblèrent devant lui; le temps s'a-grandit à ses yeux à mesure que l'espace se rétrécis-soit; et le sentiment de l'immortalité lui fit oublier les bornes de sa vie.

Il crut donc devoir tout embrasser dans son vaste plan. Il se souvint que le naturaliste de Rome avoit écrit l'*Histoire du monde*; que celui de la Grèce avoit donné celle des animaux : il compara ses forces à celles d'Aristote et de Pline, son siècle à ceux d'Alexandre et de Trajan, la nation françoise à la nation grecque et à la romaine; et il voulut être l'historien de la Nature en-tière. Au moment de cette conception hardie, il ne se souvint pas que du temps des Grecs et des Romains le monde connu n'étoit en quelque sorte que cette pe-tite partie de l'ancien continent dont les eaux coulent vers la Méditerranée, et que cette petite mer intérieure étoit pour eux l'Océan.

En méditant sa sublime entreprise, il résolut donc de soumettre à son examen les trois règnes de la Nature,

et, rejetant toute limite, d'interroger sur chacun d'eux
le passé, le présent, et l'avenir.

Cependant les années s'écoulèrent. Il avoit déja présenté, dans de magnifiques tableaux, les nobles résultats de ses travaux assidus sur la structure de la terre,
l'ouvrage de la mer, l'origine des planètes, les premiers
temps du monde. Aidé par les savantes recherches de
l'un de ces pères de la science, dont la mémoire sera
toujours vénérée, éclairé par les avis de l'illustre Daubenton, il avoit gravé sur le bronze l'image de l'homme
et des quadrupèdes. Il peignoit les oiseaux, lorsque,
descendant chaque jour davantage des hauts points de
vue qu'il avoit d'abord choisis, découvrant des dissem-
blances que l'éloignement lui avoit dérobées, recon-
noissant des intervalles où tout lui avoit paru ne former
qu'un ensemble, appercevant des milliers de nuances,
de dégradations, et de manières d'être, où il n'avoit
entrevu que de l'uniformité, et contraint de compter
des myriades d'objets, au lieu d'un nombre très-limité
de grouppes principaux, il fut frappé de l'énorme dis-
proportion qu'il trouva entre l'infinité des sujets de ses
méditations, et le peu de jours qui lui étoient réser-
vés. Les Bougainville, les Cook, abordoient les parties
encore inconnues de la terre; d'habiles naturalistes,
parcourant les continens et les isles, lui adressoient de
toutes parts de nouveaux dénombremens des productions de la Nature : tout se multiplioit autour de lui,
excepté le temps. Il voulut hâter ses pas, et, se débar-

rassant sur son digne ami, Guénaud de Montbelliard,
du soin d'achever une portion de cette admirable ga-
lerie où toutes les tribus des oiseaux sont si bien représentées, il continua sa course avec une nouvelle
ardeur.

Mais il voyoit approcher le terme de sa vie, et celui
de ses glorieux travaux s'éloignoit chaque jour davantage; il réfléchit de nouveau sur l'ensemble de ses pro-
jets. Il médita avec plus d'attention sur la nature des
objets dont il n'avoit pas encore présenté l'image : il
vit bientôt que la grandeur de ses cadres ne pourroit
pas long-temps convenir aux sujets de ses peintures ;
que la multitude innombrable de ceux dont il lui res-
toit à dessiner les traits, s'opposeroit invinciblement
à ce que chacun de ces sujets remplît une place distincte comme chacun des oiseaux, des quadrupèdes,
et même des minéraux, dont il s'étoit occupé. Il décida
qu'il chercheroit une manière nouvelle pour parler
des mollusques, des insectes, des vers et des végétaux.
Il ne considéra plus l'histoire que l'on pourroit en faire,
que comme un ouvrage distinct et séparé du sien.

Se renfermant, relativement aux animaux, dans l'ex-
position de l'homme, des mammifères, des oiseaux,
des quadrupèdes ovipares, des serpens et des poissons, il confondit les limites de son plan avec celles
qui séparent des mollusques, des insectes et des vers,
les légions remarquables des animaux vertébrés et à
sang rouge, lesquelles, par leur conformation, leurs

mouvemens, leurs affections, leurs habitudes, leur grandeur, leur puissance et leur instinct, jouent les premiers rôles sur la scène du monde, et ne le cèdent qu'à l'homme, qui leur commande par le droit de son intelligence dominatrice, et que la Nature leur a donné pour roi.

L'Histoire des poissons devoit donc terminer dans cette vue nouvelle l'*Histoire naturelle*, dont il avoit enrichi son siècle et la postérité.

Il venoit de planer de nouveau sur les temps écoulés, de marquer les époques de la Nature, et de représenter, dans sept grands tableaux, les sept grands changemens que la force irrésistible de la puissance créatrice lui paroissoit avoir fait subir au globe de la terre; il alloit écrire l'histoire des cétacées pour compléter celle des mammifères, lorsqu'il se sentit frappé à mort par les coups d'une maladie terrible. Il ne compta plus devant lui qu'un petit nombre d'instans; il ne se réserva pour le complément de sa gloire que l'histoire des cétacées; et daignant nous associer à ses travaux immortels, content d'avoir le premier tracé le plan le plus vaste, d'en avoir exécuté d'une manière admirable les principales parties, d'avoir particulièrement soumis à son génie les habitans de la terre et des airs, il nous chargea de dénombrer et de décrire ceux des rivages et des eaux.

A peine eut-il disposé en notre faveur de ce noble héritage, qu'il entra dans l'immortalité.

Nous n'avions encore publié que l'Histoire des quadrupèdes ovipares; depuis nous avons donné celle des serpens; et aujourd'hui nous sommes près de finir celle des poissons.

Avant de cesser de parler de ces habitans des fleuves et des mers aux amis des sciences naturelles, achevons d'indiquer ceux de leurs traits généraux qui méritent le plus l'attention de l'observateur.

Et d'abord, pour achever de faire connoître leur instinct, parcourons d'un coup-d'œil rapide tous les piéges que l'art de l'homme sur la surface entière du globe tend à leur foiblesse, à leur inexpérience, à leur audace, à leur voracité.

La pêche a précédé la culture des champs : elle est contemporaine de la chasse. Mais il y a cette différence entre la chasse et la pêche, que cette dernière convient aux peuples les plus civilisés, et que, bien loin de s'opposer aux progrès de l'agriculture, du commerce et de l'industrie, elle en multiplie les heureux résultats.

Si, dans l'enfance des sociétés, la pêche procure à des hommes encore à demi sauvages une nourriture suffisante et salubre, si elle les accoutume à ne pas redouter l'inconstance de l'onde, si elle les rend navigateurs, elle donne aux peuples policés d'abondantes moissons pour les besoins du pauvre, des tributs variés pour le luxe du riche, des préparations recherchées pour le commerce lointain, des engrais fécondans pour les champs peu fertiles; elle force à traverser les mers,

à braver les glaces du pole, à supporter les feux de
l'équateur, à lutter contre les tempêtes ; elle lance sur
l'océan des forêts de mâts ; elle crée les marins expérimentés, les commerçans audacieux, les guerriers intrépides.

Mère de la navigation, elle s'accroît avec ce chef-
d'œuvre de l'intelligence humaine. A mesure que les
sciences perfectionnent l'art admirable de construire et
de diriger les vaisseaux, elle multiplie ses instrumens,
elle étend ses filets, elle invente de nouveaux moyens de
succès, elle s'attache un plus grand nombre d'hommes,
elle pénètre dans les profondeurs des abîmes, elle
arrache aux asyles les plus secrets, elle poursuit jusqu'aux extrémités du globe les objets de sa constante
recherche ; et voilà pourquoi ce n'est que depuis un petit
nombre de siècles que l'homme a développé, sur tous
les fleuves et sur toutes les mers, ce grand art de con-
certer ses plans, de réunir ses efforts, de diversifier ses
attaques, de diviser ses travaux, de combiner ses opérations, de disposer du temps, de franchir les distances,
et d'atteindre sa proie en maîtrisant, pour ainsi dire,
les saisons, les climats, les vents déchaînés, et les ondes
bouleversées.

Mais si, au lieu de suivre l'ordre chronologique des
progrès de l'art de la pêche, nous voulons nous représenter ce qu'il est, nous examinerons sous des points
de vue généraux ses instrumens, son théâtre, ses principaux objets.

Nous pouvons diviser en quatre classes les instrumens ou les moyens qu'il emploie : premièrement, ceux
qui attirent les poissons par des appâts trompeurs, et
les retiennent par des crochets funestes ; deuxièmement,
ceux avec lesquels on les surprend, les saisit et les enlève, ou avec lesquels on va au-devant de leurs légions,
on les cerne, on les resserre, on les presse, on les renferme dans une enceinte dont il leur est impossible de
s'échapper, ou ceux avec lesquels on attend que les
courans, les marées, leurs besoins, leur natation dirigée par une sorte de rivage artificiel, les entraînent
dans un espace étroit dont l'entrée est facile, et toute
sortie interdite ; troisièmement, les couleurs qui les
blessent, les lueurs qui les trompent, les feux qui les
éblouissent, les préparations qui les énervent, les odeurs
qui les enivrent, les bruits qui les effraient, les traits
qui les percent, les animaux exercés et dociles qui se
précipitent sur eux et ne leur laissent la ressource ni
de la résistance, ni de la fuite ; quatrièmement enfin,
les instrumens qui se composent de deux ou de plusieurs de ceux que l'on vient de voir distribués dans
les classes précédentes.

Parmi les instrumens de la première classe, le plus
simple est cette ligne flexible, au bout de laquelle un
fil léger soutient un frêle hameçon caché sous un ver,
sous une boulette artificielle, sous un petit fragment
de substance organisée, ou sous toute autre amorce
dont la forme ou l'odeur frappe l'œil ou l'odorat du

poisson trop jeune, ou trop inexpérimenté, ou trop dénué d'instinct, ou trop entraîné par un appétit vorace, pour n'être pas facilement séduit. Quels souvenirs touchans cette ligne peut rappeler*! Elle retrace à l'enfance, ses jeux; à l'âge mûr, ses loisirs; à la vieillesse, ses distractions; au cœur sensible, le ruisseau voisin du toit paternel; au voyageur, le repos occupé des peuplades dont il a envié la douce quiétude; au philosophe, l'origine de l'art.

Et bientôt l'imagination franchit les espaces et les temps; elle se transporte au moment et sur les rives où ce roseau léger fait place à ces lignes flottantes ou à ces lignes de fond si longues, si ramifiées, soutenues ou enfoncées avec tant de précautions, ramenées ou relevées avec tant de soins, hérissées de tant de *haims* ou de crochets, et répandant sur un si grand espace un danger inévitable.

Dans la seconde classe paroissent les filets; soit ceux que la main d'un seul homme peut placer, soutenir, manier, avancer, déployer, jeter, replier, retirer, ou qu'on traîne comme les *dragues* et *ganguys*, après en avoir fait des *manches*, des *poches* et des *sacs*; soit ceux qui, présentant une grande étendue, élevés à la surface de l'eau par des corps légers et flottans, main-

---

* Voyez la description des *cordes flottantes*, des *empiles*, des *haims*, des *hameçons*, des *cordes par fond*, des *bauffes* ou *bouffes*, et des *palangres*, dans l'article de la *raie bouclée*; celle de la *vermille*, à l'article de la *murène anguille*; celle des *lignes* et des *piles*, à l'article de la *murène congre*; et celle du *libouret* et du *grand couple*, à l'article du *scombre thon*.

tenus dans la position la plus convenable par des poids
attachés aux rangées les plus basses de leurs mailles,
simples ou composés, formés d'une seule nappe ou de
plusieurs réseaux parallèles, assez prolongés pour atteindre jusqu'au fond des rivières profondes et assez
longs pour barrer la largeur d'un grand fleuve, ou
déployant leurs extrémités de manière à renfermer un
grand espace maritime, composant une seule enceinte, ou repliés en plusieurs parcs, développés
comme une immense digue, ou contournés en prisons
sinueuses, sont conduits, attachés, surveillés et ra-
menés par une entente remarquable, par un concert
soutenu, par des combinaisons habilement conçues
d'un grand nombre d'hommes réunis *.

A la seconde classe appartiennent encore ces asyles
trompeurs, faits de jonc ou d'osier, ces nasses perfides
dans lesquelles le poisson, égaré par la crainte, ou
entraîné par le besoin, ou conduit sans précaution par

---

* On trouvera la description de la *louve* dans l'article du *pétromyzon
lamproie*; celle de la *folle*, de la *demi-folle*, de la *seine*, de la *ralingue*,
dans l'article de la *raie bouclée*; celle de la *madrague*, de la *chasse* et de
la *chambre de la mort*, dans l'article de la *raie mobular*; celle du *dranguel*,
dans l'article de la *murène anguille*; celle de la *drége* et du *manet*, dans
l'article de la *trachine vive*; celle du *verveux*, du *guideau*, des *étaliers*,
du *trémail*, des *hamaux*, de la *toile*, de la *flue*, dans l'article du *gade
colin*; celle du *boulier*, des *aissaugues*, des *atlas*, des *courantilles*, des
engarres, dans l'article du *scombre thon*; celle du *carrelet*, dans l'article
du *cobite loche*; celle de la *truble*, dans l'article du *misgurne fossile*; celle
de l'*épervier*, dans l'article de l'*ésoce brochet*; et celle de la *chaudrette*
ou *chaudière*, dans l'article de l'*athérine joël*.

le courant auquel il s'est livré, et croyant trouver une
retraite semblable à celle que lui ont donnée plus d'une
fois les grottes de ses rivages hospitaliers, pénètre facilement, en écartant des branches rapprochées qui ne
lui présentent, lorsqu'il veut entrer, que des tiges dociles, mais qui, lui offrant, lorsqu'il veut sortir, des
pointes enlacées, le retiennent dans une captivité que
la mort seule termine.

Parmi les moyens de la troisième classe, doivent
être compris ces feux que l'on allumoit dès le temps
de Bellon sur les rivages de la Propontide pour favoriser le succès des pêches de nuit; ces planches blanchâtres, vernies et luisantes, placées sur les bords de
bateaux pêcheurs de la Chine, et qui, réfléchissant les
rayons argentins de la lune, imitant la surface tranquille et lumineuse d'un lac, et trompant facilement
par cette image les poissons qui se plaisent à s'élancer hors de l'eau, les séduisent au point qu'ils sautent
d'eux-mêmes dans la barque, et, pour ainsi dire, dans
la main du pêcheur en embuscade et caché; ces *fouenes*
dont on perce les coryphènes chrysurus, et tant d'autres
osseux; ces tridents avec lesquels on harponne les redoutables habitans de la mer; ces cormorans appri-
voisés, dont les Chinois se servent depuis si long-temps
dans leurs pêches, qui saisissent avec tant d'adresse
le poisson, et qu'un anneau placé autour de leur cou
contraint de céder à leurs maîtres une proie presque
intacte.

Les grandes pêches, si remarquables par le temps qu'elles demandent, les préparatifs qu'elles exigent, les arts qu'elles emploient, les précautions qu'elles commandent, le grand nombre de bras qu'elles mettent en mouvement, et qui donnent au commerce la morue des grands bancs, le hareng des mers boréales, le thon de la Méditerranée, et les acipensères de la Caspienne, nous offrent de grands exemples de ces moyens composés que l'on peut regarder comme formant une quatrième classe.

Et tous ces moyens si variés, sur quel immense théâtre ne sont-ils pas employés par l'art perfectionné de la pêche?

Si, du sommet des Cordillières, des Pyrénées, des Alpes, de l'Atlas, des hautes montagnes de l'Asie, de toutes les énormes chaînes de monts qui dominent sur la partie sèche du globe, nous descendons par la pensée vers les rivages des mers, en nous abandonnant, pour ainsi dire, au cours des eaux qui se précipitent de ces hauteurs dans les bassins qu'entourent ces antiques montagnes, sur quel ruisseau, sur quelle rivière, sur quel lac, sur quel fleuve, ne verrons-nous pas la ligne ou le filet assurer au pêcheur attentif la récompense de ses soins et de sa peine?

Et lorsque, parvenus à l'océan, nous nous élèverons encore par la pensée au-dessus de sa surface pour en embrasser un hémisphère d'un seul coup-d'œil, nous verrons depuis un pole jusqu'à l'autre de nombreuses escadres voguer pour les progrès de l'industrie, l'accroissement de la population, la force de la marine protectrice des grands états, la prospérité générale, et la renommée des empires. Ah! dans cette moisson de bonheur et de gloire, puisse ma nation recueillir une part digne d'elle! puisse-t-elle ne jamais oublier que la Nature, en l'entourant de mers, en faisant couler sur son territoire tant de fleuves fécondans, en la plaçant au centre des climats les plus favorisés par ses douces et vives influences, lui a commandé dans tous les genres les plus nobles succès!

Quels prix attendent en effet, au bout de la carrière, le pêcheur intrépide! combien d'objets peuvent être ceux de sa recherche, depuis les énormes poissons de dix mètres de longueur, jusqu'à ceux qui, par leur petitesse, échappent aux mailles les plus serrées; depuis le féroce squale, dont on redoute encore la queue gigantesque ou la dent meurtrière lors même qu'on est parvenu à l'entourer de chaînes pesantes, jusqu'à ces abdominaux transparens et mous qu'aucun aiguillon ne défend; depuis ces poissons rares et délicats que le luxe paye au poids de l'or, jusqu'à ces gades, ces clupées et ces cyprins si abondans et nourriture si nécessaire de la multitude peu fortunée; depuis les argentines et les ables, dont les admirables écailles donnent à la beauté opulente les perles artificielles, rivales de celles que la Nature fait croître dans l'Orient, jusqu'aux espèces dont le grand volume, profondément pénétré d'un

fluide abondant et visqueux, fournit cette huile qui
accélère le mouvement de tant de machines, assouplit
tant de substances, et entretient dans l'humble cabane
du pauvre cette lampe sans laquelle le travail, suspendu
par de trop longues nuits, ne pourroit plus alimenter
sa nombreuse famille; depuis les poissons que l'on ne
peut consommer que très-près des parages où ils ont
été pris, jusqu'à ceux que des précautions bien en-
tendues et des préparations soignées conservent pendant plusieurs années et permettent de transporter au
centre des plus grands continens; depuis les salmones,
dont les arêtes sont abandonnées, dans des pays dis-
graciés, au chien fidèle ou à la vache nourricière, jusqu'à ces gastérostées qui, répandus par myriades dans
les sillons, s'y décomposent en engrais fertile; et enfin,
depuis la raie, dont la peau préparée donne cette gar-
niture agréable et utile connue sous le nom de *beau
galuchat,* jusqu'aux acipensères, et à tant d'autres poissons dont les membranes, séparées avec attention de
toute matière étrangère, se convertissent en cette colle
qui, dans certaines circonstances, peut remplacer les
lames de verre, et que les arts réclament du commerce
dans tous les temps et dans tous les lieux !

Mais quelque prodigieux que doive paroître le
nombre des poissons que l'homme enlève aux fleuves
et aux mers, des millions de millions de ces animaux
échappent à sa vue, à ses instrumens, à sa constance.
Plusieurs de ces derniers périssent victimes des habi-

tans des eaux, dont la force l'emporte sur la leur; ils
sont dévorés, engloutis, anéantis, pour ainsi dire, ou
plutôt décomposés de manière qu'il ne reste aucune
trace de leur existence. Plusieurs autres cependant
succombent isolément à la maladie, à la vieillesse, à des
accidens particuliers, ou meurent par troupes, empoi-
sonnés, étouffés, ou écrasés par les suites d'un grand
bouleversement. Il arrive quelquefois, dans ces dernières circonstances, qu'avant de subir une altération
très-marquée, leurs cadavres sont saisis par des dépôts
terreux qui les enveloppent, les recouvrent, se dur-
cissent, et, préservant leur corps de tout contact avec
les élémens destructeurs, en font en quelque sorte des
momies naturelles, et les conservent pendant des siècles.
Les parties solides des poissons, et notamment les squelettes de poissons osseux, sont plus facilement préser-
vés de toute décomposition par ces couches tutélaires;
et d'ailleurs ils ont pu résister à la corruption pendant
un temps bien plus long que les autres parties de ces
animaux, avant le moment où ils ont été incrustés,
pour ainsi dire, dans une substance conservatrice. Ces
squelettes reposent au milieu de ces sédimens épais,
comme autant de témoins des révolutions éprouvées
par le fond des rivières ou des mers. Les couches qui
les renferment sont comme autant de tables sur lesquelles la Nature a écrit une partie de l'histoire du
globe. Des hasards heureux, qui donnent la facilité de
pénétrer jusque dans l'intérieur de la croûte de la

terre, ou la main du temps, qui l'entr'ouvre et en écarte
les différentes portions, font découvrir de ces tables
précieuses. On connoît, par exemple, celles que l'on a
trouvées au mont Bolca près de Vérone, non loin du
lac de Constance, et dans plusieurs autres endroits
de l'ancien et du nouveau continent. Mais en vain au-
roit-on sous les yeux ces inscriptions si importantes, si
l'on ignoroit la langue dans laquelle elles sont écrites,
si l'on ne connoissoit pas le sens des signes dont elles
sont composées.

Ces signes sont les formes des différentes parties qui
peuvent entrer dans la charpente des poissons. C'est,
en effet, par la comparaison de ces formes avec celles
du squelette des poissons encore vivans dans l'eau
douce ou dans l'eau salée, et répandus sur une grande
portion de la surface de la terre, ou relégués dans des
climats déterminés, que l'on pourra voir sur ces tables
antiques, si l'espèce dont on examinera la dépouille
subsiste encore ou doit être présumée éteinte; si elle
a varié dans ses attributs, ou maintenu ses propriétés;
si elle a été exposée à des changemens lents, ou brus-
quement attaquée par une catastrophe soudaine; si les
feux des volcans ont joint leur violence à la puissance
des inondations; si la température du globe a changé
dans l'endroit où les individus dont on observera les
os ou les cartilages, ont été enterrés sous des tas pesans,
ou de quelles contrées lointaines ces individus conservés pendant tant d'années ont été entraînés par un

bouleversement général, jusqu'au lieu où ils ont été abandonnés par les courans, et recouverts par des monceaux de substances ramollies.

Achevons donc d'exposer tout ce qu'il est important de savoir sur la conformation des parties solides des poissons; servons ainsi ceux qui se destinent à l'étude si instructive des poissons fossiles; tâchons de faire pour l'histoire de la Nature, ce que font pour l'histoire civile ceux qui enseignent à bien connoître et la matière, et l'âge, et le sens des diverses médailles *.

Le squelette des poissons cartilagineux, beaucoup plus simple que la charpente des poissons osseux, a été trop souvent l'objet de notre examen, soit dans le Discours qui est à la tête de cette Histoire, soit dans les articles particuliers de cet ouvrage, pour que nous ne devions pas nous borner aujourd'hui à nous occuper des parties solides des poissons osseux. Nous n'entrerons même pas dans la considération de tous les détails relatifs à ces parties solides et osseuses. Nous éviterons de répéter ce que nous avons déja dit en plusieurs endroits. Mais pour avoir une idée plus complète de cette charpente, nous l'observerons dans les poissons du second, du troisième et du quatrième ordres de la seconde sous-classe, comme dans ceux qui présentent le plus grand nombre des parties et des formes qui appartiennent aux animaux dont nous écrivons l'histoire.

---

* Voyez le Discours sur la durée des espèces.

Et cependant, pour donner plus de précision à notre pensée et à son expression, au lieu de nous contenter d'établir des principes généraux sur la conformation du squelette des jugulaires et des thoracins de la première division des osseux, c'est-à-dire, des animaux du second et du troisième ordres de cette sous-classe, faisons connoître, dans chacun de ces ordres, la charpente d'une espèce remarquable.

Observons d'abord, parmi les jugulaires, l'*uranoscope rat*, et disons ce qui compose son squelette.

Chaque côté de la mâchoire inférieure est formé de trois os; ces deux côtés sont réunis par un cartilage, et garnis d'un seul rang de dents grandes, pointues, et séparées l'une de l'autre.

La mâchoire supérieure est plus arrondie et beaucoup moins avancée que celle de dessous; les deux côtés de cette mâchoire d'en-haut sont hérissés de plusieurs rangs de dents petites, presque égales et crochues.

Un os triangulaire et alongé règne au-dessus et un peu en arrière de chacun des côtés de la mâchoire supérieure.

L'os du palais présente plusieurs rangées de dents crochues et petites. Il se divise en deux branches, qui imitent une seconde mâchoire supérieure. Il se réunit aux os auxquels les opercules sont attachés.

A la base de l'os du palais, on voit deux éminences un peu lenticulaires, garnies de plusieurs dents courtes et courbées en arrière. Ces deux éminences touchent les os qui soutiennent les arcs des branchies.

Les orbites sont placées sur le sommet de la tête, de chaque côté d'une fossette qui reçoit deux branches horizontales de la mâchoire supérieure.

La partie supérieure de la tête est d'ailleurs d'une seule pièce, dans les individus qui ont atteint un certain degré de développement.

Les arcs des trois branchies extérieures sont composés de deux pièces. Ceux de la droite se réunissent en formant un angle aigu avec ceux de la gauche, dans l'intérieur de la mâchoire inférieure.

Au-dessous du sommet de cet angle aigu, on apperçoit deux lames osseuses, triangulaires, réunies par-devant, transparentes dans leur milieu, étroites vers leurs extrémités, inclinées et étendues jusqu'au-dessous des opercules.

Ces lames soutiennent les rayons de la membrane branchiale, qui sont simples, sans articulation, et au nombre de cinq ou de six de chaque côté.

Chaque opercule est de deux pièces. La première montre quatre pointes vers le bas, et la seconde en présente une.

L'opercule bat sur la clavicule.

La clavicule s'étend obliquement, depuis la partie supérieure et postérieure de la seconde pièce de l'opercule, jusqu'au-dessous des os qui soutiennent les arcs osseux des branchies. Elle s'y réunit sous un angle aigu, avec la clavicule du côté opposé, à peu près au-dessous du bord antérieur de la mâchoire supérieure.

Le bout postérieur de la clavicule se termine par une épine longue, forte, sillonnée, et tournée vers la queue.

A la base de cette épine, la clavicule s'attache à la partie postérieure du crâne par deux osselets.

On remarque derrière la clavicule deux pièces, l'une placée en en-bas et presque droite, l'autre située en arrière et courbée.

Ces deux pièces, dont la séparation disparoît avec l'âge de l'individu, forment, avec la clavicule, une sorte de triangle curviligne.

Une lame cartilagineuse, transparente, et dans le haut de laquelle on voit un trou de la grandeur de l'orbite, occupe le milieu de ce triangle dont la pièce courbée soutient la nageoire pectorale.

La base des nageoires jugulaires est placée presque au-dessous des yeux.

Les ailerons de ces nageoires, très-minces et transparens, se réunissent de manière à représenter une sorte de *nacelle* placée obliquement de haut en bas, et d'avant en arrière. Cette *nacelle* a sa concavité tournée du côté de la tête; et sa *proue* touche à l'angle formé près du museau par la réunion des arcs osseux des branchies.

Faisons attention à cette position des ailerons : elle est un des caractères les plus distinctifs des ordres de poissons jugulaires.

La *poupe* de cette même *nacelle*, à laquelle les nageoires jugulaires sont attachées, offre une épine forte,
sillonnée; presque semblable à celle des clavicules, et
dont l'extrémité aboutit auprès de l'angle produit par
la réunion de ces deux derniers os.

Le derrière de la tête montre une lame mince et
tranchante; et cette lame est découpée de manière à
finir par une pointe qui s'attache à l'apophyse supérieure de la première vertèbre.

Cette vertèbre et la seconde sont dénuées de côtes.
Les neuf vertèbres suivantes ont chacune une côte
double de chaque côté.

Sur la troisième, quatrième et cinquième vertèbres,
chaque côte double est placée au-dessus de l'apophyse
transverse, et à une distance d'autant plus grande de
cette apophyse, qu'elle est plus près de la tête.

Les douzième, treizième, quatorzième, quinzième
et seizième vertèbres, n'ont que des apophyses transverses extrêmement petites: mais elles offrent une apophyse inférieure; et quoiqu'elles soient situées au-delà
de l'anus, chacun de leurs côtés est garni d'une côte
simple, plus courte, à la vérité, que les côtes doubles.

La dix-septième vertèbre et les suivantes, jusqu'à la
dernière, qui est la vingt-cinquième, n'ont ni côtes,
ni apophyses transverses.

Maintenant ayons sous nos yeux le squelette des
poissons thoracins.

Voici celui de la *scorpène horrible*.

Trois os forment chacun des côtés de la mâchoire inférieure. Ces côtés sont réunis par un cartilage, et garnis de dents très-petites, aiguës et rapprochées.

La mâchoire supérieure, beaucoup moins avancée que celle d'en-bas, plus arrondie que cette dernière, est d'ailleurs hérissée de dents semblables à celles de la mâchoire inférieure.

Dans l'angle formé par chacune des deux branches de la mâchoire d'en-haut et le côté qui lui correspond, on découvre un petit os lenticulaire, ou à peu près.

Ces deux branches, inclinées en arrière et vers le bas, pénètrent jusques à une cavité arrondie, creusée dans l'os frontal, et dont le haut des parois est bizarrement plissé.

Un os alongé et triangulaire est appliqué au-dessus et un peu en arrière de chaque côté de la mâchoire supérieure. Il aboutit au petit os lenticulaire dont nous venons de parler.

L'os du palais se divise en deux branches, qui ressemblent à une seconde mâchoire supérieure que la première entoureroit. Ces branches ne sont cependant garnies d'aucune dent : chacune se réunit à l'os latéral auquel l'opercule est attaché.

A la base de l'os du palais paroissent deux éminences osseuses, ovales, presque lenticulaires, hérissées de dents petites et recourbées en arrière. Ces éminences touchent les os qui s'unissent aux arcs des branchies.

L'orbite est placée près du sommet de la tête, auprès de la fossette du milieu, et ses bords relevés diminuent le champ de la vue.

L'os de la pommette, un peu triangulaire et très-plissé, présente plusieurs crêtes. Son angle le plus aigu aboutit à un petit os placé entre l'orbite et l'os triangulaire et latéral de la mâchoire supérieure.

Ce petit os représente une étoile à cinq ou six rayons relevés en arête.

La partie supérieure et postérieure de la tête est rehaussée par deux crêtes hautes et plissées, placées obliquement, et qui forment trois cavités, l'une postérieure et les autres latérales.

Les arcs des trois branchies extérieures d'un côté se réunissent, dans l'intérieur de la mâchoire d'en-bas, avec les arcs analogues de l'autre côté. Deux pièces composent chacun de ces arcs.

Au-dessous du sommet de l'angle aigu que forment ces six arcs, on voit deux lames osseuses qui se séparent et s'étendent jusqu'aux opercules. Un os *hyoïde,* échancré de chaque côté, est placé au-dessus de l'endroit où ces lames sont jointes ; et un osselet aplati, découpé en losange et presque vertical, est situé au-dessous de ce même endroit.

Ces lames soutiennent les rayons de la membrane des branchies. Ces rayons sont au nombre de cinq ou six ; et leur contexture n'offre pas d'articulation.

Deux pièces forment chaque opercule. On compte

cinq pointes sur la première, et trois sur la seconde.

L'opercule bat sur la clavicule, qui se réunit avec la clavicule opposée, au-dessous des os qui soutiennent les arcs des branchies, et à peu près au-dessous du bord antérieur de la mâchoire supérieure.

Un os terminé par une petite épine, une apophyse aplatie et un peu arrondie, et un os aplati et plissé, font communiquer la clavicule avec la partie postérieure et latérale du crâne.

Au-dessous et au-delà de la clavicule, on trouve une pièce étroite, et ensuite une autre pièce large, mince, un peu arrondie, qui montre dans son milieu plusieurs parties ovales, vides, ou très-transparentes et cartilagineuses, et qui sert à maintenir la nageoire pectorale.

Mais voici le caractère le plus distinctif des thoracins.

La base des nageoires thoracines est placée au-dessous de la partie postérieure du crâne.

Leurs ailerons sont très-minces et transparens. *La nacelle* que forme leur réunion, est placée obliquement du haut en bas, et d'avant en arrière.

La *proue de la nacelle* est bien moins avancée que dans les poissons jugulaires.

Au lieu de toucher à l'angle formé par la réunion des arcs des branchies, elle aboutit seulement à l'angle que produit la jonction des deux clavicules.

Les apophyses supérieures de l'épine du dos sont très-élevées.

Les cinq premières vertèbres n'ont que des apophyses transverses, à peine sensibles; les autres vertèbres n'en offrent point. Mais dès la sixième vertèbre, les apophyses inférieures vont en s'alongeant jusqu'auprès de la nageoire de l'anus. Aussi des neuf côtes que l'on voit de chaque côté, chacune des quatre dernières est-elle attachée à l'extrémité de l'apophyse inférieure qui lui correspond et qui est double.

Avant de cesser de nous occuper de la charpente des thoracins, indiquons une articulation d'une nature particulière, qui avoit échappé à tous ceux qui avoient traité de l'ostéologie, et que nous avions découverte et exposée dans nos cours publics au Muséum national d'histoire naturelle, dès l'an 3 de l'ère françoise.

On peut la nommer *articulation à chaînette*. Elle est, en effet, composée de deux anneaux osseux et complets, dont l'un joue dans l'autre, comme l'anneau d'une chaîne se meut dans l'anneau voisin qui le retient.

Il est aisé à tous ceux qui se sont occupés d'ostéologie, de voir que, par une suite de cette construction, l'anneau qui se remue dans l'autre a dû se développer d'une manière particulière, qui peut jeter un nouveau jour sur la question générale de l'accroissement des pièces osseuses.

Cette articulation appartient à des os d'un décimètre ou environ de longueur, que l'on a remarqués depuis long-temps dans plusieurs grandes collections d'histoire naturelle, qui ont un rapport très-vague avec une tête aplatie, un peu arrondie, et terminée par un bec long et courbé, et qui ont souvent reçu le nom d'*os de la joue d'un grand poisson.*

Nous avons trouvé que ces os n'étoient que de grands ailerons, propres à soutenir les premiers rayons, les rayons aiguillonnés de la nageoire de l'anus dans plusieurs thoracins, et notamment dans quelques chétodons, dans quelques acanthinions, et dans quelques acanthures.

La portion inférieure de l'aileron, qui montre une articulation à chaînette, est grande, très-comprimée, arrondie par le bas, par le devant et par le haut. Cette portion un peu sphéroïdale se termine, dans le haut de son côté postérieur, par une apophyse deux fois plus longue que le sphéroïde aplati, très-déliée, très-étroite, convexe par-devant, un peu aplatie par-derrière, comprimée à son extrémité, et qui s'élève presque verticalement.

Le sphéroïde aplati et irrégulier présente des sillons et des arêtes qui convergent vers la partie la plus basse ; et c'est dans cette partie la plus basse, située presque au-dessous de la longue apophyse, que l'on découvre deux véritables anneaux.

Chacun de ces anneaux retient un des deux premiers rayons aiguillonnés de la nageoire de l'anus, dont la base percée forme elle-même un autre anneau engagé dans l'un de ceux du sphéroïde aplati.

Cependant, que nous reste-t-il à dire au sujet du squelette des poissons ?

Dans plusieurs de ces animaux, comme dans l'*anar-rhique loup*, qui est *apode*, et dans l'*ésoce brochet*, qui est *abdominal*, le devant du crâne n'est qu'un espace vide par lequel passent les nerfs olfactifs *.

Dans d'autres poissons, tels que les raies et les squales, ces mêmes nerfs sortent de l'intérieur du crâne par deux trous éloignés l'un de l'autre.

Les fosses nasales des *raies*, des *squales*, des *trigles*, et de plusieurs autres poissons, sont osseuses ; celles de beaucoup d'autres sont en partie osseuses et en partie membraneuses.

Le bord inférieur de l'orbite, au lieu d'être composé d'une seule pièce, est formé, dans quelques poissons, par plusieurs osselets articulés les uns avec les autres, ou suspendus par des ligamens.

Le tubercule placé au-dessous du trou occipital, et par lequel l'occiput s'attache à la colonne vertébrale dans le plus grand nombre de poissons, s'articule avec cette colonne par le moyen de cartilages, et par des surfaces telles, que le mouvement de la tête sur l'épine dorsale est extrêmement borné dans tous les sens.

Chaque vertèbre de poisson présente, du côté de la tête et du côté de la queue, une cavité conique, qui se réunit avec celle de la vertèbre voisine.

---

* Tout le monde sait combien notre savant collègue et excellent ami le citoyen Cuvier a répandu de lumières nouvelles sur les organes intérieurs des poissons, et particulièrement sur les parties solides de ces animaux. Que l'on consulte ses Leçons d'anatomie comparée.

Il résulte de cette forme et de cette position, que la colonne dorsale renferme une suite de cavités dont la figure ressemble à celle de deux cônes opposés par leur base.

Ces cavités communiquent les unes avec les autres par un très-petit trou placé au sommet de chaque cône, au moins dans un grand nombre d'espèces. Leur série forme alors ce tuyau alternativement large et resserré, dont nous avons parlé dans le premier Discours de cette Histoire.

Les apophyses épineuses, supérieures et inférieures, sont très-longues dans les poissons très-comprimés, comme les *chétodons*, les *zées*, les *pleuronectes*.

La dernière vertèbre de la queue est le plus souvent triangulaire, très-comprimée, et s'attache à la caudale par des facettes articulaires, dont le nombre correspond à celui des rayons de cette nageoire.

La cavité abdominale est communément terminée par l'apophyse inférieure de la première vertèbre de la queue. Cette apophyse est souvent remarquable par ses formes, presque toujours très-grande, et quelquefois terminée par un aiguillon qui paroît en dehors.

Dans les abdominaux, les ailerons des nageoires ventrales, que l'on a nommés *os du bassin*, ne s'articulent avec aucune portion de la charpente osseuse de la tête, ni des clavicules, ni de l'épine du dos.

Ils sont, ou séparés l'un de l'autre, et maintenus par des ligamens; ou soudés et quelquefois épineux par-devant, comme dans quelques *silures;* ou réunis en une seule pièce échancrée par-derrière, comme dans les *loricaires;* ou larges, triangulaires, et écartés par leur extrémité postérieure qui soutient la ventrale, comme dans l'*ésoce brochet;* ou très-petits et rapprochés, comme dans la *clupée hareng;* ou alongés et contigus par-derrière, comme dans le *cyprin carpe.*

Craignons cependant de fatiguer l'attention de ceux qui cultivent l'histoire naturelle; et poursuivons notre route vers le but auquel nous tendons depuis si long-temps, et que maintenant nous sommes près d'atteindre.

En cherchant, dans le premier Discours de cet ouvrage, à réunir dans un seul tableau les traits généraux qui appartiennent à tous les poissons, nous avons été obligés de laisser quelques-uns de ces traits foiblement prononcés : tâchons de leur donner plus de force et de vivacité.

On peut se souvenir que nous avons exposé dans ce Discours quelques conjectures sur la respiration des poissons. Nous y avons dit qu'il n'étoit pas invraisemblable de supposer que les branchies des poissons décomposent l'eau, comme les poumons des mammifères et des oiseaux décomposent l'air.

Nous avons ajouté que, lors de cette décomposition, l'*oxygène,* l'un des deux élémens de l'eau, se combinoit avec le sang des poissons, pour entretenir les qualités et la circulation de ce fluide, et que l'autre élément, le gaz inflammable ou *hydrogène*, s'échappoit dans l'eau et ensuite dans l'atmosphère, ou, dans certaines circonstances, parvenoit par l'œsophage et l'estomac jusqu'à la vessie natatoire, la gonfloit, et, augmentant la légèreté spécifique de l'animal, facilitoit sa natation. Nous avons parlé, à l'appui de cette opinion, du gaz inflammable que nous avions trouvé dans la vessie natatoire de quelques *tanches*.

Une conséquence de cette conjecture est que les poissons doivent vivre dans l'eau qui contient le moins d'air atmosphérique répandu entre ses molécules.

Le citoyen Buniva, président du conseil supérieur de santé à Turin, vient de publier un mémoire dans lequel il rapporte des expériences qui prouvent la vérité de cette conséquence.

Ce savant physicien annonce que des *cyprins tanches*, et par conséquent des individus de l'espèce de poisson dont la vessie natatoire nous a présenté de l'hydrogène, ont été mis dans une eau que l'on avoit fait bouillir pendant une demi-heure, et qui s'étoit refroidie sans contact avec l'air atmosphérique, et qu'ils y ont vécu aussi bien que dans de l'eau du Pô bien aérée.

Cette faculté qu'ont les branchies de décomposer l'eau, rend plus probable la vertu que nous avons attribuée à plusieurs autres organes intérieurs des poissons, et par le moyen de laquelle ces animaux peuvent altérer ce fluide, le décomposer, se l'assimiler et s'en nourrir.

Ces derniers faits sont d'ailleurs prouvés par l'expérience. On sait que l'on peut faire vivre pendant long-temps des individus de plusieurs espèces de poissons, en les tenant dans des vases dont on renouvelle l'eau avant que des exhalaisons malfaisantes l'aient corrompue, et cependant sans leur donner aucun autre aliment.

A la vérité, le citoyen Buniva nous apprend dans son mémoire que ces animalcules, si difficiles à voir même avec une loupe, que l'on nomme *infusoires*, et qui pullulent dans presque toutes les eaux, servent à la nourriture des poissons. Mais les faits suivans, dont nous devons la connoissance à cet habile naturaliste, ne prouvent-ils pas l'action directe et immédiate de l'eau sur les organes digestifs et sur la nutrition des espèces dont nous achevons d'écrire l'histoire?

Une dissolution de certaines substances salines dans l'eau qui renferme des poissons, altère et détruit les couleurs brillantes de ces animaux.

Et de plus, une quantité de soufre mise dans quarante-huit fois son poids d'une eau assez imprégnée de gaz funestes pour faire périr des poissons, conserve leur vie en neutralisant ces gaz.

Nous avons vu aussi dans le premier Discours, ou dans plusieurs articles particuliers de cette Histoire, que les poissons supportoient sans mourir le froid des contrées polaires, qu'ils s'y engourdissoient sous la glace, qu'ils y passoient l'hiver dans une torpeur profonde, et qu'au retour du printemps ils étoient rappelés à la vie par la douce influence de la chaleur du soleil, après que la fonte des glaces avoit ouvert leur prison. Quelque violent que soit le froid, ils peuvent résister à ses effets, pourvu qu'il ne se fasse sentir que par degrés, qu'il ne s'accroisse que lentement, et qu'il n'arrive que par des nuances très-nombreuses à toute son intensité.

Mais le citoyen Buniva nous dit dans son important mémoire, qu'un refroidissement subit et violent, tel que celui qu'on opère par un mélange de glace et de muriate calcaire, donne la mort aux poissons qui en éprouvent l'attaque forte et soudaine.

C'est une grande preuve des suites funestes que tout changement brusque doit avoir dans les corps organisés. En effet, la chaleur naturelle des poissons, bien loin de s'élever à plus de trente degrés, comme celle de l'homme, des mammifères et des oiseaux, n'est que de deux ou trois degrés au-dessus de celui de la congélation. Lorsqu'un poisson est exposé subitement à un refroidissement très-grand, la température de ses organes intérieurs parcourt, pour arriver à un froid extrême, une échelle bien plus courte que celle qu'est forcée de parcourir la température d'un mammifère ou d'un oiseau placé dans les mêmes circonstances; et cependant il ne peut résister aux modifications qu'il ressent, il succombe sous l'action précipitée qu'il éprouve, il est détruit, pour ainsi dire, en même temps qu'attaqué.

Quand l'homme écoutera-t-il donc les leçons que la
Nature lui donne de tous côtés? quand ses passions
lui permettront-elles de voir qu'en tout, les commo-
tions rapides renversent, brisent, anéantissent, et que
les mouvemens ordonnés, les accélérations graduées,
les changemens amenés par de longues séries de variations insensibles, sont les seuls qui produisent, développent, perfectionnent et fécondent?

Nous avons eu sous les yeux de grands exemples de
cette importante vérité dans tout le cours de cet ouvrage.

Soit que nous ayons examiné les propriétés dont
jouissent les différentes espèces de poissons[1], et que,
pour mieux les connoître, nous ayons comparé ces
qualités aux attributs des oiseaux; soit qu'abandonnant
le présent, et nous élançant dans l'avenir et dans le
passé[2], nous ayons porté un œil curieux sur les modifications que ces espèces ont subies, et sur celles qu'elles
subiront encore, nous avons toujours vu la Nature
nuancer son action ainsi que ses ouvrages, user de la
durée comme du premier instrument de sa puissance,
ne pas laisser plus d'intervalle entre les actes suc-
cessifs de sa force créatrice qu'entre les admirables
produits de cette force souveraine, graduer les temps
comme les choses, et appliquer ainsi à toutes les mani-

[1] *Discours sur la nature des poissons, et troisième Vue de la Nature.*
[2] *Discours sur la durée des espèces, et celui qui est intitulé, Des effets de l'art de l'homme sur la nature des poissons.*

festations de son pouvoir, comme à tous les modes de
la matière, le signe éclatant de son essence merveilleuse.

Mais il est temps de terminer ce Discours. Peut-être
est-ce le dernier que j'adresse aux amis des sciences
naturelles. Trente ans, j'ai travaillé pour leurs progrès.
Le coup affreux qui m'a frappé lorsque la mort m'a
enlevé une épouse accomplie, a marqué près de moi
la fin de ma carrière. Tant que je serai condamné à
supporter un malheur sans espoir, je m'efforcerai de
consacrer quelque monument à la science. Mais le far-
deau de la vie pesera trop sur ma tête infortunée, pour
ne pas amener bientôt la fin de ma douleur. Des naturalistes plus favorisés que moi peindront d'une manière
digne de la Nature les immenses tableaux et les grandes
catastrophes dont je n'ai pu donner qu'une foible idée.
Qu'ils daignent se souvenir que ma voix aura prédit
leurs succès immortels, et qu'ils chérissent ma mémoire.

A Paris, le 14 ventose an 11.

HISTOIRE

HISTOIRE NATURELLE
DES POISSONS.

SECONDE SOUS-CLASSE.

POISSONS OSSEUX.

Les parties solides de l'intérieur du corps, osseuses.

PREMIÈRE DIVISION.

Poissons qui ont un opercule et une membrane des branchies.

VINGTIÈME ORDRE

DE LA CLASSE ENTIÈRE DES POISSONS,

ou QUATRIÈME ORDRE

DE LA PREMIÈRE DIVISION DES OSSEUX.

Poissons abdominaux, *ou qui ont des nageoires inférieures placées sur l'abdomen, au-delà des pectorales, et en-deçà de la nageoire de l'anus.*

CENT QUARANTE-NEUVIÈME GENRE.

LES CIRRHITES.

Sept rayons à la membrane des branchies; le dernier très-éloigné des autres; des barbillons réunis par une membrane, et placés auprès de la pectorale, de manière à représenter une nageoire semblable à cette dernière.

ESPÈCE.	CARACTÈRES.
LE CIRRHITE TACHETÉ. (*Cirrhitus maculatus.*)	Dix rayons aiguillonnés et onze rayons articulés à la nageoire du dos ; trois rayons aiguillonnés et six rayons articulés à la nageoire de l'anus ; la caudale arrondie ; la couleur générale brune ; un grand nombre de larges taches blanches, et de petites taches noires.

LE CIRRHITE TACHETÉ *.

CE poisson, dont on devra la connoissance à Commerson, est véritablement de l'ordre des abdominaux; mais il doit être placé à la tête de cet ordre, comme se rapprochant beaucoup de celui des thoracins, avec lesquels il a de grands rapports. Il ressemble sur-tout aux holocentres ou aux persèques. Il a, comme ces osseux, la première lame de son opercule dentelée, et la seconde armée d'un aiguillon.

Sa partie supérieure se relève en arc de cercle, situé dans le sens de sa longueur totale. On ne voit pas de petites écailles sur sa tête; mais son corps, sa queue, et une partie de ses opercules, en sont revêtus. Il peut étendre ou retirer sa mâchoire supérieure.

On divise facilement les dents de ses deux mâchoires en extérieures et en intérieures. Les premières sont écartées les unes des autres; les secondes sont très-petites et serrées comme celles d'une lime. La partie supérieure de l'orbite est relevée; et les yeux sont

---

* Cirrhitus maculatus.

Cirronius.

Concirrus.

Cincirous.

Aspro fuscus maculis utroque latere sparsis majoribus albis , minoribus nigris plurimis. *Commerson , manuscrits déja cités.*

placés assez haut. Sept barbillons très-alongés et réunis par une membrane commune forment cette sorte de fausse nageoire que nous venons de faire remarquer dans le tableau générique, qui paroît, au premier coup-d'œil, une seconde pectorale, et qui donnant à l'animal un organe singulier, le rapproche des lépadogastères, des dactyloptères, des prionotes, des trigles, et des polynèmes, sans cependant les confondre avec aucun de ces derniers. La ligne latérale suit la courbure du dos. Les nageoires sont brunes; des taches noires sont répandues sur la dorsale; une tache plus grande, mais de la même couleur, paroît sous la mâchoire inférieure *.

---

* 7 rayons à chaque pectorale du cirrhite tacheté.
6 rayons à chaque ventrale.
15 rayons à la nageoire de la queue.

CENT CINQUANTIÈME GENRE.

LES CHEILODACTYLES.

Le corps et la queue très-comprimés; la lèvre supérieure
double et extensible; la partie antérieure et supérieure
de la tête, terminée par une ligne presque droite, et qui
ne s'éloigne de la verticale que de 40 à 50 degrés; les
derniers rayons de chaque pectorale, très-alongés au-
delà de la membrane qui les réunit; une seule nageoire
dorsale.

ESPÈCE.	CARACTÈRES.
LE CHEILODACTYLE FASCÉ. (*Cheilodactylus fasciatus.*)	Dix-neuf rayons aiguillonnés et vingt-trois rayons articulés à la nageoire du dos; deux rayons aiguillonnés et douze rayons articulés à la nageoire de l'anus; la caudale fourchue; le onzième rayon de chaque pectorale, d'une longueur double de la hauteur de la membrane; des bandes transversales et foncées.

LE CHEILODACTYLE FASCÉ[1].

NOUS avons vu dans la belle collection hollandoise cédée à la France, un individu très-bien conservé de cette espèce d'abdominal encore inconnue des naturalistes, et que nous avons dû inscrire dans un genre particulier, dont le nom indique et la forme de ses lèvres et celle de ses *doigts,* ou des rayons de ses pectorales. La nageoire dorsale de ce cheilodactyle s'étend depuis une partie du dos très-voisine de la nuque, jusqu'à une très-petite distance de la nageoire de la queue. La portion de cette nageoire que soutiennent des rayons aiguillonnés, est plus basse que l'autre portion. Le quatorzième ou dernier rayon de chaque pectorale, quoique très-alongé au-delà de la membrane, est moins long que le treizième, le treizième que le douzième, et le douzième que le onzième. L'anale présente un peu la forme d'une faux. On voit des taches foncées sur la nageoire du dos et sur celle de la queue[2].

---

[1] Cheilodactylus fasciatus.
Ikan kakatoëa itam, *dans les Indes orientales.*
[2] 14 rayons à chaque pectorale du cheilodactyle fascé.
  1 rayon aiguillonné et 5 rayons articulés à chaque ventrale.
17 rayons à la nageoire de la queue.

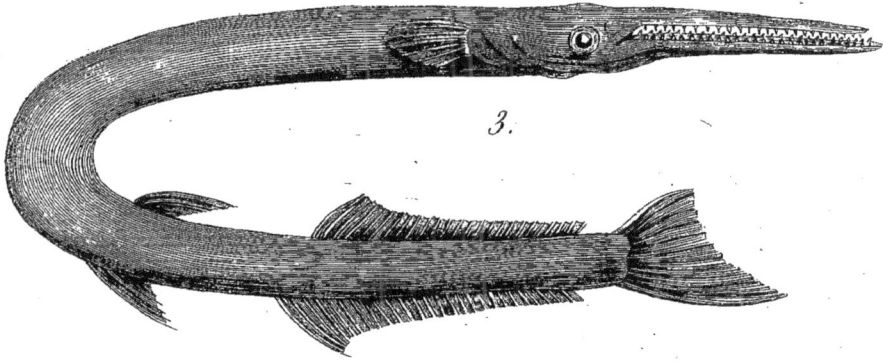

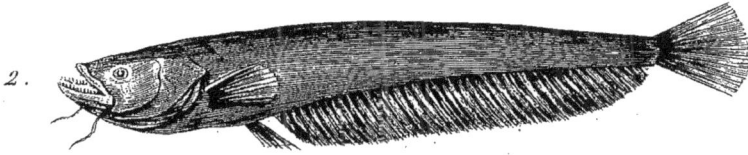

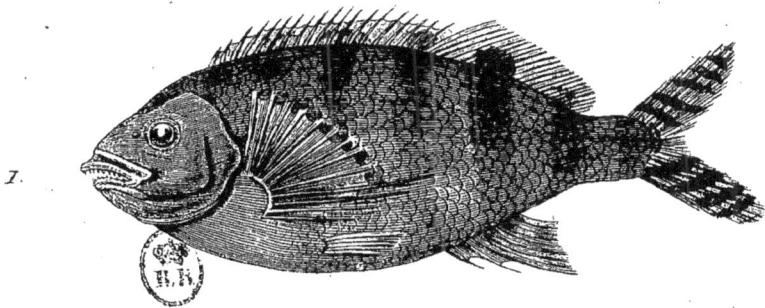

3.

2.

1.

1. SHEYLODACTYLE Fascé. 2. OMPOCK Siluroïde. 3. SPHYRÈNE Aiguille.

CENT CINQUANTE-UNIÈME GENRE.

LES COBITES.

La tête, le corps et la queue, cylindriques; les yeux très-rapprochés du sommet de la tête; point de dents, et des barbillons aux mâchoires; une seule nageoire du dos; la peau gluante, et revêtue d'écailles très-difficiles à voir.

ESPÈCES.	CARACTÈRES.
1. LE COBITE LOCHE. (*Cobitis barbatula.*)	Neuf rayons à chaque ventrale; six barbillons à la mâchoire supérieure; point de piquant auprès de l'œil.
2. LE COBITE TÆNIA. (*Cobitis tœnia.*)	Dix rayons à chaque ventrale; deux barbillons à la mâchoire supérieure; quatre à l'inférieure; un aiguillon fourchu au-dessous de chaque œil.
3. LE COBITE TROIS-BARBILLONS. (*Cobitis tricirrhata.*)	Trois barbillons aux mâchoires; la partie supérieure de l'animal d'un roux brun, et parsemée de taches arrondies.

LE COBITE LOCHE¹,

LE COBITE TÆNIA²,

ET LE COBITE TROIS-BARBILLONS³.

LE cobite loche est très-petit; il ne parvient guère qu'à la longueur de dix ou douze centimètres : mais le goût de sa chair est très-agréable; et dans plusieurs

¹ Cobitis barbatula.
Petit barbot, *en France.*
Loche franche, *ibid.*
Schmerl, *dans plusieurs contrées d'Allemagne.*
Schmerling, *en Prusse.*
Schmerlein, *ibid.*
Gründel, *en Silésie.*
Gründling, *ibid.*
Bartgrundel, *ibid.*
Smerle, *en Saxe.*
Smirlin, *ibid.*
Piskosop, *en Russie.*
Gronling, *en Suède.*
Smerling, *en Danemarck.*
Hoogkyher, *en Hollande.*
Groundlin, *en Angleterre.*
Cobitis barbatula. *Linné, édition de Gmelin.*
Cobite franche barbotte. *Daubenton et Haüy, Encyclopédie méthodique.*
Id. *Bonnaterre, planches de l'Encyclopédie méthodique.*
Bloch, pl. 31, *fig.* 3.
Mus. Ad. Frid. 2, *p.* 95 *.
Faun. Suecic. 341.

contrées de l'Europe, on a donné beaucoup d'attention et des soins très-multipliés à ce poisson. On le
trouve le plus souvent dans les ruisseaux et dans les

Muller, Prodrom. Zoolog. Dan. p. 47, *n.* 401.

Wulff, Ichthyolog. p. 31, *n.* 28.

Cobitis tota glabra, etc. *Artedi, gen.* 2, *syn.* 2.

Cobitis barbatula. *Gesner, p.* 401; *et (germ.) fol.* 163, *b.*

Id. *Aldrovand. lib.* 5, *cap.* 31, *p.* 618.

Id. *Jonston, lib.* 3, *tit.* 1, *cap.* 12, *art.* 3, *tab.* 26, *fig.* 22.

Id. *Charlet. p.* 157.

Cobitis fluviatilis. *Schon. p.* 31.

Id. *Willughby, p.* 265, *tab. Q.* 8, *fig.* 1.

Id. *Raj. p.* 124, *n.* 3.

Fundulus, *seu grundulus. Figul. f.* 1, *b.*

Gronov. Mus. 1, *p.* 2, *n.* 6; *Zooph. p.* 56, *n.* 202.

Enchelyopus nobilis cinereus, etc. *Klein, Miss. pisc.* 4, *p.* 59, *n.* 3,
tab. 15, *fig.* 4.

Loche. *Rondelet, seconde partie, chap.* 28.

Fundulus. *Marsil. Danub.* 4, *p.* 74, *tab.* 25, *fig.* 1.

Loche. *Brit. Zoolog.* 3, *p.* 237, *n.* 1.

² Cobitis tænia.

Loche de rivière, *en France.*

Steinbeisel, *en Autriche.*

Steinpitzger, *en Allemagne.*

Steibenisser, *ibid.*

Steingrundel, *ibid.*

Steinschmerl, *ibid.*

Schmeerpütte, *dans le Schlesswig.*

Steinbicker, *ibid.*

Schmerhutte, *en Danemarck.*

Steinbiker, *ibid.*

Tanglake, *en Suède.*

Dorngrundel, *en Livonie.*

Akminagrausis, *ibid.*

TOME V.

petites rivières qui coulent sur un fond de pierres ou
de cailloux, et particulièrement dans ceux qui arrosent
les pays montagneux. Il vit de vers et d'insectes aquatiques. Il se plaît dans l'eau courante, et paroît éviter
celle qui est tranquille : mais des courans trop rapides ne lui conviennent pas ; et c'est ce que nous a
appris, dans des notes manuscrites très-bien faites, le
citoyen Pénières, membre du Tribunat. Nous avons vu
dans ces notes qu'il a bien voulu rédiger pour nous,
que, dans les rivières des départemens du Cantal et de
la Corrèze, la loche préfère les eaux profondes, et même

Cobitis tænia. *Linné, édition de Gmelin.*

Cobite loche. *Daubenton et Haüy, Encyclopédie méthodique.*

Id. *Bonnaterre, planches de l'Encyclopédie méthodique.*

Faun. Succic. 342.

Wulff, Ichth. p. 31 , *n.* 39.

Loche de rivière. *Bloch, pl.* 31 , *fig.* 2.

Cobitis aculeo bifurco , etc. *Artedi, gen.* 2, *syn.* 3 , *spec.* 4.

Cobitis aculeata , seconde espèce de loche. *Rondelet, seconde partie, chap.* 24.

Id. *Aldrovand. lib.* 5, *cap.* 30 , *p.* 617.

Id. *Gesner, p.* 404.

Cobitis barbatula aculeata. *Willughby, Ichth. p.* 265, *tab.* Q. 8 , *fig.* 3.

Tænia cornuta. *Id. p.* 266 , *tab.* Q. 8 , *fig.* 6.

Id. *et* cobitis barbatula aculeata. *Raj: p.* 124.

Id. *Jonston, p.* 142 , *tab.* 46, *fig.* 21 , 23.

Gronov. Mus. 1 , *n.* 5.

Klein, Miss. pisc. 4 , *p.* 59, *n.* 4.

Cobitis aculeata. *Marsil. Dan.* 4 , *p.* 3 , *tab.* 1 , *fig.* 2.

Lampetra , *et* cobitis pungens. *Frisch, Misc. Berol.* 6, *p.* 120, *t.* 4, *n.* 3.

[3] Cobitis tricirrhata.

quelquefois les eaux dormantes, à celles qui sont très-agitées et très-battues. Elle change rarement de place dans ces portions de rivière dont le courant est moins fort; elle s'y tient comme collée contre le sable ou le gravier, et semble s'y nourrir de ce que l'eau y dépose.

Elle est la victime d'un très-grand nombre de poissons contre lesquels sa petitesse ne lui permet pas de se défendre; et malgré cette même petitesse qui devroit lui faire trouver si facilement des asyles impénétrables, elle est la proie des pêcheurs, qui la prennent avec le carrelet, avec la louve et avec la nasse *. On la recherche sur-tout vers la fin de l'automne, et pendant le printemps, qui est la saison de sa ponte. A ces deux époques, sa chair est si délicate, qu'on la préfère à celle de presque tous les autres habitans des eaux, sur-tout, disent dans certains pays les hommes occupés des recherches les plus minutieuses relatives à la bonne chère, lorsqu'elle a expiré dans du vin ou dans du lait. Elle meurt très-vîte dès qu'elle est sortie de l'eau, et même dès qu'on l'a placée dans quelque vase

---

* Voyez, à l'article du *pétromyzon lamproie*, ce que nous avons dit de la *nasse* et de la *louve*. Quant au *carrelet*, c'est un filet en forme de nappe carrée, et attachée par les quatre coins aux extrémités de deux arcs qui se croisent. Ces arcs sont fixés au bout d'une perche, à l'endroit de leur réunion. On tend ce filet sur le fond des rivières; et dès qu'on apperçoit des poissons au-dessus, on le relève avec rapidité. On donne aussi au *carrelet* les noms de *calen*, de *venturon*, d'*échiquier*, et de *hunier*.

dont l'eau est dans un repos absolu. On la conserve, au contraire, pendant long-temps en vie, en la renfermant dans une sorte de huche trouée que l'on met au milieu du courant d'une rivière.

Lorsqu'on veut la transporter un peu loin, on a le soin d'agiter continuellement l'eau du vaisseau dans lequel on la fait entrer; et l'on choisit un temps frais, comme, par exemple, la fin de l'automne. C'est avec cette double précaution, que Frédéric Ier, roi de Suède, fit venir d'Allemagne des loches qu'il parvint à naturaliser dans son pays *.

Quand on veut faire réussir ces cobites dans une rivière ou dans un ruisseau, on pratique une fosse dans un endroit qui ait un fond de cailloux, ou qui reçoive l'eau d'une source. On donne à cette fosse sept ou huit décimètres de profondeur, vingt-trois ou vingt-quatre de longueur, et onze ou douze de largeur. On la revêt de claies ou planches percées, qu'on établit cependant à une petite distance des côtés de la fosse. L'intervalle compris entre ces côtés et les planches ou les claies, est rempli de fumier, et, quand on le peut, de fumier de brebis. On ménage deux ouvertures, l'une pour l'entrée de l'eau, et l'autre pour la sortie du courant. On garnit ces deux ouvertures d'une plaque de métal percée de plusieurs trous,

---

* Voyez le Discours intitulé *Des effets de l'art de l'homme sur la nature des poissons.*

qui laisse passer l'eau courante, mais ferme l'entrée
de la fosse à tout corps étranger nuisible et à tout
animal destructeur. On place dans le fond de la fosse,
des cailloux ou des pierres jusqu'à la hauteur d'un ou
deux décimètres, afin de faciliter la ponte et la fécondation des œufs. Les loches qu'on introduit dans la
fosse, s'y nourrissent des sucs du fumier et des vers
qui s'y engendrent. On leur donne néanmoins du pain
de chènevis ou de la graine de pavot. Elles multiplient
quelquefois à un si haut degré dans leur demeure
artificielle, qu'on est obligé de construire trois fosses,
une pour le frai, une seconde pour l'alevin ou les
jeunes loches, et une troisième pour les loches par-
venues à leur développement ordinaire.

Au reste, on peut conserver long-temps ces cobites
et les envoyer au loin, après leur mort, en les faisant
mariner.

La loche a la mâchoire supérieure plus avancée que
l'inférieure ; l'ouverture de la bouche, petite ; la ligne
latérale droite ; la nageoire du dos très-courte et placée, à peu près, au-dessus des ventrales ; le corps et
la queue marbrés de gris et de blanc ; les nageoires
grises ; la dorsale et la caudale pointillées et rayées
ou fascées de brun ; le foie grand, ainsi que la vésicule
du fiel ; le canal intestinal assez court ; l'épine dorsale composée de quarante vertèbres, et fortifiée par
quarante côtes.

Parmi les poissons d'eau douce ou de mer dont on

a reconnu des empreintes dans la carrière d'Æningen, près du lac de Constance *, on doit compter le cobite loche. On doit comprendre aussi au nombre de ces poissons, le cobite tænia.

Ce dernier cobite se trouve dans les rivières comme la loche; il s'y tient entre les pierres. Il se nourrit de vers, d'insectes aquatiques, d'œufs, et même quelquefois de très-jeunes individus de quelques petites espèces de poissons. Il perd la vie plus difficilement que la loche; et quand on le prend, il fait entendre une espèce de bruissement semblable à celui des balistes, des trigles, des cottes, des zées, etc. Bloch ayant mis deux tænias dans un vase plein d'eau de rivière et dans le fond duquel il avoit étendu du sable, les vit s'agiter sans cesse et remuer perpétuellement leurs lèvres.

La chair des tænias est maigre et coriace; et d'ailleurs ils sont d'autant moins recherchés, que l'on ne peut guère les saisir sans être piqué par les petits aiguillons situés auprès de leurs yeux. Mais s'ils ont moins à craindre des pêcheurs que les loches, ils sont la proie des persèques, des brochets, et des oiseaux d'eau.

Leur ligne latérale est à peine sensible; ils n'atteignent qu'à la longueur d'un ou deux décimètres. Leur dos est brun; leurs côtés sont jaunâtres, avec

---

* *Voyage dans les Alpes,* par de Saussure, §. 1533.

quatre rangées de taches brunes, inégales et irrégulières; les pectorales et l'anale sont grises; une nuance
jaune distingue les ventrales; la dorsale est jaune et
ornée de cinq rangs de points bruns; la caudale montre
sur un fond gris quatre ou cinq rangées transversales de points; le foie est long; la vésicule du fiel,
petite; le canal intestinal sans sinuosités; l'épine du
dos formée de quarante vertèbres; et le nombre total
des côtes, de cinquante-six.

Nous devons au citoyen Noël la description du cobite
trois-barbillons, qui se plaît dans les ruisseaux d'eau
courante et vive des environs de Rouen, et que l'on
trouve, vers l'équinoxe du printemps, gras et plein
d'œufs ou de laite. Sa partie supérieure est d'un roux
brun, et parsemée de taches arrondies; l'inférieure
est d'un fauve clair, ainsi que les nageoires. La dorsale et la nageoire de la queue sont pointillées de
noirâtre, le long de leurs rayons *.

---

* 3 rayons à la membrane branchiale du cobite loche.
  10 rayons à chaque pectorale.
   9 rayons à la nageoire du dos.
   8 rayons à celle de l'anus.
  17 rayons à la nageoire de la queue.

   3 rayons à la membrane branchiale du cobite tænia.
  11 rayons à chaque pectorale.
  10 rayons à la nageoire du dos.
   9 rayons à celle de l'anus.
  17 rayons à la nageoire de la queue.

CENT CINQUANTE-DEUXIÈME GENRE.

LES MISGURNES.

Le corps et la queue cylindriques; la peau gluante, et dénuée d'écailles facilement visibles; les yeux très-rapprochés du sommet de la tête; des dents et des barbillons aux mâchoires; une seule dorsale; cette nageoire très-courte.

ESPÈCE.	CARACTÈRES.
LE MISGURNE FOSSILE. (*Misgurnus fossilis.*)	Six barbillons à la mâchoire supérieure; quatre barbillons à l'inférieure; huit rayons à chaque ventrale.

LE MISGURNE FOSSILE*.

CE poisson habite dans les étangs ; on ne le voit du
moins dans les lacs et dans les rivières, que lorsque
le fond en est vaseux. Il perd difficilement la vie. Il

* Misgurnus fossilis.
Lôche d'étang, *en France.*
Fisgurn, *en Allemagne.*
Schlammpitzger, *ibid.*
Schlammbeisser, *ibid.*
Pritzker, *ou* pitzker, *ou* peissker, *ibid.*
Meertrusche, *ibid.*
Pfulfisch, *ibid.*
Schachtfeger, *ibid.*
Mural, *en Bohême.*
Prizker, *en Livonie.*
Pihkste, *ibid.*
Grundel, *en Pologne.*
Wijun, *en Russie.*
Piskum, *ibid.*
Misgurn, *en Angleterre.*
Dootvjoo, *au Japon.*
Cobitis fossilis. *Linné, édition de Gmelin.*
Cobite misgurn. *Daubenton et Haüy, Encyclopédie méthodique.*
Id. *Bonnaterre, planches de l'Encyclopédie méthodique.*
Faun. Suecic. 343.
Mus. Ad. Frid. 1, *p.* 76.
Cobitis aculeo bifurco, etc. *Gron. Act. Upsal.* 1742, *p.* 79, *t.* 3,
Bloch, pl. 31, *fig.* 1.
Cobitis cærulescens, etc. *Artedi, gen.* 2, *syn.* 3.

ne périt pas sous la glace, pour peu qu'il reste de
l'eau fluide au-dessous de celle qui est gelée. Il ne
meurt pas non plus lorsqu'il se trouve dans un marais
que l'art ou la Nature dessèchent, pourvu qu'il y reste
quelque portion d'eau, quelque bourbeuse qu'elle
puisse être : il se cache alors dans les trous qu'il creuse
au milieu de la fange. On le rencontre souvent dans
les cavités de la terre humide qui faisoit le fond d'un
marais ou d'un étang dont on vient de faire écouler
l'eau. C'est ce qui a fait croire à quelques auteurs qu'il
s'engendroit dans la terre, et qu'il n'alloit dans les
rivières ou les lacs, que lorsque les inondations l'at-
teignoient dans son asyle et l'entraînoient ensuite.
Mais au lieu de cette fable qui a été un peu accréditée,
et qui lui a fait donner le nom de *fossile*, il auroit
fallu dire que, d'après tous ces faits, il paroissoit que
le misgurne dont nous parlons, est beaucoup moins
sensible que presque tous les autres poissons, aux

Misgurn , *seu* fisgurn , *et* mustela fossilis. *Willughby, p.* 118, *et p.*
124.

Id. *Raj. p.* 69 , *n.* 6 ; *et p.* 70 , *n.* 9.

Gronov. Zooph. p. 56 , *n.* 201; *Mus.* 1 , *p.* 2, *n.* 7.

Klein, Miss. pisc. 4 , *p.* 59 , *t.* 15, *fig.* 3.

Mustela fossilis. *Aldrovand. Pisc. p.* 579.

Jonston, Pisc. p. 154 , *tab.* 28, *fig.* 8.

Marsil. Danub. 4 , *p.* 39, *tab.* 13, *fig.* 1.

Thermometrum vivum. *Clauder, Ephem. nat. curios. dec.* 2 , *an* 6 , *p.*
354, *obs.* 175 ,*f.* 71.

Beyszker. *Gesn. Thierb. p.* 160.

Pœcilia. *Schoner. p.* 56.

effets funestes des gaz qui se forment au-dessous de la
glace, ou que produisent les marais qui, au lieu d'eau
courante ou tranquille, ne présentent qu'une sorte de
boue délayée et d'humidité fétide *.

Cependant cet abdominal semble ressentir très-
vivement les impressions que peuvent faire éprouver
aux habitans des eaux, les vicissitudes de l'atmosphère,
et particulièrement les grandes variations que montre
dans certains temps l'électricité de l'air et de la terre.
On a remarqué que, lorsque l'orage menace, ce
misgurne quitte le fond des étangs pour venir à
leur surface, et s'y agite comme tourmenté par une
gêne fatigante ou par une sorte de vive inquiétude.
Cette habitude l'a fait garder avec soin dans des vases
par plusieurs observateurs. On l'a placé dans un vaisseau rempli d'eau de pluie ou de rivière, et garni,
dans le bas, d'une couche de terre grasse. On a eu le
soin de changer la terre et l'eau tous les trois ou
quatre jours pendant l'été, et tous les sept jours pendant l'hiver. On l'a mis pendant les froids dans une
chambre chaude, auprès de la fenêtre. On l'a gardé
ainsi pendant plus d'un an. On l'a vu rester tranquille
pendant le calme, sur la terre humectée, mais se
remuer fortement pendant la tempête, même vingt-
quatre heures avant que l'orage n'éclatât; monter,

---

* Consultez le Discours que nous avons intitulé *Des effets de l'art de*
l'homme sur la nature des poissons.

descendre, remonter, parcourir l'intérieur du vase
en différens sens, et en troubler le fluide. C'est d'après
cette observation qu'il a été comparé à un *baromètre*,
et qu'il a été nommé *baromètre vivant*.

Il parvient à la longueur de trois ou quatre décimètres, et quelquefois il a montré celle de onze ou
douze. Ayant beaucoup de rapports par sa conformation extérieure avec la murène anguille, il n'est pas
surprenant qu'il puisse facilement, comme cette dernière, s'insinuer dans la terre molle, et y pratiquer
des cavités proportionnées à son volume; et c'est ce
qui fait qu'il se retire dans la fange ou dans la vase,
non seulement lorsque le desséchement des étangs ne
lui permet pas de demeurer au-dessus de leur fond
privé d'eau presque en entier, mais encore lorsqu'il
veut éviter une action trop vive du froid qui paroît
l'incommoder. Cette précaution qu'il prend de se renfermer sous terre lorsque la température est moins
chaude, l'a fait appeler *thermomètre vivant*, comme
les mouvemens qu'il se donne lorsque le temps est
orageux, l'ont fait désigner par le nom de *baromètre
vivant* ou *animé*.

Le misgurne fossile sort de son habitation souter-
raine lorsque le printemps est de retour. Il va alors
déposer ses œufs ou sa laite sur les herbages de son
marais.

Il se nourrit de vers, d'insectes, de très-petits poissons, et des résidus de substances organisées qu'il

trouve dans la vase. Il multiplie beaucoup ; et néanmoins il a bien des ennemis à craindre. Les grenouilles
l'attaquent avec succès, lorsqu'il est encore jeune ; les
écrevisses le saisissent avec leurs pattes, et le pressent
assez fortement pour lui donner la mort ; les persèques, les brochets, le dévorent ; les pêcheurs le
poursuivent. Ils le prennent rarement à l'hameçon,
auquel il ne se détermine pas facilement à mordre ;
mais ils le pêchent avec des nasses garnies d'herbes,
avec des filets, et particulièrement avec la truble *.

* La *truble* ou le *truble* est un filet en forme de poche, dont les bords
sont attachés à la circonférence d'un cercle de bois et de fer, auquel on
ajuste un manche. Un pêcheur qui apperçoit des poissons à une petite
profondeur dans l'eau, passe le *truble* par-dessous ces animaux, et le
relève à l'instant, de manière qu'ils se trouvent pris dans la poche. On
se sert aussi du *truble* pour s'emparer des poissons pris dans les *bourdigues*,
ou pour enlever ceux qui ont mordu à l'hameçon, mais qui par leur poids
pourroient rompre les lignes.

Les *bourdigues* sont composées de deux cloisons faites avec des pieux
ou des filets ; ces cloisons convergent vers le courant. On les élève dans
les canaux qui communiquent des étangs dans la mer, pour prendre les
poissons qui veulent regagner l'eau salée.

Il y a des *trubles* carrés qui sont plus commodes pour prendre les poissons renfermés dans des réservoirs particuliers.

Ceux que l'on nomme dans quelques endroits *étiquettes*, ou *pêches*,
sont de petits filets dont la figure est semblable à celle d'un grand capuchon. L'ouverture de cette sorte de capuchon est attachée à un cerceau,
ou à quatre bâtons suspendus au bout d'une perche. On amorce cet instrument avec des vers de terre, qu'on enfile par le milieu du corps, et
qu'on attache de manière que lorsque le filet est dans l'eau, ils pendent
à un ou deux décimètres du fond. On s'en sert pour pêcher des écrevisses,
aussi-bien que différentes espèces de poisson.

Le *trubleau* est un petit ou une petite *truble*.

Il n'est cependant pas très-recherché, parce que sa chair est molle, imprégnée d'un goût de marécage, et enduite d'un suc visqueux. On lui ôte cette substance gluante, en le plongeant dans un vase dont l'eau contient du sel marin ou des cendres. L'animal s'y remue, s'y contourne, s'y tourmente, s'y purifie, pour ainsi dire ; et on le lave ensuite dans de l'eau douce.

Cette matière gluante dont le misgurne fossile est couvert, aussi-bien que pénétré, influe sur ses couleurs ; elle en détermine plusieurs nuances ; suivant qu'elle est plus ou moins abondante, elle en fait varier quelques tons ; et comme les différentes eaux peuvent, suivant leur pureté ou leur mélange avec des substances étrangères, agir diversement sur cette liqueur visqueuse, en dissoudre ou en emporter plus ou moins, en diminuer plus ou moins la quantité et l'influence, les couleurs du fossile varient suivant la nature des eaux qu'il habite. Ce qui le prouve d'ailleurs, c'est que lorsqu'on nettoie avec de l'alcool, ou de toute autre manière, le ventre de ce misgurne, la belle couleur jaune de cette partie disparoît entièrement.

Voici cependant quelles sont les couleurs les plus ordinaires de cet abdominal. Son dos est noirâtre ; il est orné de raies longitudinales jaunes et brunes, sur lesquelles on apperçoit quelques taches. Son ventre brille d'une teinte orangée que relèvent des points noirs. Les joues et les membranes branchiales sont jaunes et parsemées de taches brunes. La dorsale, les pectorales et la caudale montrent des taches noires sur un fond jaune ; les ventrales et l'anale sont jaunes ou jaunâtres.

Le museau du misgurne fossile est un peu pointu ; l'orifice de sa bouche alongé ; chacune de ses mâchoires garnie de douze petites dents ; sa langue menue et pointue ; l'orifice de ses narines placé auprès d'un piquant ; sa nuque large ; sa caudale arrondie ; sa dorsale courte, et plus près de la nageoire de la queue que de la tête.

Ses écailles minces, légèrement rayées, demi-transparentes, paroissent transmettre uniquement les nuances de la peau produites ou modifiées par la substance visqueuse qui l'arrose *.

L'estomac est petit ; le canal intestinal court et sans sinuosités ; le foie long ; la vésicule du fiel grande ; l'ovaire double ainsi que la laite. Les œufs sont brunâtres, et de la grosseur d'une graine de pavot.

Bloch a écrit que le fossile ne rejetoit pas de bulles d'air ou de gaz par la bouche ; qu'il en rendoit par l'anus, et que cette différence venoit de ce que ce poisson manquoit de vessie aérienne ou natatoire. Il a pensé aussi que cet abdominal avoit auprès de la nuque deux vésicules remplies d'une substance

---

* Voyez notre *Discours sur la nature des poissons.*

laiteuse. Mais le professeur Schneider ayant disséqué plusieurs individus de l'espèce de misgurne que nous décrivons, a montré que ce poisson n'avoit auprès de la nuque qu'une seule vésicule; que cette vésicule étoit osseuse, déprimée dans le milieu et arrondie dans les deux bouts, de manière à paroître double; qu'elle étoit attachée à la troisième et à la quatrième vertèbre; que ses apophyses ou ses appendices latéraux servoient de point d'attache aux muscles des nageoires pectorales; que cette sorte de boîte osseuse contenoit une véritable vessie aérienne; que cette vessie aérienne ou natatoire étoit peu volumineuse, simple, membraneuse, blanche; et qu'elle communiquoit avec l'œsophage par un conduit très-petit et très-court[1].

Ce savant professeur ajoute dans son excellent ouvrage, qu'il n'a jamais vu le misgurne fossile rendre des bulles d'air par l'anus, mais que cet abdominal en rejette très-souvent par la bouche[2], en faisant entendre un bruissement très-sensible[3].

---

[1] *Petri Artedi Synonymia piscium*, etc. par J. G. Schneider, etc. pages 5 et 337.

[2] Consultez notre *Discours sur la nature des poissons*.

[3]   4 rayons à la membrane branchiale du misgurne fossile.
    7 rayons à la dorsale.
    11 rayons à chaque pectorale.
    8 rayons à la nageoire de l'anus.
    14 rayons à celle de la queue.
    48 vertèbres à l'épine du dos.
    30 côtes de chaque côté de l'épine dorsale.

CENT CINQUANTE-TROISIÈME GENRE.

LES ANABLEPS.

Le corps et la queue presque cylindriques; des barbillons
et des dents aux mâchoires; une seule nageoire du dos;
cette nageoire très-courte; deux prunelles à chaque œil.

ESPÈCE.	CARACTÈRES.
L'ANABLEPS SURINAM. (*Anableps surinamensis.*)	{ Un barbillon à chacun des deux coins de l'ouverture de la bouche; sept rayons à chaque ventrale.

L'ANABLEPS SURINAM*.

On trouve à Surinam, dans les rivières, et près des rivages de la mer, ce poisson très-digne de l'attention des physiciens par les singularités de sa conformation. On peut voir dans le second volume des *Mémoires de la classe des sciences physiques et mathématiques de l'Institut national,* une notice que nous avons lue devant nos confrères en thermidor de l'an 5, sur ce poisson remarquable, et particulièrement sur la structure extraordinaire de son organe de la vue. Nous allons réunir ici à ce que nous avions découvert dans la con-

---

* Anableps surinamensis.
Gros-yeux, *par plusieurs François.*
Vier-auge, *par les Allemands.*
Four-eye, *par les Anglois.*
Hoogkiker, *par les Hollandois de Surinam.*
Coutai, *par les nègres de la même contrée.*
Cobitis anableps. *Linné, édition de Gmelin.*
Cobite gros-yeux. *Daubenton et Haüy, Encyclopédie méthodique.*
Id. *Bonnaterre, planches de l'Encyclopédie méthodique.*
Mus. Ad. Frid. 2, *p.* 95.
Anableps. *Artedi, gen.* 25, *syn.* 43.
Id. *Seba, Mus.* 3, *p.* 108, *tab.* 34, *fig.* 7.
Anableps tetrophthalmus. *Bloch, pl.* 361, *fig.* 1, 2, 3 et 4.
Anableps. *Gronov. Mus.* 1, *n.* 32, *tab.* 1, *fig.* 1-3.

formation de cet animal, lors de cette époque, ce que nous avons appris depuis sur le même sujet.

La tête de l'anableps surinam est couverte de petites écailles, plus large que haute, et comme tronquée et même échancrée par-devant. La mâchoire supérieure, plus avancée que l'inférieure, s'alonge et se replie vers le bas. Ces deux mâchoires, la langue et le palais sont hérissés de petites dents. On ne compte qu'un orifice à chaque narine.

Mais l'œil de cet anableps est l'organe de ce poisson qui mérite le plus l'examen de l'observateur. Voici ce que nous en avons publié dans l'ouvrage que nous venons de citer :

« L'œil de l'anableps est placé dans une orbite dont » le bord supérieur est très-relevé ; mais il est très- » gros et très-saillant.

» Si l'on regarde la cornée avec attention, on voit » qu'elle est divisée en deux portions très-distinctes, » à peu près égales en surface, faisant partie chacune » d'une sphère particulière, placées l'une en haut et » l'autre en bas, et réunies par une petite bande » étroite, membraneuse, peu transparente, et qui est » à peu près dans un plan horizontal, lorsque le pois- » son est dans sa position naturelle.

» Si l'on considère ensuite la cornée inférieure, on » appercevra aisément au travers de cette cornée un » iris et une prunelle assez grande, au-delà de laquelle » on voit très-facilement le crystallin. Cet iris est

» incliné de dedans en dehors, et il va s'attacher à la
» bande courbe et horizontale qui réunit les deux
» cornées.

» Il a été vu par Artédi, ainsi que les deux cornées;
» mais là cesse la justesse des observations de cet
» habile naturaliste, qui n'a eu apparemment à sa dis-
» position que des individus mal conservés. S'il avoit
» examiné des anableps moins altérés, il auroit ap-
» perçu un second iris percé d'une seconde prunelle,
» placé derrière la cornée supérieure, comme le pre-
» mier iris est situé derrière la cornée d'en-bas, et
» aboutissant également à la bandelette courbe et ho-
» rizontale qui lie les deux cornées *.

» Les deux iris se touchent dans plusieurs points
» derrière cette bandelette. Ils sont les deux plans qui
» soutiennent les deux petites calottes formées par les
» deux cornées, et sont inclinés l'un sur l'autre, de
» manière à produire un angle très-ouvert.

» Dans tous les individus que j'ai examinés, la pru-
» nelle de l'iris supérieur m'a paru plus grande que
» celle de l'inférieur; et, d'après la différence de leurs
» diamètres, il n'est pas surprenant que l'on voie le
» crystallin encore mieux au travers de cette ouverture

---

* Depuis la lecture de ce Mémoire à la classe des sciences physiques
et mathématiques de l'Institut, nous avons reçu en France la partie de
l'Ichthyologie de Bloch dans laquelle ce savant a donné une description
très-détaillée de l'œil de l'anableps surinam.

» qu'au travers de la seconde. Il semble même quelque-
» fois qu'on apperçoive deux cry͏stallins; et c'est ce qui
» justifie, jusqu'à un certain point, l'opinion de ceux
» qui ont pensé que chaque œil étoit double. Mais ce
» n'est qu'une illusion d'optique, dont je me suis assuré
» en disséquant plusieurs yeux d'anableps, et qu'il
» est aisé d'expliquer.

» En effet, la réfraction produite par la différence
» de densité qui se trouve entre les humeurs intérieures
» de l'œil et le fluide extérieur qui le baigne, doit faire
» que ceux qui examinent l'œil de l'anableps sous un
» certain angle, voient le crystallin plus élevé qu'il ne
» l'est réellement, s'ils le considèrent par l'ouverture
» de l'iris supérieur, et plus abaissé, au contraire, s'ils
» le regardent par l'ouverture de l'iris inférieur. Lors-
» qu'ils l'observent en même temps par les deux ouver-
» tures, ils l'apperçoivent à la fois plus haut et plus
» bas qu'il ne l'est dans la réalité; et ils le voient en
» haut et en bas à une assez grande distance de sa
» véritable place, pour que les deux images se séparent,
» et que le crystallin paroisse double. Il n'y a donc
» qu'un seul organe de la vue de chaque côté; car
» chaque œil n'a qu'un crystallin, qu'une humeur vitrée,
» et qu'une rétine : mais chaque œil a plusieurs parties
» principales doubles, une double cornée, une double
» cavité pour l'humeur aqueuse, un double iris, une
» double prunelle; et c'est ce que personne n'avoit
» encore vérifié ni même indiqué, et qu'on ne retrouve

» dans aucune classe d'animaux vertébrés et à sang
» rouge.

» Chaque cornée appartenant à une sphère particu-
» lière, le centre de leurs courbures n'est pas le même;
» et comme le crystallin est sensiblement sphérique,
» ainsi que dans presque tous les poissons, il n'y a
» pas dans ce dernier corps deux réfractions diffé-
» rentes, l'une pour les rayons qui ont traversé la pre-
» mière cornée, et l'autre pour ceux qui ont passé
» au travers de la seconde. Il doit donc y avoir sur
» la rétine deux foyers principaux, à l'un desquels
» arrivent les rayons qui viennent de la cornée supé-
» rieure, et dont l'autre reçoit ceux qu'a laissé passer
» la cornée inférieure. Voilà donc encore un foyer
» double à ajouter à la double cornée, à la double
» cavité, au double iris, à la double prunelle : mais
» ce foyer et ces autres parties doubles appartiennent
» au même organe, et il faut toujours dire que l'ani-
» mal n'a qu'un œil de chaque côté.

» Les iris de plusieurs espèces de poissons paroissent
» ne pouvoir pas se dilater, ni diminuer par leur exten-
» sion l'ouverture à laquelle le nom de *prunelle* a été
» donné : mais je me suis convaincu que ceux de
» plusieurs autres espèces de ces animaux s'étendent et
» raccourcissent les dimensions de la prunelle. Le plus
» souvent même ces derniers iris sont organisés de ma-
» nière que la prunelle, comme celle de plusieurs qua-
» drupèdes ovipares, de plusieurs serpens, de plusieurs

» oiseaux, et de quelques quadrupèdes à mamelles,
» diminue au point de ne laisser passer qu'un très-
» petit nombre de rayons de lumière, en se changeant
» en une fente très-peu visible, verticale ou horizon-
» tale; et cette organisation peut, dans certains pois-
» sons, compenser jusqu'à un certain degré le défaut
» de véritables paupières et de vraies membranes
» clignotantes, que de savans naturalistes ont cru
» voir sur plusieurs de ces animaux, mais qui ne se
» trouvent cependant peut-être sur aucune de leurs
» espèces.

» Je ne puis pas dire positivement que les iris de
» l'anableps soient doués de cette extensibilité. Néan-
» moins une comparaison attentive, et l'habitude que
» m'ont donnée plusieurs années d'observations ich-
» thyologiques, de distinguer dans les parties des pois-
» sons, des traits assez déliés, me font croire que les
» dimensions des prunelles de l'anableps peuvent aisé-
» ment être diminuées.

» Il faut remarquer que cet abdominal passe une
» partie de sa vie caché presque en entier dans la
» vase, comme les poissons de sa famille, et que, dans
» cette position, il ne peut appercevoir que des objets
» situés au-dessus de sa tête; mais qu'assez souvent
» cependant il nage près de la surface des eaux, et
» doit alors chercher à voir, au-dessous du plan qu'il
» occupe, les petits vers dont il se nourrit, et les
» grands poissons dont il craint de devenir la proie.

» Si l'on étoit assuré de la dilatabilité de ses iris, on
» pourroit donc croire que, lorsqu'il est très-voisin de
» la surface des eaux, l'iris supérieur, exposé à une
» lumière plus vive, se dilate au point de réduire la
» prunelle supérieure à une petite fente, et que le
» poisson voit nettement alors, par la prunelle infé-
» rieure beaucoup moins resserrée, les corps placés
» au-dessous du plan dans lequel il se meut, les images
» de ces corps ne se confondant plus avec des impres-
» sions de rayons lumineux que ne laisse plus passer
» la prunelle supérieure.

» On pourroit penser de même que, lorsqu'au con-
» traire l'anableps est caché en partie dans le limon du
» fond des eaux, son iris supérieur, très-peu éclairé,
» se contracte, sa prunelle supérieure s'agrandit en
» s'arrondissant, et le poisson discerne les objets flot-
» tans au-dessus de lui, sans que sa vision soit trou-
» blée par les effets de la prunelle inférieure, placée
» alors, pour ainsi dire, contre la vase, et privée, par
» sa position, de presque toute clarté.

» Au reste, on doit être d'autant plus porté à attri-
» buer aux iris de l'anableps la propriété de se dila-
» ter, que, sans cette faculté, les deux foyers du fond
» de l'œil de cet animal seroient souvent simultané-
» ment ébranlés par des rayons lumineux très-nom-
» breux. Mais comment alors la vision ne seroit-elle
» pas très-troublée, et comment pourroit-il distinguer
» les objets qu'il redoute, ou ceux qu'il recherche?

» D'ailleurs, sans cette même extensibilité des iris,
» la prunelle supérieure seroit, pendant la vie de l'ani-
» mal, presque aussi grande que dans les individus
» conservés après leur mort dans de l'alcool affoibli :
» dès-lors, non seulement il y auroit souvent deux
» foyers simultanément en grande activité, et par con-
» séquent une source de confusion dans la vision; mais
» encore il est aisé de se convaincre, par l'observation
» de quelques uns de ces individus conservés dans de
» l'alcool, qu'une assez grande quantité de lumière,
» passant par la prunelle supérieure, arriveroit sou-
» vent jusqu'au fond de l'œil et jusqu'à la rétine sans
» traverser le crystallin, pendant que ce crystallin
» seroit traversé par d'autres rayons lumineux trans-
» mis par cette même prunelle supérieure; et la vision
» de l'anableps ne seroit-elle pas soumise à une cause
» perturbatrice de plus?

» Mais la plupart de ces dernières idées ne sont
» que des conjectures; et je regarde uniquement
» comme prouvé, que si l'anableps n'a pas deux
» yeux de chaque côté, il a dans chaque œil deux
» cornées, deux cavités pour l'humeur aqueuse, deux
» iris, deux prunelles, et deux foyers de rayons lumi-
» neux. »

Bloch a examiné des fœtus d'anableps; et il a vu
que, dans ces embryons, les deux prolongations de la
choroïde ne se réunissant pas, et la bande transversale n'étant pas encore sensible, on ne distinguoit

pas les deux prunelles comme dans l'animal plus
avancé en âge.

Le corps du surinam est un peu aplati par-dessus;
mais sa queue est presque entièrement cylindrique.
On apperçoit à peine la ligne latérale; l'anus est plus
près de la caudale que de la tête; la dorsale est encore plus voisine de cette caudale qui est arrondie:
ces deux nageoires, ainsi que celle de l'anus et les
pectorales, sont revêtues en partie de petites écailles.

Les petits de cet anableps sortent de l'œuf dans le
ventre de la mère, comme ceux des raies, des squales,
de quelques blennies, etc.; l'ovaire consiste dans deux
sacs inégaux, assez grands et membraneux, dans lesquels on a trouvé de jeunes individus non encore éclos,
renfermés dans une membrane très-fine et transparente qui forme l'enveloppe de leur œuf, et placés
au-dessus d'un globule jaunâtre.

La nageoire de l'anus du mâle offre une conformation que nous ne devons pas passer sous silence. Elle
est composée de neuf rayons: mais on n'en voit bien
distinctement que les trois ou quatre derniers; les
autres sont réunis au moins à demi avec un appendice
conique couvert de petites écailles, et placé au-devant
de la nageoire. Cet appendice est creux, percé par le
bout, et communique avec les conduits de la laite et
de la vessie urinaire. C'est par l'orifice que l'on voit
à l'extrémité de ce tuyau dont la longueur égale la
hauteur de l'anale, que l'anableps surinam rend son

urine et laisse échapper sa liqueur séminale, au lieu
de faire sortir l'une et l'autre par l'anus, comme un si
grand nombre de poissons.

Les jeunes anableps éclosant dans le ventre de la
mère, il est évident que les œufs sont fécondés dans
l'ovaire, et par conséquent qu'il y a un véritable accouplement du mâle et de la femelle. Cette union doit
être même plus intime que celle des raies, des squales,
de quelques blennies, de quelques silures, parce
que le mâle de l'anableps surinam a un organe géni-
tal extérieur dont il paroît que l'extrémité; malgré la
position de cet appendice contre l'anale, peut être un
peu introduite dans l'anus de la femelle.

La laite est double, mais petite à proportion de la
grandeur du mâle. En général, les poissons qui s'accouplent et qui ne fécondent que les œufs renfermés
dans les ovaires de la femelle, paroissent avoir une
laite moins volumineuse que ceux qui ne s'accouplent
pas, et qui parcourent les rivages pour répandre leur
liqueur prolifique sur des tas d'œufs pondus depuis un
temps plus ou moins long *.

L'estomac est composé d'une membrane mince; le

* 5 rayons à la membrane branchiale de l'anableps surinam.
7   à la dorsale.
22   à chaque pectorale.
9   à la nageoire de l'anus.
19   à celle de la queue.

canal intestinal montre quelques sinuosités ; et le foie
a deux lobes.

De chaque côté de l'animal, on compte cinq raies
longitudinales noirâtres qui se réunissent souvent vers
la nageoire de la queue.

L'anableps surinam multiplie beaucoup; et les habitans du pays où on le trouve, aiment à s'en nourrir.

Il vit dans la mer. Il s'y tient souvent à la surface,
et la tête hors de l'eau. Il se plaît aussi à s'élancer sur
la grève, d'où il revient en sautillant, lorsqu'il est
effrayé par quelque objet.

CENT CINQUANTE-QUATRIÈME GENRE.

LES FUNDULES.

Le corps et la queue presque cylindriques ; des dents et point de barbillons aux mâchoires ; une seule nageoire du dos.

ESPÈCES.	CARACTÈRES.
1. LE FUNDULE MUDFISH. (*Fundulus mudfish*)	Six rayons à chaque ventrale ; les écailles grandes et lisses ; des points blancs sur la nageoire du dos et sur celle de l'anus.
2. LE FUNDULE JAPONOIS. (*Fundulus japonicus.*)	Huit rayons à chaque ventrale.

LE FUNDULE MUDFISH,

ET

LE FUNDULE JAPONOIS[2].

LA Caroline est la patrie du mudfish[3]. Sa tête, garnie de petites écailles, est un peu aplatie. La nageoire dorsale est à peu près aussi reculée que celle de l'anus. Les taches rondes et blanchâtres que l'on voit sur ces deux nageoires, sont transparentes. La caudale est aussi

[1] Fundulus mudfish.
Cobitis heteroclita. *Linné, édition de Gmelin.*
Cobite limoneux. *Daubenton et Haüy, Encyclopédie méthodique.*

[2] Fundulus japonicus,
Cobitis japonica. *Linné, édition de Gmelin.*
Houttuyn, Act. Haarl. XX, 2, p. 337, *n.* 26.

[3]　5 rayons à la membrane branchiale du fundule mudfish.
　12　　à la nageoire du dos.
　16　　à chaque pectorale.
　10　　à la nageoire de l'anus.
　25　　à la nageoire de la queue.

　12 rayons à la dorsale du fundule japonois.
　11　　à chaque pectorale.
　　9　　à la nageoire de l'anus.
　20　　à celle de la queue.

très-diaphane sur ses bords : elle est d'ailleurs arrondie, et présente non seulement des taches blanches,
mais encore des bandes transversales noires. Le dessous
de l'animal montre une nuance jaunâtre.

Le japonois, qui a été décrit par le savant Houttuyn,
n'a pas deux décimètres de longueur. Sa grosseur est
très-peu considérable, ainsi que celle du mudfish.

CENT CINQUANTE-CINQUIÈME GENRE.

LES COLUBRINES.

La tête très-alongée; sa partie supérieure revêtue d'écailles conformées et disposées comme celles qui recouvrent le dessus de la tête des couleuvres; le corps très-alongé; point de nageoire dorsale.

ESPÈCE.	CARACTÈRES.
LA COLUBRINE CHINOISE. *(Colubrina chinensis.)*	La caudale fourchue; la couleur générale d'un argenté bleuâtre et sans taches.

LA COLUBRINE CHINOISE*.

LA collection des belles peintures exécutées à la Chine et cédées à la France par la république batave, renferme une image très-bien faite de cette espèce pour laquelle nous avons dû former un genre particulier. Ses caractères génériques et ses principaux traits spécifiques sont indiqués sur le tableau de son genre. Il montre, ce tableau, combien la colubrine chinoise a de rapports avec les couleuvres. Le défaut de la nageoire du dos, la couverture de la tête, l'alongement de la tête et du corps, lui donnent sur-tout beaucoup de ressemblance avec les serpens; et par conséquent ses habitudes doivent se rapprocher beaucoup de celles des cobites, des cépoles, des murènes, des murénophis, et des autres poissons que l'on désigne par l'épithète de *serpentiformes*.

Les nageoires ventrales de la chinoise sont très-près de l'anus; cet orifice est trois fois plus éloigné de la tête que de la caudale; elle a une nageoire au-delà de cette ouverture; et les séparations de ses petits muscles obliques sont très-sensibles sur la partie supérieure de son corps et de sa queue.

---

* Colubrina chinensis.

CENT CINQUANTE-SIXIÈME GENRE.

LES AMIES.

La tête dénuée de petites écailles, rude, recouverte de
grandes lames que réunissent des sutures très-marquées;
des dents aux mâchoires et au palais; des barbillons à
la mâchoire supérieure; la dorsale longue, basse, et
rapprochée de la caudale; l'anale très-courte; plus de
dix rayons à la membrane des branchies.

ESPÈCE.	CARACTÈRES.
L'AMIE CHAUVE. (*Amia calva.*)	{ La ligne latérale droite; la caudale arrondie.

L'AMIE CHAUVE[1].

CETTE amie vit dans les eaux douces de la Caroline.
Elle doit y préférer les fonds limoneux, puisqu'on l'y a
nommée poisson de vase (*mudfish*). De petites écailles
recouvrent son corps et sa queue : mais sa tête paroît
comme écorchée, et montrer à découvert les os qui
la composent. Les opercules sont arrondis dans leur
contour, et presque osseux. On peut voir, auprès de
la gorge, deux petites plaques osseuses et striées du
centre à la circonférence. Les pectorales et l'anale ne
sont guère plus grandes que les ventrales. Ces dernières nageoires sont à une distance presque égale de
la tête et de la nageoire de la queue[2].

La mâchoire inférieure est un peu plus avancée que

---

[1] Amia calva.
Mudfish, *dans la Caroline.*
Amia calva. *Linné, édition de Gmelin.*
Amie tête-nue. *Daubenton et Haüy, Encyclopédie méthodique.*
Id. *Bonnaterre, planches de l'Encyclopédie méthodique.*

[2] 12 rayons à la membrane branchiale de l'amie.
42   à la nageoire du dos.
15   à chaque pectorale.
7   à chaque ventrale.
10   à la nageoire de l'anus.
20   à celle de la queue.

la supérieure, au-dessus de laquelle on compte deux barbillons.

L'amie chauve parvient à une longueur un peu considérable. Mais il paroît que le goût de sa chair n'est pas assez agréable pour qu'elle soit très-recherchée.

CENT CINQUANTE-SEPTIÈME GENRE.

LES BUTYRINS.

La tête dénuée de petites écailles, et ayant de longueur à peu près le quart de la longueur totale de l'animal; une seule nageoire sur le dos.

ESPÈCE.	CARACTÈRES.
LE BUTYRIN BANANÉ. (*Butyrinus bananus.*)	La caudale fourchue; quatre raies longitudinales et ondulées de chaque côté du dos.

LE BUTYRIN BANANÉ*.

NOUS avons trouvé dans les manuscrits de Commerson une description courte, mais précise, de ce poisson, que les naturalistes ne connoissent pas encore. Nous avons dû inscrire ce butyrin dans un genre particulier que nous avons placé à la suite des amies, parce que ce banané a beaucoup de rapports avec ces abdominaux par la nudité de sa tête, pendant que la longueur de cette même partie l'en sépare d'une manière très-distincte. Nous ne pouvons ajouter qu'un trait à ceux que nous avons indiqués sur le tableau générique, c'est que le butyrin banané a une ligne latérale presque droite.

* Butyrinus, poisson banané. *Commerson, manuscrits déja cités.*

CENT CINQUANTE-HUITIÈME GENRE.

LES TRIPTÉRONOTES.

Trois nageoires dorsales ; une seule nageoire de l'anus.

ESPÈCE.	CARACTÈRES.
LE TRIPTÉRONOTE HAUTIN. (*Tripteronotus hautin.*)	La tête dénuée de petites écailles ; la mâchoire supérieure beaucoup plus avancée que l'inférieure, et terminée par une prolongation pointue.

LE TRIPTÉRONOTE HAUTIN *.

Rondelet a donné un dessin de cette espèce de poisson, dont il avoit vu un individu à Anvers. Nous avons mis cet abdominal dans un genre particulier; et nous avons désigné ce genre par le nom de *triptéronote,* pour indiquer le caractère remarquable que lui donne le nombre de ses nageoires du dos. On ne connoît en effet que très-peu de poissons qui aient trois nageoires dorsales : le hautin est le seul des abdominaux qui en ait montré trois aux naturalistes; et malgré la présence de ce triple instrument de natation, il n'a qu'une nageoire de l'anus, pendant qu'on compte ordinairement deux anales, lorsqu'il y a trois nageoires du dos.

Toutes les dorsales et l'anale du hautin sont triangulaires, et à peu près de la même grandeur. Sa caudale est grande et fourchue. Les ventrales sont plus rapprochées de cette nageoire de la queue que de la tête. Le corps est recouvert, ainsi que la queue, d'écailles assez petites. L'opercule est arrondi; l'œil gros; le museau très-long, menu, pointu, noir et mou; l'ouverture de la bouche assez étroite.

---

* Tripteronotus hautin.
Hautin. *Rondelet, seconde partie, chap.* 17.

CENT CINQUANTE-NEUVIÈME GENRE.

LES OMPOKS.

Des barbillons et des dents aux mâchoires ; point de nageoires dorsales ; une longue nageoire de l'anus.

ESPÈCE.	CARACTÈRES.
L'OMPOK SILUROÏDE. (*Ompok siluroïdes.*)	La mâchoire inférieure plus avancée que la supérieure ; deux barbillons à la mâchoire d'en-haut.

L'OMPOK SILUROÏDE[1].

Nous avons trouvé un individu de cette espèce parmi les poissons desséchés de la collection donnée à la France par la république batave. Une inscription attachée à cet individu indiquoit que le nom donné à cette espèce dans le pays qu'elle habite, étoit *ompok* ; nous en avons fait son nom générique, et nous avons tiré son nom propre de ses rapports avec les silures. Sa description n'a encore été publiée par aucun naturaliste. Plusieurs rangs de dents grandes, acérées, mais inégales, garnissent ses deux mâchoires. Les deux barbillons que l'on voit auprès des narines, ont une longueur à peu près égale à celle de la tête. L'anale est assez longue pour s'étendre jusqu'à la nageoire de la queue ; mais elle ne se confond pas avec cette dernière[2].

[1] Ompok siluroïdes.

[2] 9 rayons à la membrane branchiale de l'ompok siluroïde.
  1 rayon aiguillonné et 11 rayons articulés à chaque pectorale.
  56 rayons à la nageoire de l'anus.
  17 rayons à celle de la queue.

NOMENCLATURE

DES SILURES, DES MACROPTÉRONOTES,
DES MALAPTÉRURES, DES PIMÉLODES,
DES DORAS, DES POGONATHES, DES
CATAPHRACTES, DES PLOTOSES, DES
AGÉNÉIOSES, DES MACRORAMPHOSES,
ET DES CENTRANODONS.

On a décrit jusqu'à présent, sous le nom de *silures*, un très-grand nombre de poissons de l'ancien ou du nouveau continent, très-propres à exciter la curiosité des physiciens par leurs formes et par leurs habitudes : mais plusieurs de ces animaux diffèrent trop de ceux avec lesquels on les a réunis, pour que nous ayons dû laisser subsister une association qui auroit jeté de l'obscurité dans la partie de l'histoire naturelle dont nous nous occupons, et donné des idées fausses sur les rapports qui lient les objets de notre étude. Bloch avoit déja senti qu'il falloit diviser le genre des silures, établi par les naturalistes qui l'avoient précédé, et il avoit séparé des vrais silures, les abdominaux qu'il a nommés *platystes*, et ceux qu'il a appelés *cataphractes*. Cependant, pour peu qu'on lise avec attention l'ouvrage de Bloch, et qu'on réfléchisse aux principes qui nous ont dirigés dans nos distributions méthodiques, on verra aisément que nous n'avons pu nous contenter de ces deux sections formées par Bloch, ni même les adopter sans quelques modifications. D'un autre côté, nous avions à classer des espèces que l'on n'avoit pas encore décrites, et qui sont plus ou moins voisines des véritables silures. D'après ces considérations, nous avons cru devoir distribuer ces différens animaux dans onze genres différens. Tous ces poissons ont la tête couverte de lames grandes et dures, ou revêtue d'une peau visqueuse. Leur bouche est située à l'extrémité de leur museau. Des barbillons garnissent leurs mâchoires, ou le premier rayon de leurs pectorales et celui de la nageoire de leur dos sont durs, forts, et souvent dentelés, ou du moins le premier rayon de l'une de ces nageoires présente cette dureté, cette force, et quelquefois une dentelure. Leur corps est gros; une mucosité abondante enduit et pénètre presque tous leurs tégumens. Mais nous ne regardons comme de véritables silures que ceux dont la dorsale est très-courte et unique, et qui par ce trait de conformation, ainsi que par plusieurs autres caractères, ont de très-grands rapports avec le *glanis*, que tant d'auteurs n'ont désigné pendant long-temps que par le nom de *silure*. Nous plaçons dans un second genre ceux qui, de même que la *charmuth* du Nil, ont une dorsale unique, mais très-longue. Nous réservons pour un troisième, l'espèce que les naturalistes appellent encore *silure électrique*, qui ne montre qu'une nageoire du dos, mais sur laquelle cette dorsale n'est qu'une sorte d'excroissance adipeuse, et s'élève très-près de la caudale. Un quatrième genre renfermera le *bagre* et les autres espèces voisines de ce dernier, qui ont, comme ce poisson, une nageoire du dos soutenue par des rayons, et une seconde dorsale uniquement adipeuse. Nous formons le cinquième, de ceux qui, indépendamment d'une dorsale rayonnée et d'une seconde dorsale simplement adipeuse, ont une portion plus ou moins considérable de leurs côtés garnie d'une sorte de cuirasse que forment des lames larges, dures et souvent hérissées de petits dards. Nous avons inscrit dans le sixième genre les espèces dont on devra la connoissance à Commerson, et qui, présentant deux nageoires dorsales soutenues par des rayons, ont de plus leurs côtés relevés longitudinalement par des lames ou des écailles particulières. On verra dans le septième, le callichthe et tous ceux des poissons dont nous nous occupons, qui ont de grandes lames sur leurs côtés, deux nageoires sur le dos, des rayons à chacune de ces nageoires, et qui n'offrent qu'un seul rayon dans leur seconde dorsale. Le huitième renfermera ceux dont la queue très-longue est bordée d'une seconde dorsale et d'une anale confondues l'une et l'autre avec la caudale. Ils ont un instrument de natation d'une grande énergie, et une rame puissante leur imprime des mouvemens plus rapides que ceux de leurs analogues qui ont reçu la même force et le même volume. Dans le neuvième seront rangés ceux qui ont deux nageoires dorsales dont la seconde est adipeuse, et qui sont dénués de barbillons. Au dixième appartiendront les espèces qui ont deux nageoires dorsales fortifiées l'une et l'autre par des rayons, le premier rayon de la première de ces dorsales, très-long, très-fort et dentelé, le museau très-alongé relativement à leurs dimensions générales, et les mâchoires sans barbillons. On trouvera enfin dans le onzième les espèces qui, n'ayant pas reçu de barbillons, élèvent sur leur dos deux nageoires maintenues par des rayons plus ou moins nombreux, n'ont pas de dents à leurs mâchoires, et closent les cavités de leurs branchies avec des opercules armés d'un ou de plusieurs piquans.

Nous conservons ou nous donnons à ces genres les noms suivans.

Nous nommons le premier, *silure*[1]; le second, *macroptéronote*[2]; le troisième, *malaptérure*[3]; le quatrième, *pimélode*[4]; le cinquième, *doras*[5]; le sixième, *pogo-*

---

[1] Le mot grec *silouros* indique la rapidité avec laquelle les silures peuvent agiter leur queue.

[2] Le mot *macroptéronote* exprime la longueur de la nageoire du dos.

[3] Nous avons tiré le nom de *malaptérure* de *malacos*, mou, *pteron*, nageoire, et *ura*, queue.

[4] *Pimelodes*, en grec, signifie *adipeux*.

[5] *Doras* veut dire *cuirasse*.

nathe [1]; le septième, *cataphracte;* le huitième, *plotose* [2];
le neuvième, *agénéiose* [3]; le dixième, *macroramphose* [4];
et le onzième, *centranodon* [5].

Voyons de près ces onze groupes. En suivant les
limites que nous venons de tracer autour d'eux, nous
recevrons et nous conserverons sans peine des idées
distinctes de leurs attributs; et nous reconnoîtrons
clairement dans les différentes espèces de ces genres,
les formes, les organes, les dimensions, les facultés,
les habitudes qui leur ont été départis par la Nature.

---

[1] *Pogonathe* vient de *pogon*, barbe, et de *gnathos*, mâchoire.

[2] *Plotos* veut dire *qui nage avec facilité.*

[3] *Ageneios* signifie *sans barbe.*

[4] *Macroramphose* vient de *macros*, long, et de *ramphos*, museau.

[5] *Centron* signifie *aiguillon*, et *anodon*, qui n'a pas de dents.

CENT SOIXANTIÈME GENRE.

LES SILURES.

La tête large, déprimée, et couverte de lames grandes et dures, ou d'une peau visqueuse ; la bouche à l'extrémité du museau ; des barbillons aux mâchoires ; le corps gros ; la peau enduite d'une mucosité abondante ; une seule nageoire dorsale ; cette nageoire très-courte.

PREMIER SOUS-GENRE.

La nageoire de la queue rectiligne, ou arrondie, et sans échancrure.

ESPÈCES.	CARACTÈRES.
1. LE SILURE GLANIS, (*Silurus glanis.*)	Deux barbillons à la mâchoire supérieure ; quatre barbillons à la mâchoire inférieure ; cinq rayons à la nageoire du dos ; quatre-vingt-dix rayons à celle de l'anus ; la caudale arrondie.
2. LE SILURE VERRUQUEUX, (*Silurus verrucosus.*)	Un large barbillon à chaque angle de la bouche ; quatre barbillons à l'extrémité de la mâchoire inférieure ; cinq rayons à la dorsale ; six rayons à l'anale ; plusieurs rangées longitudinales de verrues sur la queue ; la caudale arrondie.

ESPÈCES.	CARACTÈRES.
3. LE SILURE ASOTE. (*Silurus asotus.*)	Deux barbillons à la mâchoire supérieure ; deux à l'inférieure ; cinq rayons à la nageoire du dos ; quatre-vingt-deux à celle de l'anus.
4. LE SILURE FOSSILE. (*Silurus fossilis.*)	Quatre barbillons à chaque mâchoire ; la caudale arrondie.

SECOND SOUS-GENRE.

La nageoire de la queue, fourchue, ou échancrée en croissant.

ESPÈCES.	CARACTÈRES.
5. LE SILURE DEUX-TACHES. (*Silurus bimaculatus.*)	Un barbillon à chaque angle de la bouche ; deux barbillons à l'extrémité de la mâchoire inférieure ; cinq rayons à la nageoire du dos ; soixante-sept à celle de l'anus ; la caudale en croissant.
6. LE SILURE SCHILDE. (*Silurus mystus.*)	Huit barbillons aux mâchoires ; sept rayons à la nageoire du dos ; soixante deux à celle de l'anus ; la caudale fourchue.
7. LE SILURE UNDÉCIMAL. (*Silurus undecimalis.*)	Huit barbillons aux mâchoires ; onze rayons à la nageoire du dos ; onze rayons à l'anale ; la nageoire de la queue fourchue.
8. LE SILURE ASPRÈDE. (*Silurus aspredo.*)	Deux barbillons à la mâchoire supérieure ; deux barbillons à chaque angle de la bouche ; quatre barbillons à la mâchoire inférieure ; cinq rayons à la nageoire dorsale ; cinquante-six rayons à la nageoire de l'anus ; la caudale fourchue.
9. LE SILURE COTYLÉPHORE. (*Silurus cotylephorus.*)	Deux barbillons à la mâchoire supérieure ; quatre barbillons à l'inférieure ; des rangées longitudinales de tubercules, sur la

ESPÈCES. | CARACTÈRES.

9. LE SILURE COTYLÉPHORE.
(*Silurus cotylephorus.*)

partie supérieure de l'animal ; des cupules, dont plusieurs sont soutenues par une petite tige flexible, sur la partie inférieure du ventre ; cinq rayons à la nageoire du dos ; cinquante-six rayons à l'anale ; la nageoire de la queue fourchue.

10. LE SILURE CHINOIS.
(*Silurus sinensis.*)

Deux barbillons très-longs à la mâchoire supérieure ; l'anale plus longue que la moitié de la longueur totale de l'animal; la nageoire de la queue fourchue.

11. LE SILURE HEXADACTYLE.
(*Silurus hexadactylus.*)

Deux barbillons à la mâchoire supérieure, quatre barbillons à la mâchoire inférieure ; des arêtes tuberculées sur la tête et sur le dos ; cinq rayons à la nageoire du dos ; cinquante-cinq à celle de l'anus ; six à chaque pectorale.

LE SILURE GLANIS*.

Le glanis est un des plus grands habitans des fleuves et des lacs. On l'a comparé à d'énormes cétacées ; on l'a nommé la baleine des eaux douces. On s'est plu à

---

* Silurus glanis.
Lotte de Hongrie, *aux environs de Strasbourg.*
Harcha, *en Italie.*
Hardscha, *en Hongrie.*
Glano, *dans les environs de Constantinople.*
Schaden, *en Autriche.*
Wels, *en Allemagne.*
Waller, *ibid.*
Scheid, *ibid.*
Schoiden, *ibid.*
Szum, *en Pologne.*
Sumus, *en langue esclavone.*
Ckams-wels, *en Livonie.*
Som, *en Russie.*
Dschium, *en Tatarie.*
Zolbarte, *chez les Calmouques.*
Mâl, *en Suède.*
Mall *et* malle, *en Danemarck.*
Meerval, *en Hollande.*
The seat fish, *en Angleterre.*
Silurus glanis. *Linné, édition de Gmelin.*
Bloch, pl. 34.
Silure mal. *Daubenton et Haüy, Encyclopédie méthodique.*
Id. *Bonnaterre, planches de l'Encyclopédie méthodique.*

dire qu'il régnoit sur ces lacs et sur ces fleuves, comme
la baleine sur l'océan. Ce privilége de la grandeur
auroit seul attiré les regards vers ce silure : ce qui est
grand fait toujours naître l'étonnement, la curiosité,
l'admiration, les sentimens élevés, les idées sublimes.
A sa vue, le vulgaire surpris et d'abord accablé comme
sous le poids d'une supériorité qui lui est étrangère,
se familiarise cependant bientôt avec des sensations
fortes, dont il jouit d'autant plus vivement, qu'elles
lui étoient inconnues; l'homme éclairé en recherche,
en mesure, en compare les rapports, les causes, les
effets ; le philosophe, découvrant dans cette sorte
d'exemplaire dont toutes les parties ont été, pour
ainsi dire, grossies, le nombre, les qualités, la disposition des ressorts ou des élémens qui échappent
par leur ténuité dans des copies plus circonscrites, en
contemple l'enchaînement dans une sorte de recueil-
lement religieux; le poète, dont l'imagination obéit
si facilement aux impressions inattendues ou extraordinaires, éprouve ces affections vives, ces mouvemens
soudains, ces transports irrésistibles dont se compose un noble enthousiasme; et le génie, pour qui

Faun. Suecic. 344.
Meiding. Ic. pisc. Aust r. t. 9.
Mal. *It. Scan.* 61.
Silurus. *Act. Stockh.* 1756, p. 34, *t.* 3.
Silurus cirris quatuor in mento. *Artedi, gen.* 82, *syn.* 110.
Gronov. Mus. 1, *n.* 25, *t.* 6, *fig.* 1.

toute limite est importune, et qui veut commander
à l'espace comme au temps, se plaît à reconnoître
son empreinte dans le sujet de son examen, à trouver
une masse très-étendue soumise à des lois, et à pouvoir considérer l'objet qui l'occupe, sans cesser de
tenir ses idées à sa propre hauteur.

Le caractère de la grandeur est d'inspirer tous ces
sentimens, soit qu'elle appartienne aux ouvrages de
l'art, soit qu'elle distingue les productions de la Nature; qu'elle ait été départie à la matière brute, ou
accordée aux substances organisées, et qu'on la compte
parmi les attributs des êtres vivans et sensibles. On a
dû également les éprouver et devant les jardins suspendus de Babylone, les antiques pagodes de l'Inde,
les temples de Thèbes, les pyramides de Memphis, et
devant ces énormes masses de rochers amoncelés qui
composent les sommets des Andes, et devant l'immense
baleine qui sillonne la surface des mers polaires, l'éléphant, le rhinocéros et l'hippopotame qui fréquentent
les rivages des contrées torrides, les serpens démesurés qui infestent les sables brûlans de l'Asie, de
l'Afrique et de l'Amérique, les poissons gigantesques
qui voguent dans l'océan ou dominent dans les fleuves.

Et quoique tous les êtres qui présentent des dimensions supérieures à celles de leurs analogues, arrêtent
nos regards et nos pensées, notre imagination est sur-
tout émue par la vue des objets qui, l'emportant en
étendue sur ceux auxquels ils ressemblent le plus,

surpassent de beaucoup la mesure que la Nature a
donnée à l'homme pour juger du volume de ce qui
l'entoure; cette mesure dont il ne cesse de se servir,
quoiqu'il ignore souvent l'usage qu'il en fait, et qui
consiste dans sa propre hauteur. Un ciron de deux ou
trois décimètres de longueur seroit bien plus extraordinaire qu'un éléphant long de dix mètres, un squale
de vingt, un serpent de cinquante, et une baleine de
plus de cent, et cependant il nous frapperoit beaucoup
moins; il surprendroit davantage notre raison, mais
il agiroit moins vivement sur nos sens; il s'empareroit
moins de notre imagination; il imprimeroit bien
moins à notre ame ces sensations profondes, et à
notre esprit ces conceptions sublimes que font naître
les dimensions incomparablement plus grandes que
notre propre stature.

Ces dimensions très-rares dans les êtres vivans et
sensibles sont celles du glanis.

Un individu de cette espèce, vu près de Limritz
dans la Poméranie, avoit la gueule assez grande pour
qu'on pût y faire entrer facilement un enfant de six
ou sept ans. On trouve dans le Volga des glanis de
quatre ou cinq mètres de longueur. On prit, il y a
quelques années, dans les environs de Spandow, un de
ces silures, qui étoit du poids de soixante kilogrammes;
et un autre de ces poissons, pêché à Writzen sur l'Oder,
en pesoit quatre cents.

Le glanis a la tête grosse et très-aplatie de haut en

bas ; le museau très-arrondi par-devant ; la mâchoire
inférieure un peu plus avancée que celle d'en-haut ;
ces deux mâchoires garnies d'un très-grand nombre
de dents petites et recourbées : quatre os ovales, hérissés de dents aiguës, et situés au fond de la gueule ;
l'ouverture de la bouche très-large ; une fossette de
chaque côté de la lèvre inférieure ; les yeux ronds,
saillans, très-écartés l'un de l'autre, et d'une petitesse
d'autant plus remarquable que les plus grands des
animaux, les baleines, les cachalots, les éléphans, les
crocodiles, les serpens démesurés, ont les yeux très-
petits à proportion des énormes dimensions de leurs
autres organes.

Le dos du glanis est épais ; son ventre très-gros ; son
anale très-longue ; sa ligne latérale droite ; sa peau enduite d'une humeur gluante à laquelle s'attache une
assez grande quantité de la vase limoneuse sur laquelle il aime à se reposer.

Le premier rayon de chaque pectorale est osseux,
très-fort et dentelé sur son bord intérieur *.

---

* Plusieurs poissons compris dans le genre *silure*, établi par Linné, et
qui ont à chaque pectorale un rayon dur et dentelé, peuvent, lorsqu'ils
étendent cette nageoire, donner à ce rayon une fixité que l'on ne peut
vaincre qu'en le détournant. La base de ce rayon est terminée par deux
apophyses. Lorsque la pectorale est étendue, l'apophyse antérieure entre
dans un trou de la clavicule ; le rayon tourne un peu sur son axe ; l'apophyse, qui est recourbée, s'accroche au bord du trou ; et le rayon ne peut
plus être fléchi, à moins qu'il ne fasse sur son axe un mouvement en sens
contraire du premier.

Les ventrales sont plus éloignées de la tête que la nageoire du dos.

La couleur générale de l'animal est d'un verd mêlé de noir, qui s'éclaircit sur les côtés et encore plus sur la partie inférieure du poisson, et sur lequel sont distribuées des taches noirâtres irrégulières. Les pectorales sont jaunes, ainsi que la dorsale et les ventrales; ces dernières ont leur extrémité bleuâtre; et l'extrémité de même que la base des pectorales présentent la même nuance de bleu foncé. Le savant professeur de Strasbourg, feu mon confrère le citoyen Hermann, rapporte dans des notes manuscrites qu'il eut la bonté de me faire parvenir peu de momens avant sa mort, et auxquelles son digne frère le citoyen Frédéric Hermann, ex-législateur et maire de Strasbourg, a bien voulu ajouter quelques observations, que les silures glanis un peu avancés en âge qu'il avoit examinés dans les viviers du citoyen Hirschel, avoient le bord des pectorales peint d'une nuance rouge que l'on ne voyoit pas sur celles des individus plus jeunes.

L'anale et la nageoire de la queue du glanis sont communément d'un gris mêlé de jaune, et bordées d'une bande violette.

Le silure que nous venons de décrire habite non seulement dans les eaux douces de l'Europe, mais encore dans celles de l'Asie et de l'Afrique. On ne l'a trouvé que très-rarement dans la mer; et il paroît qu'on ne l'y a vu qu'auprès des rivages voisins de l'embouchure de grands fleuves, hors desquels des accidens particuliers ou des circonstances extraordinaires peuvent l'avoir quelquefois entraîné. Le professeur Kolpin, de Stettin, écrivoit à Bloch, en 1766, qu'on avoit pêché un silure de l'espèce que nous examinons, auprès de l'isle de Rügen dans la Baltique.

Comme les baleines, les éléphans, les crocodiles, les serpens de quinze ou vingt mètres, et tous les grands animaux, le glanis ne parvient qu'après une longue suite d'années à son entier développement. On pourroit croire cependant, d'après les notes manuscrites du citoyen Hermann, que pendant la première jeunesse de ce silure ce poisson croît avec vîtesse, et que ce n'est qu'après avoir atteint à une longueur considérable, qu'il grandit avec beaucoup de lenteur, et que son développement s'opère par des degrés très-peu sensibles.

On a écrit qu'il en étoit des mouvemens du glanis comme de son accroissement; qu'il ne nageoit qu'avec peine, et qu'il ne paroissoit remuer sa grande masse qu'avec difficulté. La queue de ce silure, et l'anale qui en augmente la surface, sont trop longues et conformées d'une manière trop favorable à une natation rapide, pour qu'on puisse le croire réduit à une manière de s'avancer très-embarrassée et très-lente. Il faudroit, pour admettre cette sorte de nonchalance et de paresse forcées, supposer que les muscles de cet

animal sont extrêmement foibles, et que s'il a reçu
une rame très-étendue, il est privé de la force nécessaire pour la remuer avec vîtesse, et pour l'agiter dans
le sens le plus propre à faciliter ses évolutions. La
dissection des muscles du glanis n'indique aucune raison d'admettre cette organisation vicieuse. C'est dans
son instinct qu'il faut chercher la cause du peu de
mouvement qu'il se donne. S'il ne change pas fréquemment et promptement de place, il n'en a pas moins
reçu les organes nécessaires pour se transporter avec
célérité d'un endroit à un autre ; mais il n'a ni le
besoin, ni par conséquent la volonté, de faire usage de
sa vigueur et de ses instrumens de natation. Il vit de
proie ; mais il ne poursuit pas ses victimes. Il préfère
la ruse à la violence; il se place en embuscade; il se
retire dans des creux, au-dessous des planches, des
poteaux et des autres bois pourris qui peuvent border
les rivages des fleuves qu'il fréquente; il se couvre de
limon; il épie avec patience les poissons dont il veut
se nourrir. La couleur obscure de sa peau empêche
qu'on ne le distingue aisément au milieu de la vase
dans laquelle il se couche. Ses longs barbillons, auxquels il donne des mouvemens semblables à ceux des
vers, attirent les animaux imprudens qu'il cherche à
dévorer, et qu'il engloutit d'autant plus aisément
qu'il tient presque toujours sa bouche béante, et
que l'ouverture de sa gueule est tournée vers le
haut.

Il ne quitte que pendant un mois ou deux le fond des rivières où il a établi sa pêche : c'est ordinairement vers le printemps qu'il se montre de temps en temps à la surface de l'eau; et c'est dans cette même saison qu'il dépose près des rives, ou ses œufs, ou le suc prolifique qui doit les féconder. On a remarqué qu'il n'alloit pondre ou arroser ses œufs que vers le milieu de la nuit, soit que cette habitude dépende du soin d'éviter les embûches qu'on lui tend, ou de la délicatesse de ses yeux que la lumière du soleil blesseroit, pour peu qu'elle fût trop abondante. Cette seconde cause pourroit être d'autant plus la véritable, que presque tous les animaux qui passent la plus grande partie de leur vie dans des asyles écartés et dans des cavités obscures, ont l'organe de la vue très-sensible à l'action de la lumière.

Les membres du glanis étant arrosés, imbus et profondément pénétrés d'une humeur gluante, peuvent résister plus facilement que ceux de plusieurs autres habitans des eaux, aux coups qui brisent, aux accidens qui écrasent, aux causes qui dessèchent; et dès-lors on doit voir pourquoi il est plus difficile de lui faire perdre la vie qu'à beaucoup d'autres poissons *.

On a pensé que sa sensibilité étoit extrêmement émoussée; on l'a conclu du peu d'agitation qu'il éprouvoit lorsqu'il étoit pris, et de l'espèce d'immobilité

---

* Discours sur la nature des poissons.

qu'il montroit souvent dans toutes ses parties, excepté dans ses barbillons. On auroit dû cependant se souvenir que, malgré le besoin qu'il a de se nourrir de substances animales, il paroît avoir l'instinct social : on voit presque toujours deux glanis ensemble ; et c'est ordinairement un mâle et une femelle qui vivent ainsi l'un auprès de l'autre.

Malgré sa grandeur, le glanis femelle ne contient qu'un très-petit nombre d'œufs, suivant plusieurs naturalistes; et si ce fait est bien constaté, il méritera d'autant plus l'attention des physiciens, qu'il sera une exception à la proportion que la Nature semble avoir établie entre la grosseur des poissons et le nombre de leurs œufs *. Bloch rapporte qu'une femelle qui pesoit déja quinze hectogrammes, n'avoit dans ses deux ovaires que dix-sept mille trois cents œufs.

Lorsque les tempêtes sont assez violentes pour bouleverser toute la masse des eaux dans lesquelles vit le glanis, il quitte sa retraite limoneuse, et se montre à la surface des fleuves; néanmoins, comme ces orages sont rares, et que d'ailleurs le temps pendant lequel il est attiré vers les rivages, est d'une durée assez courte, il est exposé bien peu souvent à se défendre contre des poissons voraces assez forts pour oser l'attaquer: mais les anguilles, les lotes, et d'autres poissons beaucoup plus petits, se nourrissent de ses œufs ; et

---

* *Discours sur la nature des poissons.*

quand il est encore très-jeune, il est quelquefois la proie des grandes grenouilles.

Son œsophage et son estomac présentent, dans leur intérieur, des plis assez profonds ; et feu Hartmann[1], ainsi que le professeur Schneider[2], ont remarqué que cet estomac jouissoit d'une irritabilité assez grande, même après la dissection de l'animal, pour offrir pendant long-temps des contractions et des dilatations alternatives.

Le canal intestinal est court et replié une seule fois ; le foie gros ; la vésicule du fiel longue et remplie d'une liqueur jaune ; la vessie natatoire courte, large, et divisée longitudinalement en deux. Vingt côtes sont placées de chaque côté de l'épine du dos, qui est composée de cent dix vertèbres.

La chair du glanis est blanche, grasse, douce, agréable au goût, mais mollasse, visqueuse et difficile à digérer. Dans les environs du Volga, dont les eaux nourrissent un très-grand nombre d'individus de cette espèce, on fait avec leur vessie natatoire une colle assez bonne, mais à laquelle on préfère cependant celle que donne la vessie natatoire de l'acipensère huso. Sur les bords du Danube, la peau du glanis, séchée au soleil, a servi pendant long-temps de lard aux habitans peu

---

[1] *Mélanges de l'académie des curieux de la Nature*, décade 2, an 7, p. 80.

[2] *Synonymie des poissons d'Artédi*, etc. p. 170.

fortunés ; et du temps de Bellon, cette même peau avoit été employée à couvrir des instrumens de musique.

Les notes manuscrites du professeur Hermann et de son frère le maire de Strasbourg, nous ont appris que les citoyens Durr l'oncle et le neveu, marchands poissonniers de cette ville, avoient tâché de naturaliser le glanis dans l'ancienne Alsace. Ils avoient d'abord fait à grands frais plusieurs voyages en Hongrie, pour y chercher dans le Danube plusieurs silures de cette espèce ; ils avoient appris ensuite que des glanis habitent un lac de deux lieues de tour, situé dans la Suabe, à quelques milles de Doneschingen, à vingt ou vingt-cinq myriamètres de Strasbourg, et par conséquent beaucoup plus près des bords du Rhin que les rives hongroises du Danube. Ce lac se nomme en allemand, *Feder-see ;* en latin, *lacus Plumarius ;* en françois, *lac aux Plumes.* Ils en avoient apporté plusieurs de ces silures, qu'on avoit déja multipliés dans les étangs de feu le respectable et malheureux citoyen Dietrich, au point qu'on y en comptoit plus de cinq cents ; mais il y a une douzaine d'années que, lors d'un événement extraordinaire, ces poissons furent enlevés, et il n'en reste plus dans les étangs du département du Bas-Rhin. Le citoyen Durr le neveu, et son beau-frère le citoyen Hirschel, font toujours venir du *Feder-see* des glanis qu'ils vendent à Strasbourg, ou qu'ils envoient plus loin, et dont les plus petits pèsent ordinairement six kilogrammes *.

---

* 16 rayons à la membrane branchiale du silure glanis.
  18   à chaque pectorale.
  13   à chaque ventrale.
  17   à la nageoire de la queue.

LE SILURE VERRUQUEUX,

ET

LE SILURE ASOTE.

La tête du verruqueux présente dans sa partie supérieure un sillon longitudinal, à la suite duquel on voit
sur le dos une saillie également longitudinale. Il n'y a
qu'un orifice à chaque narine. Le premier rayon de
chaque pectorale est très-dur, très-fort et dentelé[3].

On trouve dans l'Asie l'asote, qui, de même que le

---

[1] Silurus verrucosus.
Platyste verrue, platystæus verrucosus. *Bloch, pl.* 373 , *fig.* 3.

[2] Silurus asotus.
Id. *Linné, édition de Gmelin.*
Silure asote. *Daubenton et Haüy, Encyclopédie méthodique.*
Id. *Bonnaterre, planches de l'Encyclopédie méthodique.*

[3] 5 rayons à la membrane branchiale du silure verruqueux.
    8   à chaque pectorale.
    6   à chaque ventrale.
  10   à la nageoire de la queue.

16 rayons à la membrane branchiale du silure asote.
14   à chaque pectorale.
13   à chaque ventrale.
16   à la caudale.

verruqueux, a dans le premier rayon de chaque pectorale une sorte de dard dentelé, et dangereux, par sa
dureté et par sa grosseur, pour les animaux que ce
silure attaque, ou qu'il tâche de repousser. Les dents
de ce poisson sont très-nombreuses; et sa nageoire de
l'anus s'étend jusqu'à celle de la queue.

———————

LE SILURE FOSSILE*.

BLOCH avoit reçu de Tranquebar un individu de cette espèce. Le dessus de la tête de ce poisson montroit une fossette longitudinale. La couverture osseuse qui revêtoit cette même partie, étoit terminée par trois pointes. On voyoit de petites dents à la partie antérieure du palais, ainsi qu'aux deux mâchoires, qui étoient aussi avancées l'une que l'autre. La langue étoit courte, épaisse et lisse. La ligne latérale descendoit jusque vers les ventrales, et s'étendoit ensuite directement jusqu'à la nageoire de la queue, dont l'anus étoit une fois plus éloigné que de la tête. Le premier rayon de chaque pectorale paroissoit très-fort. On pouvoit distinguer les muscles de l'animal au travers de sa peau. Sa couleur générale étoit celle du chocolat ; les nageoires offroient une teinte d'un brun un peu clair, excepté l'anale qui étoit grise.

---

* Silurus fossilis.

Schlammwels, *en allemand.*

Muddy silure, *en anglois.*

Silure d'étang. *Bloch, pl.* 370, *fig.* 2.

LE SILURE DEUX-TACHES[1],

LE SILURE SCHILDE[2],

ET LE SILURE UNDÉCIMAL[3].

LE violet, le jaune et l'argenté concourent à la parure du silure deux-taches. Sa partie supérieure est d'un violet clair; ses côtés brillent de l'éclat de l'argent; sa caudale est jaune, avec les deux extrémités du croissant qu'elle forme, d'un violet foncé; les autres nageoires sont communément variées de jaune et de violet.

[1] Silurus bimaculatus
Sewalei, *chez les Tamules.*
Silure à deux taches. *Bloch, pl.* 364.

[2] Silurus mystus.
Schildé ou schilbé, *sur les bords du Nil.*
Id. *Linné, édition de Gmelin.*
Silure schilde. *Daubenton et Haüy, Encyclopédie méthodique.*
Id. *Bonnaterre, planches de l'Encyclopédie méthodique.*
Mus. Ad. Frid. 2, *p.* 96 *.
Silurus schilde niloticus. *Hasselquist, It.* 376.

[3] Silurus undecimalis.
Id. *Linné, édition de Gmelin.*
Silure ondécimal. *Daubenton et Haüy, Encyclopédie méthodique.*
Id. *Bonnaterre, planches de l'Encyclopédie méthodique.*
Mus. Ad. Frid. 2, *p.* 97 *.

Ce beau poisson vit dans les lacs et dans les rivières de la côte de Malabar ; il fraie pendant l'été; sa chair est d'un goût agréable.

Sa tête a moins de largeur que celle de la plupart des autres silures. Ses dents sont très-fortes; on en voit un grand nombre de petites sur le palais : mais la langue est lisse. Il y a deux orifices à chaque narine. Les barbillons supérieurs sont longs, les inférieurs très-courts et d'une couleur blanchâtre. Le premier rayon de chaque pectorale est dur, gros, et dentelé du côté opposé à la tête. La ligne latérale ne montre que de très-légères courbures.

Le schilde se plaît dans les eaux du Nil. Quatre de ses barbillons tiennent à la mâchoire supérieure ; les autres quatre sont attachés à celle de dessous. Le premier rayon de chaque pectorale est distingué par sa grosseur, par sa force et par sa dentelure*.

Le silure undécimal, qui habite dans les rivières de

---

* 12 rayons à la membrane branchiale du silure deux-taches.
14   à chaque pectorale
6   à chaque ventrale.
16   à la nageoire de la queue.

10 rayons à la membrane des branchies du silure schilde.
12   à chaque pectorale.
6   à chaque ventrale.
20   à la caudale.

11 rayons à chaque pectorale du silure undécimal.
6   à chaque ventrale.
17   à la nageoire de la queue.

Surinam, a onze rayons à sa dorsale, à sa nageoire
de l'anus et à chacune de ses pectorales ; et ces trois
nombres semblables ont indiqué le nom qu'on lui a
donné. Une dentelure garnit chacun des côtés du premier rayon de l'une et de l'autre de ses pectorales;
ses barbillons extérieurs ont une longueur égale à
celle de son corps.

LE SILURE ASPRÈDE[1],

ET

LE SILURE COTYLÉPHORE[2].

On pêche dans les fleuves de l'Amérique, et peut-être dans ceux des grandes Indes, le silure asprède, dont la tête plate, osseuse et couverte d'une membrane, s'élargit beaucoup auprès des pectorales, et présente dans sa partie supérieure une cavité longitudinale et triangulaire qui se termine par une sorte

[1] Silurus aspredo.
Glattleib, *par les Allemands.*
Simpla eggen , *par les Suédois.*
Silurus aspredo. *Linné, édition de Gmelin.*
Silure asprède. *Daubenton et Haüy, Encyclopédie méthodique.*
Id. *Bonnaterre , planches de l'Encyclopédie méthodique.*
Platyste lisse. *Bloch.*
Aspredo. *Amœnit. acad.* 1, *p.* 311 , *tab.* 14, *fig.* 5.
Seba, Mus. 3, *tab.* 29, *fig.* 10.
Aspredo cirris 8. *Gronov. Zooph.*

[2] Silurus cotylephorus.
Teller trager, *par les Allemands.*
Rauher wels, *idem.*
Runwe meirval, *par les Hollandois.*
Platyste cotyléphore. *Bloch, pl.* 372.

de tube solide prolongé jusqu'à la dorsale. On apperçoit quelques verrues ou petits tubercules sur la tête
et sur la poitrine. La mâchoire supérieure est plus
avancée que celle de dessous; la langue et le palais
sont lisses; chaque narine a deux orifices; l'ouverture
branchiale est courte et étroite. Les branchies sont
petites; elles sont d'ailleurs garnies de filamens très-
peu alongés et distribués par touffes très-séparées les
unes des autres. Une dentelure hérisse chacun des côtés
du premier rayon de chaque pectorale, qui, de plus,
réunit beaucoup de force à une grosseur considérable.
Le corps proprement dit étant court et l'anale très-
longue, l'anus est beaucoup plus près de la tête que
de la caudale. Au-delà de cet orifice, on voit une
ouverture placée à l'extrémité d'une sorte de petit
cylindre. La queue, très-alongée et très-mobile, est
comprimée par les côtés, de manière à présenter une
sorte de tranchant ou de carène longitudinale dans sa
partie supérieure. La couleur générale est d'un brun
mêlé de violet.

Le cotyléphore diffère de l'asprède par les traits suivans, dont le dernier est très-remarquable, et consiste
dans une conformation que l'on n'a encore observée
sur aucune autre espèce.

Premièrement, il n'a que six barbillons au lieu de
huit.

Deuxièmement, ses dents sont moins fortes que
celles de l'asprède.

Troisièmement, toute sa partie supérieure est garnie de petits tubercules qui forment sur la queue huit rangées longitudinales.

Quatrièmement, l'os qui de chaque côté représente une clavicule, est divisé en deux par un intervalle que des muscles remplissent.

Cinquièmement, le dessous de la gorge, du ventre et d'une portion des nageoires ventrales, est garni de petits corps d'un diamètre à peu près égal à celui des tubercules du dos, arrondis dans leur contour, convexes du côté par lequel ils tiennent au poisson, concaves de l'autre, et assez semblables à une sorte d'entonnoir ou de petite coupe. Presque tous ces petits corps sont suspendus à une tige déliée, flexible, et d'autant plus courte que l'entonnoir est moins développé : les autres sont attachés sans aucun pédoncule au ventre, ou à la gorge, ou aux ventrales de l'animal. Il est bon d'observer que ces appendices ne sont ainsi conformés que dans les cotyléphores adultes ou presque adultes : dans des individus moins âgés, ils sont appliqués immédiatement à la peau, de manière à ressembler à des taches, ou tout au plus à de légères élévations; et dans des silures de la même espèce plus jeunes encore, on n'en apperçoit aucun rudiment. On pourroit croire ces entonnoirs susceptibles de se coller, pour ainsi dire, contre différentes substances, et propres, par conséquent, à donner à l'animal un moyen de s'attacher au fond des fleuves, ou dans diverses positions nécessaires à ses besoins.

Le silure cotyléphore habite dans les eaux des Indes orientales *.

---

* 4 rayons à la membrane branchiale du silure asprède.
  8   à chaque pectorale.
  6   à chaque ventrale.
11   à la nageoire de la queue.

  8 rayons à chaque pectorale du silure cotyléphore.
  6   à chaque ventrale.
  9   à la caudale.

LE SILURE CHINOIS[1],

ET

LE SILURE HEXADACTYLE[2].

LES naturalistes n'ont pas encore publié de description de ces deux silures.

Nous avons vu une peinture très-fidèle et très-bien faite du premier, dans la collection de peintures chinoises que nous avons souvent citée dans cet ouvrage.

La couleur de sa partie supérieure est d'un verdâtre marbré de verd ; les côtés et la partie inférieure sont d'un argenté mêlé de nuances vertes. Chaque opercule est composé de deux ou trois pièces presque ovales. Les deux barbillons ont une longueur à peu près égale à celle de la tête. La mâchoire inférieure est plus avancée que la supérieure. Aucune nageoire ne présente de rayon fort et dentelé.

La collection hollandoise déposée dans le Muséum national d'histoire naturelle renferme un individu très-bien conservé de l'espèce du silure hexadactyle.

---

[1] Silurus sinensis.

[2] Silurus hexadactylus.

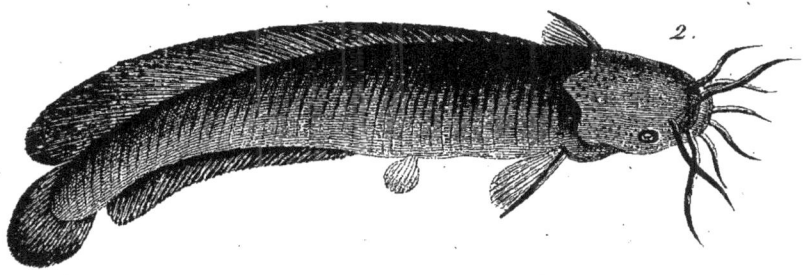

Pl. 2. Page 82.

De Seve Del

Haussard Sculp

1. SILURE Chinois. 2. MACROPTÉRONOTE Brun 3. MACROPTÉRONOTE Hexacicinne

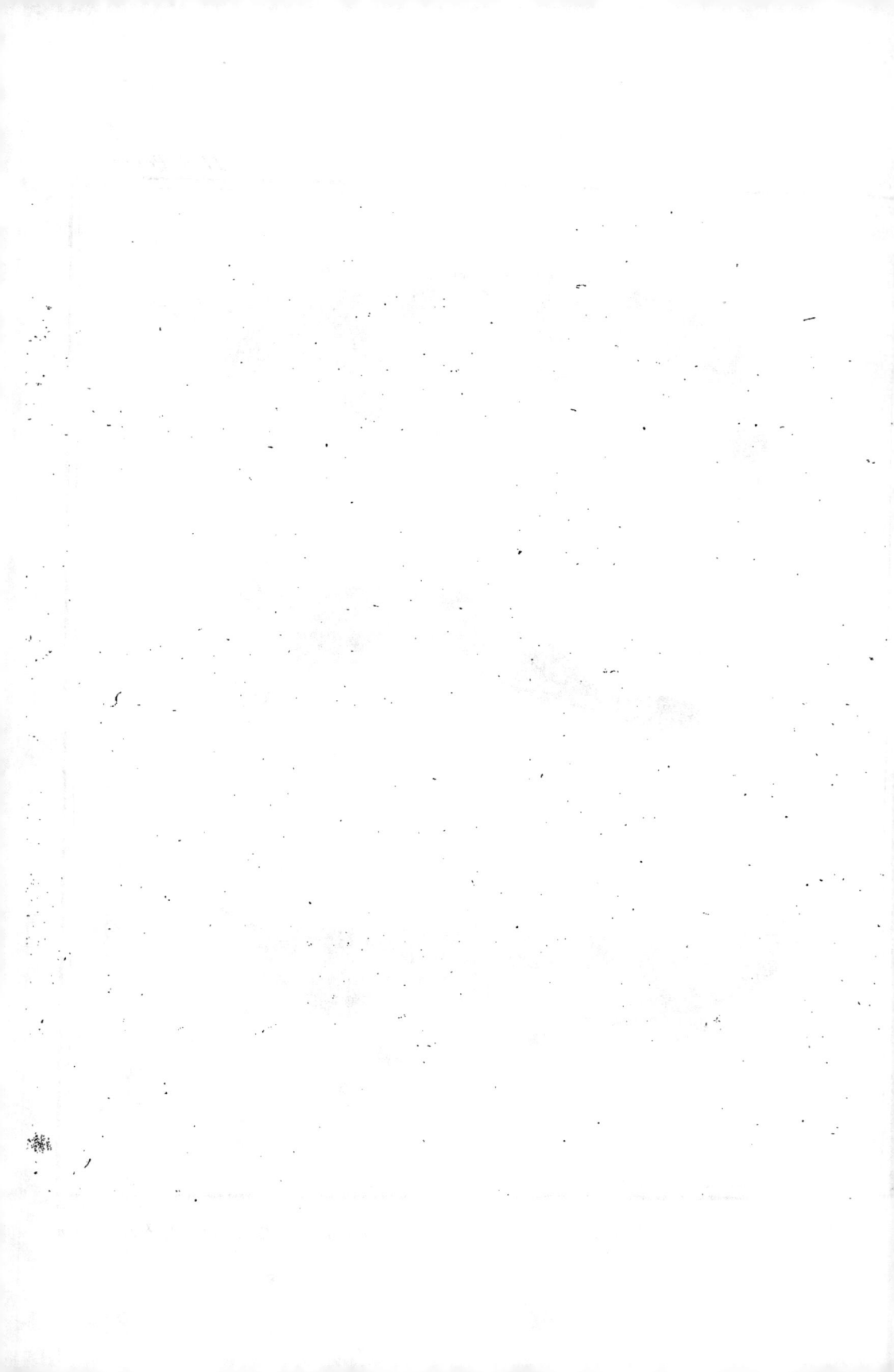

Nous avons tiré le nom spécifique de ce poisson, du nombre de rayons ou *doigts* de ses *mains,* ou nageoires pectorales, lesquels sont au nombre de six, ainsi que ceux de ses nageoires ventrales, ou de ses *pieds.*

Les quatre barbillons de la mâchoire d'en-bas sont plus courts que les deux de la mâchoire d'en-haut.' L'ouverture de chaque narine est double. Les yeux. sont petits et rapprochés l'un de l'autre. Indépendamment de plusieurs arêtes ou saillies tuberculées que l'on voit sur la tête et sur le corps, une saillie semblable part de chaque œil; et ces deux arêtes se réunissent au-dessus de la partie supérieure du dos. La tête et le corps sont très-aplatis ; la longueur de ces deux parties n'est que le tiers, ou environ, de celle de la queue, qui réunit à cette dimension une conformation analogue à celle d'une pyramide à dix faces. Le premier rayon de chaque pectorale est large, aplati et dentelé sur ses deux bords, de telle sorte que les pointes du bord externe sont tournées vers la queue, et celles du bord intérieur dirigées vers la tête.

Le dessus de la tête et du corps est blanc avec des taches noires; presque tout le reste de la surface de l'animal est noir avec des taches blanches, excepté la partie inférieure de la tête, de la queue et du corps, qui est blanchâtre.

CENT SOIXANTE-UNIÈME GENRE.

LES MACROPTÉRONOTES.

La tête large, déprimée, et couverte de lames grandes et dures, ou d'une peau visqueuse; la bouche à l'extrémité du museau; des barbillons aux mâchoires; le corps gros; la peau enduite d'une mucosité abondante; une seule nageoire dorsale; cette nageoire très-longue.

ESPÈCES.	CARACTÈRES.
1. LE MACROPTÉRONOTE CHARMUTH. (*Macropteronotus charmuth.*)	Huit barbillons; dix rayons à la membrane des branchies; soixante-douze rayons à la nageoire du dos; soixante-neuf à l'anale; la caudale arrondie.
2. LE MACROPTÉRONOTE GRENOUILLER. (*Macropteronotus batrachus.*)	Huit barbillons; sept rayons à la membrane des branchies; moins de soixante - dix rayons à la nageoire du dos; moins de cinquante à celle de l'anus; la caudale arrondie.
3. LE MACROPTÉRONOTE BRUN. [(*Macropteronotus fuscus.*)	Huit barbillons; la nageoire dorsale, l'anale et la caudale arrondies; la couleur brune et sans taches.
4. LE MACROPTÉRONOTE HEXACICINNE. (*Macropteronotus hexacicinnus.*)	Six barbillons; la nageoire du dos triangulaire et très-basse, sur-tout vers la caudale; l'anale courte; la caudale arrondie; la couleur brune et sans taches.

LE MACROPTÉRONOTE CHARMUTH[1],

ET

LE MACROPTÉRONOTE GRENOUILLER[2].

Dans le genre dont nous nous occupons, la nageoire du dos s'étendant jusqu'auprès de la caudale, augmente

---

[1] Macropteronotus charmuth.
Silurus anguillaris. *Linné, édition de Gmelin.*
Silure charmuth. *Daubenton et Haüy, Encyclopédie méthodique.*
Id. *Bonnaterre, planches de l'Encyclopédie méthodique.*
Mus. Ad. Frid. 2, p. 96 *.
Silurus charmuth niloticus. *Hasselquist, It.* 371.
Clarias. *Gronov. Zooph.* 322, *tab.* 8, *fig.* 3 et 4.
Blackfish. *Russel, Alep.* 73, *tab.* 12, *fig.* 1.
Lampetra indica erythrophthalmos. *Raj. Pisc.* 150.
Karmouth. (Dessins faits en Égypte, par le citoyen Cloquet, qui a bien voulu me les communiquer.)
Aluby, *par plusieurs anciens auteurs qui ont écrit sur les animaux du Nil.* (Lettre que mon collègue le citoyen Geoffroy, professeur au Muséum d'histoire naturelle, a eu la bonté de m'écrire du Caire.)

[2] Macropteronotus batrachus.
Froschwels, *par les Allemands.*
Toeli, *par les Tamules.*
Silurus batrachus. *Linné, édition de Gmelin.*
Silure grenouiller. *Bloch, pl.* 370, *fig.* 1.
Id. *Daubenton et Haüy, Encyclopédie méthodique.*
Id. *Bonnaterre, planches de l'Encyclopédie méthodique.*

la surface de la queue, et donne par conséquent plus
de force à l'instrument principal de la natation de
l'animal : il n'est donc pas surprenant qu'on ait remarqué beaucoup de rapidité dans les mouvemens du
charmuth. Le dessus de la tête de ce macroptéronote
présente une multitude de petits mamelons. Des huit
barbillons dont il est pourvu, les deux plus longs sont
placés chacun à un des angles de la bouche, les deux
plus courts auprès des narines, et les autres quatre
sur les bords de la lèvre inférieure. La partie supérieure du poisson est d'un brun obscur, et la partie
inférieure d'un blanc mêlé de gris. Le citoyen Geoffroy
écrivoit d'Égypte, le 29 thermidor de l'an 7, à mon
savant confrère le citoyen Cuvier, qu'il avoit disséqué
le charmuth; qu'il avoit vu au-delà des branchies une
cavité qui communiquoit avec celle de ces organes ;
que l'animal pouvoit fermer cette cavité; qu'elle contenoit un cartilage plat et divisé en plusieurs branches;
que la surface de ce cartilage étoit couverte de nombreuses ramifications de vaisseaux sanguins visibles
pendant la vie du poisson; que cet appareil devoit
être considéré comme une branchie supplémentaire ;
que, par une conformation un peu analogue à celle
des sépies, le système général des vaisseaux sanguins
comprenoit trois ventricules séparés les uns des autres;
que l'on pouvoit regarder ces ventricules comme autant de cœurs, etc. : mais tous ces détails vont être
éclaircis par la publication des utiles travaux du citoyen

Geoffroy, rendu, après quatre ans d'absence, à sa patrie, à ses amis, à sa famille et à ses collègues.

Le charmuth habite dans le Nil; on trouve le grenouiller dans l'Asie et dans l'Afrique.

La calotte osseuse qui revêt le dessus de la tête du grenouiller, se termine en pointe par-derrière, et montre deux enfoncemens. L'antérieur est alongé, et l'autre presque rond. Autour de chaque angle de la bouche sont distribués quatre barbillons longs et inégaux. Le palais est rude; la ligne latérale presque droite; le premier rayon de chaque pectorale fort et dentelé; la couleur générale d'un brun mêlé de jaune*.

---

* 10 rayons à chaque pectorale du macroptéronote charmuth.
  6 ou 7 rayons à chaque ventrale.
  21 rayons à la nageoire de la queue.

  8 rayons à chaque pectorale du macroptéronote grenouiller.
  67   à la nageoire du dos.
  6   à chaque ventrale.
  45   à la nageoire de l'anus.
  16   à la caudale.

LE MACROPTÉRONOTE BRUN[1],

ET

LE MACROPTÉRONOTE HEXACICINNE[2].

Nous publions les premiers la description de ces deux espèces, dont les peintures chinoises déposées dans la bibliothèque du Muséum d'histoire naturelle présentent une image aussi exacte pour les formes que pour les couleurs.

Ces deux macroptéronotes vivent dans les eaux de la Chine. Le dessus de la tête du brun est couvert d'une enveloppe dure qui montre par-derrière deux échancrures, et se termine en pointe. Le premier rayon de chaque pectorale est long, dur, un peu gros, mais sans dentelure. On distingue une partie des muscles du corps et de la queue au travers de la peau. Les ventrales sont petites et arrondies. Un grand barbillon est attaché à chaque angle de la bouche; les autres six sont moins longs, et situés deux auprès des narines, et quatre sur la mâchoire inférieure. L'iris est couleur d'or.

---

[1] Macropteronotus fuscus.

[2] Macropteronotus hexacicinnus.

Le nom de l'hexacicinne désigne les six barbillons du second de ces macroptéronotes chinois. Ce poisson ne diffère du premier que par les traits indiqués sur le tableau générique, et vraisemblablement par ses dimensions que nous croyons inférieures à celles du brun.

CENT SOIXANTE-DEUXIÈME GENRE.

LES MALAPTÉRURES.

La tête déprimée et couverte de lames grandes et dures, ou d'une peau visqueuse ; la bouche à l'extrémité du museau ; des barbillons aux mâchoires ; le corps gros ; la peau du corps et de la queue enduite d'une mucosité abondante ; une seule nageoire dorsale ; cette nageoire adipeuse, et placée assez près de la caudale.

ESPÈCE.	CARACTÈRES.
LE MALAPTÉRURE ÉLECTRIQUE. (*Malapterurus electricus.*)	Deux barbillons à la mâchoire supérieure ; quatre barbillons inégaux à la mâchoire inférieure ; douze rayons à la nageoire de l'anus ; la caudale arrondie.

LE MALAPTÉRURE ÉLECTRIQUE*.

CE nom d'*électrique* rappelle la propriété remarquable
que nous avons déja reconnue dans quatre espèces de
poissons, dans la raie torpille et dans le tétrodon,
le gymnote, et le trichiure, désignés par la même
dénomination spécifique que le malaptérure de cet
article. Cette propriété observée avec soin dans ces
différens animaux, pourra servir beaucoup aux progrès de la théorie des phénomènes galvaniques, auxquels elle appartient de très-près; nous ne saurions
assez inviter les voyageurs instruits à s'occuper de
l'examen de cette force départie aux cinq poissons
électriques, et qui paroît si différente de la plupart
de celles que possèdent les êtres organisés et vivans; et
nous attendons avec beaucoup d'impatience la publi-

---

* Malapterurus electricus.

Typhinos *des anciens auteurs, suivant le citoyen Geoffroy. Lettre
adressée du Caire au citoyen Lacepède.*

Silurus electricus. *Linné, édition de Gmelin.*

Forskael, Faun. Arab. p. 15, *n.* 1.

Broussonnet, Académie des sciences, 1782, *p.* 692; *et Journal de physique, vol.* 27, *p.* 143.

*Verhandeling over den beefvisch, eene weinig bekende soort van electr.
visch. — Algem. Geneesk. jaarboek, vol.* 4, *p.* 24.

Silure trembleur. *Bonnaterre, planches de l'Encyclopédie méthodique.*

cation des recherches faites en Égypte, par le citoyen Geoffroy, sur le malaptérure que nous décrivons. Nous savons déja par ce professeur [1] que ce malaptérure est recouvert d'une couche épaisse de graisse. Ce fait doit être rapproché de ce que nous avons indiqué au sujet des poissons qui ont la faculté d'engourdir, dans le premier Discours de cette Histoire, dans l'article de la torpille, et dans celui du gymnote électrique.

Le malaptérure dont nous traitons ne se trouve pas seulement dans le Nil : il vit aussi dans d'autres fleuves d'Afrique. Il y représente le tétrodon et le trichiure engourdissans de l'Asie, le gymnote torporifique de l'Amérique, et la torpille de l'Europe. Il y parvient à une longueur de plus d'un demi-mètre. Son corps est aplati comme sa tête. Ses yeux, très-peu gros, sont recouverts par la membrane la plus extérieure de son tégument général, laquelle s'étend comme un voile transparent au-dessus de ces organes. Chaque narine a deux orifices. Sa couleur grisâtre est relevée par quelques taches noires ou foncées que l'on voit sur sa queue [2].

---

[1] *Lettre écrite du Caire, le 29 thermidor de l'an 7, par le citoyen Geoffroy au citoyen Cuvier.*

[2]   6 rayons à la membrane branchiale du malaptérure électrique.
  9   à chaque pectorale.
  6   à chaque ventrale.
 18   à la nageoire de la queue.

CENT SOIXANTE-TROISIÈME GENRE.

LES PIMÉLODES.

*La tête déprimée et couverte de lames grandes et dures,
ou d'une peau visqueuse ; la bouche à l'extrémité du
museau ; des barbillons aux mâchoires ; le corps gras ;
la peau du corps et de la queue, enduite d'une mucosité abondante ; deux nageoires dorsales ; la seconde
adipeuse.*

PREMIER SOUS-GENRE.

*La nageoire de la queue, fourchue, ou échancrée en
croissant.*

ESPÈCES.	CARACTÈRES.
1. LE PIMÉLODE BAGRE. (*Pimelodus bagre.*)	Quatre barbillons aux mâchoires ; le premier rayon de chaque pectorale et celui de la première nageoire du dos, garnis d'un très-long filament ; huit rayons à la première dorsale ; vingt-quatre à la nageoire de l'anus.
2. LE PIMÉLODE CHAT. (*Pimelodus felis.*)	Six barbillons aux mâchoires ; huit rayons à la première nageoire du dos ; vingt-trois à celle de l'anus.
3. LE PIMÉLODE SCHEILAN. (*Pimelodus clarias.*)	Six barbillons aux mâchoires ; les deux barbillons des angles de la bouche, d'une longueur égale, ou à peu près, à la longueur totale de l'animal ; huit rayons à la première dorsale ; onze rayons à la nageoire de l'anus.

ESPÈCES.	CARACTÈRES.
4. LE PIMÉLODE BARRÉ. (*Pimelodus fasciatus.*)	Six barbillons aux mâchoires; la longueur de la tête, égale, ou presque égale, au tiers de la longueur totale du poisson; sept rayons à la première nageoire du dos; quatorze à l'anale; des bandes transversales.
5. LE PIMÉLODE ASCITE. (*Pimelodus ascita.*)	Six barbillons très-longs aux mâchoires; neuf rayons à la première nageoire du dos; dix-huit rayons à l'anale.
6. LE PIMÉLODE ARGENTÉ. (*Pimelodus argenteus.*)	Six barbillons aux mâchoires; huit rayons à la première dorsale; treize rayons à la nageoire de l'anus; la couleur générale argentée.
7. LE PIMÉLODE NŒUD. (*Pimelodus nodosus.*)	Six barbillons aux mâchoires; cinq rayons à la première nageoire du dos; vingt rayons à celle de l'anus; un nœud ou une tubérosité à la racine du premier rayon de la dorsale.
8. LE PIMÉLODE QUATRE-TACHES. (*Pimelodus quadrimaculatus.*)	Six barbillons aux mâchoires; sept rayons à la première nageoire du dos; l'adipeuse très-longue; neuf rayons à l'anale; quatre taches grandes, rondes, et rangées longitudinalement de chaque côté du poisson.
9. LE PIMÉLODE BARBU. (*Pimelodus barbus.*)	Six barbillons aux mâchoires; huit rayons à la première dorsale; dix-sept rayons à la nageoire de l'anus; le lobe supérieur de la caudale, plus long que l'inférieur.
10. LE PIMÉLODE TACHETÉ. (*Pimelodus maculatus.*)	Six barbillons aux mâchoires; sept rayons à la première dorsale; onze rayons à l'anale; le lobe supérieur de la queue, plus long que l'inférieur; la couleur générale d'un bleu doré; deux rangées longitudinales de taches noires, de chaque côté de l'animal.

ESPÈCES.	CARACTÈRES.
11. LE PIMÉLODE BLEUATRE. (*Pimelodus cærulescens.*)	Six barbillons aux mâchoires ; cinq ou six rayons à la première nageoire du dos ; huit rayons à chaque ventrale ; vingt rayons à la nageoire de l'anus ; les deux premiers rayons de cette nageoire plus longs que les autres, et réunis à un appendice membraneux, filiforme, et plus alongé que ces rayons ; la couleur générale bleuâtre.
12. LE PIMÉLODE DOIGT-DE-NÈGRE. (*Pimelodus nigrodigitatus.*)	Six barbillons aux mâchoires ; huit rayons à la première nageoire du dos ; le premier de ces rayons, fort et court ; le second, long et dentelé ; six rayons à la nageoire de l'anus ; le premier rayon de chaque pectorale, dentelé des deux côtés ; la caudale en croissant ; presque toutes les nageoires d'une couleur foncée.
13. LE PIMÉLODE COMMERSONNIEN. (*Pimelodus Commersonnii.*)	Six barbillons aux mâchoires ; sept rayons à la première nageoire du dos ; le premier de ces rayons dentelé des deux côtés ; point de rayon dentelé aux pectorales ; la ligne latérale droite.
14. LE PIMÉLODE MATOU. (*Pimelodus catus.*)	Huit barbillons aux mâchoires ; six rayons à la première dorsale ; vingt à l'anale.
15. LE PIMÉLODE COUS. (*Pimelodus cous.*)	Huit barbillons aux mâchoires ; cinq rayons à la première nageoire du dos ; huit rayons à celle de l'anus ; la seconde nageoire du dos ovale.
16. LE PIMÉLODE DOCMAC. (*Pimelodus docmac.*)	Huit barbillons aux mâchoires ; dix rayons à la première dorsale ; dix rayons à l'anale ; deux rayons à la membrane des branchies.

ESPÈCES.	CARACTÈRES.
17. LE PIMÉLODE BAJAD. (*Pimelodus bajad.*)	Huit barbillons aux mâchoires; dix rayons à la première nageoire du dos; douze rayons à l'anale; la nageoire adipeuse, longue; cinq rayons à la membrane des branchies.
18. LE PIMÉLODE ÉRYTHROPTÈRE. (*Pimelodus erythropterus.*)	Huit barbillons aux mâchoires; huit rayons à la première nageoire du dos; neuf rayons à celle de l'anus; la nageoire adipeuse, longue; les deux lobes de la caudale très-alongés; les nageoires rouges.
19. LE PIMÉLODE RAIE D'ARGENT. (*Pimelodus atherinoïdes.*)	Huit barbillons aux mâchoires; cinq rayons à la première dorsale; six rayons à chaque pectorale; trente-six rayons à celle de l'anus; une raie longitudinale et argentée de chaque côté du poisson.
20. LE PIMÉLODE RAYÉ. (*Pimelodus vittatus.*)	Huit barbillons aux mâchoires; neuf rayons à la première nageoire du dos; six rayons à chaque pectorale, huit à l'anale; une raie longitudinale jaune et bordée de bleu.
21. LE PIMÉLODE MOUCHETÉ, (*Pimelodus guttatus.*)	Huit barbillons aux mâchoires; dix rayons à la première dorsale; l'anale très-courte et arrondie; l'adipeuse longue et arrondie; les principaux muscles latéraux visibles au travers de la peau; point d'aiguillon dentelé à la première nageoire du dos; de petites taches noirâtres, semées irrégulièrement sur presque toutes les parties de l'animal.

SECOND SOUS-GENRE.

La nageoire de la queue terminée par une ligne droite, ou arrondie, et sans échancrure.

ESPÈCES.

CARACTÈRES.

22. LE PIMÉLODE CASQUÉ.
(*Pimelodus galeatus.*)

Six barbillons aux mâchoires; six rayons à la première dorsale; vingt-quatre rayons à la nageoire de l'anus; la caudale arrondie; la tête couverte d'une plaque osseuse, ciselée et découpée.

23. LE PIMÉLODE CHILI.
(*Pimelodus chilensis.*)

Quatre barbillons aux mâchoires; sept rayons à la première nageoire du dos; onze rayons à celle de l'anus; la caudale lancéolée.

LE PIMÉLODE BAGRE[1],

LE PIMÉLODE CHAT[2],

LE PIMÉLODE SCHEILAN[3], ET LE PIMÉLODE BARRÉ[4].

LES grandes rivières du Brésil et celles de l'Amérique septentrionale nourrissent le bagre, qui parvient à une

[1] Pimelodus bagre.
Meerwels, *par les Allemands.*
Saltwater-katfish, *par les Anglois de l'Amérique septentrionale.*
Coco, *à Cayenne.*
Guiraguacu, *par les Brasiliens.*
Silurus bagre. *Linné, édition de Gmelin.*
Silure bagre. *Daubenton et Haüy, Encyclopédie méthodique.*
Id. *Bonnaterre, planches de l'Encyclopédie méthodique.*
Bloch, pl. 365.
Gronov. Zooph. 382.
Willughby, Ichthyol. tab. H, 7, *fig. b.*
Bagra tertia. *Raj. Pisc. p.* 82, *n.* 3.

[2] Pimelodus felis.
Machoiran blanc, *à Cayenne.*
Passani, *ibid.*
Petite gueule, *ibid.*
Silurus felis. *Linné, édition de Gmelin.*
Silure chat. *Daubenton et Haüy, Encyclopédie méthodique.*
Id. *Bonnaterre, planches de l'Encyclopédie méthodique.*

longueur considérable, mais dont la chair est ordinairement peu agréable au goût. On voit sur sa tête une
cavité alongée; chaque narine a deux orifices; la mâchoire inférieure dépasse celle d'en-haut; le devant du
palais est rude, mais la langue est lisse. Les barbillons
situés au coin de la bouche sont plats et très-longs.
La ligne latérale est droite; une forte dentelure garnit
le bord extérieur du premier rayon de la première
nageoire du dos, et les deux côtés de chaque pectorale.
La partie supérieure de l'animal est bleue; l'inférieure
argentée; et la base des nageoires, rougeâtre.

Les couleurs et la patrie du pimélode chat sont presque les mêmes que celles du bagre.

[3] Pimelodus clarias.
Langbard, *en Allemagne.*
Lœngstrimad tandjœgy, *en Suède.*
Silurus clarias. *Linné, édition de Gmelin.*
Silure scheilan. *Daubenton et Haüy, Encyclopédie méthodique.*
Id. *Bonnaterre, planches de l'Encyclopédie méthodique.*
Mus. Ad. Frid. 1, *p.* 73; *et* 2, *p.* 98 *.
It. Scan. 82.
Gronov. Mus. 1, *n.* 83, *p.* 34; *Zooph. n.* 384, *p.* 125.
Hasselquist, It. 369.
Barbarin. *Bloch, pl.* 35, *fig.* 1.
[4] Pimelodus fasciatus.
Silurus fasciatus. *Linné, édition de Gmelin.*
Silure barré. *Daubenton et Haüy, Encyclopédie méthodique.*
Id. *Bonnaterre, planches de l'Encyclopédie méthodique.*
Bloch, pl. 366.
Seba, Mus. 3, *p.* 84, *tab.* 19, *fig.* 6.
Gronov. Zooph. 386.

On pêche le scheilan dans les eaux douces du Brésil et dans celles de Surinam; mais on le trouve aussi dans le Nil. Il a la mâchoire supérieure plus avancée que celle d'en-bas; ces deux mâchoires hérissées, ainsi que le palais, de dents petites et pointues; les yeux grands et ovales; la prunelle alongée dans le sens vertical; deux petits sillons entre les yeux; la nuque et le devant du dos couverts de plaques très-dures et osseuses; la ligne latérale courbée vers le bas; l'os qui représente la clavicule, soutenu, par une pièce osseuse et triangulaire; le premier rayon de chaque pectorale, de la première nageoire du dos, et quelquefois de chaque ventrale, osseux, très-fort, dentelé d'un ou de deux côtés, et propre à faire des blessures dangereuses à cause des déchiremens qu'il peut produire dans les muscles et jusque dans le périoste; l'anale et la nageoire adipeuse échancrées du côté de la caudale, dont la pointe supérieure est plus longue que l'inférieure; la couleur générale d'un gris noir; le ventre d'un gris blanc *.

Le barré vit à Surinam, comme le scheilan. Le haut de la tête, sillonné; la mâchoire supérieure plus alongée que celle d'en-bas; la langue lisse et courte; le palais rude; l'orifice unique de chaque narine; les bandes transversales grises, jaunes et brunes; la blancheur du

---

* 6 rayons à la membrane des branchies du pimélode bagre.
12   à chaque pectorale.
8   à chaque ventrale.
18   à la nageoire de la queue.

ventre, le rougeâtre des pectorales, le bleuâtre et les taches brunes des autres nageoires; tels sont les traits du pimélode barré, qu'il ne faut pas négliger de connoître.

---

5 rayons à la membrane des branchies du pimélode chat.
11   à chaque pectorale.
6   à chaque ventrale.
31   à la caudale.

6 rayons à la membrane des branchies du pimélode scheilan.
7   à chaque pectorale.
7   à chaque ventrale.
18   à la nageoire de la queue.

12 rayons à la membrane des branchies du pimélode barré.
12   à chaque pectorale.
6   à chaque ventrale.
14   à la caudale.

LE PIMÉLODE ASCITE[1],

LE PIMÉLODE ARGENTÉ[2],

LE PIMÉLODE NŒUD[3], LE PIMÉLODE QUATRE-
TACHES[4], LE PIMÉLODE BARBU[5], LE PIMÉLODE
TACHETÉ[6], LE PIMÉLODE BLEUATRE[7], LE PIMÉ-
LODE DOIGT-DE-NÈGRE[8], ET LE PIMÉLODE COM-
MERSONNIEN[9].

Nous avons déja observé très - souvent que plusieurs
poissons cartilagineux ou osseux, tels que les raies, les

[1] Pimelodus ascita.
Silurus ascita. *Linné, édition de Gmelin.*
Mus. Adolph. Fr. 1, *p.* 79, *tab.* 30, *fig.* 2.
Bloch, pl. 35, *fig.* 3, 7.
Silure ascite. *Daubenton et Haüy, Encyclopédie méthodique.*
Id. *Bonnaterre, planches de l'Encyclopédie méthodique.*

[2] Pimelodus argenteus.
Silurus Hertzbergii. *Bloch, pl.* 367.

[3] Pimelodus nodosus.
Silurus nodosus. *Bloch, pl.* 368, *fig.* 1.

[4] Pimelodus quadrimaculatus.
Silurus quadrimaculatus. *Bloch, pl.* 368, *fig.* 2.

[5] Pimelodus barbus.
Barbue, *par les matelots françois.*
Silurus pinnâ dorsi primâ ossiculorum octo, cirris labialibus sex,

Pl.3. Page 102.

e Sevo. Del.

Villerey Sculp.

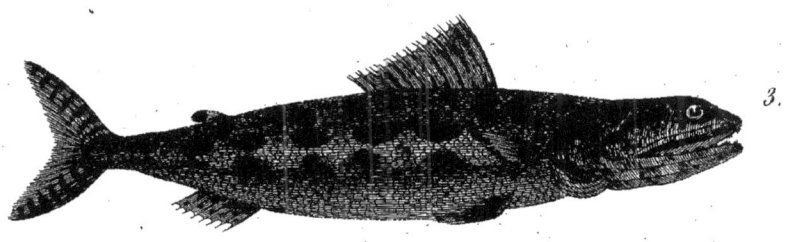

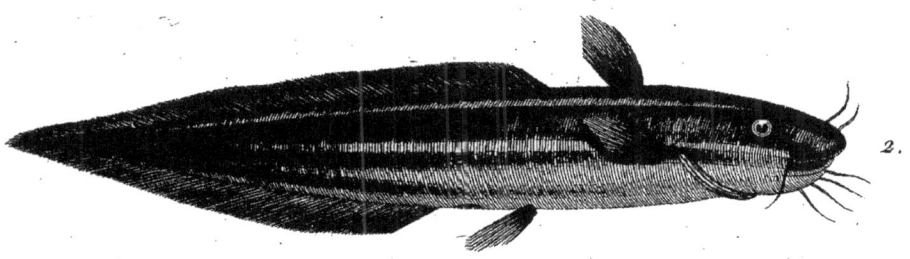

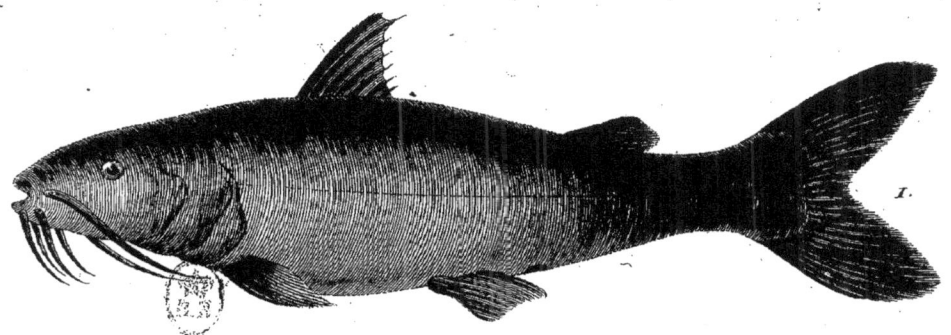

1. PIMÉLODE *Commersonnien*. 2. *Variété du* PLOTOSE *Anguillé*. 3. SALMONE *Varié*.

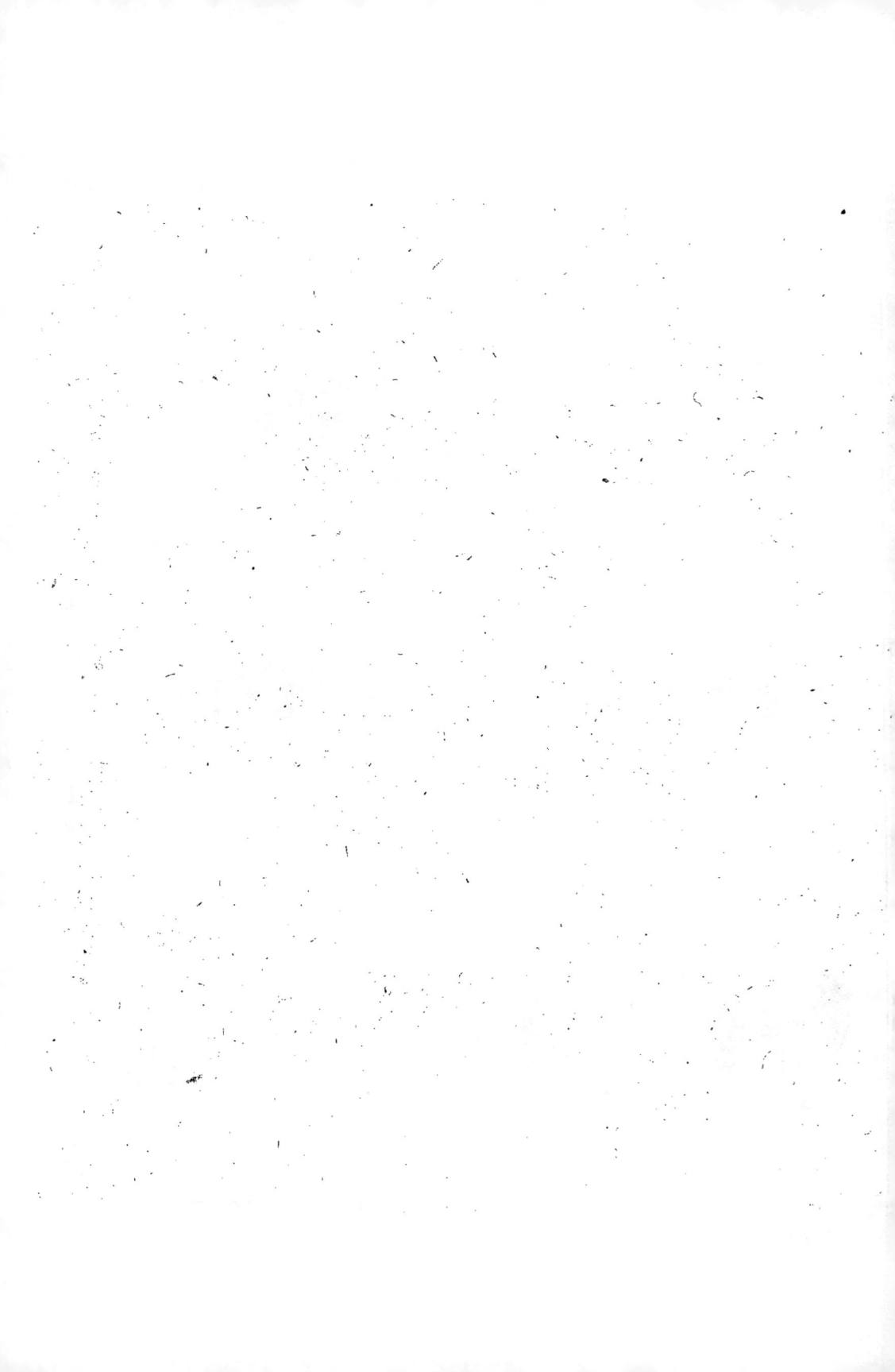

squales, les blennies, etc. étoient *ovovivipares*, c'est-à-
dire, provenoient d'un œuf éclos dans le ventre de la
mère. Nous avons remarqué aussi que les syngnathes
se développoient d'une manière intermédiaire entre
celle des *ovovivipares* et celle des *ovipares*. Leurs œufs,
en effet, n'éclosent pas dans le ventre de la femelle; mais
lorsque les petits syngnathes en sortent, ces œufs sont
encore dans une sorte de rainure longitudinale qui se
forme au-dessous de la queue de la mère, et où ils
sont retenus par une membrane que les fœtus déchirent pour venir à la lumière. Une génération différente, à plusieurs égards, de celle des syngnathes, mais
qui s'en rapproche néanmoins et qui tient également le
milieu entre celle des *ovovivipares* et celle des *ovipares*,
a été observée dans les ascites. Leurs œufs n'éclosent,
pour ainsi dire, ni tout-à-fait dans le corps, ni tout-à-fait
hors du corps de la femelle; et nous allons voir comment se passe ce phénomène remarquable qui confirme
plusieurs des idées exposées dans nos différens Discours
sur les poissons.

caudæ lobo superiori elongato, etc. *Commerson, manuscrits déja cités.*

⁶ Pimelodus maculatus.

Silurus corpore maculoso, cirris quatuor in mandibulâ inferiore; duobus in superiore, ultra pinnam dorsi secundam productis. *Commerson,
manuscrits déja cités.*

⁷ Pimelodus cærulescens.

⁸ Pimelodus nigrodigitatus.

⁹ Pimelodus Commersonnii.

Les œufs de l'ascite deviennent très-gros à proportion de la grandeur de l'animal adulte. A mesure qu'ils se développent, le ventre se gonfle; la peau qui recouvre cet organe, s'étend, s'amincit, et enfin se déchire longitudinalement. Les œufs détachés de l'ovaire parviennent jusqu'à l'ouverture du ventre; le plus avancé de ces œufs se fend à l'endroit qui répond à la tête de l'embryon; la membrane qui en forme l'enveloppe, se retire; et l'on apperçoit le jeune animal recourbé et attaché sur le jaune par une sorte de cordon ombilical composé de plusieurs vaisseaux. Dans cette position, l'embryon peut mouvoir quelques unes de ses parties: mais il ne peut se séparer du corps de la mère que lorsque le jaune dont il tire sa nourriture est assez diminué pour passer au travers de la déchirure longitudinale du ventre; le jeune poisson s'éloigne alors, entraînant avec lui ce qui reste de jaune, et s'en nourrissant encore pendant un temps plus ou moins long. Un nouvel œuf prend la place de celui qui vient de sortir; et lorsque tous les œufs se sont ainsi succédés, et que tous les petits sont éclos, le ventre se referme, les deux côtés de la fente se réunissent; et cette sorte de blessure disparoît jusqu'à la ponte suivante.

Des six barbillons que présente l'ascite, deux sont placés à la mâchoire supérieure, et quatre à l'inférieure. Le premier rayon de la première nageoire du dos et celui de chaque pectorale sont durs et pointus.

Il paroît que l'ascite a été pêché dans les deux Indes.

A l'égard de l'argenté, on l'a reçu de Surinam. Ce pimélode a l'ouverture de la bouche petite ; les mâchoires aussi longues l'une que l'autre, et hérissées de très-petites dents, comme le palais ; la langue lisse et courte ; un seul orifice à chaque narine ; quatre barbillons à l'extrémité de la mâchoire inférieure ; un barbillon à chaque coin de la gueule ; la ligne latérale presque droite, et garnie, sur chacun de ses côtés, de plusieurs petites lignes tortueuses ; le premier rayon de la première dorsale, dentelé à son bord extérieur ; le premier rayon de chaque pectorale, dentelé sur ses deux bords ; le dos brunâtre ; et les nageoires variées de jaune.

Les eaux de Tranquebar nourrissent le pimélode *nœud*. Nous devons indiquer les petits sillons qui divisent en lames la couverture osseuse de sa tête, le double orifice de chacune de ses narines, l'appendice triangulaire qui termine chaque clavicule, la dentelure que montre le bord intérieur du premier rayon de chaque pectorale et de la première nageoire du dos, la direction de la ligne latérale qui est ondée, le bleu du dos et de la nageoire de l'anus, la couleur brune des autres nageoires, l'argenté des côtés et du ventre.

Que l'on remarque dans le pimélode *quatre-taches*, qui vit en Amérique, l'égal avancement des deux mâchoires ; le nombre et la petitesse des dents qui les hérissent et qui garnissent le palais ; la langue lisse ; l'orifice unique de chaque narine ; la longueur des barbillons

placés au coin de la bouche; la dentelure du premier
rayon de chaque pectorale; le brun nuancé de violet
qui règne sur le dos; le gris du ventre; le jaunâtre des
nageoires; les taches de la première dorsale, dont la
base est jaune, et l'extrémité bleuâtre.

Les cinq pimélodes dont nous allons parler dans cet
article, n'ont encore été décrits dans aucun ouvrage
d'histoire naturelle. Nous avons trouvé dans les manuscrits de Commerson une notice très-étendue sur les
deux premiers de ces quatre poissons, et un dessin du
cinquième.

La couleur générale du barbu est d'un bleu plus ou
moins foncé ou plus ou moins semblable à la couleur
du plomb; la partie inférieure de l'animal est d'un
blanc argenté; les côtés réfléchissent quelquefois l'éclat
de l'or; quelques nageoires présentent des teintes d'incarnat. La couverture osseuse de la tête est comme ciselée, et relevée par des raies distribuées en rayons; la
mâchoire supérieure dépasse et embrasse l'inférieure;
de petites dents hérissent l'une et l'autre, ainsi que
deux croissans osseux situés dans la partie antérieure
du palais, et deux tubercules placés auprès du gosier;
la langue est très-large, unie, cartilagineuse, dure, et
attachée dans tout son contour; chaque narine a deux
orifices, et l'orifice postérieur, qui est le plus grand, est
fermé par une petite valvule que le barbu peut relever
à volonté; une carène osseuse et aiguë s'étend depuis
l'occiput jusqu'à la première dorsale; la ligne latérale

est à peine visible; le ventre est gros, et devient très-gonflé et comme pendant, lorsque l'animal a pris une quantité de nourriture un peu considérable. Le premier rayon de chaque pectorale et de la première nageoire du dos est dentelé de deux côtés, très-fort, et assez piquant pour faire des blessures très-douloureuses, graves et si profondes qu'elles présentent des phénomènes semblables à ceux des plaies empoisonnées. La nageoire adipeuse est plus ferme que son nom ne l'indique, et sa nature est à demi cartilagineuse. On apperçoit au-delà de l'ouverture de l'anus un second orifice destiné vraisemblablement à la sortie de la laite ou des œufs. Le foie est rougeâtre, très-grand, et divisé en plusieurs lobes; l'estomac dénué de cœcums ou d'appendices; le canal intestinal replié plusieurs fois; la vessie natatoire attachée au-dessous du dos, entourée de graisse, et séparée en quatre loges.

Le goût de la chair du barbu est exquis; on le prend à la ligne ainsi qu'au filet. Lorsqu'on le tourmente ou l'effraie, il fait entendre une sorte de murmure, ou plutôt de bruissement. Il habite dans les eaux de l'Amérique méridionale.

Le pimélode tacheté a été vu dans les mêmes contrées. Il vit particulièrement dans le grand fleuve de la Plata, et il a été observé à Buénos-Ayres, ainsi qu'à la Encénada. Le tégument osseux de sa tête est relevé par des points et des ciselures, montre un petit sillon entre les yeux, et s'étend par un appendice jusqu'à la première nageoire du dos. La mâchoire supérieure est plus longue que celle de dessous. Les deux barbillons attachés à cette même mâchoire d'en-haut sont beaucoup plus longs que les autres. Derrière chacun des opercules, qui sont rayonnés, deux prolongations osseuses s'étendent vers la queue. Le premier rayon de chaque pectorale et de la première nageoire du dos, et la nageoire adipeuse, ressemblent beaucoup à ceux du barbu. La ligne latérale suit la courbure du dos.

Le bleuâtre, dont le citoyen Leblond nous a envoyé un individu de Cayenne, a beaucoup de rapports avec le pimélode chat. De ses six barbillons, deux appartiennent à la mâchoire d'en-haut, et deux à celle d'en-bas. Le premier rayon de la première dorsale et celui de chacune des pectorales sont dentelés.

Le *doigt-de-nègre* tire son nom de la couleur des rayons de ses pectorales et de ses ventrales, rayons que l'on a pu comparer à des doigts. Le premier rayon de chaque pectorale a ses deux dentelures dirigées en sens contraire l'une de l'autre. Plusieurs plaques osseuses garantissent le dessus de la tête. Celle qui couvre l'occiput est carenée, pointue par-derrière, et se réunit avec la pointe d'une autre plaque triangulaire, composée de plusieurs pièces, et dont la base embrasse l'aiguillon dentelé du dos. Il paroît que le *doigt-de-nègre* parvient à une grandeur considérable. La collection du Muséum national d'histoire naturelle en renferme un individu.

Le commersonnien a deux orifices à chaque narine, et

les deux dorsales triangulaires. Le dessus de sa tête est dénué de grandes plaques osseuses. Il ne montre ni taches, ni bandes, ni raies *.

---

* 13 rayons à chaque pectorale du pimélode ascite.
    6   à chaque ventrale.
    8   à la nageoire de la queue.

  6 rayons à la membrane branchiale du pimélode argenté.
  10   à chaque pectorale.
   8   à chaque ventrale.
  16   à la caudale.

  5 rayons à la membrane des branchies du pimélode nœud.
   7   à chaque pectorale.
   8   à chaque ventrale.
  20   à la nageoire de la queue.

  5 rayons à la membrane des branchies du pimélode quatre-taches.
   7   à chaque pectorale.
   6   à chaque ventrale.
  19   à la caudale.

  5 rayons à la membrane branchiale du pimélode barbu.
  12   à chaque pectorale.
   6   à chaque ventrale.
  15   à la nageoire de la queue.

  6 rayons à la membrane branchiale du pimélode tacheté.
   9   à chaque pectorale.
   6   à chaque ventrale.
  16   à la caudale.

  7 rayons à chaque pectorale du pimélode bleuâtre.
  17   à la nageoire de la queue.

  10 rayons à chaque pectorale du pimélode doigt-de-nègre.
   6   à chaque ventrale.
  20   à la caudale.

LE PIMÉLODE MATOU[1],

LE PIMÉLODE COUS[2],

LE PIMÉLODE DOCMAC[3], LE PIMÉLODE BAJAD[4], LE PIMÉLODE ÉRYTHROPTÈRE[5], LE PIMÉLODE RAIE D'ARGENT[6], LE PIMÉLODE RAYÉ[7], et LE PIMÉLODE MOUCHETÉ[8].

L'AMÉRIQUE et l'Asie nourrissent le matou, dont le dos est d'une couleur obscure et noirâtre, et qui parvient souvent à la longueur de six ou sept décimètres. La

---

[1] Pimelodus catus.
Silurus catus. *Linné, édition de Gmelin.*
Silure matou. *Daubenton et Haüy, Encyclopédie méthodique.*
Id. *Bonnaterre, planches de l'Encyclopédie méthodique.*
Bagre species secunda *Marcg. Brasil. p.* 173.
Catesby, Carol. 2, p. 23, *tab.* 23.

[2] Pimelodus cous.
Silurus cous. *Linné, édition de Gmelin.*
Silure cous. *Daubenton et Haüy, Encyclopédie méthodique.*
Id. *Bonnaterre, planches de l'Encyclopédie méthodique.*
Gronov. Zooph. p. 387, *tab.* 8, *fig.* 7.
Mystus. *Russel, Alep.* 76, *tab.* 13, *fig.* 2.

[3] Pimelodus docmac.
Silurus docmac. *Linné, édition de Gmelin.*
Forskael, Faun. Arab. p. 65, *n.* 94.
Silure dogmak. *Bonnaterre, planches de l'Encyclopédie méthodique.*

Syrie est la patrie du cous, qui y vit dans l'eau douce, qui a la mâchoire inférieure plus courte que celle d'en-haut, des dents très-petites, un orifice doublé à chaque narine, et dont le dos est d'un blanc argentin marbré de taches cendrées.

On trouve dans le Nil, et particulièrement auprès du Delta, le docmac et le bajad. Le premier est grisâtre par-dessus, blanchâtre par-dessous, et quelquefois long d'un mètre et demi. Ses barbillons sont inégaux et très-alongés; sa ligne latérale est droite; le premier rayon de chaque pectorale et de la première nageoire du dos, est osseux et dentelé par-derrière.

Le bajad est bleuâtre ou d'un verd de mer. Il a une fossette au-devant de chaque œil; la mâchoire supé-rieure plus longue que l'inférieure, et armée d'un arc double de dents très-serrées; les barbillons extérieurs de la lèvre d'en-haut, très-alongés; la ligne latérale

---

4 Pimelodus bajad.
Bayatte, *en Égypte, suivant le citoyen Cloquet.*
Silurus bajad. *Linné, édition de Gmelin.*
Silure bajad. *Bonnaterre, planches de l'Encyclopédie méthodique.*
Forskael, Faun. Arab. p. 66, *n.* 95.

5 Pimelodus erythropterus.
Bloch, pl. 369, *fig.* 2.

6 Pimelodus atherinoïdes.
Bloch, pl. 371°, *fig.* 1.

7 Pimelodus vittatus.
Bloch, pl. 371, *fig.* 2.

8 Pimelodus guttatus.

courbée vers le bas, auprès de son origine, et ensuite
très-droite; un aiguillon très-fort, caché sous la peau
et placé auprès de chaque pectorale qui présente une
nuance rousse, ainsi que toutes les autres nageoires,
excepté l'adipeuse.

Observez dans l'érythroptère d'Amérique l'égale prolongation des deux mâchoires; la grande longueur des
barbillons des coins de la bouche; la rudesse du palais;
la briéveté de la langue, qui est cartilagineuse et lisse;
la direction de la ligne latérale, qui est ordinairement
droite; la dentelure du bord intérieur du premier
rayon de chaque pectorale et de la première dorsale;
le brunâtre du dos ainsi que des côtés, et la couleur
grise du ventre;

Dans le pimélode raie d'argent, que l'on a découvert
dans les eaux douces de Malabar, l'égale longueur des
deux mâchoires; la petitesse de leurs dents; les dimensions de celles du palais; le double orifice de chaque
narine; la position de l'anus plus rapproché de la tête
que de la caudale; le rayon dentelé dans son côté intérieur, que l'on voit à la première dorsale et à chaque
pectorale; la couleur générale qui est d'un brun clair;
l'éclat argentin du dessous du corps de l'animal;

Dans le rayé de Tranquebar, le châtain de sa couleur
générale, le cendré du ventre, les six pointes qui ter-
minent la couverture osseuse de la tête, la longueur
égale des deux mâchoires, les dents arquées du palais,
la surface unie de la langue, les deux orifices de chaque

narine, la dentelure intérieure du premier rayon de chaque pectorale et de la première nageoire du dos, la direction très-droite de la ligne latérale.

A l'égard du moucheté, dont on peut voir une figure très-exacte dans la collection de peintures chinoises dont nous avons parlé très-souvent, ajoutons à ce qu'indique de ce pimélode le tableau générique, que sa mâchoire d'en-haut est plus avancée que celle d'en-bas, et que chaque pectorale a son premier rayon dentelé du côté intérieur*.

---

* 5 rayons à la membrane branchiale du pimélode matou.
11   à chaque pectorale.
8   à chaque ventrale.
17   à la nageoire de la queue.
9 rayons à chaque pectorale du pimélode cous.
6   à chaque ventrale.
2 rayons à la membrane branchiale du pimélode docmac.
11   à chaque pectorale.
6   à chaque ventrale.
18   à la caudale.
11 rayons à chaque pectorale du pimélode bajad.
6   à chaque ventrale.
20   à la nageoire de la queue.
5 rayons à la membrane des branchies du pimélode érythroptère.
9   à chaque pectorale.
6   à chaque ventrale.
19   à la caudale.
6 rayons à la membrane branchiale du pimélode raie d'argent.
6   à chaque ventrale.
20   à la nageoire de la queue.
5 rayons à la membrane branchiale du pimélode rayé.
6   à chaque ventrale.
20   à la caudale.

LE PIMÉLODE CASQUÉ,

ET

LE PIMÉLODE CHILI.

DE petites dents semblables à celles d'une lime arment les deux mâchoires du casqué, dont la patrie est l'Amérique méridionale. La mâchoire inférieure avance un peu plus que celle d'en-haut. Le palais est rude; la langue lisse; l'orifice de chaque narine double; le premier rayon de chaque pectorale dentelé sur ses deux bords; la ligne latérale ondulée; le dos bleuâtre; le ventre gris; et la couleur des nageoires, d'un brun foncé.

Le chili vit, comme le casqué, dans l'Amérique méridionale, et particulièrement dans les eaux douces du

---

¹ Pimelodus galeatus.
Silurus galeatus. *Linné, édition de Gmelin.*
Bloch, pl. 369, *fig.* 1.
Seba, Mus. 3, *p.* 85, *tab.* 19, *fig.* 7.
Silure casqué. *Daubenton et Haüy, Encyclopédie méthodique.*
Id. *Bonnaterre, planches de l'Encyclopédie méthodique.*

² Pimelodus chilensis.
Silurus chilensis. *Linné, édition de Gmelin.*
Molina, Hist. nat. Chil. p. 199, *n.* 9.
Silure ramoneur. *Bonnaterre, planches de l'Encyclopédie méthodique.*

pays dont il porte le nom. Il y parvient à la longueur de trois ou quatre décimètres. Sa tête est grande ; sa partie supérieure, brune ou noire ; sa partie inférieure, blanche ; et sa chair très-agréable au goût*.

---

*   2 rayons à la membrane branchiale du pimélode casqué.
    7   à chaque pectorale.
    6   à chaque ventrale.
  21   à la nageoire de la queue.

    4 rayons à la membrane branchiale du pimélode chili.
    8   à chaque pectorale.
    8   à chaque ventrale.
  13   à la caudale.

CENT SOIXANTE-QUATRIÈME GENRE.

LES DORAS.

La tête déprimée, et couverte de lames grandes et dures, ou d'une peau visqueuse; la bouche à l'extrémité du museau; des barbillons aux mâchoires; le corps gros; la peau du corps et de la queue, enduite d'une mucosité abondante; deux nageoires dorsales; la seconde adipeuse; des lames larges et dures, rangées longitudinalement de chaque côté du poisson.

ESPÈCES.	CARACTÈRES.
1. LE DORAS CARENÉ. (*Doras carinatus.*)	Six barbillons aux mâchoires; six rayons à la première nageoire du dos; douze rayons à celle de l'anus; les lames de la ligne latérale garnies de piquans; la nageoire de la queue, fourchue.
2. LE DORAS CÔTE. (*Doras costatus.*)	Six barbillons aux mâchoires; sept rayons à la première nageoire du dos; douze rayons à la nageoire de l'anus; des plaques dures, larges, courtes et garnies d'un crochet de chaque côté de la queue et du corps; de grandes lames au-dessus et au-dessous de l'extrémité de la queue; la caudale fourchue.

LE DORAS CARENÉ,

ET

LE DORAS CÔTE.

LES deux barbillons situés au coin de la bouche du carené sont comme élargis par une membrane dans leur côté inférieur, et les quatre de la mâchoire d'en-bas paroissent garnis de petites papilles. Le premier rayon de la première dorsale est dentelé vers le haut; celui des pectorales l'est des deux côtés. Ce doras habite à Surinam. L'espèce suivante se trouve également dans l'Amérique méridionale; mais elle vit aussi dans les Indes orientales.

---

[1] Doras carinatus.
Silurus carinatus. *Linné, édition de Gmelin.*
Silure carené. *Daubenton et Haüy, Encyclopédie méthodique.*
Id. *Bonnaterre, planches de l'Encyclopédie méthodique.*

[2] Doras costatus.
Urutu, *au Brésil.*
Geribde meirval, *par les Hollandois de l'Amérique méridionale.*
Silurus costatus. *Linné, édition de Gmelin.*
Silure côte. *Daubenton et Haüy, Encyclopédie méthodique.*
Id. *Bonnaterre, planches de l'Encyclopédie méthodique.*
Cataphractus costatus. *Bloch, pl.* 376.
Gronov. Mus. 2, *n.* 177, *tab.* 5, *fig.* 1 et 2.

La tête de ce second doras est revêtue d'une enveloppe osseuse qui s'étend jusque vers le milieu de la
première nageoire du dos, et sur laquelle on voit
plusieurs petites éminences rondes et semblables à des
perles. La mâchoire supérieure dépasse l'inférieure. Le
palais est rude, et la langue lisse. Chaque narine n'a
qu'un orifice. On voit au-dessus de chaque pectorale
un os long, étroit, pointu et perlé, que l'on a comparé
à une omoplate. Les plaques à crochet, qui hérissent
les côtés du corps et de la queue, sont ordinairement
au nombre de trente-quatre. Le premier rayon de la
première dorsale et celui des pectorales sont dentelés
des deux côtés; mais dans la dorsale toutes les dentelures sont tournées vers la pointe du rayon, pendant
que dans les pectorales celles d'un côté sont dirigées
vers la pointe, et celles de l'autre vers la base du rayon
auquel elles appartiennent. La partie supérieure de
l'animal est d'un brun mêlé de violet.

Marcgrave dit que sa chair est de mauvais goût:
aussi ce poisson est-il peu recherché. Le doras côte a
d'ailleurs des armes offensives et défensives à opposer
à ses ennemis : presque toutes les parties de son corps
sont cachées sous un casque ou sous une forte cuirasse;
un dard dentelé arme son dos et chacun de ses *bras*.
Pison rapporte même que les pêcheurs de l'Amérique
méridionale le redoutoient d'autant plus, et cherchoient à en débarrasser leurs filets avec d'autant plus
de soin, qu'ils étoient persuadés que les aiguillons

dentelés de cet osseux renfermoient un venin qui donnoit la mort au bout de vingt-quatre heures, et dont ils ne pouvoient arrêter les effets funestes qu'en versant sur la plaie une grande quantité de l'huile de son foie, dont ils portoient toujours avec eux. Nous n'avons pas besoin de faire remarquer que cette erreur des pêcheurs brasiliens venoit des blessures dangereuses que peuvent produire en effet les dards de ce doras, non pas par les suites d'un poison qu'ils ne distillent pas, mais par celles des déchirures profondes que font souvent les dentelures de ces armes violemment agitées*.

---

* 8 rayons à chaque pectorale du doras carené.
  8   à chaque ventrale.
 24   à la nageoire de la queue

  5 rayons à la membrane branchiale du doras côte.
  8   à chaque pectorale.
  7   à chaque ventrale.
 21   à la caudale.

CENT SOIXANTE-CINQUIÈME GENRE.

LES POGONATHES.

La tête déprimée et couverte de lames grandes et dures,
ou d'une peau visqueuse ; la bouche à l'extrémité du
museau ; des barbillons aux mâchoires ; le corps gros ;
la peau du corps et de la queue, enduite d'une mucosité
abondante ; deux nageoires dorsales, soutenues l'une et
l'autre par des rayons ; des lames larges et dures, rangées
longitudinalement de chaque côté du poisson.

ESPÈCES.	CARACTÈRES.
1. LE POGONATHE COURBINE. (*Pogonathus courbina.*)	Vingt-quatre barbillons à la mâchoire infé- rieure ; point de barbillons à celle d'en- haut ; neuf rayons à la première dorsale ; huit rayons à la nageoire de l'anus ; la cau- dale un peu fourchue.
2. LE POGONATHE DORÉ. (*Pogonathus auratus.*)	Un seul barbillon à la mâchoire inférieure ; point de barbillons à la mâchoire d'en- haut.

LE POGONATHE COURBINE[1],

ET

LE POGONATHE DORÉ[2].

CES deux poissons sont encore inconnus des naturalistes. Nous en avons trouvé la description dans les manuscrits de notre Commerson.

Le pogonathe courbine présente ordinairement une longueur de six ou sept décimètres, sur une hauteur d'un ou deux. Il pèse alors trois kilogrammes ou environ. La couleur de son dos et de ses côtés est d'un bleu mêlé de brun et relevé par des reflets dorés ; l'éclat de l'argent brille sur sa partie inférieure. Les écailles dont il est revêtu, sont assez grandes. La mâchoire supérieure, que l'animal peut avancer et retirer à volonté, est un peu plus longue que l'inférieure. L'une et

---

[1] Pogonathus courbina.
Courbin.
Courbedos.
Pogonathus........ silurus cirris menti viginti quatuor, pinnis dorsi duabus radiatis. *Commerson, manuscrits déja cités.*

[2] Pogonathus auratus.
Pogonathus cirro menti unico brevi, porulis quatuor circumdato. *Commerson, manuscrits déja cités.*

l'autre sont garnies de dents petites, nombreuses et serrées comme celles d'une lime. La langue, le palais et les environs du gosier n'ont pas d'aspérités. Les vingt-quatre barbillons attachés à la mâchoire d'en-bas sont blancs, courts, très-mous, et disposés sur trois rangs transversaux. Le dos forme une carène aiguë jusqu'à la première des deux nageoires qu'il soutient, se courbe ensuite vers le bas jusqu'à la seconde, et se relève au-delà de cette seconde nageoire en se courbant de nouveau. Chaque rayon de la première dorsale est un aiguillon sans articulation, et part d'une sorte de tubercule placé sous la peau ; mais ni cette nageoire, ni les pectorales, ne présentent de rayon dentelé. Les lames écailleuses dont on voit une rangée longitudinale de chaque côté du poisson, sont striées et argentées. Le canal intestinal est plusieurs fois replié ; le foie petit et rouge ; chaque ovaire long et jaune *.

Ce pogonathe est grand et beau ; mais sa chair est mollasse, et son goût fade. Commerson l'a vu pêcher dans le fleuve de la Plata, au mois d'avril 1767.

Le doré ressemble beaucoup par ses couleurs à la courbine : mais ses écailles resplendissent davantage de

---

* 7 rayons à la membrane branchiale du pogonathe courbine.
18 rayons à chaque pectorale.
1 rayon aiguillonné et 5 rayons articulés à chaque ventrale.
22 rayons à la seconde dorsale.
16 rayons à la nageoire de la queue.

l'éclat de l'or. Ses ventrales et son anale sont d'un jaune blanchâtre; ses autres nageoires offrent des nuances brunâtres. Il devient moins grand que la courbine. Quatre pores sont placés autour du seul barbillon que montrent les mâchoires de ce pogonathe.

CENT SOIXANTE-SIXIÈME GENRE.

LES CATAPHRACTES.

La tête déprimée et couverte de lames grandes et dures, ou d'une peau visqueuse; la bouche à l'extrémité du museau; des barbillons aux mâchoires; le corps gros; la peau du corps et de la queue enduite d'une mucosité abondante; deux nageoires dorsales; la seconde soutenue par un seul rayon; des lames larges et dures, rangées longitudinalement de chaque côté du poisson.

PREMIER SOUS-GENRE.

La nageoire de la queue, arrondie, ou terminée par une ligne droite et sans échancrure.

ESPÈCES.	CARACTÈRES.
1. LE CATAPHRACTE CALLICHTE. (*Cataphractus callichthys.*)	Quatre barbillons aux mâchoires; huit rayons à la première nageoire du dos; six rayons à celle de l'anus; deux rangs de lames dures et dentelées de chaque côté du poisson; la caudale arrondie.
2. LE CATAPHRACTE AMÉRICAIN. (*Cataphractus americanus.*)	Six barbillons aux mâchoires; cinq rayons à la première dorsale; neuf rayons à l'anale; un seul rang de lames grandes et dures, de chaque côté de l'animal; la caudale rectiligne.

SECOND SOUS-GENRE.

La nageoire de la queue, fourchue, ou échancrée en croissant.

ESPÈCE.	CARACTÈRES.
3. LE CATAPHRACTE PONCTUÉ. (*Cataphractus punctatus.*)	Quatre barbillons aux mâchoires; neuf rayons à la première nageoire du dos; sept rayons à l'anale; deux rangs de grandes lames de chaque côté du poisson; la caudale en croissant.

LE CATAPHRACTE CALLICHTE[1],

LE CATAPHRACTE AMÉRICAIN[2],

ET LE CATAPHRACTE PONCTUÉ[3].

LE callichte se trouve dans les deux Indes; il aime les eaux courantes et limpides. On a écrit qu'il pouvoit, comme l'anguille et quelques autres poissons, s'éloigner en rampant ou en sautillant, jusqu'à une distance assez grande des fleuves qu'il habite, et se creuser dans la vase ou dans la terre humide, des trous assez profonds : mais voilà à quoi il faut réduire les habitudes et les facultés

[1] Cataphractus callichthys.
Soldat, par les Allemands.
Krip-ring-ming, par les Suédois.
Tomoate, par les Anglois.
Soldido, par les Portugais du Brésil.
Tamoata, par les Brasiliens.
Quiqui, à Surinam.
Dreg-dolfin, par les Hollandois des Indes orientales.
Silurus callichthys. Linné, édition de Gmelin.
Silure callichte. Daubenton et Haüy, Encyclopédie méthodique.
Id. Bonnaterre, planches de l'Encyclopédie méthodique.
Cataphracte callichte. Bloch, pl. 377, fig. 1.
Amœnit. acad. 1, p. 317, tab. 14, fig. 1.
Gronov. Mus. 1, n. 70.
Seba, Mus. 3, tab. 29, fig. 13.

extraordinaires qu'on a voulu attribuer à cet animal. Il
ne parvient que rarement à la longueur de trois ou
quatre décimètres. Sa chair est très-agréable au goût. Sa
couleur générale paroît brune: on voit des taches brunâtres et des nuances jaunes sur la nageoire de la queue.
La tête est revêtue d'une couverture osseuse, dure, et
terminée de chaque côté par une portion alongée et
triangulaire. La mâchoire supérieure avance plus que
celle d'en-bas; la langue est lisse; le fond de la gueule
rude; l'orifice de chaque narine, double; l'œil petit; le
premier rayon de chaque nageoire, fort et aiguillonné.
Presque tous les rayons sont garnis de très-petits piquans. Les lames dentelées qui revêtent chacun des
côtés du callichte, sont ordinairement au nombre de
vingt-six dans chaque rangée; et elles ont assez de
largeur pour que les quatre rangs qu'elles forment,
soient continus de manière à produire un sillon longitudinal sur le dos et sur chaque côté du poisson.

Le nom de l'américain indique sa patrie. Il a été
observé particulièrement dans la Caroline.

On pêche le ponctué dans les rivières poissonneuses

¹ Cataphractus americanus.
Id. *Catesby, Carol.* 3, *p.* 19, *tab.* 19.
Silurus cataphractus. *Linné, édition de Gmelin.*
Silure cuirassé. *Daubenton et Haüy, Encyclopédie méthodique.*
Id. *Bonnaterre, planches de l'Encyclopédie méthodique.*
Gron. *Mus. n.* 71, *tab.* 3, *fig.* 4 et 5.

³ Cataphractus punctatus.
Id. *Bloch, pl.* 377, *fig.* 2.

de Surinam. Il a la tête comprimée; un casque osseux;
la mâchoire d'en-haut plus avancée que celle d'en-bas;
deux orifices à chaque narine; l'œil voilé par une membrane; l'opercule composé de deux pièces; la clavicule
large; les grandes lames de chaque côté, dentelées,
placées les unes au-dessus des autres, et formant des
rangées de vingt-quatre; le premier rayon de l'anale,
des pectorales, de la première nageoire du dos, et le
rayon unique de la seconde, roides et aiguillonnés; la
couleur générale jaune; une tache noire et irrégulière
sur la première dorsale; des points sur la tête, sur le
dos et sur plusieurs nageoires*.

---

* 3 rayons à la membrane branchiale du cataphracte callichte.
7   à chaque pectorale.
8   à chaque ventrale.
14   à la nageoire de la queue.

6 rayons à la membrane des branchies du cataphracte américain.
6   à chaque ventrale.
19   à la caudale.

3 rayons à la membrane branchiale du cataphracte ponctué.
6   à chaque pectorale.
6   à chaque ventrale.
17   à la nageoire de la queue.

CENT SOIXANTE-SEPTIÈME GENRE.

LES PLOTOSES.

La tête déprimée, et couverte de lames grandes et dures, ou d'une peau visqueuse ; la bouche à l'extrémité du museau ; des barbillons aux mâchoires ; le corps gros ; la peau du corps et de la queue, enduite d'une mucosité abondante ; deux nageoires dorsales ; la seconde et celle de l'anus réunies avec la nageoire de la queue, qui est pointue.

ESPÈCE.	CARACTÈRES.
LE PLOTOSE ANGUILLÉ. (*Plotosus anguillaris*.)	Huit barbillons aux mâchoires ; six rayons à la première nageoire du dos.

LE PLOTOSE ANGUILLÉ*.

Pour peu que l'on jette les yeux sur ce poisson, on verra que sa queue longue et déliée, la viscosité de sa peau, la position et la figure de ses nageoires, ainsi que la conformation de presque toutes les autres parties de son corps, doivent donner à ses habitudes une grande ressemblance avec celles de la murène anguille. Il vit dans les grandes Indes; et Commerson en avoit rencontré une variété dans un des parages qu'il a parcourus lors de son fameux voyage avec notre célèbre Bougainville.

Il a plusieurs rangs de dents coniques aux deux mâchoires; des dents globuleuses au palais; d'autres dents pointues auprès du gosier; la langue lisse; la mâchoire supérieure plus avancée que l'inférieure; un seul orifice à chaque narine; le premier rayon de la première dorsale, court, gros et dur; le second long et fort, et de plus osseux, aiguillonné et dénué de dentelure, comme le premier; le premier rayon de chaque pecto-

---

* Plotosus anguillaris.
I an sumbilang, *dans les grandes Indes.*
Flat-eel, *en anglois.*
Aal formigen platt leib, *en allemand.*
Platystacus anguillaris. *Bloch, pl.* 373; *fig.* 1.

rale, également osseux, fort et alongé, et d'ailleurs dentelé des deux côtés; la ligne latérale garnie de petits tubercules; la couleur générale d'un violet mêlé de brun; le dessous du corps, blanchâtre; et cinq raies blanches et longitudinales.

J'ai vu sur un individu de cette espèce un orifice situé au-delà de l'anus; par cet orifice sortoit comme un organe sexuel, qui se divisoit en deux coupes ou entonnoirs membraneux. Au-devant de cet organe étoit un pédoncule ou appendice conique. L'état de l'individu ne me permit pas de savoir s'il étoit mâle ou femelle. Bloch a fait une observation analogue sur l'individu qu'il a décrit *.

---

* 11 rayons à la membrane branchiale du plotose anguillé.
  10   à chaque pectorale.
  12   à chaque ventrale.
 268   dans l'ensemble formé par la réunion de la seconde dorsale, de la nageoire de l'anus, et de celle de la queue.

CENT SOIXANTE-HUITIÈME GENRE.

LES AGÉNÉIOSES.

La tête déprimée , et couverte de lames grandes et dures , ou d'une peau visqueuse ; la bouche à l'extrémité du museau ; point de barbillons ; le corps gros ; la peau du corps et de la queue, enduite d'une mucosité abondante; deux nageoires dorsales ; la seconde adipeuse.

ESPÈCES.	CARACTÈRES.
1. L'AGÉNÉIOSE ARMÉ. (*Ageneiosus armatus.*)	Sept rayons à la première nageoire du dos ; la caudale en croissant ; une sorte de corne presque droite, hérissée de pointes , et placée entre les deux orifices de chaque narine.
2. L'AGÉNÉIOSE DÉSARMÉ. (*Ageneiosus inermis.*)	Sept rayons à la première dorsale ; la caudale en croissant ; point de corne entre les deux orifices de chaque narine.

L'AGÉNÉIOSE ARMÉ[1],

ET

L'AGÉNÉIOSE DÉSARMÉ[2].

C E S deux poissons vivent dans les eaux de Surinam, et peut-être dans celles des grandes Indes. Quels traits devons-nous ajouter à ceux que présente le tableau générique, pour terminer le portrait de ces deux agénéioses?

Pour le premier, la largeur et le grand aplatissement de la tête; les dents petites et nombreuses des deux mâchoires; la briéveté et la surface unie de la langue;

---

[1] Ageneiosus armatus.

Steifbart, *en allemand.*

Gehornter wels , *id.*

Horned silure , *en anglois.*

Silurus militaris. *Linné, édition de Gmelin.*

Silure armé. *Daubenton et Haüy, Encyclopédie méthodique.*

Id. *Bonnaterre , planches de l'Encyclopédie méthodique.*

Bloch, pl. 362.

[2] Ageneiosus inermis.

Silurus inermis. *Linné, édition de Gmelin.*

Silure désarmé. *Daubenton et Haüy, Encyclopédie méthodique.*

Id. *Bonnaterre, planches de l'Encyclopédie méthodique.*

Bloch, pl. 363.

l'arc hérissé de dents, placé sur le palais; la distance qui sépare les yeux; le rouge de la prunelle; la peau qui revêt tout l'animal; la longueur et la dureté du premier rayon de la première dorsale, lequel est d'ailleurs garni d'un double rang de crochets pointus, vers le milieu et à son extrémité; la grosseur du ventre; les sinuosités et les ramifications de la ligne latérale; le verd foncé de la couleur générale; les dimensions étendues du poisson; le mauvais goût de sa chair.

Pour le second, tous ceux que nous venons d'énoncer, excepté la couleur de la prunelle, qui est noire; la nature de la peau, qui est moins épaisse; la longueur et les crochets du premier rayon de la première dorsale, lequel est dur et aiguillonné, mais sans dentelure; et peut-être la grandeur des dimensions, ainsi que le goût peu agréable de la chair *.

Le désarmé a de plus une prolongation triangulaire

---

*   9 rayons à la membrane des branchies de l'agénéiose armé.
16   à chaque pectorale.
8   à chaque ventrale.
35   à la nageoire de l'anus.
24   à celle de la queue.

10 rayons à la membrane branchiale de l'agénéiose désarmé.
14   à chaque pectorale.
7   à chaque ventrale.
40   à la nageoire de l'anus.
26   à la caudale.

et très-pointue à l'extrémité postérieure de la couverture osseuse de sa tête; des taches brunes et irrégulières; la première dorsale, les pectorales, les ventrales
brunes, et les autres nageoires d'un gris quelquefois
mêlé de violet.

CENT SOIXANTE-NEUVIÈME GENRE,

LES MACRORAMPHOSES.

La tête déprimée, et couverte de lames grandes et dures, ou d'une peau visqueuse ; la bouche à l'extrémité du museau ; point de barbillons aux mâchoires ; le corps gros ; la peau du corps et de la queue, enduite d'une mucosité abondante ; deux nageoires dorsales ; l'une et l'autre soutenues par des rayons ; le premier rayon de la première nageoire dorsale, fort, très-long et dentelé ; le museau très-alongé.

ESPÈCE.	CARACTÈRES.
LE MACRORAMPHOSE CORNU. (*Macroramphosus cornutus.*)	Six rayons à la seconde nageoire du dos ; point de rayon dentelé aux pectorales.

LE MACRORAMPHOSE CORNU*.

LA longueur du museau égale la moitié de la longueur du corps. Son extrémité est un peu recourbée. Le premier rayon de la première nageoire du dos a deux rangs de petites dents sur la moitié de son bord inférieur, et peut s'étendre jusqu'au - dessus de la nageoire de la queue. On compte neuf rayons à cette dernière nageoire.

---

* Macroramphosus cornutus.

Silurus cornutus. *Linné, édition de Gmelin.*

Forskael, Faun. Arabic. p. 66 , *n.* 96.

Silure chardonneret. *Bonnaterre, planches de l'Encyclopédie méthodique.*

CENT SOIXANTE-DIXIÈME GENRE.

LES CENTRANODONS.

La tête déprimée, et couverte de lames grandes et dures, ou d'une peau visqueuse; la bouche à l'extrémité du museau; point de barbillons ni de dents aux mâchoires; le corps gros; la peau du corps et de la queue, enduite d'une mucosité abondante; deux nageoires dorsales; l'une et l'autre soutenues par des rayons; un ou plusieurs piquans à chaque opercule.

ESPÈCE.	CARACTÈRES.
LE CENTRANODON JAPONOIS. (*Centranodon japonicus.*)	Onze rayons à la seconde nageoire du dos; la caudale arrondie.

LE CENTRANODON JAPONOIS[1].

CE poisson a les yeux gros et rapprochés l'un de l'autre. On compte deux piquans vers le bord postérieur de chaque opercule. Le corps et la queue sont très-alongés; ils sont couverts d'écailles très-faciles à voir. Ce centranodon parvient à la longueur de deux décimètres. Sa couleur générale est rougeâtre; ses nageoires sont variées de blanc et de noir. Le Japon est sa patrie[2].

[1] Centranodon japonicus.
Silurus imberbis. *Linné, édition de Gmelin.*
Houttuyn, Act. Haarl. XX, 2, *p.* 339, *n.* 27.

[2] 6 rayons à la membrane branchiale du centranodon japonois.
20   à chaque pectorale.
6   à chaque ventrale.
10   à la nageoire de l'anus.
13   à celle de la queue.

CENT SOIXANTE-ONZIÈME GENRE.

LES LORICAIRES.

Le corps et la queue couverts en entier d'une sorte de cuirasse à lames; la bouche au-dessous du museau; les lèvres extensibles; une seule nageoire dorsale.

ESPÈCES	CARACTÈRES.
1. LA LORICAIRE SÉTIFÈRE. (*Loricaria setifera.*)	Un rayon aiguillonné et sept rayons articulés à la nageoire du dos; un rayon aiguillonné et cinq rayons articulés à celle de l'anus; la caudale fourchue; le premier rayon du lobe supérieur de la nageoire de la queue, très-alongé; une grande quantité de petits barbillons autour de l'ouverture de la bouche.
2. LA LORICAIRE TACHETÉE. (*Loricaria maculata.*)	Point de dents à la mâchoire supérieure, ni de petits barbillons autour de l'ouverture de la bouche; un grand nombre de taches brunes.

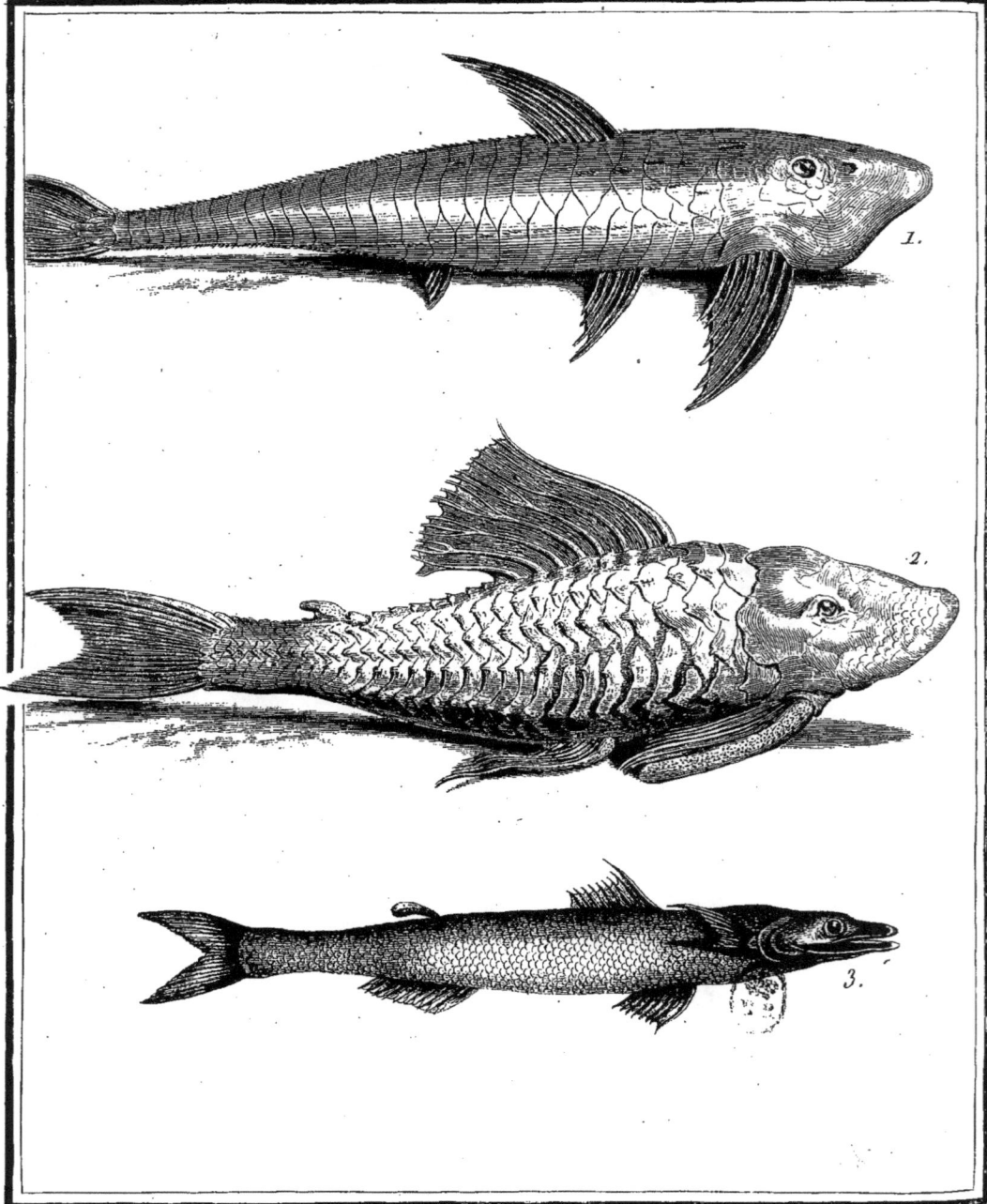

1. Variété de la LORICAIRE Tachetée. 2. Variété de L'HYPOSTOME Guacari.

3. CORÉGONE Rouge.

LA LORICAIRE SÉTIFÈRE [1],

ET

LA LORICAIRE TACHETÉE [2].

LES loricaires sont, parmi les osseux, les représentans des acipensères que nous avons décrits en traitant des cartilagineux. Elles ont avec ces poissons des rapports très-marqués par leur conformation générale, par la position de la bouche au-dessous du museau, par leurs barbillons, par les plaques dures qui les revêtent; et

---

[1] Loricaria setifera.
Plécoste.
Panzerfisch , *en Allemagne.*
Gewapende harnasman, *en Hollande.*
Benfiaelling, *en Suède.*
Cataphract , *par les Anglois.*
Loricaria cataphracta. *Linné, édition de Gmelin.*
Mus. Ad. Frid. 1 , *p.* 79, *tab.* 29, *fig.* 1.
Gronov. Mus. 1 , *n.* 69.
Seba, Mus. 3 , *tab.* 29 , *fig.* 14.
Loricaire plécoste. *Daubenton et Haüy, Encyclopédie méthodique.*
Id. *Bonnaterre , planches de l'Encyclopédie méthodique.*
Cuirassier plécoste. *Bloch, pl.* 375 , *fig.* 3.

[2] Loricaria maculata.
Id. *Bloch, pl.* 375 , *fig.* 1 *et* 2.

si elles n'offrent pas des dimensions aussi grandes, une
force aussi remarquable, des moyens d'attaque aussi
redoutables pour leurs ennemis, elles ont des armes
défensives à proportion plus sûres, parce que les pièces
de leur cuirasse, placées sans intervalle les unes auprès
des autres, ne laissent, pour ainsi dire, aucune de leurs
parties sans abri.

La sétifère a les mâchoires garnies de dents petites,
flexibles, et semblables à des *soies;* l'ouverture des branchies, très-étroite; le premier rayon de chaque pectorale, dentelé sur deux bords; celui des ventrales, dentelé; celui de l'anale et de la nageoire du dos, dur,
gros et rude; le corps couvert de lames fortes, presque
toutes losangées, et dont plusieurs sont garnies d'un
aiguillon; la queue renfermée dans un étui composé
d'anneaux situés les uns au-dessus des autres; ces
anneaux découpés, comprimés, et formant souvent
en haut et en bas une arête ou carène dentelée; le
premier rayon du lobe supérieur de la queue, quelquefois plus long que tout le corps; la couleur générale
d'un jaune brunâtre.

Elle habite dans l'Amérique méridionale, ainsi que
la tachetée, que nous regardons comme une espèce différente de la sétifère, mais qui cependant pourroit n'en
être qu'une variété distinguée par l'arrondissement de
la partie antérieure et inférieure de sa tête; le nombre
de ses barbillons, qui n'excède pas deux; le défaut de
dents *sétacées;* la présence de deux pointes, à la vérité

très-difficiles à reconnoître, à la mâchoire inférieure ;
de grandes lames placées sur le ventre, les unes à côté
des autres ; la moindre longueur du premier rayon
de la caudale ; des taches irrégulières, d'un brun foncé,
distribuées sur presque toute la surface du poisson ; et
une tache noire que l'on voit au bout du lobe inférieur
de la nageoire de la queue *.

---

* 4 rayons à la membrane branchiale de la loricaire sétifère et de
      la loricaire tachetée.
7   à chaque pectorale.
6   à chaque ventrale.
12   à la caudale.

CENT SOIXANTE-DOUZIÈME GENRE.

LES HYPOSTOMES.

Le corps et la queue couverts en entier d'une sorte de cuirasse à lames; la bouche au-dessous du museau; les lèvres extensibles; deux nageoires dorsales.

ESPÈCE.	CARACTÈRES.
1. L'HYPOSTOME GUACARI. (*Hypostomus guacari.*)	Huit rayons à la première nageoire du dos; un seul à la seconde; la caudale en croissant.

L'HYPOSTOME GUACARI*.

LE nom générique de ce poisson indique la position
de sa bouche. Il montre une couverture osseuse et découpée par-derrière sur sa tête ; une ouverture étroite
et transversale, à sa bouche ; des dents très-petites et
comme *sétacées*, à ses mâchoires ; des verrues et deux
barbillons à la lèvre inférieure ; une membrane lisse,
sur la langue et le palais ; un seul orifice à chaque
narine ; quatre rangées longitudinales de lames, de
chaque côté de l'étui solide qui renferme son corps et
sa queue ; une arête terminée par une pointe, à chacune de ces lames ; un premier rayon très-dur, à

* Hypostomus guacari.
Goré, *auprès de Cayenne.*
Steveragtige plooy beck, *en Hollande.*
Indianisk-stor, *en Suède.*
Runzelmaul, *en Allemagne.*
Loricaria plecostomus. *Linné, édition de Gmelin.*
Loricaire guacari. *Daubenton et Haüy, Encyclopédie méthodique.*
Id. *Bonnaterre, planches de l'Encyclopédie méthodique.*
Loricaire plécostome. *Bloch, pl.* 374.
Mus. Ad. Frid. 1, *p.* 55, *tab.* 28, *fig.* 4.
Plecostomus dorso dipterygio, etc. *Gronov. Mus.* 1, *n.* 67, *tab.* 3, *fig.*
1 et 2.
Seba, Mus. 3, *tab.* 29, *fig.* 11.
Guacari. *Marcgrav. Brasil.* 166.

chaque ventrale; un premier rayon dentelé et très-fort, aux pectorales ainsi qu'à la première nageoire du dos; des taches inégales, arrondies, brunes ou noires; et différentes nuances d'orangé, dans sa couleur générale.

Le canal intestinal est six fois plus long que le poisson. La chair est de bon goût. Les rivières de l'Amérique méridionale sont le séjour ordinaire du guacari *.

---

*   4 rayons à la membrane branchiale de l'hypostome guacari.
   7   à chaque pectorale.
   6   à chaque ventrale.
   5   à la nageoire de l'anus.
 16   à celle de la queue.

CENT SOIXANTE-TREIZIÈME GENRE.

LES CORYDORAS.

De grandes lames de chaque côté du corps et de la queue; la tête couverte de pièces larges et dures; la bouche à l'extrémité du museau; point de barbillons; deux nageoires dorsales; plus d'un rayon à chaque nageoire du dos.

ESPÈCE.	CARACTÈRES.
LE CORYDORAS GEOFFROY. (*Corydoras geoffroy*.)	Deux rayons aiguillonnés et neuf rayons articulés à la première nageoire du dos; la caudale fourchue.

LE CORYDORAS GEOFFROY[1].

Nous avons trouvé dans la collection donnée par la Hollande à la France, un individu de cette espèce encore inconnue des naturalistes. Le nom générique par lequel nous avons cru devoir la distinguer, indique la cuirasse et le casque qu'elle a reçus de la nature[2]; et nous l'avons dédiée à notre collègue Geoffroy, qui a si bien mérité la reconnoissance de tous ceux qui cultivent l'histoire naturelle, par les observations qu'il a faites en Égypte sur les divers animaux de cette contrée, et particulièrement sur les poissons du Nil.

Les lames qui garantissent chaque côté de cet osseux sont disposées sur deux rangs; elles sont de plus très-larges et hexagones. Une membrane assez longue sépare les deux rayons qui soutiennent la seconde nageoire du dos. Le premier rayon de chaque pectorale est hérissé de très-petites pointes. Le second rayon de la première nageoire du dos est dentelé d'un seul côté. Le premier de cette même nageoire n'offre pas de dentelure; il est même très-court : mais on peut remarquer sa force. Chaque narine a deux orifices. On

---

[1] Corydoras geoffroy.

[2] *Corys*, en grec, signifie casque; et *doras*, cuirasse.

voit une grande lame au-dessus de chaque pectorale*.

* 11 rayons à chaque pectorale du corydores geoffroy.
  2   à la seconde dorsale,
  6   à chaque ventrale.
  7   à la nageoire de l'anus.
14   à celle de la queue.

CENT SOIXANTE-QUATORZIÈME GENRE.

LES TACHYSURES.

La bouche à l'extrémité du museau; des barbillons aux mâchoires; le corps et la queue très-alongés, et revêtus d'une peau visqueuse; le premier rayon de la première nageoire du dos, et de chaque pectorale, très-fort; deux nageoires dorsales, l'une et l'autre soutenues par plus d'un rayon.

ESPÈCE.	CARACTÈRES.
LE TACHYSURE CHINOIS. (*Tachysurus sinensis.*)	Six barbillons aux mâchoires ; la caudale fourchue.

LE TACHYSURE CHINOIS[1].

Parmi les peintures chinoises déposées au Muséum national d'histoire naturelle, on voit une figure de cette belle espèce, dont les formes et par conséquent les habitudes ont beaucoup de rapports avec celles des silures, des pimélodes, des pogonathes, etc.

Ce poisson vit dans l'eau douce. Son nom générique exprime l'agilité de sa queue longue et déliée[2], et son nom spécifique indique son pays.

La mâchoire supérieure est un peu plus avancée que l'inférieure; elle présente deux barbillons : on en compte quatre à la mâchoire d'en-bas. Chaque narine n'a qu'un orifice. Le dessus de la tête est aplati; le museau arrondi; le dos très-relevé et anguleux; la ligne latérale droite; l'opercule composé de trois pièces; la seconde nageoire du dos un peu ovale, et semblable, pour la forme ainsi que pour les dimensions, à celle de l'anus, au-dessus de laquelle elle est située; la couleur générale verte, avec des taches d'un verd plus foncé. Des teintes rouges paroissent sur les ventrales et sur les nageoires de l'anus et de la queue.

---

[1] Tachysurus sinensis.

[2] *Tachys,* en grec, signifie *rapide.*

CENT SOIXANTE-QUINZIÈME GENRE.

LES SALMONES.

La bouche à l'extrémité du museau ; la tête comprimée ; des écailles facilement visibles sur le corps et sur la queue ; point de grandes lames sur les côtés, de cuirasse, de piquans aux opercules, de rayons dentelés, ni de barbillons ; deux nageoires dorsales ; la seconde adipeuse et dénuée de rayons ; la première plus près ou aussi près de la tête que les ventrales ; plus de quatre rayons à la membrane des branchies ; des dents fortes aux mâchoires.

ESPÈCES.	CARACTÈRES.
1. LE SALMONE SAUMON. (*Salmo salar.*)	Quatorze rayons à la première nageoire du dos ; treize à celle de l'anus ; dix à chaque ventrale ; le bout du museau plus avancé que la mâchoire inférieure ; la caudale fourchue.
2. LE SALMONE ILLANKEN. (*Salmo illanken.*)	Douze rayons à la première dorsale et à la nageoire de l'anus ; onze rayons à chaque ventrale ; la tête grande ; la mâchoire inférieure terminée par une sorte de crochet émoussé ; des taches noires, alongées, inégales, et peu faciles à distinguer.
3. LE SALMONE SCHIEFERMULLER. (*Salmo Schiefermülleri.*)	Quinze rayons à la première nageoire du dos ; treize à celle de l'anus ; dix à chaque ventrale ; la mâchoire inférieure plus alongée que la supérieure ; la caudale fourchue ; des taches noires.

ESPÈCES.	CARACTÈRES.
4. LE SALMONE ÉRIOX. (*Salmo eriox.*)	Quatorze rayons à la première nageoire du dos ; douze à celle de l'anus ; dix à chaque ventrale ; la caudale à peine échancrée ; des taches grises.
5. LE SALMONE TRUITE. (*Salmo trutta.*)	Quatorze rayons à la première nageoire du dos ; onze à celle de l'anus ; treize à chaque ventrale ; la caudale peu échancrée ; des taches rondes, rouges, et renfermées dans un cercle d'une nuance plus claire, sur les côtés du poisson.
6. LE SALMONE BERGFORELLE. (*Salmo alpinus.*)	Treize rayons à la première nageoire du dos ; douze à celle de l'anus ; huit à chaque ventrale ; la caudale à peine échancrée ; des taches et des points noirs, rouges et argentins, sans bordure.
7. LE SALMONE TRUITE-SAUMONÉE. (*Salmo trutta-salar.*)	Quatorze rayons à la première nageoire du dos ; onze à celle de l'anus ; dix à chaque ventrale ; la caudale en croissant ; des taches noires sur la tête, le dos, et les côtés.
8. LE SALMONE ROUGE. (*Salmo erythrinus.*)	Douze rayons à la première dorsale ; onze à la nageoire de l'anus ; dix à chaque ventrale ; les deux mâchoires également avancées ; la caudale fourchue ; des taches rouges ou rougeâtres, et entourées d'un cercle d'une autre nuance ; du rouge sur les nageoires de la queue, de l'anus et du ventre, et sur la partie inférieure de l'animal.
9. LE SALMONE GÆDEN. (*Salmo Gædenii.*)	Douze rayons à la première nageoire du dos ; onze à la nageoire de l'anus ; dix à chaque

ESPÈCES.   CARACTÈRES.

9. LE SALMONE GÆDEN.
(*Salmo Gædenii.*)

ventrale ; la caudale fourchue ; la tête très-petite ; le corps et la queue très-alongés et très-minces ; des taches rouges renfermées dans un cercle blanc.

10. LE SALMONE HUCH.
(*Salmo hucho.*)

Treize rayons à la première dorsale ; douze à la nageoire de l'anus ; dix à chaque ventrale ; la mâchoire supérieure un peu plus avancée que l'inférieure ; des taches brunes, petites et rondes, sur le corps, la queue, et toutes les nageoires, excepté les pectorales.

11. LE SALMONE CARPION.
(*Salmo carpio.*)

Quatorze rayons à la première dorsale ; douze à l'anale ; dix à chaque nageoire ventrale ; la caudale en croissant ; la mâchoire d'enbas un peu plus avancée que celle d'enhaut ; les côtés argentés, et semés de taches petites et blanches ; du noir et du rouge sur les nageoires inférieures.

12. LE SALMONE SALVELINE.
(*Salmo salvelinus.*)

Treize rayons à la première nageoire du dos ; douze à l'anale ; neuf à chaque ventrale ; la caudale fourchue ; la mâchoire supérieure un peu plus avancée que l'inférieure ; les ventrales rouges ; le premier rayon de ces nageoires et de celle de l'anus, fort et blanc.

13. LE SALMONE OMBLE CHEVALIER.
(*Salmo umbla.*)

Onze rayons à la première nageoire du dos et à celle de l'anus ; neuf à chaque ventrale ; la caudale fourchue ; la tête petite ; la mâchoire supérieure plus avancée que l'inférieure ; le corps et la queue sans taches.

ESPÈCES.	CARACTÈRES.
14. LE SALMONE TAIMEN. (*Salmo taimen.*)	Treize rayons à la première dorsale; dix à la nageoire de l'anus et à chaque ventrale; la caudale fourchue; la tête alongée; le museau un peu déprimé; la mâchoire inférieure un peu plus avancée que celle d'en haut; la couleur générale brunâtre; un grand nombre de taches rondes et brunes.
15. LE SALMONE NELMA. (*Salmo nelma.*)	Treize rayons à la première nageoire du dos; quatorze à celle de l'anus; la caudale fourchue; la tête très-alongée; la mâchoire inférieure beaucoup plus avancée que la supérieure; le museau un peu déprimé; les écailles grandes; la couleur générale argentée.
16. LE SALMONE LENOK. (*Salmo lenok.*)	Treize rayons à la première dorsale; douze à la nageoire de l'anus; dix à chaque ventrale; la caudale fourchue; le corps et la queue hauts et épais; la prunelle anguleuse par-devant; un grand nombre de points bruns sur la partie supérieure du poisson; les dorsales tachetées.
17. LE SALMONE KUNDSCHA. (*Salmo kundscha.*)	Douze rayons à la première dorsale; dix à la nageoire de l'anus; neuf à chaque ventrale; la caudale fourchue; la nageoire adipeuse, petite et dentelée; la couleur générale argentée; des taches rondes et blanches.
18. LE SALMONE ARCTIQUE. (*Salmo arcticus.*)	Dix-huit rayons à la première nageoire du dos; dix à l'anale; la caudale fourchue; trois rides longitudinales sur la tête; quatre rangées de points et de petites raies brunes, de chaque côté du poisson.

ESPÈCES.	CARACTÈRES.
19. LE SALMONE REIDUR. (*Salmo reidur.*)	Quatorze rayons à la première dorsale; dix à la nageoire de l'anus et à chaque ventrale; la caudale un peu fourchue; l'adipeuse en forme de faux; la mâchoire supérieure plus longue que l'inférieure; la couleur générale brunâtre; point de taches.
20. LE SALMONE ICIME. (*Salmo icimus.*)	Le corps et la queue alongés; les écailles très-petites et lisses; la peau très-enduite d'une humeur visqueuse; la partie supérieure du poisson, brune; l'inférieure rouge ou rougeâtre; des points noirs.
21. LE SALMONE LÉPECHIN. (*Salmo Lepechini.*)	Neuf rayons à la première nageoire du dos; douze à l'anale; neuf à chaque ventrale; les écailles très-petites; la mâchoire d'enhaut un peu plus avancée que celle d'enbas; le dos brun; le ventre rouge; des taches noires, petites, renfermées dans un cercle rouge, et placées sur les côtés de l'animal.
22. LE SALMONE SIL. (*Salmo silus.*)	Douze rayons à la première dorsale; quatorze à la nageoire de l'anus; treize à chaque ventrale; les écailles grandes et brillantes; l'anus très-rapproché de la caudale; la couleur générale brune; les nageoires jaunâtres.
23. LE SALMONE LODDE. (*Salmo lodde.*)	Quatorze rayons à la première nageoire du dos; vingt-huit à celle de l'anus; huit à chaque ventrale; la caudale fourchue; la queue très-haute au-dessus de l'anale; les os de la tête minces et transparens; le dos d'un noir mêlé de verd; les côtés et le ventre argentins.

ESPÈCES. CARACTÈRES.

24. LE SALMONE BLANC.
(*Salmo albus.*)

Onze rayons à la première nageoire du dos ;
neuf à celle de l'anus ; neuf à chaque ventrale ; la mâchoire supérieure plus alongée que l'inférieure ; la caudale fourchue
et noire ; la ligne latérale droite ; une
bande longitudinale argentée de chaque
côté du poisson.

25. LE SALMONE VARIÉ.
(*Salmo variegatus.*)

Dix rayons à la première dorsale ; huit à la
nageoire de l'anus et à chaque ventrale ;
la caudale fourchue ; le corps et la queue
très-alongés ; la tête et les opercules couverts d'écailles semblables à celles du dos ;
une raie longitudinale, rouge, chargée de
taches noires, et placée de chaque côté
de l'animal, au-dessus d'une série d'espaces alternativement jaunes et noirs ; les
nageoires variées de noir et de rouge.

26. LE SALMONE RENÉ.
(*Salmo renatus.*)

Dix rayons à la première nageoire du dos ;
neuf à l'anale et à chaque ventrale ; la
caudale fourchue ; les deux mâchoires
presque aussi avancées l'une que l'autre ;
deux orifices à chaque narine ; neuf ou
dix taches grandes et bleuâtres le long de
la ligne latérale.

27. LE SALMONE RILLE.
(*Salmo rilla.*)

Quatorze rayons à la première dorsale ; neuf
à la nageoire de l'anus et à chaque ventrale ; les mâchoires également avancées ;
des taches petites et rouges, et des taches
noires et plus petites sur les côtés ; deux
taches noires sur chaque opercule.

28. LE SALMONE GADOÏDE.
(*Salmo gadoïdes.*)

Onze rayons à la première nageoire du dos ;
huit à celle de l'anus ; neuf à chaque ven-

ESPÈCES.	CARACTÈRES.
28. LE SALMONE GADOÏDE. (*Salmo gadoïdes.*)	trale; l'ouverture de la bouche très-grande; la mâchoire inférieure plus avancée que la supérieure; la couleur générale d'un gris marbré; des taches rouges et brunes sur le dos; des taches rouges sur la nageoire adipeuse.

LE SALMONE SAUMON*.

Tout le monde croiroit le saumon bien connu; et cependant combien peu de personnes, même très-instruites, savent que parmi les différentes espèces

* Salmo salar.
Saumoneau, *avant deux ans d'âge.*
Tacon, *avant trois ans d'âge.*
Salm, *dans quelques contrées d'Allemagne.*
Lachs, *ibid.*
Sælmling, *ibid. lorsqu'il n'a qu'un an.*
Weisslach, *ibid. lorsqu'il est gras.*
Graulach, *ibid. lorsqu'il est maigre.*
Kupferlachs, *ibid. dans le temps du frai.*
Wracklachs, *ibid. après le temps du frai.*
Rothlachs, *ibid. lorsqu'il a été pris dans la mer.*
Kalbfleischlachs, *ibid. id.*
Lassis, *en Livonie.*
Rencki, *ibid. lorsqu'il est gros.*
Læhse, *en Estonie.*
Kolla, *ibid.*
Rgui balik, *en Tatarie.*
Jarga, *chez les Calmouques.*
Lohs, *en Finlande.*
Scelax, *en Suède.*
Haflax, *ibid.*
Blanklax, *ibid.*
Grænnacke, *ibid.*
Haplax, *en Danemarck.*

d'animaux, il en est peu qui méritent plus que ce

Hakelar, *en Norvége.*

Læking, *ibid. quand il est encore jeune.*

Kapisalirksoak, *dans le Groenland.*

Reblericksorsoak, *ibid.*

Salmon, *en Angleterre.*

Schmelt, *en Écosse, lorsqu'il a un an.*

Smout, *ibid. id.*

Mort, *ibid. à trois ans.*

Forktail, *ibid. à quatre ans.*

Halffisch, *à cinq ans.*

Kipper, *ibid. après le temps du frai.*

Salmo salar. *Linné, édition de Gmelin.*

Faun. Suecic. 345.

Salmone saumon. *Daubenton et Haüy, Encyclopédie méthodique.*

Id. *Bonnaterre, planches de l'Encyclopédie méthodique.*

Bloch, pl. 20 *et* 98.

Artedi, gen. 11, *syn.* 22, *spec.* 48.

Salmo. *Plin. lib.* 9, *cap.* 18.

Id. *Auson. Mosella, v.* 97.

Id. *Salvian. fol.* 100, *a. b.*

Id. *Gesner, p.* 824, 825, *et (germ.)* 181 *b.* 182 *a.*

Id. *Jonston, lib.* 2, *tit.* 1, *cap.* 1, *p.* 106, *tab.* 23, *fig.* 1; *Thaumat.
p.* 427.

Id. *Charlet. p.* 150.

Id. *Willughby, p.* 189, *etc. tab.* 11, *fig.* 2.

Id. *Raj. p.* 63.

Salmo nobilis. *Schonev. p.* 64.

Salmo vulgaris. *Aldrovand. lib.* 4, *cap.* 1, *p.* 483.

Mull. Prodrom. Zoolog. Danic. p. 48, *n.* 405.

Gronov. Mus. 2, *p.* 12, *n.* 163, *Zooph. n.* 369.

Klein, Miss. pisc. 5, *p.* 17, *n.* 2, *tab.* 5, *fig.* 2.

Brit. Zoolog. 3, *p.* 239, *n.* 1.

Saumon. *Valmont-Bomare, Dictionnaire d'histoire naturelle.*

Saumon *et* tacon. *Rondelet, part.* 2, *Poissons de rivière, chap.* 1.

poisson l'observation du naturaliste, l'examen du physicien, les soins de l'économe!

La nature des climats qu'il préfère, la diversité des eaux dans lesquelles il se plaît, la vîtesse de ses mouvemens, la rapidité de sa natation, la facilité avec laquelle il franchit les obstacles, la longueur immense des espaces qu'il parcourt, la régularité de ses grands voyages, la manière dont il fraie, les précautions qu'il paroît prendre pour la sûreté des êtres qui lui devront le jour, les travaux qu'il exécute, les combats que le force à livrer une sorte de tendresse maternelle, son instinct pour échapper au danger, les ruses par lesquelles il déconcerte souvent les pêcheurs les plus habiles, les dimensions qu'il présente, le bon goût de sa chair, l'usage que l'on peut faire de sa dépouille, tout, dans les habitudes et dans les propriétés du saumon, doit être l'objet d'une attention particulière.

Ce poisson se plaît dans presque toutes les mers; dans celles qui se rapprochent le plus du pole, et dans celles qui sont le plus voisines de l'équateur. On le trouve sur les côtes occidentales de l'Europe; dans la Grande-Bretagne; auprès de tous les rivages de la Baltique, particulièrement dans le golfe de Riga; au Spitzberg; au Groenland; dans le nord de l'Amérique; dans l'Amérique méridionale; dans la Nouvelle-Hollande; au fond de la manche de Tatarie; au Kamtschatka, etc. Il préfère par-tout le voisinage des grands

fleuves et des rivières, dont les eaux douces et rapides
lui servent d'habitation pendant une très-grande
partie de l'année. Il n'est point étranger aux lacs immenses ou aux mers intérieures qui ne paroissent
avoir aucune communication avec l'Océan. On le
compte parmi les poissons de la Caspienne ; et cependant on assure qu'on ne l'a jamais vu dans la Méditerranée. Aristote ne l'a pas connu. Pline ne parle
que des individus de cette espèce que l'on avoit pris
dans les Gaules ; et le savant professeur Pictet conjecture qu'on ne l'a point observé dans le lac de Genève,
parce qu'il n'entre pas dans la Méditerranée, ou du
moins parce qu'il y est très-rare *.

Il tient le milieu entre les poissons marins et ceux
des rivières. S'il croît dans la mer, il naît dans l'eau
douce ; si pendant l'hiver il se réfugie dans l'Océan,
il passe la belle saison dans les fleuves. Il en recherche
les eaux les plus pures ; il ne supporte qu'avec peine
ce qui peut en troubler la limpidité ; et c'est presque
toujours dans ces eaux claires qui coulent sur un fond
de gravier, que l'on rencontre les troupes les plus
nombreuses des saumons les plus beaux.

Il parcourt avec facilité toute la longueur des plus
grands fleuves. Il parvient jusqu'en Bohême par l'Elbe,
en Suisse par le Rhin, et auprès des hautes Cordilières
de l'Amérique méridionale par l'immense Maragnon,

---

* *Lettre du professeur Pictet*, Journal de Genève, premier mars 1788.

dont le cours est de quatre cents myriamètres. On a
même écrit qu'il n'étoit ni effrayé ni rebuté par une
grande étendue de trajet souterrain ; et on a prétendu
qu'on avoit retrouvé dans la mer Caspienne, des saumons du golfe Persique, qu'on avoit reconnus aux
anneaux d'or ou d'argent que de riches habitans des
rives de ce golfe s'étoient plus à leur faire attacher.

Dans les contrées tempérées, les saumons quittent la
mer vers le commencement du printemps; et dans les
régions moins éloignées du cercle polaire, ils entrent
dans les fleuves lorsque les glaces commencent à fondre
sur les côtes de l'Océan. Ils partent avec le flux, sur-
tout lorsque les flots de la mer sont poussés contre le
courant des rivières par un vent assez fort que l'on
nomme, dans plusieurs pays, *vent du saumon*. Ils
préfèrent de se jeter dans celles qu'ils trouvent le
plus débarrassées de glaçons, ou dans lesquelles ils
sont entraînés par la marée la plus haute et la plus
favorisée par le vent. Si les chaleurs de l'été deviennent
trop fortes, ils se réfugient dans les endroits les plus
profonds, où ils peuvent jouir, à une grande distance
de la surface de la rivière, de la fraîcheur qu'ils recherchent; et c'est par une suite de ce besoin de la
fraîcheur, qu'ils aiment les eaux douces dont les
bords sont ombragés par des arbres touffus.

Ils redescendent dans la mer vers la fin de l'automne,
pour remonter de nouveau dans les fleuves à l'approche
du printemps. Plusieurs de ces poissons restent cepen-

dant, pendant l'hiver, dans les rivières qu'ils ont parcourues. Plusieurs circonstances peuvent les y déterminer; et ils y sont forcés quelquefois par les glaces qui se forment à l'embouchure, avant qu'ils ne soient arrivés pour la franchir.

Ils s'éloignent de la mer en troupes nombreuses, et présentent souvent, dans l'arrangement de celles qu'ils forment, autant de régularité que les époques de leurs grands voyages. Le plus gros de ces poissons, qui est ordinairement une femelle, s'avance le premier; à sa suite viennent les autres femelles deux à deux, et chacune à la distance d'un ou deux mètres de celle qui la précède; les mâles les plus grands paroissent ensuite, observent le même ordre que les femelles, et sont suivis des plus jeunes. On peut croire que cette disposition est réglée par l'inégalité de la hardiesse de ces différens individus, ou de la force qu'ils peuvent opposer à l'action de l'eau.

S'ils donnent contre un filet, ils le déchirent, ou cherchent à s'échapper par-dessous ou par les côtés de cet obstacle; et dès qu'un de ces poissons a trouvé une issue, les autres le suivent, et leur premier ordre se rétablit.

Lorsqu'ils nagent, ils se tiennent au milieu du fleuve et près de la surface de l'eau; et comme ils sont souvent très-nombreux, qu'ils agitent l'eau violemment, et qu'ils font beaucoup de bruit, on les entend de loin, comme le murmure sourd d'un orage lointain.

Lorsque la tempête menace, que le soleil lance des rayons très-ardens, et que l'atmosphère est très-échauffée, ils remontent les fleuves sans s'éloigner du fond de la rivière. Des tonneaux, des bois, et principalement des planches luisantes, flottant sur l'eau, les corps rouges, les couleurs très-vives, des bruits inconnus, peuvent les effrayer au point de les détourner de leur direction, de les arrêter même dans leur voyage, et quelquefois de les obliger à retourner vers la mer.

Si la température de la rivière, la nature de la lumière du soleil, la vîtesse et les qualités de l'eau leur conviennent, ils voyagent lentement; ils jouent à la surface du fleuve; ils s'écartent de leur route; ils reviennent plusieurs fois sur l'espace qu'ils ont déja parcouru. Mais s'ils veulent se dérober à quelque sensation incommode, éviter un danger, échapper à un piége, ils s'élancent avec tant de rapidité, que l'œil a de la peine à les suivre. On peut d'ailleurs démontrer que ceux de ces poissons qui n'emploient que trois mois à remonter jusque vers les sources d'un fleuve tel que le Maragnon, dont le cours est de quatre cents myriamètres, et dont le courant est remarquable par sa vîtesse, sont obligés de déployer, pendant près de la moitié de chaque jour, une force de natation telle qu'elle leur feroit parcourir, dans un lac tranquille, quatre ou cinq myriamètres par heure; et l'on a éprouvé de plus, que lorsqu'ils ne sont pas contraints à exécuter des mouvemens aussi prolongés, ils franchissent par seconde une étendue de huit mètres ou environ[1].

On ne sera pas surpris de cette célérité, si l'on rappelle ce que nous avons dit de la natation des poissons, dans notre premier Discours sur ces animaux. Les saumons ont dans leur queue une rame très-puissante. Les muscles de cette partie de leur corps jouissent même d'une si grande énergie, que des cataractes élevées ne sont pas pour ces poissons un obstacle insurmontable. Ils s'appuient contre de grosses pierres, rapprochent de leur bouche l'extrémité de leur queue, en serrent le bout avec les dents, en font par-là une sorte de ressort fortement tendu, lui donnent avec promptitude sa première position, débandent avec vivacité l'arc qu'elle forme, frappent avec violence contre l'eau, s'élancent à une hauteur de plus de quatre ou cinq mètres, et franchissent la cataracte[2]. Ils retombent quelquefois sans avoir pu s'élancer au-delà des roches, ou l'emporter sur la chûte de l'eau : mais ils recommencent bientôt leurs manœuvres, ne cessent de redoubler d'efforts qu'après des tentatives très-multipliées ; et c'est sur-tout lorsque le plus gros de leur troupe, celui que l'on a nommé leur conducteur, a sauté avec succès, qu'ils s'élancent avec une nouvelle ardeur.

---

[1] Voyez le *Discours sur la nature des poissons.*

[2] Consultez particulièrement le *Voyage de Twiss en Irlande.*

Après toutes ces fatigues, ils ont souvent besoin de se reposer. Ils se placent alors sur quelque corps solide. Ils cherchent la position la plus favorable au délassement de leur queue, celui de leurs organes qui a le plus agi; et pour être toujours prêts à continuer leur route, ou pour recevoir plus facilement les émanations odorantes qui peuvent les avertir du voisinage des objets qu'ils desirent ou qu'ils craignent, ils tiennent la tête dirigée contre le courant.

Indépendamment de leur queue longue, agile et vigoureuse, ils ont, pour attaquer ou pour se défendre, des dents nombreuses et très-pointues qui garnissent les deux mâchoires, et le palais, sur chacun des côtés duquel elles forment une ou deux rangées.

On trouve aussi, des deux côtés du gosier, un os hérissé de dents aiguës et recourbées. Six ou huit dents semblables à ces dernières sont placées sur la langue; et parmi celles que montrent les mâchoires, il y en a de petites qui sont mobiles. Les écailles qui recouvrent le corps et la queue sont d'une grandeur moyenne : la tête ni les opercules n'en présentent pas de semblables. Au côté extérieur de chaque ventrale, paroît un appendice triangulaire, aplati, alongé, pointu, garni de petites écailles, couché le long du corps, et dirigé en arrière. Au reste cet appendice n'est pas particulier au saumon : nous n'avons guère vu de salmone qui n'en eût un semblable ou analogue.

La ligne latérale est droite; le foie rouge, gros et

huileux ; l'estomac alongé ; le canal intestinal garni,
auprès du pylore, de soixante-dix appendices ou cœcums réunis par une membrane ; la vessie natatoire
simple et située très-près de l'épine du dos ; cette
épine composée de trente-six vertèbres, et fortifiée
de chaque côté par trente-trois côtes *.

Le front, la nuque, les joues et le dos sont noirs ;
les côtés bleuâtres ou verdâtres dans leur partie supérieure, et argentés dans l'inférieure ; la gorge et le
ventre d'un rouge jaune ; les membranes branchiales
jaunâtres ; les pectorales jaunes à leur base, et bleuâtres
à leur extrémité ; les ventrales et l'anale d'un jaune
doré. La première nageoire du dos est grise et tachetée ; l'adipeuse noire ; et la caudale bleue.

Quelquefois on voit sur la tête, les côtés et le dos,
des taches noires et irrégulières, plus grandes et plus
clair-semées sur la femelle.

Les mâles, que l'on dit beaucoup moins nombreux
que les femelles, offrent d'ailleurs, dans quelques rivières, et particulièrement dans celle de Spal en Écosse,
plus de nuances rouges, moins d'épaisseur dans le corps,
et plus de grosseur dans la tête.

Dans toutes les eaux, leur mâchoire supérieure non
seulement est plus avancée que celle d'en-bas, mais
encore, lorsqu'ils sont parvenus à leur troisième année,
elle devient plus longue et se recourbe vers l'inférieure ;

---

* On trouve souvent, dans ce canal intestinal, un tænia dont la longueur
est de près d'un mètre, et dont la tête est dans un des appendices.

son alongement et sa courbure augmentent à mesure qu'ils grandissent; elle a bientôt la forme d'un crochet émoussé, qui entre dans un enfoncement de la mâchoire d'en-bas; et cette conformation, qui leur a fait donner le nom de *bécard*, ou *becquet*, les avoit fait regarder, par quelques naturalistes, comme d'une espèce différente de celle que nous décrivons.

Leur laite est entièrement formée, et le temps du frai commence à une époque plus ou moins avancée de chaque printemps ou de chaque été, suivant qu'ils habitent dans des eaux plus ou moins éloignées de la zone glaciale. Les femelles cherchent alors un endroit commode pour leur ponte. Quelquefois elles aiment mieux déposer leurs œufs dans de petits ruisseaux que dans les grandes rivières auxquelles ils se réunissent*; et elles paroissent chercher le plus souvent à déposer leurs œufs dans un courant peu rapide et sur du sable ou du gravier.

On a écrit que, dans plusieurs rivières de la Grande-Bretagne, la femelle ne se contentoit pas de choisir le lieu le plus favorable à la ponte; qu'elle travailloit à la rendre plus commode encore; qu'elle creusoit dans l'endroit préféré un trou alongé et de quatre ou cinq décimètres de profondeur; qu'elle s'y déchargeoit de ses œufs, et qu'avec sa queue elle les recouvroit ensuite de

---

* *Notes manuscrites et très-intéressantes communiquées par le tribun Pénières.*

sable. Peut-être peut-on douter de cette dernière précaution ; mais les autres opérations ont lieu dans presque tous les endroits où les saumons ont été bien observés. Le docteur Grant nous apprend, dans les Mémoires de Stockholm, que lorsque les femelles travaillent à donner les dimensions nécessaires à la fosse qu'elles préparent, elles s'agitent à droite et à gauche, au point d'user leurs nageoires inférieures, et en laissant ordinairement leur tête immobile. On en a vu se frotter si vivement contre le terrain, qu'elles en détachoient avec violence la terre et les petites pierres, et qu'en répétant les mêmes mouvemens de cinq en cinq minutes, ou à peu près, elles parvenoient, au bout de deux heures, à creuser un enfoncement d'un mètre de long, de six ou sept décimètres de large, d'un ou deux décimètres de profondeur, et d'un ou deux décimètres de rebord.

Lorsque la femelle a terminé ce travail, dont la principale cause est sans doute le besoin qu'elle a de frotter son ventre contre des corps durs, pour se débarrasser d'un poids qui la fatigue et la fait souffrir, et lorsque les œufs sont tombés dans le fond de la cavité qu'elle a creusée, et que l'on nomme *frayère* dans quelques uns de nos départemens, le mâle vient les féconder en les arrosant de sa liqueur vivifiante. Il peut se faire qu'alors il frotte le dessous de son corps contre le fond de la fosse, pour faire sortir plus facilement la substance liquide que sa laite contient : mais on lui a attribué une opération qui supposeroit une sensibilité d'un ordre bien supérieur et un instinct bien plus relevé ; on a prétendu qu'il aidoit la femelle à faire la fosse destinée à recevoir les œufs.

Au reste, si nous ne devons pas admettre cette dernière assertion, nous devons croire que le mâle est entraîné à la fécondation des œufs par une affection plus vive, ou d'une nature différente, que celle qui y porte la plupart des autres poissons. Lorsqu'il trouve un autre mâle auprès des œufs déja déposés dans la frayère, ou auprès de la femelle pondant encore, il l'attaque avec courage et le poursuit avec acharnement, ou ne lui cède la place qu'après l'avoir disputée avec obstination [1].

Les saumons ne fréquentent ordinairement la frayère que pendant la nuit. Néanmoins, lorsque des brouillards épais sont répandus dans l'atmosphère, ils profitent de l'obscurité que donnent ces brouillards pour se rendre dans leur fosse; et ils y accourent aussi comme pressés par de nouveaux besoins, lorsqu'ils sont exposés à l'influence d'un vent très-chaud [2].

Il arrive quelquefois cependant, que les œufs pondus par les femelles, et la liqueur séminale des mâles, se mêlent uniquement par l'effet des courans.

Après le frai, les saumons, devenus mous, maigres et

---

[1] *Notes manuscrites du tribun Pénières.*

[2] *Ibid.*

foibles, se laissent entraîner par les eaux, ou vont d'eux-
mêmes reprendre dans l'eau salée une force nouvelle.
Des taches brunes et de petites excroissances répandues
sur leurs écailles sont quelquefois alors la marque de
leur épuisement et du mal-aise qu'ils éprouvent.

Les œufs qu'ils ont pondus ou fécondés, se développent plus ou moins vîte, suivant la température du
climat, la chaleur de la saison, les qualités de l'eau dans
laquelle ils ont été déposés. Le jeune saumon ne conserve ordinairement que pendant un mois, ou environ,
la bourse qui pend au-dessous de son estomac, et qui
renferme la substance nécessaire à sa nourriture pendant les premiers jours de son existence. Il grandit
ensuite assez rapidement, et parvient bientôt à la taille
de dix ou douze centimètres. Lorsqu'il a acquis une
longueur de deux ou trois décimètres, il jouit d'assez
de force pour quitter le haut des rivières et pour en
suivre le courant qui le conduit vers la mer; mais souvent, avant cette époque, une inondation l'entraîne
vers l'embouchure du fleuve.

Les jeunes saumons qui ont atteint une longueur
de quatre ou cinq décimètres, quittent la mer pour
remonter dans les rivières : mais ils partent le plus
souvent beaucoup plus tard que les gros saumons; ils
attendent communément le commencement de l'été.

On les suppose âgés de deux ans, lorsqu'ils pèsent
de trois à quatre kilogrammes. Le tribun Pénières
assure que, même dans les contrées tempérées, ils ne

fraient que vers leur quatrième ou cinquième année.[*]

Agés de cinq ou six ans, ils pèsent cinq ou six kilogrammes, et parviennent bientôt à un développement très-considérable. Ce développement peut être d'autant plus grand, qu'on pêche fréquemment en Écosse et en Suède des saumons du poids de quarante kilogrammes, et que les très-grands individus de l'espèce que nous décrivons, présentent une longueur de deux mètres.

Les saumons vivent d'insectes, de vers, et de jeunes poissons. Ils saisissent leur proie avec beaucoup d'agilité; et, par exemple, on les voit s'élancer, avec la rapidité de l'éclair, sur les moucherons, les papillons, les sauterelles, et les autres insectes que les courans charient ou qui voltigent à quelques centimètres au-dessus de la surface des eaux.

Mais s'ils sont à craindre pour un grand nombre de petits animaux, ils ont à redouter des ennemis bien puissans et bien nombreux. Ils sont poursuivis par les grands habitans des mers et de leurs rivages, par les squales, par les phoques, par les marsouins. Les gros oiseaux d'eau les attaquent aussi; et les pêcheurs leur font sur-tout une guerre cruelle.

Et comment ne seroient-ils pas, en effet, très-recherchés par les pêcheurs? ils sont en très-grand nombre; leurs dimensions sont très-grandes; et leur chair, surtout celle des mâles, est, à la vérité, un peu difficile à

_____
[*] *Notes manuscrites déja citées.*

digérer, mais grasse, nourrissante, et très-agréable au goût. Elle plaît d'ailleurs à l'œil par sa belle couleur rougeâtre. Ses nuances et sa délicatesse ne sont cependant pas les mêmes dans toutes les eaux. En Écosse, par exemple, le saumon de la Dée est, dit-on, plus gras que celui des rivières moins septentrionales du même pays; et en Allemagne, on préfère les saumons du Rhin et du Wéser à ceux de l'Elbe, et ceux que l'on prend dans la Warta, la Netze et le Kuddow, à ceux que l'on trouve dans l'Oder.

Mais dans presque toutes les rivières qu'ils fréquentent, et dans toutes les mers où on les trouve, les saumons dédommagent amplement des soins et du temps que l'on emploie pour les prendre.

Aussi a-t-on eu recours, dans la recherche de ces poissons, à presque toutes les manières de pêcher.

On les prend avec des filets, des parcs, des caisses, de fausses cascades, des nasses, des hameçons, des tridents, des feux, etc.

Les filets sont des *trubles*, des *trémails* *, semblables à ceux dont on se sert en Norvége, que l'on tend le long du rivage de la mer, qui forment des arcs ou des triangles, et dans lesquels on attire les saumons en couvrant les rochers de manière à leur donner la couleur blanche de l'embouchure d'un fleuve qui se précipite dans l'Océan.

---

* Voyez à l'article du *gade colin*, l'explication du mot *trémail*; et à celui du *misgurn fossile*, celle du mot *truble*.

La ficelle dont on fait ces filets, doit être aussi grosse qu'une plume à écrire. Ils présentent jusqu'à cent brasses de longueur, sur quatre de hauteur; et leurs mailles ont communément de douze à quinze centimètres de large.

On place les parcs auprès des bouches des rivières, ainsi qu'au-dessus des chûtes d'eau. On leur donne une figure telle, que l'entrée de ces enclos est très - large, et que le fond en est assez étroit pour qu'un saumon puisse à peine y passer, et qu'on l'y saisisse facilement avec un harpon[1].

On se sert de ces parcs pour augmenter la rapidité des rivières en resserrant leur cours, pour en rendre le séjour plus agréable aux saumons, qui ne s'engagent que rarement dans les eaux trop lentes; et ce moyen a été particulièrement mis en usage auprès de Dessau, dans la *Milde*, qui se jette dans l'Elbe.

Derrière ces parcs, auprès des moulins, et dans d'autres endroits où le lit des rivières est rétréci par l'art ou par la nature, on forme des caisses à jour, qui ont une gorge comme une *louve*[2], et dans lesquelles se prennent les saumons qui descendent ou ceux qui montent, suivant la direction que l'on donne à ces caisses. Dans certaines contrées, et particulièrement

---

[1] Ces enceintes portent le nom de *weir*, auprès de *Ballyshannon*, dans la partie occidentale du nord de l'Irlande. (*Voyage de Twiss*, déja cité.)

[2] On trouvera, dans l'article du *pétromyzon lamproie*, l'explication du mot *louve*.

à Châteaulin, lieu voisin de Brest, et fameux depuis long-temps par la pêche du saumon, on élève des digues qui déterminent le courant à se jeter dans une caisse composée de grilles, et dont chaque face a cinq ou six mètres de largeur. Au milieu de cette caisse on voit, à fleur d'eau, un trou dont le diamètre est de cinq ou six décimètres. Autour de ce trou sont attachées par leur base des lames de fer blanc, alongées, pointues, un peu recourbées, qui forment dans l'intérieur de la caisse un cône lorsque leur élasticité les rapproche, et un cylindre lorsqu'elles s'écartent les unes des autres. Les saumons, conduits par le courant, éloignent les unes des autres les extrémités de ces lames, entrent facilement dans la caisse, ne peuvent pas sortir par un passage que ferment les lames rapprochées, et s'engagent dans un réservoir d'où on les retire par le moyen d'un filet attaché au bout d'une perche. On tend cependant d'autres filets le long des digues, pour arrêter les saumons qui pourroient se dérober au courant et échapper au piége.

Dans quelques rivières, comme dans la *Stolpe* et le *Wipper,* on construit des écluses dont les pieux sont placés très-près les uns des autres. Les saumons s'élancent par-dessus cet obstacle; mais ils trouvent au-delà une rangée de pieux plus élevés que les premiers, et ils ne peuvent ni avancer ni reculer.

On prend aussi les saumons dans des nasses de trois ou quatre mètres de longueur, et faites de branches de sapin que l'on réunit avec des ficelles, et que l'on tient assez écartées les unes des autres, pour qu'elles ne donnent pas une ombre qui effraieroit ces poissons.

On ne néglige pas non plus de les pêcher à la ligne, dont on garnit les hameçons de poissons très-petits, de vers, d'insectes, et particulièrement de *demoiselles.*

Pour mieux réussir, on a recours à une *gaule* très-longue et très-souple, qui se prête à tous les mouvemens du saumon. Le pêcheur qui la tient, suit tous les efforts de l'animal qui cherche à s'échapper; et si la nature du rivage s'y oppose, il lui abandonne la ligne. Le saumon se débat avec violence et long-temps; il s'élance au-dessus de la surface de l'eau; et après avoir épuisé presque toutes ses forces pour se débarrasser du crochet qu'il a avalé, il vient se reposer près de la rive. Le pêcheur se ressaisit alors de sa ligne, et le tourmente de nouveau pour achever de le lasser, et le tirer facilement à lui*.

Lorsqu'on préfère de harponner les saumons, on lance ordinairement le trident à la distance de douze ou quinze mètres. Les saumons que le harpon a blessés sans les retenir, quittent l'espèce de bassin ou de canal dans lequel ils ont été attaqués, pour se réfugier dans le canal ou bassin supérieur. Si on les y poursuit et qu'on les y entoure de filets, ils s'enfoncent sous les roches, ou se collent contre le sable, et immobiles

---

* *Notes manuscrites du tribun Pénières.*

laissent glisser sur eux les plombs du bas des filets que traînent les pêcheurs. On les a vus aussi se précipiter dans un courant rapide, et, cachés sous l'écume et les bouillons des eaux, souffrir avec constance, et sans changer de place, la douleur que leur causoit une gaule qui frottoit avec force et comprimoit leur dos [1].

La pêche du saumon forme, dans plusieurs contrées, une branche d'industrie et de commerce, dont les produits peuvent servir à la nourriture d'un grand nombre de personnes. A Berghen, par exemple, il n'est pas rare de voir les pêcheurs apporter deux mille saumons dans un jour. Nous lisons dans le Voyage de l'infortuné la Pérouse [2], qu'auprès de la baie de Castries, sur la côte orientale de Tatarie, au fond de la manche du même nom, on prit, dans un seul jour du mois de juillet, plus de deux mille saumons. Il est des pays où l'on en pêche plus de deux cent mille par an. En Norvége on a pris quelquefois plus de trois cents de ces animaux d'un seul coup de filet [3]. La pêche que l'on fait de ces poissons dans la Tweed, rivière de la Grande-Bretagne, est quelquefois si considérable, qu'on a vu un seul coup de filet en amener sept cents. Et en 1750, on prit d'un seul coup, dans la Ribble [4], trois mille cinq cents

---

[1] *Notes manuscrites du tribun Pénières.*

[2] *Voyage de la Pérouse*, rédigé par le général Milet-Mureau, tom. III, p. 61.

[3] Pennant, *Zoologie britannique*, vol. III, p. 289.

[4] Richter, *Ichthyol.* p. 417.

saumons déja parvenus à d'assez grandes dimensions.

Mais quelque nombreux que soient les individus de l'espèce que nous décrivons, plusieurs gouvernemens ont été forcés d'en régler la pêche, pour qu'une avidité imprévoyante ne détruisît pas dans une seule saison l'espérance des années suivantes.

Au reste, les saumons meurent bientôt, non seulement lorsqu'on les tient hors de l'eau, mais encore lorsqu'on les met dans une huche qui n'est pas placée au milieu d'une rivière. Des pêcheurs prétendent que pour empêcher ces poissons de perdre leur goût, il faut se presser de les tuer dès le moment où on les tire de l'eau ; et qu'après cette précaution, leur chair, quoique très-grasse, peut se conserver pendant plusieurs semaines. Mais lorsqu'après la mort de ces animaux on veut les transporter à de grandes distances, et par conséquent les garder très-long-temps, on les vide, on les coupe en morceaux, on les saupoudre de sel, on les renferme dans des tonnes, on les couvre de saumure ; ou on les fend depuis la tête, que l'on sépare du corps, jusqu'à la nageoire de la queue, on leur ôte l'épine du dos, on les laisse dans le sel pendant trois ou quatre jours, et on les expose à la fumée pendant quinze jours ou trois semaines.

Auprès de la baie de Castries dont nous venons de parler, les Tatares tannent la peau des grands saumons, et en forment un habillement très-souple *.

---

* *Voyage de la Pérouse*, rédigé par le général Milet-Mureau, tom. III, p. 61.

Les grands avantages que procure la pêche du saumon, doivent faire desirer d'acclimater cette espèce dans les pays où elle manque. Nous pensons, avec Bloch, qu'il seroit possible de la transporter et de la faire multiplier dans les lacs dont le fond est de sable, et dont l'eau très-pure est sans cesse renouvelée par des rivières ou des ruisseaux. On y transporteroit en même temps un grand nombre de goujons, qui aiment les eaux limpides et courantes, et qui y pulluleroient de manière à fournir aux saumons une nourriture abondante.

Les saumons sont sujets à une maladie particulière dont on ignore la cause, et qui leur fait donner le nom de *ladres* dans quelques départemens septentrionaux de France. Leur chair est alors mollasse, sans consistance; et si on les garde après leur mort pendant quelques jours, elle se détache de l'épine dorsale, et glisse sous la peau, comme dans un sac [1].

Il paroît que l'on doit compter dans l'espèce du saumon quelques variétés plus ou moins constantes, et qui doivent dépendre, au moins en très-grande partie, de la nature des eaux dans lesquelles elles séjournent. Par exemple, on a observé en Écosse, que les saumons de la *Cluden* ont la tête et le corps plus gros et plus courts que ceux de la rivière de *Nith*. On assure aussi qu'à l'embouchure de l'Orne [2], on voit des saumons

---

[1] *Notes manuscrites du citoyen Noël de Rouen.*

[2] *Idem.*

sans tache et un peu plus alongés que les saumons
ordinaires *.

---

* 12 rayons à la membrane branchiale du salmone saumon.
   14   à chaque pectorale.
   10   à chaque ventrale.
   21   à la nageoire de la queue.

LE SALMONE ILLANKEN*.

On connoît sous le nom d'*illanken*, des salmones que l'on pêche dans le lac de Constance, et au sujet desquels M. Wartmann, médecin de Saint-Gal, a fait de très-bonnes observations. D'habiles naturalistes ont regardé ces poissons comme une variété du saumon ; mais nous pensons avec Bloch, qu'ils forment une espèce particulière.

Ces salmones passent l'hiver dans le lac de Constance, comme les saumons dans la mer. Ils ne quittent jamais l'eau douce. Ils sont une preuve de ce que nous avons dit sur la facilité avec laquelle on pourroit multiplier les saumons dans les lacs entretenus par des courans limpides. Il ne faut pas croire cependant qu'ils vivent pendant l'hiver dans le lac de Constance, par une préférence particulière pour ce séjour, ou par une convenance extraordinaire de leur nature avec les eaux qui y coulent. Ils y restent, lorsque la mauvaise saison arrive, parce qu'un obstacle insurmontable les

* Salmo illanken.
Inlanken.
Rheinanken.
Illanken. *Bloch.*
Salmo salar (var.) illanken. *Linné, édition de Gmelin.*

y retient : ils ne peuvent franchir la grande cascade de
Schafhouse, qui barre le Rhin inférieur, et par conséquent la seule route par laquelle ils pourroient aller
du lac dans la mer. Ce lac est l'océan pour eux. Mais
s'ils présentent des signes de leur habitation constante
au milieu de l'eau douce, ils offrent toujours les traits
principaux de leur famille. Ils annoncent par ces caractères leur origine marine ; et ils ne la rappellent pas
moins par leurs habitudes, puisque, n'éprouvant pas,
comme les saumons, le besoin de quitter l'eau salée
pendant la belle saison, ils désertent cependant le lac
de Constance lorsque le printemps arrive, et n'y
reviennent que vers la fin de l'automne. Ils remontent
dans les rivières qui se jettent dans le lac. Ils entrent
dans le Rhin supérieur.

Ils s'arrêtent pendant quelque temps auprès de son
embouchure, parce que, dans cet endroit, il coule
avec rapidité sur un fond de cailloux. Ils vont jusqu'à
Feldkirch, où ils pénètrent dans la rivière d'*Ill*, qui leur
a donné son nom ; c'est même dans cette rivière qu'ils
aiment à frayer. Les mâles néanmoins ne remontent
dans son lit que lorsque le temps est serein et que la
lune éclaire ; de sorte que si le ciel est couvert pendant
plusieurs jours, un grand nombre d'œufs ne sont pas
fécondés. Ils parviennent quelquefois jusqu'à Coire et
à Rheinwald ; mais ils voyagent lentement, parce que si
le Rhin est trouble, ils s'appuient contre des pierres,
et attendent, presque immobiles, que l'eau ait repris sa

transparence. Si au contraire le Rhin est limpide et qu'il fasse un beau soleil, ils aiment à se jouer sur la surface du fleuve.

Ils pèsent souvent plus de vingt kilogrammes, et pondent ou fécondent une très-grande quantité d'œufs. Leur multiplication n'est pas cependant très-considérable : un grand nombre d'œufs servent d'aliment à l'anguille, à la lote, au brochet, aux oiseaux d'eau ; et une très-petite partie des illankens qui éclosent, échappe aux poissons voraces.

Après le frai, leur poids est ordinairement diminué d'un tiers ou de la moitié, lorsqu'ils sont remontés très-haut vers les sources du Rhin. Leur chair, au lieu d'être rouge, de bon goût, et facile à digérer, devient blanche et de mauvais goût : aussi ne sont-ils plus, à cette époque, les poissons les plus recherchés du lac de Constance et du Rhin supérieur. Ils se hâtent alors de retourner dans le lac, et se laissent aller au courant, la tête fréquemment tournée contre ce même courant, qui les entraîne et les délivre de la fatigue de la natation dans le temps où ils n'ont pas encore réparé leurs forces. Ils vivent non seulement de vers et d'insectes, mais encore de poissons. Ils sont sur-tout fort avides de salmones très-estimés dans les marchés ; et les pêcheurs du lac assurent que, dans certaines années, ils leur causent plus de pertes qu'ils ne leur procurent d'avantages.

Malgré leur grandeur et leurs armes, ils sont poursuivis par le brochet, qui, confiant dans ses dents et dans sa légéreté, lors même qu'il leur est très-inférieur en grosseur, les attaque avec audace, les harcèle avec constance, et à force de hardiesse, d'évolutions et de manœuvres, parvient sous leur ventre qu'il déchire.

Cependant ils trouvent bien plus souvent une perte assurée dans les filets qu'on tend sur leur passage, particulièrement dans le Rhin supérieur. Pour qu'ils ne puissent pas échapper au piége, on construit de chaque côté du fleuve une cloison composée de bois entrelacés. On l'assujettit avec des pieux, et on l'étend depuis le rivage jusque vers le milieu du courant le plus rapide. Les deux cloisons transversales ne laissent ainsi qu'un intervalle assez étroit. On adapte à cette ouverture un *verveux**, dans lequel les illankens vont s'enfermer, mais qu'ils déchirent cependant si ce verveux n'est pas très-fort, ou au-dessus duquel ils parviennent souvent à s'élancer.

Ils ont la tête moins petite que les saumons. Dès la seconde année de leur âge, leur mâchoire inférieure se termine par une sorte de crochet émoussé. On ne distingue pas aisément les taches noires, alongées et inégales, qui sont distribuées irrégulièrement sur leur corps et sur leur queue. Les pectorales, les ventrales, et la nageoire de l'anus, sont grisâtres; la nageoire

---

* Voyez la description du *verveux* à l'article du *gade colin*.

adipeuse est variée de noir et de gris; la caudale ordinairement bordée de noir. On trouve auprès du pylore
soixante-huit appendices placés sur quatre rangs*.

---

* 10 rayons à la membrane branchiale du salmone illanken.
  14   à chaque pectorale.
  11   à chaque ventrale.
  21   à la nageoire de la queue.

LE SALMONE SCHIEFFERMULLER¹,

E T

LE SALMONE ÉRIOX².

LE premier de ces salmones se trouve dans la Baltique. On le pêche aussi dans plusieurs lacs de l'Autriche, où on le prend dans les environs de mai; ce qui lui a fait donner, dans les contrées voisines de ces lacs, le nom de *may forelle*. Bloch l'a dédié à M. Schieffermuller de Lintz, qui lui avoit envoyé des individus de cette espèce.

¹ Salmo Schieffermulleri.
May ferche, *en Bavière*.
May forelle, *en Autriche*.
Silberlachs, *en Poméranie*.
Salmo Schieffermulleri. *Linné, édition de Gmelin.*
Saumon argenté. *Bonnaterre, planches de l'Encyclopédie méthodique.*
Bloch, pl. 103.

² Salmo eriox.
Id. *Linné, édition de Gmelin.*
Salmone ériox. *Daubenton et Haüy, Encyclopédie méthodique.*
Id. *Bonnaterre, planches de l'Encyclopédie méthodique.*
Faun. Succic. 346.
Artedi, gen. 12, *syn.* 23, *spec.* 50.
Willughby, Ichthyol. p. 193.
Raj. pisc. 63.

Il pèse de trois à quatre kilogrammes. Sa partie supérieure est brune; ses joues, sa gorge, ses opercules, ses côtés et son ventre sont argentés; la ligne latérale est noire; les nageoires sont bleuâtres; les taches ont la forme de très-petits croissans. On voit un appendice triangulaire à côté de chaque ventrale; les écailles tombent facilement, et argentent la main à laquelle elles s'attachent. Le foie est petit, jaunâtre et divisé en deux lobes; l'estomac assez long; et la membrane de la vessie natatoire ordinairement très-mince.

L'ériox habite dans l'Océan d'Europe, et remonte, pendant la belle saison, dans les fleuves qui s'y jettent *.

---

* 12 rayons à la membrane des branchies du salmone schieffermuller.
18   à chaque pectorale.
19   à la nageoire de la queue.

12   à la membrane branchiale du salmone ériox.
14   à chaque pectorale.

LE SALMONE TRUITE*.

LA truite n'est pas seulement un des poissons les plus agréables au goût; elle est encore un des plus beaux. Ses écailles brillent de l'éclat de l'argent et de l'or; un

---

* Salmo trutta.

Trotta, *en Italie.*

Torrentina , *ibid.*

Fore , *en Allemagne.*

Bachfore , *ibid.*

Forell , *ibid.*

Teichforelle , *ibid.*

Goldforelle , *ibid.*

Lashens , *en Livonie.*

Norjar, *ibid.*

Dawatschan , *en Tatarie.*

Kraspaja ryba , *en Russie.*

Forell , *en Suède.*

Stenbit , *ibid.*

Backra , *ibid.*

Rofisk , *ibid.*

Forel-kra , *en Norvége.*

Elv-kra , *ibid.*

Muld-kra , *ibid.*

Or-rivie , *ibid.*

Trout , *en Angleterre.*

Salmo fario. *Linné, édition de Gmelin.*

Salmone truite. *Daubenton et Haüy, Encyclopédie méthodique.*

Id. *Bonnaterre, planches de l'Encyclopédie méthodique.*

jaune doré mêlé de verd resplendit sur les côtés de la tête et du corps. Les pectorales sont d'un brun mêlé de violet; les ventrales et la caudale dorées; la nageoire adipeuse est couleur d'or avec une bordure brune; l'anale variée de pourpre, d'or, et de gris de perle; la dorsale parsemée de petites gouttes purpurines; le dos relevé par des taches noires; et d'autres taches rouges entourées d'un bleu clair réfléchissent sur les côtés de l'animal les nuances vives et agréables des rubis et des saphirs.

Salmone fario. *Daubenton et Haüy, Encyclopédie méthodique.*

Id. *Bonnaterre, planches de l'Encyclopédie méthodique.*

Fario, truite. *Bloch, pl.* 22.

Artedi, gen. 12, *syn.* 23, *spec.* 51.

Tructa. *Cub. lib.* 3, *cap.* 94, *fig.* 91, *b.*

Trutta. *Ambrosii, episcopi Mediolani, Hexæmeron* 5, *cap.* 3.

Id. *et* salar et varius. *Salvian. fol.* 96 *b*, *et* 97 *a et b.*

Trutta fluviatilis. *Bellon.*

Id. *Rondelet, part.* 2, *page* 169 (édit. de Lyon, de Bonhomme).

Id. *et* trutta fario. *Gesner, p.* 1002, 1006, 1007, *et* (*germ.*) *fol.* 173, *a.*

Trutta fluviatilis. *Aldrovand. lib.* 5, *cap.* 12, *p.* 589.

Jonston, lib. 3, *tit.* 1, *cap.* 1, *tab.* 26, *fig.* 1.

Willughby, p. 199, *tab.* 12, *fig.* 4.

Raj. p. 65.

Trutta fluviatilis vulgaris. *Charlet. p.* 155.

Trutta, *vel* trutta vulgo, forina, et forio. *Schonev. p.* 77.

Kram. Elench. p. 389, *n.* 3.

Scopoli, ann. 2, *p.* 40.

Muller, Prodrom. Zoolog. Dan. p. 48, *n.* 408.

Faun. Suecic. 348.

Trutta dentata. *Klein, Miss. pisc.* 5, *p.* 19, *tab.* 5, *fig.* 3.

Trout. Brit. Zoolog. 3, *p.* 250, *n.* 4.

Truite. *Valmont-Bomare, Dictionnaire d'histoire naturelle.*

On la trouve dans presque toutes les contrées du globe, et particulièrement dans presque tous les lacs élevés, tels que ceux du Léman, de Joux, de Neufchâtel; et cependant il paroît que le poète Ausone est le premier auteur qui en ait parlé.

Sa tête est assez grosse; sa mâchoire inférieure un peu plus avancée que la supérieure, et garnie, comme cette dernière, de dents pointues et recourbées. On compte six ou huit dents sur la langue; on en voit trois rangées de chaque côté du palais. La ligne latérale est droite; les écailles sont très-petites; la peau de l'estomac est très-forte; et il y a soixante vertèbres à l'épine du dos, de chaque côté de laquelle sont disposées trente côtes.

Le savant anatomiste Scarpa a vu, dans l'organe de l'ouïe de la truite, un osselet semblable à celui que Camper avoit découvert dans l'oreille du brochet. Cet osselet est le troisième; il est pyramidal, garni à sa base d'un grand nombre de petits aiguillons, et placé dans la cavité qui sert de communication aux trois canaux demi-circulaires.

La truite a ordinairement trois ou quatre décimètres de longueur, et pèse alors deux ou trois hectogrammes. On en pêche cependant, dans quelques rivières, du poids de deux ou trois kilogrammes*; Bloch a parlé d'une truite qui pesoit quatre kilogrammes, et qu'on

* *Notes manuscrites du tribun Pénières.*

avoit prise en Saxe; et je trouve dans des notes manuscrites qui m'ont été envoyées il y a plus de douze ans
par l'évêque d'Uzès, qui les avoit rédigées avec beaucoup de soin, que l'on avoit pêché, dans le Gardon,
des truites de neuf kilogrammes.

Le salmone truite aime une eau claire, froide, qui
descende de montagnes élevées, qui s'échappe avec
rapidité, et qui coule sur un fond pierreux. Voilà
pourquoi les truites sont très-rares dans la Seine, parce
que les eaux de ce fleuve sont trop douces pour elles,
et trop lentes dans leur cours[1]; et voilà pourquoi, au
contraire, mon célèbre confrère, le législateur Ra-
mond, membre de l'Institut national, a rencontré des
truites dans des amas d'eau situés à près de deux mille
mètres au-dessus du niveau de la mer, dans ces Pyrénées qu'il connoît si bien, et dont il a fait comme son
domaine[2]. Il nous écrivoit de Bagnères, en l'an 5,
que le fond de ces amas d'eau est rarement calcaire
ou schisteux, mais le plus souvent de granit ou de
porphyre. On n'y voit en général aucun autre végé-
tal que la plante nommée *sparganium natans*, et plus
fréquemment des *ulves* solides, croissantes sur des
blocs submergés: mais le fond est presque toujours
enduit d'une couche mince de la partie insoluble de
l'*humus* que les eaux pluviales y entraînent des pentes
environnantes.

---

[1] *Notes manuscrites du citoyen Noël de Rouen.*

[2] Voyez, à ce sujet, le *Discours sur la nature des poissons.*

Les grandes chaleurs peuvent incommoder la truite au point de la faire périr. Aussi la voit-on vers le solstice d'été, lorsque les nuits sont très-courtes et qu'un soleil ardent rend les eaux presque tièdes, quitter les bassins pour aller habiter au milieu d'un courant, ou chercher près du rivage l'eau fraîche d'un ruisseau ou celle d'une fontaine.

Elle peut d'autant plus aisément choisir entre ces divers asyles, qu'elle nage contre la direction des eaux les plus rapides avec une vîtesse qui étonne l'observateur, et qu'elle s'élance au-dessus de digues ou de cascades de plus de deux mètres de haut.

Elle ne doit cependant changer de demeure qu'avec précaution. Le tribun Pénières assure que si pendant l'été les eaux sont très-chaudes, et qu'après y avoir pêché une truite on la porte dans un réservoir très-frais, elle meurt bientôt, saisie par le froid soudain qu'elle éprouve *.

Au reste, une habitation plus extraordinaire que celles que nous venons d'indiquer, paroît pouvoir convenir aux truites, même pendant plusieurs mois, aussi bien et peut-être mieux qu'à d'autres espèces de poissons. Le citoyen Duchesne, professeur d'histoire naturelle à Versailles, et dont on connoît le zèle louable et les bons ouvrages, m'a communiqué le fait suivant, qu'il tenoit du célèbre médecin Lémonnier, mon ancien collègue au Muséum national d'histoire naturelle.

* *Notes manuscrites déja citées.*

Environ à six cents mètres au-dessous du pic du Canigou dans les Pyrénées, on voit un petit sommet dont la forme est semblable à celle d'un ancien cratère de volcan. Ce cratère se remplit de neige pendant l'hiver. Après la fonte de la neige, le fond de cette sorte d'entonnoir devient un petit lac, qui se vide par l'évaporation, au point qu'il est à sec à l'équinoxe d'automne. On y pêche d'excellentes truites pendant tout l'été. Celles qui restent dans la vase, à mesure que le lac se dessèche, périssent bientôt, ou sont dévorées par des chouettes. Cependant l'année suivante on retrouve dans les nouvelles eaux du cratère un grand nombre de truites trop grandes pour être âgées de moins d'un an, quoiqu'aucun ruisseau ni aucune source d'eau vive ne communiquent avec le lac.

Ce fait, dont le citoyen Duchesne a bien voulu me faire part, prouve que le cratère est placé auprès de cavités souterraines pleines d'eau, dans lesquelles les truites peuvent se retirer lorsque le lac se dessèche, et qui, par des conduits plus ou moins nombreux, exhalent dans l'atmosphère les gaz dangereux pour la santé et même pour la vie des poissons; et dès-lors il se trouve presque entièrement conforme à d'autres faits connus depuis long-temps.

La truite se nourrit de petits poissons très-jeunes, de petits animaux à coquille, de vers, d'insectes, et particulièrement d'éphémères et de phryganes, qu'elle saisit avec adresse lorsqu'elles voltigent auprès de la surface de l'eau.

Il paroît que le temps du frai de la truite varie suivant les pays et peut-être suivant d'autres circonstances. Un habile naturaliste, le citoyen Decandolle, de Genève, nous a écrit que les truites du lac Léman et celles du lac de Neufchâtel remontoient dans le printemps, pour frayer dans les rivières et même dans les ruisseaux[1]. Dans les contrées sur lesquelles Bloch a eu des observations, ces poissons fraient dans l'automne; et dans le département de la Corrèze, selon le tribun Pénières[2], les truites quittent également, au commencement ou vers le milieu de l'automne, les grandes rivières, pour aller frayer dans les petits ruisseaux. Elles montent quelquefois jusque dans des rigoles qui ne sont entretenues que par les eaux pluviales. Elles cherchent un gravier couvert par un léger courant, s'agitent, se frottent, pressent leur ventre contre le gravier ou le sable, et y déposent des œufs que le mâle arrose plusieurs fois dans le jour de sa liqueur fécondante.

Bloch a trouvé, dans les ovaires d'une truite, des rangées d'œufs gros comme des pois, et dont la couleur orange s'est conservée pendant long-temps même dans de l'alcool.

D'après cette grosseur des œufs des truites, il n'est pas surprenant qu'elles contiennent moins d'œufs que plusieurs autres poissons d'eau douce; et cependant

---

[1] *Notes manuscrites données par le citoyen Decandolle.*

[2] *Notes manuscrites déja citées.*

elles multiplient beaucoup, parce que la plupart des poissons voraces vivent loin des eaux froides, qu'elles préfèrent.

Mais si elles craignent peu la dent meurtrière de ces poissons dévastateurs, elles ne trouvent pas d'abri contre la poursuite des pêcheurs.

On les prend ordinairement avec la truble[1], à la ligne, à la louve ou à la nasse[2].

Si l'on emploie la truble ou le truble, il faut le lever très-vîte lorsque la truite y est entrée, pour ne pas lui donner le temps de s'élancer et de s'échapper.

La ligne doit être forte, afin que le poisson ne puisse pas la casser par ses mouvemens variés, multipliés et rapides.

La manière de garnir l'hameçon n'est pas la même dans différens pays. On y attache de la chair tirée de la queue ou des pattes d'une écrevisse; de petites boules, composées d'une partie de camphre, de deux parties de graisse de héron, de quatre parties de bois de saule pourri, et d'un peu de miel; des vers de terre; des sangsues coupées par morceaux; des insectes artificiels faits avec des étoffes très-fines de différentes couleurs; des membranes; de la cire; des poils; de la laine; du crin; de la soie; du fil; des plumes de coq ou de coucou. On change la couleur de ces fils, de ces plumes, de ces

---

[1] Voyez la description de la *truble,* à l'article du *misgurn fossile.*

[2] La description de la *louve* et celle de la *nasse* sont dans l'article du *pétromyzon lamproie.*

soies, de ces poils, non seulement suivant la saison et pour imiter les insectes qu'elle amène, mais encore suivant les heures du jour[1]; et on les agite de manière à leur imprimer des mouvemens semblables à ceux des insectes les plus recherchés par les truites.

Dans l'Arnon, auprès de Genève, on pique ces poissons avec un trident, lorsqu'ils remontent contre une chûte d'eau produite par une digue[2].

Mais on en fait une pêche bien plus considérable à l'endroit où le Rhône sort du lac Léman, dans lequel se jette cette rivière d'Arnon. Nous lisons dans une lettre que le savant professeur Pictet, aujourd'hui membre du Tribunat, adressa en 1788 aux auteurs du *Journal de Genève,* qu'à cette époque le Rhône étoit barré, à sa sortie du lac, par un clayonnage en bois disposé en zigzag. Les angles de ce grillage, alternativement saillans du côté du lac et du côté du Rhône, présentoient de part et d'autre des espèces d'avenues triangulaires, dont chacune se terminoit par une nasse ou cage construite en fil de laiton, et arrangée de manière que les poissons qui y entroient ne pouvoient pas en sortir. Celles de ces nasses qui répondoient aux angles saillans du côté du lac, se nommoient *nasses de remonte;* et les autres, *nasses de descente.* On laissoit ordinairement tous les passages libres dès la fin de juin, afin de donner aux

---

[1] *Notes manuscrites du citoyen Pénières.*
[2] *Notes manuscrites du citoyen Decandolle.*

truites la liberté d'aller frayer dans ce fleuve ; on les refermoit vers le milieu d'octobre : ce qui divisoit le temps de la pêche en deux saisons ; celle *du printemps*, qui duroit depuis la fin de janvier jusqu'en juin ; et celle *de l'automne*, qui commençoit en octobre, et qui finissoit avec le mois de janvier. Dans l'une et dans l'autre de ces saisons, on prenoit des truites à la remonte et à la descente, mais dans des proportions bien diffé-rentes. Sur quatre cent quatre-vingt-neuf truites, on en péchoit trente-six à la descente du printemps, trente-quatre à la descente de l'automne, seize à la remonte du printemps, quatre cent trois à la remonte de l'au-tomne. Il est aisé de voir que cette différence provenoit de la liberté qu'avoient les truites de descendre dans le Rhône, depuis la fin de juin jusqu'au mois d'octobre.

Pour attirer un plus grand nombre de truites dans les nasses ou dans les louves, on y place un linge im-bibé d'huile de lin, dans laquelle on a mêlé du *castoreum* et du camphre fondus.

On marine la truite comme le saumon, et on la sale comme le hareng. Mais c'est sur-tout lorsqu'elle est fraîche que son goût est très-agréable. Sa chair est tendre, particulièrement pendant l'hiver ; les personnes même dont l'estomac est foible, la digèrent facilement. Pendant long-temps ce salmone a été nommé, dans plusieurs pays, le roi des poissons d'eau douce ; et dans quelques parties de l'Allemagne les princes s'en étoient réservé la pêche.

Comme on ne voit guère la truite séjourner natu-
rellement que dans les lacs élevés et dans les rivières
ou ruisseaux des montagnes, elle est très-chère dans un
grand nombre d'endroits : elle mérite par conséquent
à beaucoup d'égards l'attention de l'économe, et voici
les principaux des soins qu'elle exige.

Pour former un bon étang à truites, il faut une vallée
ombragée, une eau claire et froide, un fond de sable
ou de cailloux placé sur de la glaise ou sur une autre
terre qui retienne les eaux ; une source abondante, ou
un ruisseau qui, coulant sous des arbres touffus, et
n'étant pas très-éloigné de son origine, amène, même
en été, une eau limpide et froide ; des bords assez élevés,
pour que les truites ne puissent pas s'élancer par-dessus ;
de grands végétaux plantés assez près de ces bords,
pour que leur ombre entretienne la fraîcheur de l'eau ;
des racines d'arbres, ou de grosses pierres, entre lesquelles les œufs puissent être déposés ; des fossés ou
des digues, pour prévenir les inondations des ravins
ou des rivières bourbeuses ; une profondeur de trois
mètres ou environ, sans laquelle les truites ne trouve-
roient pas un abri contre les effets de l'orage, monte-
roient à la surface de l'eau lorsqu'il menaceroit, y pré-
senteroient souvent un grand nombre de points blanchâtres ou livides, et périroient bientôt ; une quantité
très-considérable de loches ou de goujons, et d'autres
petits cyprins dont les truites aiment à se nourrir, ou
une très-grande abondance de morceaux de foie hâchés,

d'entrailles d'animaux, de gâteaux secs, faits de sang de bœuf et d'orge mondé ; des bandes garnies d'une grille assez fine pour arrêter l'alevin ; une attention soutenue pour éloigner les poissons voraces, les grenouilles, les oiseaux pêcheurs, les loutres, et pour casser pendant l'hiver la glace qui peut se former sur la surface de l'eau [1].

Lorsque, pour peupler cet étang, on est obligé d'y transporter des truites d'un endroit un peu éloigné, il faut ne placer dans chaque vase qu'un petit nombre de ces salmones, renouveler l'eau dans laquelle on les a mis, et l'agiter souvent.

Différentes eaux peuvent cependant être assez claires, assez froides et assez rapides, pour que les truites y vivent, et avoir néanmoins des propriétés particulières qui influent sur ces salmones au point de modifier leurs qualités, leurs couleurs, leurs formes et leurs habitudes, et de produire des variétés très-distinctes et plus ou moins constantes.

Le citoyen Decandolle assure que les truites prises dans le Rhône diffèrent de celles que l'on pêche dans le lac de Genève, par la grandeur de deux taches noirâtres placées sur les joues [2]. Suivant le même naturaliste, celles de l'Arve sont plus minces et plus alongées.

---

[1] Voyez le Discours intitulé, *Des effets de l'art de l'homme sur la nature des poissons.*

[2] *Notes manuscrites déja citées.*

On en voit, dit le tribun Pénières, d'effilées et d'autres
très-courtes. Le ruisseau appelé *le queyrou*, près de
Pénières, dans le département du Cantal, en nourrit
d'arrondies, avec le dos voûté; dans celui de *Narbois*,
les truites sont courtes, arrondies, et d'une nuance
presque jaune ; dans un autre ruisseau nommé *Enlan*,
elles sont alongées, grises et légèrement tachetées.

Le citoyen Noël de Rouen nous a écrit : « Les truites
« de *Palluel* ont une grande réputation dans le dépar-
« tement de la Seine-Inférieure : ce sont les plus déli-
« cates que nous possédions dans nos eaux douces. On
« m'a assuré à *Cany* qu'elles ne remontoient pas au-
« dessus du pont de ce gros bourg, qui n'est éloigné
« de la mer que d'une lieue. Après les truites de Palluel
« viennent celles de la rivière de Robec, qui se perd
« dans la Seine à Rouen..... On connoît dans nos diffé-
« rentes rivières sept ou huit variétés de truites, qui
« diffèrent entre elles par la couleur, les taches, etc. »

Dans les eaux de Lethnot, comté de Forfar, en Écosse,
les pêcheurs distinguent deux variétés de la truite : la
première est jaune, et beaucoup plus large ou haute que
la truite ordinaire; la seconde a la tête beaucoup plus
petite, et les côtés tachetés d'une manière aussi élégante
que brillante.

On pêche aussi dans quelques lacs, ruisseaux ou rivières d'Écosse, d'autres variétés de la truite, auxquelles
on a donné les noms de *truite de mousse*, *truite de petite
rivière*, *truite noire*, *truite blanche*, et *truite rouge*.

Bloch en a fait connoître une, qu'il a désignée par la dénomination de *truite brune*[1]. Cette variété a la tête et le ventre plus gros que la truite commune; le dos arrondi; la partie supérieure des côtés et la tête, d'un brun noir, avec des taches violettes; la partie inférieure de ces mêmes côtés, jaunâtre, avec des taches rouges entourées de blanc, et renfermées dans un second cercle brunâtre; les nageoires du ventre, de l'anus et de la queue, mélangées de jaune; la chair très-délicate, et rouge lorsqu'elle est cuite, de même que celle du saumon et du salmone truite-saumonée. Cette variété habite plusieurs des rivières qui se jettent dans la Baltique, ou dans la mer qui baigne les côtes de Norvége[2].

---

[1] *Bloch, pl.* 22.
Salmo fario, sylvaticus, B. *Linné, édition de Gmelin*.
[2] 10 rayons à la membrane branchiale du salmone truite.
10   à chaque pectorale.
18   à la nageoire de la queue.

LE SALMONE BERGFORELLE [1].

CE salmone a de petites écailles sur le tronc, un appendice étroit à côté de chaque ventrale, la ligne latérale droite, la première dorsale jaune avec des taches noires, les autres nageoires rougeâtres, le dos verdâtre, le ventre blanc, la chair rouge, de bon goût et facile à digérer.

On le trouve dans les eaux des très-hautes montagnes, particulièrement de celles de Laponie, du pays de Galles, et du voisinage de Saint-Gal [2].

---

[1] Salmo Alpinus.

Id. *Linné, édition de Gmelin.*

Faun. Suecic. 349.

Ræding. It. Wgoth. 257.

Salmone bergforelle. *Daubenton et Haüy, Encyclopédie méthodique.*

Id. *Bonnaterre, planches de l'Encyclopédie méthodique.*

Bloch, pl. 104.

Salmo vir pedalis, pinnis ventris rubris, etc. *Artedi, gen.* 13, *syn.* 25, *spec.* 52.

Willughby, Pisc. p. 196, *tab. N.* 1, *fig.* 4.

Red charre. *Raj. Pisc. p.* 65.

Charr. *Brit. Zoolog.* 3, *p.* 265, *n.* 6, *t.* 15.|

[2] 10 rayons à la membrane branchiale du salmone bergforelle.

14   à chaque pectorale.

23   à la nageoire de la queue.

LE SALMONE TRUITE-SAUMONÉE *.

ON a prétendu que la truite-saumonée provenoit d'un
œuf de saumon fécondé par une truite, ou d'un œuf de
truite fécondé par un saumon; qu'elle ne pouvoit pas

---

* Salmo trutta salar.
Lachs forelle, *en Allemagne*.
Rheinanke, *sur le Rhin*.
Rheinlanke, *ibid*.
Lachskindchea, *en Saxe*.
Lachsfahren, *en Prusse*.
Taimen, *en Livonie*.
Taimini, *ibid*.
Soborting, *en Laponie*.
Orlar, *en Suède*.
Tuanspol, *ibid*.
Borting, *ibid*.
Sickmat, *ibid*.
Lodjor, *ibid*.
Soe-borting, *en Norvége*.
Aurride, *ibid*.
Lar-ort, *en Danemarck*.
Maskrog-ort, *ibid*.
Salm-forel, *en Hollande*.
Sea trout, *en Angleterre*.
Salmon-trout, *ibid*.
Salmo-trutta, *Linné, édition de Gmelin*.
Salmo lacustris. *Idem*.

se reproduire; qu'elle ne formoit pas une espèce particulière. Cette opinion est contraire aux résultats des
observations les plus nombreuses et les plus exactes.
Mais la truite-saumonée n'en mérite pas moins le nom
qu'on lui a donné : sa forme, ses couleurs et ses habitudes, la rapprochent beaucoup du saumon et de la
truite; elle montre même quelques uns des traits qui
caractérisent l'un ou l'autre de ces deux salmones, et
c'est depuis bien du temps qu'on a reconnu ces caractères pour ainsi dire mi-partis. Non seulement en effet
Schwenckfeld, Schoneveld, Charleton et Johnson l'ont
distinguée et décrite; mais encore le consul Ausone l'a
chantée dès le cinquième siècle dans son poème de *la
Moselle*, où il l'a nommée *fario*, et où il l'a représentée
comme tenant le milieu entre la truite et le saumon.

La truite-saumonée habite dans un très-grand nombre
de contrées; mais on la trouve principalement dans les
lacs des hautes montagnes, et dans les rivières froides

Salmone truite-saumonée. *Daubenton et Haüy, Encyclop. méthod.*
Id. *Bonnaterre, planches de l'Encyclopédie méthodique.*
Bloch, pl. 21.
Faun. Suecic. 347.
Mull. Prodrom. Zoolog. Danic. p. 48, *n.* 407.
Kramer, El. p. 389, *n.* 2.
Salmo latus, maculis rubris nigrisque, etc. *Artedi, gen.* 12, *syn.* 14.
Gronov. Mus. 2, *n.* 164.
Trutta salmonata. *Willughby, Ichthyolog. p.* 193, 198.
Id. *Raj. Pisc. p.* 63.
Bull-trout. *Pennant, Brit. Zoolog.* 3, *p.* 249, *n.* 3.
Truite-saumonée. *Valmont Bomare, Dictionnaire d'histoire naturelle.*

qui en sortent ou qui s'y jettent. Elle se nourrit de vers, d'insectes aquatiques et de très-petits poissons. Les eaux vives *et* courantes sont celles qui lui plaisent : elle aime les fonds de sable ou de cailloux. Ce n'est ordinaire-ment que vers le milieu du printemps qu'elle quitte la mer, pour aller dans les fleuves, les rivières, les lacs et les ruisseaux, choisir l'endroit commode et abrité où elle répand sa laite ou dépose ses œufs.

Elle parvient à une grandeur considérable. Quelques individus de cette espèce pèsent quatre ou cinq kilo-grammes; et ceux même qui n'en pèsent encore que trois, ont déja plus de six décimètres de longueur.

On la confond souvent avec le salmone huch, auquel elle ressemble en effet beaucoup, et qu'on a nommé, dans plusieurs pays, *truite saumonée*. Ajoutons donc aux traits indiqués dans le tableau générique pour l'espèce dont nous traitons, les autres principaux caractères qui lui appartiennent, afin qu'on puisse la distinguer plus facilement de ce salmone huch, qui au reste peut par-venir à un poids sept ou huit fois plus considérable que celui de la véritable truite saumonée.

Sa tête est petite, et en forme de coin. Ses mâchoires sont presque également avancées; les dents qui les gar-nissent sont pointues et recourbées, et celles d'une mâ-choire s'emboîtent entre celles de la mâchoire opposée. On voit d'ailleurs trois rangées de dents sur le palais, et deux rangées sur la langue. Les yeux sont petits, ainsi que les écailles. La ligne latérale est presque droite.

Le nez et le front sont noirs; les joues d'un jaune mêlé de violet; le dos et les côtés d'un noir plus ou moins mêlé de nuances violettes; la gorge et le ventre blancs; la caudale et l'adipeuse noires; les autres nageoires grises; les taches noires répandues sur le poisson, quelquefois angulaires, mais le plus souvent rondes.

Au reste, la forme et les nuances de ces taches varient un peu, suivant la nature des eaux dans lesquelles l'individu séjourne. La bonté de sa chair dépend aussi très-souvent de la qualité de ces eaux; mais en général, et sur-tout un peu avant le frai, cette chair est toujours tendre, exquise et facile à digérer. Elle perd beaucoup de son bon goût lorsque la rivière où la truite saumonée se trouve, reçoit une grande quantité de saletés; il suffit même que des usines y introduisent un grand volume de sciures de bois, pour que ce salmone contracte une maladie à laquelle on a donné le nom de *consomption*, et dans laquelle sa tête grossit, son corps devient maigre, et la surface de ses intestins se couvre de petites pustules.

On pêche les truites saumonées avec des filets, des nasses et des lignes de fond, auxquelles on attache ordinairement des vers. Dans les endroits où l'on en prend un grand nombre, on les sale, on les fume, on les marine.

Pour les fumer, on élève sur des pierres un tonneau sans fond, et percé dans plusieurs endroits; on y suspend ces salmones, et on les y expose, pendant trois

jours, à la fumée de branches de chêne et de grains de
genièvre.

Pour les mariner, on les vide, on les met dans du
sel, on les en retire au bout de quelques heures, on les
fait sécher, on les arrose de beurre ou d'huile d'olive,
on les grille; on étend dans un tonneau une couche
de ces poissons sur des feuilles de laurier et de ro-
marin, des tranches de citron, du poivre, des clous de
girofle; on place alternativement plusieurs couches
semblables de truites saumonées, et de portions de
végétaux que nous venons d'indiquer; on verse par-
dessus du vinaigre très-fort que l'on a fait bouillir, et
l'on ferme le tonneau *.

Bloch a observé, sur une truite saumonée, un phénomène qui s'accorde avec ce que nous avons dit de la
phosphorescence des poissons, dans le Discours relatif
à la nature de ces animaux. Entrant un soir dans sa
chambre, il y apperçut une lumière blanchâtre et brillante, qui le surprit d'abord, mais dont il découvrit
bientôt la cause : cette lumière provenoit d'une tête de
truite saumonée. Les yeux, la langue, le palais et les
branchies, répandoient sur-tout une grande clarté.
Quand il touchoit ces parties, il en augmentoit l'éclat;
et lorsqu'avec le doigt qui les avoit touchées, il frottoit

---

* 12 rayons à la membrane branchiale du salmone truite-saumonée,
　14　　à chaque pectorale.
　20　　à la nageoire de la queue,

une autre partie de la tête, il lui communiquoit la même phosphorescence. Celles qui étoient le moins enduites de mucilage ou de matières gluantes, étoient le moins lumineuses; et ces effets s'affoiblirent à mesure que la substance visqueuse se dessécha.

—————

LE SALMONE ROUGE[1],

LE SALMONE GÆDEN[2],

LE SALMONE HUCH[3], LE SALMONE CARPION[4], LE SALMONE SALVELINE[5], ET LE SALMONE OMBLE CHEVALIER[6].

LE rouge habite des lacs et des fleuves de la Sibérie. Il parvient à six ou sept décimètres de longueur. Sa chair est rouge, grasse, tendre. Ses œufs sont jaunes;

[1] Salmo erythrinus.
Id. Linné, édition de Gmelin.
Georg. It. 1, p. 156, tab. 1, fig. 1.

[2] Salmo Gædenii.
Silberforelle, sur quelques rivages de la Baltique.
Salmo Gædenii. Linné, édition de Gmelin.
Bloch, pl. 102.
Truite de mer. Bonnaterre, planches de l'Encyclopédie méthodique.

[3] Salmo hucho.
Heuch, ainsi que huch, en Bavière.
Hauchforelle, dans plusieurs autres contrées de l'Allemagne.
Salmo hucho. Linné, édition de Gmelin.
Salmone huch. Daubenton et Haüy, Encyclopédie méthodique.
Id. Bonnaterre, planches de l'Encyclopédie méthodique.
Bloch, pl. 100.

son dos est brun; sa première dorsale grise, avec des taches rouges bordées d'une autre couleur; la nageoire adipeuse brune et alongée; le front et les opercules sont gris. On voit des dents aux mâchoires, sur la langue

---

Salmo oblongus, dentium lineis duabus palati, maculis tantummodò nigris. *Artedi, gen.* 12, *syn.* 25.

Salmo dorso brunneo, maculis nigris, etc. *Kram. Austr.* 388.

Gesn. Aq. p. 1015. *Thierb. p.* 174. *Icon. animal. p.* 313.

Aldrovand. Pisc. p. 592.

Willughby, Ichthyol. p. 199, *tab.* N. I, *fig.* 6.

Raj. Pisc. p. 69, *n.* 9.

Marsigli, Danub. 4, *p.* 81, *tab.* 28, *fig.* 1.

⁴ Salmo carpio.

Chare, *dans quelques contrées d'Angleterre.*

Gilt charre, *ibid.*

Roding, *en Norvége.*

Roïe, *ibid.*

Salmo carpio. *Linné, édition de Gmelin.*

Salmo pede minor, dentium ordinibus quinque palati. *Artedi, gen.* 13, *syn.* 24.

Otho Fabric. Faun. Groenlandica, p. 171.

Salmone carpion. *Daubenton et Haüy, Encyclopédie méthodique.*

Id. *Bonnaterre, planches de l'Encyclopédie méthodique.*

Ascagne, quatrième cahier, p. 2, *planche* 32.

⁵ Salmo salvelinus.

Schwartzreuterl, *quand il est encore très-jeune.*

Schwartzreucherl, *id.*

Salvelin, *en Allemagne.*

Salmarin, *ibid.*

Salbling, *en Bavière.*

Lambacher salbling, *en Autriche.*

Salmarino, *auprès de Trente.*

Salamandrino, *ibid.*

qui est large, et sur le palais, où elles forment deux rangées disposées en arc.

Le gæden, que Bloch dédia dans le temps à l'un de ses amis, le conseiller Gæden, de la basse Poméranie, vit dans la Baltique et dans l'Océan atlantique boréal.

Salmo salvelinus. *Linné, édition de Gmelin.*

Salmo salmarinus, *id.*

Omble. *Bloch, pl.* 99.

Salmone salveline. *Daubenton et Haüy, Encyclopédie méthodique.*.

Id. *Bonnaterre, planches de l'Encyclopédie méthodique.*

Salmone salmarine. *Daubenton et Haüy, Encyclopédie méthodique.*

Id. *Bonnaterre, planches de l'Encyclopédie méthodique.*

Salmo pedalis maxillâ superiore longiore. *Artedi, gen.* 13, *syn.* 26.

Salmo dorso fulvo, maculis luteis, caudâ bifurcatâ. *Id. syn.* 24.

Trutta dentata, etc. *Klein, Miss. pisc.* 5, *p.* 18, *n.* 5.

Umbla prima, salbling. *Marsig. Danub.* 4, *p.* 82, *tab.* 28, *fig.* 2.

Umbla tertia, lambacher salbling. *Id.* 4, *p.* 83, *tab.* 29, *fig.* 2.

Schwartzreuterl. *Schrank. Schr. der Berlin. Naturf.fr.* 1, *p.* 380.

Salmarinus. *Salvian. Aquat. p.* 101, 102.

Id. *Jonst. Pisc. p.* 155, *tab.* 28.

⁶ Salmo umbla.

Id. *Linné, édition de Gmelin.*

Salmone humble chevalier. *Daubenton et Haüy, Encyclop. méthod.*

Id. *Bonnaterre, planches de l'Encyclopédie méthodique.*

Bloch, pl. 101.

Salmo lineis lateralibus sursum recurvis, caudâ bifurcâ. *Artedi, gen.* 13, *syn.* 25.

Klein, Miss. pisc. 5, *p.* 18, *n.* 3.

Umble. *Rondelet, seconde partie, chap.* 12, *p.* 115, *édition de Lyon,* 1558.

Umbla altera. *Aldrovand. Pisc. p.* 607.

Willughby, Ichthyol. p. 195, *tab. N.* 1, *fig.* 1.

Raj. Pisc. p. 64.

Salmo alterLemani lacûs. *Gesner, Aq. p.* 1004.

Il pèse ordinairement un kilogramme ou environ : sa longueur n'excède guère cinq décimètres. Sa chair est maigre, mais blanche et agréable au goût. Ses deux mâchoires et le palais sont garnis de dents pointues ; l'ouverture de la bouche et les orifices des branchies ont une largeur considérable ; les yeux sont gros, et les ventrales fortifiées chacune par un appendice ; la ligne latérale est droite. Les joues, les opercules, les côtés et le ventre sont argentés ; le dos, le front et les nageoires sont brunâtres ; des taches brunes distinguent d'ailleurs la première nageoire du dos.

On trouve deux rangées de dents sur le palais ainsi que sur la langue du huch, et un appendice auprès de chacune de ses ventrales. Sa ligne latérale est droite et déliée ; son anus très-près de la caudale ; le dessus de sa tête brun ; sa gorge argentée, ainsi que ses joues ; la couleur de ses côtés, d'un rouge mêlé de teintes argentines ; chacune de ses nageoires rouge pendant sa jeunesse et jaunâtre ensuite.

Son corps et sa queue sont très-alongés et très-charnus. Il parvient à une longueur de près de deux mètres, et à un poids de plus de trente kilogrammes. Sa chair est quelquefois molle, et n'a pas un goût aussi agréable que celle de la truite ou de la truite-saumonée : on l'a cependant confondu, dans beaucoup d'endroits, avec cette dernière, dont on lui a même donné le nom. On le prend à l'hameçon, ainsi qu'au grand filet. On le pêche particulièrement dans le Danube, dans les grands lacs de la Bavière et de l'Autriche, dans plusieurs fleuves de la Russie et de la Sibérie : il paroît qu'il habite aussi dans le lac de Genève ; et d'après une note manuscrite adressée dans le temps à Buffon, on pourroit croire que, dans la partie orientale de ce lac, il pèse quelquefois plus de cinquante kilogrammes. Peut-être faut-il aussi rapporter à cette espèce un salmone dont le citoyen Decandolle parle dans ses observations manuscrites, et qui, suivant cet habile naturaliste, vit dans le lac de Morat, y porte le nom de *salut,* s'en échappe souvent par la Thiole, pour aller dans le lac de Neufchâtel, et pèse de quarante à cinquante kilogrammes.

Le carpion a beaucoup de rapports avec le salmone bergforelle. Son palais est garni de cinq rangées de dents ; sa chair est rouge. On le trouve dans les rivières d'Angleterre et dans celles du Valais. On le conserve assez facilement dans les étangs.

La salveline ressemble aussi beaucoup à la bergforelle. Elle ne fait qu'un avec la salmarine, que Linné et plusieurs autres auteurs n'auroient pas dû considérer comme une espèce particulière. Elle a la tête comprimée ; l'ouverture de la bouche large ; les deux mâchoires armées de petites dents pointues ; la langue cartilagineuse, un peu libre dans ses mouvemens, et garnie, comme le palais, de deux rangées de dents ; l'orifice de chaque narine, double ; la ligne latérale presque droite ; un appendice auprès de chaque ventrale ; cinquante vertèbres à l'épine du dos ; trente-huit côtes de chaque côté de l'épine.

La tête et le dos sont bruns; les joues et les opercules argentins; les côtés blanchâtres; les nuances du
ventre orangées; les pectorales rouges; les dorsales et
la caudale brunes; le corps et la queue parsemés de
taches petites, rondes, orangées et bordées de blanc.

Plus l'eau dans laquelle elle séjourne est pure et
froide, plus sa chair est ferme, et plus ses couleurs
sont vives. Elle pèse jusqu'à cinq kilogrammes. Elle
fraie vers la fin de l'automne et quelquefois au commencement de l'hiver. On la pêche particulièrement en
Bavière, et dans tous les lacs qui s'étendent entre les
montagnes depuis Saltzbourg jusque vers la Hongrie.
On la prend à l'hameçon, aussi-bien qu'au *colleret* [1]. On
la fume en l'exposant à un feu d'écorce d'arbre, dont
on augmente la fumée en l'arrosant sans cesse.

L'omble chevalier doit son nom à la grandeur de ses
dimensions. Il pèse quelquefois dix kilogrammes; et,
suivant le citoyen Decandolle, son poids peut s'élever
jusqu'à trente ou quarante [2]. On a souvent confondu
ce salmone avec le huch ou avec le *salut,* qui parvient
à un très-grand volume; et dans quelques endroits on
l'a pris pour une truite-saumonée : il constitue cependant une espèce bien distincte. Il habite dans le lac de
Genève et dans celui de Neufchâtel; il s'y nourrit

---

[1] Voyez, pour la description du filet nommé *colleret,* l'article du
centropome sandat.

[2] *Notes manuscrites déja citées.*

communément d'escargots, de petits animaux à coquille, et de très-jeunes poissons. On le pêche près du rivage, au filet et à l'hameçon. Il devient très-gras ; sa chair est très-délicate, et il est très-recherché.

Il a une rangée de dents pointues à la mâchoire d'en-haut ; deux rangs de dents semblables à la mâchoire d'en-bas ; chaque opercule composé de deux pièces ; l'ouverture branchiale assez grande ; les écailles tendres et si petites, qu'on a peine à les distinguer au travers de la substance visqueuse dont elles sont enduites ; le dos verdâtre ; les joues d'un verdâtre mêlé de blanc ; l'iris orangé et bordé d'argentin ; les opercules et le ventre blanchâtres ; toutes les nageoires d'un verd mêlé de jaune : ces organes de mouvement ont d'ailleurs peu de longueur *.

* 12 rayons à la membrane branchiale du salmone rouge.
13   à chaque pectorale.
19   à la nageoire de la queue.
10 rayons à la membrane branchiale du salmone gæden.
15   à chaque pectorale.
18   à la caudale.
12 rayons à la membrane branchiale du salmone huch.
17   à chaque pectorale.
16   à la nageoire de la queue.
12 rayons à la membrane branchiale du salmone carpion.
14   à chaque pectorale.
30   à la nageoire de la queue.
10 rayons à la membrane des branchies du salmone salveline.
14   à chaque pectorale.
24   à la caudale.
15 rayons à chaque pectorale du salmone omble chevalier.
18   à la nageoire de la queue.

LE SALMONE TAIMEN [1],

LE SALMONE NELMA [2];

LE SALMONE LÉNOK [3], LE SALMONE KUNDSCHA [4], LE SALMONE ARCTIQUE [5], LE SALMONE REIDUR [6], LE SALMONE ICIME [7], LE SALMONE LÉPECHIN [8], LE SALMONE SIL [9], LE SALMONE LODDE [10], ET LE SALMONE BLANC [11].

CES onze salmones vivent dans les mers ou les rivières de l'Europe ou de l'Amérique septentrionale. Nous devons à l'illustre Pallas la connoissance des cinq premiers.

---

[1] Salmo taimen.
Id. *Linné, édition de Gmelin.*
Pallas, It. 2, *p.* 716, *n.* 34.
Salmone taimen. *Bonnaterre, planches de l'Encyclopédie méthodique.*

[2] Salmo nelma.
Id. *Linné, édition de Gmelin.*
Pallas, It. 2, *p.* 716, *n.* 33.
Lepechin, It. 2, *p.* 192, *tab.* 9, *fig.* 1, 2, 3.
Salmone nelma. *Bonnaterre, planches de l'Encyclopédie méthodique.*

[3] Salmo lenok.
Id. *Linné, édition de Gmelin.*
Pallas, It. 2, *p.* 716, *n.* 35.
Salmone lénok. *Bonnaterre, planches de l'Encyclopédie méthodique.*

Le taimen, des torrens et des fleuves de la Sibérie
qui versent leurs eaux dans l'Océan glacial, a la chair
blanche et grasse; des dents au palais, à la langue et
aux mâchoires; un appendice auprès de chaque ventrale; les côtés argentés; le ventre blanc; la caudale
rougeâtre; l'anale très-rouge; une longueur de plus
d'un mètre.

Le nelma, des mêmes eaux, est long de plus de deux

4 Salmo kundscha.

Id. *Linné, édition de Gmelin.*

Pallas, It. 3, p. 706, n. 46.

Salmone kundscha. *Bonnaterre, planches de l'Encyclopédie méthodique.*

5 Salmo arcticus.

Id. *Linné, édition de Gmelin.*

Pallas, It. 3, p. 706, n. 47.

Salmone arctique. *Bonnaterre, planches de l'Encyclopédie méthodique.*

6 Salmo reidur.

Salmo stagnalis. *Linné, édition de Gmelin.*

Ot. Fabric. Faun. Groenland. p. 175, n. 126.

Salmone reidur. *Bonnaterre, planches de l'Encyclopédie méthodique.*

7 Salmo icimus.

Salmo nivalis. *Linné, édition de Gmelin.*

Ot. Fabric. Faun. Groenland. p. 176, n. 127.

Salmone icime. *Bonnaterre, planches de l'Encyclopédie méthodique.*

8 Salmo Lepechini.

Id. *Linné, édition de Gmelin.*

Lepechin, It. 3, p. 229, tab. 14, *fig.* 2.

9 Salmo silus.

Ascagne, pl. 24.

Salmone sil. *Bonnaterre, planches de l'Encyclopédie méthodique.*

mètres ; et de larges lames sont placées auprès de l'ouverture de sa bouche.

Le lénok, qui préfère les torrens rocailleux, les courans les plus rapides et les cataractes écumeuses de la
Sibérie orientale, a plus d'un mètre de longueur; la
forme générale d'une tanche ; des appendices aux ventrales, qui sont rougeâtres, ainsi que la caudale; le
dessus du corps et de la queue, brunâtre; le dessous
jaunâtre; l'anale très-rouge, et la chair blanche.

Le kundscha, qui n'entre guère dans les fleuves, et
que l'on trouve pendant l'été dans les golfes et les
détroits de l'Océan glacial arctique, est long de plus
d'un demi-mètre, bleuâtre au-dessus et au-dessous de

---

¹⁰ Salmo lodde.
Capelan d'Amérique.
Capelan de Terre-Neuve.
Gronlander, *par les Allemands.*
Angmaksak, *en Groenland.*
Keplings, *ibid.*
Jern lodde (*le mâle*), *ibid.*
Quetter lodde (*idem*), *ibid.*
Sild lodde (*la femelle*), *ibid.*
Rong lodde (*idem*), *ibid.*
Laaden-sild, *en Islande.*
Lodna, *ibid.*
Clupea villosa. *Linné, édition de Gmelin.*
Salmone lodde. *Bonnaterre, planches de l'Encyclopédie méthodique.*
Bloch, pl. 381, *fig.* 1.

¹¹ Salmo albus.
Salmone blanc. *Bonnaterre, planches de l'Encyclopédie méthodique.*
Pennant, Zoolog. Britann. vol. 3, *p.* 302.

la ligne latérale ; et ses ventrales ont chacune un appendice écailleux.

L'arctique, qui habite dans les petits ruisseaux à fond de cailloux des monts les plus septentrionaux de l'Europe, ne parvient ordinairement qu'à la longueur d'un décimètre.

Le reidur, des montagnes de Groenland, a près d'un demi-mètre de long ; la tête grande et ovale ; le museau pointu ; la langue longue ; le palais garni de trois rangs de dents serrées ; les mâchoires armées de dents fortes, recourbées et très-pointues ; les opercules grands, lisses, composés de deux pièces ; les pectorales très-alongées ; deux rayons de la première dorsale très-longs ; la chair blanche, et le ventre de la même couleur.

L'icime, dont le museau est arrondi, et la longueur d'un ou deux décimètres, vit dans les petits ruisseaux et les étangs vaseux du Groenland, y dépose ses œufs sur le limon du rivage, passe l'hiver enfoncé dans ce même limon, qui le préserve des effets funestes du froid le plus rigoureux, et, lorsqu'il est poursuivi, se cache avec précipitation sous cette même rive, qu'il n'abandonne, pour ainsi dire, jamais.

Le lépechin, des fleuves de Russie et de Sibérie dont le fond est pierreux, a la chair rougeâtre, ferme et agréable au goût ; plusieurs dents fortes, aiguës et recourbées à la mâchoire supérieure ; soixante dents semblables à la mâchoire d'en-bas ; la tête grande ; les yeux gros ; les joues argentées ; des taches noires et carrées

sur la première nageoire du dos; les autres nageoires
couleur de feu.

Le sil, des mers du Nord, présente une tête large et
aplatie; deux mâchoires presque égales; un dos convexe;
un ventre plat; une anale placée au-dessous de la nageoire adipeuse; une longueur de six ou sept décimètres.

Le lodde habite les mers de Norvége, d'Islande, de
Groenland et de Terre-Neuve. Les individus de cette
espèce sont si multipliés en Islande, qu'on en sèche une
très-grande quantité pour nourrir les bestiaux pendant
l'hiver; et il paroît que le voisinage de cette île leur
convient depuis bien des siècles, puisqu'on y trouve
dans des couches de glaise des squelettes de ces
poissons.

Le lodde n'a ordinairement que deux décimètres de
longueur. On le pêche pendant tout l'été près des rivages
du Groenland. Les femelles arrivent vers la fin du printemps, viennent par milliers dans les baies, y déposent
leurs œufs sur les plantes marines, et en laissent tomber un si grand nombre, que l'eau de la mer, quoique
assez profonde au-dessus de ces plantes, paroît d'une
couleur jaunâtre.

Lorsque les loddes accourent vers les bords de la
mer pour y pondre ou pour y féconder les œufs, ils
ne sont arrêtés ni par les vagues ni par les courans; ils
franchissent avec audace les obstacles; ils sautent par-
dessus les barrières. S'ils sont poursuivis par quelque

ennemi, ils s'élancent sur la rive, ou sur des pièces de glace; et s'ils sont blessés mortellement, ils tournoyent à la surface de l'eau, périssent et tombent au fond.

Ils se nourrissent d'œufs de crabe, d'œufs de poisson, et quelquefois de plantes aquatiques. Leur chair est blanche, grasse, de bon goût. On les mange frais ou séchés; et ils sont un des alimens les plus ordinaires des Groenlandois.

Leur tête est comprimée, et cependant un peu large; les mâchoires, dont l'inférieure excède la supérieure, sont hérissées de petites dents, ainsi que la langue et le palais. Il n'y a qu'un orifice à chaque narine. La ligne latérale est droite; l'anus très-près de la caudale. De petites écailles revêtent les opercules; celles qui couvrent le corps et la queue, sont aussi très-petites. Les nageoires présentent un bord bleuâtre.

Les mâles ont le dos plus large que les femelles: presque tous ont d'ailleurs, depuis la poitrine jusqu'aux ventrales, au moins pendant le temps du frai, plusieurs filamens déliés et très-courts. Le péritoine des loddes est noir; la membrane de l'estomac très-mince; la laite simple, ainsi que l'ovaire; l'épine dorsale composée de soixante-cinq vertèbres; chaque côté de cette épine fortifié par quarante-quatre côtes, et les os, auxquels sont attachés les rayons de la nageoire de l'anus, sont très-longs; ce qui donne à la portion antérieure de la queue la hauteur indiquée dans le tableau générique.

Le blanc, qui, pendant l'été, remonte de la mer dans les rivières de la Grande-Bretagne, a deux rangées de dents à la mâchoire d'en-haut, une seule rangée à celle d'en-bas ; six dents sur la langue ; le dos varié de brun et de blanc ; et la première dorsale rougeâtre *.

* 18 rayons à chaque pectorale du salmone taimen.
10 rayons à la membrane branchiale du salmone nelma.
16 rayons à chaque pectorale du salmone lénok.
11 rayons à la membrane des branchies du salmone kundscha.
14   à chaque pectorale.
9 rayons à la membrane branchiale du salmone arctique.
16   à chaque pectorale.
12 rayons à la membrane des branchies du salmone reidur.
14   à chaque pectorale.
21   à la nageoire de la queue.
11 rayons à la membrane branchiale du salmone lépechin.
14   à chaque pectorale.
20   à la nageoire de la queue.
6 rayons à la membrane des branchies du salmone sil.
17   à chaque pectorale.
40   à la caudale.
6 rayons à la membrane branchiale du salmone lodde.
19   à chaque pectorale.
28   à la nageoire de la queue.
13 rayons à chaque pectorale du salmone blanc.

LE SALMONE VARIÉ [1],

LE SALMONE RENÉ [2],

LE SALMONE RILLE [3], ET LE SALMONE GADOÏDE [4].

LES quatre salmones dont nous parlons dans cet article, sont encore inconnus des naturalistes.

Le varié a été observé par Commerson, près des rivages de l'Isle de France. On ne l'y trouve que très-rarement. Sa longueur est de deux décimètres ou environ.

Les couleurs de ce poisson sont très-variées, et mariées avec élégance. Les nuances un peu brunes du dos sont relevées par des taches rouges, et s'accordent très-bien avec le rouge, le jaune et le noir que deux raies longitudinales présentent symmétriquement de chaque côté du salmone, ainsi qu'avec le noir et le rouge dont les nageoires sont peintes. Le dessous de l'animal est

---

[1] Salmo varius.
Salmo variegatus, corpore è tereti conico, tæniâ laterum longitudinali vicibus alternis rubris, nigris. *Commerson, manuscrits déja cités.*

[2] Salmo renatus.
[3] Salmo rilla.
[4] Salmo gadoïdes.

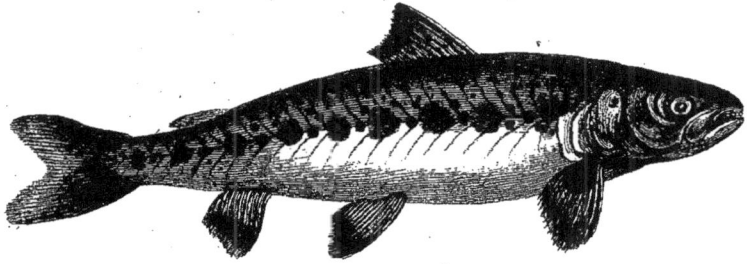

3.

2

1.

De Seve Del.

Haussard Sc.

1. *PIMÉLODE* Mouchelé. 2. *TACHYSURE* Chinois. 3. *SALMONE* Rille.

blanchâtre ; et les iris, couleur de feu, brillent comme des escarboucles au milieu des teintes sombres de la tête.

La forme générale de cette dernière partie lui donne beaucoup de ressemblance avec la tête d'un anguis. L'ouverture de la bouche est très-prolongée en arrière. Les dents de la mâchoire supérieure sont acérées, mais éloignées les unes des autres ; celles de la mâchoire inférieure sont au contraire très-serrées.

Au reste, cette dernière mâchoire est un peu plus avancée que la supérieure, qui n'est ni extensible ni rétractile.

Des dents semblables à des aiguillons recourbés hérissent la langue, qui d'ailleurs est très-courte et très-dure : d'autres dents plus petites et moins nombreuses garnissent la surface du palais.

Le bord supérieur de l'orbite est très-près du sommet de la tête. Deux lames composent chaque opercule. L'anus est très-près de la caudale, et la ligne latérale presque droite.

On pêche dans la Moselle, et particulièrement vers les sources de cette rivière, une espèce de salmone, à laquelle on a donné, dans la ci-devant Lorraine, le nom de *rené*, et dont un individu m'a été envoyé, il y a plus de douze ans, par dom Fleurant, Bénédictin de Flavigny près de Nancy.

Ce poisson a deux rangées de dents sur la langue, et trois sur le palais ; le dessus de la tête et du corps, ainsi que les nageoires du dos et de la queue, d'une couleur foncée; le dessous du corps et les autres nageoires, blanches ou blanchâtres.

Le rille parvient rarement à une grandeur plus considérable que celle d'un hareng. Il habite dans plusieurs rivières, et particulièrement dans celle de la Rille, dont il porte le nom, et qui se jette dans la Seine auprès de l'embouchure de ce fleuve.

On l'a souvent confondu avec de jeunes saumons; ce qui n'a pas peu contribué aux fausses idées répandues parmi quelques observateurs au sujet de sa conformation et de ses habitudes. Mais on est allé plus loin : on a prétendu que ce salmone rille ne montroit jamais ni œuf ni laite, qu'il étoit infécond, qu'il provenoit de la ponte des saumons qui, ayant en même temps et des œufs et de la laite, réunissent les deux sexes; et cette opinion a eu d'autant plus de partisans, qu'on aime à rapprocher les extrêmes, et qu'on a trouvé piquant de faire naître d'un saumon hermaphrodite un poisson entièrement privé de sexe. Il y a dans cette assertion une double erreur. Premièrement, il n'y a pas de poisson qui présente les deux sexes, ou, ce qui est la même chose, qui ait ensemble et une laite et des ovaires: nous avons déja vu que des œufs très-peu développés avoient été pris, par des observateurs peu éclairés ou peu attentifs, pour une laite placée à côté d'un véritable ovaire. Secondement, il est faux que le salmone dont nous traitons ne renferme ni œuf ni organe propre à leur fécondation : nous indiquerons au contraire dans

cet article la nature de la laite de ce salmone de la Rille.
Ce poisson constitue une espèce particulière, dont la
description n'a pas encore été publiée. Nous allons le
faire connoître d'après un dessin très-exact, que le
citoyen Noël de Rouen nous a fait parvenir, et d'après
une note très-étendue que ce savant naturaliste a bien
voulu y joindre.

Le salmone rille a la tête petite; l'œil assez gros; les
deux mâchoires et la langue garnies de petites dents;
l'opercule composé de trois pièces; le bord inférieur
de la pièce supérieure un peu crénelé; la ligne latérale droite; les écailles ovales, très-petites et serrées;
le dos d'un gris olivâtre; les côtés blanchâtres et
comme marbrés de gris; le ventre très-blanc; la première dorsale ornée de quelques points rougeâtres;
la laite grande, double, ferme au toucher, et très-
blanche; la chair également très-blanche, agréable au
goût, et imbibée d'une huile ou plutôt d'une graisse
douce et légère; la colonne vertébrale composée de
soixante vertèbres, ce qui suffiroit pour séparer cette
espèce de celle du saumon.

Au reste, il aime les eaux froides, comme la truite,
avec laquelle il a beaucoup de rapports.

On trouve dans l'étang de Trouville, auprès de Rouen,
un autre salmone, dont le citoyen Noël nous a communiqué une description, et à laquelle nous avons cru
devoir conserver le nom spécifique de *gadoïde* qu'il lui
a donné.

Ce poisson parvient à la longueur de quatre décimètres ou environ. Sa tête ressemble beaucoup, par sa conformation, à celle des gades, et particulièrement à celle du gade merlan. L'ouverture de la bouche peut être très-agrandie par l'extension des lèvres. On voit deux rangées de dents à la mâchoire d'en-haut, une rangée à celle d'en-bas, plusieurs autres dents sur la langue, qui est grosse et rougeâtre, et des dents très-petites auprès du gosier *.

* 12 rayons à la membrane branchiale du salmone varié.
14   à chaque pectorale.
19   à la nageoire de la queue.

12 rayons à la membrane des branchies du salmone rené.
13   à chaque pectorale.
25   à la caudale.

13 rayons à la membrane branchiale du salmone rille.
14   à chaque pectorale.
35   à la nageoire de la queue.

11 rayons à la membrane des branchies du salmone gadoïde.
13   à chaque pectorale.
20   à la caudale.

CENT SOIXANTE-SEIZIÈME GENRE.

LES OSMÈRES.

La bouche à l'extrémité du museau; la tête comprimée; des écailles facilement visibles sur le corps et sur la queue; point de grandes lames sur les côtés, de cuirasse, de piquans aux opercules, de rayons dentelés, ni de barbillons; deux nageoires dorsales; la seconde adipeuse et dénuée de rayons; la première plus éloignée de la tête que les ventrales; plus de quatre rayons à la membrane des branchies; des dents fortes aux mâchoires.

ESPÈCES.	CARACTÈRES.
1. L'OSMÈRE ÉPERLAN. (*Osmerus eperlanus.*)	Onze rayons à la première nageoire du dos; dix-sept rayons à celle de l'anus; huit à chaque ventrale; la caudale fourchue; la mâchoire inférieure recourbée, et plus avancée que la supérieure; la tête et le corps demi-transparens.
2. L'OSMÈRE SAURE. (*Osmerus saurus.*)	Douze rayons à la première dorsale; onze rayons à la nageoire de l'anus; huit à chaque ventrale; la caudale fourchue; l'ouverture de la bouche très-longue; un enfoncement au-dessus des yeux.
3. L'OSMÈRE BLANCHET. (*Osmerus albidus.*)	Douze rayons à la première nageoire du dos; seize à l'anale; huit à chaque ventrale; la caudale fourchue; la mâchoire inférieure plus avancée que la supérieure; le dessus du museau demi-sphérique; les yeux très-rapprochés de son extrémité; la partie supérieure de l'orbite dentelée.

ESPÈCES.	CARACTÈRES.
4. L'OSMÈRE FAUCILLE. (*Osmerus falcatus.*)	Onze rayons à la première dorsale ; vingt-six rayons à la nageoire de l'anus ; huit à chaque ventrale ; la caudale fourchue ; l'anale en forme de faux ; deux taches noires de chaque côté, l'une auprès de la tête, et l'autre auprès de la caudale.
5. L'OSMÈRE TUMBIL. (*Osmerus tumbil.*)	Douze rayons à la première nageoire du dos ; onze à celle de l'anus ; huit à chaque ventrale ; la caudale fourchue ; plusieurs rangées de dents égales et serrées à chaque mâchoire ; la tête et les opercules couverts d'écailles semblables à celles du dos ; la mâchoire d'en-bas plus avancée que celle d'en-haut.
6. L'OSMÈRE GALONNÉ. (*Osmerus lemniscatus.*)	Quatorze rayons à la première dorsale ; onze à la nageoire de l'anus ; dix à chaque ventrale ; la caudale fourchue ; la tête comprimée et déprimée ; les yeux rapprochés et saillans ; la mâchoire inférieure plus avancée que la supérieure ; la couleur générale jaune ; cinq ou six raies longitudinales bleues de chaque côté du poisson.

L'OSMÈRE ÉPERLAN *.

L'ÉPERLAN n'a guère qu'un décimètre ou environ de longueur; mais il brille de couleurs très-agréables. Son dos et ses nageoires présentent un beau gris; ses côtés et sa partie inférieure sont argentés; et ces deux nuances, dont l'une très-douce et l'autre très-éclatante se marient avec grace, sont d'ailleurs relevées par des reflets verds, bleus et rouges, qui, se mêlant ou se succédant avec vîtesse, produisent une suite très-variée de teintes chatoyantes. Ses écailles et ses autres tégumens sont d'ailleurs si diaphanes, qu'on peut distinguer

---

* Osmerus eperlanus.
Stint, *en Allemagne.*
Kleiner stint, *en Livonie.*
Loffel stint, *ibid.*
Kurtzer stint, *ibid.*
Stintites, *ibid.*
Jern lodder, *en Laponie.*
Sind lodder, *ibid.*
Nars, *en Suède.*
Lodde, *en Norvége.*
Rogn-sild-lodde, *ibid.*
Roke, *ibid.*
Krockle, *ibid.*
Spiering, *en Hollande.*
Smelt, *en Angleterre.*
Sjiro iwo, *au Japon.*

dans la tête le cerveau, et dans le corps les vertèbres et les côtes. Cette transparence, ces reflets fugitifs, ces nuances irisées, ces teintes argentines, ont fait comparer l'éclat de sa parure à celui des perles les plus fines ; et de cette ressemblance est venu, suivant Rondelet, le nom qui lui a été donné.

Cet osmère répand une odeur assez forte. Des observateurs que ses couleurs avoient séduits, voulant trouver une perfection de plus dans leur poisson favori, ont dit que cette odeur ressembloit beaucoup à celle de la violette : il s'en faut cependant de beaucoup qu'elle en ait l'agrément, et l'on peut même, dans beaucoup de circonstances, la regarder presque comme fétide.

L'ensemble de l'éperlan présente un peu la forme d'un fuseau. La tête est petite ; les yeux sont grands et

Salmo eperlanus. *Linné, édition de Gmelin.*

Salmone éperlan. *Daubenton et Haüy, Encyclopédie méthodique.*

Id. *Bonnaterre, planches de l'Encyclopédie méthodique.*

Faun. Suecic. 350.

Osmerus, radiis pinnæ ani septemdecim. *Artedi, gen.* 10, *syn.* 21, *spec.* 45.

Gronov. Mus. 1, p. 18, *n.* 49.

Bloch, pl. 28, *fig.* 2.

Klein, Miss. pisc. 5, p. 20, *tab.* 4, *fig.* 3, 4.

Esperlan. *Rondelet, seconde partie, chap.* 18.

Eperlanus fluviatilis. *Gesner, Aquat.* p. 362 ; *Thierb.* p. 189.

Eperlanus. *Aldrovand. Pisc.* p. 536.

Id. *Willughby, Ichthyolog.* p. 202.

Id. *Raj. Pisc.* p. 66, *n.* 14.

Smalt. *Brit. Zoolog.* 3, p. 269, *n.* 8.

Éperlan. *Valmont-Bomare, Dictionnaire d'histoire naturelle.*

Id. *Duhamel, Traité des pêches.*

ronds. Des dents menues et recourbées garnissent les deux mâchoires et le palais; on en voit quatre ou cinq sur la langue. Les écailles tombent aisément.

Cet osmère se tient dans les profondeurs des lacs dont le fond est sablonneux. Vers le printemps, il quitte sa retraite, et remonte dans les rivières en troupes très-nombreuses, pour déposer ou féconder ses œufs. Il multiplie avec tant de facilité, qu'on élève dans plusieurs marchés de l'Allemagne, de la Suède et de l'Angleterre, des tas énormes d'individus de cette espèce.

Il vit de vers et de petits animaux à coquille. Son estomac est très-petit; quatre ou cinq appendices sont placés auprès du pylore; la vessie natatoire est simple et pointue par les deux bouts; l'ovaire est simple comme la vessie natatoire; les œufs sont jaunes et très-difficiles à compter; des points noirs sont répandus sur le péritoine, qui est argentin. On trouve cinquante-neuf vertèbres à l'épine du dos, et trente-cinq côtes de chaque côté [1].

Une variété de l'espèce que nous décrivons habite les profondeurs de la Baltique, de l'Océan atlantique boréal, et des environs du détroit de Magellan [2]. Elle

---

[1] Il est difficile de présenter l'histoire de l'éperlan avec plus d'étendue et d'une manière plus utile, que le citoyen Noël, dans l'ouvrage qu'il a publié à ce sujet il y a quelques années.

[2] Eperlan de mer, *auprès de Rouen.*

Stint, *en Allemagne.*

Seestint, *ibid.*

Grosser stint, *ibid.*

diffère de l'éperlan des lacs par son odeur, qui n'est pas aussi forte, et par ses dimensions, qui sont bien plus grandes. Elle parvient communément à la longueur de trois ou quatre décimètres; et dans l'hémisphère antarctique, on l'a vue longue d'un demi-mètre. Vers la fin de l'automne, elle s'approche des côtes; lorsque le printemps commence, elle remonte dans les fleuves; et l'on prend un si grand nombre d'individus de cette variété en Prusse, auprès de l'embouchure de l'Elbe, et en Angleterre, qu'on les y fait sécher à l'air pour les conserver long-temps et les envoyer à de grandes distances *.

Stinter, *en Livonie.*
Sallakas, *ibid.*
Stinckfisch, *ibid.*
Tint, *ibid.*
Slom, *en Suède.*
Quatte, *en Norvége.*
Jern-lodde, *ibid.*
Smelt, *en Angleterre.*
Salmo eperlanus, var. B. *Linné, édition de Gmelin.*
Salmone éperlan de mer, variété de l'éperlan. *Daubenton et Haüy, Encyclopédie méthodique.*
Id. *Bonnaterre, planches de l'Encyclopédie méthodique.*
Bloch, pl. 28, *fig.* 1.
Willughby, Ichthyolog. tab. N. 6, *fig.* 4.
Eperlanus. *Gesner, Thierb. p.* 180, *b.*
Spirinchus. *Jonston, Pisc. tab.* 47, *fig.* 6.

* 7 rayons à la membrane branchiale de l'osmère éperlan.
  11   à chaque pectorale.
  19   à la nageoire de la queue.

Pl. 6. Page 23

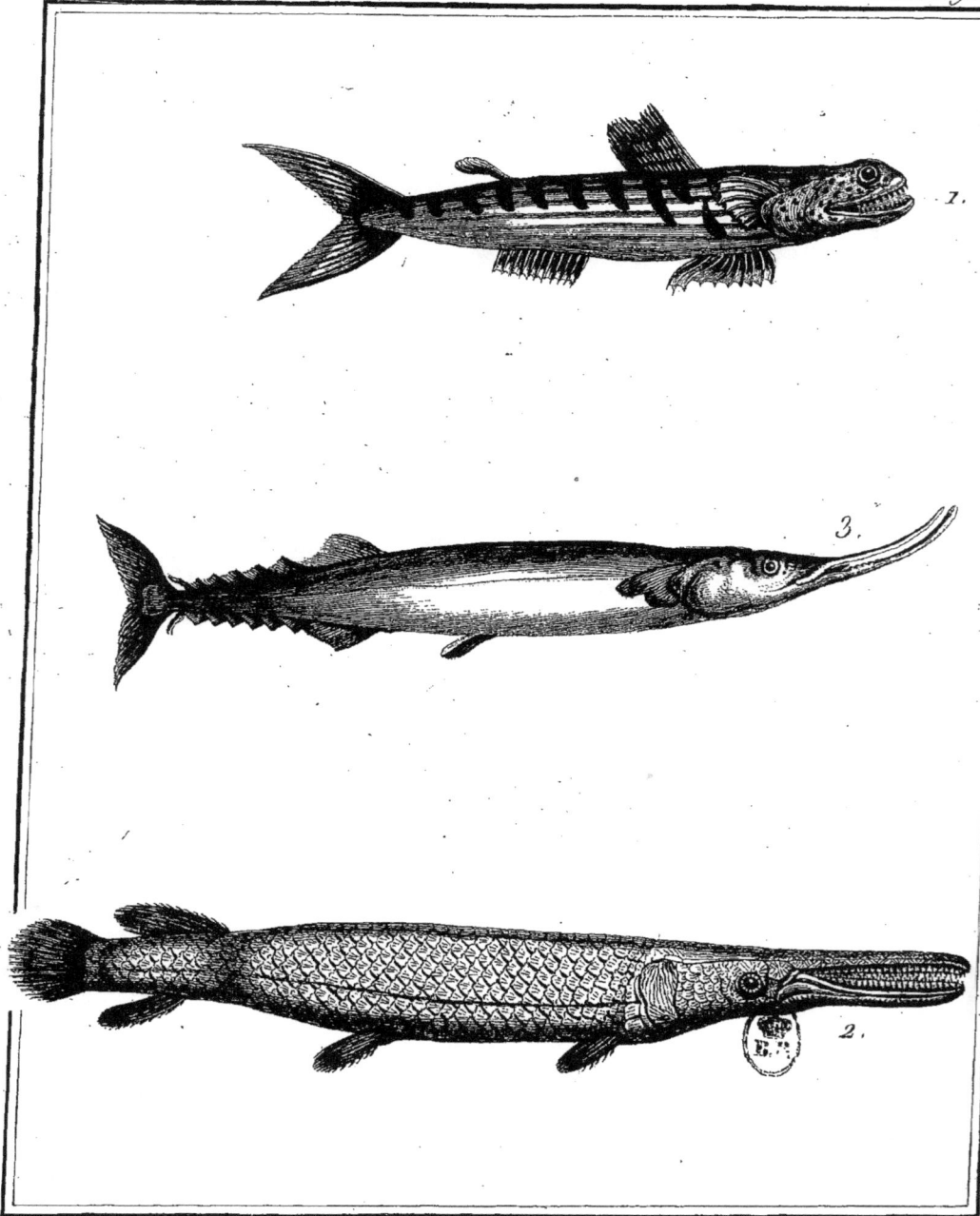

De Seve Del.

Haussard Scu.

1. OSMÈRE *Galonné*. 2. LÉPISOSTÉE *Spatule*. 3. SCOMBRÉSOCE *Campérien*.

L'OSMÈRE SAURE[1],

L'OSMÈRE BLANCHET[2],

L'OSMÈRE FAUCILLE[3], L'OSMÈRE TUMBIL[4], ET L'OSMÈRE GALONNÉ[5].

LE saure a la tête, le corps et la queue, très-alongés; les deux mâchoires garnies de dents très-fortes, conformées et disposées comme celles de plusieurs lézards;

[1] Osmerus saurus.
Tarantola, *auprès de Rome.*
See eidechse, *en Allemagne.*
Sea lizard, *en Angleterre.*
Salmo saurus. *Linné, édition de Gmelin.*
Osmerus radiis pinnæ ani decem. *Artedi, gen.* 10, *syn.* 22.
Salmone saure. *Daubenton et Haüy, Encyclopédie méthodique.*
Id. *Bonnaterre, planches de l'Encyclopédie méthodique.*
Bloch. pl. 384, *fig.* 1.

[2] Osmerus albidus.
Stinklachs, *en Allemagne.*
Stinksalm, *ibid.*
Slender salmon, *en Angleterre.*
Sea sparrow hawk, *dans la Caroline.*
Salmo fœtens. *Linné, édition de Gmelin.*
Salmone blanchet. *Daubenton et Haüy, Encyclopédie méthodique.*
Id. *Bonnaterre, planches de l'Encyclopédie méthodique.*
Bloch, pl. 384, *fig.* 2.
Catesby, Carolin. 2, *p.* 2, *tab.* 2, *fig.* 2.

un seul orifice à chaque narine; les opercules revêtus de petites écailles; le dos d'un verd mêlé de bleu et de noir; des bandes transversales, étroites, irrégulières, sinueuses et roussâtres, sur cette même partie; des raies de la même couleur sur la première dorsale; d'autres raies, également roussâtres, et de plus tachetées de brun, sur chaque pectorale; une raie longitudinale bleuâtre, et chargée de taches rondes et bleues, de chaque côté du corps et de la queue; la partie inférieure de la queue et du corps, argentée et très-brillante. On le pêche dans les eaux des Antilles, dans la mer d'Arabie, dans la Méditerranée.

De petites écailles placées sur les opercules et sur presque toute la tête; une double rangée de dents sur la langue, au palais et aux mâchoires; un seul orifice à chaque narine; le dos noirâtre; les flancs et le ventre argentins; les nageoires d'un rouge mêlé de brun : tels sont les traits qui doivent compléter le portrait de l'osmère blanchet que l'on a pêché dans la mer de la Caroline, et dont la longueur ordinaire est de trois ou quatre décimètres, ainsi que celle du saure.

---

3 Osmerus falcatus.
Salmo falcatus. *Bloch, pl.* 385.

4 Osmerus tumbil.
Tumbile, *sur la côte de Malabar.*
Bloch, pl. 430.

5 Osmerus lemniscatus.
Trutta marina, rictu obtuso. *Plumier, peintures sur vélin déja citées.*

Surinam est la patrie de l'osmère faucille. La mâchoire supérieure de ce poisson est plus avancée que l'inférieure ; les dents de ces deux mâchoires sont fortes et inégales ; d'autres dents pointues garnissent les deux côtés du palais ; la langue est étroite et lisse. Un os court, large, dentelé, et placé à l'angle de la bouche, s'avance lorsque la gueule s'ouvre, et reprend sa première position lorsqu'elle se referme ; ce qui donne à l'osmère faucille un léger rapport de conformation avec l'odontognathe aiguillonné. Il y a deux orifices à chaque narine ; les opercules sont rayonnés ; les écailles, assez minces, se détachent facilement ; la ligne latérale se courbe vers le bas ; l'anus est à une distance presque égale de la tête et de la caudale ; on voit un appendice à chaque ventrale. La couleur générale est argentée ; le dos violet ; chaque nageoire grise à sa base, et brune vers son extrémité.

Le *tumbil*, de la mer qui baigne le Malabar, a la bouche très-grande ; la tête longue ; le museau pointu ; l'opercule arrondi ; la ligne latérale droite ; l'anus très-rapproché de la caudale ; la dorsale et l'anale en forme de faux ; les côtés jaunes ; le ventre argentin ; des bandes transversales d'un jaune mêlé de rouge ; les nageoires bleues avec la base jaune.

Plumier a laissé une peinture sur vélin de l'osmère auquel j'ai donné le nom de *galonné*, et dont la description n'a encore été publiée par aucun naturaliste. La nageoire adipeuse de ce poisson est en forme de petite

massue renversée vers la caudale. Il présente, indépendamment des raies longitudinales bleues, dix ou
onze bandes transversales brunes; mais il offre encore
d'autres ornemens. Sa tête, couleur de chair, est parsemée de petites taches rouges et de petites taches
bleues; deux raies bleues relèvent le jaunâtre de la
première nageoire du dos; les ventrales sont variées de
jaune et de bleu; l'anale est bleue avec une bordure
jaune; et cette parure, composée de tant de nuances
bleues, jaunes, brunes et rouges, distribuées d'une
manière très-agréable à l'œil, est complétée par le bleu
de l'extrémité de la caudale *.

---

* 12 rayons à chaque pectorale de l'osmère saure.
  18   à la nageoire de la queue.

  12 rayons à la membrane branchiale de l'osmère blanchet.
  12   à chaque pectorale.
  25   à la caudale.

  5 rayons à la membrane des branchies de l'osmère faucille.
  16   à chaque pectorale.
  20   à la nageoire de la queue.

  6 rayons à la membrane branchiale de l'osmère tumbil.
  15   à chaque pectorale.
  20   à la caudale.
  7 rayons à chaque pectorale de l'osmère galonné.

Nota. Nous ignorons le nombre des rayons de la membrane branchiale
du galonné. Si, contre notre opinion, cette membrane n'en avoit que
quatre, il faudroit placer le galonné dans le genre des characins.

CENT SOIXANTE-DIX-SEPTIÈME GENRE.

LES CORÉGONES.

La bouche à l'extrémité du museau ; la tête comprimée ; des écailles facilement visibles sur le corps et sur la queue; point de grandes lames sur les côtés, de cuirasse, de piquans aux opercules, de rayons dentelés, ni de barbillons; deux nageoires dorsales; la seconde adipeuse et dénuée de rayons; plus de quatre rayons à la membrane des branchies; les mâchoires sans dents, ou garnies de dents très-petites et difficiles à voir.

ESPÈCES.	CARACTÈRES.
1. LE CORÉGONE LAVARET. (*Coregonus lavaretus.*)	Quinze rayons à la première nageoire du dos ; quatorze à celle de l'anus ; douze à chaque ventrale ; la caudale fourchue ; la mâchoire supérieure prolongée en forme de petite trompe ; un petit appendice auprès de chaque ventrale ; les écailles échancrées.
2. LE CORÉGONE PIDSCHIAN. (*Coregonus pidschian.*)	Treize ou quatorze rayons à la première dorsale ; seize à la nageoire de l'anus ; onze à chaque ventrale ; la caudale fourchue ; un appendice triangulaire, aigu, et plus long que les ventrales, auprès de chacune de ces nageoires ; le dos élevé et arrondi en bosse ; la mâchoire supérieure plus avancée que l'inférieure.

ESPÈCES.   CARACTÈRES.

3. LE CORÉGONE SCHOKUR.
(*Coregonus schokur.*)

Douze rayons à la première nageoire du dos; quatorze à l'anale; onze à chaque ventrale; la caudale fourchue; un appendice court et obtus auprès de chaque ventrale; la partie antérieure du dos carenée; deux tubercules sur le museau; la mâchoire supérieure plus avancée que l'inférieure.

4. LE CORÉGONE NEZ.
(*Coregonus nasus.*)

Douze rayons à la première dorsale; treize à la nageoire de l'anus; douze ou treize à chaque ventrale; la caudale fourchue; la tête grosse; la mâchoire supérieure plus avancée que l'inférieure, arrondie, convexe et bossue au-devant des yeux; le corps épais; les appendices des ventrales triangulaires et très-courts; les écailles grandes.

5. LE CORÉGONE LARGE.
(*Coregonus latus.*)

Quinze rayons à la première nageoire du dos; quatorze à celle de l'anus; douze à chaque ventrale; la caudale fourchue; la mâchoire supérieure prolongée en forme de petite trompe; le dos élevé; sa partie antérieure carenée; le ventre gros et arrondi; les nageoires courtes; la dorsale placée dans une concavité; les écailles rondes; la prunelle anguleuse du côté du museau; des raies longitudinales.

6. LE CORÉGONE THYMALLE.
(*Coregonus thymallus.*)

Vingt-trois rayons à la première dorsale, qui est très-haute; quatorze à la nageoire de l'anus; douze à chaque ventrale; la caudale fourchue; la mâchoire supérieure un peu plus avancée que celle d'en-bas; la ligne latérale presque droite; des points noirs sur la tête; un grand nombre de raies longitudinales.

ESPÈCES.	CARACTÈRES.
7. LE CORÉGONE VIMBE. (*Coregonus vimba.*)	Douze rayons à la première nageoire du dos ; quatorze à l'anale ; dix à chaque ventrale ; la nageoire adipeuse, un peu dentelée.
8. LE CORÉGONE VOYAGEUR. (*Coregonus migratorius.*)	Douze rayons à la première dorsale ; treize à la nageoire de l'anus ; douze à chaque ventrale ; les deux mâchoires presque également avancées ; l'une et l'autre dénuées de dents ; le museau un peu conique ; la couleur générale argentée, sans taches ni raies ; les nageoires ventrales et de l'anus, d'un blanc rougeâtre.
9. LE CORÉGONE MULLER. (*Coregonus Mülleri.*)	La mâchoire inférieure plus avancée que la supérieure ; l'une et l'autre dénuées de dents ; le ventre moucheté.
10. LE CORÉGONE AUTUMNAL. (*Coregonus autumnalis.*)	Douze rayons à la première nageoire du dos ; treize à celle de l'anus ; douze à chaque ventrale ; la caudale fourchue ; la mâchoire inférieure plus avancée que la supérieure ; l'une et l'autre dénuées de dents ; l'ouverture des branchies très-grande ; la couleur générale argentée.
11. LE CORÉGONE ABLE. (*Coregonus albula.*)	Quatorze rayons à la première dorsale ; quinze à l'anale ; douze à chaque ventrale ; la caudale fourchue ; la mâchoire inférieure plus avancée que celle d'en-haut ; l'une et l'autre sans dents ; l'orifice des branchies très-grand ; sept rayons à la membrane branchiale ; chaque opercule composé de trois lames ; la partie antérieure du dos carénée ; la ligne latérale fléchie en bas auprès de la pectorale, et ensuite très-droite ; les écailles sans échancrure et pointillées de noir.

ESPÈCES.	CARACTÈRES.
12. LE CORÉGONE PELED. (*Coregonus peled.*)	Dix rayons à la première nageoire du dos; quatorze à la nageoire de l'anus; treize à chaque ventrale; la mâchoire inférieure un peu plus avancée que la supérieure, et dénuée de dents, ainsi que celle d'en-haut; douze rayons à la membrane des branchies; la couleur générale blanche; le dos bleuâtre; la tête parsemée de points bruns.
13. LE CORÉGONE MARÈNE. (*Coregonus marana.*)	Quatorze rayons à la première dorsale; quinze à la nageoire de l'anus; onze à chaque ventrale; la caudale fourchue; huit rayons à la membrane branchiale; point de dents; une sorte de bourlet sur le bout du museau; la mâchoire inférieure ovale, plus étroite et plus courte que la supérieure; point de taches, de bandes ni de raies.
14. LE CORÉGONE MARÉNULE. (*Coregonus marœnula.*)	Dix rayons à la première nageoire du dos; quatorze à l'anale; onze à chaque ventrale; la caudale fourchue; sept rayons à la membrane des branchies; point de dents; la mâchoire inférieure recourbée, plus étroite et plus longue que la supérieure; la ligne latérale droite; la couleur générale argentée; le dos bleuâtre.
15. LE CORÉGONE WARTMANN. (*Coregonus Wartmanni.*)	Quinze rayons à la première dorsale; quatorze à l'anale; douze à chaque ventrale; la caudale en croissant; le museau un peu semblable à un cône tronqué; point de dents; les deux mâchoires presque également avancées; la ligne latérale droite; la couleur générale bleue et sans taches.

ESPÈCES.	CARACTÈRES.
16. LE CORÉGONE OXYRHINQUE. (*Coregonus oxyrhinchus.*)	Quatorze rayons à la première nageoire du dos; quatorze ou quinze à celle de l'anus; douze à chaque ventrale; neuf à la membrane des branchies; point de dents; le crâne transparent; la mâchoire supérieure plus avancée que celle d'en-bas, et en forme de cône; la ligne latérale courbe vers son origine; les écailles assez grandes; la couleur générale blanchâtre.
17. LE CORÉGONE LEUCICHTHE. (*Coregonus leucichthys.*)	Quinze rayons à la première dorsale; quatorze à la nageoire de l'anus; onze à chaque ventrale; la caudale en croissant; la mâchoire supérieure très-large et plus courte que l'inférieure, qui est recourbée et tuberculeuse à son extrémité; la couleur générale argentée avec des points noirs.
18. LE CORÉGONE OMBRE. (*Coregonus umbra.*)	Quatorze rayons à la première nageoire du dos; treize à l'anale; dix à chaque ventrale; la caudale fourchue; la tête petite; la mâchoire supérieure un peu plus avancée que l'inférieure, et hérissée, ainsi que cette dernière, d'un très-grand nombre d'aspérités; le corps et la queue très-alongés et très-comprimés; la couleur générale dorée; le dos d'un bleu mêlé de verd; des raies longitudinales et d'une nuance obscure de chaque côté du poisson, ou des taches obscures et carrées sur le dos, ou des raies dorées entre les pectorales et les ventrales.
19. LE CORÉGONE ROUGE. (*Coregonus ruber.*)	Onze rayons à la première dorsale, qui est haute et un peu en forme de faux; onze rayons à la nageoire de l'anus; la caudale

ESPÈCES.	CARACTÈRES.
19. LE CORÉGONE ROUGE. (*Coregonus ruber.*)	fourchue; le museau arrondi et aplati; la mâchoire inférieure un peu plus avancée que la supérieure; l'opercule arrondi et composé de deux pièces; toute la surface du poisson d'un rouge plus ou moins vif.

LE CORÉGONE LAVARET *.

LES corégones, ainsi que les osmères et les characins, ont de très-grands rapports avec les salmones, dans le genre desquels ils ont été compris par Linné et par plusieurs autres auteurs. Les habitudes des corégones

---

* Coregonus lavaretus.

Féra, *dans plusieurs lacs de la Suisse, ou voisins de cette contrée.*

Ferrat, *ibid.*

Schnepel, *en Allemagne.*

Sihka, *en Livonie.*

Sieg, *ibid.*

Sia-kalle, *ibid.*

Sück, *en Suède et en Norvége.*

Stor sück, *ibid.*

Helt, *en Danemarck.*

Gwiniard, *en Angleterre.*

Farre, *dans plusieurs auteurs.*

Salmo lavaretus. *Linné, édition de Gmelin.*

Salmone lavaret. *Daubenton et Haüy, Encyclopédie méthodique.*

Id. *Bonnaterre, planches de l'Encyclopédie méthodique.*

Bloch, pl. 25.

Salmo lavaretus. *Faun. Suecic.* 352.

Id. *Act. Stockh.* 1753, *p.* 195.

Id. *Muller, Prodrom. Zoolog. Dan. p.* 48, *n.* 413.

Id. *Koelreuter, Nov. Comm. Petrop.* 15, *p.* 504.

Id. *Pallas, It.* 3, *p.* 705.

Id. *S. G. Gmelin, It.* 1, *p.* 60.

Id. *Schranck, Schr. der Berl. naturf. fr.* 1.

sont cependant moins semblables à celles des salmones, que la manière de vivre des osmères et des
characins, parce que leurs mâchoires ne sont pas garnies, comme celles de ces derniers, des dents très-fortes
qui hérissent les mâchoires des salmones, et que, moins
bien armés pour attaquer ou pour se défendre, ils sont
forcés le plus souvent d'avoir recours à la ruse, ou de
fuir dans un asyle.

Parmi ces corégones, une des espèces les plus remarquables est celle du lavaret.

Nous avons vu dans le tableau du genre des corégones, que la conformation de la tête du lavaret présente un trait particulier : la prolongation de la mâchoire supérieure, qui compose ce trait, est molle et
charnue. D'ailleurs, la tête est petite, et demi-trans-
parente jusqu'aux yeux. La mâchoire inférieure, plus
courte que celle d'en-haut, s'emboîte dans cette dernière, et se trouve couverte par une grosse lèvre lorsque la bouche est fermée. Ces deux mâchoires sont
dénuées de dents. La langue est blanche, cartilagineuse, courte et un peu rude; la ligne latérale presque droite, et ornée de petits points d'une nuance
brune; la couleur générale bleuâtre; le dos d'un bleu

Coregonus maxillâ superiore longiore, pinnâ dorsali, ossiculorum qua-
tuordecim. *Artedi, gen.* 10, *spec.* 37, *syn.* 19.
Willughby, Ichthyol. tab. N. 6, *fig.* 1.
Albula nobilis. *Raj. Pisc. p.* 60, *n.* 1.
Lavaret. *Rondelet, seconde partie, chap.* 15 (*édition de Lyon,* 1558).

mêlé de gris ; l'opercule, ainsi que les joues, d'un jaune
varié par des reflets bleus ; la partie inférieure du
poisson argentine, avec des teintes jaunes ; presque
toutes les nageoires ont la membrane bleuâtre, et les
rayons blanchâtres à leur origine.

Le lavaret a d'ailleurs la membrane de l'estomac
forte ; le pylore entouré d'appendices ; le canal intestinal court ; l'ovaire ou la laite double ; cinquante-neuf
vertèbres à l'épine du dos, et trente-huit côtes de chaque
côté de cette colonne dorsale.

On le trouve dans l'Océan atlantique septentrional,
dans la Baltique, dans plusieurs lacs, et notamment
dans celui de Genève. Il se tient souvent dans le fond de
ces lacs et de ces mers : mais il quitte particulièrement
sa retraite marine lorsque les harengs commencent
à frayer ; il les suit alors pour dévorer leurs œufs. Il
se nourrit aussi d'insectes. Le citoyen Odier, savant
médecin de Genève, ayant disséqué un individu de
cette espèce que l'on nomme *ferrat* sur les bords du
lac Léman, a trouvé dans son canal intestinal un grand
nombre de larves de *libellules* ou *demoiselles*, mêlées
avec une substance d'une couleur grise. Il crut même
voir la vessie natatoire pleine de cette même substance
vraisemblablement vaseuse, et de ces mêmes larves ;
ce qui auroit prouvé que, par un excès de voracité,
l'individu qu'il examinoit avoit avalé une si grande
quantité de larves et de matière grise, que de l'estomac

elles étoient passées par le canal pneumatique jusque dans la vessie natatoire *.

Le lavaret multiplie peu, parce que beaucoup de poissons se nourrissent de ses œufs, parce qu'il les dévore lui-même, et qu'entouré d'ennemis il est sur-tout recherché par les squales. On croiroit néanmoins qu'il prend pour la sûreté de sa ponte autant de soin que la plupart des autres poissons. Il se rapproche des rivages lorsqu'il doit frayer; ce qui arrive ordinairement vers la fin de l'été ou au commencement de l'automne. Il fréquente alors les anses, les havres et les embouchures des fleuves dont les eaux coulent avec le plus de rapidité. La femelle, suivie du mâle, frotte son ventre contre les pierres ou les cailloux, pour se débarrasser plus facilement de ses œufs. Plusieurs lavarets remontent cependant dans les rivières : ils s'avancent en troupes; ils présentent deux rangées réunies de manière à former un angle, et que précède un individu plus fort ou plus hardi, conducteur de ses compagnons dociles. On a cru remarquer que plus la vîtesse de ces rivières est grande, et plus ils la surmontent avec facilité et font de chemin en remontant; ce qui confirmeroit les idées que nous avons présentées sur la natation des poissons,

---

* Lettre écrite, en l'an 5 ou en l'an 6, par le citoyen Odier à son fils, jeune homme d'une grande espérance, qui suivoit alors mes cours avec beaucoup de zèle, et que la mort a enlevé à ses amis et à sa famille, au moment où, à l'exemple de son respectable père, il alloit parcourir avec honneur la carrière des sciences.

dans notre Discours sur leur nature, et ce qui prou-
veroit particulièrement ce principe important, que
les forces animales s'accroissent avec l'obstacle, et se
multiplient par les efforts nécessaires pour le vaincre
dans une proportion bien plus forte que les résistances,
jusqu'au moment où ces mêmes résistances deviennent
insurmontables. Lorsque les eaux du fleuve sont bouleversées par la tempête, les lavarets lutteroient
contre les vagues avec trop de fatigue ; ils se tiennent
dans le fond du fleuve. L'orage est-il dissipé? ils se
remettent dans leur premier ordre, et reprennent
leur route. On prétend même qu'ils pressentent la
tempête long-temps avant qu'elle n'éclate, et qu'ils
n'attendent pas qu'elle ait agité les eaux pour se retirer
dans un asyle. Ils s'arrêtent cependant vers les chûtes
d'eau et les embouchures des ruisseaux ou des petites
rivières, dans les endroits où ils trouvent des cailloux
ou d'autres objets propres à faciliter leur frai.

Après la ponte et la fécondation des œufs, ils re-
tournent dans la mer ; les jeunes individus de leur espèce qui ont atteint une longueur d'un décimètre, les
accompagnent. Ils vont alors sans ordre, parce qu'ils
ne sont point poussés, comme lors de leur arrivée,
par une cause des plus actives, qui agisse en même
temps, ainsi qu'avec une force presque égale, sur tous
les individus, et de plus, parce qu'ils n'ont pas à surmonter des obstacles contre lesquels ils aient besoin
de réunir leurs efforts. On assure qu'ils pressent leur

retour lorsque les grands froids doivent arriver de
bonne heure, et qu'ils le diffèrent au contraire lorsque
l'hiver doit être retardé. Ce pressentiment seroit une
confirmation de celui qu'on leur a supposé relativement aux tempêtes; et peut-être, en effet, les petites
variations qui précèdent nécessairement les grands
changemens de l'atmosphère, produisent-elles, au milieu des eaux, des développemens de gaz, des altérations de substance, ou d'autres accidens auxquels les
poissons peuvent être aussi sensibles que les oiseaux
le sont aux plus légères modifications de l'air.

On pêche les lavarets avec de grands filets; on les
prend avec le tramail et la louve*; on les harponne avec
un trident.

La chair des lavarets est blanche, tendre et agréable
au goût. Dans les endroits où la pêche de ces animaux
est abondante, on les fume ou on les sale. Pour cette
dernière opération, on les vide; on les lave en dedans
et en dehors; on les met sur le ventre, de manière
que l'eau dont ils sont imbibés puisse s'égoutter; on les
enduit de sel; on les laisse deux ou trois jours rangés
par couches; on les lave de nouveau, et on les sale une
seconde fois, en les plaçant entre des couches de sel
et en les pressant dans des tonnes, que l'on bouche
ensuite avec soin. Si on les prend pendant les grandes

---

* On trouvera la description du *tramail* ou *trémail* dans l'article du *gade
colin*; et celle de la *louve*, dans l'article du *pétromyzon lamproie*.

chaleurs, on est obligé, avant de les saler, de les fendre,
et de leur ôter la tête et l'épine dorsale, qui se gâte-
roient aisément, et donneroient un mauvais goût au
poisson.

Ils meurent bientôt après être sortis de l'eau. On peut
cependant, avec des précautions, les transporter dans
des étangs, où ils prospèrent et croissent lorsque ces
pièces d'eau sont grandes, profondes, et ont un fond
de sable.

Au reste, ils varient un peu et dans leurs formes et
dans leurs habitudes, suivant la nature de leur séjour.
Voilà pourquoi les *ferrats* du lac Léman ne ressemblent
pas tout-à-fait aux autres lavarets. Voilà pourquoi aussi
on doit peut-être regarder comme de simples variétés
de l'espèce que nous décrivons, les *gravanches*, les *palées* et les *bondelles*, dont le citoyen Decandolle a fait
mention dans les notes manuscrites que ce naturaliste
si digne d'estime a bien voulu nous adresser.

Les *gravanches* ont le museau plus pointu, le goût
moins délicat, et ordinairement les dimensions plus
petites que les lavarets proprement dits. Elles habitent
dans le lac de Genève, entre Rolle et Morgas. Elles s'y
tiennent trop constamment dans les fonds, pendant
onze mois de l'année, pour qu'alors on puisse les
prendre : ce n'est que vers la fin de l'automne qu'elles
paroissent. On les pêche à cette époque avec un filet,
la nuit comme le jour ; et on a essayé avec succès de les
prendre *à la lanterne*.

Les *palées* vivent dans le lac de Neufchâtel. Ayant à peu près les mêmes habitudes que les gravanches, elles ne paroissent que pendant un mois ou environ, vers le milieu ou la fin de l'automne. On en prend alors une grande quantité avec des filets perpendiculaires, soutenus par des liéges, et maintenus par des plombs et des pierres arrondies, qui roulent ou glissent facilement sur les fonds de cailloux, préférés par les palées. On sale beaucoup de ces corégones, qu'on envoie au loin dans de petites barriques.

Il paroît que les *bondelles* ne sont que de jeunes palées. On les pêche pendant toute l'année sur tous les bords du lac de Neufchâtel. On en mange beaucoup de fraîches en Suisse, et on sale les autres comme les sardines, auxquelles on dit qu'elles ne sont pas inférieures par leur goût *.

---

* 8 rayons à la membrane branchiale du corégone layaret.
15 à chaque pectorale.
20 à la nageoire de la queue.

LE CORÉGONE PIDSCHIAN [1],

LE CORÉGONE SCHOKUR [2],

LE CORÉGONE NEZ [3], LE CORÉGONE LARGE [4], LE CORÉGONE THYMALLE [5], LE CORÉGONE VIMBE [6], LE CORÉGONE VOYAGEUR [7], LE CORÉGONE MULLER [8], ET LE CORÉGONE AUTUMNAL [9].

UNE variété du premier de ces corégones, à laquelle on a donné le nom de *muchsan*, et dont on doit la connoissance, ainsi que celle du pidschian, à l'illustre

---

[1] Coregonus pidschian.
Salmo pidschian. *Linné, édition de Gmelin.*
Pallas, It. 3, p. 705, *n.* 3.

[2] Coregonus schokur.
Salmo schokur. *Linné, édition de Gmelin.*
Salmone schokur. *Bonnaterre, planches de l'Encyclopédie méthodique.*

[3] Coregonus nasus.
Salmo nasus. *Linné, édition de Gmelin.*
Salmone chycalle. *Bonnaterre, planches de l'Encyclopédie méthodique.*
Pallas, It. 3, p. 705, *n.* 44.
Tschar. *Lepechin, It.* 3, p. 227, *tab.* 13.

[4] Coregonus latus.
Weisfisch, *à Dantzig.*
Breite æsche, *en Poméranie.*

Pallas, a le dos plus élevé que ce dernier. On trouve l'un et l'autre en Sibérie, de même que le schokur, dont

Schnepel, *à Hambourg.*
Sück, *en Danemarck.*
Lappsück, *en Suède.*
Salmo lavaretus, var. B. *Linné, édition de Gmelin.*
Lavaret large *et* thymalle large. *Bloch, pl. 26.*
Salmone large. *Bonnaterre, planches de l'Encyclopédie méthodique.*

⁵ Coregonus thymallus.
Ombre d'Auvergne.
Temelo, *en Italie.*
Kressling, *avant l'âge d'un an, en Suisse.*
Iser, *après l'âge d'un an et avant l'âge de deux ans, ibid.*
Æscherling, *après l'âge de deux ans, ibid.*
Asch, *en Allemagne.*
Æscha, *ibid.*
Escher, *ibid.*
Sprensling, *en Autriche.*
Mayling, *ibid.*
Charius, *en Russie.*
Harr, *en Suède.*
Id. *en Norvége.*
Zjotzhja, *en Laponie.*
Spelt, *en Danemarck.*
Stalling, *ibid.*
Grayling, *en Angleterre.*
Smelling like, *ibid.*
Thyme, *ibid.*
Salmo thymallus. *Linné, édition de Gmelin.*
Salmone, ombre de rivière. *Daubenton et Haüy, Encyclopédie méthodique.*
Id. *Bonnaterre, planches de l'Encyclopédie méthodique.*
Bloch, pl. 24.
Müller, Prodrom. Zoolog. Dan. p. 49, n. 416.

la tête est petite, moins comprimée et plus arrondie par-devant que celle du lavaret.

Coregonus maxillâ superiore longiore, pinnâ dorsi ossiculorum viginti trium. *Artedi, gen.* 10, *syn.* 20, *spec.* 41.

Θυμαλλος. *Ælian. lib.* 14, *cap.* 22, *p.* 831.

Thymalus, *seu* thymus. *Gesner, p.* 978, 979 *et* 1171.

Ascher, *id. Thierb. p.* 774.

Tymallus. *Ambros. Hexam. lib.* 5, *cap.* 23, S. H.

Thymallus. *Salvian. fol.* 81. *a.*

Thymus, *id. fol.* 80, *b. ad iconem.*

Thymalus. *Wotton. lib.* 8, *cap.* 190, *fol.* 170.

Thymallus. *Aldrovand. lib.* 5, *cap.* 14, *p.* 594.

Jonston, lib. 3, *tit.* 1, *cap.* 3, *tab.* 26, *fig.* 3, 4 *et* 5, *et tab.* 31, *fig.* 6.

Thymallus. *Charleton, p.* 155.

Id. *Willughby, p.* 187.

Id. *Raj. p.* 62.

Tunallus. *Albert. Animal. l.* 24.

Thymo. *Rondelet, seconde partie, chap.* 10.

Faun. Suecic. 354.

Kram. El. p. 390, *n.* 2.

Gronov. Mus. 2, *n.* 162.

Klein, Miss. pisc. 5, *p.* 21, *n.* 15, *tab.* 4, *fig.* 5.

Thymallus. *Mars. Danub.* 4, *p.* 75, *tab.* 25, *fig.* 2.

Brit. Zoolog. 3, *p.* 262, *n.* 7.

⁶ Coregonus vimba.

Salmo vimba. *Linné, édition de Gmelin.*

Salmone vimbe. *Daubenton et Haüy, Encyclopédie méthodique.*

Id. *Bonnaterre, planches de l'Encyclopédie méthodique.*

Faun. Suecic. 351.

Wimba. *It. Wgoth. p.* 231.

⁷ Coregonus migratorius.

Salmo migratorius. *Linné, édition de Gmelin.*

Georg. It. 1, *p.* 182.

C'est également dans la Sibérie qu'habite le corégone nez, dont la longueur est ordinairement d'un demi-mètre.

Le corégone large a pour patrie une grande partie des contrées dans lesquelles on pêche le lavaret, avec lequel il a beaucoup de rapports. Son poids est de deux ou trois kilogrammes.

On voit une rangée de petites dents sur les deux mâchoires du thymalle. On trouve aussi quelques dents très-petites sur le devant du palais et près de l'œsophage. La langue est unie; le corps alongé, ainsi que la queue; le dos arrondi; le ventre gros; les écailles sont dures et épaisses. La couleur générale est d'un gris plus ou moins mêlé de blanc; les raies longitudinales sont bleuâtres; une série de points noirs règne le long de la ligne latérale; la partie supérieure du poisson présente un verd noirâtre; les pectorales sont blanches;

---

[8] Coregonus Mülleri.
Salmo Mülleri. *Linné, édition de Gmelin.*
Salmo Stræmii. *Id.*
Strom. Sondmor. 1, p. 292.
Müller, Prodrom. Zoolog. Dan. p. 49, n. 415.
Salmone strom. *Bonnaterre, planches de l'Encyclopédie méthodique.*

[9] Coregonus autumnalis.
Salmo autumnalis. *Linné, édition de Gmelin.*
Salmone sangchalle. *Bonnaterre, planches de l'Encyclopédie méthodique.*
Pallas, It. 3, p. 705, n. 45.
Omal. *Lepechin, It.* 3, p. 228, tab. 14, *fig.* 1.

une nuance rougeâtre distingue les nageoires du ventre, de l'anus et de la queue. La première dorsale s'élève comme une petite voile au-dessus du corégone ; elle est peinte d'un beau violet, avec la base et les rayons verdâtres, et des raies ainsi que des taches brunes.

La membrane de l'estomac du thymalle est presque aussi dure qu'un cartilage ; le foie jaune et transparent ; l'épine dorsale composée de cinquante-neuf vertèbres, et fortifiée de chaque côté par trente-quatre côtes.

Les anciens ont connu le thymalle. Élien et l'évêque de Milan, Saint Ambroise, en ont parlé. Ce poisson aime l'eau froide et pure, qui coule avec rapidité sur un fond de cailloux ou de sable. Il n'est donc pas surprenant qu'on le trouve particulièrement dans les ruisseaux ombragés des gorges des montagnes. Le nom d'*ombre d'Auvergne*, qui lui a été donné, indique qu'il vit en France : il a été d'ailleurs observé dans presque toutes les contrées montueuses, tempérées ou froides de l'Europe et de la Sibérie ; il est même si commun en Laponie, que les habitans de ce pays se servent de ses intestins pour faire plus facilement du fromage avec le lait des rennes. Il se nourrit d'insectes, de petits animaux à coquille, de jeunes poissons, d'œufs de saumon et de truite. Il croît fort vite, parvient à la longueur d'un demi-mètre, et pèse quelquefois plus de deux kilogrammes.

En automne, il descend ordinairement dans les grands fleuves, et de là dans la mer, d'où il remonte, vers le milieu du printemps, dans les fleuves, les rivières et les ruisseaux qui lui conviennent. On le prend sur-tout lors de ses passages, et notamment quand il remonte pour aller frayer. On le pêche avec le colleret, la louve *, la nasse, et à la ligne. Sa chair est blanche, ferme, douce, très-bonne au goût, principalement dans les temps froids, très-grasse en automne, très-facile à digérer dans toutes les saisons; et il est d'autant plus recherché, qu'on a attribué à son huile ou à sa graisse la propriété d'effacer les taches de la peau, et même les marques de la petite vérole.

Il ne multiplie pas beaucoup, parce qu'il est très-délicat, et l'une des proies les plus agréables aux oiseaux d'eau. Il meurt bientôt, non seulement quand il est hors de l'eau, mais encore lorsqu'il est dans une eau tranquille; et si l'on veut le conserver dans des huches, il faut qu'elles soient placées dans un courant.

Il répand, dans plusieurs circonstances, une odeur agréable, qu'Élien a comparée à celle du thym, et Saint Ambroise à celle du miel, et qui paroît provenir de certains insectes dont il se nourrit, et qui, tels que le *tourniquet (gyrinus natator)*, sont plus ou moins odorans.

Le corégone vimbe habite en Suède.

---

* Voyez la description du *colleret* dans l'article du *centropome sandat ;* et celle de la *louve,* dans l'article du *pétromyzon lamproie.*

Le *voyageur* se trouve en Sibérie, dans le lac Baïkal,
d'où il remonte, pour la ponte ou la fécondation des
œufs, dans les rivières qui s'y jettent. Il a un demi-
mètre de longueur, la partie supérieure grise, la chair
blanche, les œufs jaunes et très-bons à manger.

Le müller a été pêché dans les eaux du Danemarck.

Le corégone autumnal passe l'hiver dans l'océan
glacial arctique *. Les individus de cette espèce en
partent, après la fonte des glaces, pour remonter
dans les fleuves. Ils vont jusqu'au lac Baïkal, et dans

---

* 10 rayons à la membrane des branchies du corégone pidschian.
14   à chaque pectorale.

9 rayons à la membrane branchiale du corégone schokur.
17   à chaque pectorale.

9 rayons à la membrane des branchies du corégone nez.
18   à chaque pectorale.

8 rayons à la membrane branchiale du corégone large.
15   à chaque pectorale.
20   à la nageoire de la queue.

10 rayons à la membrane des branchies du corégone thymalle.
16   à chaque pectorale.
18   à la caudale.

16 rayons à chaque pectorale du corégone vimbe.

9 rayons à la membrane branchiale du corégone voyageur.
17   à chaque pectorale.
20   à la nageoire de la queue.

9 rayons à la membrane des branchies du corégone autumnal.
16   à chaque pectorale.

d'autres lacs très-éloignés de la mer; et lorsque l'automne arrive, ils se réunissent en grandes troupes, et redescendent jusque dans l'Océan. Ils perdent très-promptement la vie lorsqu'ils sont hors de l'eau. Ils sont gras, et d'un demi-mètre de longueur.

LE CORÉGONE ABLE[1],

LE CORÉGONE PELED[2];

LE CORÉGONE MARÈNE[3], LE CORÉGONE MARÉ-
NULE[4], LE CORÉGONE WARTMANN[5], LE CORÉ-
GONE OXYRHINQUE[6], LE CORÉGONE LEUCICHTHE[7],
LE CORÉGONE OMBRE[8], et LE CORÉGONE ROUGE[9].

L'ABLE, dont l'Europe est la patrie, a deux décimètres
ou à peu près de longueur, le dos d'un verd brunâtre,

---

[1] Coregonus albula.
Sik-loja, *en Suède.*
Stint, *ibid.*
Moika, *en Finlande.*
Rapis, *ibid.*
Blicta, *dans plusieurs contrées du nord de l'Europe.*
Salmo albula. *Linné, édition de Gmelin.*
Faun. Suecic. 353.
Salmone able. *Daubenton et Haüy, Encyclopédie méthodique.*
Id. *Bonnaterre, planches de l'Encyclopédie méthodique.*
Kœlreuter, Nov. Comm. Petropol. 18, *p.* 503.
Coregonus edentulus, maxillâ inferiore longiore. *Artedi, gen.* 9,
spec. 40, *syn.* 18.

[2] Coregonus peled.
Salmo peled. *Linné, édition de Gmelin.*
Lepechin, It. 3, *p.* 226, *tab.* 12.

les côtés argentins, et des points noirâtres sur les nageoires.

³ Coregonus marœna.

Salmo marœna. *Linné, édition de Gmelin.*

Grande marène. *Bloch, pl. 27.*

Salmone marène. *Bonnaterre, planches de l'Encyclopédie méthodique.*

⁴ Coregonus marænula.

Muræne, *en Prusse.*

Morène, *en Sibérie et dans le Mecklembourg.*

Stint, *en Danemarck.*

Fikloja, *en Suède.*

Smaafisk, *en Norvége.*

Blege, *ibid.*

Lake-sild, *ibid.*

Vemme, *ibid.*

Salmo marænula. *Linné, édition de Gmelin.*

Petite marène. *Bloch, pl. 28, fig. 3.*

Cyprinus marænula. *Wulff, Ichthyol. Boruss. p. 48, n. 65.*

Marena. *Willughby, Ichthyol. p. 229.*

Raj. Pisc. p. 107, *n.* 12.

Klein, Miss. pisc. 5, *p.* 21, *n.* 16, *tab.* 6, *fig.* 2.

⁵ Coregonus Wartmanni.

Bésola, *dans plusieurs contrées de l'Europe.*

Heverling, *pendant sa première année, en Allemagne.*

Maydel, *idem, ibid.*

Stubel *et* steuber, *pendant sa seconde année, ibid.*

Gangfisch, *pendant sa troisième année, ibid.*

Rhenken, *pendant sa quatrième année, ibid.*

Halbfelch, *pendant sa cinquième année, ibid.*

Dreyer, *pendant sa sixième année, ibid.*

Blaufelchen, *pendant sa septième année et les années suivantes, ibid.*

Salmo Wartmanni. *Linné, édition de Gmelin.*

Ombre-bleu. *Bloch, pl.* 105.

Salmone ombre bleu. *Bonnaterre, planches de l'Encyclopédie méthodique.*

Le peled vit dans la Russie septentrionale. Sa chair est grasse; et sa longueur ordinaire d'un demi-mètre.

La marène a la ligne latérale un peu courbée ; les yeux gros; et les écailles grandes, minces et brillantes. Le nez, le front et le dos, sont noirs ou bleuâtres; le menton et le ventre blancs ; les côtés argentins ; les

---

Albula parva. *Gesner, Aquat. p.* 34. *Icon. anim. p.* 340. *Thierb. p.* 188, *b.*
Albula cærulea. *Id. Thierb. p.* 187, *b.*
Albula parva. *Aldrovand. Pisc. p.* 659.
Id. *Jonston, Pisc. p.* 173.
Id. *Willughby, Ichthyol. p.* 384.
Id. *Raj. Pisc. p.* 61 , *n.* 4.
Blaufelchen. *Wartmann, Besch. Berl. naturf. fr.* 3, *p.* 184.
Bézole. *Rondelet , seconde partie, chap.* 16.

[6] Coregonus oxyrhinchus.
Salmo oxyrhinchus. *Linné, édition de Gmelin.*
Salmone oxyrhinque. *Daubenton et Haüy, Encyclopédie méthodique.*
Id. *Bonnaterre, planches de l'Encyclopédie méthodique.*
Coregonus maxillâ superiore longiore conica. *Artedi, gen.* 10, *syn.* 21.
Gronov. Mus. 1 , *p.* 48.

[7] Coregonus leucichthys.
Salmo leucichthys. *Linné, édition de Gmelin.*
Salmone leucichthe. *Bonnaterre, planches de l'Encyclopédie méthodique.*
Güldenst. Nov. Comm. Petropol. 16, *p.* 531.

[8] Coregonus umbra.
Salmone ombre (salmo thymus). *Bonnaterre, planches de l'Encyclopédie méthodique.*
Ombre de rivière. *Rondelet, seconde partie, poissons de rivière, ch.* 3.
Coregonus maxillâ superiore longiore , etc. var. B. *Artedi, syn. p.* 21.

[9] Coregonus ruber.
Trutta marina , rictu acuto. *Plumier, peintures sur vélin déja citées.*

joues jaunes; les opercules bleuâtres et bordés de blanc; les nageoires, excepté l'adipeuse qui est noirâtre, bleues, bordées de noir, et violettes à la base; les nuances de la ligne latérale relevées par une série de plus de quarante points blanchâtres.

On trouve ce corégone dans le lac Maduit, et dans quelques autres grands lacs de la Poméranie ou de la nouvelle Marche de Brandebourg. Il est quelquefois long de plus d'un mètre. Sa chair grasse, blanche et tendre, a un très-bon goût. Son canal intestinal est très-court; mais on compte près de cent cinquante appendices auprès du pylore.

Les marènes se plaisent dans les eaux profondes, dont le fond est de sable ou de glaise. Elles y vivent en troupes nombreuses; elles ne quittent leur retraite que vers la fin de l'automne, pour frayer sur les endroits remplis de mousse ou d'autres herbes, et dans le printemps, pour chercher de petits animaux à coquille, dont elles aiment beaucoup à se nourrir; et s'il survient une tempête, elles disparoissent subitement. Elles ne commencent à se reproduire qu'à l'âge de cinq ou six ans, et lorsqu'elles ont déja trois ou quatre décimètres de longueur. Pendant l'hiver, on les pêche sous la glace avec de grands filets dont les mailles sont assez larges pour laisser échapper les individus trop petits. Elles meurent dès qu'elles sortent de l'eau. Cependant Bloch nous apprend que M. de Marwitz de Zernickow est parvenu, en employant des vaisseaux

larges, profonds, dont le fond étoit garni de glaise ou
de sable, et dans l'intérieur desquels la chaleur ne
pouvoit pas pénétrer, à transporter un très-grand
nombre de ces corégones dans ses terres, éloignées de
huit lieues du lac Maduit, et à les acclimater dans ses
étangs.

Bloch a le premier décrit la grande marène. La marénule, ou petite marène, est connue depuis long-
temps. Schwenckfeld et Schoneveld en ont parlé dès le
commencement du dix-septième siècle. Sa tête est demi-
transparente; sa langue cartilagineuse et courte; sa longueur de deux ou trois décimètres; sa surface revêtue
d'écailles minces, brillantes et foiblement attachées;
son épine dorsale composée de cinquante-huit vertèbres; le nombre total de ses côtes, de trente-deux; sa
ligne latérale ornée de plus de cinquante points noirs;
la couleur de ses nageoires, d'un gris blanc; sa caudale
bordée de bleu; sa chair blanche, tendre et de très-bon
goût.

Ses habitudes ressemblent beaucoup à celles de la
marène. On la pêche dans les lacs à fond de sable ou
de glaise, du Danemarck, de la Suède et de l'Allemagne
septentrionale. Il est des endroits où on la fume après
l'avoir arrosée de bière. Ses œufs sont plus petits que
ceux de presque tous les autres corégones.

Le wartmann a les écailles grandes; un appendice
assez long auprès de chaque ventrale; l'estomac dur et
étroit; plusieurs cœcums; le foie gros; le fiel verd; la

vessie natatoire simple et située le long du dos; la tête
petite et argentine comme le ventre; les nageoires jaunâtres ou blanchâtres, et bordées de bleu; une série de
points noirs le long de la ligne latérale.

Il porte le nom d'un savant médecin de Saint-Gall,
qui l'a décrit avec beaucoup d'exactitude. Il se trouve
dans plusieurs lacs de la Suisse, et sur-tout dans celui
de Constance, où, depuis le printemps jusqu'en automne, on prend plusieurs millions d'individus de cette
espèce.

On le marine; on l'envoie au loin; et lorsqu'il est
frais, il est regardé comme le meilleur poisson du lac.
Il n'est donc pas surprenant qu'il ait été observé avec
beaucoup de soin, et qu'on sache que c'est vers sa septième année qu'il a cinq ou six décimètres de longueur.

Il fraie vers le commencement de l'hiver. On le recherche à cette époque; mais alors sa chair est moins
tendre que pendant l'été. Voilà pourquoi c'est particulièrement dans cette dernière saison qu'un grand
nombre de bateaux partent chaque soir pour aller le
pêcher. Les filets ont soixante ou soixante-dix brasses
de hauteur, parce que le corégone wartmann se tient
souvent à une profondeur de cinquante brasses. Il s'approche cependant à vingt et même à dix brasses de la
surface de l'eau, lorsqu'il tombe une grosse pluie, ou
qu'un orage règne dans l'atmosphère : aussi la pêche
de ce poisson est-elle beaucoup plus abondante dans
ces momens d'agitation. Mais lorsque le froid commence

à régner, le wartmann se retire à une si grande distance de la surface du lac, que les filets ne peuvent pas y atteindre. Ce corégone se nourrit d'insectes, de vers, de plantes aquatiques. Vers l'âge de trois ans, il a quelquefois une maladie qui lui donne une couleur rougeâtre, et qui empêche qu'on ne veuille en manger.

L'oxyrhinque est un des habitans de l'Océan atlantique septentrional.

Le leucichthe a été vu dans la mer Caspienne. Sa longueur est de plus d'un mètre. Ses écailles sont unies et presque arrondies; le sommet de la tête est convexe, lisse, dénué de petites écailles; les yeux sont gros, et peu rapprochés l'un de l'autre; la langue est triangulaire et un peu rude; des dents, que l'on distingue au tact plutôt qu'à l'œil, hérissent le devant du palais; chaque opercule est composé de quatre lames. Les pectorales sont blanches; la nageoire adipeuse est transparente et pointillée de noir; les ventrales sont blanches, avec des points brunâtres et des appendices triangulaires; l'anale est rougeâtre et tachée de brun; le dos présente des nuances blanchâtres mêlées de noir.

C'est dans plusieurs rivières d'Allemagne et d'Angleterre, ainsi que d'autres contrées européennes, que se plaît le corégone ombre. Il a la langue lisse; deux tubercules garnis de petites dents, et placés auprès du gosier; les nageoires tachetées de noir, et peintes d'un rouge noirâtre.

Le corégone rouge est très-alongé. Ses ventrales sont

presque aussi grandes que la première dorsale, ou que celle de l'anus ; elles sont aussi plus près de la tête que cette première nageoire du dos, et moins éloignées du bout du museau que de l'anale. La nageoire adipeuse est recourbée et en forme de massue; les pectorales ont un peu la figure d'une faux. Ce corégone appartient à la mer qui baigne les rivages américains et voisins des tropiques. Si, contre mon attente, on ne trouvoit pas plus de quatre rayons à la membrane branchiale de cet osseux, il faudroit l'inscrire parmi les characins *.

---

* 16 rayons à chaque pectorale du corégone able.
33   à la nageoire de la queue.

16 rayons à chaque pectorale du corégone peled.
22   à la caudale.

14 rayons à chaque pectorale du corégone marène.
20   à la nageoire de la queue.

15 rayons à chaque pectorale du corégone marénule.
20   à la caudale.

9 rayons à la membrane branchiale du corégone wartmann.
17   à chaque pectorale.
23   à la nageoire de la queue.

17 rayons à chaque pectorale du corégone oxyrhinque.

10 rayons à la membrane branchiale du corégone leucichthe.
14   à chaque pectorale.
27   à la caudale.

16 rayons à chaque pectorale du corégone ombre.
19   à la nageoire de la queue.

10 ou 11 rayons à chaque pectorale du corégone rouge.
8 rayons à chaque ventrale.

CENT SOIXANTE-DIX-HUITIÈME GENRE.

LES CHARACINS.

La bouche à l'extrémité du museau; la tête comprimée; des écailles facilement visibles sur le corps et sur la queue; point de grandes lames sur les côtés, de cuirasse, de piquans aux opercules, de rayons dentelés, ni de barbillons; deux nageoires dorsales; la seconde adipeuse et dénuée de rayons; quatre rayons au plus à la membrane des branchies.

ESPÈCES.	CARACTÈRES.
1. LE CHARACIN PIABUQUE. (*Characinus piabucu.*)	Neuf rayons à la première nageoire du dos; quarante-trois à celle de l'anus; la caudale fourchue; les deux mâchoires garnies de dents à trois pointes; une raie longitudinale et argentée de chaque côté du poisson.
2. LE CHARACIN DENTÉ. (*Characinus dentex.*)	Dix rayons à la première dorsale; vingt-six à la nageoire de l'anus; les dents très-grandes, renflées, et très-apparentes; la couleur générale argentée; des raies brunes et blanchâtres.
3. LE CHARACIN BOSSU. (*Characinus gibbosus.*)	Dix rayons à la première dorsale; cinquante-cinq à l'anus; la caudale fourchue; la nuque très-élevée en bosse.
4. LE CHARACIN MOUCHE. (*Characinus notatus.*)	Onze rayons à la première nageoire du dos; vingt-trois à la nageoire de l'anus; la caudale fourchue; une tache noire auprès de chaque opercule.

ESPÈCES.	CARACTÈRES.
5. LE CHARACIN DOUBLE-MOUCHE. (*Characinus bimaculatus.*)	Douze rayons à la première nageoire du dos; trente-quatre à l'anale; la caudale fourchue; deux taches noires de chaque côté, l'une auprès de la tête, et l'autre auprès de la nageoire de la queue.
6. LE CHARACIN SANS TACHE. (*Characinus immaculatus.*)	Onze rayons à la première dorsale; douze à la nageoire de l'anus; le corps et la queue sans tache.
7. LE CHARACIN CARPEAU. (*Characinus cyprinoïdes.*)	Onze rayons à la première nageoire du dos et à celle de l'anus; la caudale fourchue; les mâchoires sans dents; le dos élevé et arrondi; la dorsale très-haute.
8. LE CHARACIN NILOTIQUE. (*Characinus niloticus.*)	Neuf rayons à la première dorsale; vingt-six à la nageoire de l'anus; la caudale fourchue; le corps et la queue blancs; toutes les nageoires jaunâtres.
9. LE CHARACIN NÉFASCH. (*Characinus nefasch.*)	Vingt-trois rayons à la première nageoire du dos; les dents de la mâchoire inférieure, plus grandes que les autres; de petites écailles sur la base de la caudale; le dos verdâtre.
10. LE CHARACIN PULVÉRULENT. (*Characinus pulverulentus.*)	Onze rayons à la première nageoire du dos; vingt-six à la nageoire de l'anus; la caudale fourchue; la ligne latérale descendante; les nageoires un peu pulvérulentes.
11. LE CHARACIN ANOSTOME. (*Characinus anostomus.*)	Onze rayons à la première dorsale; dix à l'anale; la caudale fourchue; l'ouverture de la bouche, dans la partie supérieure du bout du museau.
12. LE CHARACIN FRÉDÉRIC. (*Characinus Friderici.*)	Onze rayons à la première nageoire du dos; dix à l'anale; la caudale fourchue; de petites écailles sur la base de la nageoire de l'anus; trois taches noirâtres de chaque côté, entre l'anus et la nageoire de la queue.

ESPÈCES.	CARACTÈRES.
13. LE CHARACIN A BANDES, (*Characinus fasciatus.*)	Treize rayons à la première dorsale ; dix à la nageoire de l'anus ; la caudale en croissant ; les deux mâchoires également avancées ; deux orifices à chaque narine ; un grand nombre de bandes transversales, irrégulières, noirâtres, et dont plusieurs sont réunies deux à deux.
14. LE CHARACIN MÉLANURE. (*Characinus melanurus.*)	Neuf rayons à la première nageoire du dos ; trente à l'anale ; la caudale fourchue ; les deux mâchoires également avancées ; un seul orifice à chaque narine ; une tache noire et irrégulière sur chaque côté de la nageoire de la queue.
15. LE CHARACIN CURIMATE. (*Characinus curimata.*)	Onze rayons à la première dorsale ; dix à la nageoire de l'anus ; la caudale fourchue ; la mâchoire supérieure un peu plus avancée que l'inférieure ; un seul orifice à chaque narine ; une tache noire sur la ligne latérale, très-près des ventrales.
16. LE CHARACIN ODOÉ. (*Characinus odoe.*)	Neuf rayons à la première nageoire du dos ; onze à celle de l'anus ; la mâchoire supérieure plus avancée que celle d'en-bas ; les dents fortes, inégales et pointues ; deux orifices à chaque narine ; les nageoires d'un brun noirâtre.

LE CHARACIN PIABUQUE [1],

LE CHARACIN DENTÉ [2],

LE CHARACIN BOSSU [3], LE CHARACIN MOUCHE [4], LE CHARACIN DOUBLE-MOUCHE [5], LE CHARACIN SANS TACHE [6], LE CHARACIN CARPEAU [7], LE CHA-RACIN NILOTIQUE [8], LE CHARACIN NÉFASCH [9], et LE CHARACIN PULVÉRULENT [10].

Nous approchons de la fin de nos études. Nous avons devant nous le but vers lequel nous tendons depuis si

[1] Characinus piabucu.
Silberstreit, par les Allemands.
Silberforelle, ibid.
Salmo argentinus. Linné, édition de Gmelin.
Salmone piabuque. Daubenton et Haüy, Encyclopédie méthodique.
Id. Bonnaterre, planches de l'Encyclopédie méthodique.
Trutta dentata, dorso plano, etc. Act. Petrop. 1761, p. 404.
Piabucu. Mareg. Bras. 170.
Bloch, pl. 382, fig. 1.

[2] Characinus dentex.
Phager des anciens, suivant mon collègue le citoyen Geoffroy, professeur au Muséum national d'histoire naturelle (lettre écrite d'Égypte).
Salmo dentex. Linné, édition de Gmelin.
Salmone denté. Bonnaterre, planches de l'Encyclopédie méthodique.

long-temps. Plus exercés maintenant, hâtons notre marche, et contentons-nous de remarquer rapidement :

Forskael, *Faun. Arab. p.* 66, *n.* 98.
Salmo dentex. *Hasselquist, It.* 395.
Cyprinus dentex. *Mus. Ad. Frid.* 2, *p.* 108.

3 Characinus gibbosus.
Salmo gibbosus. *Linné, édition de Gmelin.*
Charax dorso admodùm prominulo, etc. *Gronov. Mus.* 1, *n.* 53, *tab.* 1, *fig.* 4.
Salmone bossu. *Daubenton et Haüy, Encyclopédie méthodique.*
Id. *Bonnaterre, planches de l'Encyclopédie méthodique.*

4 Characinus notatus.
Salmo notatus. *Linné, édition de Gmelin.*
Salmone mouche. *Daubenton et Haüy, Encyclopédie méthodique.*
Id. *Bonnaterre, planches de l'Encyclopédie méthodique.*

5 Characinus bimaculatus.
Doppel fleck, *en Allemagne.*
Flackig-hoitting, *en Suède.*
Salmo bimaculatus. *Linné, édition de Gmelin.*
Salmone double-mouche. *Daubenton et Haüy, Encyclopédie méthodique.*
Id. *Bonnaterre, planches de l'Encyclopédie méthodique.*
Bloch, pl. 382, *fig.* 2.
Gronov. Mus. 1, *n.* 54, *tab.* 1, *fig.* 5.
Mus. Ad. Frid. 1, *p.* 78, *tab.* 32, *fig.* 2.
Coregonus amboinensis. *Artedi, spec.* 44.
Tetragonopterus. *Seba, Mus.* 3, *p.* 106, *tab.* 34, *fig.* 3.

6 Characinus immaculatus.
Salmo immaculatus. *Linné, édition de Gmelin.*
Albulâ pinnâ ani, radiis duodecim. *Mus. Ad. Frid.* 1, *p.* 78.
Salmone sans tache. *Daubenton et Haüy, Encyclopédie méthodique.*
Id. *Bonnaterre, planches de l'Encyclopédie méthodique.*

La petitesse de la tête du piabuque; la saillie de sa
mâchoire inférieure, au-delà de celle d'en-haut; la surface unie de sa langue; la membrane en forme de faucille, qui est tendue à son palais; l'orifice unique de
chacune de ses narines; la courbure de sa ligne latérale;
le verdâtre de son dos; le gris de ses nageoires; sa longueur, qui ne passe pas trois décimètres; la blancheur
et la délicatesse de sa chair; la facilité avec laquelle on

---

7 Characinus cyprinoïdes.
Salmo cyprinoïdes. *Linné, édition de Gmelin.*
Salmone carpeau. *Daubenton et Haüy, Encyclopédie méthodique.*
Id. *Bonnaterre, planches de l'Encyclopédie méthodique.*
Salmone édenté. *Bloch, pl.* 380.
Charax maxillâ superiore longiore, capite anticè plagioplateo, etc. *Gronov.
Mus.* 378.

8 Characinus niloticus.
Rai , *par les Arabes.*
Salmo niloticus. *Linné, édition de Gmelin.*
Mus. Ad. Frid. 2, *p.* 99.
Salmone blanc-jaune. *Daubenton et Haüy, Encyclopédie méthodique.*
Id. *Bonnaterre, planches de l'Encyclopédie méthodique.*

9 Characinus nefasch.
Salmo ægyptius. *Linné, édition de Gmelin.*
Salmone néfasch. *Bonnaterre, planches de l'Encyclopédie méthodique.*
Salmo niloticus. *Hasselquist.*
Forskael, Faun. Arab. p. 66.

10 Characinus pulverulentus.
Salmo pulverulentus. *Linné, édition de Gmelin.*
Mus. Ad. Frid. 2, *p.* 99.
Salmone pointillé. *Daubenton et Haüy, Encyclopédie méthodique.*
Id. *Bonnaterre, planches de l'Encyclopédie méthodique.*

le prend dans les rivières de l'Amérique méridionale,
en attachant à l'hameçon un ver ou un mélange de sang
et de farine :

La couleur blanchâtre des nageoires du denté ; et le
rouge dont brille le lobe inférieur de sa caudale dans
les eaux du Nil, ou dans celles de quelques fleuves de
la Sibérie :

Le séjour de choix que fait dans la mer qui baigne
Surinam le characin bossu ; la petitesse de sa tête, que
la bosse de la nuque fait paroître comme rabaissée ;
l'aiguillon incliné vers la queue, et placé auprès de la
base de chacune de ses pectorales ; le roux argenté de
sa couleur générale ; et la tache noire de chacun de ses
côtés :

La forme pointue de la tête du characin mouche, qui
vit à Surinam, comme le bossu :

Le peu de largeur de l'ouverture de la gueule du
characin double-mouche ; l'égale prolongation de ses
deux mâchoires ; la double rangée de dents qui garnit
sa mâchoire d'en-haut ; la surface lisse de sa langue
et de son palais ; le double orifice de chacune de
ses narines ; la forme tranchante du dessous de son
ventre ; l'arrondissement de son dos ; la direction de
sa ligne latérale, qui est droite ; le bleu argentin de
ses côtés ; le verdâtre de sa partie supérieure ; les
nuances jaunes de sa dorsale, de ses pectorales et de
ses ventrales ; la couleur brune de ses autres nageoires ; la blancheur et la graisse délicate que présente

sa chair dans les rivières de Surinam et dans celles
d'Amboine :

Le blanc argentin du characin sans tache, que l'on a
pêché en Amérique :

La tête comprimée et dénuée de petites écailles du
carpeau ; la grosseur de son museau arrondi ; la forme
de ses lèvres charnues, qui compense un peu son défaut
de dents aux mâchoires ; la surface douce de sa langue ;
le double orifice de chacune de ses narines ; les trois
pièces de chacun de ses opercules ; la convexité de son
ventre ; la carène de son dos ; la rectitude de sa ligne
latérale ; la mollesse de ses écailles ; le brunâtre de sa
partie supérieure ; l'argentin de ses côtés ; le rougeâtre
de ses nageoires ; la bonté de sa chair ; et l'intérêt qu'à
Surinam on attache à sa prise * :

La brièveté de la nageoire adipeuse du nilotique,
dont le nom indique la patrie :

La préférence que donne le néfasch au fleuve qui
nourrit le nilotique :

La force et l'inégalité des dents qui garnissent la mâchoire supérieure du characin pulvérulent d'Amérique,
ainsi que sa mâchoire inférieure, laquelle est un peu
plus courte que celle d'en-haut ; la surface lisse de sa
langue ; le rayon aiguillonné de sa dorsale et de sa

---

* Nous n'avons pas cru, malgré l'autorité de Bloch, devoir séparer son
édenté de notre characin carpeau.

nageoire de l'anus ; la blancheur d'un grand nombre de ses écailles *.

*   4 rayons à la membrane branchiale du characin piabuque.
  12   à chaque pectorale.
  8   à chaque ventrale.
  20   à la nageoire de la queue.

  4 rayons à la membrane des branchies du characin denté.
  15   à chaque pectorale.
  9   à chaque ventrale.
  25   à la caudale.

  4 rayons à la membrane branchiale du characin bossu.
  11   à chaque pectorale.
  8   à chaque ventrale.
  19   à la nageoire de la queue.

  4 rayons à la membrane des branchies du characin mouche.
  16   à chacune de ses pectorales.
  7   à chacune de ses ventrales.
  24   à la caudale.

  4 rayons à la membrane branchiale du characin double-mouche.
  11   à chacune de ses pectorales.
  8   à chaque ventrale.
  19   à la nageoire de la queue.

  4 rayons à la membrane des branchies du characin sans tache.
  14   à chaque pectorale.
  11   à chaque ventrale.
  20   à la caudale.

  4 rayons à la membrane branchiale du characin carpeau.
  13   à chaque pectorale.
  10   à chaque ventrale.
  23   à la nageoire de la queue.

13 rayons à chaque pectorale du characin nilotique.
  9   à chaque ventrale.
  19   à la caudale.

En tout, les characins ont de très-grands rapports avec les salmones, parmi lesquels ils ont été placés par d'illustres naturalistes, mais dont nous avons dû les séparer pour obéir aux véritables principes d'une distribution méthodique des poissons.

———————————————————————————

4 rayons à la membrane des branchies du characin néfasch.
14   à chaque pectorale.
9   à chaque ventrale.
4 rayons à la membrane branchiale du characin pulvérulent.
16   à chaque pectorale.
8   à chaque ventrale.
18   à la nageoire de la queue.

LE CHARACIN ANOSTOME [1],

LE CHARACIN FRÉDÉRIC [2],

LE CHARACIN A BANDES [3], LE CHARACIN MÉLANURE [4], LE CHARACIN CURIMATE [5], ET LE CHARACIN ODOÉ [6].

L'ANOSTOME a la tête comprimée; la mâchoire inférieure terminée par une sorte de mamelon arrondi; la

[1] Characinus anostomus.
Salmo anostomus. *Linné, édition de Gmelin.*
Salmone anostome. *Daubenton et Haüy, Encyclopédie méthodique.*
Id. *Bonnaterre, planches de l'Encyclopédie méthodique.*
Gronov. Mus. 2, *n.* 165, *tab.* 7, *fig.* 2.

[2] Characinus Friderici.
Bloch, pl. 378.

[3] Characinus fasciatus.
Bloch, pl. 379.

[4] Characinus melanur.
Bloch, pl. 381, *fig.* 2.

[5] Characinus curimata.
Capelan, *par les Anglois.*
Einfleck, *par les Allemands.*
Bloch, pl. 381, *fig.* 3.

[6] Characinus odoe.
Bloch, pl. 386.

nuque abaissée; la partie antérieure du dos convexe; les écailles grandes; la couleur générale brune; des raies longitudinales moins foncées.

Bloch a publié le premier la description des cinq characins dont il nous reste à parler, et qu'il a inscrits parmi les salmones.

Il faut compter au nombre des caractères principaux du frédéric, le peu de grosseur de la tête qui n'est pas revêtue de petites écailles; la force des lèvres; l'égal avancement des deux mâchoires; les six dents alongées et inégales de la mâchoire d'en-bas; les huit dents petites et pointues de celle d'en-haut; la verrue qui est derrière le milieu de ces huit dents; la surface unie du palais, et de la langue qui est très-courte; le double orifice de chaque narine; l'élévation de la partie antérieure du dos; la courbure de la ligne latérale; l'appendice de chaque nageoire du ventre; la grandeur des écailles; l'excellent goût de la chair; le jaune argentin de la couleur générale; les nuances violettes de la partie supérieure; le jaune et le bleu des nageoires.

Le characin à bandes, qui vit à Surinam, comme le frédéric, a l'orifice de chaque narine double; son dos est caréné; on voit un appendice auprès de chacune de ses ventrales.

Surinam est encore la patrie du mélanure et du curimate.

Le corps et la queue du mélanure sont argentés; son dos est gris; ses nageoires sont jaunâtres; des dents

très-petites garnissent ses mâchoires; chacune de ses
narines n'a qu'un orifice.

Le curimate a la langue libre et unie; le dos est brunâtre; les côtés et le ventre sont argentins; une teinte
grise distingue les nageoires.

Ce characin habite les eaux douces, et particulièrement les lacs de l'Amérique méridionale. Sa chair est
blanche, feuilletée et très-délicate.

L'odoé se trouve sur les côtes de Guinée *. Il est très-

---

*   4 rayons à la membrane branchiale du characin anostome.
13   à chaque pectorale.
7   à chaque ventrale.
25   à la nageoire de la queue.
  4 rayons à la membrane des branchies du characin frédéric.
12   à chaque pectorale.
9   à chaque ventrale.
20   à la caudale.
  4 rayons à la membrane branchiale du characin à bandes.
15   à chaque pectorale.
10   à chaque ventrale.
22   à la nageoire de la queue.
  4 rayons à la membrane des branchies du characin mélanure.
12   à chaque pectorale.
8   à chaque ventrale.
20   à la caudale.
  4 rayons à la membrane branchiale du characin curimate.
14   à chaque pectorale.
11   à chaque ventrale.
20   à la nageoire de la queue.
  4 rayons à la membrane des branchies du characin odoé.
14   à chaque pectorale.
9   à chaque ventrale.
28   à la caudale.

vorace , et d'autant plus dangereux pour les petits
poissons, qu'il parvient à la longueur d'un mètre. Il
est poursuivi à son tour par beaucoup d'ennemis ; et
les pêcheurs lui font une guerre cruelle, parce que sa
chair rougeâtre est grasse et très-agréable au goût. Son
museau est avancé ; l'ouverture de sa bouche très-
grande ; le palais rude ; la langue lisse ; l'orifice de
chaque narine double; le dessus de la tête comme ciselé
et rayonné en deux endroits; le ventre très-long; la
première dorsale plus rapprochée de la caudale que les
nageoires du ventre; la ligne latérale un peu courbée;
le dos presque noir; la couleur des côtés, d'un brun ou
d'un roux plus ou moins clair.

CENT SOIXANTE-DIX-NEUVIÈME GENRE.

LES SERRASALMES.

La bouche à l'extrémité du museau; la tête, le corps et la queue, comprimés; des écailles facilement visibles sur le corps et sur la queue ; point de grandes lames sur les côtés, de cuirasse, de piquans aux opercules, de rayons dentelés, ni de barbillons ; deux nageoires dorsales ; la seconde adipeuse et dénuée de rayons ; la partie inférieure du ventre carenée et dentelée comme une scie.

ESPÈCE.	CARACTÈRES.
LE SERRASALME RHOMBOÏDE. (*Serrasalmus rhombeus.*)	Deux ou trois rayons aiguillonnés et quinze rayons articulés à la première nageoire du dos; deux rayons aiguillonnés et trente rayons articulés à celle de l'anus; la caudale en croissant ; le dos très-élevé auprès de la première dorsale ; la caudale bordée de noir.

LE SERRASALME RHOMBOÏDE *.

LES serrasalmes ressemblent beaucoup aux clupées, dont nous parlerons dans un des articles suivans, et aux salmones, parmi lesquels ils ont été comptés. Ils ont, par exemple, sur la carène de leur ventre, une dentelure analogue à celle que l'on voit sur la partie inférieure des clupées; et ils présentent la nageoire dorsale et adipeuse des salmones. Leur nom désigne cette dentelure, ainsi que leur affinité avec le genre qui comprend les saumons et les truites.

Nous n'avons encore inscrit qu'une espèce parmi les serrasalmes : nous lui avons conservé la dénomination de *rhomboïde*, pour rappeler celle qu'a employée le célèbre Pallas en faisant connoître cette espèce remarquable.

---

* Serrasalmus rhombeus.
Sagebauch, *par les Allemands.*
Salmo rhombeus. *Linné, édition de Gmelin.*
Salmone rhomboïde. *Daubenton et Haüy, Encyclopédie méthodique.*
Id. *Bonnaterre, planches de l'Encyclopédie méthodique.*
Pallas, Spicil. Zoolog. 8, *p.* 52, *tab.* 5, *fig.* 3.
Bloch, pl. 383.

Le rhomboïde vit dans les rivières de Surinam ; il y
parvient à une grosseur considérable ; et il y est si
vorace, qu'il poursuit souvent les jeunes oiseaux d'eau.
L'ouverture de sa bouche est grande : la mâchoire
inférieure est un peu plus avancée que la supérieure ;
l'une et l'autre, et sur-tout celle d'en-bas, sont armées
de dents larges, fortes et pointues. La langue est libre,
mince et unie ; mais les deux côtés du palais sont
garnis d'une rangée de petites dents. Le front est presque vertical. Chaque narine a deux ouvertures très-
rapprochées ; les opercules sont rayonnés ; la ligne latérale est droite ; les écailles sont molles et petites ;
l'anus est à une égale distance de la tête et de la caudale ; des écailles semblables à celles du dos couvrent
une grande partie de l'anale ; on voit un appendice
auprès de chaque nageoire du ventre ; la dentelure qui
règne sur la partie inférieure du poisson, est formée
par une suite de piquans recourbés, dont chacun tient
à deux lobes écailleux, placés sous la peau, des deux
côtés de la carène ; le piquant le plus voisin de l'anus
est double ; il y a d'ailleurs au-devant de la première
dorsale un autre piquant à trois pointes, dont la plus
longue est inclinée vers la tête *. Au reste, cette pre-

---

* 4 rayons à la membrane branchiale du serrasalme rhomboïde.
  15   à chaque pectorale.
  8   à chaque ventrale.
  18   à la nageoire de la queue.

mière dorsale et la nageoire de l'anus sont en forme de faux.

La chair du rhomboïde est blanche, grasse, délicate. La couleur générale de ce poisson montre des nuances rougeâtres, relevées par des points noirs ; les côtés sont argentins ; les nageoires sont grises.

CENT QUATRE-VINGTIÈME GENRE.

LES ÉLOPES.

Trente rayons, ou plus, à la membrane des branchies; les yeux gros, rapprochés l'un de l'autre, et presque verticaux; une seule nageoire dorsale; un appendice écailleux auprès de chaque nageoire du ventre.

ESPÈCE.	CARACTÈRES.
L'ÉLOPE SAURE. (*Elops saurus.*)	Vingt-deux rayons à la nageoire du dos; seize à celle de l'anus; la caudale fourchue; la mâchoire d'en-bas plus avancée que celle d'en-haut; la langue, les deux mâchoires et le palais, garnis d'un grand nombre de petites dents.

L'ÉLOPE SAURE[1].

LES élopes se rapprochent des salmones par plusieurs traits.

Le saure a la tête longue, dénuée de petites écailles, comprimée et un peu aplatie dans sa surface supérieure; les os de ses lèvres sont longs, et leur bord est un peu dentelé; chacune de ses narines a deux orifices; son opercule est composé de deux pièces, mais ne couvre pas en entier la membrane branchiale; sa ligne latérale est droite; son anus est une fois plus loin de la tête que de la nageoire de la queue. Des nuances bleues et argentines composent ordinairement sa couleur générale; sa tête est souvent comme dorée; et des teintes rouges brillent sur ses nageoires[2].

---

[1] Elops saurus.
Id. *Linné, édition de Gmelin.*
Elope saure. *Daubenton et Haüy, Encyclopédie méthodique.*
Id. *Bonnaterre, planches de l'Encyclopédie méthodique.*
Saurus maximus. *Sloan. Jamaïc.* 2, *p.* 284, *tab.* 251, *fig.* 1.
Bloch, pl. 393, *fig.* 1 *et* 2.

[2] 34 rayons à la membrane des branchies de l'élope saure.
18   à chaque pectorale.
15   à chaque ventrale.
30   à la nageoire de la queue.

CENT QUATRE-VINGT-UNIÈME GENRE.

LES MÉGALOPES.

Les yeux très-grands ; vingt-quatre rayons, ou plus, à la membrane des branchies.

ESPÈCE.	CARACTÈRE.
LE MÉGALOPE FILAMENT. (*Megalops filamentosus.*)	Le dernier rayon de la nageoire dorsale terminé par un filament très-long et très-délié.

LE MÉGALOPE FILAMENT *.

Nous avons trouvé dans les manuscrits de Commerson une description très-courte et très-précise de ce poisson. Cet osseux se rapproche des élopes par plusieurs traits; mais il ne peut pas appartenir au genre de ces derniers. Nous avons dû d'ailleurs l'inscrire dans un genre différent de tous ceux que l'on connoît. Il vit dans les environs du fort Dauphin de l'isle de Madagascar.

---

* Megalops filamentosus.

Oculeus *seu* megalops. — Postremo pinnæ dorsalis radio, in setam longissimam retroducto; vel, pinnâ dorsali in setam longissimam abeunte; radiis membranæ branchiostegæ viginti quatuor. *Commerson, manuscrits déja cités.*

CENT QUATRE-VINGT-DEUXIÈME GENRE.

LES NOTACANTHES.

Le corps et la queue très-alongés ; la nuque élevée et arrondie ; la tête grosse ; la nageoire de l'anus très-longue et réunie avec celle de la queue ; point de nageoire dorsale ; des aiguillons courts, gros, forts, et dénués de membrane à la place de cette dernière nageoire.

ESPÈCE.	CARACTÈRES.
LE NOTACANTHE NEZ. (*Notacanthus nasus.*)	La mâchoire supérieure plus avancée que celle d'en-bas ; l'ouverture de la bouche située au-dessous du museau, qui est prolongé en avant, et un peu arrondi ; la tête et les opercules, garnis de petites écailles ; dix gros aiguillons sur le dos.

LE NOTACANTHE NEZ *.

BLOCH a fait graver la figure de cet animal, beau dans
ses couleurs, délié dans ses formes, agile dans ses mouvemens, rapide dans sa natation, vorace, hardi, dangereux pour les jeunes poissons, dont il aime à faire sa
proie, et qui seroit lié par les plus grands rapports
avec les trichiures, si ces derniers, au lieu d'être entièrement privés de ces nageoires inférieures qu'on a
comparées à des pieds, avoient des nageoires ventrales,
comme le notacanthe.

Cet osseux parvient à une longueur considérable. Sa
couleur générale est argentine, variée par des teintes
dorées ; les reflets d'or et d'argent brillent d'autant plus
sur sa surface, qu'en un clin-d'œil il offre un grand
nombre d'ondulations diverses, présente à la lumière
mille faces différentes, réfléchit les rayons du soleil
dans toutes les directions ; et d'ailleurs ces nuances
éclatantes sont relevées par quinze ou seize bandes
transversales et brunes, que l'on voit sur son corps et
sur sa queue, ainsi que par les tons brunâtres qui distinguent ses nageoires.

---

* Notacanthus nasus.
Der stachelrucken. *Bloch, pl.* 431.

Son iris est argenté ; ses yeux sont gros ; chaque narine n'a qu'un orifice ; les dents des deux mâchoires sont égales, fortes et serrées ; on compte deux pièces arrondies à l'opercule ; le commencement de la nageoire de l'anus montre une douzaine d'aiguillons écartés l'un de l'autre, recourbés, et soutenus par une membrane que revêtent de petites écailles ; la caudale est lancéolée ; les pectorales sont grandes *.

* 15 ou 16 rayons à chaque pectorale du notacanthe nez.

2 rayons aiguillonnés et 8 rayons articulés à chaque ventrale.

Plus de 80 rayons articulés à la nageoire de l'anus et à celle de la queue réunies.

CENT QUATRE-VINGT-TROISIÈME GENRE.

LES ÉSOCES.

L'ouverture de la bouche grande ; le gosier large ; les mâchoires garnies de dents nombreuses, fortes et pointues ; le museau aplati ; point de barbillons ; l'opercule et l'orifice des branchies très-grands ; le corps et la queue très-alongés et comprimés latéralement ; les écailles dures ; point de nageoire adipeuse ; les nageoires du dos et de l'anus courtes ; une seule dorsale ; cette dernière nageoire placée au-dessus de l'anale, ou à peu près, et beaucoup plus éloignée de la tête que les ventrales.

PREMIER SOUS-GENRE.

La nageoire de la queue fourchue, ou échancrée en croissant.

ESPÈCES.	CARACTÈRES.
1. L'ÉSOCE BROCHET. (*Esox lucius.*)	Vingt rayons à la nageoire du dos ; dix-sept à celle de l'anus ; quinze à la membrane des branchies ; la tête comprimée ; le museau très-aplati ; l'entre-deux des yeux et la nuque élevés et arrondis ; la dorsale, l'anale et la caudale, brunes, avec des taches noires.
2. L'ÉSOCE AMÉRICAIN. (*Esox americanus.*)	Seize rayons à la nageoire du dos ; douze à la membrane des branchies ; huit à chaque ventrale ; la tête comprimée ; le museau très-aplati ; l'entre-deux des yeux et la nuque élevés et arrondis ; la mâchoire d'en-haut plus courte que celle d'en-bas.

ESPÈCES.	CARACTÈRES.
3. L'ÉSOCE BÉLONE. (*Esox belone.*)	Vingt rayons à la nageoire du dos; vingt-trois à l'anale; quatorze à la membrane branchiale; la dorsale et la nageoire de l'anus, un peu en forme de faux; la tête petite; la mâchoire inférieure un peu plus avancée que celle d'en-haut; ces deux mâchoires très-étroites, et deux fois plus longues que la tête proprement dite; le corps et la queue très-déliés et serpentiformes.
4. L'ÉSOCE ARGENTÉ. (*Esox argenteus.*)	Le corps et la queue très-déliés; la couleur générale brune; des taches jaunes, en forme de lettres.
5. L'ÉSOCE GAMBARUR. (*Esox gambarur.*)	Un rayon aiguillonné et quatorze rayons articulés à la nageoire du dos; un rayon aiguillonné et quatorze rayons articulés à la nageoire de l'anus; quatorze rayons à la membrane des branchies; la mâchoire inférieure six fois plus longue que la supérieure; une raie longitudinale et argentée de chaque côté de l'animal.
6. L'ÉSOCE ESPADON. (*Esox gladius.*)	Quatorze rayons à la dorsale; douze à l'anale; quatorze à la membrane branchiale; la mâchoire inférieure terminée par une prolongation très-étroite, conique, et sept ou huit fois plus longue que la mâchoire d'en-haut; la ligne latérale située très-près du dessous du corps et de la queue, dont elle suit la courbure inférieure; des bandes transversales.
7. L'ÉSOCE TÊTE-NUE. (*Esox gymnocephalus.*)	Treize rayons à la nageoire du dos; vingt-six à celle de l'anus; sept à chaque ventrale; les deux mâchoires également avancées; la tête dénuée de petites écailles.

ESPÈCES.	CARACTÈRES.
8. L'ÉSOCE CHIROCENTRE. (*Esox chirocentrus.*)	La mâchoire inférieure plus avancée que celle d'en-haut ; les dents longues et crochues ; la nageoire du dos plus courte que celle de l'anus ; ces deux nageoires falciformes ; les ventrales très-petites ; point de petites écailles sur la tête, ni sur les opercules ; un piquant très-fort, long, et dégagé, au-dessus de la base de chaque pectorale.

SECOND SOUS-GENRE.

La nageoire de la queue arrondie ou rectiligne, et sans échancrure.

ESPÈCE.	CARACTÈRES.
9. L'ÉSOCE VERD. (*Esox viridis.*)	Onze rayons à la nageoire du dos ; dix-sept à l'anale ; la caudale arrondie ; la mâchoire inférieure plus avancée que la supérieure ; les écailles minces ; la couleur générale verte ou verdâtre.

L'ÉSOCE BROCHET [1],

ET

L'ÉSOCE AMÉRICAIN [2].

LE brochet est le requin des eaux douces ; il y règne
en tyran dévastateur, comme le requin au milieu des

[1] Esox lucius.
Lançon, *quand il est très-jeune.*
Lanceron, *id.*
Poignard, *quand il est d'une grosseur moyenne.*
Carreau, *quand il est plus gros.*
Béquet, *dans quelques départemens de France.*
Bechet, *ibid.*
Lucs, *ibid.*
Lupule, *ibid.*
Luccio, *en Italie.*
Luzzo, *ibid.*
Trigle, *à Malte.*
Grashecht (*quand il n'a qu'un an*), *en Allemagne.*
Hecht, *ibid.*
Stukha, *en Hongrie.*
Csuka, *ibid.*
Szuk, *en Pologne.*
Szuka, *ibid.*
Zurcha, *chez les Calmouques.*
Tschortan, *en Tatarie.*

mers. S'il a moins de puissance, il ne rencontre pas
de rivaux aussi redoutables; si son empire est moins

Aug, *en Livonie.*
Tschuk, *en Russie.*
Tschuw, *ibid.*
Schurtan, *ibid.*
Scheschuk, *ibid.*
Giadde, *en Suède.*
Gidde, *en Danemarck.*
Snoek, *en Hollande.*
Geep-visch, *ibid.*
Pike, *en Angleterre.*
Pikerelle, *ibid.*
Kamas, *au Japon.*
Esox lucius. *Linné, édition de Gmelin.*
Ésoce brochet. *Daubenton et Haüy, Encyclopédie méthodique.*
Id. *Bonnaterre, planches de l'Encyclopédie méthodique.*
Bloch, pl. 32.
Faun. Suecic. 355.
Meiding. Ic. pisc. Austr. t. 10.
Esox rostro plagioplateo. *Artedi, gen.* 10, *spec.* 53, *syn.* 26.
Lucius. *Auson. Mos. v.* 122.
Id. *Wotton. lib.* 8, *cap.* 190, *fol.* 169.
Brochet. *Rondelet, des poissons de rivière, chap.* 11.
Lucius. *Salvian. fol.* 94, *b.* 95.
Id. *Gesn. p.* 500, 501, *et (germ.)* 175 *b.*
Id. *Schonev. p.* 44.
Id. *Aldrovand. lib.* 5, *cap.* 39, *p.* 630, 635.
Id. *Jonston. lib.* 3, *tit.* 3, *cap.* 5, *tab.* 29, *fig.* 1. *Thaum. p.* 417.
Id. *Charleton, p.* 162.
Id. *Willughby, p.* 236.
Id. *Raj. p.* 112.
Gronov. Mus. 1, *n.* 28.
Bellon, Aquat. p. 292, *It. p.* 104.

étendu, il a moins d'espace à parcourir pour assouvir sa voracité; si sa proie est moins variée, elle est souvent plus abondante, et il n'est point obligé, comme le requin, de traverser d'immenses profondeurs pour l'arracher à ses asyles. Insatiable dans ses appétits, il ravage avec une promptitude effrayante les viviers et les étangs. Féroce sans discernement, il n'épargne pas son espèce, il dévore ses propres petits. Goulu sans choix, il déchire et avale, avec une sorte de fureur, les restes mêmes des cadavres putréfiés. Cet animal de sang est d'ailleurs un de ceux auxquels la nature a accordé le plus d'années : c'est pendant des siècles qu'il effraie, agite, poursuit, détruit et consomme les foibles habitans des eaux douces qu'il infeste; et comme si, malgré son insatiable cruauté, il devoit avoir reçu tous les dons, il a été doué non seulement d'une grande force, d'un grand volume, d'armes nombreuses, mais encore de formes déliées, de proportions agréables, de couleurs variées et riches.

L'ouverture de sa bouche s'étend jusqu'à ses yeux. Les dents qui garnissent ses mâchoires, sont fortes, acérées et inégales : les unes sont immobiles, fixes et

---

Brochet. *Camper, Mémoires des Savans étrangers*, 6. p. 177.
Pike. *Brit. Zoology*, 3, p. 270, n. 1.
Brochet. *Valmont-Bomare, Dictionnaire d'histoire naturelle.*

[2] Esox americanus.

Esox lucius americanus, B. *Linné, édition de Gmelin,*
Schœpf. Naturf. 20, p. 26.

plantées dans les alvéoles ; les autres, mobiles, et seulement attachées à la peau, donnent au brochet un nouveau rapport de conformation avec le requin. On a compté sur le palais sept cents dents de différentes grandeurs, et disposées sur plusieurs rangs longitudinaux, indépendamment de celles qui entourent le gosier. Le corps et la queue, très-alongés, très-souples et très-vigoureux, ont, depuis la nuque jusqu'à la dorsale, la forme d'un prisme à quatre faces dont les arêtes seroient effacées.

Pendant sa première année, sa couleur générale est verte ; elle devient, dans la seconde année, grise et diversifiée par des taches pâles, qui, l'année suivante, présentent une nuance d'un beau jaune. Ces taches sont irrégulières, distribuées presque sans ordre, et quelquefois si nombreuses, qu'elles se touchent et forment des bandes ou des raies. Elles acquièrent souvent l'éclat de l'or pendant le temps du frai, et alors le gris de la couleur générale se change en un beau verd *. Lorsque le brochet séjourne dans des eaux d'une nature particulière, qu'il éprouve la disette, ou qu'il peut se procurer une nourriture trop abondante, ses nuances varient. On le voit, dans certaines circonstances, jaune avec des taches noires. Au reste, parvenu à une certaine grosseur, il a presque toujours le dos noirâtre, et le ventre blanc avec des points noirs.

---

* Voyez ce que nous avons dit des couleurs des poissons, dans le Discours sur la nature de ces animaux.

L'œsophage et l'estomac montrent de grands plis pâles ou rouges, par le moyen desquels l'animal peut rejeter à volonté les substances qu'il avale dans les accès de sa voracité, et qu'il ne peut pas digérer. Cette faculté lui est commune avec la morue, ainsi qu'avec les squales, et particulièrement avec le requin, dont elle le rapproche encore. L'estomac est d'ailleurs très-long; et comme de ses grandes dimensions résulte une très-grande abondance de sucs digestifs, dont l'action très-vive se manifeste par les appétits violens qu'elle produit, il n'est pas surprenant que le canal intestinal proprement dit soit très-court, et n'offre qu'une sinuosité, comme dans un très-grand nombre d'animaux féroces et carnassiers.

Le foie est long et sans division; la vésicule du fiel grosse; le fiel jaune; la laite double, ainsi que l'ovaire; le péritoine blanc et brillant; l'épine dorsale composée de soixante-une vertèbres; le nombre des côtes est de soixante.

L'organe de l'ouïe renferme un troisième osselet pyramidal, garni à sa base d'un grand nombre de petits aiguillons, et placé dans la cavité qui sert de communication aux trois canaux demi-circulaires. Cet organe contient aussi une sorte de rudiment d'un quatrième canal demi-circulaire, qui communique avec le sinus par lequel se réunissent les trois canaux auxquels le nom de *demi-circulaire* a été donné. Voilà donc le sens de l'ouïe du brochet plus parfait que celui de presque

tous les autres poissons osseux. Cet avantage lui donne
un nouveau trait de ressemblance avec le requin et les
squales; il lui donne de plus la facilité d'éviter de plus
loin un ennemi dangereux, ou de s'assurer de l'approche
d'une proie difficile à surprendre; et d'après l'organisation particulière de son oreille, on doit être moins
étonné que l'on ait remarqué, du temps même de Pline,
la finesse de son ouïe, et que sous Charles IX, roi de
France, des individus de l'espèce que nous décrivons,
réunis dans un bassin du Louvre, vinssent, lorsqu'on
les appeloit, recevoir la nourriture qu'on leur avoit
préparée.

La vessie natatoire du brochet est simple, mais grande;
et sans cet instrument, ce poisson ne parcourroit pas
avec la rapidité qu'il développe, les espaces qu'il franchit, contre les courans des fleuves impétueux, et au
milieu des eaux les plus pures, et par conséquent les
moins pesantes et les moins propres à le soutenir.

C'est en effet dans les rivières, les fleuves, les lacs
et les étangs, qu'il se plaît à séjourner. On ne le voit
dans la mer que lorsqu'il y est entraîné par des accidens
passagers, et retenu par des causes extraordinaires, qui
ne l'empêchent pas d'y dépérir; mais on l'a observé dans
presque toutes les eaux douces de l'Europe.

Bélon a écrit qu'il l'avoit vu dans le Nil, où il croyoit
que les anciens lui avoient donné le nom d'*oxyrhinchus**

_____

* *Bellon, liv.* 2, *chap.* 32.

(museau-pointu). Mon collègue, le citoyen Geoffroy, professeur du Muséum d'histoire naturelle, va publier une dissertation très-savante sur les animaux de l'Égypte, dans laquelle on trouvera à quel poisson, différent de celui que nous examinons, les anciens avoient réellement appliqué cette dénomination d'*oxyrhinque*.

Le brochet parvient jusqu'à la longueur de deux ou trois mètres, et jusqu'au poids de quarante ou cinquante kilogrammes. Il croît très-promptement. Dès sa première année, il est très-souvent long de trois décimètres; dès la seconde, de quatre; dès la troisième, de cinq ou six; dès la sixième, de près de vingt; dès la douzième, de vingt-cinq ou environ : et cependant cet animal destructeur arrive jusqu'à un âge très-avancé. Rzaczynsky parle d'un brochet de quatre-vingt-dix ans. En 1497 on prit à Kaiserslauteren, près de Manheim, un autre brochet qui avoit plus de six mètres de longueur, qui pesoit cent quatre-vingts kilogrammes, et dont le squelette a été conservé pendant long-temps à Manheim : il portoit un anneau de cuivre doré, attaché, par ordre de l'empereur Frécéric-Barberousse, deux cent soixante-sept ans auparavant. Ce monstrueux poisson avoit donc vécu près de trois siècles. Quelle effrayante quantité d'animaux plus foibles que lui il avoit dû dévorer pour alimenter son énorme masse pendant une si longue suite d'années!

Le brochet cependant n'est pas seulement dangereux par la grandeur de ses dimensions, la force de

ses muscles, le nombre de ses armes; il l'est encore
par les finesses de la ruse et les ressources de l'instinct.

Lorsqu'il s'est élancé sur de gros poissons, sur des
serpens, des grenouilles, des oiseaux d'eau, des rats,
de jeunes chats, ou même de petits chiens tombés ou
jetés dans l'eau, et que l'animal qu'il veut dévorer lui
oppose un trop grand volume, il le saisit par la tête,
le retient avec ses dents nombreuses et recourbées,
jusqu'à ce que la portion antérieure de sa proie soit
ramollie dans son large gosier, en aspire ensuite le
reste, et l'engloutit. S'il prend une perche ou quelque
autre poisson hérissé de piquans mobiles, il le serre
dans sa gueule, le tient dans une position qui lui
interdit tout mouvement, et l'écrase, ou attend qu'il
meure de ses blessures.

Tous les brochets ne fraient pas à la même époque:
les uns pondent ou fécondent les œufs dès la fin de
pluviose, d'autres en ventose, et d'autres en germinal.
S'ils sont très-redoutables pour les habitans des eaux
qu'ils fréquentent, ils sont très-souvent livrés sans
défense à des ennemis intérieurs qui les tourmentent
vivement. Bloch a vu dans leur canal alimentaire
différens vers intestinaux, et il a compté dans un de
ces poissons, qui ne pesoit que quinze hectogrammes,
jusqu'à cent vers, du genre des vers solitaires.

Mais ils ont encore plus à craindre des pêcheurs
qui les poursuivent. On les prend de diverses manières ; en hiver, sous les glaces; en été, pendant les

orages, qui, en éloignant d'eux leurs victimes ordinaires, les portent davantage vers les appâts; dans
toutes les saisons, au clair de la lune; dans les nuits
sombres, au feu des bois résineux. On emploie, pour
les pêcher, le trident, la ligne, le colleret, la truble,
l'épervier, la louve, la nasse *.

Leur chair est agréable au goût. On les sale dans
beaucoup d'endroits, après les avoir vidés, nettoyés,
et coupés par morceaux.

---

* On trouve la description du *colleret* dans l'article du centropome
sandat, de la *truble* dans celui du misgurne fossile, de la *louve* et de
la *nasse* dans celui du pétromyzon lamproie. L'*épervier* est un filet en
forme d'entonnoir ou de cloche, dont l'ouverture a quelquefois vingt
mètres de circonférence. Cette circonférence est garnie de balles de plomb,
et le long de ce contour le filet est retroussé en dedans, et attaché de distance en distance, pour former des bourses. On se sert de l'*épervier*
de deux manières : en le traînant, et en le jetant. Lorsqu'on le traîne,
deux hommes placés sur les bords du courant d'eau maintiennent l'ouverture du filet dans une position à peu près verticale, par le moyen de
deux cordes attachées à deux points de cette ouverture. Un troisième
pêcheur tient une corde qui répond à la pointe du filet. Si l'on s'apperçoit
qu'il y ait du poisson de pris, et qu'on veuille relever l'*épervier*, les deux
premiers pêcheurs lâchent leurs cordes, de manière que toute la circonférence de l'ouverture du filet porte sur le fond; le troisième tire à lui la
corde qui tient au sommet de la cloche, se balance pour que les balles
de plomb se rapprochent les unes des autres, et quand il les voit réunies,
tire l'*épervier* de toutes ses forces, et le met sur la rive. Lorsqu'on jette
ce filet, on a besoin de beaucoup d'adresse, de force et de précautions.
On déploie l'*épervier* par un élan qui fait faire la roue au filet, et
qui peut entraîner le pêcheur dans le courant, si une maille s'accroche
à ses habits. La corde plombée se précipite au fond de l'eau, et enferme
les poissons compris dans l'intérieur de la cloche.

Sur les bords du Jaïk et du Volga, on les sèche ou on les fume après les avoir laissés pendant trois jours entourés de saumure.

Dans d'autres contrées, et particulièrement en Allemagne, on fait du *caviar* avec leurs œufs. Dans la Marche électorale de Brandebourg, on mêle ces mêmes œufs avec des sardines, on en compose un mets que l'on nomme *netzin*, et que l'on regarde comme excellent. Cependant ces œufs de brochets passent, dans beaucoup de pays, au moins lorsqu'ils n'ont pas subi certaines préparations, pour difficiles à digérer, purgatifs et malfaisans.

C'est sur des brochets qu'on a essayé particulièrement cette opération de la castration dont nous avons déjà parlé, et par le moyen de laquelle on est parvenu facilement à engraisser les individus auxquels on l'a fait subir.

Si l'on veut se procurer une grande abondance de gros brochets, il faut choisir, pour leur multiplication, des étangs qui ne soient pas propres aux carpes, à cause d'ombrages trop épais, de sources trop froides, ou de fonds trop marécageux; les brochets y réussiront, parce que toutes les eaux douces leur conviennent. On y placera, pour leur nourriture, des cyprins ou d'autres poissons de peu de valeur, comme des *rotengles*, et des *rougeâtres*, si le fond de l'étang est sablonneux; et des bordelières ou des hamburges, si ce même fond est couvert de vase. Au reste, on peut les porter facilement d'un séjour dans un autre, sans leur faire perdre la vie; et on assure qu'ils n'ont été connus en Angleterre que sous le règne de Henri VIII, où on en transporta de vivans dans les eaux douces de cette isle.

Le professeur Gmelin regarde comme une variété du brochet, un ésoce d'Amérique dans lequel la mâchoire supérieure est plus courte à proportion de celle d'en-bas que dans le brochet d'Europe : mais le nombre des rayons de la membrane branchiale de ce poisson américain, de sa dorsale et de ses ventrales, nous oblige à le considérer comme appartenant à une espèce différente de celle du brochet *.

---

* 14 rayons à chaque pectorale de l'ésoce brochet.
 10   à chaque ventrale.
 17   à la nageoire de l'anus.
 20   à la nageoire de la queue.

 13 rayons à chaque pectorale de l'ésoce américain.

L'ÉSOCE BÉLONE *.

LE museau de cet ésoce ressemble au bec d'un harle,
ou à une très-longue aiguille; son corps et sa queue

---

* Esox belone.

Orphie.

Arphyè.

Aiguille de mer.

Éguillette, *auprès de Brest.*

Hagojo, *auprès de Marseille.*

Aguillo, *ibid.*

Aguio, *dans le département du Var.* (Note envoyée par le citoyen
Fauchet, préfet de ce département.)

Acuchia, *en Italie.*

Angusicula, *ibid.*

Charman, *en Arabie.*

Choram, *ibid.*

Hornhecht, *en Allemagne.*

Nadelhecht, *ibid.*

Schneffel, *auprès de Dantzig.*

Nabbgiadda, *en Suède.*

Horn-give, *en Norvége.*

Nehhesild, *ibid.*

Horn-igel, *ibid.*

Gierne-fur, *en Islande.*

Horn-fisk, *en Danemarck.*

Geep-wisch, *en Hollande.*

Naedl-fish, *en Angleterre.*

Garfish, *ibid.*

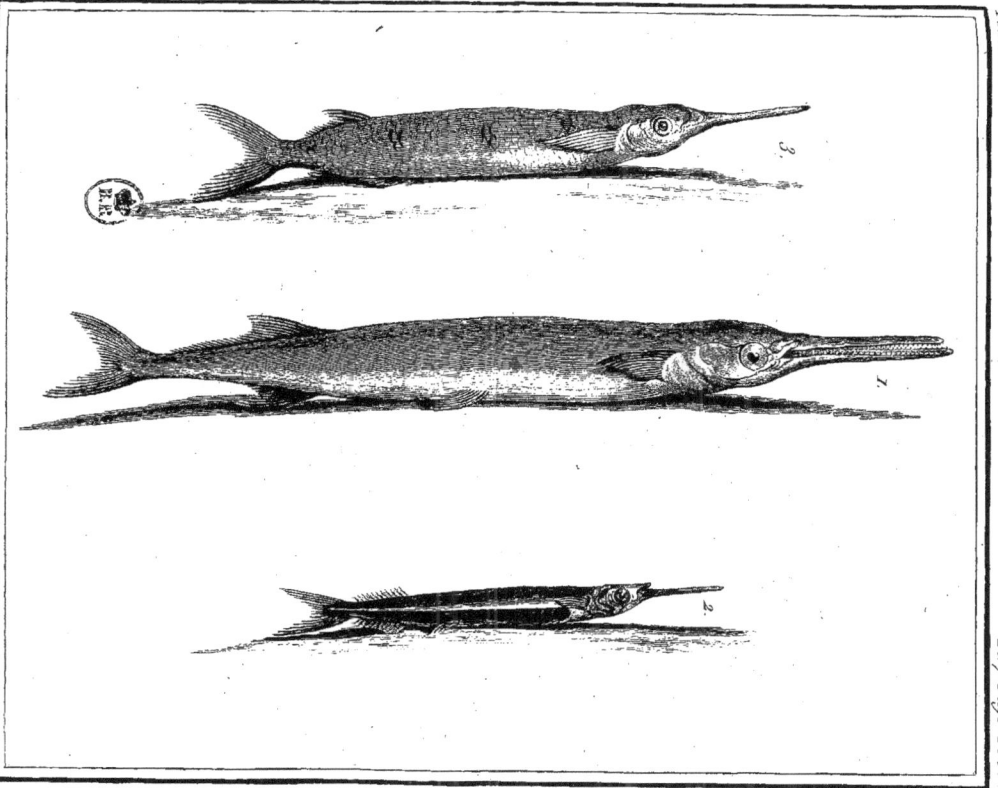

Pl. 7 Page 308.

De Seve Del.

Haussard Sculp.

1. Variété de L'ESOCE Bélone. 2. Variété de L'ESOCE Gambarus. 3. Variété de L'ESOCE Espadon.

sont d'ailleurs si déliés, que la longueur totale de
l'animal est souvent quinze fois plus grande que sa

Horn-fish, *ibid.*
Sea-needel, *ibid.*
Garpike, *ibid.*
Timucu, *au Brésil.*
Peisce agutha, *ibid.*
Ikan tsjakalang hidjoe, *dans les Indes orientales.*
Grone tsjakalang of geep, *ibid.*
Ablennes, *par plusieurs auteurs.*
Esox belone. *Linné, édition de Gmelin.*
Ésoce bélone. *Daubenton et Haüy, Encyclopédie méthodique.*
Id. *Bonnaterre, planches de l'Encyclopédie méthodique.*
Orphie. *Bloch, pl. 33.*
Esox belone. *Ascagne, 5, pl. 6.*
Brünn. Pisc. Massil. p. 79, n. 95.
Muller, Prodrom. Zoolog. Danic. p. 49, n. 420.
Faun. Suecic. 356.
Esox rostro cuspidato, gracili, subtereti et spithamali. *Artedi, gen. 10,
syn. 27.*
Ραφὶς. *Oppian, lib. 1, 172, et 3, 6o5.*
Id. *Athen. lib. 8, p. 355.*
Ahaniger. *Albert. lib. 24, p. 241, a, edit. Venetæ 1495.*
Acus piscis. *Salvian. fol. 68.*
Belone *et* raphis, *id est* acus. *Petri Artedi Synonymia piscium, etc.
auctore J. g. Schneider, etc.*
Gronov. Mus. 1, n. 39. Zooph. p. 117, n. 362.
Mastaccembelus mandibulis longissimis, etc. *Klein, Miss. pisc. 4,
p. 21, n. 1, tab. 3, fig. 2.*
Aiguille. *Rondelet, première partie, liv. 8, chap. 3.*
Acus prima species. *Gesner, Aquat. p. 9, 10. Thierb. p. 48 b.*
Acus vulgaris, acus Oppiani. *Aldrovand. Pisc. p. 106, 107.*
Acus vulgaris. *Willughby, Ichthyolog. r. 231, tab. p. 2, fig. 4.
Append. tab. 3, fig. 2.*

hauteur : il n'est donc pas surprenant qu'on lui ait
donné le nom d'*aiguille*. On l'a nommé aussi *anguille
de mer*, parce qu'il vit dans l'eau salée, et que ses
formes générales ont beaucoup d'analoige avec celles
de la murène anguille. La ressemblance dans la conformation amène nécessairement de grands rapports
dans les mouvemens et dans les habitudes; et en effet
la manière de vivre de l'ésoce bélone est semblable, à
plusieurs égards, à celle de l'anguille.

Les dents du bélone sont petites, mais fortes, égales,
et placées de manière que celles d'une mâchoire occupent, lorsque la bouche est fermée, les intervalles de
celles de l'autre. Les yeux sont gros. La ligne latérale
est située d'une manière remarquable; elle part de
la portion inférieure de l'opercule, reste toujours très-
près du dessous du corps ou de la queue, et se perd
presque à l'extrémité inférieure de la base de la caudale. La queue s'élargit, ou, pour mieux dire, grossit
à l'endroit où elle pénètre en quelque sorte dans la
nageoire de la queue; les autres nageoires sont courtes.
La partie supérieure du poisson est la seule sur laquelle on voie des écailles un peu grandes, tendres et
arrondies.

Raj. Pisc. p. 109.
Seapike. *Brit. Zoology, p.* 274, *n.* 2.
Timucu. *Marcgrav. Brasil.* 168.
Orphie. *Valmont-Bomare, Dictionnaire d'histoire naturelle.*

Lorsque le bélone serpente, pour ainsi dire, dans l'eau, ses évolutions, ses contours, ses replis tortueux, ses élans rapides, sont d'autant plus agréables, que ses couleurs sont belles, brillantes et gracieuses; le front, la nuque et le dos, offrent un noir mêlé d'azur; les opercules réfléchissent des teintes vertes, bleues et argentines : la moitié supérieure des côtés est d'un verd diversifié par quelques reflets bleuâtres; l'autre moitié répand, ainsi que le ventre, l'éclat de l'argent le plus pur : du gris ou du bleu sont distribués sur les nageoires.

Ce poisson si bien paré et si svelte a été observé dans presque toutes les mers; il en quitte les profondeurs pour aller frayer près des rivages, où il annonce, par sa présence, la prochaine apparition des maquereaux. Il n'a communément qu'un demi-mètre de longueur, et ne pèse qu'un ou deux kilogrammes; il devient alors très-souvent la proie des squales, des grandes espèces de gades, ou d'autres habitans de la mer voraces et bien armés : mais il parvient quelquefois à de plus grandes dimensions. Le chevalier Hamilton a vu pêcher, à Naples, un individu de cette espèce, qui pesoit sept kilogrammes; et Renard assure qu'on trouve dans les Indes orientales, des bélones de deux ou trois mètres de longueur, dont la morsure est, dit-on, très-dangereuse, et même mortelle, apparemment à cause de la nature de la blessure que font leurs dents nombreuses et acérées.

On prend les bélones pendant les nuits calmes et obscures, à l'aide d'une torche allumée, qui les attire en contrastant avec des ténèbres épaisses, et par le moyen d'un instrument garni d'une vingtaine de longues pointes de fer, qui les percent et les retiennent ; on en pêche jusqu'à quinze cents dans une seule nuit.

En Europe, où le bélone a la chair sèche et maigre, on ne le recherche guère que pour en faire des appâts.

Son canal intestinal proprement dit n'offre pas de sinuosité, et n'est pas distinct, d'une manière sensible, de la fin de l'estomac.

L'épine dorsale est composée de quatre-vingt-huit vertèbres ; elle soutient de chaque côté cinquante-une côtes : lorsque ces côtes et ces vertèbres sont exposées à une chaleur très-forte, elles deviennent vertes. Un effet semblable a été observé dans quelques autres poissons, et particulièrement dans des espèces de blennies ; et ces phénomènes paroissent confirmer ce que nous avons dit de la nature des poissons dans notre premier Discours, sur-tout lorsqu'on rapproche cette coloration rapide, de la lueur phosphorique que répandent dans l'obscurité ces os verdis par la chaleur *.

---

* 13 rayons à chaque pectorale de l'ésoce bélone,
   7   à chaque ventrale.
  23   à la nageoire de la queue.

L'ÉSOCE ARGENTÉ[1],

L'ÉSOCE GAMBARUR[2],

ET

L'ÉSOCE ESPADON[3].

GEORGE FORSTER a découvert l'argenté dans les eaux douces de la Nouvelle-Zélande, et d'autres isles

---

[1] Esox argenteus.
Id. *Linné, édition de Gmelin.*
Esox fusus, etc. *G. Forster, It. circa orb. 1, p.* 159.

[2] Esox gambarur.
Esox marginatus. *Linné, édition de Gmelin.*
Esox hepsetus. *Id.*
Forskael, Faun. Arabic. p. 67, *n.* 98.
Argentina, pinnâ dorsali pinnæ ani oppositâ. *Amœnit. acad.* 1, *p.* 321.
Piquitinga. *Marcgrav. Brasil.* 159.
Ésoce piquitingue. *Daubenton et Haüy, Encyclopédie méthodique.*
Id. *Bonnaterre, planches de l'Encyclopédie méthodique.*
Ésoce gambarur. *Id.*
Orphie de Rio-Janéiro, esox dorso monopterygio, rostro apice coccineo, lineâ laterali latâ, argenteâ, etc. *Commerson, manuscrits déja cités.*
Menidia corpore subpellucido, lineâ laterali latiori argenteâ. *Brown, Jamaic.* 441, *tab.* 45, *fig.* 3.

[3] Esox gladius.
Demi-museau.
Bécassine de mer.

du grand Océan équinoxial. Nous n'avons pas vu d'individu de cette espèce : si sa caudale n'est pas échancrée, il faudra la placer dans le second sous-genre des ésoces.

Le gambarur nous a paru, ainsi qu'à Commerson, appartenir à la même espèce que le piquitingue ou l'hepsète, qu'on n'a séparé du premier poisson, suivant ce célèbre voyageur, que parce qu'on a eu sous les yeux des piquitingues altérés, et privés particulièrement de la plus grande partie de leur longue mâchoire inférieure.

Il habite dans les eaux de la mer d'Arabie, ainsi que dans celles qui arrosent les rivages du Brésil.

Petit espadon.

Elephantennase, *par les Allemands.*

Kleiner schwerdtfisch, *id.*

Halt-bec, *par les Hollandois.*

Brasilianischen snoek, *id.*

Under-sword fish, *par les Anglois.*

Piper, *ibid.*

Balaon, *aux Antilles.*

Ikan moeloet betang, *dans les Indes orientales.*

Esox brasiliensis. *Linné, édition de Gmelin.*

Mus. Ad. Frid. 2, *p.* 102.

Esox maxillâ inferiore tereti, cuspidatâ, longissimâ, etc. *Gronov. Zooph.* 363.

Brown, Jamaïc. 443, *tab.* 45, *fig.* 2.

Under-swon fish, *Grow. Mus.* 87, *tab.* 7.

Ésoce petit espadon. *Daubenton et Haüy, Encyclopédie méthodique.*

Id. *Bonnaterre, planches de l'Encyclopédie méthodique.*

Acus minor infernè rostrata, vulgò balou, etc. *Plumier, manuscrits de la Bibliothèque nationale.*

Petit espadon. *Bloch, pl.* 391.

Son corps est un peu transparent, très-alongé, ainsi
que la queue, et couvert, comme cette dernière partie,
d'écailles assez grandes; la mâchoire supérieure dure
et très-courte; l'inférieure prolongée en aiguille, six
fois plus longue que la mâchoire d'en-haut, et un peu
mollasse à son extrémité; l'ouverture de la bouche
garnie sur ses deux bords de petites dents; l'œil grand
et rond; le dessus du crâne aplati; le lobe inférieur
de la caudale près de deux fois plus long que le supérieur; la couleur générale un peu claire; le haut de la
tête brun; le dos olivâtre à son sommet, et orné de
raies longitudinales séparées par des taches brunes et
carrées; la partie inférieure de l'animal marquée de
quatre autres raies; chaque côté paré, ainsi que l'indique le tableau générique, d'une raie longitudinale,
large, argentée et éclatante; la dorsale ordinairement
très-noire, et le bout de la mâchoire inférieure d'un
beau rouge.

Commerson a observé, en juin 1767, auprès de Rio-
Janéiro, un gambarur qui n'avoit guère plus de deux
décimètres de longueur.

L'espadon a beaucoup de rapports avec le gambarur;
il en a aussi avec le xiphias espadon, et sa tête ressemble,
au premier coup-d'œil, à une tête de xiphias renversée.
La prolongation de la mâchoire inférieure est encore
plus longue que dans le gambarur, aplatie et sillonnée
auprès de l'ouverture de la bouche, dont les deux
bords sont hérissés de plusieurs rangées de petites

dents pointues : d'autres dents sont situées autour du gosier ; mais le palais et la langue sont unis. Le dessus de la tête est déprimé ; les opercules sont rayonnés ; le lobe inférieur de la caudale dépasse celui d'en-haut. La couleur générale est argentée ; la tête, la mâchoire inférieure , le dos et la ligne latérale sont communément d'un beau verd, et les nageoires bleuâtres.

On trouve l'espadon dans les mers des deux Indes. Nieuhof et Valentyn l'ont vu dans les Indes orientales ; Plumier, du Tertre, Brown et Sloane l'ont observé en Amérique. Sa chair est délicate et grasse. On l'attire aisément dans les filets, par le moyen d'un feu allumé au milieu d'une nuit sombre. Il paroît qu'il multiplie beaucoup *.

---

* 10 ou 12 rayons à chaque pectorale de l'ésoce gambarur.
  6 rayons à chaque ventrale.
  14   à la nageoire de la queue.
  10 rayons à chaque pectorale de l'ésoce espadon.
  6   à chaque ventrale.
  18   à la caudale.

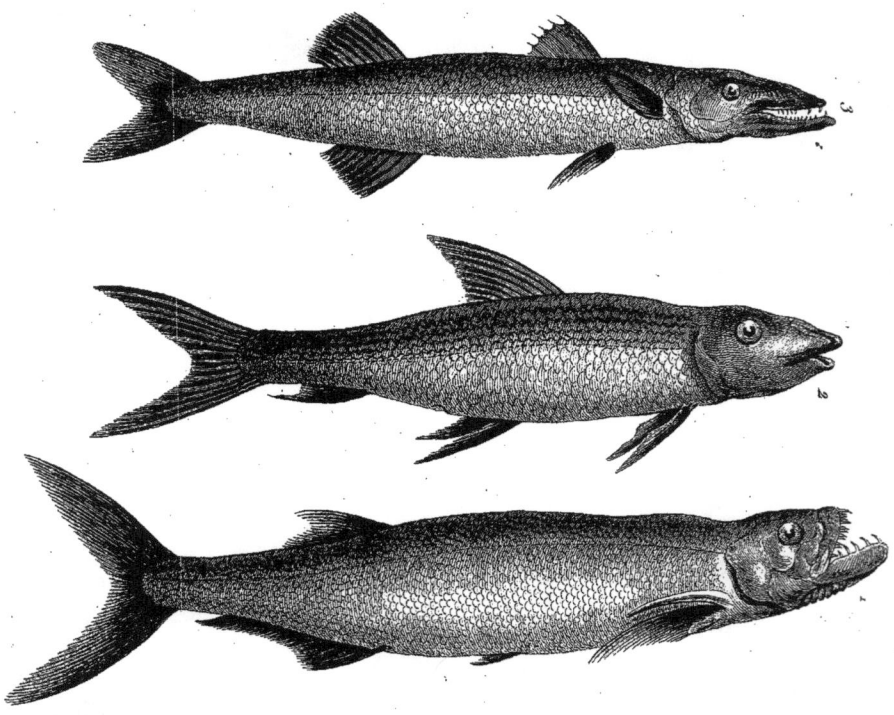

Desenne Del.

Dénseau Sculp.

1. ÉSOCE *Chirocentre.* 2. SYNODE *Renard.* 3 *Variété de la* SPHYRÈNE *Chinoise.*

L'ÉSOCE TÊTE-NUE[1],

ET

L'ÉSOCE CHIROCENTRE[2].

LE premier de ces deux ésoces habite dans les Indes; le second a été observé par Commerson, qui en a laissé un dessin dans ses manuscrits. Nous lui avons donné le nom de *chirocentre*, pour indiquer le piquant ou aiguillon placé auprès de chacune de ces nageoires pectorales que l'on a comparées à des mains. Une sorte de loupe arrondie paroît au-dessus de ces mêmes pectorales. La ligne latérale règne près du dos, dont elle suit la courbure. Les écailles sont petites et serrées. Les deux lobes de la caudale sont très-grands; l'inférieur est plus long que l'autre[3].

---

[1] Esox gymnocephalus.
Id. *Linné, édition de Gmelin.*
Ésoce tête-nue. *Daubenton et Haüy, Encyclopédie méthodique.*
Id. *Bonnaterre, planches de l'Encyclopédie méthodique.*

[2] Esox chirocentrus.

[3] 10 rayons à chaque pectorale de l'ésoce tête-nue.
  19   à la nageoire de la queue.

L'ÉSOCE VERD [1].

CE poisson habite dans les eaux douces de la Caroline, où il a été observé par Catesby et par le docteur Garden [2].

---

[1] Esox viridis.

Id. *Linné, édition de Gmelin.*

Ésoce verdet. *Daubenton et Haüy, Encyclopédie méthodique.*

Ésoce aiguille écailleuse. *Bonnaterre, planches de l'Encyclopédie méthodique.*

[2] 11 rayons à chaque pectorale de l'ésoce verd.

6   à chaque ventrale.

16   à la nageoire de la queue.

CENT QUATRE-VINGT-QUATORZIÈME GENRE.

LES SYNODES.

L'ouverture de la bouche grande ; le gosier large ; les mâchoires garnies de dents nombreuses, fortes et pointues ; point de barbillons ; l'opercule et l'orifice des branchies très-grands ; le corps et la queue très-alongés et comprimés latéralement ; les écailles dures ; point de nageoire adipeuse ; les nageoires du dos et de l'anus courtes ; une seule dorsale ; cette dernière nageoire placée au-dessus ou un peu au-dessus des ventrales, ou plus près de la tête que ces dernières.

PREMIER SOUS-GENRE.

La nageoire de la queue, fourchue, ou échancrée en croissant.

ESPÈCES.	CARACTÈRES.
1. LE SYNODE FASCÉ. (*Synodus fasciatus.*)	Onze rayons à la nageoire du dos ; six à celle de l'anus ; cinq à la membrane des branchies.
2. LE SYNODE RENARD. (*Synodus vulpes.*)	Quatorze rayons à la dorsale ; dix à celle de l'anus ; trois à la membrane branchiale ; la caudale en croissant.
3. LE SYNODE CHINOIS. (*Synodus chinensis.*)	La tête petite ; le museau pointu ; un enfoncement au-devant de la nuque ; trois pièces à chaque opercule ; les opercules et la tête dénués de petites écailles ; la ligne latérale courbée vers le bas ; la couleur générale d'un argenté verdâtre ; point de bandes, de raies, ni de taches.

ESPÈCES.	CARACTÈRES.
4. LE SYNODE MACROCÉPHALE. (*Synodus macrocephalus.*)	La tête très-longue ; le museau très-alongé ; la mâchoire inférieure plus avancée que la supérieure ; les yeux très-rapprochés l'un de l'autre, et du bout du museau ; l'opercule anguleux du côté de la queue, et composé de trois pièces ; la ligne latérale courbée vers le bas ; la dorsale et l'anale en forme de faux ; la couleur générale d'un verdâtre argenté.

SECOND SOUS-GENRE.

La nageoire de la queue arrondie, ou rectiligne, et sans échancrure.

ESPÈCE.	CARACTÈRES.
5. LE SYNODE MALABAR. (*Synodus malabaricus.*)	Quatorze rayons à la nageoire du dos ; dix à l'anale ; cinq à la membrane des branchies ; deux orifices à chaque narine ; la caudale arrondie.

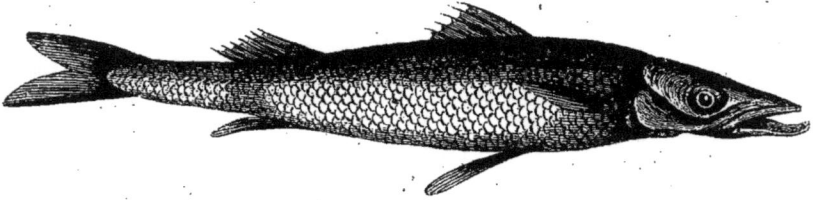

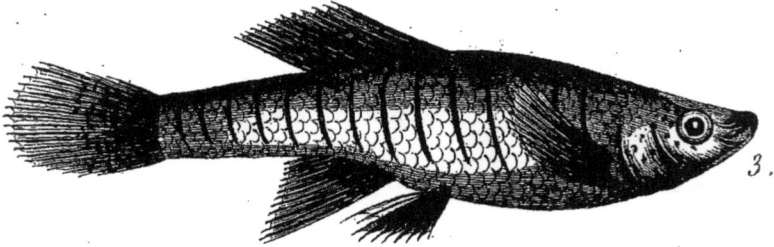

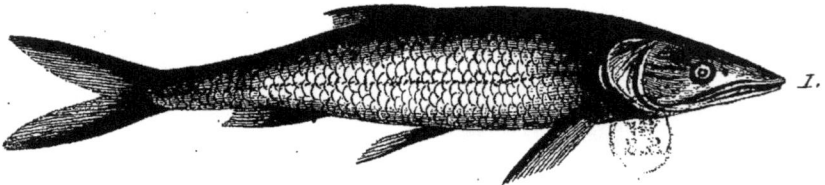

de Seve del.   *Ch. Baquoy Sc.*

1. SYNODE Chinois. 2. SPHYRÈNE Chinoise. 3. HYDRARGIRE Swampine.

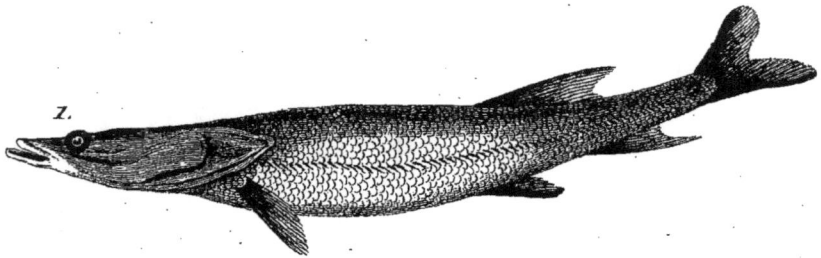

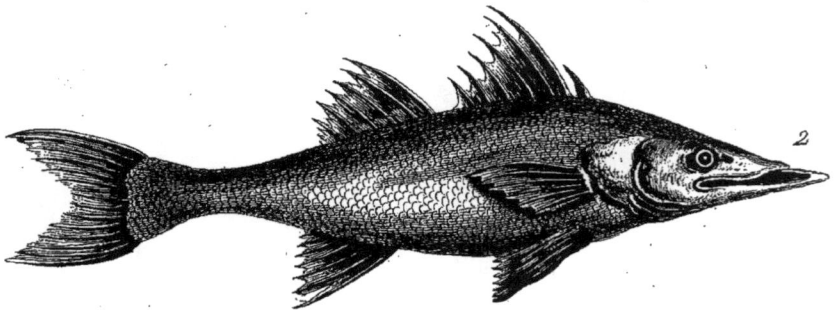

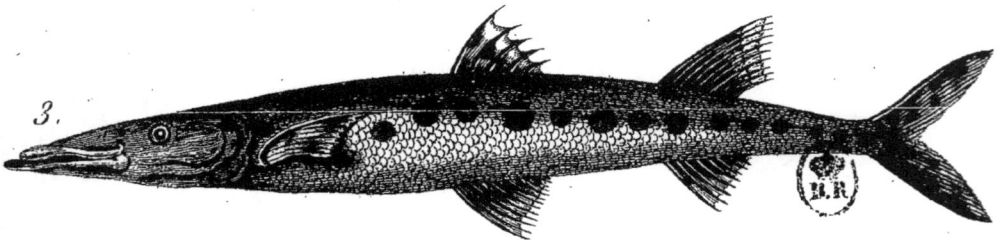

De Seve Del.   Haussard Sculp.

1. SYNODE *Macrocéphale.* 2. SPHYRÈNE *Orverd.* 3. SPHYRÈNE *Bécune* .

LE SYNODE FASCÉ [1],

LE SYNODE RENARD [2],

LE SYNODE CHINOIS [3], LE SYNODE MACROCÉPHALE [4], ET LE SYNODE MALABAR [5].

Nous n'avons pas besoin de faire remarquer combien les synodes ont de ressemblance avec les ésoces, dont nous avons cru cependant devoir les séparer, pour établir plus de régularité et de convenance dans la distribution méthodique des poissons.

[1] Synodus fasciatus.
Esox synodus. *Linné, édition de Gmelin.*
Esoce synode. *Daubenton et Haüy, Encyclopédie méthodique.*
Id. *Bonnaterre, planches de l'Encyclopédie méthodique.*
Gronov. Mus. 2, n. 151, tab. 7, fig. 1.

[2] Synodus vulpes.
Esox vulpes. *Linné, édition de Gmelin.*
Ésoce renard. *Daubenton et Haüy, Encyclopédie méthodique.*
Id. *Bonnaterre, planches de l'Encyclopédie méthodique.*
Catesby, Carol. 2, tab. 1, fig. 2.

[3] Synodus chinensis.

[4] Synodus macrocephalus.

[5] Synodus malabaricus.
Esox malabaricus. *Bloch, pl. 392.*

Les deux premiers de ces synodes vivent dans les mers de l'Amérique septentrionale.

Celui auquel nous avons donné le nom spécifique de *fascé*, se trouve cependant dans la Méditerranée, auprès de Nice, ainsi que nous l'apprend le savant inspecteur du muséum d'histoire naturelle de Turin, le citoyen Giorna. Ce poisson a la tête un peu enfoncée entre les yeux; deux ou trois rangées de dents à chaque mâchoire, sur le palais, et auprès du gosier; la partie supérieure de la langue toute couverte de petites dents; la dorsale triangulaire; les écailles grandes; des bandes transversales brunes; des raies noires sur les nageoires; et le ventre blanc.

Le renard présente une rangée de dents petites et aiguës à chacune de ses mâchoires; une dorsale, une anale et des pectorales peu échancrées; des écailles grandes; des teintes jaunâtres sur le dos; une couleur blanchâtre sur le ventre, et une longueur de quatre ou cinq décimètres.

Nous avons vu les synodes que nous avons nommés *chinois* et *macrocéphale*, et qui n'ont encore été décrits par aucun naturaliste, très-bien représentés dans la collection de peintures chinoises cédée à la France par la Hollande, et conservée dans la bibliothèque du Muséum national d'histoire naturelle.

La ligne latérale du macrocéphale est dorée; ses ventrales sont très-petites; il ne montre ni taches, ni bandes, ni raies longitudinales.

La mâchoire inférieure du *malabar* excède un peu celle d'en-haut ; l'une et l'autre sont armées de dents inégales, peu serrées, mais grandes, fortes et pointues : d'autres dents hérissent la langue et le palais. Les écailles sont larges et lisses. Le dos est verdâtre ; la tête, les flancs et le ventre sont jaunâtres ; les nageoires, variées de jaune et de gris, présentent des raies brunes.

Le malabar habite dans les rivières de la côte dont il porte le nom ; sa chair est blanche, agréable et saine *.

---

* 12 rayons à chaque pectorale du synode fascé.
  8.   à chaque ventrale.
14 rayons à chaque pectorale du synode renard.
  8   à chaque ventrale.
17   à la nageoire de la queue.
11 rayons à chaque pectorale du synode malabar.
  8   à chaque ventrale.
17   à la caudale.

CENT QUATRE-VINGT-QUINZIÈME GENRE·

LES SPHYRÈNES.

L'ouverture de la bouche grande ; le gosier large ; les mâchoires garnies de dents nombreuses, fortes et pointues ; point de barbillons ; l'opercule et l'orifice des branchies, très-grands ; le corps et la queue très-alongés, et comprimés latéralement ; point de nageoire adipeuse ; les nageoires du dos et de l'anus courtes ; deux nageoires dorsales.

ESPÈCES.	CARACTÈRES.
1. LA SPHYRÈNE SPET. (*Sphyræna spet.*)	Quatre rayons à la première nageoire du dos; dix à la seconde; dix à celle de l'anus; la mâchoire inférieure plus avancée que celle d'en-haut; les dents nombreuses, inégales, fortes et crochues; la dorsale et l'anale échancrées; l'opercule terminé par une pointe et couvert de petites écailles; la couleur générale d'un bleuâtre argenté; point de taches, de bandes, ni de raies; l'anale, les ventrales et les pectorales, rouges.
2. LA SPHYRÈNE CHINOISE. (*Sphyræna chinensis.*)	Cinq rayons à la première dorsale; neuf à la seconde; neuf à l'anale; la mâchoire inférieure plus avancée que celle d'en-haut; les dents fortes, crochues, presque égales, et peu nombreuses; la dorsale et l'anale non échancrées; l'opercule presque arrondi par derrière, et dénué de petites écailles; la couleur générale et celle de toutes les nageoires, d'un verdâtre argenté; point de taches, de bandes, ni de raies.

ESPÈCES.	CARACTÈRES.
3. LA SPHYRÈNE ORVERD. (*Sphyræna aureoviridis.*)	Sept rayons à la première nageoire du dos ; six à la seconde ; ces deux nageoires presque égales , très-rapprochées l'une de l'autre , élevées, triangulaires ; six rayons à la nageoire de l'anus ; la mâchoire inférieure plus avancée que la supérieure ; la couleur générale et celle des nageoires , d'un verd doré ; point de taches, de bandes , ni de raies.
4. LA SPHYRÈNE BÉCUNE. (*Sphyræna becuna.*)	Cinq rayons à la première dorsale ; dix à la seconde ; huit à la nageoire de l'anus ; la tête très-alongée ; le corps et la queue très-déliés; presque toutes les nageoires échancrées en forme de faux ; l'opercule très-arrondi, et dénué de petites écailles ; la couleur générale bleue ; un grand nombre de taches rondes, inégales et d'un bleu foncé, le long de la ligne latérale.
5. LA SPHYRÈNE AIGUILLE. (*Sphyræna acus.*)	Six ou sept rayons à la première nageoire du dos ; un rayon aiguillonné et vingt-quatre rayons articulés à la seconde ; un rayon aiguillonné et vingt-trois rayons articulés à l'anale ; la caudale en croissant ; la corne supérieure de la caudale plus longue que l'inférieure ; les mâchoires très-étroites , pointues, et deux fois plus longues que la tête proprement dite.

LA SPHYRÈNE SPET [1],

LA SPHYRÈNE CHINOISE [2],

LA SPHYRÈNE ORVERD [3], LA SPHYRÈNE BÉCUNE [4], ET LA SPHYRÈNE AIGUILLE [5].

LES sphyrènes ont été placées parmi les ésoces; leurs deux nageoires dorsales, et quelques autres traits, doivent cependant les en séparer.

[1] Sphyræna spet.
Cestra, *en grec.*
Malleus.
Marteau.
Pei escomé, *dans le département du Var.* (Note communiquée par le préfet Fauchet.)
Sfirena, *en Sardaigne.*
Lucio di mare, *ibid.*
Luzzaro, *à Gênes.*
Luzzo marino, *à Rome.*
Zarganes, *en Grèce.*
Mugésil, *en Arabie.*
Agam, *ibid.*
Goedd, *ibid.*
Pfeil hecht, *en Allemagne.*
See hecht, *ibid.*
Pyl-snoek, *en Hollande.*
Sea-pike, *en Angleterre.*

Des sucs digestifs très-puissans, des besoins impérieux, une faim dévorante très-souvent renouvelée,

---

Spit-fish, *ibid.*

Picuda, *à la Havane.*

Espedon, *en Espagne.*

Esox sphyræna. *Linné, édition de Gmelin.*

Ésoce spet. *Daubenton et Haüy, Encyclopédie méthodique.*

Id. *Bonnaterre, planches de l'Encyclopédie méthodique.*

Mus. Ad. Frider. 2, p. 100.

Sphyræna. *Artedi, gen.* 84, *syn.* 112.

Σφύραινα. *Aristot. lib.* 9, *cap.* 2.

Id. *Ælian. lib.* 1, *cap.* 33, *p.* 40.

Id. *Athen. lib.* 7, *p.* 323.

Id. *Oppian. lib.* 1, *p.* 7; *et lib.* 2, *p.* 58.

Sphyræna. *Charleton, p.* 136.

Sphyræna, prima species. *Rondelet, première partie, liv.* 8, *chap.* 1.

Id. *Gesner, p.* 882, 1059; *et germ. fol.* 39.

Id. *Willughby, p.* 273.

Sphyræna *sive* sudis. *Salvian. fol.* 70, *a.*

Id. *Aldrov. lib.* 1, *cap.* 21, *p.* 102.

Id. *Jonston. lib.* 1, *tit.* 2, *cap.* 1, *a* 16, *tab.* 18, *fig.* 1.

Id. *Raj. p.* 84.

Bloch, pl. 389.

Spet. *Valmont-Bomare, Dictionnaire d'histoire naturelle.*

[2] Sphyræna chinensis.

[3] Sphyræna aureoviridis.

Lucius marinus. *Plumier, peintures sur vélin déja citées.*

[4] Sphyræna becuna.

Sphyræna antillana, argentocærulea. *Plumier, peintures sur vélin déja citées.*

[5] Sphyræna acus.

Acus americana, rostro longiori. *Plumier, manuscrits de la Bibliothèque nationale déja cités.*

des dents fortes et aiguës, des formes très-déliées, de l'agilité dans les mouvemens, de la rapidité dans la natation ; voilà ce que présentent les sphyrènes ; voilà ce qui leur rend la guerre et nécessaire et facile ; voilà ce qui, leur faisant surmonter la crainte mutuelle qu'elles doivent s'inspirer, les réunit en troupes nombreuses, dont tous les individus poursuivent simultanément leur proie, s'ils ne l'attaquent pas par des manœuvres concertées, et auxquelles il ne manque que de grandes dimensions et plus de force pour exercer une domination terrible sur presque tous les habitans des mers.

Une chair blanche et qui plaît à l'œil, délicate et que le goût recherche, facile à digérer et que la prudence ne repousse pas ; voilà ce qui donne aux sphyrènes presque autant d'ennemis que de victimes ; voilà ce qui, dans presque toutes les contrées qu'elles habitent, fait amorcer tant d'hameçons, dresser tant de piéges, tendre tant de filets contre elles.

Des cinq sphyrènes que nous faisons connoître, les naturalistes n'ont encore décrit que la première ; mais les formes ni les habitudes de cette sphyrène spet n'avoient point échappé à l'attention d'Aristote, et des autres anciens auteurs qui se sont occupés des poissons de la Méditerranée.

Le spet se trouve en effet dans cette mer intérieure, aussi-bien que dans l'Océan atlantique. Il parvient à la longueur de sept ou huit décimètres. Ses couleurs sont relevées par l'éclat de la ligne latérale, qui est un peu courbée vers le bas. Le palais est uni ; mais des dents petites et pointues sont distribuées sur la langue et auprès du gosier. Chaque narine n'a qu'un orifice ; les yeux sont gros et rapprochés ; les écailles minces et petites ; quarante cœcums placés auprès du pylore ; le canal intestinal est court et sans sinuosités ; la vésicule du fiel très-grande, et la vessie natatoire située très-près du dos.

Les yeux de la chinoise sont très-gros ; la prunelle est noire ; l'iris argenté ; la ligne latérale tortueuse. Commerson a laissé dans ses manuscrits un dessin de cette sphyrène, que nous avions déja fait graver, lorsque nous avons vu ce poisson bien mieux représenté dans les peintures chinoises données à la France par la république batave.

La sphyrène orverd est magnifique ; son dos est élevé ; son museau très-pointu, et son œil, dont l'iris est d'un beau jaune, ressemble à un saphir enchâssé dans une topaze.

La parure de la bécune est moins riche, mais plus élégante ; des reflets argentins ajoutent les nuances les plus gracieuses à l'azur et au bleu foncé dont elle est variée. L'œil rouge a le feu du rubis. Ses formes sveltes ressemblent plus à celles d'un serpent ou d'une murène, que celles des autres sphyrènes dont nous venons de parler. La mâchoire inférieure est un peu plus avancée que la supérieure ; l'opercule composé de trois pièces ; la ligne latérale presque droite.

La seconde dorsale et la nageoire de l'anus de la sphyrène aiguille sont échancrées de manière à représenter une faux. La mâchoire inférieure dépasse celle d'en-haut. Chacune de ces mâchoires est armée d'une cinquantaine de dents étroites, crochues, longues, presque égales, et correspondantes aux intervalles laissés par les dents de l'autre mâchoire.

Nous devons à Plumier la connoissance de ces trois dernières sphyrènes *.

---

* 7 rayons à la membrane branchiale de la sphyrène spet.
14   à chaque pectorale.
6   à chaque ventrale.
20   à la nageoire de la queue.

8 ou 9 rayons à la membrane des branchies de la sphyrène aiguille.

CENT QUATRE-VINGT-SEIZIÈME GENRE.

LES LÉPISOSTÉES.

L'ouverture de la bouche grande ; les mâchoires garnies de dents nombreuses, fortes et pointues ; point de barbillons ni de nageoire adipeuse ; le corps et la queue très-alongés ; une seule nageoire du dos ; cette nageoire plus éloignée de la tête que les ventrales ; le corps et la queue revêtus d'écailles très-grandes, placées les unes au-dessus des autres, très-épaisses, très-dures, et de nature osseuse.

ESPÈCES.	CARACTÈRES.
1. LE LÉPISOSTÉE GAVIAL. (*Lepisosteus gavial.*)	Neuf rayons à la nageoire du dos; neuf rayons à celle de l'anus ; le premier rayon de chaque nageoire et le dernier de la caudale très-forts et dentelés ; la mâchoire supérieure plus avancée que celle d'en-bas ; les deux mâchoires très-longues, très-étroites, et garnies d'un grand nombre de dents fortes et pointues, disposées sur un ou plusieurs rangs, et parmi lesquelles s'élèvent plusieurs autres dents plus longues, crochues, et séparées les unes des autres ; la longueur de la tête égale, ou à peu près, à celle du corps.
2. LE LÉPISOSTÉE SPATULE. (*Lepisosteus spatula.*)	Onze rayons à la nageoire du dos; neuf rayons à celle de l'anus ; le premier rayon de chaque nageoire, très-fort et dentelé; la mâchoire supérieure plus avancée que celle d'en-bas ; les deux mâchoires longues,

ESPÈCES.	CARACTÈRES.
2. LE LÉPISOSTÉE SPATULE. (*Lepisosteus spatula.*)	étroites et déprimées; le bout du museau plus large que le reste des mâchoires; la longueur de la tête égale, ou à peu près, à la moitié de la longueur du corps.
3. LE LÉPISOSTÉE ROBOLO. (*Lepisosteus robolo.*)	Quatorze rayons à la dorsale; huit à celle de l'anus; les deux mâchoires également avancées; les dents très-petites et serrées; la langue et le palais lisses.

LE LÉPISOSTÉE GAVIAL[1],

LE LÉPISOSTÉE SPATULE[2],

ET

LE LÉPISOSTÉE ROBOLO[3].

DE tous les poissons osseux, les lépisostées sont ceux qui ont reçu les armes défensives les plus sûres. Les

[1] Lepisosteus gavial.
Trompette de mer.
Aguja, *en Espagne.*
Knochen hecht, *par les Allemands.*
Schild-snoek, *par les Hollandois.*
Chiefis, *à la Havane.*
Green carfish, *par les Anglois des Indes occidentales.*
Ikan tsiakalang bali, *dans les Indes orientales.*
Balgeesche geeb, *par les Hollandois des grandes Indes.*
Esox osseus. *Linné, édition de Gmelin.*
Esoce cayman. *Daubenton et Haüy, Encyclopédie méthodique.*
Id. *Bonnaterre, planches de l'Encyclopédie méthodique.*
Esox maxillâ superiore longiore; caudâ quadratâ. *Artedi, gen.* 14, *syn.* 27.
Acus maxima, squamosa, viridis. *Catesby, Carol.* 2, *tab.* 3o.
Acus marina squamosa. *Lister, App. Willughby,* p. 22.
Raj. p. 109.
Bloch, pl. 390.
Mus. Ad. Frider. 2, p. 101.

écailles épaisses, dures et osseuses, dont toute leur surface est revêtue, forment une cuirasse impénétrable à
la dent de presque tous les habitans des eaux, comme
l'enveloppe des ostracions, les boucliers des acipensères, la carapace des tortues, et la couverture des
caymans, dont nous avons conservé le nom à l'espèce
de lépisostée la plus anciennement connue. A l'abri
sous leur tégument privilégié, plus confians dans leurs
forces, plus hardis dans leurs attaques, que les ésoces,
les synodes et les sphyrènes, avec lesquels ils ont de
très-grands rapports; ravageant avec plus de sécurité le
séjour qu'ils préfèrent, exerçant sur leurs victimes une
tyrannie moins contestée, satisfaisant avec plus de facilité leurs appétits violens, ils sont bientôt devenus plus
voraces, et porteroient dans les eaux qu'ils habitent
une dévastation à laquelle très-peu de poissons pourroient se dérober, si ces mêmes écailles défensives qui,
par leur épaisseur et leur dureté, ajoutent à leur audace, ne diminuoient pas, par leur grandeur et leur
inflexibilité, la rapidité de leurs mouvemens, la facilité
de leurs évolutions, l'impétuosité de leurs élans, et ne

Acus seu belone americana, squamis durissimis cataphracta. *Plumier,
manuscrit déjà cité de la Bibliothèque nationale.*
Poisson armé de la rivière de Saint-Laurent. *Id. ibid.*

¹ Lepisosteus spatula.
³ Lepisosteus robolo.
Esox chilensis. *Linné, édition de Gmelin.*
Molina. *Hist. natur. Chil. p. 196.*
Ésoce robolo. *Bonnaterre, planches de l'Encyclopédie méthodique.*

laissoient pas ainsi à leur proie quelque ressource dans
l'adresse, l'agilité et la fuite précipitée. Mais cette même
voracité les livre souvent entre les mains des ennemis
qui les poursuivent : elle les force à mordre sans précaution à l'hameçon préparé pour leur perte ; et cet
effet de leur tendance naturelle à soutenir leur existence leur est d'autant plus funeste par son excès,
qu'ils sont très-recherchés à cause de la bonté de leur
chair.

Le gavial particulièrement a la chair grasse et très-
agréable au goût. On le trouve dans les lacs et dans les
rivières des deux Indes, où il parvient à un mètre de
longueur. La dentelure remarquable qu'on voit aux
premiers rayons de toutes ses nageoires et au dernier
de sa caudale, provient de deux séries d'écailles osseuses, alongées et pointues, placées en recouvrement
le long et au-dessus de ce premier rayon, qui d'ailleurs
est articulé. La forme générale de sa tête ; le très-grand
alongement de ses mâchoires ; leur peu de largeur ; le
sillon longitudinal creusé de chaque côté de la mâchoire
d'en-haut ; les pièces osseuses, inégales, irrégulières,
ciselées ou rayonnées, articulées fortement les unes avec
les autres, et enveloppant la tête proprement dite, ou
composant les opercules ; la quantité, la distribution,
l'inégalité et la figure des dents ; la position des deux
orifices de chaque narine, que l'on découvre à l'extrémité du museau ; la situation des yeux, très-près de
l'angle de la bouche : tous ces traits lui donnent beaucoup

de ressemblance avec le crocodile du Gange, auquel nous avons dans le temps conservé le nom de *gavial;* et nous avons mieux aimé le désigner par cette déno- mination de *gavial,* que le distinguer, avec plusieurs naturalistes, par le nom de *cayman,* ou *crocodile d'Amé- rique,* auquel il ressemble beaucoup moins.

Les écailles osseuses dont ce lépisostée est revêtu, lui donnent un nouveau rapport avec le gavial ou les crocodiles considérés en général. Ces écailles, arrangées de manière à former des séries obliques, sont taillées en losange, striées, relevées dans leur centre, et pa- roissent composées de quatre pièces triangulaires; celles qui s'étendent en rangée longitudinale, depuis la nuque jusqu'à la dorsale, sont échancrées, et représentent un cœur. La ligne latérale est courbée vers le bas; l'anus deux fois plus voisin de la caudale que de la tête; la dorsale semblable, par sa forme presque ovale et par ses dimensions, à la nageoire de l'anus, qui règne directement au-dessous; la caudale obliquement ar- rondie; la partie supérieure de la base de cette caudale couverte obliquement d'écailles osseuses, qui doivent gêner un peu les mouvemens de cette rame; la couleur générale verte; celle des nageoires rougeâtre, sans taches, ou avec des taches foncées; et le ventre rou- geâtre, ou d'un violet très-clair.

Aucun naturaliste n'a encore publié de description du lépisostée spatule. Le Muséum national d'histoire naturelle renferme depuis long-temps un bel individu de cette espèce. La forme de son museau nous a suggéré son nom spécifique, de même que nous avons voulu désigner les écailles osseuses des lépisostées par le nom générique que nous leur avons donné *.

La tête du spatule, comprimée et aplatie, est couverte de pièces osseuses, grandes, rayonnées et chargées d'aspérités. Le dessus de la mâchoire supérieure offre de chaque côté quatre ou cinq lames également osseuses, et comme ciselées ou rudes. Un grand nombre de pièces petites, mais osseuses et articulées ensemble, couvrent, au-delà des yeux, les parties latérales de la tête proprement dite. L'opercule, de même nature que ces lames, est rayonné, et composé de trois pièces. Chaque narine a deux orifices. Le palais est hérissé de petites dents. Les deux mâchoires sont garnies de deux rangées de dents courtes, inégales, crochues et serrées. Indépendamment de ces deux rangs, la mâchoire d'en-haut est armée de deux séries de dents longues, sillonnées, aiguës, éloignées les unes des autres, et distribuées irrégulièrement. La mâchoire inférieure ne montre qu'une série de ces dents alongées : cette rangée répond à l'intervalle longitudinal qui sépare les deux séries d'en-haut; et les grandes dents qui forment ces deux rangées supérieures, ainsi que la rangée d'en-bas, sont reçues chacune dans une cavité particulière de la mâchoire opposée.

---

* *Lepis*, en grec, signifie *écaille*.

On doit remarquer qu'au-devant des orifices des narines deux de ces dents longues et sillonnées de la mâchoire d'en-bas traversent la mâchoire supérieure lorsque la bouche est fermée, et montrent leurs pointes acérées au-dessus de la surface de cette mâchoire d'en-haut, comme nous l'avons fait observer dans le crocodile, en écrivant, en 1788, l'histoire de cet énorme animal.

La mâchoire supérieure, étant plus étroite que celle d'en-bas, rend plus sensible l'élargissement qui donne au bout du museau la forme d'une spatule. L'œil est très-près de l'angle de la bouche.

Les écailles osseuses forment, depuis la nuque jusqu'à la dorsale, cinquante rangées obliques ou environ: ces écailles sont en losange, rayonnées et dentelées. celles qui recouvrent l'arête longitudinale du dos, montrent une échancrure qui produit deux pointes. La ligne latérale est droite; la dorsale placée au-dessus de l'anale; et les ventrales sont à une distance presque égale de cette anale et des pectorales *.

---

* 12 rayons à chaque pectorale du lépisostée gavial.
  6   à chaque ventrale.
 15   à la nageoire de la queue.

13 rayons à chaque pectorale du lépisostée spatule.
 6   à chaque ventrale.

10 rayons à la membrane des branchies du lépisostée robolo.
11   à chaque pectorale.
22   à la caudale.

La mer qui arrose le Chili nourrit le robolo. Ce lépisostée a l'œil grand ; l'opercule couvert d'écailles semblables à celles du dos, et composé de deux pièces ; les
nageoires courtes ; la ligne latérale bleue ; les écailles
anguleuses, osseuses, mais foiblement attachées, dorées
par-dessus, argentées par-dessous ; une longueur de
près d'un mètre ; la chair blanche, lamelleuse, un peu
transparente, et très-agréable au goût.

CENT QUATRE-VINGT-DIX-SEPTIÈME GENRE.

LES POLYPTÈRES.

[Un seul rayon à la membrane des branchies; deux évents; un grand nombre de nageoires du dos.

ESPÈCE.	CARACTÈRES.
LE POLYPTÈRE BICHIR. (*Polypterus bichir.*)	Seize ou dix-sept ou dix-huit nageoires dorsales; quinze rayons à la nageoire de l'anus; la caudale arrondie.

LE POLYPTÈRE BICHIR .

On doit la connoissance de ce poisson, dont l'organisation est très-remarquable, à mon savant collègue le citoyen Geoffroy, professeur au Muséum national d'histoire naturelle. Cet habile et zélé naturaliste a vu le bichir dans les eaux du Nil, lorsqu'il a accompagné en Égypte, avec les autres membres de l'Institut du Caire, le héros françois et son admirable armée.

Il a publié la description et la figure de cet abdominal; et voici ce qu'il nous a appris de sa conformation.

Le bichir a beaucoup de rapports, par ses tégumens, par la grandeur de ses écailles, par la solidité de ses lames, avec le lépisostée gavial. Mais combien de traits l'en distinguent!

Chaque nageoire pectorale est attachée à une sorte d'appendice ou de bras qui renferme des osselets comprimés, réunis dans les individus adultes, et néanmoins analogues à ceux des extrémités antérieures des mammifères. Chaque ventrale tient aussi à un appendice;

_____

: Polyptérus bichir.

? *Bulletin des sciences, par la Société philomathique,* n° 61.

mais cette prolongation est beaucoup plus courte que
celle qui soutient les pectorales.

Chacune des seize, dix-sept ou dix-huit nageoires
dorsales présente un rayon solide, comprimé de devant
en arrière, terminé par deux pointes, et vers l'extrémité
supérieure duquel quatre ou cinq petits rayons, tournés
obliquement vers la caudale, maintiennent le haut
d'une membrane étroite, élevée, élargie par le bas,
arrondie dans son bout supérieur.

Ce rayon solide s'articule sur une tête de l'apophyse
épineuse de la vertèbre qui lui correspond. Son apophyse particulière est d'ailleurs très-petite, et engagée
dans le tissu cellulaire.

Une longue plaque osseuse remplaçant les rayons
ordinaires de la membrane des branchies, la membrane
branchiale du bichir ne peut ni se plisser ni s'étendre
à la volonté de l'animal.

Le dessus de la tête est recouvert d'une grande
plaque, composée de six pièces articulées les unes
avec les autres. Entre cette plaque et l'opercule, on
voit une série de petites pièces carrées, dont la plus
alongée, libre dans un de ses bords, peut être soulevée
comme une valvule, montrer un véritable évent et
laisser échapper l'eau de l'intérieur de la bouche.

Deux petits barbillons garnissent la lèvre inférieure;
deux rangées de dents fines, égales et rapprochées,
hérissent les deux mâchoires; la langue est mobile,
charnue et lisse.

La couleur générale est d'un verd de mer, relevé par quelques taches noires, irrégulières, plus nombreuses vers la caudale que vers la tête.

La longueur ordinaire du poisson n'excède pas cinq décimètres : celle de sa queue n'étant égale qu'au sixième ou environ de cette longueur totale, l'abdomen est très-étendu.

L'œsophage est grand; l'estomac rétréci, alongé et conique.

Le canal intestinal proprement dit a beaucoup de ressemblance avec celui des squales et des raies : sortant de la partie supérieure de l'estomac, et un peu arqué vers son origine, il se rend ensuite directement à l'anus; mais une large duplicature de la membrane interne forme une spirale, dont les replis prolongent le séjour des alimens dans ce canal.

On apperçoit un cœcum très-court. La vessie natatoire est très-longue, composée de deux portions inégales, flottantes, presque cylindriques, et communique avec l'œsophage par une large ouverture qu'un sphincter peut fermer *.

---

* 32 rayons à chaque pectorale du polyptère bichir.
12   à chaque ventrale.
19   à la nageoire de la queue.

CENT QUATRE-VINGT-DIX-HUITIÈME GENRE.

LES SCOMBRÉSOCES.

Le corps et la queue très-alongés ; les deux mâchoires très-longues, très-minces, très-étroites, et en forme d'aiguille ; la nageoire dorsale située au-dessus de celle de l'anus ; un grand nombre de petites nageoires au-dessus et au-dessous de la queue, entre la caudale et les nageoires de l'anus et du dos.

ESPÈCE.	CARACTÈRES.
LE SCOMBRÉSOCE CAMPÉRIEN. (*Scomberesox Camperii.*)	Douze rayons à la nageoire du dos; douze rayons à celle de l'anus; six petites nageoires triangulaires au-dessus de la queue, et sept au-dessous; la caudale fourchue.

LE SCOMBRÉSOCE CAMPÉRIEN *.

PARMI les animaux qui, par leur conformation ambiguë
ou plutôt composée, doivent être regardés comme des
liens qui réunissent les divers grouppes de l'ensemble
immense que forment les êtres organisés, aucun ne
mérite l'attention de l'observateur philosophe plus que
le scombrésoce campérien. Non seulement, en effet,
il présente les traits distinctifs de deux genres très-
différens, non seulement il offre les caractères des
scombres et ceux des ésoces ; mais encore les formes
distinctives de ces deux genres sont rapprochées dans
ce poisson mi-parti, sans être confondues, mêlées, ni
altérées. On croiroit, en le voyant, avoir sous les yeux
un de ces produits artificiels, fabriqués par une avide
charlatanerie pour séduire la curiosité ignorante ; et
l'on seroit tenté de le rejeter comme le résultat grossier
du rapprochement du corps d'un ésoce et de la queue

* Scomberesox Camperii.
Lacertus.
Sauros.
Sayris.
Bécasse, *ou* autre espèce d'aiguille. *Rondelet, première partie, liv.* 8,
chap. 5.

d'un scombre. Aussi, malgré l'autorité de Rondelet, qui l'a décrit en peu de mots, et qui en a fait graver la figure, avons-nous failli à imiter la réserve de Linné, de Daubenton, de Haüy, de Gmelin, ainsi que des autres naturalistes modernes, et à n'en faire aucune mention dans cet ouvrage. Mais M. Camper, savant naturaliste de Hollande, et digne fils de feu notre illustre ami le grand anatomiste Camper, a eu la bonté de nous apprendre qu'il possédoit dans sa collection un individu de cette espèce que l'on ne doit rencontrer que très-rarement, puisqu'aucun observateur récent ne l'a trouvée. Il a bien voulu ajouter à cette attention celle de m'envoyer un dessin de cet abdominal, que je me suis empressé de faire graver, et une description très-détaillée et très-savante de cet osseux, d'après laquelle je ne puis que bien faire connoître ce singulier poisson.

J'ai donc cru que la reconnoissance m'obligeoit à donner à l'objet de cet article le nom spécifique de *campérien ;* de même que j'ai pensé devoir réunir dans son nom générique ceux des deux genres à chacun desquels on rapporteroit sans balancer une de ses parties antérieure ou postérieure, si on la voyoit séparée de l'autre.

Ce scombrésoce, suivant Rondelet, parvient à la longueur d'un tiers de mètre. L'individu qui appartient à M. Camper n'a que les trois quarts de cette longueur.

Les deux mâchoires sont assez effilées pour ressembler

aux deux mandibules d'une bécasse ; ou plutôt, comme elles sont courbées vers le haut, elles représentent assez bien le bec d'une avocette : elles ont par conséquent beaucoup de rapports avec celles de l'ésoce bélone.

La mâchoire supérieure, plus courte et plus étroite, s'emboîte dans une sorte de sillon formé par les deux branches de la mâchoire inférieure. Ces deux mâchoires, dans l'individu de Rondelet, étoient dentelées comme le bord d'une scie. Dans l'individu de M. Camper, moins grand et moins développé que le premier, on voit à la surface supérieure de la mâchoire d'en-bas un bourrelet garni de quatre aspérités, et situé très-près de la cavité de la bouche proprement dite. La langue, qui est courte et rude, peut à peine atteindre jusqu'à ce bourrelet. L'ensemble de la tête a presque le tiers de la longueur totale de l'animal.

Les yeux sont grands ; chaque narine a deux orifices ; plusieurs pores muqueux paroissent autour des yeux et sur les mâchoires ; le corps et la queue sont revêtus d'écailles d'une grandeur moyenne, qui se détachent avec facilité. Deux rangées de petites écailles, situées sur le ventre, donnent à cette partie une saillie longitudinale. Les pectorales sont échancrées en forme de faux ; les ventrales très-petites et très-éloignées de la gorge ; la sixième petite nageoire dorsale d'en-haut et la septième d'en-bas sont plus longues et plus étroites que les autres. La couleur générale est d'un blanc de nacre ou d'argent éclatant ; la partie supérieure du poisson, la ligne latérale et la saillie du ventre, présentent une nuance brune, mêlée de châtain ou de roux.

L'estomac est alongé; le canal intestinal menu et non sinueux; le foie long et rouge; la vésicule du fiel noirâtre; la chair semblable à celle du scombre maquereau *.

---

* 12 ou 13 rayons à chaque pectorale du scombrésoce campérien.
  6 ou 7   à chaque ventrale.

CENT QUATRE-VINGT-DIX-NEUVIÈME GENRE.

LES FISTULAIRES.

Les mâchoires très-étroites, très-alongées, et en forme de tube; l'ouverture de la bouche à l'extrémité du museau; le corps et la queue très-alongés et très-déliés; les nageoires petites; une seule dorsale; cette nageoire située au-delà de l'anus et au-dessus de l'anale.

ESPÈCE.	CARACTÈRES.
LA FISTULAIRE PETIMBE. (*Fistularia petimba.*)	Quinze rayons à la nageoire du dos; quinze rayons à la nageoire de l'anus; la caudale fourchue; l'extrémité de la queue terminée par un long filament.

LA FISTULAIRE PÉTIMBE*.

Nous pouvons donner de ce grand et singulier poisson une description beaucoup plus exacte que toutes celles qui en ont été publiées jusqu'à présent. Nous en avons

* Fistularia petimba.

Pipe.

Trompette.

Flûte.

Filencul.

Trompetro, *par les Espagnòls.*

Tobackspfeife, *par les Allemands.*

Rohr fisch , *id.*

Pip-fisk, *par les Suédois.*

Tobaypipe visch, *par les Hollandois.*

Tabacofish , *par les Anglois.*

Petimbuaba, *par les Brasiliens.*

Fistularia tabacaria. *Linné, édition de Gmelin.*

Mus. Ad. Frider. 1, *p.* 80, *tab.* 26, *fig.* 1.

Solenostomus caudâ bifurcâ, in setam balænaceam abeunte. *Gronöv.*

Mus. 1 , *n.* 31.

Trompette-petimbe. *Daubenton et Haüy, Encyclopédie méthodique.*

Id. *Bonnaterre, planches de l'Encyclopédie méthodique.*

Pipe. *Bloch, pl.* 387.

Petimbuaba. *Marcgrav. Brasil.* 148.

Willughby, Ichthyol. Append. 22.

Raj. Pisc. 110 , *n.* 8.

Id. *Catesby, Carol.* 2 , *tab.* 17, *fig.* 2.

Aulus urognomon, nemurus-aulostomus urognomon , et rostro tibiæ

trouvé une très-étendue et très-bien faite dans les manuscrits de Commerson, qui avoit vu cet animal en
vie; et d'ailleurs nous avons examiné plusieurs individus de cette espèce, qui faisoient partie de la collection de ce célèbre voyageur, conservée dans le Muséum
national d'histoire naturelle. Nous avons même pu
disséquer quelques uns de ces individus, et découvrir
dans la conformation intérieure de la fistulaire petimbe
des particularités dignes d'attention, que nous allons
faire connoître.

Cette fistulaire parvient à la longueur de plus d'un
mètre. Elle est sur-tout remarquable par la forme de
sa tête et par celle de sa queue.

La longueur de sa tête égale le quart ou environ de
la longueur totale. De plus, cette portion de l'animal
est aplatie, et comprimée de manière à présenter un
peu la forme d'une sorte de prisme à plusieurs faces.

On compte ordinairement quatre de ces faces longitudinales sur la tête proprement dite, qui est sillonnée
par-dessus et ciselée sur les côtés, et cinq ou six sur
les mâchoires, qui sont avancées en forme de tubé, et
rayonnées sur une grande partie de leur surface.

Les deux côtés de la tête, depuis l'ouverture des
branchies jusque vers le milieu de la longueur du

instar elongato, stylo ex sinu caudæ retrorsum producto. *Commerson*,
manuscrits déja cités.

Pipe. *Appendix du Voyage à la Nouvelle - Galles méridionale, par
Jean White, etc. pl.* 64, *fig.* 2.

museau, sont dentelés comme les bords d'une scie; et les dentelures sont inclinées vers le bout de ce museau si étroit et si prolongé.

L'ouverture de la gueule, située à l'extrémité du tuyau formé par les mâchoires, n'est pas aussi petite qu'on pourroit le croire, parce que les deux mâchoires s'élargissent un peu en forme de spatule vers leur extrémité. Ces deux mâchoires, dont l'inférieure est un peu plus avancée que la supérieure, sont hérissées de petites dents, dans toute la partie de leur longueur où elles ne sont pas réunies l'une à l'autre, et où elles sont, au contraire, assez séparées pour former l'orifice de la bouche.

La langue est lisse.

Le tour du gosier est rude en haut et en bas.

Les narines, placées très-près des yeux, et par conséquent très-loin de l'ouverture de la bouche, ont chacune deux orifices.

Les yeux sont très-grands, saillans, ovales; et leur grand diamètre est dans le sens de la longueur du corps.

L'opercule, composé d'une seule pièce, est alongé, arrondi par-derrière, rayonné, et bordé d'une membrane dans une grande partie de sa circonférence.

Les os demi-circulaires qui soutiennent les branchies, sont lisses et sans dents.

On voit le rudiment d'une cinquième branchie.

La partie antérieure du corps proprement dit est

renfermée dans une cuirasse cachée sous la peau, mais composée de six lames longues et osseuses. Deux de ces lames sont situées sur le dos ; une, plus courte et plus étroite, couvre chaque côté du poisson : les deux plus larges sont les inférieures ; et leur surface présente plusieurs enfoncemens très-petits et arrondis.

Les ventrales sont très-séparées l'une de l'autre ; la dorsale et l'anale ovales, et semblables l'une à l'autre.

La ligne latérale est droite ; elle est, de plus, dentelée depuis l'anus jusqu'à l'endroit où elle se termine.

Entre les deux lobes de la caudale, la queue, devenue plus grosse, a la forme d'une olive, et donne naissance à un filament dont la longueur est à peu près égale à celle du corps proprement dit. Cet appendice a une sorte de roideur, part de l'extrémité de l'épine du dos, a été comparé, pour sa nature, à un brin de fanon de baleine, en a la couleur et un peu l'apparence, mais ressemble entièrement, par sa contexture, aux rayons articulés des nageoires, et présente des articulations entièrement analogues à celles de ces derniers.

La peau est unie, et n'est pas garnie d'écailles facilement visibles.

La couleur générale de la fistulaire petimbe est brune par-dessus et argentée par-dessous. Les nageoires sont rouges. Les individus vus par Commerson, dans les détroits de la Nouvelle-Bretagne, au milieu des eaux du grand Océan équinoxial, et ceux qu'il a observés à l'isle de la Réunion, ne présentoient pas d'autre parure :

mais ceux que le prince Maurice de Nassau, Plumier, Catesby, Brown, ont examinés dans les Antilles ou dans l'Amérique méridionale, avoient sur leur partie supérieure une triple série longitudinale de taches petites, inégales, ovales et d'un beau bleu.

Commerson a trouvé l'estomac des petimbes qu'il a disséquées, très-long, et rempli de petits poissons que les fistulaires peuvent pêcher avec facilité, en faisant pénétrer leur museau très-alongé et très-étroit dans les intervalles des rochers, sous les pierres, sous les fucus et parmi les coraux.

La petimbe se nourrit aussi de jeunes crabes. Sa chair est maigre, et, dit-on, peu agréable au goût.

Voici maintenant ce que nous avons remarqué de particulier dans la conformation intérieure de cette fistulaire.

L'épine dorsale ne présente que quatre vertèbres, depuis la tête jusqu'au-dessus des nageoires ventrales. La première de ces quatre vertèbres n'a que deux apophyses latérales, petites, très-courtes et pointues; et cependant elle est d'une longueur démesurée, relativement aux trois qui la suivent. Cette longueur est égale à celle de la moitié du tube formé par les mâchoires. Cette première vertèbre montre d'ailleurs, dans sa partie supérieure, une lame mince et longitudinale, qui tient lieu d'apophyse, et qu'une autre lame également mince, longitudinale, et inclinée au lieu d'être verticale, accompagne de chaque côté.

La seconde, la troisième et la quatrième vertèbres ont chacune une apophyse supérieure, et deux apophyses latérales droites et horizontales ou à peu près. Ces apophyses latérales sont terminées, dans la seconde vertèbre, par une sorte de palette.

La cinquième, la sixième et toutes les autres vertèbres jusqu'à la nageoire de la queue, sont conformées comme la troisième et la quatrième; mais elles sont plus courtes, et le sont d'autant plus qu'elles approchent davantage de l'extrémité de l'épine. On ne voit pas de côtes *.

---

* 7 rayons à la membrane branchiale de la fistulaire petimbe.
  15   à chaque pectorale.
  6   à chaque ventrale.
  15   à la nageoire de la queue.

DEUX CENTIÈME GENRE.

LES AULOSTOMES.

Les mâchoires étroites, très-alongées et en forme de tube ; l'ouverture de la bouche à l'extrémité du museau ; le corps et la queue très-alongés ; les nageoires petites ; une nageoire dorsale située au-delà de l'anus et au-dessus de l'anale ; une rangée longitudinale d'aiguillons, réunis chacun à une petite membrane placée sur le dos, et tenant lieu d'une première nageoire dorsale.

ESPÈCE.	CARACTÈRES.
L'AULOSTOME CHINOIS. (*Aulostomus chinensis.*)	Dix ou onze aiguillons sur la partie antérieure du dos ; vingt-quatre rayons à la dorsale ; vingt-sept à la nageoire de l'anus ; la caudale arrondie.

L'AULOSTOME CHINOIS [1].

ON voit aisément les ressemblances qui rapprochent les aulostomes des fistulaires, et les différences qui empêchent de les confondre avec ces derniers poissons. Le nom générique *aulostome* [2] indique ces ressem-

---

[1] Aulostomus chinensis.

Aiguille tachetée.

Bélone tachetée.

Chinefische rohrfisch, *par les Allemands.*

Trompeten fisch, *id.*

Trompetter-visch, *par les Hollandois.*

Trumpet, *par les Anglois.*

Penjol, *aux Indes Orientales.*

Pedjang, *ibid.*

Ikan dioelon, *ibid.*

Joulong joulong, *ibid.*

Fistularia chinensis. *Linné, édition de Gmelin.*

Trompette aiguille. *Daubenton et Haüy, Encyclopédie méthodique.*

Id. *Bonnaterre, planches de l'Encyclopédie méthodique.*

Solenostomus caudâ rotundatâ integerrimâ, setâ nullâ. *Gronov. Zooph.* 366.

Acus chinensis maxima, etc. *Petiv. Gaz. t.* 68, *fig.* 1.

Valent. Ind. 3, *f.* 323, 492.

Trompette. *Bloch, pl.* 388.

Aulus rostro cathethoplateo, corpore lineis longitudinalibus picto, caudâ astylâ. *Commerson, manuscrits déja cités.*

Trompette. *Valmont-Bomare, Dictionnaire d'histoire naturelle.*

[2] *Aulos,* en grec, signifie flûte; et *stoma,* bouche.

blances, en même temps qu'il exprime que les abdominaux qui le portent, appartiennent à un grouppe
différent de celui des fistulaires.

L'aulostome chinois, vu dans la rade de Cavite des
isles Philippines par Commerson, qui en a laissé dans
ses manuscrits une description très-détaillée, habite
non seulement dans la mer qui baigne les côtes de la
Chine, mais encore dans celle qui environne les rivages
des Antilles, ainsi que dans la mer des Indes orientales.

Sa couleur générale est rougeâtre, et variée par un
grand nombre de taches irrégulières, inégales, petites,
noires ou brunes, et par huit raies longitudinales
blanches.

Le corps et la queue sont couverts d'écaillés petites,
dentelées et serrées les unes au-dessus des autres. On
apperçoit de légères ciselures sur les grandes lames
qui revêtent la tête. Les mâchoires sont très-compri-
mées, et leur longueur égale souvent le cinquième de
la longueur totale. L'ouverture de la bouche, que l'on
voit au bout du tuyau formé par le museau, n'a que
peu de diamètre; et la portion de la mâchoire inférieure qui en compose le bord d'en-bas, se relève contre
la supérieure. Ces mâchoires ne présentent pas de
dents. L'animal n'a pas de langue : mais au-dessous
de l'extrémité du museau, pend un barbillon flexible.
Chaque narine a deux orifices. On découvre le rudiment d'une cinquième branchie sous l'opercule qui

bat sur une lame triangulaire et striée. Les neuf rayons de la partie antérieure du dos se relèvent et s'inclinent à la volonté du poisson, comme ceux d'une véritable nageoire.

L'aulostome chinois parvient à une longueur de près d'un mètre; sa chair est coriace et maigre. Il se nourrit d'œufs de poisson; il mange aussi des vers.

On ne le rencontre que dans les mers voisines de l'équateur ou des tropiques, et cependant sa dépouille a été reconnue sous les couches volcaniques du mont Bolca [1], près de Vérone [2].

---

[1] *Ichthyolithologie des environs de Vérone, par le savant Gazola, etc.* pl. 5, fig. 1.

[2]   4 rayons à la membrane branchiale de l'aulostome chinois.
17   à chaque pectorale.
 6   à chaque ventrale.
13   à la nageoire de la queue.

DEUX CENT UNIÈME GENRE.

LES SOLÉNOSTOMES.

*Les mâchoires étroites, très-alongées et en forme de tube;
l'ouverture de la bouche à l'extrémité du museau; deux
nageoires dorsales.*

ESPÈCE.	CARACTÈRES.
LE SOLÉNOSTOME PARADOXAL. (*Solenostomus paradoxus.*)	Cinq rayons à la première nageoire du dos; dix-huit à la seconde; la caudale lancéolée; le corps et la queue couverts de lames un peu relevées et aiguës dans leurs bords.

LE SOLÉNOSTOME PARADOXE *.

Voici encore un de ces êtres bizarres en apparence, sur lesquels nous voyons réunis des traits disparates, ou, ce qui est la même chose, des caractères que nous sommes habitués à ne rencontrer que séparés les uns des autres. Offrant les formes distinctives de plusieurs genres très-peu semblables les uns aux autres, paroissant étroitement liés avec plusieurs, et n'appartenant réellement à aucun, attirés d'un côté par plusieurs familles, mais repoussés de l'autre par ces mêmes tribus, on diroit que la Nature les a produits en prenant au hasard dans divers grouppes les portions dont ils sont composés.

Qu'on ne s'y méprenne pas cependant, et qu'on admire ici le sceau particulier que cette Nature merveilleuse imprime sur tous ses ouvrages, et qui, pour des yeux accoutumés à contempler ses prodiges, ne permet pas de confondre les effets de sa puissance intime et pénétrante avec les résultats de l'action toujours superfi-

---

* Solenostomus paradoxus.
Fistularia paradoxa. *Linné, édition de Gmelin.*
Pallas, Spicilegia zoolog. 8, *p.* 32, *tab.* 4, *fig.* 6.
Trompette solénostome. *Bonnaterre, planches de l'Encyclopédie méthodique.*

cielle de l'art le plus perfectionné. Qu'on ne croie pas trouver ici un simple rapprochement de portions hétérogènes. En attachant les uns aux autres ces membres pour ainsi dire dispersés auparavant, en leur imprimant un mouvement commun et durable, en répandant dans leur intérieur le souffle de la vie, la Nature en modifie toutes les parties, en pénètre la masse, en adoucit les contrastes qui se repousseroient avec violence; et sa main remaniant, pour ainsi dire, et le dehors et le dedans de ces organes, place des nuances conciliatrices entre les formes incohérentes, introduit des liens secrets, et donne au tout qu'elle fait naître, ces proportions dans les ressorts, cette correspondance dans les forces, cet accord dans les attributs, qui constituent la perfection de l'ensemble.

La Nature ne cesse donc jamais de maintenir la convenance des rapports, de perpétuer l'ordre, de conserver ses lois. Elle agit d'après son plan admirable, lors même qu'elle paroît s'écarter de ses règles éternelles. Quelle leçon pour l'homme! et qu'ils sont peu fondés les raisonnemens de ceux qui ont voulu trouver dans les prétendus caprices de la Nature l'excuse de leurs erreurs ou de leurs égaremens!

Mais descendons de ces considérations élevées, pour suivre notre route.

C'est à Pallas que nous devons la connoissance du solénostome, qui, par sa conformation extraordinaire, nous rappelle plusieurs genres différens de poissons, et

notamment ceux des syngnathes, des pégases, des cy-
cloptères, des gobies, des aspidophores, des scorpènes,
des lépisacanthes, des péristédious, des loricaires, des
fistulaires, et des aulostomes.

Cet abdominal ne parvient guère à la longueur d'un
décimètre. On l'a pêché dans les eaux d'Amboine. Sa
couleur générale est d'un gris blanchâtre, relevé par
des raies ou petites bandes sinueuses et brunes. On
voit sur la première nageoire du dos et sur celle de la
queue, d'autres raies tortueuses et noires. Les lames
qui recouvrent le corps et la queue, ont leurs bords
hérissés de petites épines : elles sont d'ailleurs placées
de manière que le corps ressemble à une sorte de prisme
à neuf ou dix pans dans sa partie antérieure, et à six
faces dans sa partie postérieure. La queue, dont le diamètre est moins grand que celui du corps, présente six
ou sept faces.

La tête proprement dite est petite; l'œil grand; le
devant de l'orbite garni, de chaque côté, d'un piquant à
trois facettes; le tube formé par le museau, très-long,
droit, dirigé vers le bas, comprimé, aigu par le haut,
relevé-en-dessous par une double arête longitudinale,
armé dans sa partie supérieure de deux aiguillons coniques; le bout du museau où est l'ouverture de la
bouche, relevé; la lèvre d'en-bas moins avancée cependant que la supérieure; la nuque défendue par trois
piquans; l'opercule petit, très-mince, et rayonné; la
première dorsale très-haute, et inclinée vers la queue;

chaque pectorale très-large ; chaque ventrale très-grande ; et l'espace qui sépare une ventrale de l'autre, recouvert d'une membrane lâche, qui les réunit, et forme comme un sac longitudinal *.

---

* 25 rayons à chaque pectorale du solénostome paradoxal.
    7   à chaque ventrale.
  12   à la nageoire de l'anus.
  14   à celle de la queue.

DEUX CENT DEUXIÈME GENRE.

LES ARGENTINES.

Moins de trente rayons à la membrane des branchies, ou moins de rayons à la membrane branchiale d'un côté qu'à celle de l'autre ; des dents aux mâchoires, sur la langue et au palais ; plus de neuf rayons à chaque ventrale ; point d'appendice auprès des nageoires du ventre ; le corps et la queue alongés ; une seule nageoire du dos ; la couleur générale argentée et très-brillante.

ESPÈCES.	CARACTÈRES.
1. L'ARGENTINE SPHYRÈNE. (*Argentina sphyræna.*)	Dix rayons à la nageoire du dos ; douze ou treize à celle de l'anus ; la caudale fourchue ; six rayons à la membrane des branchies.
2. L'ARGENTINE BONUK. (*Argentina bonuk.*)	Dix-sept ou dix-huit rayons à la dorsale ; huit à la nageoire de l'anus ; la caudale fourchue ; treize rayons à la membrane branchiale.
3. L'ARGENTINE CAROLINE. (*Argentina carolina.*)	Vingt-cinq rayons à la nageoire du dos ; quinze à l'anale ; la caudale fourchue ; vingt-huit rayons à la membrane des branchies.
4. L'ARGENTINE MACHNATE. (*Argentina machnata.*)	Quatre rayons aiguillonnés et vingt rayons articulés à la dorsale ; trois rayons aiguillonnés et quatorze rayons articulés à la nageoire de l'anus ; la caudale très-échancrée ; trente-deux rayons à une membrane branchiale, et trente-quatre à l'autre.

L'ARGENTINE SPHYRÈNE[1],

L'ARGENTINE BONUK[2],

L'ARGENTINE CAROLINE[3], ET L'ARGENTINE MACHNATE[4].

LA sphyrène est bien petite; elle ne parvient ordinairement qu'à la longueur d'un décimètre : mais sa parure est riche et élégante; elle a reçu de la Nature les ornemens que la mythologie grecque a donnés à plusieurs

---

[1] Argentina sphyræna.

Pei d'argent, *dans le département du Var.* (Note communiquée par le citoyen Fauchet, préfet de ce département.)

Argentina sphyræna. *Linné, édition de Gmelin.*

Argentine hautin. *Daubenton et Haüy, Encyclopédie méthodique.*

Id. *Bonnaterre, planches de l'Encyclopédie méthodique.*

Argentina. *Artedi, gen.* 8, *syn.* 17.

Seconde espèce de spet. *Rondelet, première partie, liv.* 8, *chap.* 2.

Sphyræna parva, *seu* sphyrænæ secunda species. *Gesner, p.* 883 *et* 1061, *et (germ.) fol.* 39, *a.*

Pisciculus Romæ argentina dictus. *Willughby, p.* 229.

Id. *Raj. p.* 108.

Gronov. Mus. 1, *n.* 24.

[2] Argentina bonuk.

Argentina glossodonta. *Linné, édition de Gmelin.*

Argentine bonuk. *Bonnaterre, planches de l'Encyclopédie méthodique.*

Forskaël, Faun. Arab. p. 68, *n.* 99.

divinités de la mer; et la poésie verroit dans les effets de ses couleurs agréables et vives, une robe d'argent étendue sur presque toute sa surface, une sorte de voile de pourpre placé sur sa tête, et un manteau d'un verd argentin, comme jeté sur sa partie supérieure. Cependant cet éclat fait son malheur : un petit poisson perdu, pour ainsi dire, dans l'immensité des mers, est pour l'homme une leçon de sagesse ; tant les lois de la Nature sont immuables et générales. Revêtue d'écailles moins belles, l'argentine sphyrène n'auroit point à redouter le filet ou l'appât du pêcheur; mais elle est couverte d'une substance dont les nuances et les reflets sont ceux des perles orientales. Par une suite d'une conformation particulière, les élémens de ses écailles ne se réunissent pas seulement sur sa peau en lames blanches et chatoyantes ; ils se rassemblent dans son intérieur en poudre brillante et fine. Sa vessie natatoire, qui est assez grande à proportion de la longueur totale de l'animal, est particulièrement couverte d'une poussière d'argent,

---

[3] Argentina carolina.

Id. *Linné, édition de Gmelin.*

Argentine caroline. *Daubenton et Haüy, Encyclopédie méthodique.*

Id. *Bonnaterre, planches de l'Encyclopédie méthodique.*

Harengus minor bahamensis. *Catesby, Carol.* 2, p. 24, tab. 24.

[4] Argentina machnata.

Id. *Linné, édition de Gmelin.*

Argentine machnat. *Bonnaterre, planches de l'Encyclopédie méthodique.*

Forskaël, Faun. Arab. p. 68, n. 100.

ou plutôt de petites feuilles argentées et éclatantes. Les arts inventés par le luxe ont eu recours à ces molécules argentines; ils les ont introduites dans de petits globes d'un verre très-pur et très-diaphane, les ont collées contre la surface intérieure de ces boules blanches et transparentes, ont produit des perles artificielles de toutes les grosseurs qu'ils ont pu desirer*; et la sphyrène a été tourmentée, poursuivie et prise, malgré sa petitesse et le nombre de ses asyles, comme les poissons les plus grands et les plus propres à satisfaire des besoins plus réels que ceux de la vanité.

On trouve cette argentine dans la Méditerranée, notamment auprès de la campagne de Rome et des rivages de l'Étrurie. Sa tête est si diaphane, qu'on distingue aisément au travers de son crâne les lobes de son cerveau.

Le bonuk habite dans la mer d'Arabie. Ses écailles sont larges, arrondies, striées à leur base, et brillantes. On n'en voit pas de petites sur la tête. Le dos réfléchit des teintes un peu obscures; et la nuque ainsi que les nageoires offrent des nuances d'un bleu mêlé de verd. De petits tubercules sont situés entre les yeux. La mâchoire supérieure finit en pointe, s'avance plus que l'inférieure, et montre une tache noire en forme d'anneau. Les dents sont petites, *sétacées*, très-serrées,

---

* Voyez, relativement à la production des écailles et à la coloration des poissons, notre Discours sur la nature de ces animaux.

roussâtres, placées sur plusieurs rangs; le fond du palais en présente de molaires, qui sont hémisphériques, blanches, fortes, et distribuées en trois compartimens. On peut voir, à la base de la langue, des tubercules osseux, hérissés d'aspérités. La ligne latérale est droite. De petites écailles revêtent une partie de la membrane de la caudale.

L'argentine caroline, qui se plaît dans les eaux douces de la contrée américaine dont elle porte le nom, a sur son opercule une sorte de suture longitudinale; et sa ligne latérale est droite *.

La machnate, qui vit dans la mer d'Arabie comme le bonuk, parvient à la longueur de plusieurs décimètres. Elle a le dos bleuâtre; la dorsale d'un bleu mêlé de verd; l'anale et la caudale de la même couleur par-dessus, et jaunâtres par-dessous; les pectorales et les ventrales jaunâtres; les écailles petites et striées; le

---

* 14 rayons à chaque pectorale de l'argentine sphyrène.
  11   à chaque ventrale.
  19   à la caudale.
  19 rayons à chaque pectorale de l'argentine bonuk.
  11   à chaque ventrale.
  20   à la nageoire de la queue.
  16 rayons à chaque pectorale de l'argentine caroline.
  12   à chaque ventrale.
  31   à la caudale.
  17 rayons à chaque pectorale de l'argentine machnate.
  15   à chaque ventrale.
  18   à la nageoire de la queue.

dessus de la tête horizontal, aplati, et creusé par un sillon très-large ; la lèvre supérieure moins avancée que l'inférieure ; les dents nombreuses et très-fines ; l'œil grand ; l'opercule dénué de petites écailles.

L'inégalité du nombre des rayons des deux membranes branchiales est digne de remarque.

DEUX CENT TROISIÈME GENRE.

LES ATHÉRINES.

Moins de huit rayons à chaque ventrale et à la membrane des branchies ; point de dents au palais ; le corps et la queue alongés, et plus ou moins transparens ; deux nageoires du dos ; une raie longitudinale et argentée de chaque côté du poisson.

ESPÈCES.	CARACTÈRES.
1. L'ATHÉRINE JOEL. (*Atherina hepsetus.*)	Huit rayons à la première dorsale ; dix à la seconde ; treize à celle de l'anus ; trois à la membrane branchiale ; la caudale fourchue ; la mâchoire inférieure plus avancée que la supérieure ; les écailles en losange, minces et unies.
2 L'ATHÉRINE MÉNIDIA. (*Atherina menidia.*)	Cinq rayons à la première nageoire du dos ; dix à la seconde ; vingt-quatre à l'anale ; la caudale fourchue.
3. L'ATHÉRINE SIHAMA. (*Atherina sihama.*)	Onze rayons aiguillonnés à la première dorsale ; vingt-un à la seconde ; vingt-trois à la nageoire de l'anus ; les écailles arrondies et légèrement dentelées ; le sommet de la tête garni de petites écailles.
4. L'ATHÉRINE GRASDEAU. (*Atherina pinguis.*)	Six rayons à la première nageoire du dos ; dix à la seconde ; vingt à la nageoire de l'anus ; six à la membrane branchiale ; une membrane entre les ventrales ; la caudale fourchue.

L'ATHÉRINE JOËL [1],

L'ATHÉRINE MÉNIDIA [2],

L'ATHÉRINE SIHAMA [3], ET L'ATHÉRINE GRASDEAU [4].

LE joël a la tête dénuée de petites écailles, le dos brunâtre, les flancs nuancés de bleu, le ventre argentin, les nageoires grises; il ne présente que de très-

---

[1] Atherina hepsetus.
Prester.
Prêtre.
Roseret.
Roset.
Lou sauclet, *dans plusieurs départemens méridionaux de France.* (Note communiquée par le citoyen Fauchet, préfet du Var.)
Peic-rey, *en Portugal.*
Peixe-rey, *ibid.*
Segreto, *en Sardaigne.*
Kesch kusch, *en Arabie.*
Abu-kesckul, *ibid.*
Inmisch-baluk, *en Turquie.*
Spillancosa, *en Italie.*
Quenaro, *auprès de Gênes.*
Anguella, *auprès de Venise.*
Kornahrenfisch, *par les Allemands.*
Silverfisk, *par les Suédois.*
Salybandet, *par les Danois.*

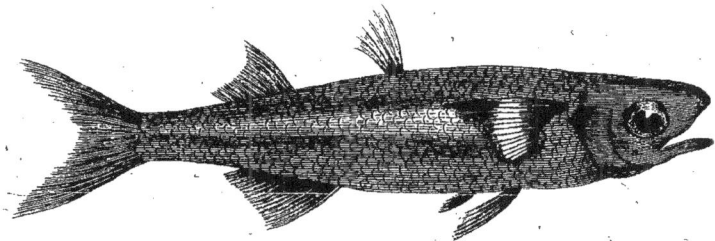

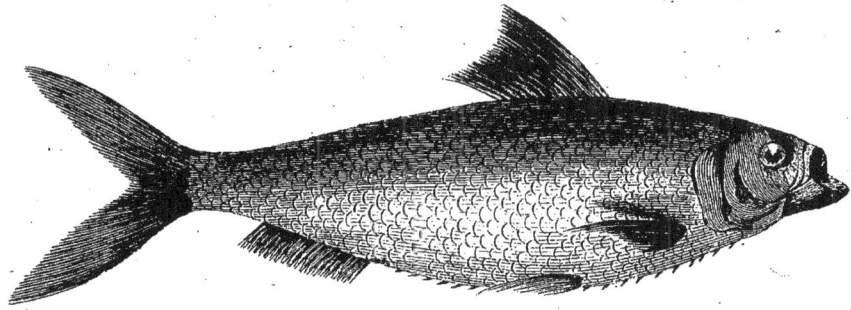

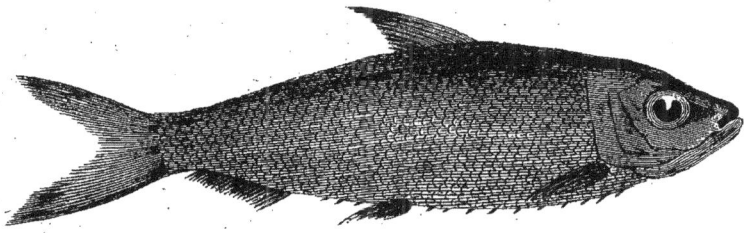

DeSeve Del.

1. ATHÉRINE Gras deau. 2. Variété du CLUPANODON Chinois. 3. Variété du CLUPANODON Jussieu.

petites dimensions; son corps est presque diaphane;
ses écailles se détachent facilement; sa chair est bonne,
et d'ailleurs on se sert de ce poisson pour faire des
appâts.

Koorna airvich, *par les Hollandois.*
Smelt, *dans plusieurs contrées de l'Angleterre.*
Atherina hepsetus. *Linné, édition de Gmelin.*
Atherina. *Mus. Ad. Frider.* 2, *p.* 103.
Gronov. Mus. 1, *n.* 66.
Atherina hepsetus. *Hasselquist, It.* 382.
Id. *Forskaël, Faun. Arab. p.* 69, *n.* 101.
Athérine joël. *Daubenton et Haüy, Encyclopédie méthodique.*
Id. *Bonnaterre, planches de l'Encyclopédie méthodique.*
Bloch, pl. 393, *fig.* 3.
Juoil. *Rondelet, première partie, liv.* 7, *chap.* 8.
Hepsétus Rondeletii. *Aldrovand. lib.* 2, *cap.* 35, *p.* 216.
Pisciculus anguella Venetiis dictus. *Willughby, p.* 209.
Raj. p. 79.
Atherina. *Artedi, syn. Append. p.* 116.
Atherina, vertice ad rostrum usque planiusculo, tæniâ laterali argenteâ.
Commerson, manuscrits déja cités.

[2] Athérina menidia.
Id. *Linné, édition de Gmelin.*
Athérine poisson d'argent. *Daubenton et Haüy, Encyclopédie méthodique.*
Id. *Bonnaterre, planches de l'Encyclopédie méthodique.*
Atherina menidia, pinnâ ani radiis viginti quatuor, caudâ bifidâ. *Bosc, notes manuscrites déja citées.*

[3] Athérina sihama.
Id. *Linné, édition de Gmelin.*
Athérine sihama. *Bonnaterre, planches de l'Encyclopédie méthodique.*

[4] Atherina pinguis. — Le grâdeau *ou* le grasdeau, atherina pellucida, ore denticulato, etc. *Commerson, manuscrits déja cités.*

On le trouve dans la mer d'Arabie, dans la Méditerranée, et dans l'Océan atlantique boréal.

Le citoyen Sonini raconte, dans l'intéressant ouvrage qu'il a publié sous le titre de *Voyage en Grèce et en Turquie*, que les athérines joëls, nommées *athernos* par les Grecs modernes, se réunissent en bandes très-nombreuses auprès des rivages des isles grecques. Lorsqu'on veut les prendre, et que le temps est calme, un pêcheur se promène le long des bords de la mer, en traînant dans l'eau une queue de cheval ou un morceau de drap noir attaché au bout d'un long bâton; les joëls se rassemblent autour de cette sorte d'appât, en suivent tous les mouvemens, et se laissent conduire dans quelque enfoncement formé par des rochers, où on les renferme par le moyen d'un filet, et où on les saisit ensuite facilement *.

On pêche une grande quantité de ces athérines dans les environs de Southampton, qu'ils fréquentent pendant toutes les saisons qui ne sont pas très-froides, mais particulièrement pendant le printemps, qui est le temps de leur frai.

Notre habile et zélé correspondant, le citoyen Noël de Rouen, m'a écrit que l'on pêchoit quelquefois, sur les côtes voisines de Caen, des athérines joëls; on les y nomme *roserets* ou *rosets*. Elles parviennent rarement à la longueur d'un décimètre. Elles ont au-dessus de la

---

* *Voyage en Grèce et en Turquie, par le citoyen Sonini,* vol. 2 , p. 209.

tête une petite crête dentelée, des deux côtés de laquelle
est un sillon dans la cavité duquel on voit deux trous
ou pores différens des orifices des narines. Leur chair
est extrêmement délicate : lorsque le poisson est sec,
elle devient jaune et beaucoup plus transparente que
pendant la vie de l'animal. La raie longitudinale et
argentée reste cependant opaque, et paroît, dit le
citoyen Noël, comme un petit galon d'argent sur un
fond chamois.

Le citoyen Mesaize, pharmacien de Rouen, que j'ai
déja eu l'avantage de citer dans l'Histoire des poissons,
vient de m'écrire que, dans le port de Fécamp, on
pêche les joëls à la marée montante, vers la fin de
l'été. On leur a donné le nom de *prêtre*, apparemment à cause de leur espèce d'étole d'argent. On se
sert, pour les prendre, ou d'un filet désigné par le
nom de *carré**, dans le fond duquel on met pour
appât des crabes écrasés, ou d'une grande *chaudrette*,
nommée *hommardière*, qu'on laisse tomber du haut
d'un mât placé sur le bord du bateau pêcheur.

L'athérine ménidia habite dans la Caroline. Nous
allons la faire connoître d'après une excellente descrip-

* *Chaudrette, chaudière, caudrette, caudelette, savonceau,* différens
noms d'un *truble* qui n'a pas de manche, que l'on suspend comme le
bassin d'une balance, et que l'on relève avec une petite fourche de bois.
Voyez la description du *truble* à l'article du *misgurne fossile.* — Le filet
nommé *carré* est le même que le *carrelet* décrit dans l'article du *cobite
loche.*

tion qui nous a été communiquée par notre savant ami et confrère le citoyen Bosc.

Cette athérine, que le citoyen Bosc a vue vivante dans l'Amérique septentrionale, a la tête aplatie par-dessus, arrondie en-dessous, et tachetée de points bruns. Sa bouche peut s'alonger de plus de deux millimètres. Dix ou douze dents très-courtes garnissent ses lèvres. Sa hauteur est égale au cinquième de la longueur du corps et de la queue. Sa couleur générale est d'un gris pâle : mais l'extrémité de la caudale est brune ; et les écailles sont bordées, sur-tout sur le dos, de petits points bruns. Ces écailles sont d'ailleurs presque circulaires. La raie argentée est large d'un millimètre ou environ.

Les athérines ménidia sont extrêmement communes dans les rivières *salées* des environs de Charles-town. Elles sont très-jolies à voir, très-agréables au goût, et de plus très-propres à servir d'appât, leur longueur n'excédant pas un décimètre.

La sihama ressemble à un fuseau par sa forme générale. Des teintes de blanc, de verd et de bleu, composent le fond de sa couleur. Sa lèvre supérieure peut s'avancer à sa volonté. Ses pectorales sont lancéolées. On l'a pêchée dans la mer d'Arabie.

L'athérine *grasdeau* est encore inconnue des naturalistes. Commerson l'a vue, décrite et fait dessiner. La couleur générale de ce poisson est semblable à celle d'une eau très-transparente ; des nuances plus obscures paroissent sur le dos : les nageoires supérieures sont

brunes, ainsi que la caudale; les inférieures blanches et
diaphanes; les pectorales ornées d'une bande transversale, large, transparente et argentée. L'intérieur de
la bouche est aussi d'un blanc éclatant et diaphane; l'iris
est argenté. Les yeux sont peu saillans; la tête est dénuée de petites écailles; l'opercule composé de deux
pièces, et pointu par-derrière; la mâchoire supérieure
extensible; le péritoine noir; la chair très-délicate.
Celles des côtes que l'on voit au-delà de l'anus, sont
réunies les unes aux autres, et leur surface inférieure
présente une épine courbée en arrière *.

---

* 13 rayons à chaque pectorale de l'athérine joël.
  6   à chaque ventrale.
 20   à la nageoire de la queue.

 13 rayons à chaque pectorale de l'athérine ménidia.
  6   à chaque ventrale.
 22   à la caudale.

 16 rayons à chaque pectorale de l'athérine sihama.
  6   à chaque ventrale.
 17   à la nageoire de la queue.

 14 rayons à chaque pectorale de l'athérine grasdeau.
  6   à chaque ventrale.
 17   à la caudale.

DEUX CENT QUATRIÈME GENRE.
LES HYDRARGIRES.

Moins de huit rayons à chaque ventrale et à la membrane des branchies ; point de dents au palais ; le corps et la queue alongés et plus ou moins transparens ; une nageoire sur le dos ; une raie longitudinale plus ou moins large, plus ou moins distincte, et argentée, de chaque côté du poisson.

ESPÈCE.	CARACTÈRES.
L'HYDRARGIRE SWAMPINE. (*Hydrargira swampina.*)	Onze rayons à la nageoire du dos ; douze à la nageoire de l'anus ; la caudale arrondie.

L'HYDRARGIRE SWAMPINE *.

LE citoyen Bosc a vu dans la Caroline, où il étoit agent des relations commerciales de la République françoise, ce poisson, dont les naturalistes n'ont pas encore publié de description.

Cette hydrargire a la tête aplatie en-dessus et en-dessous; la bouche cartilagineuse; les lèvres susceptibles de s'alonger, et garnies chacune de dix ou douze dents très-courtes; la lèvre inférieure plus avancée que celle d'en-haut; l'ensemble formé par le corps et la queue, demi-transparent, et quatre fois plus long que large; les ventrales très-rapprochées de la nageoire de l'anus; les écailles demi-circulaires; les yeux jaunes; les nageoires souvent pointillées; un grand nombre de petits points verdâtres distribués autour de chaque écaille, ou placés de manière à produire des raies longitudinales; et quelquefois onze ou douze bandes transversales et brunes réunies à ces points verdâtres, ou composant seules la parure de la swampine.

Les individus de cette espèce paroissent par milliers

---

* Hydrargira swampina.

Atherina swampina, pinnâ ani radiis duodecim, caudâ rotundatâ.

Notes manuscrites communiquées par mon habile confrère le citoyen Bosc.

dans toutes les eaux douces de la Caroline. Ils fourmillent
sur-tout dans les marais et dans les lagunes des bois.
Les mares dans lesquelles ils se trouvent étant souvent
desséchées au point de ne pas conserver assez d'eau
pour les couvrir, ils sont obligés de changer fréquemment de séjour. Ils émigrent ainsi sans beaucoup de
peine, parce qu'ils peuvent sauter avec beaucoup de
facilité, et s'élancer à d'assez grandes hauteurs. Le citoyen Bosc en a vu parcourir en un instant des espaces
considérables, pour aller chercher une eau plus abondante. Ils ne parviennent cependant presque jamais à
la longueur d'un décimètre. Leur chair n'est pas d'ailleurs agréable, et les pêcheurs ne les recherchent pas;
mais ils servent de nourriture à un grand nombre
d'oiseaux d'eau et de reptiles qui habitent dans leurs
lagunes et dans leurs marais *.

---

* 6 rayons à la membrane branchiale de l'hydrargire swampine.
  15   à chaque pectorale.
  7   à chaque ventrale.
  26   à la nageoire de la queue.

DEUX CENT CINQUIÈME GENRE.

LES STOLÉPHORES.

Moins de neuf rayons à chaque ventrale et à la membrane des branchies ; point de dents ; le corps et la queue alongés, et plus ou moins transparens ; une nageoire sur le dos ; une raie longitudinale et argentée de chaque côté du poisson.

ESPÈCES.	CARACTÈRES.
1. LE STOLÉPHORE JAPONOIS. (*Stolephorus japonicus.*)	Cinq rayons à la nageoire du dos ; la raie longitudinale et argentée très-large.
2. LE STOLÉPHORE COMMERSONNIEN. (*Stolephorus Commersonnii.*)	Quinze rayons à la dorsale ; vingt à la nageoire de l'anus ; la caudale en croissant.

LE STOLÉPHORE JAPONOIS[1],

ET

LE STOLÉPHORE COMMERSONNIEN[2].

LES stoléphores ont une parure très-semblable à celle des athérines ; le nom générique que nous leur avons donné, désigne l'ornement qu'ils ont reçu[3]. Houttuyn a fait connoître le japonois ; et nous avons trouvé parmi les manuscrits de Commerson un dessin du stoléphore que nous dédions à ce voyageur, et qu'aucun naturaliste n'a encore décrit.

Le japonois vit dans la mer qui entoure les isles dont il porte le nom. Sa longueur ordinaire est d'un décimètre. Sa tête ne présente pas de petites écailles ; celles qui garnissent le corps et la queue, sont très-lisses. Sa couleur générale est d'un rouge mêlé de brun.

Le commersonnien a la tête dénuée de petites écailles, comme le japonois ; le museau pointu ; la mâchoire

[1] Stolephorus japonicus.
Atherina japonica. *Linné, édition de Gmelin.*
Houttuyn, Act. Haarl. XX, 2, *p.* 340, *n.* 29.

[2] Stolephorus Commersonnii.

[3] *Stole,* en grec, signifie *étole,* etc.

Pl. 12. Page 382

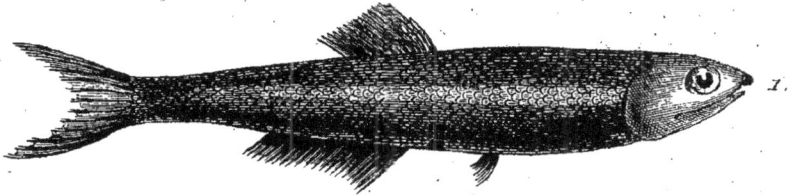

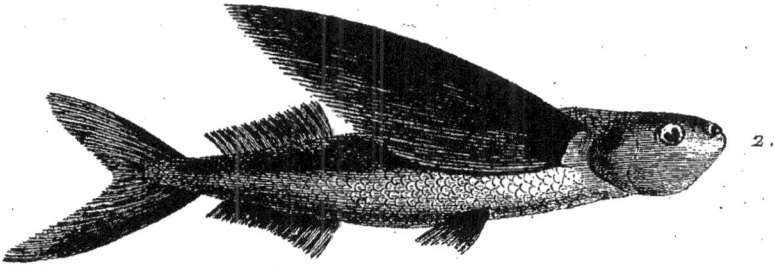

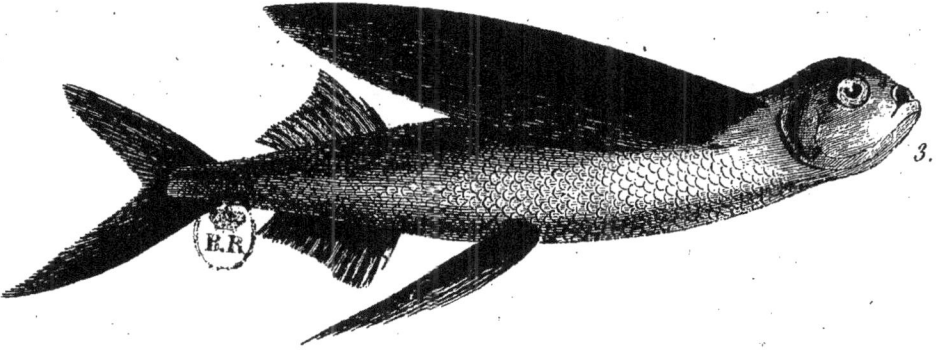

J.P. De Sève Fils del.

Baron Sculp.

1. STOLÉPHORE Commerssonnien. 2. EXOCET Volant. 3. EXOCET Sauteur.

supérieure terminée par une petite protubérance ; les yeux gros et ronds ; les écailles arrondies ; les ventrales très-petites ; la caudale assez grande *.

---

* 14 rayons à chaque pectorale du stoléphore japonois.
  8   à chaque ventrale.
  13 rayons à la nageoire de la queue du stoléphore commersonnieu.

DEUX CENT SIXIÈME GENRE.
LES MUGES.

La mâchoire inférieure carenée en dedans ; la tête revêtue de petites écailles ; les écailles striées ; deux nageoires du dos.

ESPÈCES.	CARACTÈRES.
1. LE MUGE CÉPHALE. (*Mugil cephalus.*)	Quatre rayons à la première nageoire du dos ; neuf à la seconde ; trois rayons aiguillonnés et neuf rayons articulés à la nageoire de l'anus ; la caudale en croissant ; une dentelure de chaque côté, entre l'œil et l'ouverture de la bouche ; deux orifices à chaque narine ; l'opercule anguleux par-derrière ; un grand nombre de raies longitudinales, étroites et noirâtres, de chaque côté du poisson.
2. LE MUGE ALBULE. (*Mugil albula.*)	Quatre rayons à la première nageoire du dos , neuf à la seconde ; trois rayons aiguillonnés et huit rayons articulés à l'anale ; la caudale fourchue ; la couleur générale argentée ; point de raies longitudinales.
3. LE MUGE CRÉNILABE. (*Mugil crenilabis.*)	Quatre rayons aiguillonnés à la première dorsale ; neuf à la seconde ; trois rayons aiguillonnés et huit rayons articulés à la nageoire de l'anus ; la caudale en croissant ; les lèvres festonnées ; une ligne latérale très-sensible.
4. LE MUGE TANG. (*Mugil tang.*)	Quatre rayons à la première nageoire du dos ; neuf à la seconde ; un rayon aiguillonné et dix rayons articulés à l'anale ; la caudale en croissant ; les opercules dénués de petites écailles ; un grand nombre de raies longitudinales, étroites et jaunes.

ESPÈCES.	CARACTÈRES.
5. LE MUGE TRANQUEBAR. (*Mugil tranquebar.*)	Quatre rayons à la première nageoire du dos; neuf à la seconde; un rayon aiguillonné et onze rayons articulés à la nageoire de l'anus; la caudale en croissant; la tête très-petite; les opercules garnis de petites écailles; un grand nombre de raies longitudinales, très-étroites et jaunes.
6. LE MUGE PLUMIER. (*Mugil Plumierii.*)	Quatre rayons à la première dorsale; un rayon aiguillonné et neuf rayons articulés à la nageoire de l'anus; l'ouverture de la bouche très-grande; point de dentelure au-devant de l'œil; le museau très-arrondi; le dessus de la tête aplati; point de petites écailles sur les opercules; la couleur générale jaune; point de raies longitudinales.
7. LE MUGE TACHE-BLEUE. (*Mugil cæruleomaculatus.*)	Quatre rayons à la première nageoire du dos; neuf à la seconde; dix à l'anale; cinq à la membrane branchiale; la couleur générale d'un bleu mêlé de brun; une tache bleue à la base de chaque pectorale; point de raies longitudinales.

LE MUGE CÉPHALE [1],

LE MUGE ALBULE [2],

LE MUGE CRÉNILABE [3], LE MUGE TANG [4], LE MUGE TRANQUEBAR [5], LE MUGE PLUMIER [6], ET LE MUGE TACHE-BLEUE [7].

LA tête du céphale est large, quoique comprimée; l'ouverture de sa bouche étroite; chacune de ses mâchoires armée de très-petites dents; la langue rude; la

[1] Mugil cephalus.
Mulet de mer.
Cabot.
Meuille.
Mule, *auprès de Bordeaux.* (Note communiquée par le citoyen Dutrouil, officier de santé, etc.)
Same, *dans plusieurs départemens méridionaux de France.*
Maron, *ibid.*
Chalue, *ibid.*
Mugeo, *auprès de Marseille.*
Mujou, *ibid.*
Lou testud, *dans le département du Var.* (Note communiquée par le citoyen Fauchet, préfet de ce département.)
Muggine nero, *à Gênes.*
Capo grosso, *ibid.*
Saltatore, *ibid.*
Cefalo, *à Rome.*

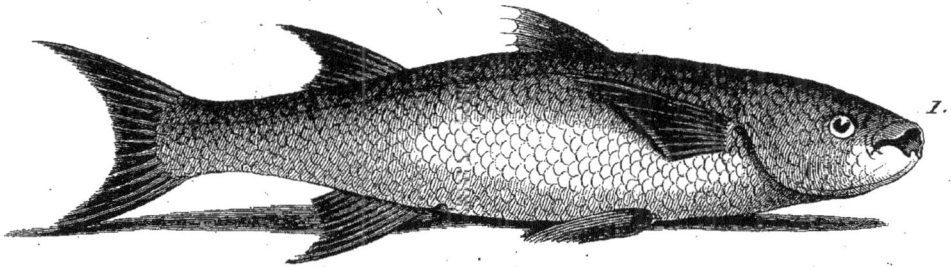

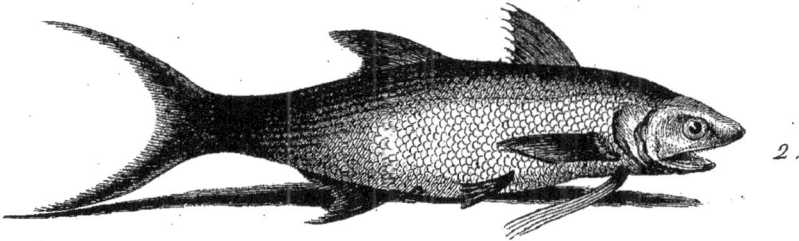

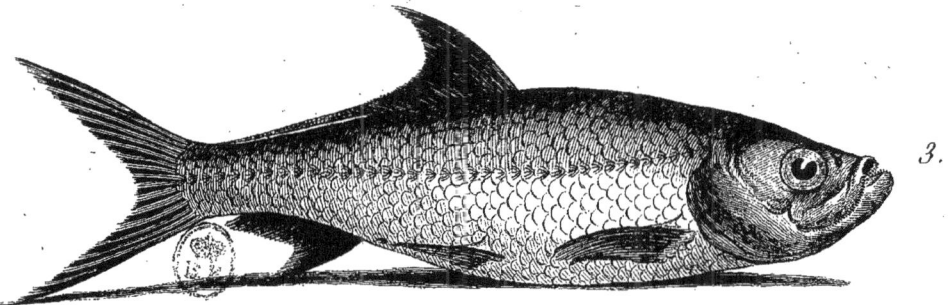

1. *MUGE Crénilabe.* *2.POLYNÈME Rayé. 3. CLUPÉE* *Apalike.*

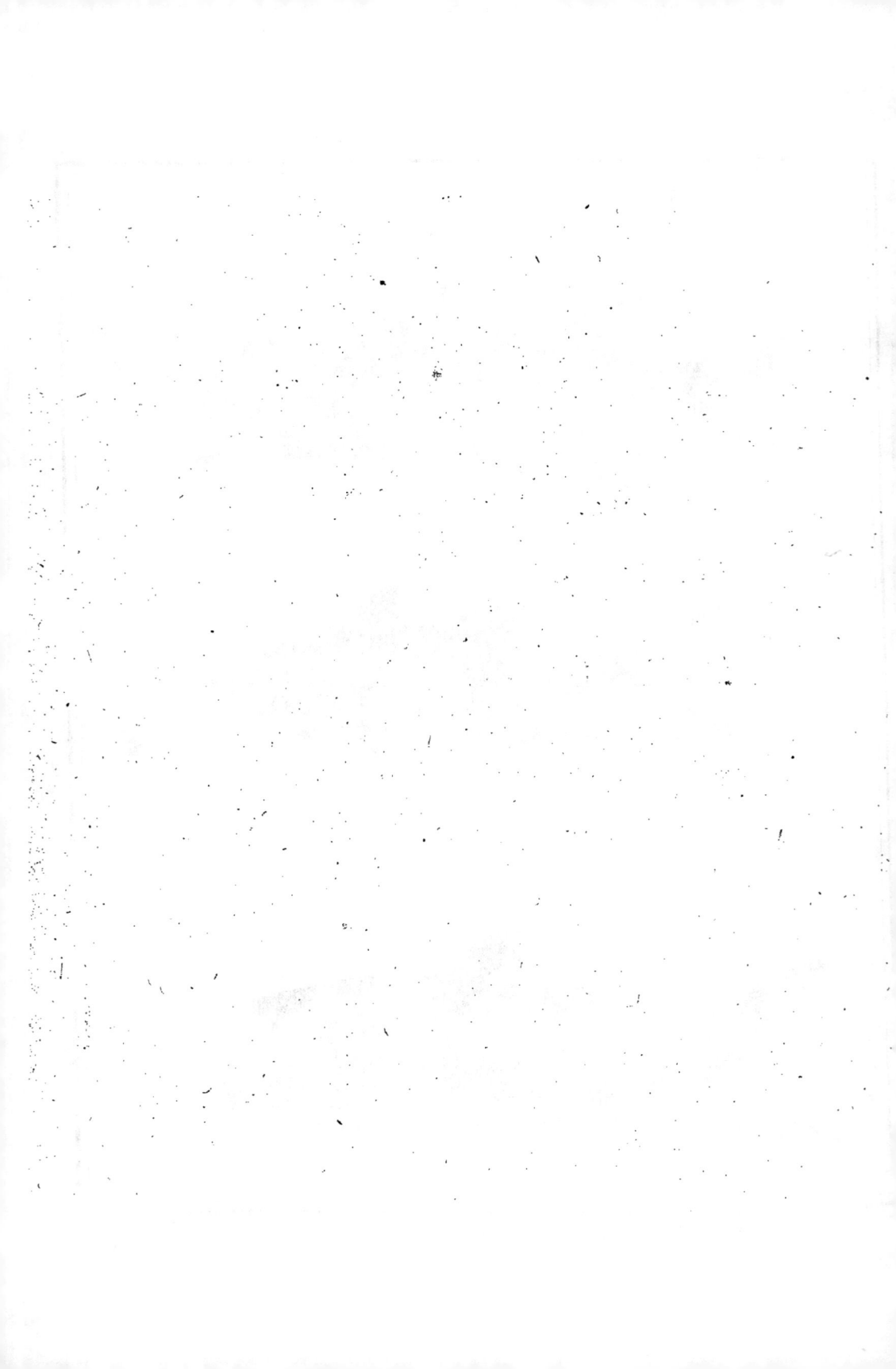

gorge garnie de deux os hérissés d'aspérités ; la lèvre supérieure soutenue par deux os étroits, qui finissent en

---

Muggini, *en Sardaigne.*

Ozzane, *ibid.*

Cumula, *ibid.*

Tissa, *ibid.*

Concordita, *ibid.*

Caplar, *à Malte.*

Buri, *en Arabie.*

Mukscher, *ibid.*

Kefal baluk, *en Turquie.*

Harder, *par les Allemands.*

Gross-kopf, *id.*

Mullet, *par les Anglois.*

Baluna, *dans les Indes orientales.*

Blanov, *ibid.*

Mugil cephalus. *Linné, édition de Gmelin.*

Mugile muge. *Daubenton et Haüy, Encyclopédie méthodique.*

Id. *Bonnaterre, planches de l'Encyclopédie méthodique.*

Mulet. *Bloch, pl.* 394.

Mus. Ad. Frid. 2, *p.* 104.

Mugil. *Artedi, gen.* 32, *syn.* 52, *spec.* 71.

Κέφαλος ὁ κεςρεύς. *Aristot. lib.* 2, *cap.* 17; *lib.* 4, *cap.* 8 *et* 10; *lib.* 5, *cap.*
5, 9, 10 *et* 11; *lib.* 6, *cap.* 13, 15 *et* 17; *lib.* 8, *cap.* 2, 13, 19 *et* 30.

Κέφαλος, et κεστρευς, et κιστρεα. *Ælian. lib.* 1, *cap.* 3, *p.* 7; *lib.* 7, *cap.*
19; *et lib.* 13, *cap.* 19.

Κέφαλος, et κιστρεα. *Oppian. lib.* 1, *p.* 5; *et lib.* 2, *p.* 53.

Ὁ κεςρεύς. *Athen. lib.* 1, *p.* 4; *lib.* 3, *p.* 85; *lib.* 7, *p.* 306.

Cephalus. *P. Jov. cap.* 10, *p.* 56.

Rondelet, première partie, liv. 7, *chap.* 5; *liv.* 8, *chap.* 1, 2, 3 *et* 4;
liv. 15, *chap.* 5; *et seconde partie des poissons des étangs marins, chap.* 5
(édition de Lyon, 1558).

Cephalus, cestreus, *et* mugil. *Gesner, p.* 549, 684, *et (germ.) fol.* 35 *et
fol.* 36 *a.*

Mugil. *Plin. lib.* 9, *cap.* 15, 17.

pointe recourbée; la partie antérieure de l'opercule placée au-dessus d'une demi-branchie; la base de l'a-

---

Id. *Wotton. lib.* 8 , *cap.* 179 , *fol.* 159 *a.*

Id. *Jonston, lib.* 2 , *tit.* 1 , *cap.* 4 , *tab.* 23 , *fig.* 5 ; *Thaum. p.* 421.

Id. *Aldrovand. lib.* 4 , *cap.* 6 , *p.* 508.

Mugil cephalus. *Willughby , p.* 274.

Id. *Raj. p.* 84.

Mugil imberbis. *Charleton , p.* 151.

Mugil *et* mugilis. *Salvian. fol.* 75 *a ad* 78 *a.*

Mugil cephalus. *Hasselquist. It.* 385.

Mugil. *Gronov. Zooph.* 397.

ᵃ Mugil albula.

Id. *Linné , édition de Gmelin.*

Mugile albule. *Daubenton et Haüy, Encyclopédie méthodique.*

Id. *Bonnaterre, planches de l'Encyclopédie méthodique.*

Albula bahamensis. *Catesby, Carol.* 2 , *p.* 6 , *tab.* 6.

Mugil argenteus minor , etc. *Brown. Jam.* 450.

³ Mugil crenilabis.

Id. *Linné , édition de Gmelin.*

Forskaël , Faun. Arab. p. 73 , *n.* 109.

Mugile arabi. *Bonnaterre, planches de l'Encyclopédie méthodique.*

⁴ Mugil tang.

Bloch , pl. 395.

⁵ Mugil tranquebar.

Bloch , article du muge tang.

⁶ Mugil Plumierii.

Mulet doré.

Weit mund , *par les Allemands.*

Atoulri , *par les habitans de l'isle de Saint-Vincent.*

Bloch, pl. 396.

Cephalus americanus , vulgò atoulri. *Plumier, manuscrits de la Bibliothèque nationale déja cités.*

Céphale d'Amérique , ou mulet doré de rivière. *Gauthier, Journal de physique , III, p.* 440 , *pl.* 12.

nale, de la caudale et de la seconde dorsale, revêtue de
petites écailles; le dos brun; le ventre argentin; et la
couleur des nageoires bleue.

Les céphales habitent dans presque toutes les mers.

Lorsqu'ils s'approchent des rivages, qu'ils s'avancent
vers l'embouchure des fleuves, et qu'ils remontent dans
les rivières, ils forment ordinairement des troupes si
nombreuses, que l'eau au travers de laquelle on les voit
sans les distinguer, paroît bleuâtre. Les pêcheurs qui
poursuivent ces légions de muges, les entourent de
filets, dont ils resserrent insensiblement l'enceinte; et
diminuant à grand bruit la circonférence de l'espace
dans lequel ils ont renfermé ces poissons, ils les rapprochent, les pressent, les entassent, et les prennent avec
facilité. Mais souvent les céphales se glissent au-dessous des filets, ou s'élancent par-dessus; et les pêcheurs
de certaines côtes ont recours à un filet particulier,
nommé *saulade*, ou *cannat*, fait en forme de sac ou de
verveux, qu'ils attachent au filet ordinaire, et dans
lequel les muges se prennent d'eux-mêmes, lorsqu'ils
veulent s'échapper en sautant. Cette manière de chercher leur salut dans la fuite, soit en franchissant l'obstacle qu'on leur oppose, soit en se glissant au-dessous,
ne suppose pas un instinct bien relevé; mais elle suffit

---

[7] Mugil cæruleomaculatus.
Mugil maculâ ad basin pinnarum pectoralium azureâ, pinnâ dorsi
ossiculorum novem, ani decem, pectoralibus sexdecim. *Commerson,*
manuscrits déja cités.

pour empêcher de placer les céphales au rang des poissons les plus hébétés, en leur attribuant, avec Pline et
d'autres anciens auteurs, l'habitude de se croire en
sûreté, comme plusieurs animaux stupides, lorsqu'ils
ont caché leur tête dans quelque cavité, et de ne plus
craindre le danger qu'ils ont cessé de voir.

Les muges céphales préfèrent les courans d'eau douce
vers la fin du printemps ou le commencement de l'été :
cette eau leur convient très-bien ; ils engraissent dans
les fleuves et les rivières, et même dans les lacs, quand
le fond en est de sable. On fume et on sale les céphales
que l'on a pris et qu'on ne peut pas manger frais ; mais
d'ailleurs on fait avec leurs œufs assaisonnés de sel,
pressés, lavés, séchés, une sorte de *caviar* que l'on
nomme *boutargue*, et que l'on recherche dans plusieurs
contrées de l'Italie et de la France méridionale.

Au reste, le foie du céphale est gros ; l'estomac petit,
charnu, et tapissé d'une membrane rugeuse facile à
enlever ; le canal intestinal plusieurs fois sinueux ; le
pylore entouré de sept appendices. Ces formes annoncent que ce muge se nourrit non_seulement de
vers et de petits animaux, mais encore de substances
végétales. Sa vessie natatoire, qui est noire comme son
péritoine, offre de grandes dimensions.

L'albule habite dans l'Amérique septentrionale.

Le crénilabe vit dans la mer d'Arabie et dans le grand
Océan. On a remarqué sa longueur de trois ou quatre
décimètres ; ses écailles larges et distinguées presque

toutes par une tache brune; la grande mobilité de la lèvre supérieure; la double carène de la mâchoire inférieure ; la tache noire de la base des pectorales ; les nuances vertes, bleues et blanchâtres de toutes les nageoires.

On a observé aussi deux variétés de cette espèce. La première, suivant Forskaël, est nommée *our*; et la seconde, *tâde*. L'une et l'autre n'ont qu'une carène à la mâchoire d'en-bas : mais les *ours* ont des cils aux deux lèvres ; et les *tâdes* n'en ont que de très-déliés, et n'en montrent qu'à la lèvre supérieure.

Le tang, que l'on a pêché dans les fleuves de la Guinée, a la chair grasse et de bon goût; la bouche petite; l'orifice de chaque narine double; le dos brun; les flancs blancs ; les nageoires d'un brun jaunâtre, presque de la même couleur que les raies longitudinales.

Nous avons cru devoir regarder comme une espèce distincte des autres muges, le poisson envoyé de Tranquebar à Bloch, par le zélé et habile missionnaire John, et que ce grand ichthyologiste n'a considéré que comme une variété du tang.

Les narines du tranquebar sont très-écartées l'une de l'autre; les os des lèvres très-étroits; ses dorsales plus basses et ses couleurs plus claires que celles du tang; les deux côtés du museau hérissés d'une petite dentelure, comme sur le tang et le céphale.

Les Antilles nourrissent le muge plumier. Ses deux

mâchoires sont également avancées, et armées l'une et l'autre d'une rangée de petites dents; le corps et la queue sont gros et charnus.

Commerson a laissé dans ses manuscrits une description du muge que nous nommons *tache-bleue*. Les côtés de ce poisson offrent des teintes d'un brun bleuâtre; sa partie inférieure resplendit de l'éclat de l'argent; ses dorsales et sa caudale sont brunes; ses ventrales et sa nageoire de l'anus montrent une couleur plus ou moins pâle *.

---

* 6 rayons à la membrane branchiale du muge céphale.

17 rayons à chaque pectorale.

1 rayon aiguillonné et 5 rayons articulés à chaque ventrale.

16 rayons à la nageoire de la queue.

17 rayons à chaque pectorale du muge albule.

1 rayon aiguillonné et 5 rayons articulés à chaque ventrale.

20 rayons à la caudale.

17 rayons à chaque pectorale du muge crénilabe.

1 rayon aiguillonné et 5 rayons articulés à chaque ventrale.

16 rayons à la nageoire de la queue.

6 rayons à la membrane branchiale du muge tang.

12 rayons à chaque pectorale.

1 rayon aiguillonné et 5 rayons articulés à chaque ventrale.

16 rayons à la caudale.

6 rayons à la membrane branchiale du muge tranquebar.

12 rayons à chaque pectorale.

1 rayon aiguillonné et 5 rayons articulés à chaque ventrale.

16 rayons à la nageoire de la queue.

12 rayons à chaque pectorale du muge plumier,

7 rayons à chaque ventrale.

9 rayons à la caudale.

16 rayons à chaque pectorale du muge tache-bleue.

HISTOIRE NATURELLE

DES POISSONS.

TOME CINQUIÈME.

SECONDE PARTIE.

N. B. Ce faux titre doit être placé devant la feuille 5o.

DEUX CENT SEPTIÈME GENRE.

LES MUGILOÏDES.

La mâchoire inférieure carenée en dedans; la tête revêtue de petites écailles; les écailles striées; une nageoire du dos.

ESPÈCE.	CARACTÈRES.
LE MUGILOIDE CHILI. (*Mugiloïdes chilensis.*)	Un rayon aiguillonné et huit rayons articulés à la nageoire du dos; trois rayons aiguillonnés et sept rayons articulés à celle de l'anus.

LE MUGILOÏDE CHILI[1].

LE savant naturaliste Molina a fait connoître ce poisson. On trouve ce mugiloïde dans la mer qui baigne le Chili, et dans les fleuves qui portent leurs eaux à cette mer. Son nom générique indique la ressemblance de sa conformation à celle des muges, comme son nom spécifique désigne sa patrie. Sa longueur ordinaire est de trois ou quatre décimètres[2].

---

[1] Mugiloïdes chilensis.
Mugil chilensis. *Linné, édition de Gmelin.*
Molina. *Hist. natur. Chil. p.* 198, *n.* 3.
Mugile lisa. *Bonnaterre, planches de l'Encyclopédie méthodique.*

[2] 7 rayons à la membrane des branchies du mugiloïde chili.
12 rayons à chaque pectorale.
1 rayon aiguillonné et 5 rayons articulés à chaque ventrale.
16 rayons à la nageoire de la queue.

DEUX CENT HUITIÈME GENRE.

LES CHANOS.

La mâchoire inférieure carenée en dedans ; point de dents aux mâchoires ; les écailles striées ; une seule nageoire du dos ; la caudale garnie, vers le milieu de chacun de ses côtés, d'une sorte d'aile membraneuse.

ESPÈCE.	CARACTÈRES.
LE CHANOS ARABIQUE. (*Chanos arabicus.*)	Quatorze rayons à la dorsale ; neuf à l'anale ; onze à chaque ventrale ; la caudale très-fourchue.

LE CHANOS ARABIQUE[1].

CE poisson habite dans la mer d'Arabie; et c'est ce qu'annonce le nom spécifique que nous lui avons donné, en le séparant du genre des muges, dont il diffère par des caractères trop remarquables pour ne pas devoir appartenir à un grouppe distinct de ces derniers.

Il montre une longueur très-considérable : il en présente ordinairement une de douze ou treize décimètres; et des individus de cette espèce, qui forment une variété à laquelle on a attaché la dénomination d'*anged*, ont jusqu'à trente-six décimètres de long. Ses écailles sont larges, arrondies, argentées et brillantes; la tête est plus étroite que le corps, aplatie, dénuée de petites écailles, et d'un verd mêlé de bleu; la lèvre supérieure échancrée, et plus avancée que celle d'en-bas; la ligne latérale courbée d'abord vers le haut, et ensuite très-droite[2].

---

[1] Chanos arabicus.

Mugil chanos. *Linné, édition de Gmelin.*

Forskaël, Faun. Arab. p. 74, *n.* 110.

Mugile chani. *Bonnaterre, planches de l'Encyclopédie méthodique.*

[2] 4 rayons à la membrane branchiale du chanos arabique.

16   à chaque pectorale.

11   à chaque ventrale.

20   à la caudale.

DEUX CENT NEUVIÈME GENRE.

LES MUGILOMORES.

La mâchoire inférieure carenée en dedans ; les mâchoires dénuées de dents, et garnies de petites protubérances ; plus de trente rayons à la membrane des branchies ; une seule nageoire du dos ; un appendice à chacun des rayons de cette dorsale.

ESPÈCE.	CARACTÈRES.
LE MUGILOMORE ANNE-CAROLINE. (*Mugilomorus anna-carolina.*)	Vingt rayons à la nageoire du dos ; quinze à celle de l'anus ; la caudale fourchue.

LE MUGILOMORE ' ANNE-CAROLINE '.

CE poisson brille du doux éclat de l'argent le plus pur ; une teinte d'azur est répandue sur son dos. Ses dimensions sont grandes ; ses proportions agréables et sveltes. Il est rare ; il est recherché. J'en dois la connoissance à mon ami et savant confrère le citoyen Bosc, ancien agent des relations commerciales de la France dans les États-Unis.

Je consacre à l'amour conjugal le don de l'amitié ; je le dédie à la compagne qui ne m'a jamais donné d'autre peine que celle de la voir, depuis un an, éprouver les souffrances les plus vives. C'est auprès de son lit de douleur, que j'ai écrit une grande partie de l'Histoire des poissons. Que cet ouvrage renferme l'expression de ma tendresse, de mon estime, de ma reconnoissance : je l'offre, cette expression, à la sensibilité profonde qui répand un si grand charme sur mes jours ; à la bonté qui fait le bonheur de tous ceux qui l'entourent ; aux vertus qui ont, en secret,

---

' Le nom générique de *mugilomore* désigne les rapports de ce genre avec celui des muges.

' Mugil appendiculatus; mugil pinnâ dorsali unicâ viginti-radiatâ, omnibus appendiculatis. *Bosc, notes manuscrites communiquées.*

séché les larmes de tant d'infortunés; à cet esprit
supérieur qui craint tant de se montrer, mais qui m'a
accordé si souvent des conseils si utiles; au talent qui
a mérité les suffrages du public'; à la douceur inal-
térable, à la patience admirable avec lesquelles elle
supporte la longue et cruelle maladie qui la tourmente
encore². Quelle que soit la destinée de mes écrits, je
suis tranquille sur la durée de ce témoignage de mes
sentimens; je le confie au cœur sensible des naturalistes : le nom d'*Anne-Caroline* Hubert-Jubé LACEPÈDE
leur sera toujours cher. Que le bonheur soit la récompense de leur justice envers elle, et de leur bienveillance pour son époux.

Le mugilomore anne-caroline a la tête alongée,
comprimée et déprimée; un sillon assez large s'étend
longitudinalement entre les yeux; l'ouverture de la
bouche est grande; les deux côtés de la carène intérieure de la mâchoire d'en-bas forment, en se réunissant, un angle obtus; la langue est épaisse, osseuse
et unie; les yeux sont très-grands; l'iris est couleur
d'or; la ligne latérale se dirige parallèlement au dos;

---

¹ Pendant la vie de son premier mari, M. Gauthier, homme de lettres
très-estimable, auteur d'*Inès et Léonore*, que l'on joua avec succès sur le
théâtre Favart, de plusieurs articles du *Dictionnaire raisonné des sciences*,
de quelques parties de l'*Histoire universelle*, etc. elle publia, sous le nom
de Madame G....., un roman intitulé *Sophie, ou Mémoires d'une jeune
Religieuse*, et dédié à la princesse douairière de Lœwenstein.

² Le 16 brumaire, an 11 de l'ère française.

toutes les nageoires sont accompagnées d'une membrane adipeuse, double, longue, égale dans la dorsale et dans l'anale, inégale dans les pectorales et dans les ventrales. Les trente-quatre rayons de la membrane branchiale sont égaux. La longueur ordinaire du poisson est de six décimètres; la hauteur, d'un décimètre; la largeur ou épaisseur, de cinq ou six centimètres.

Ce mugilomore se trouve dans la mer qui baigne les côtes de la Caroline. Le goût de sa chair est très-agréable *.

---

* 34 rayons à la membrane branchiale du mugilomore anne-caroline.
  18   à chaque pectorale.
  15   à chaque ventrale.
  10   à la nageoire de la queue.

DEUX CENT DIXIÈME GENRE.

LES EXOCETS.

La tête entièrement, ou presque entièrement, couverte de petites écailles; les nageoires pectorales larges, et assez longues pour atteindre jusqu'à la caudale; dix rayons à la membrane des branchies; une seule dorsale; cette nageoire située au-dessus de celle de l'anus.

ESPÈCES.	CARACTÈRES.
1. L'EXOCET VOLANT. (*Exocœtus volitans.*)	Quatorze rayons à la nageoire du dos; quatorze à celle de l'anus; quinze ou seize à chaque pectorale; les ventrales petites, et plus voisines de la tête que le milieu de la longueur totale de l'animal.
2. L'EXOCET MÉTORIEN. (*Exocœtus mesogaster.*)	Douze rayons à la nageoire du dos; douze à celle de l'anus; treize à chaque pectorale; les ventrales situées à peu près vers le milieu de la longueur totale du poisson.
3. L'EXOCET SAUTEUR. (*Exocœtus exiliens.*)	Onze ou douze rayons à la dorsale; douze à l'anale; dix-huit à chaque pectorale; les ventrales assez longues pour atteindre à l'extrémité de la dorsale, et situées plus loin de la tête que le milieu de la longueur totale de l'animal.
4. L'EXOCET COMMERSONNIEN. (*Exocœtus Commersonnii.*)	Douze rayons à la nageoire du dos; dix à celle de l'anus; treize à chaque ventrale; les ventrales assez longues pour atteindre au milieu de la dorsale, et plus éloignées de la tête que le milieu de la longueur totale du poisson.

L'EXOCET VOLANT[1],

L'EXOCET MÉTORIEN[2],

L'EXOCET SAUTEUR[3], ET L'EXOCET COMMERSONNIEN[4].

C E genre ne renferme que des poissons volans, et c'est ce que désigne le nom qui le distingue. Nous avons déja

[1] Exocætus volitans.
Poisson volant.
Hochflieger, *en Allemagne.*
Flygfisk, *en Suède.*
Flyvflsken, *en Danemarck.*
Vliegender visch, *en Hollande.*
Plying fish, *en Angleterre.*
El volante, *en Espagne.*
O volandor, *ibid.*
Peixe volante, *en Portugal.*
Pirabebe, *au Brésil.*
Exocætus volitans. *Linné, édition de Gmelin.*
Exocætus evolans. *Id.*
Exocet muge volant. *Daubenton et Haüy, Encyclopédie méthodique.*
Id. *Bonnaterre, planches de l'Encyclopédie méthodique.*
Exocet pirabe. *Daubenton et Haüy, Encyclopédie méthodique.*
Id. *Bonnaterre, planches de l'Encyclopédie méthodique.*
Amœnit. academ. 1, p. 321.
Pirabebe. *Pis. Brasil.* 61.
Gronov. Mus. 1, *n.* 27; *et Zooph.* 358.

vu des pégases, des scorpènes, des dactyloptères, des prionotes, des trigles, jouir de la faculté de s'élancer à

Bloch, pl. 398.

Appendix du Voyage à la Nouvelle-Galles méridionale , par Jean White , etc. pl. 52 , fig. 2.

Pterichthus pinnis pectoralibus radiorum sexdecim ; ventralibus , intra corporis æquilibrium , nequidem ad anum apice pertingentibus. *Commerson , manuscrits déja cités.*

² Exocætus mesogaster.

Bloch, pl. 399.

³ Exocætus exiliens.

Muge volant.

Hirondelle de mer.

Lendola , *dans plusieurs départemens méridionaux de France.*

Rondine , *en Italie.*

Dierâd el bahr , *en Arabie.*

Gharara , *à Dichadda.*

Sabari , *à Mokha.*

Ikan terbang berampat sajap , *aux Indes orientales.*

Springer , *en Allemagne.*

Vliegerde harder , *en Hollande.*

Swallow fish , *en Angleterre.*

Exocætus exiliens. *Linné , édition de Gmelin.*

Exocet sauteur. *Bonnaterre, planches de l'Encyclopédie méthodique.*

Exocætus. *Artedi , gen.* 8, *spec.* 35 , *syn.* 18.

Muge volant. *Rondelet , première partie , liv.* 9, *chap.* 5.

Muge volant. *Bloch, pl.* 397.

Pterichthus apicius, exocætus longè volans, pinnis pectoralibus radiorum octodecim ; ventralibus extra corporis æquilibrium exortis, ultra pinnam ani dorsalemque apice pertingentibus. *Commerson, manuscrits déja cités.*

⁴ Exocætus Commersonnii.

Pterichthus sublimius pinnis pectoralibus radiorum tredecim ; ventralibus extra corporis æquilibrium exortis, ad medias ani dorsique pinnas apice pertingentibus. *Commerson , manuscrits déja cités.*

d'assez grandes distances au-dessus de la surface des eaux : nous retrouvons parmi les exocets le même attribut ; et comme, très-avancés déja dans la revue des poissons que nous avons entreprise, nous n'aurons plus d'occasion d'examiner cette sorte de privilége accordé par la Nature à un petit nombre des animaux dont nous sommes les historiens, jetons un dernier coup-d'œil sur ce phénomène remarquable, qui démontre si bien ce que nous avons tâché de prouver en tant d'endroits de cet ouvrage ; c'est-à-dire, que *voler* est *nager* dans l'air, et que *nager* est *voler* au sein des eaux.

L'*exocet volant*, comme les autres exocets, est bel à voir : mais sa beauté, ou plutôt son éclat, ne lui sert qu'à le faire découvrir de plus loin par des ennemis contre lesquels il a été laissé sans défense. L'un des plus misérables des habitans des eaux, continuellement inquiété, agité, poursuivi par des scombres ou des coryphènes, s'il abandonne, pour leur échapper, l'élément dans lequel il est né, s'il s'élève dans l'atmosphère, s'il décrit dans l'air une courbe plus ou moins prolongée, il trouve, en retombant dans la mer, un nouvel ennemi, dont la dent meurtrière le saisit, le déchire et le dévore ; ou, pendant la durée de son court trajet, il devient la proie des frégates et des autres oiseaux carnassiers qui infestent la surface de l'océan, le découvrent du haut des nues, et tombent sur lui avec la rapidité de l'éclair. Veut-il chercher sa sûreté

sur le pont des vaisseaux dont il s'approche pendant
son espèce de vol? le bon goût de sa chair lui ôte ce
dernier asyle; le passager avide lui a bientôt donné la
mort qu'il vouloit éviter. Et comme si tout ce qui peut
avoir rapport à cet animal, en apparence si privilégié,
et dans la réalité si disgracié, devoit retracer le
malheur de sa condition, lorsque les astronomes ont
placé son image dans le ciel, ils ont mis à côté celle de
la dorade, l'un de ses plus dangereux ennemis.

La parure brillante que nous devons compter parmi
les causes de ses tourmens et de sa perte, se compose
de l'éclat argentin qui resplendit sur presque toute sa
surface, dont l'agrément est augmenté par l'azur du
sommet de la tête, du dos et des côtés, et dont les
teintes sont relevées par le bleu plus foncé de la nageoire dorsale, ainsi que de celles de la poitrine et de
la queue.

La tête du volant est un peu aplatie par-dessus, par
les côtés et par-devant. La mâchoire d'en-bas est plus
avancée que la supérieure; cette dernière peut s'alonger de manière à donner à l'ouverture de la bouche
une forme tubuleuse et un peu cylindrique : l'une et
l'autre sont garnies de dents si petites, qu'elles échappent presque à l'œil, et ne sont guère sensibles qu'au
tact. Le palais est lisse, ainsi que la langue, qui est
d'ailleurs à demi cartilagineuse, courte, arrondie dans
le bout, et comme taillée en biseau à cette extrémité.
L'ouverture des narines, qui touche presque l'œil, est

demi-circulaire, et enduite de mucosité. Les yeux sont ronds, très-grands, mais peu saillans. Le crystallin, qu'on apperçoit au travers de la prunelle, et qui est d'un bleu noirâtre pendant la vie de l'animal, devient blanc d'abord après la mort du poisson. Les opercules, très-argentés, très-polis et très-luisans, sont composés de deux lames, dont l'antérieure se termine en angle, et dont la postérieure présente une petite fossette. Les arcs osseux qui soutiennent les branchies, ont des dents comme celles d'un peigne. Les écailles, quoiqu'un peu dures, se détachent, pour peu qu'on les touche. On voit de chaque côté de l'exocet deux lignes latérales : une fausse, et très-droite, marque les interstices des muscles, et sépare la partie du poisson qui est colorée en bleu, d'avec celle qui est argentée ; l'autre, véritable, et qui suit la courbure du ventre, est composée d'écailles marquées d'un point et relevées par une strie longitudinale. Le dessous du poisson est aplati jusque vers l'anus, et ensuite un peu convexe.

Les grandes nageoires pectorales, que l'on a comparées à des ailes, sont un peu rapprochées du dos ; elles donnent par leur position, à l'animal qui s'est élancé hors de l'eau, une situation moins fatigante, parce que, portant son centre de suspension au-dessus de son centre de gravité, elles lui ôtent toute tendance à se renverser et à tourner sur son axe longitudinal.

La membrane qui lie les rayons de ces pectorales, est assez mince pour se prêter facilement à tous les mou-

vemens que ces nageoires doivent faire pendant le vol
du poisson; elle est en outre placée sur ces rayons, de
manière que les intervalles qui les séparent puissent
offrir une forme plus concave, agir sur une plus grande
quantité d'air, et éprouver dans ce fluide une résistance qui soutient l'exocet, et qui d'ailleurs est augmentée par la conformation de ces mêmes rayons, que
leur aplatissement rend plus propres à comprimer l'air
frappé par la nageoire agitée.

Les ventrales sont très-écartées l'une de l'autre.

Le lobe inférieur de la caudale est plus long d'un
quart ou environ que le lobe supérieur.

Tels sont les principaux traits que l'on peut remarquer dans la conformation extérieure des exocets volans, lorsqu'on les examine, non pas dans les muséums,
où ils peuvent être altérés, mais au moment où ils
viennent d'être pris. Leur longueur ordinaire est de
deux ou trois décimètres. On les trouve dans presque
toutes les mers chaudes ou tempérées; et des agitations
violentes de l'océan et de l'atmosphère les entraînant
quelquefois à de très-grandes distances des tropiques,
des observateurs en ont vu d'égarés jusque dans le
canal qui sépare la France de la Grande-Bretagne.

Leur estomac est à peine distingué du canal intestinal proprement dit; mais leur vessie natatoire, qui est
très-grande, peut assez diminuer leur pesanteur spécifique, lorsqu'elle est remplie d'un gaz léger, pour
rendre plus facile non seulement leur natation, mais
encore leur vol.

Bloch dit avoir lu dans un manuscrit de Plumier, que dans la mer des Antilles les œufs du *poisson volant* (apparemment l'exocet volant) étoient si âcres, qu'ils pouvoient corroder la peau de la langue et du palais. Il invite avec raison les observateurs à s'assurer de ce fait, et à rechercher la cause générale ou particulière de ce phénomène, qui peut-être doit être réduit à l'effet local des qualités vénéneuses des alimens de l'exocet.

Le métorien montre une dorsale élevée et échancrée, et une nageoire de l'anus également échancrée ou en forme de faux. On l'a pêché dans la mer qui entoure les Antilles.

Le sauteur a la chair grasse et délicate ; une longueur de près d'un demi-mètre ; l'habitude de se nourrir de petits vers et de substances végétales. Il se plaît beaucoup dans la mer d'Arabie et dans la Méditerranée, particulièrement aux environs de l'embouchure du Rhône : mais on le rencontre, ainsi que le volant, dans presque toutes les parties de l'Océan un peu voisines des tropiques, et même à plus de quarante degrés de l'équateur. Commerson l'a vu à trente-quatre degrés de latitude australe, et à vingt myriamètres des côtes orientales du Brésil.

La tête est plus aplatie par-devant et par-dessus que dans l'espèce du volant ; l'intervalle des yeux plus large ; le haut de l'orbite plus saillant ; l'occiput plus relevé ; la mâchoire supérieure moins extensible ; l'ouverture de la bouche moins tubuleuse ; et la grande surface des ventrales doit faire considérer ces nageoires comme deux ailes supplémentaires, qui donnent à l'animal la faculté de s'élancer à des distances plus considérables que l'exocet volant.

Le commersonnien a l'entre-deux des yeux, le dessus de l'orbite, la mâchoire supérieure, comme ceux du sauteur; l'occiput déprimé; et la dorsale marquée, du côté de la nageoire de la queue, d'une grande tache d'un noir bleuâtre. Cette quatrième espèce d'exocet est encore inconnue des naturalistes. Comment ne lui aurois-je pas donné le nom du voyageur qui l'a découverte*?

---

* 6 rayons à chaque ventrale de l'exocet volant.
15   à la nageoire de la queue.

6 rayons à chaque ventrale de l'exocet métorien.
20   à la caudale.

6 rayons à chaque ventrale de l'exocet sauteur.
16   à la nageoire de la queue.

6 rayons à chaque ventrale de l'exocet commersonnien.
15   à la caudale.

DEUX CENT ONZIÈME GENRE.

LES POLYNÈMES.

Des rayons libres auprès de chaque pectorale; la tête revêtue de petites écailles; deux nageoires dorsales.

PREMIER SOUS-GENRE.

La nageoire de la queue, fourchue, ou échancrée en croissant.

ESPÈCES.	CARACTÈRES.
1. LE POLYNÈME ÉMOI. (*Polynemus emoi.*)	Huit rayons aiguillonnés à la première nageoire du dos; un rayon aiguillonné et treize rayons articulés à la seconde; trois rayons aiguillonnés et onze rayons articulés à la nageoire de l'anus; cinq rayons libres auprès de chaque pectorale.
2. LE POLYNÈME PENTADACTYLE. (*Polynemus quinquarius.*)	Sept rayons à la première dorsale; seize à la seconde; deux rayons aiguillonnés et vingt-huit rayons articulés à l'anale; cinq rayons libres auprès de chaque pectorale.
3. LE POLYNÈME RAYÉ. (*Polynemus lineatus.*)	Sept rayons aiguillonnés à la première nageoire du dos; un rayon aiguillonné et quatorze rayons articulés à la seconde; un rayon aiguillonné et quatorze rayons articulés à l'anale; le museau conique; la ligne latérale terminée au lobe inférieur de la nageoire de la queue; cinq rayons libres auprès de chaque pectorale.

ESPÈCES.	CARACTÈRES.
4. LE POLYNÈME PARADIS. (*Polynemus paradiseus.*)	Huit rayons à la première dorsale; treize à la seconde; seize à la nageoire de l'anus; sept rayons libres auprès de chaque pectorale.
5. LE POLYNÈME DÉCADACTYLE. (*Polynemus decadactylus.*)	Huit rayons à la première nageoire du dos; un rayon aiguillonné et treize rayons articulés à la seconde; deux rayons aiguillonnés et onze rayons articulés à l'anale; dix rayons libres auprès de chaque pectorale.

SECOND SOUS-GENRE.

La nageoire de la queue, rectiligne, ou arrondie, ou lancéolée, et sans échancrure.

ESPÈCE.	CARACTÈRES.
6. LE POLYNÈME MANGO. (*Polynemus mango.*)	Sept rayons à la première dorsale; un rayon aiguillonné et douze rayons articulés à la seconde; deux rayons aiguillonnés et quatorze rayons articulés à la nageoire de l'anus; la caudale lancéolée; sept rayons libres auprès de chaque pectorale.

LE POLYNÈME ÉMOI [1],

LE POLYNÈME PENTADACTYLE [2],

LE POLYNÈME RAYÉ [3], LE POLYNÈME PARADIS [4], LE POLYNÈME DÉCADACTYLE [5], ET LE POLYNÈME MANGO [6].

Nous conservons au premier de ces polynèmes le nom d'*émoi* : il a été donné à ce poisson par les habitans de l'isle d'Otahiti, dont il fréquente les rivages. Il est

[1] Polynemus emoi.
Peire royal, *par les Portugais de la côte de Malabar.*
Kalamin, *par les Tamulaines.*
Polynemus plebeius. *Linné, édition de Gmelin.*
Id. *Broussonnet, Ichthyol. fascic.* 1 *, tab.* 8.
Polynème émoi. *Bonnaterre, planches de l'Encyclopédie méthodique.*
Bloch, pl. 400.

[2] Polynemus quinquarius.
Id. *Linné, édition de Gmelin.*
Polynème pentadactyle. *Daubenton et Haüy, Encyclopédie méthodique.*
Id. *Bonnaterre, planches de l'Encyclopédie méthodique.*
Gronov. Mus. 1 *, n.* 74.
Pentanemus. *Seba, Mus.* 3 *, tab.* 27 *, fig.* 2.

[3] Polynemus lineatus.
Polynemus cirris pectoralibus quinque ad anum vix attingentibus. *Commerson, manuscrits déja cités.*

doux; il retrace des souvenirs touchans; il rappelle à
notre sensibilité ces isles fortunées du grand Océan
équinoxial, où la Nature a tant fait pour le bonheur de
l'homme, où notre imagination se hâte de chercher un
asyle, lorsque, fatigués des orages de la vie, nous voulons oublier, pendant quelques momens, les effets
funestes des passions qu'une raison éclairée n'a pas
encore calmées, des préjugés qu'elle n'a pas détruits,
des institutions qu'elle n'a pas perfectionnées. Et qui
doit mieux conserver un nom consolateur, que nous,
amis dévoués d'une science dont le premier bienfait
est de faire naître ce calme doux, cette paix de l'ame,
cette bienveillance aimante, auxquels l'espèce humaine
pourroit devoir une félicité si pure? La reconnoissance
seule auroit pu nous engager à substituer au nom
d'*émoi* celui de *Broussonnet*. Mais quel zoologiste ignore

---

4 Polynemus paradiseus.

Id. *Linné, édition de Gmelin.*

Polynème poisson de paradis. *Daubenton et Haüy, Encyclopédie méthodique.*

Id. *Bonnaterre, planches de l'Encyclopédie méthodique.*

Bloch, pl. 402.

Paradisea piscis. *Edw. Av.* 208, *tab.* 208.

5 Polynemus decadactylus.

Id. *Bloch, pl.* 401.

Polynème camus. *Id. ibid.*

6 Polynemus mango.

Polynemus virginicus. *Linné, édition de Gmelin.*

Polynème mango. *Daubenton et Haüy, Encyclopédie méthodique.*

Id. *Bonnaterre, planches de l'Encyclopédie méthodique.*

que c'est à ce savant que nous devons la connoisance,
du polynème émoi?

Les côtes riantes de l'isle d'Otahiti, celles de l'isle
Tanna, et de quelques autres isles du grand Océan
équinoxial, ne sont cependant pas les seuls endroits
où l'on ait pêché ce polynème : on le trouve en Amérique, particulièrement dans l'Amérique méridionale;
il se plaît aussi dans les eaux des Indes orientales; on
le rencontre dans le golfe du Bengale, ainsi que dans
les fleuves qui s'y jettent; il aime les eaux limpides et
les endroits sablonneux des environs de Tranquebar.
Les habitans du Malabar le recherchent comme un de
leurs meilleurs poissons; sa tête est sur-tout pour eux
un mets très-délicat. On le marine, on le sale, on le
sèche, on le prépare de différentes manières, au nord
de la côte de Coromandel, et principalement dans les
grands fleuves du Godaveri et du Krisehna. On le prend
au filet et à l'hameçon. Mais comme il a quelquefois plus
d'un mètre et demi de longueur, et qu'il parvient à
un poids très-considérable, on est obligé de prendre
des précautions assez grandes pour que la ligne lui
résiste lorsqu'on veut le retirer. Le temps de son frai
est plus ou moins avancé, suivant son âge, le climat,
la température de l'eau. Il se nourrit de petits poissons, et il les attire en agitant les rayons filamenteux
placés auprès de ses nageoires pectorales, comme
d'autres habitans des mers ou des rivières trompent
leur proie en remuant avec ruse et adresse leurs barbillons semblables à des vers.

Sa tête est un peu alongée et aplatie ; chacune de ses narines a deux orifices ; les yeux sont grands et couverts d'une membrane ; le museau est arrondi ; la mâchoire supérieure plus avancée que celle d'en-bas ; chaque mâchoire garnie de petites dents ; le palais hérissé d'autres dents très-petites ; la langue lisse ; la ligne latérale droite ; une grande partie de la surface des nageoires revêtue de petites écailles ; la couleur générale argentée ; le dos cendré ; les pectorales sont brunes, et parsemées, ainsi que le bord des autres nageoires, de points très-foncés.

Il est bon de remarquer que l'on a trouvé dans les couches du mont Bolca, près de Vérone[1], des restes de poissons qui avoient appartenu a l'espèce de l'émoi[2].

Le polynème pentadactyle habite en Amérique.

Le rayé, dont les naturalistes ignorent encore l'existence, a été décrit par Commerson. Sa longueur ordinaire est d'un demi-mètre ou environ. Ses écailles sont foiblement attachées. Sa couleur est argentine, relevée, sur la partie supérieure de l'animal, par des teintes bleuâtres ; les pectorales offrent des nuances brunâtres. Une douzaine de raies longitudinales et brunes augmentent de chaque côté, par le contraste qu'elles forment, l'éclat de la robe argentée du polynème. Le museau, qui est transparent, s'avance

---

[1] *Ichthyolithologie des environs de Vérone, par le comte de Gazola, etc.*
[2] Voyez notre Discours sur la durée des espèces.

au-delà de l'ouverture de la bouche. La mâchoire inférieure s'emboîte, pour ainsi dire, dans celle d'en-haut.
On compte deux orifices à chaque narine. On voit de
petites dents sur les deux mâchoires, sur deux os et
sur un tubercule du palais, sur quatre éminences
voisines du gosier, sur les arcs qui soutiennent les
branchies. Les yeux sont comme voilés par une membrane, à la vérité, transparente. Deux lames, dont la
seconde est bordée d'une membrane du côté de la
queue, composent l'opercule. Les cinq rayons libres
ou filamens placés un peu en dedans et au-devant de
chaque pectorale, ne sont pas articulés, et s'étendent,
avec une demi-rigidité, jusqu'aux nageoires ventrales.
Cinq ou six écailles, situées dans la commissure supérieure de chaque pectorale, forment un caractère
particulier. La seconde dorsale et l'anale sont échancrées.

Le polynème rayé est apporté, pendant presque
toute l'année, au marché de l'isle Maurice.

Celui qu'on a nommé *paradis* a deux orifices à chaque narine; les mâchoires garnies de petites dents;
la langue lisse; le palais rude; la pièce antérieure de
l'opercule dentelée; le dos bleu; les côtés et le ventre
argentins; les nageoires grises; une longueur considérable; la chair très-agréable au goût; l'habitude de
se nourrir de crustacées et de jeunes poissons; les parages de Surinam, des Antilles et de la Caroline, pour
patrie.

Le devant du museau assez aplati pour présenter une face verticale; les yeux très-grands; la mâchoire inférieure plus étroite, moins avancée, moins garnie de petites dents, que la mâchoire d'en-haut; la langue unie et dégagée; l'orifice unique de chaque narine; les articulations des rayons libres *; l'inégalité de ces

---

* 7 rayons à la membrane branchiale du polynème émoi.

12   à chaque pectorale.

1 rayon aiguillonné et 5 rayons articulés à chaque ventrale.

22 rayons à la nageoire de la queue.

5 rayons à la membrane des branchies du polynème pentadactyle.

16   à chaque pectorale.

1 rayon aiguillonné et 5 rayons articulés à chaque ventrale.

17 rayons à la caudale.

7 rayons à la membrane branchiale du polynème rayé.

17   à chaque pectorale.

6   à chaque ventrale, dont les deux rayons intérieurs sont joints d'une manière particulière.

18   à la caudale, dont le lobe supérieur est un peu plus avancé que l'inférieur.

5 rayons à la membrane des branchies du polynème paradis.

15   à chaque pectorale.

1 rayon aiguillonné et 5 rayons articulés à chaque ventrale.

18 rayons à la nageoire de la queue.

10 rayons à la membrane branchiale du polynème décadactyle.

14   à chaque pectorale.

1 rayon aiguillonné et 5 rayons articulés à chaque ventrale.

16 rayons à la caudale.

7 rayons à la membrane des branchies du polynème mango.

15   à chaque pectorale.

1 rayon aiguillonné et 5 rayons articulés à chaque ventrale.

15 rayons à la nageoire de la queue.

rayons, dont cinq de chaque côté sont courts, et cinq sont alongés; la grandeur et la mollesse des écailles, l'argentin des côtés, le brun du dos et des nageoires, la bordure brune de chaque écaille, peuvent servir à distinguer le décadactyle, qui fait son séjour dans la mer de Guinée, qui remonte dans les fleuves pour y frayer sur les bas-fonds, que l'on pêche au filet et à la ligne, qui devient assez grand, et qui est très-bon à manger.

Le polynème mango a l'opercule dentelé, le premier rayon de la première dorsale très-court, la caudale large. C'est dans les eaux de l'Amérique qu'il a été pêché.

DEUX CENT DOUZIÈME GENRE.

LES POLYDACTYLES.

Des rayons libres auprès de chaque pectorale ; la tête dénuée de petites écailles ; deux nageoires dorsales.

ESPÈCE.	CARACTÈRES.
LE POLYDACTYLE PLUMIER. (*Polydactylus Plumierii.*)	Huit rayons aiguillonnés à la première nageoire du dos ; un rayon aiguillonné et dix rayons articulés à la seconde ; un rayon aiguillonné et onze rayons articulés à l'anale ; la caudale fourchue ; six rayons libres auprès de chaque pectorale.

LE POLYDACTYLE PLUMIER [1].

LA couleur générale de ce polydactyle est argentée, comme celle de la plupart des polynèmes. Son museau est saillant; sa mâchoire supérieure plus avancée que l'inférieure. Les six rayons libres que l'on voit auprès de chaque pectorale, ressemblent à de longs filamens; la seconde dorsale et la nageoire de l'anus sont égales en surface, placées l'une au-dessus de l'autre, et échancrées en forme de faux. Le corps proprement dit a son diamètre vertical bien plus grand que celui de la queue. Plumier a laissé un dessin de ce poisson encore inconnu des naturalistes, et que nous avons cru devoir placer dans un genre particulier [2].

[1] Polydactylus Plumierii.
Cephalus argenteus barbatus. *Plumier, manuscrits de la Bibliothèque nationale, déja cités.*

[2] 13 rayons à chaque pectorale du polydactyle plumier.

DEUX CENT TREIZIÈME GENRE.

LES BUROS.

[Un double piquant entre les nageoires ventrales ; une seule nageoire du dos ; cette nageoire très-longue ; les écailles très-petites et très-difficiles à voir ; cinq rayons à la membrane branchiale.

ESPÈCE.	CARACTÈRES.
LE BURO BRUN. (*Buro brunneus.*)	Treize rayons aiguillonnés et onze rayons articulés à la nageoire du dos; sept rayons aiguillonnés et neuf rayons articulés à celle de l'anus ; la caudale en croissant.

LE BURO BRUN [1].

Nous publions la description de ce genre d'après les manuscrits de Commerson.

Le buro brun a toute sa surface parsemée de petites taches blanches; l'iris doré et argenté; la tête menue; le museau un peu pointu; la mâchoire supérieure mobile, mais non extensible, et garnie, comme celle d'en-bas, d'un seul rang de dents très-petites et très-aigües; l'anus situé entre les deux piquans qui séparent les nageoires ventrales; la ligne latérale composée de points un peu élevés, et courbée comme le dos; le ventre et le dos carenés; le corps et la queue comprimés; une longueur de deux ou trois décimètres [2].

---

[1] Buro brunneus.

Buro brunneus guttis exalbidis variegatus, duplici intra pinnas ventrales spinâ. *Commerson , manuscrits déja cités.*

[2] 18 rayons à chaque pectorale du buro brun.

    1 rayon aiguillonné, 3 rayons articulés et un cinquième rayon aiguillonné à chaque ventrale.

    16 rayons à la nageoire de la queue.

DEUX CENT QUATORZIÈME GENRE.
LES CLUPÉES.

Des dents aux mâchoires; plus de trois rayons à la membrane des branchies; une seule nageoire du dos; le ventre carené; la carène du ventre dentelée ou très-aiguë.

PREMIER SOUS-GENRE.

La nageoire de la queue fourchue, ou échancrée en croissant.

ESPECES.	CARACTÈRES.
1. LA CLUPÉE HARENG. (*Clupea harengus.*)	Dix-huit rayons à la nageoire du dos; dix-sept à celle de l'anus; neuf à chaque ventrale; la caudale fourchue; la mâchoire inférieure plus avancée que celle d'en-haut; un appendice triangulaire auprès de chaque ventrale; point de taches sur les côtés du corps.
2. LA CLUPÉE SARDINE. (*Clupea sprattus.*)	Dix-sept rayons à la dorsale; dix-neuf à l'anale; six à chaque ventrale; la caudale fourchue; la mâchoire inférieure plus avancée que la supérieure et recourbée vers le haut.
3. LA CLUPÉE ALOSE. (*Clupea alosa.*)	Dix neuf rayons à la nageoire du dos; vingt à celle de l'anus; neuf à chaque ventrale; la caudale fourchue; la mâchoire inférieure un peu plus avancée que celle d'en-haut; cette dernière échancrée à son extrémité; la carène du ventre très-dentelée et couverte de lames transversales; un appendice écailleux et triangulaire à chaque ventrale.

ESPÈCES.	CARACTÈRES.
4. LA CLUPÉE FEINTE. (*Clupea fallax.*)	La caudale fourchue; la mâchoire inférieure plus avancée que celle d'en-haut; cette dernière échancrée à son extrémité; la carène du ventre très-dentelée et couverte de lames transversales; un appendice triangulaire à chaque ventrale; le dessus de la tête un peu aplati; sept taches brunes de chaque côté du corps.
5. LA CLUPÉE ROUSSE. (*Clupea rufa.*)	Dix-huit rayons à la dorsale; vingt-quatre à la nageoire de l'anus; dix à chaque ventrale; la caudale fourchue; une cavité en forme de losange sur le sommet de la tête.
6. LA CLUPÉE ANCHOIS. (*Clupea encrasicolus.*)	Quatorze rayons à la nageoire du dos; dix-huit à l'anale; sept à chaque ventrale; la caudale fourchue; la mâchoire supérieure plus avancée que l'inférieure.
7. LA CLUPÉE ATHÉRINOIDE. (*Clupea atherinoïdes.*)	Onze rayons à la nageoire du dos; trente-cinq à l'anale; huit à chaque ventrale; la caudale fourchue; douze à la membrane des branchies; la mâchoire d'en-haut plus avancée que celle d'en-bas; une raie longitudinale large et argentée de chaque côté du poisson.
8. LA CLUPÉE RAIE-D'ARGENT. (*Clupea vittargentea.*)	Quinze rayons à la dorsale; vingt à la nageoire de l'anus; sept à chaque ventrale; la caudale fourchue; la mâchoire d'en-haut plus avancée que celle d'en-bas; une raie longitudinale large et argentée de chaque côté du poisson.
9. LA CLUPÉE APALIKE. (*Clupea cyprinoïdes.*)	Dix-sept rayons à la dorsale; vingt-cinq à l'anale; dix à chaque ventrale; la caudale fourchue; la mâchoire inférieure plus avancée que la supérieure, et recourbée vers le haut; le dernier rayon de la dorsale très-alongé; l'anale échancrée en forme de faux.

ESPÈCES.	CARACTÈRES.
10. LA CLUPÉE BÉLAME. (*Clupea setirostris.*)	Quatorze rayons à la nageoire du dos; trente-deux à l'anale; sept à chaque ventrale; la caudale fourchue; la mâchoire inférieure moins avancée que celle d'en-haut; les os de la lèvre supérieure terminés par un filament.
11. LA CLUPÉE DORAB. (*Clupea dorab.*)	Dix-sept rayons à la dorsale; trente-quatre à l'anale; sept à chaque ventrale; la caudale fourchue; la mâchoire d'en-bas plus avancée que celle d'en-haut; deux dents longues et dirigées en avant au bout de la mâchoire supérieure.
12. LA CLUPÉE MALABAR. (*Clupea malabarica.*)	Huit rayons à la nageoire du dos; trente-huit à celle de l'anus; sept à chaque ventrale; la caudale fourchue; la mâchoire inférieure courbée vers le haut.
13. LA CLUPÉE TUBERCULEUSE. (*Clupea tuberculosa.*)	Quatorze rayons à la nageoire du dos; trente à celle de l'anus; sept à chaque ventrale; la caudale fourchue; la mâchoire inférieure moins avancée que la supérieure; un tubercule à l'extrémité du museau; une tache rouge à la commissure supérieure de chaque pectorale.
14. LA CLUPÉE CHRYSOPTÈRE. (*Clupea chrysoptera.*)	Une tache noire de chaque côté du corps; toutes les nageoires jaunes.
15. LA CLUPÉE A BANDES. (*Clupea fasciata.*)	Sept rayons aiguillonnés et dix-sept rayons articulés à la nageoire du dos; deux rayons aiguillonnés et quatorze rayons articulés à celle de l'anus; un rayon aiguillonné et cinq rayons articulés à chaque ventrale; la caudale fourchue; le premier rayon de la nageoire du dos, terminé par un long filament; les deux mâchoires presque également avancées; des bandes transversales

ESPÈCES.	CARACTÈRES.
15. LA CLUPÉE A BANDES. (*Clupea fasciata.*)	depuis le sommet du dos jusqu'à la ligne latérale ; des taches petites et arrondies au-dessous de cette ligne.
16. LA CLUPÉE MACROCÉPHALE. (*Clupea macrocephala.*)	Douze ou treize rayons à la dorsale ; onze ou douze à l'anale ; cette nageoire de l'anus, à une égale distance des ventrales et de la caudale ; la caudale fourchue ; la longueur de la tête égale au moins au sixième de la longueur totale.

SECOND SOUS-GENRE.

La nageoire de la queue rectiligne, ou arrondie, ou lan-céolée et sans échancrure.

ESPÈCE.	CARACTÈRES.
17. LA CLUPÉE DES TROPIQUES. (*Clupea tropica.*)	Vingt-six rayons à la nageoire du dos ; vingt-six à celle de l'anus ; six à chaque ventrale ; la dorsale et l'anale longues et voisines de la nageoire de la queue ; la caudale lan-céolée.

LA CLUPÉE HARENG*.

HONNEUR aux peuples de l'Europe qui ont vu dans
les légions innombrables de harengs que chaque année

---

* Clupea harengus.

Heering, *en Allemagne.*

Strohmling, *ibid. (quand il vient de la Baltique).*

Bückling, *ibid. (quand il est fumé).*

Strimmalas, *en Livonie.*

Silk, *ibid.*

Konn, *ibid.*

Kenge, *ibid.*

Bectschutsch, *au Kamtschatka.*

Sill, *en Suède (quand il est gros).*

Stroming, *ibid. (quand il est petit).*

Sild, *en Danemarck (quand il est gros).*

Quale sild, *ibid (id.).*

Grabeen sild, *ibid (id.).*

Stromling, *ibid. (quand il est petit).*

Straale-sild, *en Norvége.*

Gaate-sild, *ibid.*

Kapiselikan, *dans le Groenland.*

Haring, *en Hollande.*

Herring, *en Angleterre.*

Clupea harengus. *Linné, édition de Gmelin.*

Clupe hareng. *Daubenton et Haüy, Encyclopédie méthodique.*

Id. *Bonnaterre, planches de l'Encyclopédie méthodique.*

Bloch, pl. 29, fig. 1.

Faun. Suecic. 315, 357.

amène auprès de leurs rivages, un don précieux de la Nature!

Honneur à l'industrie éclairée qui a su, par des procédés aussi faciles que sûrs, prolonger la durée de cette faveur maritime, et l'étendre jusqu'au centre des plus vastes continens!

Honneur aux chefs des nations, dont la toute-puissance s'est inclinée devant les heureux inventeurs qui ont perfectionné l'usage de ce bienfait annuel!

Que la sévère postérité, avant de prononcer son arrêt irrévocable sur ce Charles d'Autriche, dont le sceptre redouté faisoit fléchir la moitié de l'Europe sous ses lois, rappelle que, plein de reconnoissance pour le simple pêcheur dont l'habileté dans l'art de pénétrer le hareng de sel marin avoit ouvert une des sources les plus abondantes de prospérité publique, il déposa l'orgueil du diadème, courba sa tête victo-

---

Fabric. Faun. Groenland. 182.

Clupea maxillâ inferiore longiore, maculis nigris carens. *Artedi, gen.* 7, *spec.* 37, *syn.* 14.

Harengus. *Gesner (Francf.), p.* 408 *et* 486; *et Germ. f.* 5.

Id. *Schonev. p.* 36, 37.

Id. *Jonston, lib.* 1, *tit.* 1, *cap.* 1, a 3, *t.* 1, *f.* 6; et *Thaumat. p.* 416.

Id. *Willughby, p.* 219.

Id. *Raj. p.* 103.

Harengus flandricus. *Aldrovand. lib.* 3, *cap.* 10, *p.* 294.

Hareng. *Rondelet, première partie, liv.* 7, *chap.* 13.

Gronov. Mus. 1, *p.* 5, *n.* 21.

Brit. Zoolog. 3, *p.* 284, *n.* 1, *t.* 17.

Hareng. *Valmont-Bomare, Dictionnaire d'histoire naturelle.*

rieuse devant le tombeau de *Guillaume Deukelzoon*, et rendit un hommage public à son importante découverte.

Et nous, François, n'oublions pas que si un pêcheur de Biervliet a trouvé la véritable manière de saler et d'encaquer le hareng, c'est à nos compatriotes les habitans de Dieppe que l'on doit un art plus utile à la partie la plus nombreuse et la moins fortunée de l'espèce humaine, celui de le fumer.

Le hareng est une de ces productions naturelles dont l'emploi décide de la destinée des empires. La graine du caféyer, la feuille du thé, les épices de la zone torride, le ver qui file la soie, ont moins influé sur les richesses des nations, que le hareng de l'Océan atlantique. Le luxe ou le caprice demandent les premiers : le besoin réclame le hareng. Le Batave en a porté la pêche au plus haut degré. Ce peuple, qui avoit été forcé de créer un asyle pour sa liberté, n'auroit trouvé que de foibles ressources sur son territoire factice : mais la mer lui a ouvert ses trésors ; elle est devenue pour lui un champ fertile, où des myriades de harengs ont présenté à son activité courageuse une moisson abondante et assurée. Il a, chaque année, fait partir des flottes nombreuses pour aller la cueillir. Il a vu dans la pêche du hareng la plus importante des expéditions maritimes ; il l'a surnommée *la grande pêche* ; il l'a regardée comme ses *mines d'or*. Mais au lieu d'un signe souvent stérile, il a eu une réalité féconde; au lieu de voir ses richesses arrosées des sueurs, des larmes, du sang de l'esclave, il les a reçues de l'audace de l'homme libre; au lieu de précipiter sans cesse d'infortunées générations dans les gouffres de la terre, il a formé des hommes robustes, des marins intrépides, des navigateurs expérimentés, des citoyens heureux.

Jetons un coup-d'œil sur ces grandes entreprises, sur ces grandes manœuvres, sur ces grandes opérations; car qui mérite mieux le nom de grand, que ce qui donne à un peuple sa nourriture, son commerce, sa force, son habileté, son indépendance et sa vertu?

Disons seulement auparavant que tout le monde connoît trop le hareng, pour que nous devions décrire toutes ses parties.

On sait que ce poisson a la tête petite; l'œil grand; l'ouverture de la bouche courte; la langue pointue et garnie de dents déliées; le dos épais; la ligne latérale à peine visible; la partie supérieure noirâtre; l'opercule distingué par une tache rouge ou violette; les côtés argentins; les nageoires grises; la laite ou l'ovaire double; la vessie natatoire simple et pointue à ses deux bouts; l'estomac tapissé d'une peau mince; le canal intestinal droit, et par conséquent très-court; le pylore entouré de douze appendices; soixante-dix côtes; cinquante-six vertèbres.

Son ouverture branchiale est très-grande; il n'est donc pas surprenant qu'il ne puisse pas la fermer faci-

lement quand il est hors de l'eau, et qu'il périsse
bientôt par une suite du desséchement de ses branchies [1].

Il a une caudale très-haute et très-longue; il a reçu
par conséquent une large rame; et voilà pourquoi il
nage avec force et vîtesse [2].

Sa chair est imprégnée d'une sorte de graisse qui lui
donne un goût très-agréable, et qui la rend aussi plus
propre à répandre dans l'ombre une lueur phosphorique. La nourriture à laquelle il doit ces qualités,
consiste communément en œufs de poisson, en petits
crabes et en vers. Les habitans des rivages de la Norvége ont souvent trouvé ses intestins remplis de vers
rouges, qu'ils nomment *roë-aat*. Cette sorte d'aliment
contenu dans le canal intestinal des harengs fait qu'ils
se corrompent beaucoup plus vîte si l'on tarde à les saler
après les avoir pêchés : aussi, lorsqu'on croit que ces
poissons ont avalé de ces vers rouges, les laisse-t-on
dans l'eau jusqu'à ce qu'ils aient achevé de les digérer.

On a cru pendant long-temps que les harengs se
retiroient périodiquement dans les régions du cercle
polaire; qu'ils y cherchoient annuellement, sous les
glaces des mers hyperboréennes, un asyle contre leurs
ennemis, un abri contre les rigueurs de l'hiver; que,
n'y trouvant pas une nourriture proportionnée à leur

---

[1] Discours sur la nature des poissons.
[2] *Ibidem.*

nombre prodigieux, ils envoyoient, au commencement de chaque printemps, des colonies nombreuses vers des rivages plus méridionaux de l'Europe ou de l'Amérique. On a tracé la route de ces légions errantes. On a cru voir ces immenses tribus se diviser en deux troupes, dont les innombrables détachemens couvroient au loin la surface des mers, ou en traversoient les couches supérieures. L'une de ces grandes colonnes se pressoit autour des côtes de l'Islande, et, se répandant au-dessus du banc fameux de Terre-Neuve, alloit remplir les golfes et les baies du continent américain; l'autre, suivant des directions orientales, descendoit le long de la Norvége, pénétroit dans la Baltique, ou, faisant le tour des Orcades, s'avançoit entre l'Écosse et l'Irlande, cingloit vers le midi de cette dernière isle, s'étendoit à l'orient de la Grande-Bretagne, parvenoit jusque vers l'Espagne, et occupoit tous les rivages de France, de la Batavie et de l'Allemagne, qu'arrose l'Océan. Après s'être offerts pendant long-temps, dans tous ces parages, aux filets des pêcheurs, les harengs voyageurs revenoient sur leur route, disparoissoient, et alloient regagner leurs retraites boréales et profondes.

Pendant long-temps, bien loin de révoquer en doute ces merveilleuses migrations, on s'est efforcé d'en expliquer l'étendue, la constance, et le retour régulier : mais nous avons déja annoncé, dans notre Discours sur la nature des poissons, et dans l'histoire du scombre maquereau, qu'il n'étoit plus permis de croire

à ces grands et périodiques voyages. Bloch, et le citoyen Noël de Rouen, ont prouvé, par un rapprochement très-exact de faits incontestables, qu'il étoit
impossible d'admettre cette navigation annuelle et
extraordinaire. Pour continuer d'y croire, il faudroit
rejeter les observations les plus sûres, d'après lesquelles il est hors de doute qu'il s'écoule souvent
plusieurs années sans qu'on voie des harengs sur plusieurs des rivages principaux indiqués comme les endroits les plus remarquables de la route de ces poissons; qu'auprès de beaucoup d'autres prétendues sta-
tions de ces animaux, on en pêche pendant toute l'année une très-grande quantité; que la grosseur de ces
osseux varie souvent, selon la qualité des eaux qu'ils
fréquentent, et sans aucun rapport avec la saison, avec
leur éloignement de leur asyle septentrional, ou avec
la longueur de l'espace qu'ils auroient dû parcourir
depuis leur sortie de leur habitation polaire; et enfin
qu'aucun signe certain n'a jamais indiqué leur rentrée
régulière sous les voûtes de glace des très-hautes la-
titudes.

. Chaque année cependant les voit arriver vers les
isles et les régions continentales de l'Amérique et de
l'Europe qui leur conviennent le mieux, ou vers les
rivages septentrionaux de l'Asie. Toutes les fois qu'ils
ont besoin de chercher une nourriture nouvelle, et
sur-tout lorsqu'ils doivent se débarrasser de leur laite
ou de leurs œufs, ils abandonnent les fonds de la

mer, soit dans le printemps, soit dans l'été, soit
dans l'automne, et s'approchent des embouchures des
fleuves et des rivages propres à leur frai. Voilà pourquoi la pêche de ces poissons n'est jamais plus abondante que lorsque leurs laites sont liquides, ou leurs
œufs près de s'échapper. La nécessité de frayer n'étant
pas cependant la seule cause qui les arrache à leurs
profonds asyles, il n'est pas surprenant qu'on en prenne
qui n'ont plus d'œufs ni de liqueur prolifique, ou
dont la laite ou les œufs ne sont pas encore développés. On a employé différentes dénominations pour
désigner ces divers états des harengs, ainsi que pour
indiquer quelques autres manières d'être de ces animaux. On a nommé *harengs gais* ou *harengs vides*, ceux
qui ne montrent encore ni laite ni œuf; *harengs pleins*,
ceux qui ont déja des œufs ou de la laite; *harengs vierges*,
ceux dont les œufs sont mûrs, ou dont la laite est liquide;
harengs à la bourse, ceux qui, ayant déja perdu une
partie de leurs œufs ou leur liqueur séminale, ont des
ovaires, ou des enveloppes de laite, semblables à une
bourse à demi remplie; et *harengs marchais*, ceux qui,
après le frai, ont repris leur chair, leur graisse, leurs
forces et leurs principales qualités. Au reste, il est
possible que les harengs fraient plus d'une fois dans la
même année. Le temps de leur frai est du moins
avancé ou retardé, suivant leur âge et leurs rapports
avec le climat qu'ils habitent. C'est ce qui fait que,
dans plusieurs parages, des harengs de grandeur sem-

blable ou différente viennent successivement pondre
des œufs ou les arroser de leur laite, et que, pendant
près de trois saisons, on ne cesse de pêcher de ces poissons pleins et de ces poissons vides. Par exemple, vers
plusieurs rivages de la Baltique, les *harengs du prin-*
temps fraient quand la glace commence à fondre, et
continuent jusqu'à la fin de la saison dont ils portent
le nom. Viennent ensuite les plus gros harengs, que
l'on nomme *harengs d'été*, et qui sont suivis par d'autres,
que l'on distingue par la dénomination de *harengs d'au-*
tomne.

Mais, à quelque époque que les poissons dont nous
écrivons l'histoire quittent leur séjour d'hiver, ils paroissent en troupes que des mâles isolés précèdent
souvent de quelques jours, et dans lesquelles il y a
ordinairement plus de mâles que de femelles. Lorsqu'ensuite le frai commence, ils frottent leur ventre
contre les rochers ou le sable, s'agitent, impriment
des mouvemens rapides à leurs nageoires, se mettent
tantôt sur un côté et tantôt sur un autre, aspirent l'eau
avec force et la rejettent avec vivacité.

Les légions qu'ils composent dans ces temps remarquables, où ils se livrent à ces opérations fatigantes,
mais commandées par un besoin impérieux, couvrent
une grande surface, et cependant elles offrent une
image d'ordre. Les plus grands, les plus forts ou les
plus hardis, se placent dans les premiers rangs, que
l'on a comparés à une sorte d'avant-garde. Et que l'on

ne croie pas qu'il ne faille compter que par milliers les individus renfermés dans ces rangées si longues et si pressées. Combien de ces animaux meurent victimes des cétacées, des squales, d'autres grands poissons, des différens oiseaux d'eau! et néanmoins combien de millions périssent dans les baies, où ils s'étouffent et s'écrasent, en se précipitant, se pressant et s'entassant mutuellement contre les bas-fonds et les rivages! combien tombent dans les filets des pêcheurs! Il est telle petite anse de la Norvége où plus de vingt millions de ces poissons ont été le produit d'une seule pêche : il est peu d'années où l'on ne prenne, dans ce pays, plus de quatre cents millions de ces clupées. Bloch a calculé que les habitans des environs de Gothembourg en Suède s'emparoient chaque année de plus de sept cents millions de ces osseux. Et que sont tous ces millions d'individus à côté de tous les harengs qu'amènent dans leurs bâtimens les pêcheurs du Holstein, de Mecklembourg, de la Poméranie, de la France, de l'Irlande, de l'Écosse, de l'Angleterre, des États-Unis, du Kamtschatka, et principalement ceux de Hollande, qui, au lieu de les attendre sur leurs côtes, s'avancent au-devant d'eux et vont à leur rencontre en pleine mer, montés sur de grandes et véritables flottes?

Ces poissons ne forment pour tant de peuples une branche immense de commerce, que depuis le temps où l'on a employé, pour les préserver de la corruption, les différentes préparations que l'on a successivement

inventées et perfectionnées. Avant la fin du quatorzième siècle, époque à laquelle Guillaume Deukelzoon,
ce pêcheur célèbre de Biervliet dans la ci-devant
Flandre, dont nous avons déja parlé, trouva l'art de
saler les harengs, ces animaux devoient être et étoient
en effet moins recherchés : mais dès le commencement
du quinzième siècle, les Hollandois employèrent à la
pêche de ces clupées de grands filets et des bâtimens
considérables et alongés, auxquels ils donnent le nom
de *buys;* et depuis ce même siècle il y a eu des années
où ils ont mis en mer trois mille vaisseaux et occupé
quatre cent cinquante mille hommes pour la pêche de
ces osseux.

Les filets dont ces mêmes Hollandois se servent pour
prendre les harengs, ont de mille à douze cents mètres
de longueur : ils sont composés de cinquante ou soixante
nappes, ou parties distinctes. On les fait avec une grosse
soie que l'on fait venir de Perse, et qui dure deux ou
trois fois plus que le chanvre. On les noircit à la fumée,
pour que leur couleur n'effraie pas les harengs. La partie
supérieure de ces instrumens est soutenue par des
tonnes vides ou par des morceaux de liége ; et leur
partie inférieure est maintenue, par des pierres ou par
d'autres corps pesans, à la profondeur convenable.

On jette ces filets dans les endroits où une grande
abondance de harengs est indiquée par la présence des
oiseaux d'eau, des squales, et des autres ennemis de
ces poissons, ainsi que par une quantité plus ou moins

considérable de substance huileuse ou visqueuse que
l'on nomme *graissin* dans plusieurs pays, qui s'étend
sur la surface de l'eau au-dessus des grandes troupes
de ces clupées, et que l'on reconnoît facilement lorsque le temps est calme. Cette matière graisseuse peut
devenir, pendant une nuit sombre, mais paisible,
un signe plus évident de la proximité d'une colonne
de harengs, parce qu'étant phosphorique, elle paroît
alors répandue sur la mer, comme une nappe un peu
lumineuse. Cette dernière indication est d'autant plus
utile, qu'on préfère l'obscurité pour la pêche des harengs. Ces animaux, comme plusieurs autres poissons, se précipitent vers les feux qu'on leur présente;
et on les attire dans les filets en les trompant par le
moyen des lumières que l'on place de la manière la
plus convenable dans différens endroits des vaisseaux,
ou qu'on élève sur des rivages voisins.

On prépare les harengs de différentes manières, dont
les détails varient un peu, suivant les contrées où on
les emploie, et dont les résultats sont plus ou moins
agréables au goût et avantageux au commerce, selon
la nature de ces détails, ainsi que les soins, l'attention
et l'expérience des préparateurs.

On sale en pleine mer les harengs que l'on trouve
les plus gras et que l'on croit les plus succulens. On
les nomme *harengs nouveaux* ou *harengs verds*, lorsqu'ils
sont le produit de la pêche du printemps ou de l'été;
et *harengs pecs* ou *pekels*, lorsqu'ils ont été pris pendant

l'automne ou l'hiver. Communément ils sont fermes,
de bon goût, très-sains, sur-tout ceux du printemps :
on les mange sans les faire cuire, et sans en relever
la saveur par aucun assaisonnement. En Islande et
dans le Groenland, on se contente, pour faire sécher
les harengs, de les exposer à l'air, et de les étendre
sur des rochers. Dans d'autres contrées, on les fume
ou *saure* de deux manières : premièrement, en les salant
très-peu, en ne les exposant à la fumée que pendant
peu de temps, et en ne leur donnant ainsi qu'une couleur dorée ; et secondement, en les salant beaucoup
plus, en les mettant pendant un jour dans une saumure épaisse, en les enfilant par la tête à de menues
branches qu'on appelle *aines*, en les suspendant dans
des espèces de cheminées que l'on nomme *roussables*,
en faisant au-dessous de ces animaux un feu de bois
qu'on ménage de manière qu'il donne beaucoup de
fumée et peu de flamme, en les laissant long-temps
dans la *roussable*, en changeant ainsi leur couleur en
une teinte très-foncée, et en les mettant ensuite dans
des tonnes ou dans de la paille.

Comme on choisit ordinairement des harengs très-
gras pour ce *saurage*, on les voit, au milieu de l'opération, répandre une lumière phosphorique très-brillante, pendant que la substance huileuse dont ils sont
pénétrés s'échappe, tombe en gouttes lumineuses et
imite une pluie de feu.

Enfin, la préparation qui procure particulièrement

au commerce d'immenses bénéfices, est celle qui fait donner le nom de *harengs blancs* aux clupées harengs pour lesquelles on l'a employée.

Dès que les harengs dont on veut faire des *harengs blancs* sont hors de la mer, on les ouvre, on en ôte les intestins, on les met dans une saumure assez chargée pour que ces poissons y surnagent; on les en tire au bout de quinze ou dix-hit heures; on les met dans des tonnes; on les transporte à terre; on les y *encaque* de nouveau; on les place par lits dans les *caques* ou tonnes qui doivent les conserver, et on sépare ces lits par des couches de sel.

On a soin de choisir du bois de chêne pour les tonnes ou caques, et de bien en réunir toutes les parties, de peur que la saumure ne se perde et que les harengs ne se gâtent.

Cependant Bloch assure que les Norvégiens se servent de bois de sapin pour faire ces tonnes, et que le goût communiqué par ce bois aux harengs fait rechercher davantage ces poissons dans certaines parties de la Pologne.

Lorsque la pêche des harengs a été très-abondante en Suède, et que le prix de ces poissons y baisse, on en extrait de l'huile dont le volume s'élève ordinairement au vingt-deux ou vingt-troisième de celui des individus qui l'ont fournie. On retire cette huile, en faisant bouillir les harengs dans de grandes chaudières; on la purifie avec soin; on s'en sert pour les lampes; et le résidu de l'opération qui l'a donnée est un des engrais les plus propres à augmenter la fertilité des terres.

Tant de soins n'ont pas été seulement l'effet de spéculations particulières : depuis long-temps plusieurs gouvernemens, pénétrés de cette vérité importante, que l'on ne peut pas avoir de marine sans matelots, ni de véritables matelots sans de grandes pêches, et voyant d'un autre côté que de toutes celles qui peuvent former des hommes de mer expérimentés et enrichir le commerce d'un pays, aucune ne peut être plus utile, ni peut-être même aussi avantageuse à la défense de l'État et à la prospérité des habitans, que la pêche du hareng, ont cherché à la favoriser de manière à augmenter ses heureux résultats, non seulement pour le présent, mais encore pour l'avenir. Des sociétés, dont tous les efforts devoient se diriger vers ce but important, ont été établies et protégées par le gouvernement, en Suède, en Danemarck, en Prusse. Le gouvernement hollandois sur-tout n'a jamais cessé de prendre à cet égard les plus grandes précautions. Redoublant perpétuellement de soins pour la conservation d'une branche aussi précieuse de l'industrie publique et privée, il a multiplié depuis deux siècles, et varié suivant les circonstances, les actes de sa surveillance attentive *pour le maintien*, a-t-il toujours dit, *du grand commerce et de la principale mine d'or de sa patrie*. Il a donné, lorsqu'il l'a jugé

nécessaire, un prix considérable pour chacun des vaisseaux employés à la pêche des harengs. Il a desiré
que l'on ne cherchât à prendre ces poissons que dans
les saisons où leurs qualités les rendent, après leurs
différentes préparations, d'un goût plus agréable et
d'une conservation plus facile. Il a voulu principalement qu'on ne nuisît pas à l'abondance des récoltes
à venir, en dérangeant le frai des harengs, ou en rete-
nant dans les filets ceux de ces osseux qui sont encore très-jeunes. En conséquence, il a ordonné que
tout matelot et tout pêcheur seroient obligés, avant de
partir pour la *grande pêche,* de s'engager par serment
à ne pas tendre les filets avant le 25 de juin ni après
le premier janvier, et il a déterminé la grandeur des
mailles de ces instrumens.

Il a prescrit les précautions nécessaires pour que les
harengs fussent *encaqués* le mieux possible. D'après
ses ordres, on ne peut se servir, pour cette opération,
que du sel de la meilleure qualité. Les harengs pris
dans le premier mois qui s'écoule après le 24 juin,
sont préparés avec du gros sel; ceux que l'on pêche
entre le 24 juillet et le 15 septembre, sont conservés
avec du sel fin. Il n'est pas permis de mêler dans un
même baril des *harengs au gros sel* et des *harengs au
sel fin.* Les barils doivent être bien remplis. Le dernier
fond de ces tonnes presse les harengs. Le nombre et
les dimensions des cercles, des pièces, des fonds et des
douves, sont réglés avec exactitude; le bois avec lequel

on fait ces douves et ces fonds, doit être très-sain et dépouillé de son aubier. On ne peut pas encaquer avec les bons harengs ceux dont la chair est mollasse, le frai délayé, ou la salaison mal faite. Des marques légales, placées sur les *caques,* indiquent le temps où l'on a pris les harengs que ces barils renferment, et assurent que l'on n'a négligé, pour la préparation de ces poissons, aucun des soins convenables et déterminés.

On n'a pas obtenu moins de succès dans les tentatives faites pour accoutumer les harengs à de nouvelles eaux, que dans les procédés relatifs à leur préparation. On est parvenu, en Suède, à les transporter, sans les faire périr, dans des eaux auxquelles ils manquoient. Dans l'Amérique septentrionale, on a fait éclore des œufs de ces animaux, à l'embouchure d'un fleuve qui n'avoit jamais été fréquenté par ces poissons, et vers lequel les individus sortis de ces œufs ont contracté l'habitude de revenir chaque année, en entraînant vraisemblablement avec eux un grand nombre d'autres individus de leur espèce *.

---

*   8 rayons à la membrane branchiale de la clupée hareng.
   18   à chaque pectorale.
   18   à la nageoire de la queue.

LA CLUPÉE SARDINE *.

LA sardine a la tête pointue, assez grosse, souvent dorée ; le front noirâtre ; les yeux gros ; les opercules

---

* Clupea sprattus.

Cradeau, *dans quelques départemens du nord-ouest de la France.*

Haranguet ; *ibid.*

Royan, *à Bordeaux.*

Breitling, *en Prusse.*

Id. *en Poméranie.*

Hwassbuk, *en Suède.*

Küllostromling, *ibid.*

Id. *en Livonie.*

Küllosiklud, *ibid.*

Huas-sild, *en Danemarck.*

Blaa-sild, *en Norvége.*

Smaa-sild, *ibid.*

Brisling, *ibid.*

Kop-sild, *en Islande.*

Garvock, *à Inverness en Écosse.*

Garvies, *à Kincardine.*

Trichis.

Trichias.

Clupea sprattus. *Linné, édition de Gmelin.*

Clupe sardine. *Daubenton et Haüy, Encyclopédie méthodique.*

Id. *Bonnaterre, planches de l'Encyclopédie méthodique.*

Bloch, pl. 29 , *fig.* 2.

Mus. Ad. Frider. 2 , *p.* 105.

Faun. Suecic. 358.

Mull. Prodrom. Zoolog. Danic. p. 58 , *n.* 422.

ciselés et argentés; la ligne latérale droite, mais à peine visible; les écailles tendres, larges et faciles à détacher; le ventre terminé par une carène longitudinale, aiguë, tranchante et recourbée; quinze ou seize centimètres de longueur; les nageoires petites et grises; les côtés argentins; le dos bleuâtre; quarante-huit vertèbres; quinze côtes à droite et à gauche.

On la trouve non seulement dans l'Océan atlantique boréal et dans la Baltique, mais encore dans la Méditerranée, et particulièrement aux environs de la Sardaigne, dont elle tire son nom. Elle s'y tient dans les endroits très-profonds; mais pendant l'automne elle s'approche des côtes pour frayer.

Les individus de cette espèce s'avancent alors vers les rivages en troupes si nombreuses, que la pêche en est très-abondante. On les mange frais, ou salés, ou fumés. La branche de commerce qu'ils forment est importante dans plusieurs contrées de l'Europe; et nous croyons que l'on doit rapporter à cette même

---

Brünn. Pisc. Massil. p. 82.

Clupea quadruncialis, etc. Artedi, gen. 7, syn. 17, spec. 33.

Gronov. Mus. 1, p. 6, n. 22.

Klein, Miss. pisc. 5, p. 73, n. 7.

Sardina. Aldrovand. Pisc. p. 220.

Sprattus. Willughby, Ichthyol. p. 221.

Raj. Pisc. p. 105, n. 5.

Brit. Zool. 3, p. 294, n. 3.

Sardine. Rondelet, première partie, liv. 7, chap. 10.

Id. Valmont-Bomare, Dictionnaire d'histoire naturelle.

espèce la clupée décrite par Rondelet, sous le nom de *célerin*[1], et qui a la tête dorée et le corps argenté[2].

---

[1] *Rondelet, première partie, liv. 7, chap. 11.*

[2] 8 rayons à la membrane branchiale de la clupée sardine.

16   à chaque pectorale.

18   à la nageoire de la queue.

LA CLUPÉE ALOSE.*

ON doit remarquer dans l'alose, la petitesse de la tête ;
la transparence des tégumens qui couvrent le cerveau ;

---

* Clupea alosa.
Thrissa.
Thratta.
Thatta.
Tritta, *par les anciens auteurs.* (Note communiquée par mon collègue
le citoyen Geoffroy, professeur au Muséum national d'histoire naturelle.)
Coulac, *à Bordeaux.*
Cola, *dans plusieurs départemens méridionaux de France.*
Alouze, *ibid.*
Loche d'étang.
Halachia, *à Marseille.*
Saboga, *en Espagne.*
Saccolos, *ibid.*
Laccia, *à Rome.*
Chiepa, *à Venise.*
Saghboga, *en Arabie.*
Sardellæ-balük, *en Turquie.*
Mai-balik, *en Tatarie.*
Schelesniza, *en Russie.*
Beschenaja ryba, *ibid.*
Alse, *en Allemagne.*
Else, *ibid.*
Mayfisch, *ibid.*
Gold fisch, *ibid.*
Perbel, *en Poméranie.*
Brisling, *en Danemarck.*

la grandeur de l'ouverture de la bouche ; les petites
dents qui·garnissent le bord de la mâchoire supérieure ; la surface unie de la langue, qui est un peu

---

Sildinger , *ibid.*

Sardeller , *ibid.*

Elft, *en Hollande.*

Shad , *en Angleterre.*

Mother of herring , *ibid,*

Clupea alosa. *Linné , édition de Gmelin.*

Clupe. alose. *Daubenton et Haüy, Encyclopédie méthodique.*

Id. *Bonnaterre , planches de l'Encyclopédie méthodique.*

Bloch. pl. 3o , *fig.* 1.

Mus. Ad. Frider. 2 , *p.* 105.

Müller, Prodrom. Zoolog. Dan. p. 5o , *n.* 423.

Clupea, apice maxillæ superioris bifido , etc. *Artedi , gen.* 7 , *syn.* 15 , *spec.* 34.

Hε Θριϲα. *Aristot. lib.* 9 , *cap.* 32.

Id. *AElian. lib.* 6 , *cap.* 32 , *p.* 357.

Id, *Athen. lib.* 4 , *p.* 131 ; *et lib.* 7 , *p.* 318.

Id. *Oppian. Hal. lib.* 1 , *p.* 10.

Alose. *Rondelet , première partie , liv.* 7 , *chap.* 12.

Trissa, *et* clupea tyberina. *Aldrovand. lib.* 4 , *cap.* 4 , *p.* 5oo *et* 5o1.

Trichis Bellonii. La pucelle. *Dessins et manuscrits de Plumier , déposés à la Bibliothèque nationale, volume intitulé* PISCES ET AVES.

Clupea, *et* alosa. *Salvian. fol.*103 , *b. ad iconem , et* 104.

Id. *Jonston, lib.* 2 , *tit.* 1 , *cap.* 3 , *tab.* 27 , *fig.* 3 , 4.

Alosa, *vel* alausa, *vel* trissa. *Schonev. p.* 13 , 14.

Alausa, clupea , *vel* thryssa piscis. *Gesner, p.* 19, 21 , *et (germ.)* 179.

Clupea. *Plin. lib.* 9 , *cap.* 15.

Id. *Willughby, p.* 227 , *tab. p.* 3 , *fig.* 1.

Id. *Raj. p.* 105 , *n.* 6.

Gronov. Mus. 1 , *p.* 6 , *n.* 23; *Zooph. p.* 111 , *n.* 374.

Hasselquist, It. 388.

Shad. *Brit. Zoology,* 3 , *p.* 296 , *n.* 5.

Alose. *Valmont-Bomare , Dictionnaire d'histoire naturelle.*

libre dans ses mouvemens; l'angle de la partie inférieure de la prunelle ; le double orifice de chaque
narine; les ciselures des opercules; le très-grand
aplatissement des côtés; la rudesse de la carène longitudinale du ventre ; la figure des lames transversales qui forment cette carène; la dureté de ces lames;
le tranchant des pointes qu'elles présentent à l'endroit
où elles sont pliées ; la direction de la ligne latérale,
qu'il est difficile de distinguer; la facilité avec laquelle les écailles se détachent; le peu d'étendue de
presque toutes les nageoires; les deux taches brunes de
la caudale; la couleur grise et la bordure bleue des
autres ; les quatre ou cinq taches noires que l'on voit
de chaque côté du poisson, au moins lorsqu'il est
jeune; les nuances argentées du corps et de la queue;
le jaune verdâtre du dos; la briéveté du canal intestinal; les quatre-vingts appendices qui entourent le
pylore; la laite, qui est double comme l'ovaire; la
vessie natatoire dont l'intérieur n'offre pas de division ; et les côtes qui sont au nombre de trente à
droite et à gauche.

Les aloses habitent non seulement dans l'Océan
atlantique septentrional, mais encore dans la Méditerranée et dans la mer Caspienne. Elles quittent leur
séjour marin lorsque le temps du frai arrive; elles
remontent alors dans les grands fleuves; et l'époque
de ce voyage annuel est plus ou moins avancée dans
le printemps, dans l'été, et même dans l'automne ou

dans l'hiver, suivant le climat dans lequel coulent ces fleuves, les époques où la fonte des neiges, et des pluies abondantes, en remplissent le lit, et la saison où elles jouissent dans l'eau douce, avec le plus de facilité, du terrain qui convient à la ponte ainsi qu'à la fécondation de leurs œufs, de l'abri qu'elles recherchent, de l'aliment le plus analogue à leur nature, et des qualités qu'elles préfèrent dans le fluide sans lequel elles ne peuvent vivre.

Lorsqu'elles entrent ainsi dans le Wolga, dans l'Elbe, dans le Rhin, dans la Seine, dans la Garonne, dans le Tibre, dans le Nil, et dans les autres fleuves qu'elles fréquentent, elles s'avancent communément très-près des sources de ces fleuves. Elles forment des troupes nombreuses, que les pêcheurs de la plupart des rivières où elles s'engagent voient arriver avec une grande satisfaction, mais qui ne causent pas la même joie à ceux du Wolga. Les Russes, persuadés que la chair de ces animaux peut être extrêmement funeste, les rejettent de leurs filets, ou les vendent à vil prix à des Tatares moins prudens ou moins difficiles. Le nombre de ces clupées cependant varie beaucoup d'une année à l'autre. Le citoyen Noël de Rouen m'a écrit que, dans la Seine inférieure, par exemple, on prenoit treize ou quatorze mille aloses dans certaines années, et que, dans d'autres, on n'en prenoit que quinze cents ou deux mille.

Elles sont le plus souvent maigres et de mauvais goût en sortant de la mer; mais le séjour dans l'eau

douce les engraisse. Elles parviennent à la longueur
d'un mètre : néanmoins, comme elles sont très-com-
primées, et par conséquent très-minces, leur poids ne
répond pas à l'étendue de cette dimension. Les femelles sont plus grosses et moins délicates que les
mâles. Dans plusieurs contrées de l'Europe, où on en
pêche une très-grande quantité, on en fume un grand
nombre, que l'on envoie au loin; et les Arabes les font
sécher à l'air, pour les manger avec des dattes.

Le tribun Pénières dit, dans les notes manuscrites
que j'ai déja citées, que celles qui passent l'été dans
la Dordogne, sont malades, foibles, exténuées, et périssent souvent, pendant les très-grandes chaleurs.

Le même observateur rapporte que lorsque ces clupées fraient, elles s'agitent avec violence, et font un
bruit qui s'entend de très-loin.

Les aloses vivent de vers, d'insectes, et de petits
poissons.

On a écrit qu'elles redoutoient le fracas d'un tonnerre violent, mais que des sons ou des bruits modé-
rés ne leur déplaisoient pas, leur étoient même très-
agréables dans plusieurs circonstances, et que, dans
certaines rivières, les pêcheurs attachoient à leurs filets
des arcs de bois garnis de clochettes dont le tinte-
ment attiroit les aloses *.

---

* 8 rayons à la membrane branchiale de la clupée alose.
  15   à chaque pectorale.
  18   à la nageoire de la queue.

LA CLUPÉE FEINTE[1],

ET

LA CLUPÉE ROUSSE[2].

LE citoyen Noël, notre savant correspondant de Rouen, nous a envoyé des notes très-intéressantes sur cette clupée que l'on a souvent confondue avec l'alose, et que l'on pêche dans la Seine.

La chair de la feinte, quoiqu'agréable au goût, est très-différente de celle de l'alose. Les femelles de cette espèce sont plus nombreuses, plus grandes, plus épaisses, d'une saveur plus délicate, et plus recherchées, que les mâles, auxquels on a donné un nom particulier, celui de *cahuhau*.

La feinte remonte dans la Seine comme l'alose; elle s'avance également par troupes : mais les habitudes de cette espèce diffèrent de celles de l'alose, en ce que les plus grands individus quittent la mer les premiers,

---

[1] Clupea fallax.
Serpe.
Cahuhau (nom donné aux mâles de cette espèce par les pêcheurs de la Seine inférieure.)
[2] Clupea rufa.

au lieu que les aloses les plus petites, les plus maigres, et les moins bonnes, sont celles qui se montrent les premières dans la rivière. On a remarqué à Villequier que ces premières feintes, plus grosses que les autres, ont aussi l'œil beaucoup plus gros, et la peau plus brunâtre ; ce qui les a fait appeler *feintes au gros œil*, et *feintes noires*. Elles sont non seulement plus grandes, mais encore plus délicates que les individus qui ne paroissent qu'à la seconde époque, et sur-tout que ceux de la troisième, que l'on a désignés par la dénomination de *feintes bretonnes*.

Ces feintes bretonnes ou noires, et en général tous les poissons de l'espèce qui nous occupe, aiment les temps chauds et orageux. On en fait la pêche depuis l'embouchure de la Seine, jusqu'aux environs de Rouen. On les prend avec des *guideaux* ou avec des *seines* *, qu'on appelle quelquefois *feintières*.

Le citoyen Noël nous assure que les feintes sont aujourd'hui beaucoup moins nombreuses qu'il y a vingt ans. Il attribue cette diminution à la destruction du frai de ces clupées, occasionnée par les guideaux du bas de la Seine, et aux qualités malfaisantes pour ces animaux, que communique à l'eau de ce fleuve le suint des moutons que l'on y lave, aux époques et dans les endroits préférés par ces osseux.

---

* Voyez, pour le *guideau*, l'article du *gade colin*; et pour la *seine* ou *saine*, celui de la *raie bouclée*.

Voici maintenant ce que cet observateur nous a écrit au sujet de la rousse. Les pêcheurs distinguent deux variétés dans cette espèce. Celle que l'on prend dans le printemps est plus petite, mais a l'écaille plus grande que celle que l'on pêche en thermidor et en fructidor. Les individus qui composent ces deux variétés, présentent quelquefois des taches noires ou brunâtres comme celles de l'alose.

On prend peu de clupées rousses dans la Seine; on ne les pêche même que depuis la pointe du Hode jusqu'à Aisiers, c'est-à-dire, dans les eaux saumâtres de l'embouchure de la rivière. Il paroît qu'elles fraient dans les grandes eaux.

Elles ont les écailles plus fines, la chair plus délicate et moins blanche que l'alose. Leur peau est d'un blanc de crème, légèrement cuivré.

On n'en consomme guère que dans les endroits où on les pêche; et voilà pourquoi elles sont encore peu connues. On en a pris dans le lac du *Tot* qui pesoient deux ou trois kilogrammes.

Dans le mois de thermidor, elles sont assez grasses pour éteindre, comme les harengs d'été de la Manche, les charbons sur lesquels on cherche à les faire cuire *.

* 15 rayons à chaque pectorale de la clupée rousse,
27   à la nageoire de la queue.

LA CLUPÉE ANCHOIS *.

Il n'est guère de poisson plus connu que l'anchois, de tous ceux qui aiment la bonne chère. Ce n'est pas

---

* Clupea encrasicolus.

Sacella , *à Malte*.

Anjovis , *en Allemagne*.

Bykling , *en Danemarck*.

Moderlose , *ibid*.

Saviliussak , *dans le Groenland*.

Sprat des Anglois , *à la Jamaïque*.

Clupea encrasicolus. *Linné, édition de Gmelin*.

Clupe anchois. *Daubenton et Haüy, Encyclopédie méthodique*.

Id. *Bonnaterre, planches de l'Encyclopédie méthodique*.

Bloch , *pl*. 30 , *fig*. 2.

Clupea maxillâ superiore longiore. *Artedi, gen*. 7 , *syn*. 17.

Ο᾽ ἔγκραυλος. *Aristot. lib*. 6 , *cap*. 15.

Id. *Athen. lib*. 4 , *p*. 148 ; *et lib*. 7 , *p*. 285 , 300.

Ε᾽γγραυλις *vel* εγκραϲιχόλοι. *Ælian. lib*. 8 , *cap* 18 , *p*. 497.

Λυκοσ᾽Ιομοι. *Id. ibid*.

Halecula. *Bellon*.

Engraulis. *Wotton. lib*. 3 , *cap*. 182 , *fol*. 161 , *b*.

Anchois. *Rondelet, première partie , liv*. 7 , *chap*. 3.

Encrasicholi , etc. *Gesner (Francf.), p*. 68 , *et (germ.) fol*. 1 *b*.

Encrasicholus. *Aldrovand. lib*. 2 , *cap*. 33 , *p*. 214.

Id. *Jonston. lib*. 1 , *tit*. 3 , *cap*. 1 , *a*. 18 , *tab*. 19 , *fol*. 13.

Id. *Willughby, p*. 225 , *tab. P*. 2 , *fig*. 2.

Id. *Raj. p*. 107 , *n*. 9.

Müll. Prodrom. Zoolog. Danic. p. 50 , *n*. 424.

Brünn. Pisc. Massil. p. 83 , *n*. 101.

O. Fabric. Faun. Groenland. p. 183.

Brit. Zoolog. 3 , *p*. 295 , *n*. 4.

Anchois. *Valmont-Bomare , Dictionnaire d'histoire naturelle*.

pour son volume qu'il est recherché, car il n'a souvent qu'un décimètre ou moins de longueur; il ne l'est
pas non plus pour la saveur particulière qu'il présente
lorsqu'il est frais : mais on consomme une énorme quantité d'individus de cette espèce lorsqu'après avoir été
salés, ils sont devenus un assaisonnement des plus
agréables et des plus propres à ranimer l'appétit. On
les prépare en leur ôtant la tête et les entrailles; on
les pénètre de sel; on les renferme dans des barils avec
des précautions particulières; on les envoie à de très-
grandes distances sans qu'ils puissent se gâter. Ils sont
employés, sur les tables modestes comme dans les
festins somptueux, à relever la saveur des végétaux,
et à donner aux sauces un piquant de très-bon goût.
Leur réputation est d'ailleurs aussi ancienne qu'étendue. Les Grecs et les Romains, dans le temps où ils
attachoient le plus d'importance à l'art de préparer les
alimens, faisoient avec ces clupées une liqueur que l'on
nommoit *garum*, et qu'ils regardoient comme une des
plus précieuses. Au reste, ils pouvoient satisfaire aisément leurs desirs à cet égard, les anchois étant répandus
dans la Méditerranée, ainsi que le long des côtes occidentales de l'Espagne et de la France, dans presque tout
l'Océan atlantique septentrional et dans la Baltique.
On préfère de les pêcher pendant la nuit; on les attire,
comme les harengs, par le moyen de feux distribués
avec soin. Le temps où on les prend est celui où ils
quittent la haute mer pour venir frayer auprès des

rivages ; et cette dernière époque varie suivant les pays.

Les anchois ont la tête longue ; le museau pointu ; l'ouverture de la bouche très-grande ; la langue pointue et étroite ; l'orifice branchial un peu large ; le corps et la queue alongés ; la peau mince ; les écailles tendres et peu attachées ; la ligne latérale droite et cachée par les écailles ; les nageoires courtes et transparentes ; le canal intestinal courbé deux fois ; dix-huit appendices auprès du pylore ; trente-deux côtes de chaque côté, et quarante-six vertèbres *.

---

* 12 rayons à la membrane branchiale de la clupée anchois.
  15   à chaque pectorale.
  18   à la nageoire de la queue.

LA CLUPÉE ATHÉRINOÏDE[1],

LA CLUPÉE RAIE-D'ARGENT[2],

LA CLUPÉE APALIKE[3], LA CLUPÉE BÉLAME[4], LA CLUPÉE DORAB[5], LA CLUPÉE MALABAR[6], LA CLUPÉE TUBERCULEUSE[7], LA CLUPÉE CHRYSOPTÈRE[8], LA CLUPÉE A BANDES[9], LA CLUPÉE MACROCÉPHALE[10], ET LA CLUPÉE DES TROPIQUES[11].

POUR ne rien omettre d'essentiel dans la désignation de ces onze clupées, il faut indiquer:

[1] Clupea atherinoïdes.
Bande d'argent.
Atherine, *en Italie.*
Narum, *sur la côte de Malabar.*
Ruruwah, *ibid.*
Clupea atherinoïdes. *Linné, édition de Gmelin.*
Clupe bande d'argent. *Daubenton et Haüy, Encyclopédie méthodique.*
Id. *Bonnaterre, planches de l'Encyclopédie méthodique.*
Bloch, pl. 408, *fig.* 1.

[2] Clupea vittargentea.
Encrasicholus mandibulâ inferiore breviore, tæniâ laterali argenteâ.
Commerson, manuscrits déja cités.

[3] Clupea cyprinoïdes.
Karpfen-hesing, *par les Allemands.*

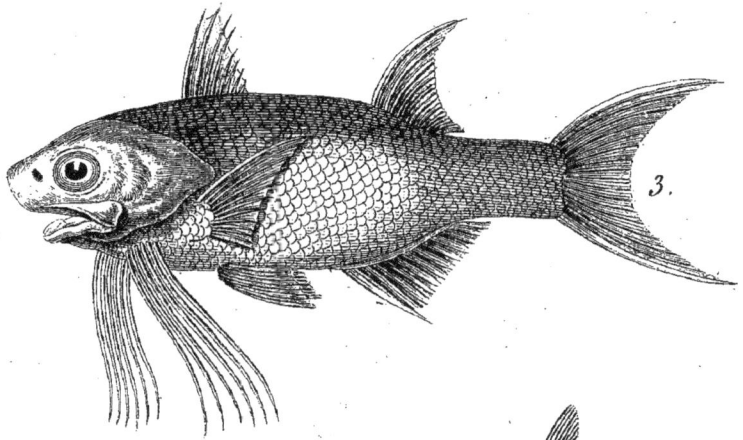

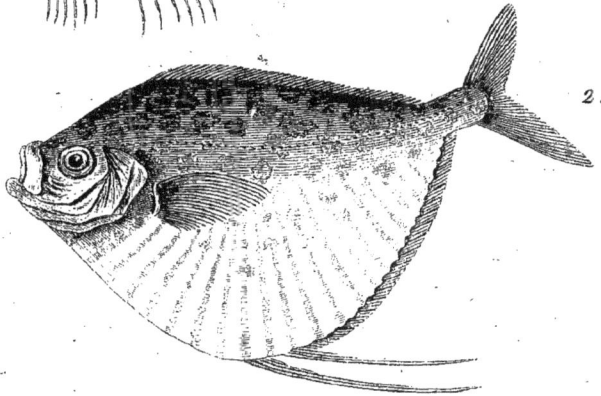

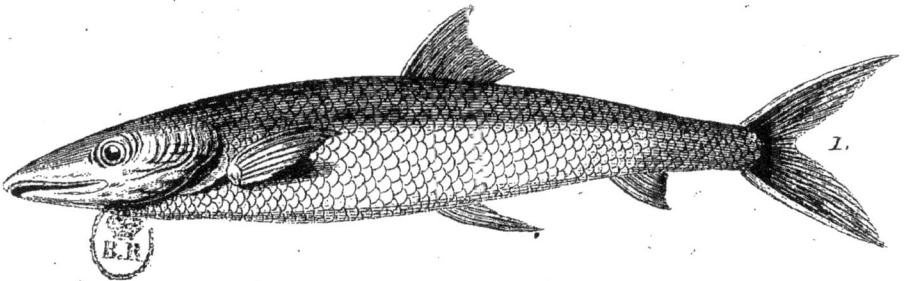

Julien. del.   *J.G. Blanchon. Sculp.*

1. CLUPÉE *Macrocéphale.* 2. MÉNÉ *Anne-caroline.* 3. POLYDACTYLE *Plumier.*

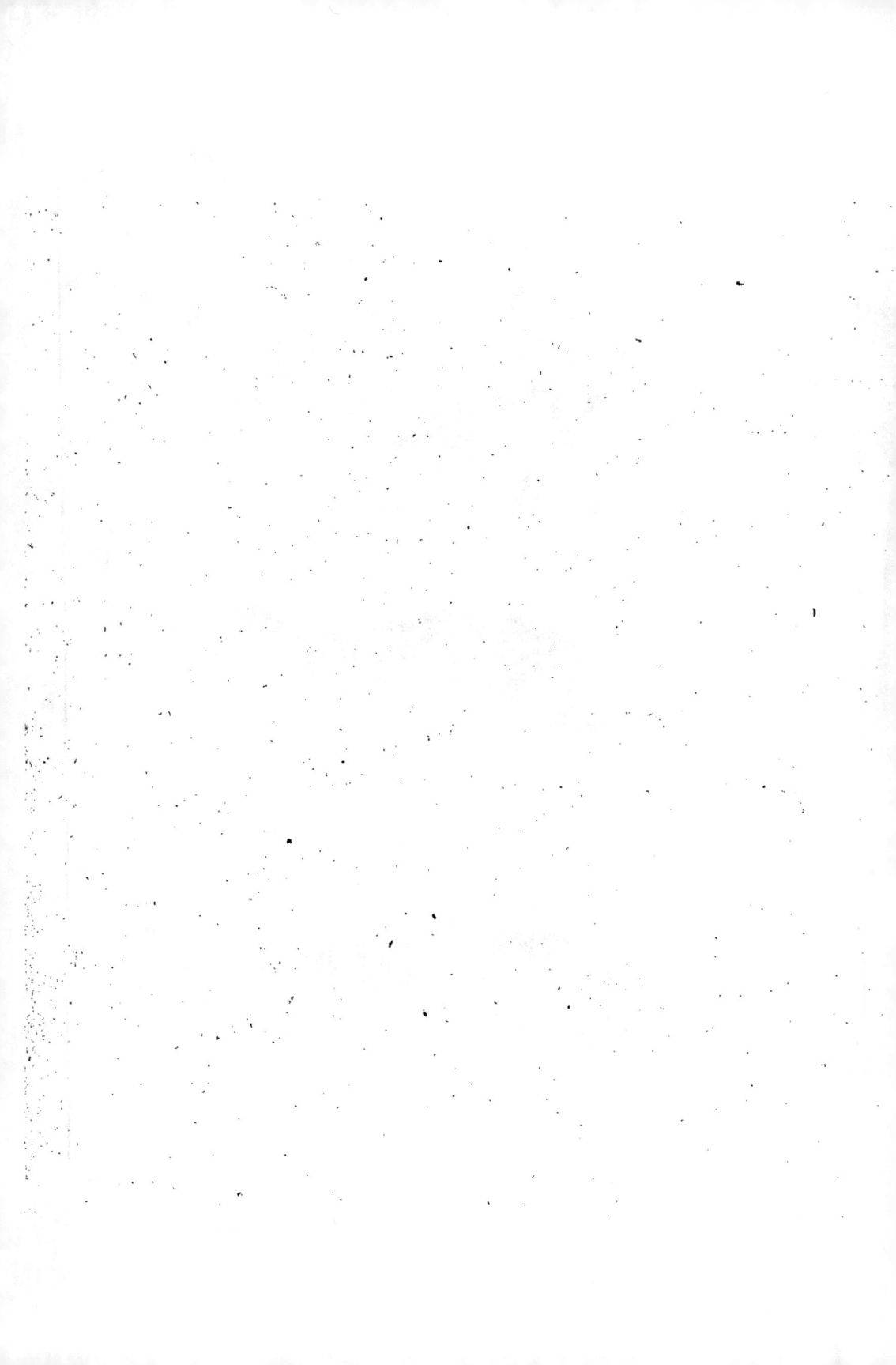

Dans l'*athérinoïde*, qui habite l'Adriatique, la mer de Surinam et celle du Malabar,

---

Deep water fish , *par les Anglois des isles Caraïbes.*
Pond king fish , *ibid.*
Camaripuguacu , *par les Brasiliens.*
Savalle , *à la Martinique.*
Apalika , *par les Otahitiens.*
Marakay , *dans l'idiome tamulique.*
Clupea cyprinoïdes. *Linné, édition de Gmelin.*
Clupe apalike. *Bonnaterre, planches de l'Encyclopédie méthodique.*
Bloch , pl. 403.
Broussonnet , Ichthyolog. fascicul. 1 , *tab.* 9.
Camaripuguacu. *Marcg. Brasil. p.* 179.
Id. *Pis. Ind. p.* 65.
Alauda argentea , pinnulâ caudatâ , vulgò *savalle* à la Martinique. *Plumier, peintures sur vélin déja citées.*
Willughby, Ichthyolog. p. 230 , *tab. p.* 6 , *fig.* 1.
Raj. Pisc. p. 108.
Cyprinus argenteus , squamis maximis peltatis , pinnâ dorsali appendice longissimâ suffultâ : apulika. *Barrère , France équinox. p.* 172.

4 **Clupea setirostris.**
Id. *Linné, édition de Gmelin.*
Clupe bélame. *Bonnaterre, planches de l'Encyclopédie méthodique.*
Broussonnet , Ichthyolog. fascicul. 1 , *tab.* 11.
Clupea bælama. *Forskaël , Faun. Arab. p.* 72 , *n.* 107.

5 **Clupea dorab.**
Id. *Linné, édition de Gmelin.*
Clupe lysan. *Bonnaterre, planches de l'Encyclopédie méthodique.*
Forskaël , Faun. Arab. p. 72 , *n.* 108.

6 **Clupea malabar.**
Aduppa adtpuruwai , *par les Malabares.*
Bloch, pl. 432.

La petitesse de la tête ; les grandes lames qui couvrent cette partie ; la largeur de l'orifice de la bouche et de l'ouverture branchiale ; les rangées de petites dents de chaque mâchoire ; la surface unie de la langue et du palais ; la dentelure des os de la lèvre supérieure ; l'orifice unique de chaque narine ; la matière brune et visqueuse qui humecte la peau ; la brièveté des nageoires du ventre ; l'étendue et les écailles de celle de l'anus ; la longueur de l'animal, qui est ordinairement de deux décimètres ; la graisse et le bon goût de la chair que l'on mange fraîche ou salée :

---

⁷ Clupea tuberculosa.

Sardine de l'isle de France.

Clupea mandibulâ inferiore breviore , rostro apice tuberculo verrucœformi , maculâ miniatâ ad superiores branchiarum commissuras. *Commerson , manuscrits déja cités.*

⁸ Clupea chrysoptera.

Encrasicholus platygaster, caudâ flavescente. *Commerson, manuscrits déja cités.*

⁹ Clupea fasciata.

Halex corpore latè cathetoplateo, dorso supra lineam lateralem transversim fasciato, infra eamdem guttato. *Commerson , manuscrits déja cités.*

¹⁰ Clupea macrocephala.

Banane , *à la Martinique.*

Cephalus argenteus, vulgò *banane* à la Martinique. *Plumier, peintures sur vélin déja citées.*

¹¹ Clupea tropica.

Id. *Linné, édition de Gmelin.*

Hareng des tropiques. *Daubenton et Haüy, Encyclopédie méthodique.*

Id. *Bonnaterre, planches de l'Encyclopédie méthodique.*

Clupea caudâ cuneiformi. *Osb. It.* 300.

Dans la *raie-d'argent*, dont les manuscrits de Commerson nous ont présenté la description, et dont ce naturaliste a vu des myriades auprès des rivages de l'Isle de France,

La brièveté des dimensions; la transparence de plusieurs parties; la facilité avec laquelle les écailles se détachent; la saillie du museau au-devant des deux mâchoires; la petitesse des dents, qu'on ne peut souvent distinguer qu'avec une loupe; les opercules très-brillans, très-argentés et dénués de petites écailles; le défaut d'une véritable ligne latérale; le peu de temps nécessaire pour changer en *garum* le ventre du poisson :

Dans l'*apalike*, que nourrissent les eaux du grand Océan et celles de l'Océan atlantique, particulièrement auprès de l'équateur et des tropiques,

Les dimensions, qui sont telles que la longueur de l'animal peut excéder quatre mètres, et que l'ouverture de la gueule est assez grande pour engloutir la tête d'un homme; la largeur des écailles, qui égale cinq ou six centimètres; la figure de ces lames, qui est hexagone; la graisse de la chair; la compression du corps et de la queue; les lames écailleuses et étendues qui recouvrent la tête; les dents, dont les mâchoires sont, pour ainsi dire, parsemées; la courbure des os de la lèvre supérieure; la rudesse de la langue et des quatre os qui entourent le gosier; les trois rangées de dents disposées en arc sur le devant du palais ; le double orifice de chaque narine ; les teintes argentines de la couleur générale ; les nuances bleues du dos ainsi que des nageoires :

Dans la *bélame*, de la mer d'Arabie et du grand Océan équinoxial,

L'azur de la partie supérieure ; l'éclat argentin des autres ; le peu d'épaisseur des écailles qu'un foible froissement peut faire tomber ; la petitesse et l'inégalité des dents des mâchoires ; la rudesse des environs du gosier ; la couleur blanchâtre des nageoires ; la forme lancéolée de celles du ventre et de celles de la poitrine :

Dans la *dorab*, qui appartient à la mer d'Arabie,

Le brillant des côtés ; le bleu du dos ; les douze dents très-saillantes de la mâchoire inférieure ; les stries ondulées des opercules;la direction droite de la ligne latérale ; la position de la dorsale deux fois plus voisine de la caudale que de la tête ; la petitesse très-remarquable des ventrales :

Dans la clupée *malabar*, qu'on peut pêcher toute l'année, près de la côte dont elle porte le nom,

La finesse des dents ; la dentelure des os de la lèvre d'en-haut ; l'opercule uni et composé de plusieurs lames dénuées de petites écailles ; le bleu des pectorales et des ventrales ; le gris des autres nageoires ; les taches jaunes qui relèvent l'argenté du dos :

Dans les *tuberculeuses*, que Commerson a vues se jouer en troupes très-nombreuses à la surface de l'eau qui baigne les rivages de l'Isle de France, et que, selon cet observateur, on peut y prendre par milliers,

La petitesse des dimensions; la longueur totale, qui surpasse à peine un décimètre; le blanc argentin des côtés et du ventre; les reflets azurés du dos; le rouge brun de la dorsale et de la nageoire de la queue; le peu d'adhérence des écailles à la peau; la brièveté des dents qui garnissent les mâchoires, et que l'on sent par le toucher plus facilement qu'on ne les voit; l'orifice de la bouche, prolongé jusqu'au-delà des yeux; la langue bordée de filamens ou *soies* rudes; l'opercule, qu'aucune petite écaille ne recouvre; le défaut de véritable ligne latérale; le bon goût de la chair :

Dans la *chrysoptère*, dont nous devons la connoissance à Commerson,

La ressemblance de la tête à celle de l'anchois, du corps à celui de la sardine, de la grandeur à celle d'un petit hareng; le bleu mêlé de blanc de la partie supérieure du poisson; les teintes argentines des côtés et du ventre; la dorure des joues et des opercules; l'incarnat pâle de l'intérieur de la bouche; l'éclat de la mâchoire inférieure; la transparence du devant des yeux :

Dans la *clupée à bandes*, que Commerson a observée auprès des côtes de l'Isle de France,

La couleur générale argentée; le dos bleuâtre; les écailles si peu adhérentes, que le poisson en est dénué très-fréquemment; les dents qui hérissent les mâchoires et qui sont extrêmement petites; la grande facilité d'étendre le museau; le sillon large et peu profond que présente l'occiput; les yeux très-grands, arrondis, plats et rapprochés; l'opercule composé de deux pièces; le double orifice de chaque narine; la ligne latérale qui consiste dans une série de petites lignes; la position des ventrales très-près des nageoires de la poitrine :

Dans la *clupée macrocéphale,* dont nous avons trouvé une figure sur une des peintures exécutées sous les yeux de Plumier, et conservées par les professeurs du Muséum d'histoire naturelle,

La saillie du museau; la prolongation de la mâchoire supérieure au-delà de celle d'en-bas; l'iris doré; les trois pièces des opercules; le défaut de petites écailles sur ces mêmes opercules et sur la tête; l'arrondissement et la largeur des écailles du dos; l'échancrure de la dorsale, ainsi que de la nageoire de l'anus; les nuances rougeâtres des nageoires; les reflets argentés qui brillent sur le ventre de même que sur les côtés, et relevent la couleur azurée de la partie supérieure du poisson :

Et enfin, dans la *clupée des tropiques,* qui fréquente l'isle de l'Ascension,

La blancheur, la hauteur, et la compression du corps et de la queue; la courbure du dessus de la tête; l'avancement de la mâchoire inférieure au-delà de celle d'en-haut; les dents de chaque mâchoire disposées sur un seul rang; les petites écailles placées sur les opercules; la ligne latérale, qui est droite et plus près du dos que du ventre*.

---

* 14 rayons à chaque pectorale de la clupée athérinoïde.

22   à la nageoire de la queue.

12 rayons à la membrane branchiale de la clupée raie-d'argent.

15   à chaque pectorale.

20   à la caudale.

15 rayons à chaque pectorale de la clupée apalike.

30   à la nageoire de la queue.

10 rayons à la membrane des branchies de la clupée bélame.

14   à chaque pectorale.

18   à la caudale.

14 rayons à chaque pectorale de la clupée dorab.

8 rayons à la membrane branchiale de la clupée malabar.

14   à chaque pectorale.

22   à la nageoire de la queue.

12 rayons à la membrane des branchies de la clupée tuberculeuse.

14   à chaque pectorale.

20   à la caudale.

18 rayons à chaque pectorale de la clupée à bandes.

16   à la nageoire de la queue.

7 rayons à la membrane branchiale de la clupée des tropiques.

6   à chaque pectorale.

20   à la caudale.

DEUX CENT CINQUIÈME GENRE.

LES MYSTES.

*Plus de trois rayons à la membrane des branchies ; le
ventre caréné ; la carène du ventre dentelée ou très-
aiguë ; la nageoire de l'anus très-longue, et réunie à
celle de la queue ; une seule nageoire sur le dos.*

ESPÈCE.	CARACTÈRES.
LE MYSTE CLUPÉOIDE. (*Mystus clupeoïdes.*)	Treize rayons à la nageoire du dos ; quatre-vingt-six à celle de l'anus ; sept à chaque ventrale ; la caudale lancéolée.

LE MYSTE CLUPÉOÏDE [1].

LA mer des Indes nourrit ce myste, dont la forme générale a été comparée à une lame d'épée ; dont le corps est en effet très-comprimé, ainsi que la queue ; et dont la mâchoire supérieure, plus avancée que celle d'en-bas, est garnie, de chaque côté, d'un os aplati, étroit, dentelé, et assez alongé pour atteindre jusqu'aux ventrales.

La couleur générale de cet abdominal est blanche, et son dos présente une teinte foncée [2].

---

[1] Mystus clupeoïdes.
Clupea mystus. *Linné, édition de Gmelin.*
Mus. Ad. Frider. 2, p. 106.
Clupea mystus. *Osbeck. It.* 256.
Amœnit. academ. 5, p. 252, *tab.* 1, *fig.* 12.
Clupe myste. *Daubenton et Haüy, Encyclopédie méthodique.*
Id. *Bonnaterre, planches de l'Encyclopédie méthodique.*

[2] 10 rayons à la membrane branchiale du myste clupéoïde.
17 à chaque pectorale.
13 à la nageoire de la queue.

DEUX CENT SIXIÈME GENRE.

LES CLUPANODONS.

Plus de trois rayons à la membrane des branchies; le ventre carené; la carène du ventre dentelée ou très-aiguë; la nageoire de l'anus séparée de celle de la queue; une seule nageoire sur le dos; point de dents aux mâchoires.

ESPÈCES.	CARACTÈRES.
1. LE CLUPANODON CAILLEU-TASSART. (*Clupanodon thrissa.*)	Seize rayons à la nageoire du dos; vingt-quatre à celle de l'anus; huit à chaque ventrale; la caudale fourchue; la nageoire de l'anus sans échancrure; le dernier rayon de la dorsale très-alongé.
2. LE CLUPANODON NASIQUE. (*Clupanodon nasica.*)	Seize rayons à la dorsale; vingt à celle de l'anus; six à chaque ventrale; la caudale fourchue; le museau avancé en forme de nez; le dernier rayon de la dorsale très-alongé.
3. LE CLUPANODON PILCHARD. (*Clupanodon pilchardus.*)	Dix-huit rayons à la nageoire du dos; dix-huit à celle de l'anus; huit à chaque ventrale; huit à la membrane branchiale; la caudale fourchue; la mâchoire inférieure plus avancée que la supérieure, pointue et courbée vers le haut; la dorsale placée au-dessus du centre de gravité du poisson.
4. LE CLUPANODON CHINOIS. (*Clupanodon sinensis.*)	Dix-huit rayons à la dorsale; dix-neuf à l'anale; huit à chaque ventrale; six à la membrane des branchies; la caudale fourchue; la mâchoire inférieure plus avancée que celle d'en-haut; un seul orifice à chaque narine.

ESPÈCES. CARACTÈRES.

5. LE CLUPANODON
AFRICAIN.
(*Clupanodon africanus.*)

Dix-neuf rayons à la nageoire du dos ; quarante-un à la nageoire de l'anus ; six à chaque ventrale ; la dorsale échancrée ; l'anale
très-longue et sans échancrure ; les ventrales
extrêmement petites ; la caudale fourchue ;
la mâchoire inférieure plus avancée que
celle d'en-haut.

6. LE CLUPANODON JUSSIEU.
(*Clupanodon jussieu.*)

Seize rayons à la dorsale ; vingt-deux à la
nageoire de l'anus ; sept à chaque ventrale ; la caudale fourchue ; les ventrales
très-petites ; point de ligne latérale.

LE CLUPANODON CAILLEU-TASSART [1],

LE CLUPANODON NASIQUE [2],

LE CLUPANODON PILCHARD [3], LE CLUPANODON CHINOIS [4], LE CLUPANODON AFRICAIN [5], ET LE CLUPANODON JUSSIEU [6].

LES clupanodons ont leurs mâchoires dénuées de dents, ainsi que l'annonce leur nom générique. Il ne faut pas

[1] Clupanodon thrissa.

Borstenflosser, *par les Allemands.*

Borstelfin, *par les Hollandois.*

Sprat, *par les Anglois.*

Savalle, *par les habitans des Antilles.*

Clupea thrissa. *Linné, édition de Gmelin.*

Clupe cailleu-tassart. *Bonnaterre, planches de l'Encyclopédie méthodique.*

Bloch, pl. 404.

Halex festucosus. *Plumier, dessins et manuscrits déposés à la Bibliothèque nationale, volume premier, PISCES ET AVES.*

Clupea minor, radio ultimo pinnæ dorsalis longissimo. *Brown, Jamaic.* 443.

Clupea corpore ovato. *Amænit. academ.* 5, *p.* 251.

Clupea thrissa. *Osb. It.* 257.

Broussonn. Ichthyolog. fascicul. I, *tab.* 10.

[2] Clupanodon nasica.

Poikutti, *en langue malaie.*

Hareng à nez. *Bloch, pl.* 429.

croire cependant que leurs habitudes soient très différentes de celles des clupées. Presque tous ces derniers poissons ont en effet des dents très-petites. La conformation des clupanodons a d'ailleurs les plus grandes ressemblances avec celle des clupées. Ne négligeons pas néanmoins de dire:

Que le cailleu-tassart a la tête petite et sans écailles proprement dites ; la mâchoire inférieure courbée vers le haut, et terminée par une pointe qui remplit une échancrure de la mâchoire supérieure; le palais garni d'une membrane ridée et sans dents; la langue lisse, courte et cartilagineuse ; deux orifices à chaque narine ; le dessous du ventre couvert d'une trentaine de lames

---

³ Clupanodon pilchardus.

Bloch, pl. 406.

⁴ Clupanodon sinensis.

Poïken, *par les Malais.*

Mannalai, *id.*

Maerbleier, *par les Hollandois des Indes orientales.*

Clupea sinensis. *Linné, édition de Gmelin.*

Clupe-hareng de la Chine. *Daubenton et Haüy, Encyclopédie méthodique.*

Id. *Bonnaterre, planches de l'Encyclopédie méthodique.*

Bloch, pl. 405.

⁵ Clupanodon africanus.

Sild, *par les Danois de la côte d'Afrique.*

Clupea africana. *Bloch, pl.* 407.

⁶ Clupanodon jussieu.

Grande sardine de l'Isle de France.

Halex-harengus immaculatus maxillâ inferiore longiore, pinnâ dorsali, radiorum sexdecim. *Commerson, manuscrits déjà cités.*

transversales; l'anus beaucoup plus éloigné de la
gorge que de la caudale; la ligne latérale droite; les
écailles grandes, minces et fortement attachées; les
flancs argentins; le dos et les nageoires bleuâtres :

Qu'il vit dans les eaux de la Chine, des Antilles, de
la Jamaïque, de la Caroline; qu'il fraie dans les fleuves;
qu'il parvient à la longueur de trois ou quatre décimètres; que sa chair est grasse et agréable au goût;
mais que, dans certains parages, la nature de ses alimens peut lui donner des qualités funestes :

Que le nasique a les deux mâchoires également
avancées; un seul orifice à chaque narine; la tête couverte de grandes lames; les écailles épaisses; la ligne
latérale droite et descendante; le dos bleu; la couleur
générale argentée; une longueur de deux ou trois
décimètres ; une chair remplie de petites arêtes et
quelquefois mal-saine; la côte de Malabar pour patrie;
et l'habitude de se tenir auprès des embouchures des
rivières :

Que le pilchard, pris mal-à-propos pour une variété
du hareng, montre une tête sans petites écailles; une
fossette alongée sur le sommet de cette partie; un
palais lisse; une langue large, mince et unie; un seul
orifice à chaque narine; des opercules rayonnés; une
ligne latérale droite ; un appendice étroit et pointu
auprès de chaque ventrale; des écailles larges; un péritoine enduit d'une viscosité noirâtre; un canal intestinal sans sinuosités; un estomac composé d'une mem-

brane épaisse ; plusieurs cœcums auprès du pylore ;
une vessie natatoire longue et sans division ; des reflets
argentins sur presque toute sa surface ; des teintes
bleues sur le dos ainsi que sur plusieurs nageoires;
une longueur de trois ou quatre décimètres :

Que les clupanodons pilchards arrivent en grandes
troupes près des côtes de Cornwallis vers la fin de
messidor, disparoissent en automne, et se remontrent
au commencement de nivose ; que les très-grands
froids retardent quelquefois leur retour ; que les orages
les détournent de leur route : que des pêcheurs nommés *huers* se placent sur les rochers des rivages anglois
pour découvrir l'arrivée de ces clupanodons ; que l'approche de ces animaux est annoncée par le concours des
oiseaux d'eau, par la lueur phosphorique que ces poissons répandent, par l'ardeur qui s'exhale de leur laite ;
que la pêche de ces pilchards est d'autant plus importante pour l'Angleterre, qu'on peut en prendre plus de
cent mille d'un seul coup, et que dans une seule année
on s'est emparé de plus d'un milliard de ces osseux ;
que leur chair est grasse et très-agréable; qu'on les
mange frais ou salés, et qu'on en retire une grande
quantité d'huile :

Que le chinois a le dernier rayon de la membrane
branchiale comme tronqué ; de grandes lames sur la
tête ; toutes les nageoires petites et jaunâtres ; celles
du dos et de la queue bordées de brun ou de foncé;

la couleur générale argentée; une longueur de deux ou trois décimètres :

Qu'il fréquente les rivages de l'Asie et ceux de l'Amérique; vit dans la mer et dans les rivières; fraie vers le printemps; a meilleur goût après le frai; va par troupes; est mangé frais et salé; mais est souvent employé à engraisser les champs de riz :

Que l'africain a été vu près des côtes de Guinée; s'avance par troupes nombreuses; présente de grandes lames sur la tête, un seul orifice à chaque narine, une langue et un palais unis, un dos couleur d'acier, des nageoires grises, des côtés argentins :

Que le clupanodon dédié à notre célèbre collègue de Jussieu, membre de l'Institut national, professeur au Muséum d'histoire naturelle, digne neveu et successeur du fameux Bernard de Jussieu, comme un témoignage de notre reconnoissance pour la complaisance avec laquelle il nous a remis dans le temps plusieurs manuscrits de Commerson relatifs à l'ichthyologie, a été observé par ce dernier naturaliste près des côtes de l'Isle de France, en janvier 1770 :

Que cet osseux, dont le nom attestera notre haute estime pour notre collègue, tient le milieu, pour la grandeur, entre le hareng et la sardine; qu'il a le dos bleuâtre, les côtés et le ventre argentés, les pectorales couleur de chair; des écailles brillantes, minces et flexibles, placées en recouvrement sur toute sa surface, excepté sur la tête et sur les opercules; ces mêmes opercules très-resplendissans, striés, et composés de trois pièces; le dessus de la tête ciselé; la mâchoire inférieure plus avancée que celle d'en-haut; la langue molle et très-courte; les pectorales reçues, pendant leur repos, dans une sorte de fossette; la base de la dorsale située dans un sillon longitudinal formé par deux séries d'écailles; de petites écailles placées sur la base de la caudale; vingt-cinq côtes fortes et très-longues, de chaque côté de l'épine du dos, dans laquelle on compte cinquante-quatre vertèbres *.

---

* 13 rayons à chaque pectorale du clupanodon cailleu-tassart.
24   à la nageoire de la queue.

4 rayons à la membrane branchiale du clupanodon nasique.
13   à chaque pectorale.
20   à la caudale.

17 rayons à chaque pectorale du clupanodon pilchard.
22   à la nageoire de la queue.

13 rayons à chaque pectorale du clupanodon chinois.
22   à la caudale.

16 rayons à chaque pectorale du clupanodon jussieu.
24   à la nageoire de la queue.

DEUX CENT SEPTIÈME GENRE.

LES SERPES.

La tête, le corps et la queue très-comprimés; la partie inférieure de l'animal terminée en dessous par une carène très-aiguë, et courbée en demi-cercle; deux nageoires dorsales; les ventrales extrêmement petites.

ESPÈCE.	CARACTÈRES.
LA SERPE ARGENTÉE. (*Gasteropelecus argenteus.*)	Onze rayons à la première nageoire du dos; deux à la seconde; trente-quatre à celle de l'anus; deux à chaque ventrale; la caudale fourchue; la couleur générale argentée.

LA SERPE ARGENTÉE *.

Nous pensons, avec Bloch, devoir séparer ce poisson des clupées et des salmones, et l'inscrire dans un genre, particulier. Indépendamment d'autres traits de dissemblance, ses deux nageoires dorsales l'écartent des clupées; et les rayons de la seconde de ces deux nageoires empêchent de le confondre avec les salmones.

L'éclat de l'argent qui brille sur sa surface, est relevé par des teintes d'un bleu d'acier. Ses mâchoires sont garnies de dents; l'inférieure avance au-delà de la supérieure. L'ouverture de sa bouche est grande, ainsi que l'orifice branchial; les écailles sont larges; la langue est blanche, unie et épaisse; les opercules sont unis;

---

* Gasteropelecus argenteus.

Salmo gasteropelecus. *Linné, édition de Gmelin.*

Salmone sternicle. *Daubenton et Haüy, Encyclopédie méthodique.*

Id. *Bonnaterre, planches de l'Encyclopédie méthodique.*

Clupea sima, pinnis flavis, ventralibus minutissimis; *et* clupea sternicla, pinnis ventralibus nullis. *Lin. System. naturæ, ed.* 12, 1, *p.* 524, *n.* 7 *et* *n.* 8.

Pallas, Spicileg. Zoolog. 8, *p.* 50, *tab.* 3, *fig.* 4, 5.

Kœlreuter, Nov. Comment. Petrop. 8, p. 405, *tab.* 14, *fig.* 1-3.

Serpe. *Bloch, pl.* 97, *fig.* 3.

Gasteropelecus sternicla. *Id. ibid.*

Gasteropelecus. *Gronov. Mus.* 2, *p.* 7, *n.* 155, *tab.* 7, *fig.* 5.

la première dorsale est plus éloignée de la tête que le commencement de l'anale ; un os extrêmement mince, tranchant, couvert d'écailles, et courbé en arc comme une serpe, s'étend depuis la gorge jusqu'à l'anus ; les pectorales ont la forme d'une faucille ; leur couleur est grise, comme celle des autres nageoires.

La serpe argentée a été pêchée dans les eaux de Surinam et dans celles de la Caroline ; sa longueur est inférieure à celle d'un décimètre. Elle se maintiendroit très-difficilement en équilibre et nageroit avec peine, à cause de la grande compression de son corps, et de l'étendue que présente chacune de ses faces latérales, si les effets de cette conformation n'étoient pas un peu compensés par la longueur des pectorales, qui peuvent lui servir de balanciers ' et de rames auxiliaires '.

' Voyez ce que nous avons dit de la natation des poissons dans notre Discours sur la nature de ces animaux.

* 3 rayons à la membrane des branchies de la serpe argentée.
  9   à chaque pectorale.
  22   à la nageoire de la queue.

DEUX CENT HUITIÈME GENRE.

LES MÉNÉS.

La tête, le corps et la queue très-comprimés ; la partie inférieure de l'animal terminée par une carène aiguë, courbée en demi-cercle ; le dos relevé de manière que chaque face latérale du poisson représente un disque ; une seule nageoire du dos ; cette dorsale, et sur-tout l'anale, très-basses et très-longues ; les ventrales étroites et très-alongées.

ESPÈCE.	CARACTÈRES.
LA MÉNÉ ANNE-CAROLINE. (*Mene anna-carolina.*)	Trois pièces à chaque opercule ; la caudale fourchue ; la ligne latérale tortueuse.

LA MÉNÉ ANNE-CAROLINE [1].

CETTE belle espèce de poisson devoit être placée dans un genre particulier. Elle est encore inconnue des naturalistes. J'en ai trouvé une image faite avec beaucoup de soin, dans la collection des peintures chinoises cédées à la France par la Hollande. Je la dédie à la compagne qui m'est si chère, et dont les vertus et le malheur sont dignes d'un si grand intérêt [2].

La méné anne-caroline brille d'un éclat doux et argentin. Sa partie supérieure renvoie des reflets verdâtres, rendus plus agréables par des taches mollement terminées et d'un violet foncé; les nageoires ont une teinte d'un verd léger. Les pectorales sont grandes, comme pour compenser par leur étendue les effets de l'extrême compression de l'animal sur sa natation [3]. La dorsale est triangulaire; elle comprend, ainsi que l'anale, un très-grand nombre de rayons. Les os de la lèvre supérieure sont larges. L'iris et la prunelle représentent un cercle d'argent autour d'un saphir.

---

[1] Mene anna-carolina.

[2] Voyez l'article du *mugilomore anne-caroline*.

[3] Voyez, dans le Discours sur la nature des poissons, nos idées sur la natation de ces animaux.

Lorsqu'on regarde le disque formé par l'un ou l'autre côté de la méné que nous décrivons, on trouve une sorte d'analogie entre ce disque et celui de la lune presque au plein ; analogie que nous avons voulu indiquer par le nom générique de ce poisson *.

* *Mene*, en grec, signifie *lune*.

DEUX CENT NEUVIÈME GENRE.

LES DORSUAIRES.

La partie antérieure du dos relevée en une bosse très-comprimée, et terminée dans le haut par une carène très-aiguë; une seule dorsale.

ESPÈCE.	CARACTÈRE
LE DORSUAIRE NOIRATRE. (*Dorsuarius nigrescens.*)	La couleur d'un bleu noirâtre.

LE DORSUAIRE NOIRATRE *.

COMMERSON a laissé dans ses manuscrits une courte description de ce poisson, qui a été vu auprès du fort Dauphin de Madagascar.

Ce dorsuaire a la partie supérieure relevée comme les ménés, de même que les serpes ont leur partie inférieure étendue vers le bas. Il est aussi, parmi les abdominaux, l'analogue du kurte des jugulaires. Aucune tache, aucune bande, aucune raie, n'interrompent d'ailleurs sa couleur générale : sa longueur ordinaire est de trois ou quatre décimètres.

---

* Dorsuarius nigrescens.

Dorsuarius tubero, novissimum genus, cyprino proximè adjungendum ; dorso in gibbum acutè carinatum elevato ; vel totus a subcæruleo nigrescens, tubere acutè carinato pinnæ dorsali præposito. *Commerson, manuscrits déja cités.*

DEUX CENT DIXIÈME GENRE.
LES XYSTÈRES.

La tête, le corps et la queue très-comprimés ; le dos élevé, et terminé, comme le ventre, par une carène aiguë et courbée en portion de cercle ; sept rayons à la membrane branchiale ; la tête et les opercules garnis de petites écailles ; les dents échancrées de manière qu'à l'extérieur elles ont la forme d'incisives, et qu'à l'intérieur elles sont basses et un peu renflées ; une fossette au-dessous de chaque ventrale.

ESPÈCE.	CARACTÈRES.
LE XYSTÈRE BRUN. (*Xyster fuscus.*)	De petites écailles sur la base de la caudale, ainsi que sur les nageoires du dos et de l'anus ; la couleur générale brune.

LE XYSTÈRE BRUN *.

CE poisson, observé et décrit par Commerson, parvient à la longueur de quatre ou cinq décimètres. Ses nuances brunes ne sont relevées par aucune autre couleur. Les deux mâchoires sont presque aussi avancées l'une que l'autre, et arrondies par-devant. L'animal peut étendre et retirer la lèvre d'en-haut. La langue est courte, très-large, et à demi cartilagineuse. On voit deux orifices à chaque narine.

---

* Xyster fuscus.
Cousepar.

Xyster, novissimum genus, cui pro charactere, dentes ad angulum rectum infracti, à parte externa seu perpendiculari incisorii, ab interna seu horizontali sessiles acutiores, subulati ; pinnæ ventrales in fossula subventrali delitescentes ; corpus caputque squamosa ; membrana branchiostega septem radiorum : cyprinis subjungendum. — Xyster totus fuscus. *Commerson, manuscrits déja cités.*

DEUX CENT ONZIÈME GENRE.

LES CYPRINODONS.

La tête, le corps et la queue ayant un peu la forme d'un ovoïde ; trois rayons à la membrane des branchies ; des dents aux mâchoires.

ESPÈCE.	CARACTÈRES.
LE CYPRINODON VARIÉ. (*Cyprinodon variegatus.*)	Douze rayons à la dorsale ; onze à la nageoire de l'anus ; la caudale rectiligne et non échancrée.

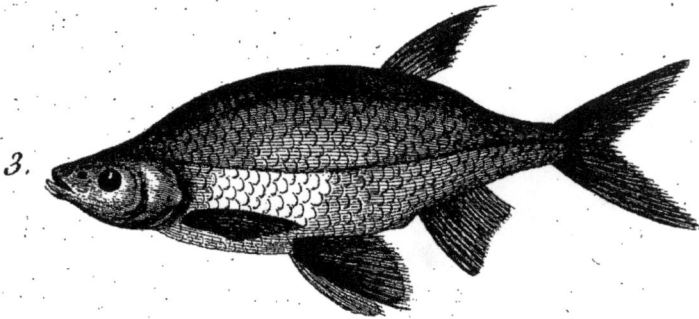

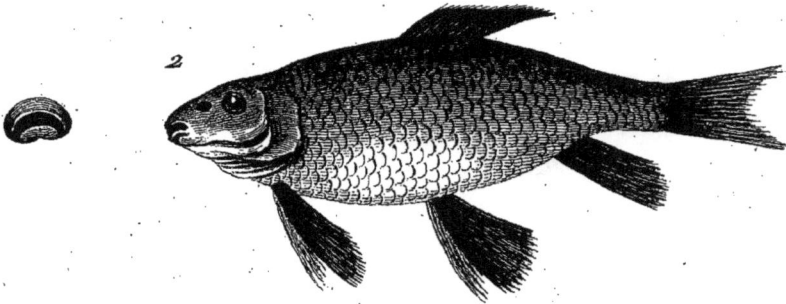

1. CYPRINODON *Varié;* 2. CYPRIN *Sucet* 3. CYPRIN *Américain*

LE CYPRINODON VARIÉ *.

Notre confrère le citoyen Bosc, qui a vu ce poisson à la Caroline, l'a décrit sous le nom de *cyprin varié*, dans les notes manuscrites qu'il a bien voulu nous communiquer. Mais nous pensons, avec cet habile naturaliste, que cet abdominal doit être séparé des cyprins, et placé dans un genre particulier, à cause de plusieurs traits de sa conformation, et notamment des dents que l'on voit à ses mâchoires.

Le cyprinodon varié a l'ouverture de la bouche très-petite; la mâchoire d'en-bas plus avancée que la supérieure; les dents très-courtes; les opercules arrondis; une ligne latérale à peine visible; le corps et la queue revêtus d'écailles larges, argentines, légèrement pointillées; des taches brunes, irrégulières, très-variables, quelquefois à peine sensibles, mais tendant à former des bandes transversales et partagées souvent vers le haut en deux petites bandes.

Son iris est doré; ses dimensions sont très-petites;

---

* Cyprinodon variegatus.

Cyprinus variegatus. — Cyprinus caudâ indivisâ, corpore subovato, maculis fasciisque fuscis variegato, pinnâ dorsali, radiis duodecim. *Bosc, notes manuscrites.*

sa longueur n'égale pas un décimètre. On le trouve très-fréquemment dans la baie de Charles-town*.

---

* 14 rayons à chaque pectorale du cyprinodon varié.
  6   à chaque ventrale.
  20   à la nageoire de la queue.

DEUX CENT DOUZIÈME GENRE.

LES CYPRINS.

Quatre rayons au plus à la membrane des branchies ; point de dents aux mâchoires ; une seule nageoire du dos.

PREMIER SOUS-GENRE.

Quatre barbillons aux mâchoires.

ESPÈCES.	CARACTÈRES.
1. LE CYPRIN CARPE. (*Cyprinus carpio.*)	Vingt-quatre rayons à la nageoire du dos ; neuf à celle de l'anus ; neuf à chaque ventrale ; la caudale fourchue ; le troisième rayon de la dorsale et le troisième de l'anale, dentelés.
2. LE CYPRIN BARBEAU. (*Cyprinus barbus.*)	Douze rayons à la dorsale ; huit à l'anale ; neuf à chaque ventrale ; le troisième rayon de la nageoire du dos dentelé des deux côtés ; la caudale fourchue ; l'ouverture de la bouche située au-dessous du museau, qui est très-avancé.
3. LE CYPRIN SPÉCULAIRE. (*Cyprinus specularis.*)	Vingt rayons à la nageoire du dos ; sept à l'anale ; neuf à chaque ventrale ; la caudale fourchue ; une ou plusieurs rangées d'écailles très-grandes et brillantes, de chaque côté du corps.
4. LE CYPRIN A CUIR. (*Cyprinus coriaceus.*)	La peau coriace, et entièrement dénuée d'écailles facilement visibles.

ESPÈCES.	CARACTÈRES.
5. LE CYPRIN BINNY. (*Cyprinus binny.*)	Treize rayons à la dorsale ; six à la nageoire de l'anus ; neuf à chaque ventrale ; le troisième rayon de la nageoire du dos épais et corné ; toute la surface du poisson argentée.
6. LE CYPRIN BULATMAI. (*Cyprinus bulatmai.*)	Dix rayons à la nageoire du dos ; huit à l'anale ; neuf à chaque ventrale ; la caudale fourchue ; le second rayon de la nageoire du dos dur et très-grand ; la ligne latérale droite , et plus voisine du bord inférieur que du bord supérieur de l'animal ; la couleur générale mêlée d'or et d'argent.
7. LE CYPRIN MURSE. (*Cyprinus mursa.*)	Douze rayons à la dorsale ; sept à la nageoire de l'anus ; huit à chaque ventrale ; la caudale fourchue ; le premier rayon de l'anale très-long ; le troisième rayon de la dorsale très-long, très-épais, et dentelé par-derrière dans la moitié de sa longueur ; la ligne latérale droite, et également éloignée du bord supérieur et du bord inférieur de l'animal.
8. LE CYPRIN ROUGE-BRUN. (*Cyprinus rubro-fuscus.*)	La hauteur du corps proprement dit égale à sa longueur, ou à peu près ; les opercules composés de trois pièces , dénués de petites écailles, et polygones par-derrière ; une petite convexité entre les yeux ; une seconde sur le museau ; la ligne latérale voisine du dos dont elle suit la courbure ; les écailles grandes et un peu en losange ; la dorsale étendue depuis le milieu du dos jusqu'à une petite distance de la caudale ; le premier rayon de la dorsale fort et aiguillonné ; l'anale plus petite que les ventrales ; la couleur générale d'un brun doré ; toutes les nageoires rougeâtres.

SECOND SOUS-GENRE.

Deux barbillons aux mâchoires.

ESPÈCES.	CARACTÈRES.
9. LE CYPRIN GOUJON. (*Cyprinus gobio.*)	Neuf rayons à la nageoire du dos; dix à celle de l'anus; neuf à chaque ventrale; la caudale fourchue; la couleur générale relevée par des taches.
10. LE CYPRIN TANCHE. (*Cyprinus tinca.*)	Douze rayons à la dorsale; onze à la nageoire de l'anus; neuf à chaque ventrale; les deux mâchoires presque également avancées; les écailles du corps et de la queue très-petites; les nageoires épaisses et presque opaques.
11. LE CYPRIN CAPOET. (*Cyprinus capæta.*)	Treize rayons à la nageoire du dos; neuf rayons à celle de l'anus; dix rayons à chaque ventrale; la caudale fourchue; le troisième rayon de la dorsale, et le troisième rayon de l'anale, très-longs et dentelés.
12. LE CYPRIN TANCHOR. (*Cyprinus tincauratus.*)	Douze rayons à la nageoire du dos; neuf rayons à celle de l'anus; dix à chaque ventrale; la caudale sans échancrure; les écailles très-petites; les nageoires minces et transparentes; la couleur générale dorée; des points noirs.
13. LE CYPRIN VONCONDRE. (*Cyprinus vonconder.*)	Dix-huit rayons à la dorsale; treize à l'anale; neuf à chaque ventrale; la caudale fourchue; la dorsale échancrée de manière à représenter une faux; les deux barbillons placés au bout du museau; un seul orifice à chaque narine.

ESPÈCES.	CARACTÈRES.
14. LE CYPRIN VERDATRE. (*Cyprinus viridescens.*)	La caudale sans échancrure ; la mâchoire inférieure un peu plus avancée que celle d'en-haut ; toutes les nageoires petites , et rouges à la base ; toute la surface de la tête , du corps et de la queue, d'un verd plus ou moins foncé.
15. LE CYPRIN ANNE-CAROLINE. (*Cyprinus anna-carolina.*)	Dix-neuf rayons à la nageoire du dos ; cette dorsale très-longue, triangulaire, et la pointe du triangle qu'elle forme très-voisine de la caudale ; la nageoire de l'anus très-courte, très-petite, et pointue par le bas ; la caudale grande et fourchue ; la mâchoire supérieure plus avancée que celle d'en-bas ; la couleur générale mêlée d'or et d'argent ; le derrière de la tête et la partie antérieure du dos , d'un jaune doré.
16. LE CYPRIN MORDORÉ. (*Cyprinus nigro-auratus.*)	La dorsale très-longue ; le second ou le troisième rayon de cette nageoire dentelé ; la caudale fourchue ; les écailles grandes et d'un or plus ou moins mêlé de teintes noirâtres ; une petite bosse sur la partie antérieure du dos ; la tête petite ; du rougeâtre sur toutes les nageoires.
17. LE CYPRIN VERD-VIOLET. (*Cyprinus viridi-violaceus.*)	La tête courte ; la dorsale très-longue ; la queue alongée et presque cylindrique ; la caudale fourchue ; la couleur générale verte ; les nageoires violettes.

TROISIÈME SOUS-GENRE.

Point de barbillons ; la nageoire de la queue, rectiligne ou arrondie, et sans échancrure.

ESPÈCES.	CARACTÈRES.
18. LE CYPRIN HAMBURGE. (*Cyprinus carassius.*)	Vingt-un rayons à la nageoire du dos ; dix rayons à la nageoire de l'anus ; neuf à chaque ventrale ; le dos arqué et très-élevé ; la ligne latérale droite.
19. LE CYPRIN CÉPHALE. (*Cyprinus cephalus.*)	Onze rayons à la nageoire du dos ; onze rayons à l'anale ; neuf à chaque ventrale ; la caudale arrondie ; le corps et la queue presque cylindriques.
20. LE CYPRIN SOYEUX. (*Cyprinus sericeus.*)	Dix rayons à la dorsale ; onze rayons à l'anale ; le dos très-élevé ; une raie longitudinale, variée d'argent, de verd et de bleu, de chaque côté du poisson.
21. LE CYPRIN ZÉELT. (*Cyprinus zeelt.*)	Onze rayons à la nageoire du dos ; dix à celle de l'anus ; onze à chaque ventrale ; le deuxième rayon de chaque ventrale très-large ; la mâchoire inférieure plus avancée que celle d'en-haut ; la ligne latérale courbée deux fois vers le bas et deux fois vers le haut.

QUATRIÈME SOUS-GENRE.

Point de barbillons; la nageoire de la queue, fourchue, ou échancrée en croissant.

ESPÈCES.	CARACTÈRES.
22. LE CYPRIN DORÉ. (*Cyprinus auratus.*)	Vingt rayons à la nageoire du dos; neuf à l'anale; neuf à chaque ventrale; deux orifices à chaque narine; deux pièces à chaque opercule; les écailles grandes; la ligne latérale droite; la couleur générale d'un rouge mêlé d'aurore, d'or et d'argent.
23. LE CYPRIN ARGENTÉ. (*Cyprinus argenteus.*)	Six rayons à la dorsale; sept à la nageoire de l'anus; huit à chaque ventrale; une petite élévation entre la nageoire du dos et celle de la queue; la couleur générale argentée.
24. LE CYPRIN TÉLESCOPE. (*Cyprinus telescopus.*)	Dix-huit rayons à la dorsale; neuf à l'anale; six à chaque ventrale; les yeux grands, coniques et saillans; un seul orifice à chaque narine; la ligne latérale interrompue à chaque écaille; les écailles grandes; la caudale divisée en deux ou trois lobes très-étendus; l'extrémité de toutes les nageoires blanche et très-transparente; la couleur générale rouge.
25. LE CYPRIN GROS-YEUX. (*Cyprinus macrophthaimus.*)	Quatorze rayons à la nageoire du dos; cinq ou six à celle de l'anus; la surface de la caudale presque égale à celle du corps et de la queue; cette nageoire partagée en deux portions, dont chacune est profondément échancrée; les yeux ronds, très-gros et très-saillans; les extrémités de toutes les nageoires blanches et transparentes; la couleur générale rouge.

ESPÈCES.	CARACTÈRES.
26. LE CYPRIN QUATRE-LOBES. (*Cyprinus quadrilobatus.*)	Douze rayons à la dorsale; cinq ou six à la nageoire de l'anus; cinq ou six à chaque ventrale; la surface de la caudale presque égale à celle du corps et de la queue; cette nageoire séparée en deux portions, dont chacune est profondément échancrée; les yeux petits et sans saillie; les extrémités de toutes les nageoires blanches et très-transparentes; la couleur générale rouge.
27. LE CYPRIN ORPHE. (*Cyprinus orfus.*)	Dix rayons à la dorsale; quatorze rayons à l'anale; dix à chaque ventrale; la caudale en croissant; la mâchoire d'en-haut un peu plus avancée que celle d'en-bas; les écailles grandes; les nageoires rouges; la couleur générale d'un jaune doré.
28. LE CYPRIN ROYAL. (*Cyprinus regius.*)	Vingt-huit rayons à la nageoire du dos; onze à l'anale; dix à chaque ventrale; la dorsale très-longue; le corps et la queue un peu cylindriques; la couleur générale argentée; la partie supérieure du poisson dorée.
29. LE CYPRIN CAUCUS. (*Cyprinus caucus.*)	Neuf rayons à la nageoire du dos; treize à celle de l'anus; neuf à chaque ventrale; le corps un peu argenté.
30. LE CYPRIN MALCHUS. (*Cyprinus malchus.*)	Douze rayons à la dorsale; huit à l'anale; huit à chaque ventrale; le corps et la queue un peu coniques et bleuâtres.
31. LE CYPRIN JULE. (*Cyprinus julus.*)	Quinze rayons à la nageoire du dos; dix à celle de l'anus; neuf à chaque ventrale; dix-sept à chaque pectorale; la caudale divisée en deux lobes très-distincts.

ESPÈCES.

CARACTÈRES.

37. LE CYPRIN CLUPÉOÏDE.
(*Cyprinus clupeoïdes.*)

Neuf rayons à la dorsale ; treize à l'anale ; huit à chaque ventrale ; le corps et la queue très-alongés et très-comprimés ; la carène formée par le bas du ventre, dentelée ; la ligne latérale courbée vers le bas.

38. LE CYPRIN GALIAN.
(*Cyprinus galian.*)

Huit rayons à la nageoire du dos ; sept à celle de l'anus ; huit à chaque ventrale ; la mâchoire d'en-haut un peu plus avancée que celle d'en-bas ; les écailles petites ; la ligne latérale très-voisine du bord inférieur du poisson.

39. LE CYPRIN NILOTIQUE.
(*Cyprinus niloticus.*)

Dix-huit rayons à la dorsale ; sept à l'anale ; neuf à chaque ventrale ; un rayon aiguillonné et seize rayons articulés à chaque pectorale ; la couleur générale roussâtre.

40. LE CYPRIN GONORHYNQUE.
(*Cyprinus gonorhyncus.*)

Douze rayons à la nageoire du dos ; huit à l'anale ; neuf à chaque ventrale ; dix à chaque pectorale ; le corps cylindrique.

41. LE CYPRIN VÉRON.
(*Cyprinus phoxinus.*)

Dix rayons à la dorsale ; dix à la nageoire de l'anus ; dix à chaque ventrale ; les deux mâchoires également avancées ; le corps alongé , un peu cylindrique et très-visqueux ; les écailles petites et minces ; la ligne latérale droite.

42. LE CYPRIN APHYE.
(*Cyprinus aphya.*)

Neuf rayons à la nageoire du dos ; neuf à celle de l'anus ; huit à chaque ventrale ; douze à chaque pectorale ; la mâchoire supérieure un peu plus avancée que celle d'en-bas ; le corps un peu cylindrique ; la ligne latérale droite.

43. LE CYPRIN VAUDOISE.
(*Cyprinus leuciscus.*)

Dix rayons à la dorsale ; onze à l'anale ; neuf à chaque ventrale ; quinze à chaque pectorale ; la ligne latérale courbée vers le bas ; deux pièces à chaque opercule.

TOME V.

63

ESPÈCES.	CARACTÈRES.
44. LE CYPRIN DOBULE. (*Cyprinus dobula.*)	Onze rayons à la nageoire du dos ; onze rayons à la nageoire de l'anus ; neuf à chaque ventrale ; la ligne latérale courbée vers le bas ; le corps et la queue alongés ; le haut de la tête large ; la mâchoire d'en-haut un peu plus avancée que celle d'en-bas ; les écailles brillantes et bordées de points noirs.
45. LE CYPRIN ROUGEATRE. (*Cyprinus rutilus.*)	Treize rayons à la dorsale ; douze à l'anale ; neuf à chaque ventrale ; quinze à chaque pectorale ; la ligne latérale courbée vers le bas ; les deux mâchoires presque également avancées ; les nageoires rouges.
46. LE CYPRIN IDE. (*Cyprinus idus.*)	Dix rayons à la nageoire du dos ; treize à celle de l'anus ; onze à chaque ventrale ; dix-sept à chaque pectorale ; la tête large ; le corps gros ; la mâchoire supérieure un peu plus avancée que l'inférieure ; les écailles grandes ; un appendice auprès de chaque ventrale.
47. LE CYPRIN BUGGENHAGEN. (*Cyprinus Buggenhagii.*)	Douze rayons à la dorsale ; dix-neuf à l'anale ; dix à chaque ventrale ; douze à chaque pectorale ; la mâchoire d'en-haut plus avancée que celle d'en-bas ; un petit enfoncement transversal sur le museau et sur la nuque ; le dos élevé : les côtés comprimés ; les écailles grandes ; la ligne latérale un peu courbée vers le bas ; un appendice auprès de chaque ventrale ; l'anale échancrée.
48. LE CYPRIN ROTENGLE. (*Cyprinus erythrophthalmus.*)	Douze rayons à la nageoire du dos ; quatorze à la nageoire de l'anus ; dix à chaque ventrale ; seize à chaque pectorale ;

ESPÈCES.	CARACTÈRES.
48. LE CYPRIN ROTENGLE. (*Cyprinus erythrophthalmus.*)	le dos élevé ; les côtés comprimés ; la ligne latérale courbée vers le bas ; les écailles grandes ; l'iris rougeâtre ; l'anale, les ventrales et la caudale, rouges.
49. LE CYPRIN JESSE. (*Cyprinus jeses.*)	Douze rayons à la dorsale ; quatorze à l'anale ; neuf à chaque ventrale ; seize à chaque pectorale ; la tête grosse ; le museau arrondi ; le corps gros ; le dos élevé ; les écailles grandes ; la ligne latérale presque droite ; un appendice écailleux auprès de chaque ventrale ; la dorsale plus éloignée de la tête que les ventrales.
50. LE CYPRIN NASE. (*Cyprinus nasus.*)	Douze rayons à la nageoire du dos ; quinze à la nageoire de l'anus ; treize à chaque ventrale ; seize à chaque pectorale ; le museau arrondi et avancé au-delà de l'ouverture de la bouche ; la nuque large ; les écailles grandes ; la ligne latérale courbée vers le bas ; un appendice écailleux auprès de chaque ventrale.
51. LE CYPRIN ASPE. (*Cyprinus aspius.*)	Onze rayons à la nageoire du dos ; seize à l'anale ; neuf à chaque ventrale ; vingt à chaque pectorale ; la tête petite ; la mâchoire inférieure recourbée vers le haut ; la mâchoire supérieure échancrée pour recevoir l'extrémité de celle d'en-bas ; la nuque large ; l'anale échancrée.
52. LE CYPRIN SPIRLIN. (*Cyprinus spirlin.*)	Dix rayons à la dorsale ; seize à la nageoire de l'anus ; huit à chaque ventrale ; treize à chaque pectorale ; la tête grosse ; la mâchoire supérieure un peu plus avancée que celle d'en-bas ; les écailles petites ; deux rangées de points noirs sur la ligne latérale, qui est courbée vers le bas.

ESPÈCES.	CARACTÈRES.
53. LE CYPRIN BOUVIÈLE. (*Cyprinus amarus.*)	Dix rayons à la nageoire du dos; onze à celle de l'anus; sept à chaque ventrale; sept à chaque pectorale; la tête petite; le dos élevé; les écailles grandes.
54. LE CYPRIN AMÉRICAIN. (*Cyprinus americanus.*)	Neuf rayons à la dorsale; seize à l'anale; neuf à chaque ventrale; seize à chaque pectorale; la tête petite; le museau pointu; le dos élevé; les côtés comprimés; les écailles arrondies et rayonnées; le corps et la queue argentés; quelques points obscurs; les nageoires rousses ou rougeâtres.
55. LE CYPRIN ABLE. (*Cyprinus alburnus.*)	Dix rayons à la nageoire du dos; vingt-un à celle de l'anus; neuf à chaque ventrale; quatorze à chaque pectorale; le museau pointu; la mâchoire d'en-bas plus avancée que celle d'en-haut; les écailles minces, brillantes, et foiblement attachées.
56. LE CYPRIN VIMBE. (*Cyprinus vimba.*)	Douze rayons à la dorsale; vingt-trois à l'anale; onze à chaque ventrale; dix-sept à chaque pectorale; la tête petite et conique; le museau un peu avancé au-dessus de l'ouverture de la bouche; les écailles petites; la ligne latérale courbée vers le bas.
57. LE CYPRIN BRÈME. (*Cyprinus brama.*)	Douze rayons à la nageoire du dos; vingt-neuf à celle de l'anus; neuf à chaque ventrale; dix-sept à chaque pectorale; la mâchoire supérieure un peu plus avancée que celle d'en-bas; les écailles grandes; le dos arqué, élevé et comprimé; la ligne latérale courbée vers le bas; un appendice auprès de chaque ventrale; des nuances noirâtres sur les nageoires.

ESPÈCES.   CARACTÈRES.

58. LE CYPRIN COUTEAU.
(*Cyprinus cultratus.*)

{ Neuf rayons à la dorsale; trente à l'anale;
neuf à chaque ventrale; quinze à chaque
pectorale; la tête petite et très-comprimée; la mâchoire inférieure recourbée
vers celle d'en-haut; le corps et la queue
très-comprimés; le ventre terminé vers le
bas par une carène très-aiguë; la nageoire
du dos située au-dessus de celle de l'anus;
la ligne latérale droite près de son origine, fléchie ensuite vers le bas, et enfin
recourbée vers la caudale et tortueuse.

59. LE CYPRIN FARÈNE.
(*Cyprinus farenus.*)

{ Onze rayons à la dorsale; trente-sept à
l'anale; dix à chaque ventrale; dix-huit
à chaque pectorale; le lobe inférieur de
la caudale plus long que le supérieur;
les deux mâchoires presque également
avancées; la tête, le corps et la queue,
comprimés; le dos élevé; la ligne latérale courbée vers le bas; la couleur générale d'un argenté obscur.

60. LE CYPRIN LARGE.
(*Cyprinus latus.*)

{ Douze rayons à la nageoire du dos; vingt-
cinq à celle de l'anus; dix à chaque ventrale; quinze à chaque pectorale; le corps
et la queue élevés et comprimés; la tête
petite et pointue; l'orifice de la bouche
très-petit; le dos élevé et arqué; la ligne
latérale courbée vers le bas; le lobe inférieur de la caudale plus long que le supérieur.

61. LE CYPRIN SOPE.
(*Cyprinus ballerus.*)

{ Dix rayons à la dorsale; quarante-un à la
nageoire de l'anus; neuf à chaque ventrale; dix-sept à chaque pectorale; le
corps et la queue comprimés; la tête

ESPÉCES.

CARACTÈRES.

61. LE CYPRIN SOPE.
(*Cyprinus ballerus.*)

petite ; le museau arrondi ; la ligne latérale presque droite ; le lobe inférieur de la caudale plus long que celui d'en-haut ; les écailles petites.

62. LE CYPRIN CHUB.
(*Cyprinus chub.*)

Neuf rayons à la dorsale ; huit à l'anale ; la tête conique ; le corps et la queue presque cylindriques ; la couleur générale argentée.

63. LE CYPRIN CATOSTOME.
(*Cyprinus catostomus.*)

Douze rayons à la nageoire du dos ; huit à celle de l'anus ; onze à chaque ventrale ; la lèvre inférieure échancrée ; des tubercules arrondis au bout du museau ; des stries sur le sommet de la tête ; les pectorales longues ; la couleur générale argentée.

64. LE CYPRIN MORELLE.
(*Cyprinus morella.*)

Douze rayons à la dorsale ; dix-huit à l'anale ; neuf à chaque ventrale ; quatorze à chaque pectorale ; la mâchoire d'en-bas plus avancée que celle d'en-haut ; le museau pointu ; la partie antérieure du dos convexe ; la ligne latérale courbée vers le bas, et marquée par des traits noirs.

65. LE CYPRIN FRANGÉ.
(*Cyprinus fimbriatus.*)

Dix-huit rayons à la nageoire du dos ; neuf à l'anale ; neuf à chaque ventrale ; les lèvres découpées en forme de frange ; la lèvre supérieure garnie de petites verrues ; deux orifices à chaque narine ; la ligne latérale plus voisine du bord supérieur que du bord inférieur du poisson.

66. LE CYPRIN FAUCILLE.
(*Cyprinus falcatus.*)

Douze rayons à la dorsale ; huit à l'anale ; neuf à chaque ventrale ; dix-huit à chaque pectorale ; les nageoires du dos et de l'anus échancrées ; la mâchoire supérieure plus avancée que celle d'en-bas ; un seul orifice à chaque narine ; la ligne latérale droite ; les écailles grandes ; un appendice auprès de chaque ventrale.

ESPÈCES.	CARACTÈRES.
67. LE CYPRIN BOSSU. (*Cyprinus gibbus.*)	Onze ou douze rayons à la dorsale; huit à la nageoire de l'anus; dix à chaque ventrale; vingt-cinq à chaque pectorale; la caudale fourchue; le corps et la queue alongés; une petite bosse vers l'origine de la nageoire du dos; la mâchoire supérieure plus avancée que l'inférieure; la ligne latérale un peu courbée vers le bas.
68. LE CYPRIN COMMERSONNIEN. (*Cyprinus Commersonnii.*)	Onze rayons à la dorsale; sept à la nageoire de l'anus; neuf à chaque ventrale; huit ou neuf à chaque pectorale; la nageoire du dos et celle de l'anus quadrilatères; l'anale étroite; l'angle de l'extrémité de cette dernière nageoire très-aigu; la caudale en croissant; la ligne latérale droite; la mâchoire supérieure un peu plus avancée que celle d'en-bas; les écailles arrondies et très-petites.
69. LE CYPRIN SUCET. (*Cyprinus sucetta.*)	Douze rayons à la nageoire du dos; neuf à celle de l'anus; neuf à chaque ventrale; treize à chaque pectorale; la tête comprimée et aplatie; l'ouverture de la bouche demi-circulaire, et placée au-dessous du museau; la lèvre inférieure très-épaisse, échancrée et courbée en dehors; le corps et la queue comprimés; les écailles presque rhomboïdales.
70. LE CYPRIN PIGO. (*Cyprinus pigus.*)	La dorsale et l'anale triangulaires; la nageoire de l'anus située très-près de la caudale; la ligne latérale un peu courbée vers le bas; les écailles grandes.

LE CYPRIN CARPE *.

Nous venons de donner l'histoire du hareng; nous allons écrire celle de la carpe. Ces deux poissons, que l'on transporte dans tous les marchés, que l'on voit

* Cyprinus carpio.

Carpa, *en Italie.*

Carpena , *id.*

Rayna , *aux environs de Venise.*

Pontty, *en Hongrie.*

Poidka, *ibid.*

Strich , *en Allemagne , lorsque la carpe n'a qu'un an.*

Karpfenbrut , *ibid. id.*

Saamen , *ibid. lorsque la carpe est dans sa seconde ou dans sa troisième année.*

Satz , *ibid. id.*

Cyprinus carpio. *Linné , édition de Gmelin.*

Cyprin carpe. *Daubenton et Haüy, Encyclopédie méthodique.*

Id. *Bonnaterre , planches de l'Encyclopédie méthodique.*

Bloch , pl. 16.

Faun. Suecic. 359.

Meiding, Ic. pisc. Austr. tab. 6.

Cyprinus cirris quatuor ; ossiculo tertio pinnarum dorsi , anique, serrato. *Artedi , gen.* 4, *syn.* 3, *spec.* 25.

Gronov. Mus. 1, *n.* 19.

Cyprinos *et* cyprianos. *Aristot. lib.* 4, *cap.* 8; *lib.* 6, *cap.* 14; *lib.* 8, *cap.* 20.

Cyprianos. *Athen. lib.* 7, *Deipnosoph. p.* 309.

Id. *Oppian. lib.* 1 *et* 4.

sur toutes les tables, que tout le monde nomme, recherche, distingue, apprécie dans les plus petites nuances de leur saveur, et qui cependant sont si peu connus du vulgaire, qu'il n'a d'idée nette ni de leurs formes ni de leurs habitudes, inspirent un grand intérêt au physicien, au philosophe, à l'économe public. Mais les idées que ces deux noms réveillent, les images qu'ils rappellent, les grands tableaux qu'ils retracent, les sentimens qu'ils renouvellent, sont bien différens. A ce mot de *hareng*, l'imagination se transporte au milieu des tempêtes horribles de l'Océan polaire; elle voit l'immensité des mers, les vents déchaînés, le bouleversement des flots, le danger des naufrages, les horreurs des frimas, l'obscurité des nuits, l'épaisseur des brumes, l'audace des navigateurs, la longueur des voyages, l'expérience des pêcheurs, la réunion du nombre et de la force, le concert des moyens, le travail pour arriver au repos, la prospérité des empires, tout ce qui, en élevant le génie, s'empare vivement de l'ame et l'agite avec violence.

En prononçant le nom du cyprin que nous allons

Cyprinus. *Plin. lib.* 32, *cap.* 11.
Id. *Aldrovand. lib.* 5, *cap.* 40, *p.* 637.
Id. *Jonston. lib.* 3, *tit.* 3, *cap.* 6, *tab.* 29, *fig.* 3, 4 et 6.
Id. *Willughby*, *p.* 245.
Id. *Raj. p.* 115.
Cyprinus nobilis. *Schonev. p.* 32.
Carpe. *Rondelet, des poissons des lacs, chap.* 4.
Carpe. *Valmont-Bomare, Dictionnaire d'histoire naturelle.*

décrire, on ne rappelle que les contrées privilégiées des
zones tempérées, un climat doux, une saison heureuse,
un jour pur et serein, des rivages fleuris, des rivières
paisibles, des lacs enchanteurs, des étangs placés dans
des vallées romantiques ; des rapprochemens comme
pour une fête, plutôt que des associations pour affron-
ter des dangers souvent funestes ; des jeux tranquilles,
et non des fatigues cruelles ; une occupation quelquefois solitaire et mélancolique ; un délassement après
le travail ; un objet de rêverie douce, et non des sujets
d'alarme ; tout ce qui, dans les beautés de la campagne
et dans les agrémens du séjour des champs, plaît le
plus à l'esprit, satisfait la raison, et parle au cœur le
langage du sentiment.

L'attrait irrésistible d'un paysage favorisé par la Nature se répandra donc nécessairement sur ce que nous
allons dire du premier des cyprins. Les eaux, la verdure, les fleurs, la beauté ravissante du soleil qui
descend derrière les forêts des montagnes, la douceur
de l'ombre, la quiétude des bords retirés d'un humble
ruisseau, la chaumière si digne d'envie de l'habitant
des champs qui connoît son bonheur ; tous ces objets
si chers aux ames innocentes et tendres, embelliront
donc nécessairement le fond des tableaux dans lesquels
on tâchera de développer les habitudes du cyprin le
plus utile, soit qu'on le montre dans une attitude de
repos et livré à un sommeil réparateur ; soit qu'on le
fasse voir nageant avec force contre des courans vio-

lens, surmontant les obstacles avec légèreté, et s'élevant avec rapidité au-dessus de la surface de l'eau; soit
qu'on le représente cherchant les insectes aquatiques,
les vers, les portions de végétaux, les fragmens de
substances organisées, les parcelles d'engrais, les molécules onctueuses d'une terre limoneuse et grasse,
dont il aime à se nourrir; soit enfin qu'il doive, sous
les yeux des amis de la Nature, échapper à la poursuite
des oiseaux palmipèdes, des poissons voraces, et du
pêcheur plus dangereux encore.

Les carpes se plaisent dans les étangs, dans les lacs,
dans les rivières qui coulent doucement. Il y a même
dans les qualités des eaux, des différences qui échappent
le plus souvent aux observateurs les plus attentifs, et
qui sont si sensibles pour ces cyprins, qu'ils abondent
quelquefois dans une partie d'un lac ou d'un fleuve, et
sont très-rares dans une autre partie peu éloignée cependant de la première. Par exemple, le citoyen Noël
de Rouen dit, dans les notes manuscrites qu'il nous a
communiquées, que dans la Seine on pêche des carpes à
Villequier, mais rarement au-dessous, à moins qu'elles
n'y soient entraînées par les grosses eaux; et le savant
Pictet, maintenant tribun, écrivoit aux rédacteurs du
Journal de Genève en 1788, que, dans le lac Léman,
les carpes étoient aussi communes du côté du Valais
que rares à l'extrémité opposée.

Ces cyprins fraient en floréal, et même en germinal,
quand le printemps est chaud. Ils cherchent alors les

places couvertes de verdure, pour y déposer ou leur
laite ou leurs œufs. On dit que deux ou trois mâles
suivent chaque femelle, pour féconder sa ponte; et
dans ce temps, où les facultés de ces mâles sont plus
exaltées, leurs forces ranimées, et leurs besoins plus
pressans, on les voit souvent indiquer par des taches,
et même par des tubercules, les modifications profondes et les sensations intérieures qu'ils éprouvent.

A cette même époque, les carpes qui habitent dans
les fleuves ou dans les rivières, s'empressent de quitter
leurs asyles, pour remonter vers des eaux plus tranquilles. Si, dans cette sorte de voyage annuel, elles ren-
contrent une barrière, elles s'efforcent de la franchir.
Elles peuvent, pour la surmonter, s'élancer à une hauteur de deux mètres; et elles s'élèvent dans l'air par un
mécanisme semblable à celui que nous avons décrit
en traitant du saumon. Elles montent à la surface de
la rivière, se placent sur le côté, se plient vers le haut,
rapprochent leur tête et l'extrémité de leur queue,
forment un cercle, débandent tout d'un coup le ressort que ce cercle compose, s'étendent avec la rapidité
de l'éclair, frappent l'eau vivement, et rejaillissent en
un clin-d'œil.

Leur conformation, et la force de leurs muscles, leur
donnent une grande facilité pour cette manœuvre.
Leurs proportions indiquent, en effet, la vigueur et la
légéreté.

Au reste, leur tête est grosse; leurs lèvres sont

épaisses; leur front est large; leurs quatre barbillons sont attachés à leur mâchoire supérieure; leur ligne latérale est un peu courte; leurs écailles sont grandes et striées; leur longue nageoire du dos règne au-dessus de l'anale, des ventrales, et d'une portion des pectorales.

D'ailleurs, leur canal intestinal a cinq sinuosités; l'épine du dos est composée de trente-sept vertèbres; et chaque côté de cette colonne est soutenu par seize côtes.

Ordinairement un bleu foncé paroît sur leur front et sur leurs joues; un bleu verdâtre sur leur dos; une série de petits points noirs le long de leur ligne latérale; un jaune mêlé de bleu et de noir sur leurs côtés; un jaune plus clair sur leurs lèvres, ainsi que sur leur queue; une nuance blanchâtre sur leur ventre; un rouge brun sur leur anale; une teinte violette sur leurs ventrales et sur leur caudale, qui de plus est bordée de noirâtre ou de noir. Mais leurs couleurs peuvent varier suivant les eaux dans lesquelles elles séjournent : celles des grands lacs et des rivières sont, par exemple, plus jaunes ou plus dorées que celles qui vivent dans les étangs; et l'on connoît sous le nom de *carpes saumonées* celles dont la chair doit à des circonstances locales une couleur rougeâtre.

Quand elles sont bien nourries, elles croissent vîte, et parviennent à une grosseur considérable.

On en pêche dans plusieurs lacs de l'Allemagne sep-

tentrionale qui pèsent plus de quinze kilogrammes. On
en a pris une du poids de plus de dix-neuf kilogrammes,
à Dertz dans la nouvelle Marche de Brandebourg, sur
les frontières de la Poméranie. On en trouve près d'An-
gerbourg en Prusse, qui pèsent jusqu'à vingt kilogrammes. Pallas dit que le Wolga en nourrit de parve-
nues à une longueur de plus d'un mètre et demi. En
1711 on en pêcha une à Bischofshause, près de Franc-
fort sur l'Oder, qui avoit plus de trois mètres de long,
plus d'un mètre de haut, des écailles très-larges, et
pesoit trente-cinq kilogrammes. On assure qu'on en a
pris du poids de quarante-cinq kilogrammes dans le lac
de Zug en Suisse; et enfin, il en habite dans le Dnies-
ter de si grosses, que leurs arêtes peuvent servir à
faire des manches de couteau.

Les cyprins dont nous nous occupons peuvent d'autant plus montrer des développemens très-remar-
quables, qu'ils sont favorisés par une des principales
causes de tout grand accroissement, le temps. On sait
qu'ils deviennent très-vieux; et nous n'avons pas besoin
de rappeler que Buffon a parlé de carpes de cent cinquante ans, vivantes dans les fossés de Pontchartrain,
et que, dans les étangs de la Lusace, on a nourri des
individus de la même espèce, âgés de plus de deux
cents ans *.

Lorsque les carpes sont très-vieilles, elles sont sujettes

---

* Voyez le Discours sur la nature des poissons.

à une maladie qui souvent est mortelle, et qui se manifeste par des excroissances semblables à des mousses,
et répandues sur la tête, ainsi que le long du dos. Elles
peuvent, quoique jeunes, mourir de la même maladie,
si des eaux de neige, ou des eaux corrompues, parviennent en trop grande quantité dans leur séjour,
ou si leur habitation est pendant trop long-temps recouverte par une couche épaisse de glace qui ne per-
mette pas aux gaz malfaisans, produits au fond des
lacs, des étangs ou des rivières, de se dissiper dans
l'atmosphère. Ces mêmes eaux de neige, ou d'autres
causes moins connues, leur donnent une autre maladie,
ordinairement moins dangereuse que la première, et
qui, faisant naître des pustules au-dessous des écailles,
a reçu le nom de *petite vérole*. Les carpes peuvent aussi
périr d'ulcères qui rongent le foie, l'un des organes
essentiels des poissons. Elles ne sont pas moins exposées
à être tourmentées par des vers intestinaux; et cette disposition à souffrir de plusieurs maladies doit moins
étonner dans des animaux dont les nerfs sont plus
sensibles qu'on ne le croiroit. Le savant Michel Buniva,
président du conseil supérieur de santé de Turin, a
prouvé par plusieurs expériences, que l'aimant exerce
une influence très-marquée sur les carpes, même à
un décimètre de distance de ces cyprins, et que la
pile galvanique agissoit vivement sur ces poissons principalement lorsqu'ils étoient hors de l'eau.

C'est sur-tout dans leur patrie naturelle que les

carpes jouissent des facultés qui les distinguent. Ce séjour que la Nature leur a prescrit depuis tant de siècles, et sur lequel l'art ne paroît pas avoir influé, est l'Europe méridionale. Elles ont été néanmoins transportées avec facilité dans des contrées plus septentrionales. Que l'on n'oublie pas que Maschal les porta en Angleterre en 1514; que Pierre Oxe les habitua aux eaux du Danemarck en 1560; qu'elles ont été acclimatées en Hollande et en Suède *. Mais on diroit que la puissance de l'homme n'a pas encore pu, dans les pays trop voisins du cercle polaire, contre-balancer tous les effets d'un climat rigoureux. Les carpes sont moins grandes, à mesure qu'elles habitent plus près du Nord; et voilà pourquoi, suivant Bloch, on envoie tous les ans, de Prusse à Stockholm, plusieurs vaisseaux chargés d'un grand nombre de ces cyprins.

Dans sa lutte avec la Nature, la constance de l'homme a cependant d'autant plus de chances favorables pour modifier l'espèce de la carpe, qu'il peut agir sur un très-grand nombre de sujets. Les carpes, en effet, se multiplient avec une facilité si grande, que les possesseurs d'étang sont souvent embarrassés pour restreindre une reproduction qui ne peut accroître le nombre des individus, qu'en diminuant la part d'aliment qui peut appartenir à chacun de ces poissons, et par conséquent

---

* Consultez le Discours intitulé, *Des effets de l'art de l'homme sur la nature des poissons.*

en rapetissant leurs dimensions, en dénaturant leurs qualités, en altérant particulièrement la saveur de leur chair.

Lorsque, malgré ces chances et ces efforts, l'espèce s'est soustraite à l'influence des soins de l'homme, et qu'il n'a pas pu imprimer à des individus des caractères transmissibles à plusieurs générations, il peut agir sur des individus isolés, les améliorer par plusieurs moyens, et les rendre plus propres à satisfaire ses goûts. Il nous suffit d'indiquer parmi ces moyens plus ou moins analogues à ceux que nous avons fait connoître en traitant des effets de l'art de l'homme sur la nature des poissons, l'opération imaginée par un pêcheur anglois, et exécutée presque toujours avec succès. On châtre les carpes comme les brochets; on leur ouvre le ventre; on enlève les ovaires ou la laite; on rapproche les bords de la plaie; on coud ces bords avec soin : la blessure est bientôt guérie, parce que la vitalité des différens organes des poissons est moins dépendante d'un ou de plusieurs centres communs, que si leur sang étoit chaud, et leur organisation très-rapprochée de celle des mammifères; et l'animal ne se ressent du procédé qu'une barbare cupidité lui a fait subir, que parce qu'il peut engraisser beaucoup plus qu'auparavant.

Mais il est des soins plus doux que la sensibilité ne repousse pas, que la raison approuve, et qui conservent, multiplient et perfectionnent et les générations et les

individus. Ce sont particulièrement les précautions que
prend un économe habile, lorsqu'il veut retirer d'un
étang qui renferme des carpes, les avantages les plus
grands.

Il établit, pour y parvenir, trois sortes d'étangs; des
étangs pour le frai, des étangs pour l'accroissement,
des étangs pour l'engrais.

On choisit, pour les former, des marais ou des bassins
remplis de joncs et de roseaux, ou des prés dont le
terrain, sans être froid et très-mauvais, ne soit cependant pas trop bon pour être sacrifié à la culture des
cyprins. Il faut qu'une eau assez abondante pour couvrir à la hauteur d'un mètre les parties les plus élevées de ces prés, de ces bassins, de ces marais, puisse
s'y réunir, et en sortir avec facilité. On retient cette
eau par une digue; et pour lui donner l'écoulement
que l'on peut desirer, on creuse dans les endroits les
plus bas de l'étang un canal large et profond, qui en
parcourt toute la longueur, et qui aboutit à un orifice
que l'on ouvre ou ferme à volonté.

Les étangs pour le frai ne doivent renfermer qu'un
hectare ou environ. Il est nécessaire que la chaleur du
soleil puisse les pénétrer: il est donc avantageux qu'ils
soient exposés à l'orient ou au midi, et qu'on en écarte
toutes sortes d'arbres; il faut sur-tout en éloigner les
aunes, dont les feuilles pourroient nuire aux poissons.
Les bords de ces étangs doivent présenter une pente
insensible, et une assez grande quantité de joncs et

d'herbages pour recevoir les œufs et les retenir à une
distance convenable de la surface de l'eau. On n'y souffre
ni grenouilles, ni autres animaux aquatiques et voraces.
On les garantit, par des épouvantails, de l'approche des
oiseaux palmés, et on n'en laisse point sortir de l'eau,
de peur qu'une partie des œufs ne soit entraînée et
perdue. On emploie, pour la ponte ou la fécondation
de ces œufs, des carpes de sept, de huit, et même
de douze ans ; mais on préfère celles de six, qui annoncent de la force, qui sont grosses, qui ont le dos
presque noir, et dont le ventre résiste au doigt qui le
presse. On ne les met dans l'étang que lorsque la saison est assez avancée pour que le soleil en ait échauffé
l'eau. On place communément dans une pièce d'eau
d'un hectare, seize ou dix-sept mâles et sept ou huit
femelles. On a cru quelquefois augmenter leur vertu
prolifique, en frottant leurs nageoires et les environs de
leur anus avec du *castoréum* et des essences d'épiceries ;
mais ces ressources sont inutiles, et peuvent être dangereuses, parce qu'elles obligent à manier et à presser
les poissons pour lesquels on les emploie.

Les jeunes carpes habitent ordinairement, pendant
deux ans, dans les étangs formés pour leur accroissement, et on les transporte ensuite dans un étang établi
pour les engraisser, d'où, au bout de trois ans, on peut
les retirer, déja grandes, grasses et agréables au goût.
Elles s'y sont nourries, au moins le plus souvent,
d'insectes, de vers, de débris de plantes altérées, de

racines pourries, de jeunes végétaux aquatiques, de fragmens de fiente de vache, de crottin de cheval, d'excrémens de brebis mêlés avec de la glaise, de féves, de pois, de pommes de terre coupées, de navets, de fruits avancés, de pain moisi, de pâte de chènevis, et de poissons gâtés.

On peut être obligé, après quelques années, de laisser à sec, pendant dix ou douze mois, l'étang destiné à l'engrais des carpes. On profite de cet intervalle pour y diminuer, si cela est nécessaire, la quantité des joncs et des roseaux, et pour y semer de l'avoine, du seigle, des raves, des vesces, des choux blancs, dont les racines et d'autres fragmens restent et servent d'aliment aux carpes qu'on introduit dans l'étang renouvelé.

Si la surface de l'étang se gèle, il faut en faire sortir un peu d'eau, afin qu'il se forme au-dessous de la glace un vide dans lequel puissent se rendre les gaz délétères, qui dès-lors ne séjournent plus dans le fluide habité par les carpes. Il suffit quelquefois de faire dans la glace des trous plus ou moins grands et plus ou moins nombreux, et de prendre des précautions pour que les carpes ne puissent pas s'élancer, par ces ouvertures, au-dessus de la croûte glacée de l'étang, où le froid les feroit bientôt périr. Mais on assure que lorsque le tonnerre est tombé dans l'étang, on ne peut en sauver le plus souvent les carpes, qu'en renouvelant presque en entier l'eau qui les renferme, et que l'action

de la foudre peut avoir imprégnée d'exhalaisons malfaisantes *.

Au reste, il est presque toujours assez facile d'empêcher, pendant l'hiver, les carpes de s'échapper par
les trous que l'on peut avoir faits dans la glace. En
effet, il arrive le plus souvent que lorsque la surface
de l'étang commence à se prendre et à se durcir, les
carpes cherchent les endroits les plus profonds, et
par conséquent les plus garantis du froid de l'atmosphère, fouillent avec leur museau et leurs nageoires
dans la terre grasse, y font des trous en forme de
bassins, s'y rassemblent, s'y entassent, s'y pressent,
s'y engourdissent, et y passent l'hiver dans une torpeur
assez grande pour n'avoir pas besoin de nourriture.
On a même observé assez fréquemment et avec assez
d'attention cette sopeur des carpes, pour savoir que,
pendant leur long sommeil et leur long jeûne, ces
cyprins ne perdent guère que le douzième de leur
poids.

Lorsqu'on ne surmonte pas, par les soins éclairés
de l'art, les effets des causes naturelles, les carpes élevées dans les étangs ne sont pas celles dont la chair est
la plus agréable au goût; on leur trouve une odeur de
vase, qu'on ne fait passer qu'en les conservant pendant
près d'un mois dans une eau très-claire, ou en les ren-

---

* Voyez le Discours intitulé, *Des effets de l'art de l'homme sur la nature des poissons.*

fermant pendant quelques jours dans une *huche* placée au milieu d'un courant. On leur préfère celles qui vivent dans un lac, encore plus celles qui séjournent dans une rivière, et sur-tout celles qui habitent un étang ou un lac traversé par les eaux fraîches et rapides d'un grand ruisseau, d'une rivière, ou d'un fleuve. Tous les fleuves et toutes les rivières ne communiquent pas d'ailleurs les mêmes qualités à la chair des carpes. Il est des rivières dont les eaux donnent à ceux de ces cyprins qu'elles nourrissent, une saveur bien supérieure à celle des autres carpes ; et parmi les rivières de France, on peut citer particulièrement celle du Lot *.

---

* J'ai reçu, il y a plusieurs années, sur les carpes du Lot, des observations précieuses et très-bien faites, de feu le chef de brigade Daurière, dont la maison de campagne étoit située sur le bord de cette rivière, et qui avoit consacré à l'étude de la nature et aux progrès de l'art rural tous les momens que le service militaire avoit laissés à sa disposition. Les amis des sciences naturelles me sauront gré de payer ici un tribut de reconnoissance et de regrets à cet officier supérieur, avec lequel j'étois lié par les liens du sang et de l'amitié la plus fidèle ; dont le souvenir vivra à jamais dans mon ame attendrie ; dont la loyauté, la valeur, la constance héroïque, l'humanité généreuse, le dévouement sans bornes aux devoirs les plus austères, le talent distingué dans les emplois militaires, le zèle éclairé dans les fonctions civiles, avoient mérité depuis long-temps la vénération et l'attachement de ses concitoyens, et qui, après avoir fait des prodiges de bravoure dans la dernière guerre de la Belgique et de la Hollande, y avoir conquis bien des cœurs à la République, et s'être dérobé sans cesse aux récompenses et à la renommée ; a trouvé en Italie le prix de ses hauts faits et de ses vertus, le plus digne de lui, dans la gloire de mourir pour sa patrie, dans la douleur de ses frères d'armes, dans les éloges

Dans les fleuves, les rivières et les grands lacs, on
pêche les carpes avec la *seine* : on emploie pour les

---

de Bonaparte. Nous ne croyons pas pouvoir lui décerner ici un hommage
plus cher à ses mânes, qu'en transcrivant la note suivante, qui nous a
été remise dans le temps par le brave chef de bataillon Cohendet, digne
ami et digne camarade de Daurière :

« Le chef de la quatorzième demi-brigade de ligne, le citoyen Daurière,
» aussi recommandable par un courage digne des plus grandes âmes que
» par ses rares vertus et ses talens, marchant à la tête et en avant de
» ses grenadiers, et excitant encore leur bouillant courage du geste et
» de la voix, fut tué, au mois de nivose an 5, à la prise des formidables
» redoutes d'Alla, qui défendoient les gorges du Tyrol et les approches
» de Trente.

» En dernier lieu, lors de l'évacuation du Tyrol par les troupes fran-
» çoises, un détachement de la quatorzième passant par Alla, sur les
» lieux témoins de ses exploits, et de la perte irréparable qu'elle avoit
» faite de son chef, fit halte par un mouvement spontanée, et d'une
» voix unanime témoigna à l'officier qui le commandoit, le besoin qu'il
» avoit d'honorer les mânes de son généreux colonel.

» Le capitaine met sa troupe en bataille, lui fait présenter les armes,
» prononce un éloge funèbre de leur respectable commandant, et ordonne
» une décharge générale sur la terre qui renferme les restes précieux du
» chef de brigade.

» Brave Daurière, quelle douce récompense pour ton cœur paternel, si
» tu eusses pu voir ces fiers vétérans des armées du Nord et d'Italie, les
» yeux baignés de larmes, s'encourager, par le récit de tes vertus, à re-
» doubler de zèle, de courage et d'amour pour leurs devoirs !

» Leur intention étoit de recueillir et de suspendre au drapeau, dans
» une boîte d'or, des os du sage qui, pendant six ans, les avoit com-
» mandés avec tant d'honneur ; mais restée sur le champ de bataille
» le jour et la veille d'un combat, la demi-brigade avoit été forcée de
» confier le pénible soin de sa sépulture à un petit nombre d'officiers ;
» aucun de ces derniers n'étoit présent, et l'on eut la douleur de ne
» pouvoir découvrir le corps de Daurière. »

prendre dans les étangs, des *collerets*, des *louves* et des *nasses*, dans lesquels on met un appât. On peut aussi se servir de l'hameçon pour la pêche des carpes. Mais ces cyprins sont très-souvent plus difficiles à prendre qu'on ne le croiroit : ils se méfient des différentes substances avec lesquelles on cherche à les attirer. D'ailleurs, lorsqu'ils voient les filets s'approcher d'eux, ils savent enfoncer leur tête dans la vase, et les laisser passer par-dessus leur corps, ou s'élancer au-delà de ces instrumens par une impulsion qui les élève à deux mètres ou environ au-dessus de la surface de l'eau. Aussi les pêcheurs ont-ils quelquefois le soin d'employer deux *trubles**, dont la position est telle, que lorsque les carpes sautent pour échapper à l'un, elles retombent dans l'autre.

La fréquence de leurs tentatives à cet égard, et par conséquent l'étendue de leur instinct, sont augmentées par la facilité avec laquelle elles peuvent résister aux contusions, aux blessures, à un séjour prolongé dans l'atmosphère. C'est par une suite de cette faculté qu'on peut les transporter à de très-grandes distances sans les faire périr, pourvu qu'on les renferme dans de la neige, et qu'on leur mette dans la bouche un petit morceau de pain trempé dans de l'alcool affoibli;

---

* Voyez la description de la *seine* à l'article de la raie bouclée, du *colleret* à l'article du centropome sandat, de la *louve* et de la *nasse* à l'article du pétromyzon lamproie, et du *truble* à l'article du misgurne fossile.

et c'est encore cette propriété qui fait que pendant l'hiver on peut les conserver en vie dans des caves humides, et même les engraisser beaucoup, en les tenant suspendues après les avoir entourées de mousse, en arrosant souvent leur enveloppe végétale, et en leur donnant du pain, des fragmens de plantes, et du lait.

Dès le temps de Bellon on faisoit avec les œufs des carpes, du *caviar*, qui étoit très-recherché à Constantinople et dans les environs de la mer Noire, ainsi que de l'Archipel, et qui étoit acheté avec d'autant plus d'empressement par les Juifs de ces contrées asiatiques et européennes, que leurs lois religieuses leur défendent de se nourrir de *caviar* fait avec des œufs d'acipensères.

La vésicule du fiel de ces cyprins contient un liquide d'un verd foncé, très-amer, et dont on a fait usage en peinture pour avoir une couleur verte ; et si nous écrivions l'histoire des erreurs et des préjugés, nous parlerions de toutes les vertus extraordinaires et ridicules que l'on a supposées pour la guérison de plusieurs maladies, dans une petite éminence osseuse du fond du palais des cyprins que nous considérons, que l'on a nommée *pierre de carpe*, et que l'on a souvent portée avec une confiance aveugle, comme un préservatif infaillible contre des maux redoutables.

On trouve parmi les carpes, comme dans les autres espèces de poissons, des monstruosités plus ou moins bizarres. La collection du Muséum d'histoire naturelle renferme un de ces cyprins, dont la bouche n'a d'autre orifice extérieur que ceux des branchies. Mais ces poissons sont sujets à présenter dans leur tête, et particulièrement dans leur museau, une difformité qui a souvent frappé les physiciens, et qui a toujours étonné le vulgaire, à cause des rapports qu'elle lui a paru avoir avec la tête d'un cadavre humain, ou au moins avec celle d'un dauphin. Rondelet*, Gesner, Aldrovande et d'autres naturalistes, en ont donné la figure ou la description : on en voit des exemples dans un grand nombre de cabinets. Le Muséum d'histoire naturelle a reçu dans le temps, de feu le président de Meslay, une carpe qui offroit cette conformation monstrueuse, et que l'on avoit pêchée dans l'étang de Meslay; et le citoyen Noël de Rouen nous a transmis un dessin d'une carpe altérée de la même manière dans les formes de son museau, que l'on avoit prise dans un étang voisin de Caen, et qui étoit remarquable d'ailleurs par l'uniformité de la couleur verte également répandue sur toute la surface de l'animal.

Mais, indépendamment de ces monstruosités et des variétés dont nous avons déjà parlé, l'espèce de la carpe est fréquemment modifiée, suivant plusieurs naturalistes, par son mélange avec d'autres espèces du genre des cyprins, particulièrement avec des carassins

---

* Étrange espèce de carpe. *Rondelet, seconde partie, des poissons des lacs, chap.* 7.

et des gibèles. Il résulte de ce mélange, des individus
plus gros que des gibèles ou des carassins, mais moins
grands que des carpes, et qui ne pèsent guère qu'un
ou deux kilogrammes. Gesner, Aldrovande, Schwenckfeld, Schoneveld, Marsigli, Willughby et Klein, ont
parlé de ces métis, auxquels les pêcheurs de l'Allemagne septentrionale ont donné différens noms. On
les reconnoît à leurs écailles, qui sont plus petites, plus
attachées à la peau, que celles des carpes, et montrent
des stries longitudinales ; de plus, leur tête est plus
grosse, plus courte, et dénuée de barbillons. Mais Bloch
pense qu'on ne voit ces dernières différences, que lorsque des œufs de carpe ont été fécondés par des carassins ou par des gibèles, parce que les métis ont toujours la tête et la caudale du mâle. Si ce dernier fait
est bien constaté, il faudra le regarder comme un des
phénomènes les plus propres à fonder la théorie de la
génération des animaux*.

---

* 3 rayons à la membrane branchiale du cyprin carpe.
16 à chaque pectorale.
19 à la nageoire de la queue.

LE CYPRIN BARBEAU *.

CE poisson a quelques rapports extérieurs avec le brochet, à cause de l'alongement de sa tête, de son

---

* Cyprinus barbus.
Barbio, *en Espagne.*
Id. *en Italie.*
Barbo, *ibid.*
Merenne, *en Hongrie.*
Ssasana, *en Russie.*
Ussatch, *ibid.*
Barb, *en Allemagne.*
Barbet, *ibid.*
Barme, *ibid.*
Steinbarben, *ibid.*
Rothbart, *ibid.*
Barm, *en Hollande.*
Berm, *ibid.*
Barbeel, *ibid.*
Barbell, *en Angleterre.*
Cyprinus barbus. *Linné, édition de Gmelin.*
Cyprin barbeau. *Daubenton et Haüy, Encyclopédie méthodique.*
Id. *Bonnaterre, planches de l'Encyclopédie méthodique.*
Cyprinus capito. *Linné, édition de Gmelin.*
Guldenstedt, Nov. Comm. Petropol. p. 519.
Cyprin cabot. *Bonnaterre, planches de l'Encyclopédie méthodique.*
Mus. Ad. Frider. p. 2, *p.* 107.
Wulf. Ichthyolog. Bor. p. 41, *n.* 52.
Kram. El. p. 391, *n.* 2.

corps et de sa queue. La partie supérieure de ce cyprin
est olivâtre; les côtés sont bleuâtres au-dessus de la
ligne latérale , et blanchâtres au-dessous de cette
même ligne, qui est droite et marquée par une série
de points noirs; le ventre et la gorge sont blancs; une
nuance rougeâtre est répandue sur les pectorales, sur
les ventrales, sur la nageoire de l'anus, et sur la caudale, qui d'ailleurs montre une bordure noire; la dorsale est bleuâtre. La lèvre supérieure est rouge, forte,
épaisse, et conformée de manière que l'animal peut
l'étendre et la retirer facilement. Les écailles sont
striées, dentelées, et attachées fortement à la peau.

S. G. Gmelin , It. 3 , *p.* 242 , *tab.* 25 , *fig.* 1.
Cyprinus maxillâ superiore longiore , cirris quatuor ; pinnâ ani , ossi-
culorum septem. *Artedi , gen.* 4 , *syn.* 8.
Bloch , pl. 18.
Barbeau. *Rondelet , seconde partie , poissons de rivière , chap,* 18.
Barbus. *Salvian. fol.* 86.
Id. *Gesner , p.* 124 , *et* (germ.) *fol.* 71.
Id. *Aldrovand. lib.* 5 , *cap.* 16 , *p.* 598.
Id. *Jonston. lib.* 3 , *tit.* 1 , *cap.* 5 , *tab.* 86 , *fol.* 6.
Id. *Charleton , p.* 156.
Id. *Willughby , p.* 259.
Id. *Raj. p.* 121.
Barbatulus , mullus barbatus , mullus fluviatilis nonnullis. *Schonev. p.* 29.
Mustus fluviatilis. *Bellon.*
Gronov. Zooph. 1 , *p.* 104 ; *Mus.* 1 , *p.* 5 , *n.* 20.
Barbus oblongus , olivaceus. *Leske , Specim. p.* 17.
Mystus. *Klein , Miss. pisc.* 5 , *p.* 64 , *n.* 1.
Barbus. *Marsig. Danub. p.* 18 , *tab.* 7 , *fig.* 1.
Brit. Zoology, 3 , *p.* 304 , *n.* 2.
Barbeau. *Valmont-Bomare , Dictionnaire d'histoire naturelle.*

L'épine dorsale renferme quarante-six ou quarante-sept vertèbres, et s'articule de chaque côté avec seize côtes.

Le barbeau se plaît dans les eaux rapides qui coulent sur un fond de cailloux; il aime à se cacher parmi les pierres et sous les rives avancées. Il se nourrit de plantes aquatiques, de limaçons, de vers et de petits poissons; on l'a vu même rechercher des cadavres. Il parvient au poids de neuf ou dix kilogrammes. On le pêche dans les grands fleuves de l'Europe, et particulièrement dans ceux de l'Europe méridionale. Suivant Bloch, il acquiert dans le Véser une graisse très-agréable au goût, à cause du lin que l'on met dans ce fleuve. Il ne produit que vers sa quatrième ou sa cinquième année. Le printemps est la saison pendant laquelle il fraie : il remonte alors dans les rivières, et dépose ses œufs sur des pierres, à l'endroit où la rapidité de l'eau est la plus grande. On le pêche avec des filets ou à la ligne; et on l'attire avec de très-petits poissons, des vers, des sangsues, du fromage, du jaune d'œuf, ou du camphre. Sa chair est blanche et de bon goût. On assure cependant que ses œufs sont très-malfaisans : mais Bloch, je ne sais pourquoi, regarde comme fausses les propriétés funestes qu'on leur attribue.

Nous lisons dans les notes manuscrites du tribun Pénières, que nous avons déja citées plusieurs fois, que, dans le département de la Corrèze, les barbeaux cherchent les bassins profonds et pierreux. Au moindre bruit, ils se cachent sous les rochers saillans; et ils se tiennent sous cette sorte de toit avec tant de constance, que lorsqu'on fouille leur asyle, ils souffrent qu'on enlève leurs écailles, et reçoivent même souvent la mort, plutôt que de se jeter contre le filet qui entoure leur retraite, et dans les mailles duquel le rayon dentelé de leur dorsale ne contribueroit pas peu à les retenir.

Ils se réunissent en troupes de douze, de quinze et quelquefois de cent individus. Ils se renferment dans une grotte commune, à laquelle leur association doit le nom de *nichée* que leur donnent les pêcheurs. Lorsque les rivières qu'ils fréquentent charient des glaçons, ils choisissent des graviers abrités contre le froid, et exposés aux rayons du soleil; et si la surface de la rivière se gèle et se durcit, ils viennent assez fréquemment auprès des trous qu'on pratique dans la glace, peut-être pour s'y pénétrer du peu de chaleur que peuvent leur donner les rayons affoiblis du soleil de l'hiver.

Plusieurs barbeaux se trouvent-ils réunis dans un réservoir où ils manquent de nourriture; ils sucent la queue les uns des autres, au point que les plus gros ont bientôt exténué les plus petits *.

---

* 17 rayons à chaque pectorale du cyprin barbeau.
19   à la nageoire de la queue.

LE CYPRIN SPÉCULAIRE[1],

ET

LE CYPRIN A CUIR[2].

Nous donnons le nom de *spéculaire* à un cyprin très-remarquable par les grandes écailles disposées en séries, et quelquefois distribuées d'ailleurs avec plus ou moins d'irrégularité sur sa surface. Ces écailles sont souvent quatre ou cinq fois plus larges à proportion que celles de la carpe; et quoique striées de manière à paroître comme rayonnées, elles ont assez d'éclat pour être comparées à de petits miroirs. Ces lames brillantes sont ordinairement placées de manière qu'elles forment de chaque côté deux ou trois rangées longitudinales. Leur couleur est jaune, et une bordure brune relève leurs nuances. Elles se détachent facilement de l'animal; et lorsqu'elles ne sont pas répandues sur tout le corps du poisson, les places qu'elles laissent dénuées

---

[1] Cyprinus specularis.
Spiegelkarpfen.
Rex cyprinorum ; reine des carpes. *Bloch, pl.* 17.
Reine des carpes. *Bonnaterre, planches de l'Encyclopédie méthodique.*

[2] Cyprinus coriaceus.
Cyprinus nudus : carpe à cuir. *Bloch,*

de substance écailleuse, sont recouvertes d'une peau noirâtre, plus épaisse que celle qui croît au-dessous de ces lames spéculaires. On trouve les cyprins qui sont revêtus de ces écailles grandes et luisantes, dans plusieurs contrées de l'Europe; mais ils sont très-multipliés dans l'Allemagne septentrionale, particulièrement dans le pays d'Anhalt, dans la Saxe, dans la Franconie, dans la Bohême, où on les élève dans les étangs, où ils parviennent à une grosseur très-considérable, et où leur chair acquiert une saveur que l'on a préférée au goût de celle de la carpe.

Si les cyprins spéculaires perdoient tous les miroirs écailleux qui sont disséminés sur leur surface, ils ressembleroient beaucoup aux *cyprins à cuir*. Ces derniers néanmoins ont la peau plus brune, plus dure et plus épaisse; ce qui leur a fait donner le nom spécifique que nous leur conservons. Ces cyprins à cuir vivent en Silésie, où on peut les multiplier et les faire croître aussi promptement que les carpes. Bloch rapporte que M. le baron de Sierstorpff, qui en a eu dans ses étangs, auprès de Breslau, et qui les a très-bien observés, a vu des cyprins qui par leurs caractères paroissoient tenir le milieu entre les *cyprins à cuir* et les *cyprins spéculaires*, et qu'il regardoit comme des métis provenus du mélange de ces deux espèces*.

---

* 18 rayons à chaque pectorale du cyprin spéculaire.
25   à la nageoire de la queue.

LE CYPRIN BINNY [1],

LE CYPRIN BULATMAI [2],

LE CYPRIN MURSE [3], ET LE CYPRIN ROUGE-BRUN [4].

LE binny, que les eaux du Nil nourrissent, a la tête un peu comprimée; le dos élevé; le ventre arrondi; la ligne latérale courbée vers le bas; l'anale et la caudale rouges, avec du blanc à leur base, et les autres na-

---

[1] Cyprinus binny.

Lépidotus, *par les anciens auteurs*, suivant une note manuscrite que notre savant ami et confrère le professeur Geoffroy nous a fait parvenir du Caire.

Benny *et* benni, *en Égypte*, suivant le citoyen Cloquet.

Cyprinus bynni. *Linné, édition de Gmelin.*

Cyprin binny. *Bonnaterre, planches de l'Encyclopédie méthodique.*

Forskaël, Faun. Arab. p. 71, *n.* 103.

[2] Cyprinus bulatmai.

Id. *Linné, édition de Gmelin.*

Hablizl *apud S. G. Gmelin, It.* 4, *p.* 135.

Pallas, N. Nord. Beytr. 4, *p.* 6.

[3] Cyprinus mursa.

Id. *Linné, édition de Gmelin.*

Cyprin murse. *Bonnaterre, planches de l'Encyclopédie méthodique.*

Guldenst. Nov. Comm. Petropol. 17, *p.* 513, *tab.* 8, *fig.* 3-5.

[4] Cyprinus rubro-fuscus.

De Seve del   Voisart. Sc.

1. CYPRIN Rouge brun. 2. CYPRIN Mordoré. 3. CYPRIN Verd violet.

geoires blanchâtres et bordées d'une couleur mêlée de roux. L'éclat de l'argent dont brillent ses écailles, le fait remarquer, comme celui de l'or attire l'œil de l'observateur sur le bulatmaï de la mer Caspienne. Ce dernier poisson présente en effet des reflets dorés au milieu des teintes argentines du ventre, et des nuances couleur d'acier de sa partie supérieure. Sa tête, brune par-dessus, est blanche par-dessous; la dorsale noirâtre; la nageoire de la queue rougeâtre; l'anale rouge, avec la base blanchâtre; l'extrémité des pectorales et celle des ventrales, d'un rouge plus ou moins vif; la base de ces ventrales et de ces pectorales, grise ou blanche, ou d'un blanc mêlé de gris.

La mer Caspienne, dans laquelle on trouve le bulatmaï, nourrit aussi le murse. Une couleur dorée, mêlée de brun dans la partie supérieure du poisson, et de blanc dans la partie inférieure de l'animal; des opercules bruns et lisses; une anale semblable par sa forme aux ventrales, et blanche comme ces dernières; les taches brunes de ces ventrales; la teinte foncée des autres nageoires; l'alongement de la tête, du corps et de la queue; la convexité du crâne; la petitesse des écailles; la mucosité répandue sur les tégumens, servent à distinguer ce cyprin murse, qui parvient à la longueur de trois ou quatre décimètres, et qui remonte dans le fleuve Cyrus, lorsque le printemps ramène le temps du frai.

Les deux mâchoires du rouge-brun sont presque

également avancées. Ce cyprin vit dans les eaux de la Chine : on peut en voir une figure très-bien faite dans la collection des peintures chinoises données à la France par la Hollande. Nous en publions les premiers la description *.

---

* 17 rayons à chaque pectorale du cyprin binny.
  19   à la nageoire de la queue.
  19 rayons à chaque pectorale du cyprin bulatmai.
  21   à la caudale.
  17 rayons à chaque pectorale du cyprin murse.
  19   à la nageoire de la queue.

LE CYPRIN GOUJON[1],

ET

LE CYPRIN TANCHE[2].

LACS paisibles, rivières tranquilles, ombrages parfumés, rivages solitaires, et vous, retraites hospitalières,

[1] Cyprinus gobio.
Goujon de rivière.
Goiffon, *dans quelques départemens de France.*
Vairon, *ibid.*
Gründling, *en Allemagne.*
Gressling, *ibid.*
Gos, *ibid.*
Grandulis, *en Livonie.*
Pohps, *ibid.*
Grumpel, *en Danemarck.*
Sandhart, *ibid.*
Gympel, *ibid.*
Grondel, *en Hollande.*
Greyling, *en Angleterre.*
Gudjeon, *ibid.*
Cyprinus gobio. *Linné, édition de Gmelin.*
Cyprin goujon. *Daubenton et Haüy, Encyclopédie méthodique.*
Id. *Bonnaterre, planches de l'Encyclopédie méthodique.*
Goujon. *Valmont-Bomare, Dictionnaire d'histoire naturelle.*
Mus. Ad. Frider. 2, *p.* 107.
Müll. Prodrom. Zoolog. Dan. p. 50, *n.* 427.

où la modération ne plaça sur une table frugale que
des mets avoués par la sagesse; séjour du calme,

Cyprinus quincuncialis, maculatus, maxillâ superiore longiore, cirris
duobus ad os. *Artedi, gen.* 4, *spec.* 13, *syn.* 11.

Fluviatilis gobio. *Salvian. f.* 214 *a.*

Gouion de rivière. *Rondelet, seconde partie, des poissons de rivière,
chap.* 28.

Gobio fluviatilis. *Gesner, p.* 399 *et* 474; *et (germ.) f.* 159.

Id. *et* fundulus, *et* gobio non capitatus. *Charleton, p.* 157.

Gobius fluviatilis. *Aldrovand. lib.* 5, *cap.* 27, *p.* 612.

Gobius fluviatilis Gesneri. *Willughby, p.* 264, *tab. Q.* 8, *fig.* 4.

Id. *Raj. p.* 123.

Gobius non capitatus. *Jonst. lib.* 3, *tit.* 1, *cap.* 10, *a,* 1, *tab.* 26, *fig.* 16.

Fundulus. *Schonev. p.* 35.

Gronov. Mus. 2, *p.* 2, *n.* 149; *Zooph.* 1, *p.* 104.

Bloch, pl. 8, *fig.* 2.

Leske, Spec. p. 26, *n.* 3.

Klein, Miss. pisc. 4, *p.* 60, *n.* 5, *tab.* 15, *fig.* 5.

Marsig. Danub. 4, *p.* 23, *tab.* 9, *fig.* 2.

Brit. Zoolog. 3, *p.* 308, *n.* 4.

* Cyprinus tinca.

Tenca, *en Italie.*

Schlei, *en Allemagne.*

Knochen-schleye, *le mâle, ibid.*

Bauch-schleye, *la femelle, ibid.*

Schumacher, *en Livonie.*

Kuppesch, *en Estonie.*

Lichnis, *ibid.*

Line, *ibid.*

Schleye, *ibid.*

Skomacker, *en Suède.*

Linnore, *ibid.*

Sutore, *ibid.*

Suder, *en Danemarck.*

Slie, *ibid.*

asyle du bonheur pour les cœurs sensibles que la perte
d'un objet adoré n'a point condamnés à des regrets
éternels, vos images enchanteresses ne cessent d'entourer le portrait du poisson que nous allons décrire. Son
nom rappelle et les rives fortunées près desquelles il

Muythonden, *en Frise.*
Zeelt, *en Hollande.*
Tench, *en Angleterre.*
Cyprinus tinca. *Linné, édition de Gmelin.*
Cyprin tanche. *Daubenton et Haüy, Encyclopédie méthodique.*
Id. *Bonnaterre, planches de l'Encyclopédie méthodique.*
Tanche. *Valmont-Bomare, Dictionnaire d'histoire naturelle.*
Bloch, pl. 14.
Faun. Suecic. 263.
Wulff. Ichthyolog. Boruss. p. 42, *n.* 55.
Müll. Prodrom. Zoolog. Dan. p. 50, *n.* 428.
Cyprinus mucosus nigrescens. *Artedi, gen.* 4, *spec.* 27, *syn.* 5.
Tinca. *Auson. Mosella, vers.* 125.
Id. *Jov.* 124.
Tenche. *Rondelet, seconde partie, des poissons des lacs, chap.* 10.
Tinca. *Wotton. lib.* 8, *cap.* 190, *f.* 169 *b.*
Tinca. *Salvian. fol.* 89-90.
Id. *Gesner, p.* 984; *et (germ.)* 167 *b.*
Id. *Aldrovand. lib.* 5, *cap.* 45, *p.* 646
Id. *Jonston. lib.* 3, *tit.* 3, *cap.* 10, *p.* 146, *tab.* 29, *fig.* 7.
Id. *Charlet. p.* 162.
Id. *Willughby, p.* 251, *tab.* Q. 5.
Id. *Raj. p.* 117.
Id. *et* phycis, *vel* merula fluviatilis. *Schonev. p.* 76.
Kramer, El. p. 392, *n.* 6.
Gronov. Mus. 1, *p.* 4, *n.* 18.
Klein, Miss. pisc. 5, *p.* 63.
Mars. Danub. p. 47, *tab.* 15.
Brit. Zoolog. 3, *p.* 306, *n.* 3.

éclot, se développe et se reproduit, et l'habitation touchante et simple des vertus bienfaisantes, des affections douces, de l'heureuse médiocrité dont il sert si
souvent aux repas salutaires. On le trouve dans les
eaux de l'Europe dont le sel n'altère pas la pureté, et
particulièrement dans celles qui reposent ou coulent
mollement et sans mélange sur un fond sablonneux. Il
préfère les lacs que la tempête n'agite pas. Il y passe
l'hiver; et lorsque le printemps est arrivé, il remonte
dans les rivières, où il dépose sur les pierres sa laite
ou ses œufs dont la couleur est bleuâtre et le volume
très-petit. Il ne se débarrasse de ce poids incommode
que peu à peu, et en employant souvent près d'un
mois à cette opération, dont la lenteur prouve que
tous les œufs ne parviennent pas à la fois à la maturité,
et que les diverses parties de la laite ne sont entièrement formées que successivement. Dans quelques rivières, et notamment dans celle de la Corrèze, il ne
fréquente ordinairement les *frayères* * que depuis le
coucher du soleil jusqu'au lever de cet astre.

Le tribun Pénières, de qui nous tenons cette dernière
observation, nous a écrit que, dans le Cantal et la Corrèze, les femelles de l'espèce du goujon, et de plusieurs autres espèces de poissons, étoient cinq ou six
fois plus nombreuses que les mâles.

Vers l'automne, les goujons reviennent dans les lacs.

---

* Nom donné dans plusieurs contrées aux endroits où fraient les poissons.

On les prend de plusieurs manières; on les pêche avec
des filets et avec l'hameçon. Ils sont d'ailleurs la proie
des oiseaux d'eau, ainsi que des grands poissons, et
cependant ils sont très-multipliés. Ils vivent de plantes,
de petits œufs, de vers, de débris de corps organisés.
Ils paroissent se plaire plusieurs ensemble; on les rencontre presque toujours réunis en troupes nombreuses.
Ils perdent difficilement la vie. A peine parviennent-ils
à la longueur d'un ou deux décimètres.

Leur canal intestinal présente deux sinuosités; quatorze côtes soutiennent de chaque côté l'épine dorsale, qui renferme trente-neuf vertèbres.

Leur mâchoire supérieure est un peu plus avancée
que celle de dessous; leurs écailles sont grandes, à
proportion de leurs principales dimensions; leur ligne
latérale est droite.

Leurs couleurs varient avec leur âge, leur nourriture, et la nature de l'eau dans laquelle ils sont plon-
gés : mais le plus souvent un bleu noirâtre règne sur
leur dos; leurs côtés sont bleus dans leur partie supérieure; le bas de ces mêmes côtés, et le dessous du
corps, offrent des teintes mêlées de blanc et de jaune;
des taches bleues sont placées sur la ligne latérale; et
l'on voit des taches noires sur la caudale et sur la
dorsale, qui sont jaunâtres ou rougeâtres, comme les
autres nageoires.

Les tanches sont aussi sujettes que les goujons à
varier dans leurs nuances, suivant l'âge, le sexe, le

climat, les alimens et les qualités de l'eau. Communément on remarque du jaune verdâtre sur leurs joues, du blanc sur leur gorge, du verd foncé sur leur front et sur leur dos, du verd clair sur la partie supérieure de leurs côtés, du jaune sur la partie inférieure de ces dernières portions, du blanchâtre sur le ventre, du violet sur les nageoires : mais plusieurs individus montrent un verd plus éclairci, ou plus voisin du noir; les mâles particulièrement ont des teintes moins obscures. Ils ont aussi les ventrales plus grandes, les os plus forts, la chair plus grasse et plus agréable au goût. Dans les femelles comme dans les mâles, la tête est grosse; le front large; l'œil petit; la lèvre épaisse; le dos un peu arqué; chacun des os qui retiennent les pectorales ou les ventrales, très-fort; la peau noire; toute la surface de l'animal couverte d'une matière visqueuse assez abondante pour empêcher de distinguer facilement les écailles; l'épine dorsale composée de trente-neuf vertèbres, et soutenue à droite et à gauche par seize côtes.

On trouve des tanches dans presque toutes les parties du globe. Elles habitent dans les lacs et dans les marais; les eaux stagnantes et vaseuses sont celles qu'elles recherchent. Elles ne craignent pas les rigueurs de l'hiver: on n'a pas même besoin, dans certaines contrées, de casser en différens endroits la glace qui se forme au-dessus de leur asyle; ce qui prouve qu'il n'est pas nécessaire d'y donner une issue aux gaz qui

peuvent se produire dans leurs retraites, et ce qui
paroît indiquer qu'elles y passent la saison du froid
enfoncées dans le limon, et au moins à demi engour-
dies, ainsi que l'ont pensé plusieurs naturalistes.

On peut mettre des tanches dans des viviers, dans
des mares, même dans de simples abreuvoirs ; elles se
contentent de peu d'espace. Lorsque l'été approche,
elles cherchent des places couvertes d'herbes pour y
déposer leurs œufs, qui sont verdâtres et très-petits.
On les pêche à l'hameçon, ainsi qu'avec des filets ;
mais fréquemment elles rendent vains les efforts des
pêcheurs, ainsi que la ruse ou la force des poissons
voraces, en se cachant dans la vase. La crainte, tout
comme le besoin de céder à l'influence des changemens de temps, les porte aussi quelquefois à s'élancer
hors de l'eau, dont le défaut ne leur fait pas perdre la
vie aussi vîte qu'à beaucoup d'autres poissons.

Elles se nourrissent des mêmes substances que les
carpes, et peuvent par conséquent nuire à leur multiplication. Leur poids peut être de trois ou quatre kilogrammes. Leur chair molle, et quelquefois imprégnée
d'une odeur de limon et de boue, est difficile à digérer.
Mais d'ailleurs, suivant les pays, les temps, les époques
de l'année, les altérations ou les modifications des individus, et une sorte de mode ou de convention, elles
ont été estimées ou dédaignées. On s'est même assez
occupé de ces abdominaux dans beaucoup de contrées,
pour leur attribuer des propriétés très-extraordinaires.

On a cru que coupées en morceaux, et mises sous la plante des pieds, elles guérissoient de la peste et des fièvres brûlantes; qu'appliquées vivantes sur le front, elles appaisoient les maux de tête; qu'attachées sur la nuque, elles calmoient l'inflammation des yeux; que placées sur le ventre, elles faisoient disparoître la jaunisse; que leur fiel chassoit les vers; et que les poissons guérissoient leurs blessures, en se frottant contre la substance huileuse qui les enduit*.

---

* 16 rayons à chaque pectorale du cyprin goujon.
  19   à la nageoire de la queue.
  18 rayons à chaque pectorale du cyprin tanche.
  19   à la caudale.

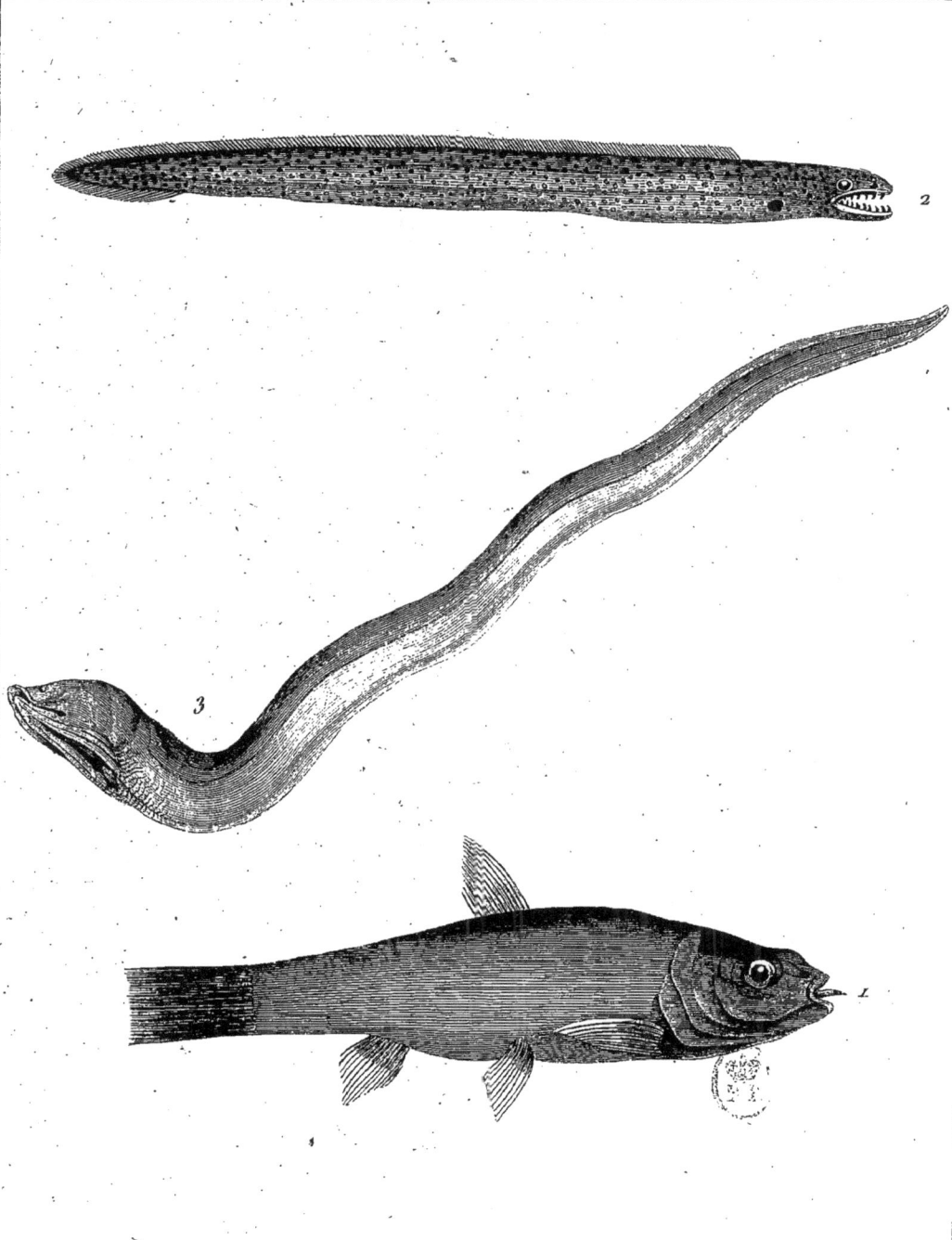

1. CYPRIN Verdâtre. 2. MURÉNOPHIS Haüy. 3. UNIBRANCHAPERTURE Lissé.

LE CYPRIN CAPOET[1],

LE CYPRIN TANCHOR[2],

LE CYPRIN VONCONDRE[3], ET LE CYPRIN VERDATRE[4].

LE capoet habite dans la mer Caspienne; il remonte dans les fleuves qui se jettent dans cette mer : mais ce qui est remarquable, c'est qu'il passe la belle saison dans cette mer intérieure, et qu'il ne va dans l'eau douce que pendant l'hiver. Sa longueur est de trois ou quatre décimètres. Il a les écailles arrondies, minces,

[1] Cyprinus capœta.
Id. *Linné, édition de Gmelin.*
Cyprin capoet. *Bonnaterre, planches de l'Encyclopédie méthodique.*
Guldenst. Nov. Comment. Petropolit. 17, p. 507, *tab.* 18, *fig.* 1, 2.

[2] Cyprinus tincauratus.
Dorée d'étang. *Bloch, pl.* 15.
Cyprinus tinca, var. B. tinca aurea, etc. *Linné, édition de Gmelin.*
Cyprin tanche-dorée. *Bonnaterre, planches de l'Encyclopédie méthodique.*

[3] Cyprinus vonconder.
Wonkondey, *en langue tamulique.*
Cyprinus cirrosus, voncondre. *Bloch.*

[4] Cyprinus viridescens.

striées, argentées, et pointillées de brun, excepté celles du ventre, qui sont blanches ; la tête courte, très-large et lisse ; le sommet de la tête brun et convexe ; le museau avancé ; les opercules unis, bruns et pointillés ; la ligne latérale courbée vers le bas, auprès de son origine ; les nageoires brunes et parsemées de points obscurs ; un appendice auprès de chaque ventrale.

Le cyprin tanchor doit être compté parmi les plus beaux poissons. La dorure éclatante répandue sur sa surface, le noir brillant des points ou des taches que l'on voit sur son corps, sur sa queue et sur ses instrumens de natation, le blanchâtre transparent de ses nageoires, les teintes noires de son front et de la partie antérieure de son dos, font paroître très-vifs et rendent très-agréables le rose des lèvres et du nez, celui qui colore ses rayons d'ailleurs très-agiles, et le rouge qui, distribué en petites gouttes plus ou moins rapprochées, marque le cours de sa ligne latérale. Il a cette même ligne latérale large et droite ; et sa tête est petite.

Ce cyprin, qui peut faire l'ornement des canaux et des pièces d'eau, habite les étangs de la haute Silésie, d'où il a été transporté avec succès dans les eaux de Schœnhausen en Brandebourg, par les soins de la reine de Prusse femme du grand Frédéric. Il résiste à beaucoup d'accidens. Il ne croît que lentement ; mais il parvient à une longueur de près d'un mètre. On peut le nourrir avec des débris de végétaux, des vers, du pain, des pois, des fèves cuites. On a cru remar-

quer qu'il étoit moins sensible que les carpes au son
de la cloche dont on se sert dans plusieurs viviers pour
avertir ces derniers poissons qu'on leur apporte leur
nourriture ordinaire.

Le voncondre vit dans les lacs et dans les rivières
de la côte du Malabar. Il parvient à la longueur d'un
demi-mètre. On ne doit pas oublier la compression de
son corps; la surface unie de sa tête, de sa langue, de
son palais; le peu de largeur des os de ses lèvres; la
direction droite de sa ligne latérale ; le violet argenté
de sa couleur générale ; le bleu de ses nageoires.

Le verdâtre, dont la description n'a pas encore été
publiée, et dont le citoyen Noël a bien voulu nous
envoyer un dessin accompagné d'une note relative à
cet abdominal, montre un barbillon blanc, court et
délié à chacun des angles de ses mâchoires. Ses couleurs
sont très-chatoyantes. Un individu de cette espèce a
été pêché, vers la fin de germinal, à la source d'un petit
ruisseau, auprès de Rouen *.

* 19 rayons à chaque pectorale du cyprin capoet.
  19   à la nageoire de la queue.

  16 rayons à chaque pectorale du cyprin tanchor.
  19   à la caudale.

  17 rayons à chaque pectorale du cyprin voncondre.
  28   à la nageoire de la queue.

LE CYPRIN ANNE-CAROLINE [1].

Voici le troisième hommage que mon cœur rend dans cette Histoire aux vertus, à l'esprit supérieur, aux charmes, aux talens d'une épouse adorée et si digne de l'être. Ah! lorsque naguère j'exprimois dans cet ouvrage mes sentimens immortels pour elle, je pouvois encore et la voir, et lui parler, et l'entendre. C'étoit auprès d'elle que j'écrivois cet éloge si mérité, que j'étois obligé de cacher avec tant de soin à sa modestie. L'espérance me soutenoit encore au milieu des peines cruelles que ses douleurs horribles me faisoient souffrir, et de la tendre admiration que m'inspiroit cette patience si douce qu'une année de tourmens n'a pu altérer.

Aujourd'hui, j'écris seul, livré à la douleur profonde, condamné au désespoir, par la mort de celle qui m'aimoit. Ah! pour trouver quelque soulagement dans le malheur affreux qui ne cessera de m'accabler que lorsque je reposerai dans la tombe de ma bienaimée [2], que n'ai-je le style de mes maîtres, pour gra-

---

[1] Cyprinus anna-carolina.

[2] Sa dépouille mortelle attend la mienne dans le cimetière de Leuville, village du département de Seine et Oise, où elle étoit née, où j'ai passé

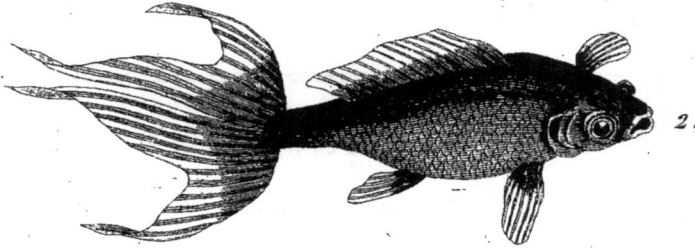

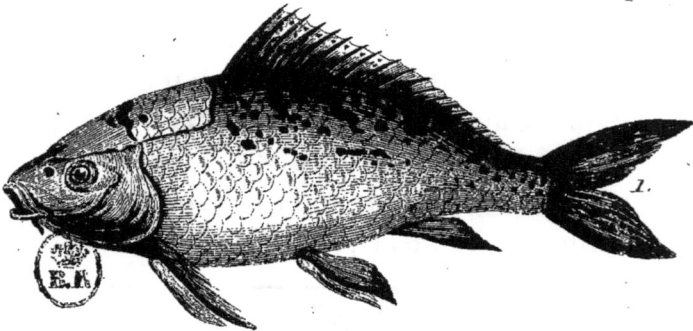

1. *CYPRIN Anne-caroline.* 2. *CYPRIN Gros-y eux.* 3. *CYPRIN Quatre-lobes.*

ver sur un monument plus durable que le bronze l'expression de mon amour et de mes regrets éternels!

Du moins, les amis de la Nature, qui parcourront cette Histoire, ne verront pas cette page arrosée de mes larmes amères, sans penser avec attendrissement à ma Caroline, si bonne, si parfaite, si aimable, enlevée si jeune à son époux désolé.

Le cyprin que nous consacrons à sa mémoire, et dont la description n'a pas encore été publiée, est un des poissons les plus beaux et les plus utiles.

A l'éclat de l'or et de l'argent qui brillent sur son corps et sur sa queue, se réunit celui de ses nageoires, qui sont d'un jaune doré.

Au milieu de l'or qui resplendit sur le derrière de la tête et sur la partie antérieure du dos, on voit une tache verdâtre placée sur la nuque, et trois taches d'un beau noir, la première ovale, la seconde alongée et sinueuse, et la troisième ronde, situées de chaque côté du poisson.

Des taches très-inégales, irrégulières, noires et distribuées sans ordre, relèvent avec grace les nuances verdâtres qui règnent sur le dos.

Chaque commissure des lèvres présente un barbillon; l'ouverture de la bouche est petite; un grand ori-

---

auprès d'elle tant de momens heureux; où elle a voulu reposer au milieu de ses proches, et où les larmes de tous les habitans prouvent, plus que tous les éloges, sa bienfaisance et sa bonté. Bénis soient ceux qui me déposeront auprès d'elle dans son dernier asyle!

fice répond à chaque narine ; les écailles sont striées et arrondies ; les pectorales étroites et longues ; les rayons de chaque ventrale alongés, ainsi que ceux de l'anale, qui est à une égale distance des ventrales et de la nageoire de la queue.

On trouvera une image de ce cyprin dans la collection des peintures sur vélin du Muséum national d'histoire naturelle.

Sa chair fournit une nourriture abondante et très-agréable.

LE CYPRIN MORDORÉ [1],

ET

LE CYPRIN VERD-VIOLET [2].

CE$ deux poissons sont encore inconnus des natura-
listes. Ils habitent dans les eaux de la Chine. On peut
en voir la figure et les couleurs dans les belles peintures chinoises que nous avons souvent citées, et qui
sont déposées au Muséum national d'histoire naturelle.

La parure du mordoré paroît d'autant plus riche,
que ses teintes dorées se marient avec des reflets rougeâtres, distribués sur sa partie inférieure. Indépendamment de la bosse que l'on voit sur la nuque, trois
petites élévations convexes sont placées l'une au-devant
de l'autre, sur la partie supérieure de la tête. Chaque
opercule est composé de trois pièces. Les pectorales et
les ventrales sont de la même grandeur et de la même
forme. L'anale est plus petite que chacune de ces nageoires, triangulaire, et composée de rayons articulés, excepté le premier, qui est fort et légèrement dentelé. La ligne latérale est courbée vers le bas.

---

[1] Cyprinus nigro-auratus.
[2] Cyprinus viridi-violaceus.

Le verd-violet a ses opercules anguleux par-derrière, et composés chacun de deux pièces. L'ouverture de la bouche est petite. Les pectorales, les ventrales et l'anale sont presque ovales : mais les premières sont plus grandes que les secondes, et les secondes plus grandes que la nageoire de l'anus. La ligne latérale est presque droite. Les écailles sont en losange.

LE CYPRIN HAMBURGE [1],

LE CYPRIN CÉPHALE [2],

LE CYPRIN SOYEUX [3], et LE CYPRIN ZÉELT [4].

LE museau de l'hamburge est arrondi ; sa tête paroît d'autant plus petite, que son corps a une très-grande

[1] Cyprinus carassius.
Carassin.
Garcis, *dans plusieurs contrées de l'Allemagne méridionale.*
Zobelpleinzl, *en Autriche.*
Braxen, *ibid.*
Coras, *en Hongrie.*
Karausse, *en Silésie.*
Karsche, *dans la basse Silésie.*
Karausche, *en Saxe.*
Karutz, *en Westphalie.*
Ruda, *en Suède.*
Carussa, *ibid.*
Karudse, *en Danemarck.*
Hamburger, *en Hollande.*
Sternkarper, *ibid.*
Crucian, *en Angleterre.*
Cyprinus carassius. *Linné, édition de Gmelin.*
Cyprin hamburge. *Daubenton et Haüy, Encyclopédie méthodique.*
Id. *Bonnaterre, planches de l'Encyclopédie méthodique.*
Faun. Suecic. 364.
Müll. Prodrom. Zoolog. Danic. p. 50 , *n.* 429.

hauteur, que ce poisson est très-épais, et que son dos se recourbe en arc de cercle. Sa partie supérieure est d'un brun foncé, qui se change en olivâtre sur la tête. Ses côtés sont verdâtres vers le haut, et jaunâtres vers

Cyprinus-pinnâ dorsi ossiculorum viginti, lineâ laterali rectâ. *Artedi*, *gen.* 4, *spec.* 29, *syn.* 5.

Charax, karass, *et* carassius simpliciter dictus, *et* carassi tertium genus. *Gesner, p.* 222, (*germ.*) 166 *b, et paralip.* 16, 17 *et* 1275.

Cyprinus latus, aliàs gorais, etc. *Willughby, p.* 249, *tab.* Q. 6, *fig.* 1. Id. *Raj. p.* 116.

Cyprinus latus alius. *Aldrovand. lib.* 5, *cap.* 43, *p.* 644.

Id. *Jonston, lib.* 3, *tit.* 3, *cap.* 9, *p.* 165, *tab.* 27, *fig.* 12.

Kramer, El. p. 392, *n.* 7.

Gronov. Mus. 1, *num.* 11, *Zooph. n.* 343.

Cyprinus hamburger. *Act. Upsal.* 1741, *p.* 75, *n.* 55.

Bloch, pl. 11.

Lesk. Spec. p. 78, *n.* 17.

Klein, Miss. pisc. 5, *p.* 59, *n.* 4, *tab.* 11, *fig.* 1.

Carassius. *Marsigl. Danub.* 4, *p.* 45, *tab.* 14.

Rud. Brit. Zoolog. 3, *p.* 310.

² Cyprinus cephalus.

Id. *Linné, édition de Gmelin.*

Mus. Ad. Frider. p. 77, *tab.* 30.

Cyprin cylindrique. *Daubenton et Haüy, Encyclopédie méthodique.*

Id. *Bonnaterre, planches de l'Encyclopédie méthodique.*

Cyprinus oblongus macrolepidotus, pinnâ ani ossiculis undecim. *Artedi, gen.* 5, *syn.* 7.

Gronov. Mus. 1, *n.* 12, 2, *p.* 3.

³ Cyprinus sericeus.

Id. *Linné, édition de Gmelin.*

Cyprin soyeux. *Bonnaterre, planches de l'Encyclopédie méthodique.*

Pallas, It. 3, *p.* 704, *n.* 41.

⁴ Cyprinus zeelt.

le bas. Son ventre est d'un blanc mêlé de rouge. Ses pectorales sont violettes ; des nuances jaunâtres et une bordure grise distinguent les autres nageoires.

L'hamburge se plaît dans les eaux dont le fond est de glaise ou marneux ; il aime les lacs et les étangs. Il ne contracte pas facilement de mauvais goût dans les eaux fangeuses : il vit dans celles qui sont dormantes et qui n'occupent qu'un petit espace. Lorsque l'hiver règne, il peut même être conservé assez long-temps hors de l'eau sans périr ; et dans cette saison froide, on le transporte en vie à d'assez grandes distances en le plaçant dans de la neige, et en l'entourant de feuilles de chou, de laitue, ou d'autres végétaux analogues à ces dernières plantes.

Il se nourrit, comme les carpes, de vers, de végétaux, de débris de substances organisées, qu'il ramasse dans la vase. On l'engraisse avec des fèves cuites, des pois, du pain de chènevis, du fumier de brebis. Il croît lentement. Son poids n'excède guère un demi-kilogramme ; mais sa chair est blanche, tendre, saine, et peut devenir très-délicate.

C'est ordinairement à l'âge de deux ans qu'il commence à frayer. On le prend avec des nasses, au filet et à l'hameçon. Son canal intestinal présente cinq sinuosités. Quinze côtes sont placées de chaque côté de son épine dorsale, qui renferme trente vertèbres. Ses œufs sont jaunâtres, et à peu près de la grosseur des graines de pavot.

Le Danube, le Rhin et d'autres fleuves nourrissent le céphale, dont la ligne latérale est située très-bas : ses écailles sont d'ailleurs grandes et arrondies ; sa caudale est ovale. Des teintes bleuâtres paroissent sur son dos ; son ventre et ses côtés, argentés pendant sa jeunesse, sont ensuite d'un jaune doré, parsemé de points bruns. Sa longueur est de trois ou quatre décimètres.

Le soyeux, qui habite les eaux dormantes de la Daurie, n'a le plus souvent que cinq ou six centimètres de longueur. Il est très-brillant d'argent, de violet et d'azur ; une couleur de rose pâle paroît sur son abdomen ; sa caudale est d'un brun rougeâtre ; l'extrémité de ses ventrales et de sa nageoire de l'anus montre une nuance plus ou moins noire.

Le zéelt, que les naturalistes ne connoissent pas encore, et dont nous avons vu un individu parmi les poissons desséchés donnés par la Hollande à la France, a les écailles petites, et les pectorales arrondies, ainsi que les ventrales *.

---

* 13 rayons à chaque pectorale du cyprin hamburge.
  21   à la nageoire de la queue.
  16 rayons à chaque pectorale du cyprin céphale.
  17   à la caudale.
  16 rayons à chaque pectorale du cyprin zéelt.
  23   à la nageoire de la queue.

LE CYPRIN DORÉ [1],

LE CYPRIN ARGENTÉ [2],

LE CYPRIN TÉLESCOPE [3], LE CYPRIN GROS-YEUX [4], ET LE CYPRIN QUATRE-LOBES [5].

LA beauté du cyprin doré inspire une sorte d'admiration ; la rapidité de ses mouvemens charme les regards.

[1] Cyprinus auratus.
Dorade de la Chine.
Poisson d'or.
Doré de la Chine.
Silberfisch, *en Allemagne, quand il est jeune.*
Goldkarpfen, *ibid.*
Goldfisch, *en Suède.*
Id. *en Hollande.*
Goldfish, *en Angleterre.*
Kingjo, *à la Chine.*
Kin-ju, *au Japon.*
Cyprinus auratus. *Linné, édition de Gmelin.*
Cyprin doré de la Chine. *Daubenton et Haüy, Encyclopédie méthodique.*
Id. *Bonnaterre, planches de l'Encyclopédie méthodique.*
Bloch, pl. 93 *et* pl. 94, *fig.* 1, 2 *et* 3.
Dorade de la Chine, etc. *Valmont-Bomare, Dictionnaire d'histoire naturelle.*
Faun. Suecic. 2, *p.* 125, *t.* 2.
Act. Stockh. 1740, *p.* 403, *tab.* 1, *fig.* 1-8.

Mais élevons notre pensée : nous avons sous les yeux
un des plus grands triomphes de l'art sur la Nature.
L'empire que l'industrie européenne est parvenue à
exercer sur des animaux utiles et affectionnés, sur ces
compagnons courageux, infatigables et fidèles, qui
n'abandonnent l'homme ni dans ses courses, ni dans
ses travaux, ni dans ses dangers, sur le chien si sensible et le cheval si généreux, l'industrie chinoise l'a
obtenu sur le *doré,* cette espèce plus garantie cependant de son influence par le fluide dans lequel elle est
plongée, plus indépendante par son instinct, et plus
rebelle à ses soins, comme plus sourde à sa voix : mais
la constance et le temps ont vaincu toutes les résistances.

Piscis aureus. *Baster, Act. Haarl.* 7, *p.* 215, *tab.* 2, 4, 6.
Gronov. Mus. 1, *p.* 3, *n.* 15; *et Mus.* 2, *n.* 150.
Kingio. *Kœmpfer, Japan.* 1, *p.* 155.
Brit. Zoology, 3, *p.* 319, *n.* 12.
Edwards, Av, tab. 209.
Petiv. Gazoph. tab. 78, *fig.* 7.

¹ Cyprinus argenteus.
Koelreuter, Comment. Acad. Petropol. vol. 9, *p.* 420.
Cyprin argenté. *Bonnaterre, planches de l'Encyclopédie méthodique.*

³ Cyprinus telescopus.
Glotzauge, *par les Allemands.*
Long-tsing-ya, *par les Chinois.*
Télescope, cyprinus macrophthalmus. *Bloch, pl.* 410.

⁴ Cyprinus macrophthalmus.

⁵ Cyprinus quadrilobatus.

Le besoin d'embellir et de vivifier les eaux de leurs jardins, de leurs retraites, d'un séjour consacré aux objets qui leur étoient le plus chers, a inspiré aux Chinois les tentatives, les précautions et les ressources qui pouvoient le plus assurer leur succès; et comme depuis bien des siècles ils imitent avec respect les procédés qui ont réussi à leurs pères, c'est toujours par les mêmes moyens qu'ils ont agi sur l'espèce du doré; ils l'ont attaquée, pour ainsi dire, par les mêmes faces; ils ont pesé sur les mêmes points; les empreintes ont été de plus en plus creusées de génération en génération; les changemens sont devenus profonds, et les altérations ont trop pénétré dans la masse, pour n'être pas durables.

Ils l'ont modifiée à un tel degré, que les organes mêmes de la natation du doré n'ont pu résister aux effets d'une attention sans cesse renouvelée. Dans plusieurs individus, la surface des nageoires a été augmentée; dans d'autres, diminuée: dans ceux-ci, la dorsale a été réduite à un très-petit nombre de rayons, ou remplacée par une sorte de bosse et d'excroissance double ou simple, ou retranchée entièrement, sans laisser de trace de son existence perdue; dans ceux-là, les ventrales ont disparu; dans quelques uns, l'anale a été doublée, et la caudale, doublement échancrée, a montré un croissant double, ou trois pointes au lieu de deux; et si l'on réunit à ces signes de la puissance de l'homme toutes les différences que ce pouvoir de l'art a introduites dans les proportions des organes du doré, ainsi que toutes les nuances que ce même art a mêlées aux couleurs naturelles de ce cyprin, et sur-tout si l'on pense à toutes les combinaisons qui peuvent résulter des divers mélanges de ces modifications plus ou moins importantes, on ne sera pas étonné du nombre prodigieux de métamorphoses que le cyprin doré présente dans les eaux de la Chine ou dans celles de l'Europe. On peut voir les principales de ces dégradations, ou, si on l'aime mieux, de ces améliorations, représentées d'une manière très-intéressante dans un ouvrage publié il y a plusieurs années par MM. Martinet et Sauvigny, et exécuté avec autant d'habileté que de soin d'après des dessins coloriés envoyés de la Chine au ministre d'état Bertin. En examinant avec attention ce recueil précieux, on seroit tenté de compter près de cent variétés, plus ou moins remarquables, produites par la main de l'homme dans l'espèce du cyprin ; et c'est ce titre assez rare de prééminence et de domination sur les productions de la Nature, que nous avons cru devoir faire observer *.

Le désir d'orner sa demeure a produit le perfectionnement des cyprins dorés; la nouvelle parure, les nouvelles formes, les nouveaux mouvemens que leur a donnés l'éducation, ont rendu leur domesticité plus

---

* Voyez le Discours intitulé, *Des effets de l'art de l'homme sur la nature des poissons.*

nécessaire encore aux Chinois. Les dames de la Chine,
plus sédentaires que celles des autres contrées, plus
obligées de multiplier autour d'elles tout ce qui peut
distraire l'esprit, amuser le cœur, et charmer des loisirs
trop prolongés, se sont sur-tout entourées de ces cyprins
si décorés par la Nature, si favorisés par l'art, images
de leur beauté admirée, mais captive, et dont les évolutions, les jeux et les amours, peuvent remplacer
dans des ames mélancoliques la peine de l'inaction,
l'ennui du désœuvrement, et le tourment de vains
desirs, par des sensations légères mais douces, des
idées fugitives mais agréables, des jouissances foibles
mais consolantes et pures. Non seulement elles en
peuplent leurs étangs; mais elles en remplissent leurs
bassins, et elles en élèvent dans des vases de porce-
laine ou de crystal, au milieu de leurs asyles les plus
secrets.

Les *dorés* sont particulièrement originaires d'un lac
peu éloigné de la haute montagne que les Chinois
nomment *Tsienking*, et qui s'élève dans la province de
The-kiang, auprès de la ville de *Tchanghou*, vers le trentième degré de latitude. Leur véritable patrie appartient donc à un climat assez chaud. Mais on les a accoutumés facilement à une température moins douce
que celle de leur premier séjour : on les a transportés
dans les autres provinces de la Chine, au Japon, en
France, en Allemagne, en Hollande, dans presque
toute l'Europe, dans les autres parties du globe; et,

suivant Bloch, l'Angleterre en a nourri dès 1611 sous
le règne de Jacques premier.

Le même savant rapporte que M. Oelrichs, bourgue-
maître de Brême, avoit élevé avec succès un assez
grand nombre de cyprins dorés dans un bassin de
douze mètres de long, qu'il avoit fait creuser exprès.

Lorsqu'on introduit ainsi de ces poissons dans un
vivier ou dans un étang où l'on desire de les voir multiplier, il faut, si cette pièce d'eau ne présente ni
bords unis, ni fonds tapissés d'herbes, y placer, dans le
temps du frai, des branches et des rameaux verds.

Cette même pièce d'eau renferme-t-elle du terreau
ou de la terre grasse? les cyprins dorés trouvent dans
cet humus un aliment suffisant. Le fond du bassin
est-il sablonneux? on donne aux dorés, du fumier, du
pain de froment, et du pain de chènevis. S'il est vrai,
comme on l'a écrit, que les Chinois ne jettent pendant l'hiver aucune nourriture aux dorés qu'ils conservent dans leurs jardins, ce ne doit être que dans
les provinces de la Chine où cette saison est assez
froide pour que ces cyprins y soient soumis au moins
à un commencement de torpeur. Mais, quoi qu'il en
soit, il faut procurer à ces poissons un abri de feuil-
lage dont l'ombre, s'étendant jusqu'à leur habitation,
puisse les garantir de l'ardeur du soleil, ou des effets
d'une vive lumière, lorsque cette chaleur trop forte ou
cette clarté trop grande pourroient les incommoder ou
blesser leurs yeux.

Préfère-t-on de rapprocher de soi ces abdominaux
dont la parure est si superbe, et de les garder dans
des vases? on les nourrit avec des fragmens de petites
oublies, de la mie de pain blanc bien fine, des jaunes
d'œufs durcis et réduits en poudre, de la chair de
porc hachée, des mouches, ou de petits limaçons bien
onctueux. Pendant l'été, il faut renouveler l'eau de
leur vase, tous les trois jours, et même plus souvent,
si la chaleur est vive et étouffante : mais pendant l'hiver, il suffit de changer l'eau dans laquelle ils nagent,
tous les huit ou tous les quinze jours. L'ouverture du
vase doit être telle qu'elle suffise à la sortie des gaz
qui doivent s'exhaler, et cependant que les cyprins ne
puissent pas s'élancer facilement par-dessus les bords
de cet orifice.

Les dorés fraient dans le printemps, ont une grande
abondance d'œufs ou de laite, multiplient beaucoup, et
peuvent vivre quelque temps hors de l'eau. Leur instinct
est un peu supérieur à celui de plusieurs autres poissons.
L'organe de l'ouïe est en effet plus sensible dans ces
abdominaux, que dans beaucoup d'osseux et de cartilagineux : ils distinguent aisément le son particulier
qui leur annonce l'arrivée de la nourriture qu'on leur
donne. Les Chinois les accoutument à ce son par le
moyen d'un sifflet ; et ces cyprins reconnoissent souvent l'approche de ceux qui leur apportent leur nourriture, par le bruit de leur démarche. Cette supériorité d'organisation et d'instinct doit les avoir rendus

un peu plus susceptibles des impressions que l'art leur a fait éprouver.

Les couleurs brillantes dont les dorés sont peints, ne sont pas toujours effacées en entier par la mort de l'animal : mais si alors on met ces poissons dans de l'alcool, ces riches et vives nuances disparoissent bientôt. Ces teintes dépendent, en très-grande partie, de la matière visqueuse dont les tégumens des cyprins dorés sont enduits, et qui, emportée par l'alcool, colore cette dernière substance, ainsi que Bloch l'a observé.

Au reste, pendant que ces abdominaux jouissent de toutes leurs facultés, ils ont ordinairement l'iris jaune; le dessus de la tête rouge; les joues dorées; le dos parsemé de diverses taches noires; les côtés d'un rouge mêlé d'orangé; le ventre varié d'argent et de couleur de rose; toutes les nageoires d'un rouge de carmin.

Ces couleurs cependant n'appartiennent pas à tous les âges du doré. Communément il est noir pendant les premières années de sa vie : des points argentins annoncent ensuite la magnifique parure à laquelle il est destiné; ces points s'étendent, se touchent, couvrent toute la surface de l'animal, et sont enfin remplacés par un rouge éclatant, auquel se mêlent, à mesure que ce cyprin avance en âge, tous les tons admirables qui doivent l'embellir.

Quelquefois la robe argentine ne précède pas la couleur rouge; cette dernière nuance revêt même certains individus dès leurs premières années : d'autres individus perdent, en vieillissant, cette livrée si belle; leurs teintes s'affoiblissent; leurs taches pâlissent; leur rouge et leur or se changent en argent, ou se fondent dans une couleur blanche, sans beaucoup d'éclat.

Lorsque le doré vit dans un étang spacieux, il parvient à la longueur de trois ou quatre décimètres. Son canal intestinal présente trois sinuosités ; la laite et l'ovaire sont doubles ; la vessie natatoire est divisée en deux parties, dont une est plus étroite que l'autre.

Le cyprin argenté est quelquefois long de sept décimètres. Sa caudale paroît souvent divisée en trois lobes ; ce qui semble prouver que son espèce a été altérée par une sorte de domesticité. Sa tête est plus alongée que celle du doré.

On trouve dans les eaux douces de la Chine le télescope, dont la tête est courte et grosse, et l'orifice de la bouche petit *.

---

* 16 rayons à chaque pectorale du cyprin doré.
27   à la nageoire de la queue.

15 rayons à chaque pectorale du cyprin argenté.
36   à la caudale.

10 rayons à chaque pectorale du cyprin télescope.
22   à la nageoire de la queue.

6 ou 7 rayons à chaque pectorale du cyprin gros-yeux.
16 ou 17 rayons à la caudale.

6 ou 7 rayons à chaque pectorale du cyprin quatre lobes.
27 ou 28 rayons à la nageoire de la queue.

Les peintures chinoises, que nous citons si fréquemment, offrent l'image du *cyprin gros-yeux* et du *cyprin
quatre-lobes*, qui, l'un et l'autre, sont encore inconnus
des naturalistes. La beauté de leurs formes, la transparence de leurs nageoires, et la vivacité de leur couleur blanche et rouge, les rendent aussi propres que le
doré à répandre le charme d'un mouvement très-animé,
réuni aux nuances les plus attrayantes, au milieu des
jardins fortunés et des retraites tranquilles.

LE CYPRIN ORPHE [1],

LE CYPRIN ROYAL [2],

LE CYPRIN CAUCUS [3], LE CYPRIN MALCHUS [4], LE CYPRIN JULE [5], LE CYPRIN GIBÈLE [6], LE CYPRIN GOLEIAN [7], LE CYPRIN LABÉO [8], LE CYPRIN LEPTOCÉPHALE [9], LE CYPRIN CHALCOIDE [10], ET LE CYPRIN CLUPÉOIDE [11].

QUELLE est la patrie de ces onze poissons?
L'orphe vit dans l'Allemagne méridionale; le cyprin

[1] Cyprinus orfus.
Rotele.
Finscale.
Orff, *en Allemagne.*
Urff, *ibid.*
Œrve, *ibid.*
Œrfling, *ibid.*
Wirfling, *ibid.*
Elft, *ibid.*
Frauen fisch, *ibid.*
Jakeseke, *en Hongrie.*
Jasz, *en Illyrie.*
Golowlja, *en Russie.*
Golobi, *ibid.*
Rudd, *en Angleterre.*

royal, dans la mer qui baigne le Chili; le caucus, le malchus et le jule, habitent les eaux douces de cette

---

Cyprinus orfus. *Linné, édition de Gmelin.*
Cyprin orfe. *Daubenton et Haüy, Encyclopédie méthodique.*
Id. *Bonnaterre, planches de l'Encyclopédie méthodique.*
Bloch, pl. 96.
Cyprinus orfus dictus. *Artedi, Syn. p.* 6, *n.* 8.
Klein, Miss. pisc. 5, *p.* 66, *n.* 4.
Capito fluviatilis subruber. *Gesner, Ic. animal. p.* 298; *et Thierb. p.* 166 *b.*
Orphus Germanorum, etc. *Aldrovand. Pisc. p.* 6o5.
Id. *Jonst. Pisc. p.* 153, *t.* 2, *fig.* 7, *tab.* 26, *fig.* 9.
Frow-fish. *Willughby, Ichthyol. p.* 253, *tab. Q.* 9, *fig.* 1 *et* 2.
Id. *Raj. Pisc.* 118.
Mars. Danub. 4, *p.* 13, *tab.* 5.
Meyer, Thierb. 2, *p.* 3=, *t.* 43.

² Cyprinus regius.
Id. *Linné, édition de Gmelin.*
Cyprin royal. *Bonnaterre, planches de l'Encyclopédie méthodique.*
Molina, Hist. nat. Chil. p. 198, *n.* 4.

³ Cyprinus caucus.
Id. *Linné, édition de Gmelin.*
Molina, Hist. nat. Chil. p. 198, *n.* 5.
Cyprin caucus. *Bonnaterre, planches de l'Encyclopédie méthodique.*

⁴ Cyprinus malchus.
Id. *Linné, édition de Gmelin.*
Molina, Hist. nat. Chil. p. 199, *n.* 6.
Cyprin malchus. *Bonnaterre, planches de l'Encyclopédie méthodique.*

⁵ Cyprinus julus.
Id. *Linné, édition de Gmelin.*
Cyprin jule. *Bonnaterre, planches de l'Encyclopédie méthodique.*
Molina, Hist. nat. Chil. p. 199, *n.* 7.

partie de l'Amérique; on trouve le cyprin gibèle dans
la Germanie, et dans plusieurs autres contrées de l'Eu-

---

[6] Cyprinus gibelio.
Gieben, *en Prusse.*
Kleiner karass, *en Silésie.*
Giblichen, *ibid.*
Stein karausch, *en Saxe.*
Cyprinus gibelio. *Linné, édition de Gmelin.*
Cyprin gibèle. *Bonnaterre, planches de l'Encyclopédie méthodique.*
Bloch, pl. 12.
Wulf. Ichthyol. Boruss. p. 5o, *n.* 67.
Carassi primum genus. *Willughby, Ichthyol. p.* 25o.
Klein karas, etc. *Gesner, Thierb. p.* 166, *b.*

[7] Cyprinus goleïan.
Cyprinus rivularis. *Linné, édition de Gmelin.*
Cyprin goleïan. *Bonnaterre, planches de l'Encyclopédie méthodique.*
Pallas, It. 2, *p.* 717, *n.* 36.

[8] Cyprinus labeo.
Id. *Linné, édition de Gmelin.*
Cyprin labe. *Bonnaterre, planches de l'Encyclopédie méthodique.*
Pallas, It. 3, *p.* 7o3, *n.* 39.

[9] Cyprinus leptocephalus.
Id. *Linné, édition de Gmelin.*
Pallas, It. 3, *p.* 7o3, *n.* 40.
Cyprin petite-tête. *Bonnaterre, planches de l'Encyclopédie méthodique.*

[10] Cyprinus chalcoïdes.
Girnaya ziba, *près des bords de la Caspienne.*
Skabria, *auprès du Dniéper.*
Cyprinus chalcoïdes. *Linné, edition de Gmelin.*
Cyprin chalcoïde. *Bonnaterre, planches de l'Encyclopédie méthodique.*
Guldenst. Nov. Comm. Petropolit. 16, *p.* 54o, *tab.* 16.
Cyprinus clupeoïdes. *Pallas, It.* 3, *p.* 7o4, *n.* 41.

[11] Cyprinus clupeoïdes.
Id. *Bloch.*

rope; on pêche le goleïan dans les petits ruisseaux et dans les lacs les plus petits de la chaîne des monts Altaïques; on rencontre le labéo et le leptocéphale dans les fleuves pierreux et rapides de la Daurie, qui roulent leurs flots vers le grand Océan boréal; le chalcoïde se plaît dans la mer Noire, d'où il passe dans le Dniéper; il se plaît aussi dans la Caspienne, d'où il remonte dans le *Terek* et dans le *Cyrus*, lorsque la fin de l'automne ou le commencement de l'hiver amènent pour lui le temps du frai; et c'est auprès de Tranquebar que l'on a observé le clupéoïde.

Quels signes distinctifs peuvent servir à faire reconnoître ces onze cyprins?

Pour l'orphe:

La beauté des couleurs, qui l'a fait rechercher et nourrir dans les fossés de plusieurs villes d'Allemagne, pour les orner et les animer; la petitesse de la tête; le jaune de l'iris; la facilité avec laquelle l'alcool fait disparoître la vivacité de ses nuances; la difficulté avec laquelle il vit hors de l'eau; la couleur blanche et quelquefois rougeâtre de sa chair, et son bon goût, sur-tout pendant le frai, et par conséquent dans le printemps; l'avidité avec laquelle il saisit le pain que l'on jette dans les pièces d'eau qu'il habite; sa fécondité; les vingt-deux côtes que chacun de ses côtés présente; les quarante vertèbres qui composent son épine dorsale.

Pour le royal:

Ses dimensions, à peu près semblables à celles du

hareng; le jaune et la mollesse de ses nageoires; le goût exquis de sa chair.

Pour le caucus :

Sa longueur d'un demi-mètre.

Pour le malchus :

L'infériorité de ses dimensions à celles du caucus.

Pour le jule :

Sa longueur de deux ou trois décimètres.

Pour la gibèle :

La couleur générale, qui est souvent noirâtre, et souvent d'un bleu tirant sur le verd dans la partie supérieure de l'animal, et d'un jaune doré dans la partie inférieure; les points bruns de la ligne latérale; les nuances foncées de la tête; le gris de la caudale; le jaune des autres nageoires; la facilité avec laquelle ce cyprin multiplie; la faculté de frayer, qu'il a dès sa troisième année; son poids, qui est quelquefois d'un ou deux kilogrammes; la difficulté avec laquelle on l'attire vers l'hameçon; la nature de son organisation, qui est telle, qu'on peut le transporter à d'assez grandes distances en l'enveloppant dans des herbes ou des feuilles vertes, qu'il ne meurt pas aisément dans les eaux dormantes, qu'il ne prend un goût de bourbe que difficilement, et que très-peu d'eau liquide lui suffit pour vivre long-temps sous la glace; la double sinuosité de son canal intestinal; ses vingt-sept vertèbres; ses côtes, qui sont au nombre de dix-sept de chaque côté.

Pour le goleïan :

La direction de la ligne latérale qui est presque droite; la petitesse du poisson; les taches de son corps et de sa queue; le brun argenté de sa couleur générale; les nuances pâles de ses nageoires.

Pour le labéo :

Sa réunion en troupes nombreuses; la rapidité avec laquelle il nage; l'excellent goût de sa chair; sa longueur, égale à peu près à celle d'un mètre; sa tête épaisse; son museau arrondi; le brun de la caudale; le rouge des pectorales, des ventrales et de la nageoire de l'anus.

Pour le leptocéphale :

La couleur rouge de toutes les nageoires, excepté celle du dos.

Pour le chalcoïde :

La forme générale, qui ressemble beaucoup à celle du hareng; la longueur, qui est d'un tiers de mètre; les écailles arrondies et striées; le museau pointu; la surface lisse de la langue et du palais; l'osselet aplati et rude du gosier; le verdâtre argenté et pointillé de brun de la partie supérieure de l'animal; le blanc de la partie inférieure; les points noirs du haut de l'iris, et la tache rouge du segment inférieur de cette partie; le brillant des opercules; les points blancs et saillans de la ligne latérale; la blancheur des ventrales et de presque toute la surface des pectorales; la couleur brune des nageoires du dos et de la queue.

Pour le clupéoïde :

Qu'il ne parvient pas ordinairement à de grandes dimensions *.

---

* 11 rayons à chaque pectorale du cyprin orphe.
22   à la nageoire de la queue.

15 rayons à chaque pectorale du cyprin royal.
21   à la caudale.

16 rayons à chaque pectorale du cyprin caucus.
29   à la nageoire de la queue.

14 rayons à chaque pectorale du cyprin malchus.
18   à la caudale.

19 rayons à la nageoire de la queue du cyprin jule.

15 rayons à chaque pectorale du cyprin gibèle.
20   à la caudale.

17 rayons à chaque pectorale du cyprin chalcoïde.
19   à la nageoire de la queue.

11 rayons à chaque pectorale du cyprin clupéoïde.
23   à la caudale.

LE CYPRIN GALIAN[1],

LE CYPRIN NILOTIQUE[2],

LE CYPRIN GONORHYNQUE[3], LE CYPRIN VÉRON[4], LE CYPRIN APHYE[5], LE CYPRIN VAUDOISE[6], LE CYPRIN DOBULE[7], LE CYPRIN ROUGEATRE[8], LE CYPRIN IDE[9], LE CYPRIN BUGGENHAGEN[10], ET LE CYPRIN ROTENGLE[11].

LE galian habite dans les ruisseaux rocailleux des environs de Cathérinopolis en Sibérie. Sa longueur est

---

[1] Cyprinus galian.
Id. *Linné, édition de Gmelin.*
Lepechin, It. 2, *tab.* 9, *fig.* 4, 5; *Nov. Comment. Petropol.* 15, *p.* 491.

[2] Cyprinus niloticus.
Id. *Linné, édition de Gmelin.*
Cyprin roussarde. *Daubenton et Haüy, Encyclopédie méthodique.*
Id. *Bonnaterre, planches de l'Encyclopédie méthodique.*
Mus. Ad. Frider. 2, *p.* 108.
Cyprinus rufescens. *Hasselquist, It.* 393, *n.* 94.

[3] Cyprinus gonorhynchus.
Id. *Linné, édition de Gmelin.*
Cyprin sauteur. *Daubenton et Haüy, Encyclopédie méthodique.*
Id. *Bonnaterre, planches de l'Encyclopédie méthodique.*
Gronov. Zooph. 199, *tab.* 10, *fig.* 2.

d'un décimètre. Il a des taches brunes, sur un fond
olivâtre ; le dessous de son corps est rouge. Ses écailles
sont arrondies et fortement attachées à la peau.

---

⁴ Cyprinus phoxinus.
Vairon.
Sanguinerolla, *en Italie.*
Pardella, *ibid.*
Morella , *aux environs de Rome.*
Olszanca , *en Pologne.*
Erwel, *en Livonie.*
Elritze , *ibid.*
Id. *en Silésie.*
Ellerling , *en basse Saxe.*
Grimpel , *en Westphalie.*
Elbute , *en Danemarck.*
Elwe-ritze , *en Norvége.*
Pinck, *en Angleterre.*
Minow, *ibid.*
Minim , *ibid.*
Cyprinus phoxinus. *Linné , édition de Gmelin.*
Cyprin véron. *Daubenton et Haüy, Encyclopédie méthodique.*
Id. *Bonnaterre, planches de l'Encyclopédie méthodique.*
Bloch, pl. 8, *fig.* 5.
Müller, Prodrom. Zoolog. Dan. p. 5o, *n.* 43o.
Cyprinus tridactylus , varius , oblongus , etc. *Artedi, syn.* 12.
Phoxinus qui vulgò veronus (quasi varius) dicitur, *Bellonii.* — Pisciculus varius (ex phoxinorum genere). *Gesner, p.* 715 *et* 843; (*germ.*) *p.* 158 *b.*
Phoxinus lævis seu varius. *Charleton, p.* 160.
Varius seu phoxinus lævis. *Aldrovand. lib.* 5, *cap.* 10, *p.* 582.
Id. *Jonston, lib.* 3, *tit.* 2, *cap.* 8, *tab.* 28, *fig.* 1, 2 *et* 3.
Id. *Willughby, Ichthyol. p.* 268.
Id. *Raj. p.* 125.
Véron. *Rondelet, seconde partie, des poissons de rivière, chap.* 26.
Brit. Zoolog. 3, *p.* 318, *n.* 11.

Le nom du nilotique annonce qu'il vit dans le Nil. On trouve le gonorhynque auprès du cap de Bonne-Espérance.

---

5 Cyprinus aphya.

Spierling, *en Allemagne.*

Moderliepken, *ibid.*

Pfrille, *en Bavière.*

Mutterloseken, *en Prusse.*

Gallien, *en Sibérie.*

Solsensudg, *en Laponie.*

Loie, *en Norvége.*

Gorloie, *ibid.*

Kime, *ibid.*

Gorkime, *ibid.*

Gorkytte, *ibid.*

Mudd, *en Suède.*

Budd, *ibid.*

Quidd, *en Dalécarlie.*

Iggling, *ibid.*

Gli, *en Gothie.*

Alkutta, *en Dalie.*

Cyprinus aphya. *Linné, édition de Gmelin.*

Cyprin aphye. *Daubenton et Haüy, Encyclopédie méthodique.*

Id. *Bonnaterre, planches de l'Encyclopédie méthodique.*

Bloch. pl. 97.

Faun. Suecic. 374.

Cyprinus minimus. *It. Wgoth.* 232.

Cyprinus biuncialis, iridibus rubris, etc. *Artedi, gen.* 4, *spec.* 30, *syn.* 13.

Müller, Prodrom. Zool. Dan. p. 50, *n.* 431.

6 Cyprinus leuciscus.

Dard.

Sophio.

Saiffe.

Le véron a le dessus de la tête d'un vérd noir ; les
mâchoires bordées de rouge; les opercules jaunes ;

Abugrgmby , *en Arabie.*

Gugrumby , *ibid.*

Budjen , *ibid.*

Zinnfisch , *en Suisse.*

Seele , *pendant son jeune âge , ibid.*

Agonen , *quand il approche de tout son développement , ibid.*

Lagonen , *id. ibid.*

Laugele , *quand il a atteint tout son développement , ibid.*

Lauben , *en Bavière.*

Windlauben , *ibid.*

Weisfisch , *en Allemagne.*

Vittertje , *en Hollande.*

Dace , *en Angleterre.*

Dare , *ibid.*

Cyprinus leuciscus. *Linné, édition de Gmelin.*

Cyprin vaudoise. *Daubenton et Haüy, Encyclopédie méthodique.*

Id. *Bonnaterre, planches de l'Encyclopédie méthodique.*

Bloch , pl. 97.

Cyprinus novem digitorum , etc. *Artedi, syn.* 9.

Leuciscus. *Charleton, p.* 156.

Id. *Jonston, lib.* 3 , *tit.* 1 , *cap.* 7 ; *et tab.* 26 , *fig.* 11.

Id. *Willughby, p.* 260.

Id. *Raj. p.* 121.

Vaudoise. *Rondelet, seconde partie, poissons de rivière, chap.* 14.

Leuisci secunda species ; leuisci fluviatilis secunda species ; leuciscus
Bellonii , qui albicilla vel albicula latinè dici potest. *Gesner,* 26 , 27 ,
icon. animal. p. 290 ; *et (germ.) fol.* 162.

Leuciscus secundus Rondeletii. *Aldrovand. lib.* 5 , *cap.* 22 , *p.* 607.

Leuciscus , *seu* albula. *Bellon. Aquat. p.* 313.

Brit. Zool. 3 , *p.* 312 , *n.* 8.

7. Cyprinus dobula.

Sége , *à Bordeaux.* (Note communiquée par le citoyen Dutrouil , officier de santé , etc.)

l'iris couleur d'or; le dos tout noir, ou d'un bleu clair;
presque toujours des bandelettes transversales bleues;

Brigne bâtarde, *ibid.* (id.)
Schnottfisch, *à Strasbourg.*
Dobel, *en Allemagne.*
Sard-dobel, *ibid.*
Diebel, *ibid.*
Tievel, *ibid.*
Ehrl, *ibid.*
Sand-ehrl, *ibid.*
Weissdobel, *pendant son jeune âge, ibid.*
Rothdobel, *quand son âge est assez avancé pour que ses nageoires soient rouges, ibid.*
Hassel, *en Autriche.*
Hassling, *en Silésie, en Saxe, en Poméranie.*
Weissfisch, *ibid.*
Tabelle, *en Prusse.*
Tabarre, *ibid.*
Dobeler, *dans quelques environs de l'Elbe.*
Mausebeisser, *ibid.*
Dover, *dans le Holstein.*
Hes-sele, *en Danemarck.*
Hesling, *ibid.*
Cyprinus dobula. *Linné, édition de Gmelin.*
Cyprinus grislaginè, *id.*
Cyprin dobule. *Daubenton et Haüy, Encyclopédie méthodique.*
Id. *Bonnaterre, planches de l'Encyclopédie méthodique.*
Cyprin grislagine. *Daubenton et Haüy, Encyclopédie méthodique.*
Id. *Bonnaterre, planches de l'Encyclopédie méthodique.*
Bloch, pl. 5.
Müll. Zoolog. Danic. Prodrom. p. 5o, *n.* 432.
Cyprinus pedalis, gracilis, oblongus, crassiusculus, etc. et cyprinus oblongus, figurâ rutili, etc.. et cyprinus oblongus, iride argenteâ, etc. *Artedi, gen.* 5, *spec.* 12, *syn.* 5 *et* 10.

des raies variées de bleu, de jaune et de noir, ou de rouge, d'azur et d'argent; les nageoires bleuâtres, et

---

Mugilis vel cephali fluviatilis genus minus, *et* capito vel squalus fluviatilis minor. *Gesner, p*, 28, *et germ. fol.* 179 *a.*

Capito fluviatilis, sive squalus minor. *Aldrovand. lib.* 5, *cap.* 18, *p.* 603.

Id. *Jonston, lib.* 3, *tit.* 1, *cap.* 6, *a* 2.

Capito minor. *Schonev. p.* 30.

Mugilis vel cephali fluviatilis species minor, *et* grislagine, etc. *Willughby, Ichthyolog. p.* 261 *et* 263.

Id. *Raj. p.* 122 *et* 123.

Lesk. Spec. p. 38, *n.* 6.

Kram. El. p. 394, *n.* 10.

Klein, Miss. pisc. 5, *p.* 66, *n.* 5.

Faun. Suecie. 367.

Act. Ups. 1744, *p.* 35, *tab.* 3.

Gronov. Mus. 2, *n.* 148.

8 Cyprinus rutilus.

Rosse.

Piota, *en Italie.*

Rothflosser, *en Allemagne.*

Rodo, *ibid.*

Rothauge, *en Saxe.*

Rothethe, *ibid.*

Rothfrieder, *à Magdebourg.*

Plotze, *en Prusse.*

Jotz, *en Pologne.*

Gacica, *ibid.*

Radane, *en Livonie.*

Raudi, *ibid.*

Flotwi, *en Russie.*

Ræskalle, *en Norvége.*

Fles-roie, *ibid.*

Rudskalle, *en Danemarck.*

Voorn, *en Hollande.*

marquées d'une tache rouge. Presque toutes les nuances de l'arc-en-ciel ont donc été prodiguées à ce joli poisson,

---

Roach, *en Angleterre.*

Cyprinus rutilus. *Linné, édition de Gmelin.*

Cyprin rousse. *Daubenton et Haüy, Encyclopédie méthodique.*

Id. *Bonnaterre, planches de l'Encyclopédie méthodique.*

Faun. Suecic. 372.

Bloch, pl. 2.

Kœlreuter, Nov. Comm. Petropolit. 15, *p.* 494.

Cyprinus, iride, pinnis ventris ac ani plerumque rubentibus. *Artedi, gen.* 3, *spec.* 10, *syn.* 10.

Rubiculus. *Figul. fig.* 5 a.

Rosse. *Bellon.*

Rutilus *sive* rubellus fluviatilis. *Gesner, p.* 281, *et (germ.) fol.* 167 a.

Id. *Willughby, p.* 262.

Id. *Raj. p.* 122.

Id. *Charlet. p.* 158.

Rutilus Gesneri. *Aldrovand. lib.* 5, *cap.* 32, *p.* 621.

Rutilus fluviatilis Gesneri. *Jonst. lib.* 3, *tit.* 1, *cap.* 14, *p.* 130, *tab.* 26.

Rutilus, rubellio, rubiculus. *Schonev. p.* 63.

Gronov. Mus. 1, *n.* 8; *Zooph. p.* 107, *n.* 338; *Act. Upsal.* 1741, *p.* 74, *n.* 51 *et* 52; *Act. Helvet.* 4, *p.* 268, *n.* 183.

Klein, Miss. pisc. 5, *p.* 67, *n.* 9, *tab.* 18, *fig.* 1.

Brit. Zoolog. 3, *p.* 311, *n.* 7.

9 Cyprinus idus.

Kühling, *en Westphalie.*

Dœbel, *en Poméranie.*

Nerfling, *en Autriche.*

Erfling, *ibid.*

Bradfisch, *ibid.*

Poluwana, *en Tatarie.*

Jass, *en Russie.*

Plotwa, *ibid.*

Id. *en Suède.*

qui réunit d'ailleurs à l'agrément de proportions très-
sveltes toute la grace que peut donner une petite taille.

Tiosckf jæling, *ibid.*
Rod fiærig, *en Norvége.*
End, *en Danemarck.*
Cyprinus idus. *Linné, édition de Gmelin.*
Cyprinus idbarus. *Id.*
Cyprin ide. *Daubenton et Haüy, Encyclopédie méthodique.*
Id. *Bonnaterre, planches de l'Encyclopédie méthodique.*
Cyprin idbare. *Daubenton et Haüy, Encyclopédie méthodique.*
Id. *Bonnaterre, planches de l'Encyclopédie méthodique.*
Bloch, pl. 36.
Faun. Suecic. 362.
Müll. Prodrom. Zool. Danic. p. 51, *n.* 436.
Kramer, El. p. 394, *n.* 11.
S. G. Gmelin, It. 3, *p.* 241.
Cyprinus iride subluteâ, etc. etc. *Artedi, gen.* 5, *spec.* 6, *syn.* 14.
Gronov. Mus. 1, *p.* 3, *n.* 13.

10 Cyprinus Buggenhagii.
Id. *Linné, édition de Gmelin.*
Bloch, pl. 95.
Cyprin de Buggenhagen. *Bonnaterre, planches de l'Encyclopédie mé-
thodique.*

11 Cyprinus erythrophthalmus.
Plotze, *dans l'Allemagne septentrionale.*
Rothauge, *dans l'Allemagne méridionale, etc.*
Szannyu ketzegh, *en Hongrie.*
Ploc, *en Pologne.*
Plotka, *ibid.*
Sart, *en Suède.*
Flah-roie, *en Norvége.*
Skalle, *en Danemarck.*
Rodskallé, *ibid.*
Ruisch, *en Hollande.*

Il se plaît dans plusieurs rivières de France, de Silésie et de Westphalie. Sa chair est blanche, tendre, salubre, de très-bon goût; et on le recherche comme un des poissons les plus délicats du Véser. On le pêche dans toutes les saisons, mais sur-tout vers le commencement de l'été, temps où il pond ou féconde ses œufs. On le prend avec une ligne, ou avec de petits filets dont les mailles sont très-fines. Il ne peut vivre hors de l'eau que pendant très-peu d'instans. Il fraie dès l'âge de quatre ans, et multiplie beaucoup. Il aime quelquefois à se tenir à la surface des eaux pures et

Riet vooren , *ibid.*

Rud , *en Angleterre.*

Finscale , *ibid.*

Cyprinus erythrophthalmus. *Linné , édition de Gmelin.*

Cyprin sarve. *Daubenton et Haüy, Encyclopédie méthodique.*

Id. *Bonnaterre, planches de l'Encyclopédie méthodique.*

Bloch , pl. 1.

Faun. Suecic. 366.

Kram. El. p. 393 , *n.* 9.

Müll. Prodrom. Zoolog. Danic. p. 51 , *n.* 437.

Cyprinus, iride , pinnis omnibus caudâque rubris. *Artedi , gen.* 3 , spec. 9, *syn.* 4.

Willughby, 249 , *tab.* Q , 3 , *fig.* 1.

Erythrophthalmus , etc. *Raj. p.* 116.

Rutilus. *Leske , Spec. p.* 64 , *n.* 14.

Gronov. Zooph. 1 , *p.* 107 , *n.* 340.

Klein , Miss. pisc. 5 , p. 63 , *n.* 5 , *tab.* 13 , *fig.* 2.

Rubellus. *Mars. Danub.* 4 , *p.* 39 , *tab.* 13 , *fig.* 4.

Brit. Zoolog. 3 , *p.* 310 , *n.* 6.

Meyer, Thierb. 2 , *p.* 14 , *t.* 53.

courantes. Les fonds pierreux ou sablonneux sont ceux qui lui conviennent. Il préfère sur-tout les endroits peu fréquentés par les autres poissons.

Le professeur Bonnaterre a vu dans les lacs de Bord et de Saint-Andéol des montagnes d'Aubrac, une variété du véron, à laquelle les habitans de la ci-devant Auvergne donnent le nom de *vernhe*. Les individus qui forment cette variété, ont une longueur de cinq ou six centimètres; la tête comprimée et striée sur le sommet; la mâchoire supérieure un peu plus avancée que celle d'en-bas; le dos grisâtre; des taches bleues, jaunes et verdâtres sur les côtés; la partie inférieure argentée; une tache rouge et ovale à chaque coin de l'ouverture de la bouche, ainsi que sur la base des pectorales et des ventrales *.

Les anciens donnoient le nom d'*aphye* (*aphya*) aux petits poissons qu'ils supposoient nés de l'écume de la mer. Le cyprin qui porte le même nom n'a ordinairement que quatre ou cinq centimètres de longueur. On le trouve sur les rivages de la Baltique, dans les fleuves qui s'y jettent, et dans presque tous les ruisseaux de la Norvége, de la Suède et de la Sibérie. Sa chair est blanche, agréable au goût, facile à digérer. Ses écailles se détachent aisément. Son dos est brunâtre; les côtés sont blanchâtres; le ventre est

---

* Le canal intestinal du cyprin véron présente deux sinuosités; son épine dorsale contient trente-quatre vertèbres; et quatorze, quinze ou seize côtes sont placées de chaque côté de cette épine.

rouge ou blanc; les nageoires sont grises ou verdâtres.

La couleur générale de la vaudoise est argentée; les nageoires sont blanches ou grises; le dos est brunâtre. L'Allemagne méridionale, l'Italie, la France et l'Angleterre, sont la patrie de ce poisson, qui peut parvenir à la longueur de cinq ou six décimètres. Il multiplie d'autant plus, que la rapidité de sa natation le dérobe souvent à la dent de ses ennemis. On le prend avec des filets ou avec des nasses; mais, dans beaucoup de contrées, il est peu recherché à cause du grand nombre de petites arêtes qui traversent ses muscles. Son péritoine est d'une blancheur éclatante, et parsemé de points noirs; la laite est double, ainsi que l'ovaire; les œufs sont blanchâtres et très-petits.

La dobule a le dos verdâtre; le ventre argenté; une série de points jaunes le long de la ligne latérale; toutes les nageoires blanches pendant sa première jeunesse; les pectorales jaunes, la dorsale verdâtre, l'anale et les ventrales rouges, la caudale bleuâtre, quand il est plus âgé; deux sinuosités au canal intestinal; quarante vertèbres, et quinze côtes de chaque côté.

On la pêche dans le Rhin, le Véser, l'Elbe, la Havel, la Sprée, l'Oder. Son poids est quelquefois d'un ou deux kilogrammes. Elle préfère les eaux claires qui coulent sur un fond de marne ou de sable. Elle passe souvent l'hiver dans le fond des grands lacs; mais lorsque le printemps arrive, elle remonte et fraie dans les rivières. On peut voir alors de petites taches noires

sur le corps et sur les nageoires des jeunes mâles. Elle
aime quelquefois à se nourrir de petites sangsues et
de petits limaçons. La grande chaleur lui est contraire :
elle perd promptement la vie lorsqu'on la tire de l'eau.
Sa chair est saine, mais remplie d'arêtes.

Le cyprin rougeâtre pèse près d'un kilogramme. Il
montre des lèvres rouges; un dos d'un noir verdâtre;
des côtés et un ventre argentins ; des écailles larges.
Il a une épine dorsale composée de quarante-quatre
vertèbres; une grande préférence pour les eaux claires,
dont le fond est marneux ou sablonneux.

Bloch rapporte que dans le temps où les marécages
des environs de l'Oder n'avoient pas été desséchés,
on y trouvoit une si grande quantité de cyprins rougeâtres, qu'on les employoit à engraisser les cochons.
Leur chair est blanche et facile à digérer, mais remplie
d'arêtes petites et fourchues. La cuisson donne à ces
animaux une nuance rouge. On les pêche à l'hameçon,
ainsi qu'avec des filets; et on les prendroit avec d'autant plus de facilité, que leurs couleurs brillantes les
font distinguer un peu de loin au milieu des eaux,
s'ils n'étoient pas plus rusés que presque tous les
autres poissons des eaux douces de l'Europe septentrionale. Ils restent cachés dans le fond des lacs ou des
rivières, tant qu'ils entendent sur la rive ou sur l'eau
un bruit qui peut les alarmer.

Lorsqu'ils vont frayer dans ces mêmes rivières ou
dans les fleuves, ils remontent en formant plusieurs

troupes séparées. On a cru observer que la première troupe est composée de mâles, la seconde de femelles, la troisième de mâles. Ils déposent leurs œufs, qui sont verdâtres, sur des branches ou des herbes plus ou moins enfoncées sous l'eau.

Le cyprin idé a le front, la nuque et le dos noirs ; le ventre blanc ; les pectorales jaunâtres ; la dorsale et la caudale grises ; l'anale et les ventrales variées de blanc et de rouge. On le trouve dans presque toute l'Europe, et particulièrement en France, dans l'Allemagne septentrionale, en Danemarck, en Norvége, en Suède et en Russie. Il aime les grands lacs où il trouve de grosses pierres et des eaux limpides. Lorsque le printemps arrive, et qu'il remonte dans les rivières, il cherche les courans les plus rapides, et les rochers nus sur lesquels il se plaît à déposer ses œufs, dont là couleur est jaune, et la grosseur semblable à celle des graines de pavot. Il fraie dès la troisième année de son âge, et parvient à une longueur d'un demi-mètre, et au poids de trois ou quatre kilogrammes. Sa chair est blanche, tendre, et agréable au goût; sa laite est double, ainsi que son ovaire ; sa vessie natatoire grosse et séparée en deux cavités ; son épine dorsale composée de quarante-une vertèbres, et articulée de chaque côté avec quinze côtes.

Mon savant collègue le professeur Faujas de Saint-Fond a trouvé un squeletté d'ide dans la France méridionale, au-dessous de deux cents mètres de lave compacte.

On pêche le cyprin buggenhagen dans la Pène de
la Poméranie suédoise , et dans les lacs qui communiquent avec cette rivière. La chair de ce poisson, dont
on doit la connoissance à M. de Buggenhagen, est
blanche, mais garnie de petites arêtes. Il offre une
longueur de trois ou quatre décimètres. Il ressemble
beaucoup aux brèmes, dont il précède souvent l'arrivée, et dont on l'a appelé le conducteur. Son dos est
noirâtre ; ses côtés et son ventre sont presque toujours
argentés ; des teintes bleues distinguent ses nageoires.
Son anus est situé très-loin de sa gorge *.

La rotengle a communément un tiers de mètre de
longueur. Son dos est verdâtre ; ses côtés sont d'un
blanc tirant sur le jaune ; sa dorsale est d'un verdâtre

---

* 14 rayons à chaque pectorale du cyprin galian.
  19   à la nageoire de la queue.
  24 rayons à la caudale du cyprin nilotique.
  18 rayons à la nageoire de la queue du cyprin gonorhynque.
  17 rayons à chaque pectorale du cyprin véron.
  20   à la caudale.
  20 rayons à la nageoire de la queue du cyprin aphye.
  18 rayons à la caudale du cyprin vaudoise.
  15 rayons à chaque pectorale du cyprin dobule.
  18   à la nageoire de la queue.
  20 rayons à la caudale du cyprin rougeâtre.
  19 rayons à la nageoire de la queue du cyprin ide.
  18 rayons à la caudale du cyprin buggenhagen.
  20 rayons à la nageoire de la queue du cyprin rotengle.

mêlé de rouge; ses pectorales sont d'un rouge brun:
On doit le compter parmi les poissons les plus communs de l'Allemagne septentrionale. Il multiplie d'autant plus que sa ponte dure ordinairement plusieurs
jours, et que par conséquent un grand nombre de ses
œufs doivent échapper aux effets d'un froid soudain,
des inondations extraordinaires, et d'autres accidens
analogues. Les écailles du mâle présentent, pendant le
frai, des excroissances petites, dures et pointues.

On peut le transporter facilement en vie : mais sa
chair renferme beaucoup d'arêtes ; elle est d'ailleurs
blanche, agréable et saine.

On compte seize côtes de chaque côté de l'épine
du dos, qui comprend trente-sept vertèbres.

LE CYPRIN JESSE[1],

LE CYPRIN NASE[2],

LE CYPRIN ASPE[3], LE CYPRIN SPIRLIN[4], LE CYPRIN BOUVIÈRE[5], LE CYPRIN AMÉRICAIN[6], LE CYPRIN ABLE[7], LE CYPRIN VIMBE[8], LE CYPRIN BRÈME[9], LE CYPRIN COUTEAU[10], ET LE CYPRIN FARÈNE[11].

LE jesse a le front large et noirâtre ; le dos et les opercules sont bleus ; les côtés sont jaunes au-dessus

---

[1] Cyprinus jeses.
Vilain.
Meunier.
Chevanne.
Chevesne.
Chevenne.
Testard.
Barbotteau.
Garbottin.
Garbotteau.
Chaboisseau.
Genglin, *en Autriche, quand il ne pèse pas un kilogramme.*
Bratfisch, *ibid. quand il pèse un ou plusieurs kilogrammes.*
Deverekesegi, *en Hongrie.*
Dæbel, *en Saxe, pendant qu'il est encore très-jeune.*
Giebel, *ibid. lorsqu'il est plus âgé.*
Dikkopf, *ibid. idem.*

de la ligne latérale, et d'un bleu argentin au-dessous;
une série de points d'un jaune brun marque cette

Aland, *dans le Brandebourg.*
Hartkopf, *dans la Poméranie.*
Pagenfisch, *ibid.*
Divel, *ibid.*
Gæse, *en Prusse.*
Cyprinus jeses. *Linné, édition de Gmelin.*
Cyprin jesse. *Daubenton et Haüy, Encyclopédie méthodique.*
Id. *Bonnaterre, planches de l'Encyclopédie méthodique.*
Bloch, *pl.* 6.
Cyprinus cubitalis. *Artedi, syn,* 7.
Capito fluvialis cæruleus, et capito fluviatilis ille quem jesem vocant,
etc. *Gesner, Paralip.* p. 9, *ed. Francf.* 1604; *et (germ.)* p. 169.
Capito cæruleus Gesneri. *Aldrovand. lib.* 5, *cap.* 19, *p.* 603.
Id. *Willughby, Icthyol.* p. 256, *tab.* Q. 6, *fig.* 3.
Id. *Raj.* p. 120.
Cyprinus dobula, etc. *Leske, Spec.* p. 34; *n.* 5.
Klein, Miss. pisc. 5, p. 68, *n.* 13.
Munier, *ou* vilain, première espèce de muge. *Rondelet, seconde partie,*
des poissons de rivière, chap. 12.
Marsig. Danub. 4, p. 53, *tab.* 18, *fig.* 1.
Meunier. *Valmont-Bomare, Dictionnaire d'histoire naturelle.*

Cyprinus nasus.
Écrivain.
Ventre noir.
Poisson blanc, *pendant qu'il est jeune.*
Savetta, *en Italie.*
Suetta, *ibid.*
Nasting, *en Autriche.*
Æsling, *en Allemagne.*
Schnæper, *en Poméranie.*
Schwarzbauch, *ibid.*
Schneider fisch, *aux environs de Dantzig.*

même ligne ; le bas des écailles est bordé de bleu, ainsi que la caudale ; les pectorales, les ventrales et l'anale sont d'un violet clair.

Cyprinus nasus. *Linné , édition de Gmelin.*

Cyprin nase. *Daubenton et Haüy, Encyclopédie méthodique.*

Id. *Bonnaterre , planches de l'Encyclopédie méthodique.*

Bloch , pl. 3.

Cyprinus rostro nasiformi prominente, etc. *Artedi , gen.* 5*, syn.* 6.

Nasus, etc. *Gesner,* 620 *, et (germ.) f.* 170 *b.*

Id. *Aldrovand. lib.* 5*, cap.* 26 *, p.* 610.

Id. *Schonev. p.* 52.

Id. *Charleton , p.* 156.

Id. *Jonston, lib.* 3 *, tit.* 1 *, cap.* 9 *, tab.* 26 *, fig.* 15.

Nasus Alberti. *Willughby, p.* 254 *, tab. Q.* 10 *, fig.* 6.

Id. *Raj. p.* 119.

Gronov. Mus. 2 *, n.* 147 ; *Zooph. p.* 105 *, n.* 332 ; *Act. Helvet.* 4 *, p.* 268 *, n.* 184.

Kramer, El. p. 394 *, n.* 12.

Klein , Miss. pisc. 5 *, p.* 66 *, n.* 6 *, tab.* 16 *, fig.* 1.

Nasus. *Marsig. Danub.* 4 *, p.* 9 *, tab.* 3.

Nase. *Meyer, Thierb.* 2 *, p.* 3 *, t.* 11.

³ Cyprinus aspius.

Scheed, *en Autriche.*

Rappe, *en Silésie.*

Raubalet, *en Saxe.*

Aland, *ibid.*

Rapen, *en Prusse.*

Asp, *en Suède.*

Bla-spol, *en Norvége.*

Cyprinus aspius. *Linné, édition de Gmelin.*

Cyprin aspe. *Daubenton et Haüy, Encyclopédie méthodique.*

Id. *Bonnaterre, planches de l'Encyclopédie méthodique.*

Raphe. *Bloch , pl.* 7.

Faun. Suecic. 361.

Le cyprin jesse nage avec force ; il aime à lutter
contre les courans rapides, et cependant il se plaît

Cyprinus magnus crassus argenteus, etc. *et* cyprinus maxillâ inferiore
longiore, cum apice elevato, etc. *Artedi, gen.* 6, *spec.* 14, *syn.* 8 *et* 14.

Rappe, *et* capito fluviatilis rapax, etc. *Gesner, Paral. p.* 9 (*ed. Francf.*),
fol. 169, *b. et* (*germ.*) 170.

Id. Gesneri. *Aldrov. lib.* 5, *cap.* 20, *p.* 604.

Id. *Jonston, lib.* 3, *tit.* 1, *cap.* 6, *a,* 3, *tab.* 26, *fig.* 8.

Id. *Willughby, p.* 256.

Id. *Raj. p.* 120.

Rapax. *Schonev. p.* 30.

Kramer, El. p. 391, *n.* 4.

Leske, Spec. p. 56, *n.* 2.

Klein, Miss. pisc. 5, *p.* 65, *n.* 1.

Marsig. Danub. 4, *p.* 20, *tab.* 7. *fig.* 2.

4 Cyprinus spirlin.

Lauben, *en Bavière.*

Aland bleke, *en Westphalie.*

Cyprinus bipunctatus. *Linné, édition de Gmelin.*

Cyprin spirlin. *Bonnaterre, planches de l'Encyclopédie méthodique.*

Bloch, pl. 8, *fig.* 1.

5 Cyprinus amarus.

Bitterling, *en Allemagne.*

Id. *Linné, édition de Gmelin.*

Cyprin bouvière. *Bonnaterre, planches de l'Encyclopédie méthodique.*

Bloch, pl. 8, *fig.* 3.

6 Cyprinus americanus.

Silverfish, *dans la Caroline.*

Id. *Linné, édition de Gmelin.*

Cyprin azuré. *Daubenton et Haüy, Encyclopédie méthodique.*

Id. *Bonnaterre, planches de l'Encyclopédie méthodique.*

Cyprinus americanus. — Cyprinus pinnâ ani radiis sexdecim, corpore
argenteo, pinnis rufis. *Bosc, notes manuscrites déja citées.*

dans les eaux dont le mouvement est retardé par le
voisinage des moulins. Le frai de ce poisson dure ordi-

---

7 Cyprinus alburnus.
Ablette.
Ovelle.
Borde.
Nesteling, *en Allemagne.*
Zumpal fischlein, *ibid.*
Schneider fischel, *en Autriche.*
Spitzlauben, *ibid.*
Windlauben, *ibid.*
Bülte, *en Saxe.*
Blercke, *ibid.*
Ochelbetze, *ibid.*
Veckeley, *ibid.*
Weidenblatt, *ibid.*
Ockeley, *en Silésie.*
Gusezova, *en Pologne.*
Aukschle, *en Lithuanie.*
Plite, *en Livonie.*
Maile, *ibid.*
Walykalla, *ibid.*
Kalinkan, *en Russie.*
Loja, *en Suède.*
Mort, *en Norvége.*
Skalle, *en Danemarck.*
Luyer, *ibid.*
Blikke, *ibid.*
Witinck, *en Schleswig.*
Witecke, *ibid.*
Mayblecke, *en Westphalie.*
Alphenaar, *en Hollande.*
Bleak, *en Angleterre.*
Cyprinus alburnus. *Linné, édition de Gmelin.*
Cyprin able. *Daubenton et Haüy, Encyclopédie méthodique.*

nairement pendant huit jours, à moins que le retour
du froid ne le force à hâter la fin de cette opération.

Id. *Bonnaterre , planches de l'Encyclopédie méthodique.*
Bloch , pl. 8 , *fig.* 4.
Able. *Valmont-Bomare , Dictionnaire d'histoire naturelle.*
Faun. Suecic. 377.
Kram. El. p. 395 , *n.* 14.
Müll. Prodrom. Zoolog. Danic. p. 51 , *n.* 439.
Cyprinus quincuncialis, etc. *Artedi , gen.* 6 , *spec.* 17 , *syn.* 10.
Alburnus. Auson. Mosell. v. 126.
Id. *Wotton, lib.* 8 . *cap.* 190 , *f.* 169 *b.*
Rondelet , seconde partie , poissons de riviere , chap. 30.
Alburnus Ausonii. Gesner, p. 23 ; *et* (*germ.*) *f.* 159 *a.*
Id. *Aldrovand. lib.* 5 , *cap.* 37 , *p.* 629.
Id. *Jonston, lib.* 3 , *tit.* 3 , *cap.* 4 , *p.* 146 , *tab.* 29 , *fig.* 13.
Id. *Charlet. p.* 161.
Id. *Willughby, p.* 253 , *tab. Q.* 10 , *fig.* 7.
Id. *Raj. p.* 123.
Ablat. *Bellon.*
Albula minor. *Schonev. p.* 11.
Gronov. Mus. 1 , *n.* 10 ; *Zooph. p.* 106 , *n.* 336 ; *Act. Ups.* 1741 , *p.*
75 , *n.* 58.
Leske , Spec. p. 40 , *n.* 7.
Brit. Zoology, 3 , *p.* 315 , *n.* 10.
Klein , Miss. pisc. 5 , *p.* 68 , *n.* 16 , *tab.* 18 , *fig.* 3.

8 Cyprinus vimba.
Zœrthe , *en Allemagne.*
Wengalle , *en Livonie.*
Weingalle , *ibid.*
Sebris , *ibid.*
Taraun , *en Russie.*
Cyprinus vimba. *Linné, édition de Gmelin.*
Cyprin vimbe. *Daubenton et Haüy, Encyclopédie méthodique.*
Id. *Bonnaterre , planches de l'Encyclopédie méthodique.*
Bloch , pl. 4.

Il pèse de quatre à cinq kilogrammes ; mais il croît lentement. Il multiplie beaucoup. Le défaut d'eau ne

Faun. Suecic. 368.

Müll. Prodrom. Zoolog. Dan. p. 51 , *n.* 440.

Cyprinus anadromus, etc. *et* cyprinus rostro nasiformi , etc. *Artedi , gen.* 6, *spec.* 18, *syn.* 8 *et* 14.

Capito anadromus. *Gesn. p.* 11 *et* 1269; *et (germ.) f.* 180 ; *et Paral. p.* 11.

Id. *Aldrovand. lib.* 4, *cap.* 7, *p.* 513.

Id. *Jonston, lib.* 2 , *tit.* 1 , *cap.* 5 , *tab.* 23 ,*fig.* 6.

Id. *Charleton, p.* 151.

Id. *Willughby, p.* 257.

Id. *Raj. p.* 120.

Leske, Spec. p. 44, *n.* 8.

Klein, Miss. pisc. 5 , *p.* 65 , *n.* 3.

Marsig. Danub. 4 , *p.* 17 , *tab.* 6.

, Cyprinus brama.

Braexen, *en Portugal.*

Scarda , *en Italie.*

Scardola , *ibid.*

Bleitzen , *en Allemagne.*

Brassen , *ibid.*

Braden , *ibid.*

Windlauben , *ibid. lorsque ce poisson est encore jeune.*

Pessegi, *en Hongrie.*

Bleye , *en Saxe.*

Brassle , *ibid.*

Schoss-bley , *dans la Marche électorale , lorsque la brème n'a qu'un an ou deux.*

Bley flinnk , *ibid. lorsqu'elle a trois ans.*

Bressmen , *en Prusse.*

Rhein braxen, *à Dantzig.*

Klorzez, *en Pologne.*

Flussbrachsen, *en Livonie.*

Plaudis , *ibid.*

Lattikas , *ibid.*

lui ôte pas très-promptement la vie. Sa chair est grasse, molle, remplie d'arêtes, et devient d'une couleur

---

Letsch, *en Russie.*

Brax, *en Suède.*

Brasem, *en Danemarck.*

Bream, *en Angleterre.*

Cyprinus brama. *Linné, édition de Gmelin.*

Cyprin brême. *Daubenton et Haüy, Encyclopédie méthodique.*

Id. *Bonnaterre, planches de l'Encyclopédie méthodique.*

Bloch, pl. 13.

Faun. Suecic. 360.

Wulff. Ichthyolog. Bor. p. 49, *n.* 66.

Müll. Prodrom. Zoolog. Danic. p. 51, *n.* 441.

Cyprinus pinnis omnibus nigrescentibus, etc. *Artedi, gen.* 6, *spec.* 22, *syn.* 4.

Abramus, etc. *Charleton,* 162.

Brame. *Rondelet, seconde partie, des poissons des lacs, chap.* 6.

Cyprinus latus sive brama. *Gesner, p.* 316, 317; *et (germ.)* 165 *b.*

Id. *Willughby, p.* 248, *tab. Q.* 10, *f.* 4.

Id. *Raj. p.* 116.

Id. *Schonev. p.* 33.

Aldrovand. lib. 5, *cap.* 42, *p.* 641-642.

Jonston, lib. 3, *tit.* 3, *cap.* 8, *p.* 165, *tab.* 29, *fig.* 5.

Gronov. Mus. 1, *n.* 14; *Zooph.* 1, *n.* 345.

Klein, Miss. pisc. 5, *p.* 61, *n.* 1.

Ruysch, Theatr. anim. 1, *p.* 173, *tab.* 29, *fig.* 5.

Marsig. Danub. 4, *p.* 49, *tab.* 16-17.

Brit. Zoolog. 3, *p.* 309, *n.* 5.

Meyer, Thierb. 1, *t.* 72.

10 Cyprinus cultratus.

Sichel, *en Autriche.*

Sæblar, *en Hongrie.*

Ziege, *en Prusse.*

Zicke, *en Poméranie.*

jaune lorsqu'elle est cuite. On le trouve dans les fleuves et dans les rivières de presque toute l'Europe tempérée et septentrionale.

Ses œufs sont jaunes, et de la grosseur d'une graine de pavot. L'épine dorsale est composée de quarante vertèbres. On compte dix-huit côtes de chaque côté.

Le nase a le péritoine noir. Les nageoires sont rougeâtres, excepté la dorsale qui est presque noire, et la caudale dont le lobe inférieur est rougeâtre, pendant qu'une nuance noirâtre règne sur le lobe supérieur. La nuque est noire; le dos noirâtre; et chaque côté

Skerknif, *en Suède.*
Zable, *en Russie.*
Tschecha, *ibid.*
Tschekou, *sur les rives du Wolga.*
Cyprinus cultratus. *Linné, édition de Gmelin.*
Cyprin couteau. *Daubenton et Haüy, Encyclopédie méthodique.*
Id. *Bonnaterre, planches de l'Encyclopédie méthodique.*
Bloch, pl. 37.
It. Scan. 82, *t.* 2.
Faun. Suecic. 370.
Kramer, El. p. 392, *n.* 5.
Wulff. Ichthyolog. Bor. p. 40, *n.* 51.
Klein, Miss. pisc. 5, *p.* 74, *n.* 2 *et* 3, *tab.* 20, *fig.* 3.
Mars. Danub. 4, *p.* 21, *tab.* 8.

" Cyprinus farenus.
Id. *Linné, édition de Gmelin.*
Faren. *Artedi, spec.* 23.
Faun. Suecic. 369.
Cyprin farène. *Daubenton et Haüy, Encyclopédie méthodique.*
Id. *Bonnaterre, planches de l'Encyclopédie méthodique.*

blanc, de même que le ventre. Lorsque ce cyprin pèse un kilogramme, il arrive souvent que ses nageoires offrent une couleur grise.

Il se plaît dans le fond des grands lacs, d'où il remonte dans les rivières, lorsque le printemps, c'est-à-dire, la saison du frai, arrive. Ses œufs sont blanchâtres, et de la grosseur d'un grain de millet. Pendant que cette espèce se débarrasse de sa laite ou de ses œufs, on voit sur les jeunes mâles des taches noires dont le centre est un petit point saillant. Sa chair est molle, fade, et garnie de beaucoup d'arêtes. Son canal intestinal présente plusieurs sinuosités; chaque côté de l'épine dorsale, dix-huit côtes; et cette même épine, quarante-quatre vertèbres. Le nase habite dans la mer Caspienne, ainsi que dans un très-grand nombre de rivières ou fleuves de l'Europe, particulièrement de l'Europe du nord.

On pêche à peu près dans les mêmes eaux l'aspe, dont la nuque est d'un bleu foncé; l'opercule d'un bleu mêlé de jaune et de verd; le dos noirâtre; la partie inférieure blanchâtre; la dorsale grise pendant la jeunesse de l'animal, et ensuite bleue; la caudale également grise et bleue successivement; et l'anale peinte, ainsi que les pectorales et les ventrales, de jaunâtre quand le poisson est peu avancé en âge, et de bleuâtre mêlé de rouge lorsqu'il est plus âgé.

L'aspe parvient souvent au poids de cinq ou six kilogrammes. Ce cyprin peut alors se nourrir de très-

petits poissons, aussi-bien que de vers, de végétaux,
et de débris de corps organisés. Il préfère les rivières
dont le fond est propre, et le courant peu rapide. Il
est rusé, perd aisément la vie, a beaucoup d'arêtes,
une chair molle et grasse, trois sinuosités à son canal
intestinal, dix-huit côtes de chaque côté, et quarante-
quatre vertèbres.

Les eaux douces de l'Allemagne nourrissent le spirlin. Sa dorsale est plus éloignée de la tête que les
ventrales. Cette nageoire est verdâtre, ainsi que celle
de la queue; les autres sont d'une couleur rougeâtre.
Une tache verte paroît sur le haut de l'iris; les joues
montrent des reflets argentins et bleus; le dos est d'un
gris foncé; un brun mêlé de verd règne sur les côtés
au-dessus de la ligne latérale dont le rouge fait res-
sortir la double série de points noirs, qui distingue le
spirlin; et la partie inférieure de ce cyprin est d'un
blanc argenté. A mesure que l'animal vieillit, ou que
ses forces diminuent, on voit s'affoiblir et disparoître
le rouge de la ligne latérale.

Le spirlin ne se plaît que dans les courans rapides,
dont le fond est couvert de sable ou de cailloux. Il
se tient ordinairement très-près de la surface de l'eau,
excepté pendant le temps du frai. Ses œufs sont très-
petits et très-nombreux; sa chair est blanche et de bon
goût; ses côtes sont au nombre de quinze de chaque
côté, et son épine dorsale est composée de trente-trois
vertèbres.

La bouvière est un des plus petits cyprins : aussi est-elle transparente dans presque toutes ses parties. Ses opercules sont jaunâtres; le dos est d'un jaune mêlé de verd; les côtés sont jaunes au-dessus de la ligne latérale, qui est noire ou d'un bleu d'acier; la partie inférieure du poisson est d'un blanc éclatant; la dorsale et la caudale sont verdâtres; une teinte rougeâtre est répandue sur les autres nageoires.

La bouvière habite les eaux pures et courantes de plusieurs contrées de l'Europe, et particulièrement de l'Allemagne. On ne la voit communément dans des lacs que lorsqu'une rivière les traverse. Sa chair est amère; ses œufs sont très-tendres, très-blancs, et très-petits *.

Le savant naturaliste Bosc a vu le cyprin américain dans les eaux douces de la Caroline. Il nous a appris que ce poisson a les deux lèvres presque également avancées; que les orifices des narines sont très-larges; que l'opercule est petit; l'iris jaune; le dos brun; que la partie du ventre comprise entre les ventrales et l'anus est carenée, et que cet abdominal parvient à la longueur de deux ou trois décimètres.

Le cyprin américain se prend facilement à l'hameçon, suivant notre confrère Bosc; et lorsqu'il est très-jeune, on l'emploie comme une excellente amorce pour pêcher les truites. Il sert pendant tout l'été à la

---

* On compte quatorze côtes de chaque côté de l'épine dorsale du cyprin bouvière; et cette même épine renferme trente vertèbres.

nourriture des habitans de la Caroline, quoique sa
chair sente la vase. Il varie beaucoup suivant son âge
et la pureté des eaux dans lesquelles il passe sa vie.
La mer Caspienne est la patrie de l'able, aussi-bien
que les eaux douces de presque toutes les contrées européennes. Ce cyprin a quelquefois deux où trois décimètres de longueur; et sa chair n'est pas désagréable
au goût. Mais ce qui l'a fait principalement rechercher, c'est l'éclat de ses écailles. L'art se sert de ces
écailles blanches et polies, comme de celles des argentines et de quelques autres poissons, pour dédomma-
ger, par des ornemens de bon goût, la beauté que la
fortune a moins favorisée que la Nature, et qui, privée
des objets précieux que la richesse seule peut procurer,
est cependant forcée, par une sorte de convenance im-
périeuse, à montrer l'apparence de ces mêmes objets.
Ces écailles argentées donnent aux perles factices le
brillant de celles de l'Orient. On enlève avec soin ces
écailles brillantes; on les met dans un bassin d'eau
claire; on les frotte les unes contre les autres; on répète
cette opération dans différentes eaux, jusqu'à ce que les
lames écailleuses ne laissent plus échapper de substance colorée; la matière argentée se précipite au fond
du vase dont on verse avec précaution l'eau surabon-
dante : ce dépôt éclatant est une liqueur argentine,
qu'on nomme *essence orientale*. On mêle cette essence
avec de la colle de poisson; on en introduit, à l'aide
d'un chalumeau, dans des globes de verre, creux;

très-minces, couleur de girasol ; on agite ces petites boules, pour que la liqueur s'étende et s'attache sur toute leur surface intérieure ; et la perle fine la plus belle se trouve imitée dans sa forme, dans ses nuances, dans son eau, dans ses reflets, dans son éclat.

Toutes les écailles de l'able ne sont cependant pas également propres à produire cette ressemblance. Le dos de ce cyprin est en effet olivâtre.

Ses joues sont d'ailleurs un peu bleues ; des points noirs paroissent sur le front ; l'iris est argentin ; les pectorales sont d'un blanc mêlé de rouge ; l'anale est grise ; la caudale verdâtre ; la dorsale moins proche de la tête que les ventrales ; l'œil grand ; la ligne latérale courbée ; la chair remplie d'arêtes.

Bloch rapporté qu'il a vu des poissons métis prove- nus de l'*able* et du *rotengle*. Ces mulets avoient les écailles plus grandes que l'able, le corps plus haut, et moins de rayons à la nageoire de l'anus.

La vimbe a l'ouverture de la bouche ronde ; l'œil grand ; l'iris jaunâtre ; des points jaunes sur la ligne latérale ; la partie supérieure bleuâtre ; l'inférieure argentine ; le péritoine argenté ; une longueur d'un demi-mètre ; la chair blanche et de bon goût ; dix-sept côtes de chaque côté ; quarante-deux vertèbres à l'é- pine du dos.

Elle quitte la mer Baltique vers le commencement de l'été : elle remonte alors dans les rivières, aime les

eaux claires, cherche les fonds pierreux ou sablonneux,
ne se laisse prendre facilement que pendant le temps
du frai, perd aisément la vie, a été cependant trans-
portée avec succès par M. de Marwitz dans des lacs profonds et marneux, croît lentement, mais multiplie
beaucoup, et a été envoyée marinée à de grandes distances du lieu où elle avoit été pêchée.

On diroit que la tête de la brème a été tronquée.
Sa bouche est petite; ses joues sont d'un bleu varié de
jaune; son dos est noirâtre; cinquante points noirs, où
environ, sont disposés le long de la ligne latérale; du
jaune, du blanc et du noir, sont mêlés sur les côtés;
on voit du violet et du jaune sur les pectorales, du
violet sur les ventrales, du gris sur la nageoire de
l'anus.

Ce poisson habite dans la mer Caspienne; il vit aussi
dans presque toute l'Europe. On le trouve dans les
grands lacs, et dans les rivières qui s'échappent paisi-
blement sur un fond composé de marne, de glaise
et d'herbages.

Il est l'objet d'une pêche importante. On le prend
fréquemment sous la glace; et il est si commun dans
plusieurs endroits de l'Europe boréale, qu'en mars
1749 on prit d'un seul coup de filet, dans un grand
lac de Suède, voisin de Nordkiæping, cinquante mille
brèmes qui pesoient ensemble plus de neuf mille kilogrammes.

Plusieurs individus de cette espèce ont plus d'un

demi-mètre de longueur, et pèsent dix kilogrammes.

Lorsque dans le printemps les brèmes cherchent, pour frayer, des rivages unis ou des fonds de rivière garnis d'herbages, chaque femelle est souvent suivie de trois ou quatre mâles. Elles font un bruit assez grand en nageant en troupes nombreuses; et cependant elles distinguent le son des cloches, celui du tambour, ou tout autre son analogue, qui quelquefois les effraie, les éloigne, les disperse, ou les pousse dans les filets du pêcheur.

On remarque trois époques dans le frai des brèmes. Les plus grosses fraient pendant la première, et les plus petites pendant la troisième. Dans ce temps du frai, les mâles, comme ceux de presque toutes les autres espèces de cyprin, ont sur les écailles du dos et des côtés, de petits boutons qui les ont fait désigner par différentes dénominations, que l'on avoit observés dès le temps de Salvian, et que Pline même a remarqués.

Si la saison devient froide avant la fin du frai, les femelles éprouvent des accidens funestes. L'orifice par lequel leurs œufs seroient sortis, se ferme et s'enflamme; le ventre se gonfle; les œufs s'altèrent, se changent en une substance granuleuse, gluante et rougeâtre; l'animal dépérit et meurt.

Les brèmes sont aussi très-sujettes à renfermer des vers intestinaux, et très-exposées à une phthisie mortelle.

Elles sont poursuivies par l'homme, par les poissons

voraces, par les oiseaux nageurs. Les buses et d'autres oiseaux de proie veulent aussi, dans certaines circonstances, en faire leur proie; mais il arrive que si la brème est grosse et forte, et que les serres de la buse aient pénétré assez avant dans son dos pour s'engager dans sa charpente osseuse, elle entraîne au fond de l'eau son ennemi qui y trouve la mort.

Les brèmes croissent assez vîte. Leur chair est agréable au goût par sa bonté, et à l'œil par sa blancheur. Elles perdent difficilement la vie lorsqu'on les tire de l'eau pendant le froid; et alors on peut les transporter à dix myriamètres sans les voir périr, pourvu qu'on les enveloppe dans de la neige, et qu'on leur mette dans la bouche du pain trempé dans de l'alcool.

Le citoyen Noël nous a écrit qu'on avoit cru reconnoître dans la Seine trois ou quatre variétés de la brème.

On peut voir à la tête d'une troupe de brèmes un poisson que les pêcheurs ont nommé chef de ces cyprins, et que Bloch étoit tenté de regarder comme un métis provenu d'une brème et d'un rotengle. Ce poisson a l'œil plus grand que la brème; les écailles plus petites et plus épaisses; l'iris bleuâtre; la tête pourpre; les nageoires pourpre et bordées de rouge; plusieurs taches rouges et irrégulières; la surface enduite d'une matière visqueuse très-abondante.

Bloch considère aussi comme des métis de la brème et du *cyprin large*, des poissons qui ont la tête petite ainsi que le corps très-haut du cyprin large, et les nageoires de la brème.

Ce dernier abdominal a trente-deux vertèbres et quinze côtes de chaque côté de l'épine dorsale.

Le cyprin couteau a été pêché non seulement dans le Danube, dans l'Elbe, dans presque toutes les rivières de l'Allemagne et de la Suède, mais encore dans la Baltique, dans le golfe de Finlande, dans la mer Noire, dans la mer d'Asow et dans la Caspienne.

La dorsale de ce cyprin est située au-dessus de la nageoire de l'anus. Les yeux sont grands. Presque toutes les écailles sont larges, minces, sculptées de manière à présenter cinq rayons divergens, et foiblement attachées. La nuque est d'un gris d'acier; les côtés sont argentins; le dos est d'un gris brun; les pectorales, dont la longueur est remarquable, l'anale et les ventrales, sont grises par-dessus et rougeâtres par-dessous; la dorsale est grise, comme la nageoire de la queue.

Le cyprin couteau parvient à la longueur d'un demi-mètre, et au poids de près d'un kilogramme. Il peut échapper plus difficilement que plusieurs autres poissons aux oiseaux de proie et aux poissons destructeurs, parce que son éclat le trahit.

Ses ovaires sont grands, et divisés chacun en deux par une raie *.

Le farène appartient au lac de Suède nommé *Méler*.

---

* Le cyprin couteau a quarante-sept vertèbres, et vingt côtes de chaque côté.

Il a les yeux gros; l'iris doré et argenté; le dos et les nageoires noirâtres; une longueur de trois ou quatre décimètres; quarante-quatre vertèbres, et treize côtes de chaque côté *.

* 20 rayons à la nageoire de la queue du cyprin jesse.
22 rayons à la caudale du cyprin nase.
20 rayons à la nageoire de la queue du cyprin aspe.
20 rayons à la caudale du cyprin spirlin.
20 rayons à la nageoire de la queue du cyprin bouvière.
18 rayons à la caudale du cyprin américain.
18 rayons à la nageoire de la queue du cyprin able.
20 rayons à la caudale du cyprin vimbe.
19 rayons à la nageoire de la queue du cyprin brème.
19 rayons à la caudale du cyprin couteau.
19 rayons à la nageoire de la queue du cyprin farène.

LE CYPRIN LARGE [1],

LE CYPRIN SOPE [2],

LE CYPRIN CHUB [3], LE CYPRIN CATOSTOME [4], LE CYPRIN MORELLE [5], LE CYPRIN FRANGÉ [6], LE CYPRIN FAUCILLE [7], LE CYPRIN BOSSU [8], LE CYPRIN COMMERSONNIEN [9], LE CYPRIN SUCET [10], et LE CYPRIN PIGO [11].

Nous n'avons pas besoin de répéter que, pour se représenter nettement les poissons dont nous traitons,

---

[1] Cyprinus latus.
Plotze, *en Saxe.*
Bleyer, *ibid.*
Geuster, *en Silésie.*
Güchstern, *ibid.*
Weisfisch, *ibid.*
Bleicke, *en Prusse.*
Jüster, *ibid.*
Bley weisfisch, *à Dantzig.*
Bleyblicke, *ibid.*
Brasen, *en Norvége.*
Bunka, *ibid.*
Pliten, *à Hambourg.*
Plitfisch, *ibid.*
Bley, *en Hollande.*

il faut ajouter les traits esquissés dans le tableau générique à ceux que nous indiquons dans le texte de leur histoire.

Bliecke , *ibid.*

Cyprinus latus. *Linné, édition de Gmelin.*

Cyprinus bjorkna. *Id.*

Cyprinus quincuncialis ; pinnâ ani, ossiculorum viginti quinque. *Artedi, gen.* 3, *spec.* 20, *syn.* 13.

Cyprin plestie. *Daubenton et Haüy, Encyclopédie méthodique.*

Cyprin bierkna. *Id. ibid.*

Cyprin plestie. *Bonnaterre, planches de l'Encyclopédie méthodique.*

Cyprin bierkna. *Id. ibid.*

Cyprin bordelière. — Cyprinus blicca. *Bloch, pl.* 10.

Gronov. Zooph. 1, *p.* 110, *n.* 344.

Leske, Spec. p. 69, *n.* 15.

Klein, Miss. pisc. 5, *p.* 62, *n.* 4.

Bordelière. *Rondelet, seconde partie, poissons des lacs, chap.* 8.

Wulff. Ichthyol. Bor. p. 51, *n.* 69.

Ballerus et blicke. *Gesner, Aq. p.* 24; *et (germ.) p.* 167 *b.*

Id. *Aldrovand. Pisc.* 645.

Id. *Jonston, Pisc. p.* 165, *tab.* 27, *fig.* 7.

Meidinger, Ic. pisc. Aust. t. 7.

ᵃ Cyprinus ballerus.

Zope, *dans le Brandebourg.*

Schwope, *en Poméranie.*

Bleyer, *en Livonie.*

Rudulis , *ibid.*

Sarg , *ibid.*

Ssapa, *en Russie.*

Blicca, *en Suède.*

Blecca, *ibid.*

Braxen blicca , *ibid.*

Braxen panka, *ibid.*

Braxen flin , *ibid.*

Le cyprin large a l'iris jaune et pointillé de noir : la
courbure de sa nuque est excentrique à celle du dos;

Bunke, *en Norvége.*
Brasen, *ibid.*
Flire, *en Danemarck.*
Blikka, *ibid.*
Cyprinus ballerus. *Linné, édition de Gmelin.*
Cyprin bordelière. *Daubenton et Haüy, Encyclopédie méthodique.*
Id. *Bonnaterre, planches de l'Encyclopédie méthodique.*
Sope. *Bloch, pl.* ç.
Bordelière. *Valmont-Bomare, Dictionnaire d'histoire naturelle.*
Cyprinus admodùm latus et tenuis. *Artedi, gen.* 3, *spec.* 23, *syn.* 12.
Zope. *Wulff. Ichthyol. Bor. p.* 5o, *n.* 68.

[3] Cyprinus chub.
Cyprin chevanne. *Bonnaterre, planches de l'Encyclopédie méthodique.*

[4] Cyprinus catostomus.
Cyprin catostome. *Bonnaterre, planches de l'Encyclopédie méthodique.*
Forster, Trans. philosoph. vol. 63, *p.* 158.

[5] Cyprinus morella.
Cyprin morelle. *Bonnaterre, planches de l'Encyclopédie méthodique.*
Leske, Ichthyol. Leips. Spec. p. 48.

[6] Cyprinus fimbriatus.
Solkondei, *en langue tamulique.*
Bloch, pl. 409.

[7] Cyprinus falcatus.
Bloch, pl. 412.

[8] Cyprinus gibbus.

[9] Cyprinus Commersonnii.

[10] Cyprinus sucetta.
Id. Cyprinus pinnâ ani, radiis novem; dorsali, duodecim; corpore albo;
ore minimo; labio inferiore recurvato. *Bosc, notes manuscrites déja citées.*

l'un et l'autre sont bleuâtres ; la ligne latérale est distinguée par des points jaunes ; les côtés sont d'un
blanc bleuâtre au-dessus de cette ligne, et blancs au-
dessous ; le ventre est bleu ; les pectorales et les ventrales sont rouges ; la caudale est bleue ; l'anale et la
dorsale sont brunes et bordées d'azur.

Le large est très-commun dans les lacs et les rivières d'une grande partie de la France, de l'Allemagne et du nord de l'Europe. Il a beaucoup d'arêtes.
Sa timidité le rend difficile à prendre, excepté dans
le temps où il fraie, et où il est, pour ainsi dire, si
occupé à déposer ou à féconder ses œufs, qu'on peut
souvent le saisir avec la main. Il est d'ailleurs trahi
par le bruit qu'il fait dans l'eau pendant l'une et
l'autre de ces deux opérations.

Dans cette espèce, les femelles les plus grosses
pondent les premières, et leur ponte dure communément trois ou quatre jours. Huit ou neuf jours après,
paroissent les femelles d'une moyenne grosseur ; et
à une troisième époque, éloignée de la seconde éga-

" Cyprinus pigus.
Picho.
Piclo.
Pigo. *Rondelet, seconde partie, poissons des lacs, chap.* 5.
Cyprinus aculeatus. *Id. ibid.*
Cyprinus piclo, etc. dictus. *Artedi, syn.* 13.
Piclo, *et* pigus. *Salvian. fol.* 82 *a ; icon.* 17, *et fol.* 83.
Pigo. *Valmont-Bomare, Dictionnaire d'histoire naturelle.*

lement de huit ou neuf jours, on voit arriver et frayer les plus petites.

Le large multiplie beaucoup, perd difficilement la vie, pèse un demi-kilogramme; son épine dorsale est composée de trente-neuf vertèbres.

Le cyprin sope a la nageoire du dos plus éloignée de la tête que les ventrales. L'œil est grand; le front brun; l'iris jaune et marqué de deux taches noires; la joue bleue, jaune et rouge; l'opercule peint des mêmes couleurs que la joue; le ventre rougeâtre; la couleur générale argentine; le dos noirâtre; la ligne latérale distinguée par des points noirs; le bord des nageoires d'un bleu plus ou moins vif.

La sope se plaît dans les eaux du Have en Poméranie, et du Curisch-Have en Prusse. Elle a peu de chair et beaucoup d'arêtes. Son poids est quelquefois d'un ou deux kilogrammes. On compte dans cette espèce quarante-huit vertèbres et dix-huit côtes de chaque côté.

Dans plusieurs rivières de l'Europe habite le chub. Son dos et sa nuque sont d'un verd sale; ses côtés variés de jaune et de blanc; ses pectorales jaunes; ses ventrales et son anale rouges; le brun et le bleuâtre, les couleurs de sa caudale.

On a observé dans la baie d'Hudson le catostome, sur lequel il faut remarquer les écailles ovales et striées; la tête presque carrée et plus étroite que le corps; la strie longitudinale qui part du museau, passe au-dessous de l'œil, et va se réunir à la ligne latérale; la teinte dorée de cette dernière ligne; la forme rhomboïdale de la dorsale, et la position de cette nageoire au-dessus des ventrales.

La morelle a deux décimètres de longueur. Ses écailles sont parsemées de points noirs; le sommet de sa tête est d'un bleu sale; ses nageoires sont couleur d'olive; son dos est verdâtre; le blanc règne sur sa partie inférieure. Elle a été observée dans plusieurs rivières d'Allemagne. Elle a trente-sept vertèbres et seize côtes de chaque côté.

La tête du frangé est petite; son iris argentin et entouré de deux cercles rouges; sa langue dégagée; son palais uni; son dos violet, ainsi que ses nageoires; son ventre blanc; le tronc parsemé de points rouges. On l'a découvert dans les eaux douces de la côte de Malabar. Il est bon à manger; et, soigné dans un lac, il peut peser trois kilogrammes.

Les mêmes eaux du Malabar nourrissent le cyprin faucille, dont l'anus est une fois plus éloigné de la tête que de la caudale. La tête de ce poisson est petite; son palais et sa langue sont unis. Son iris est jaune; son corps et sa queue sont d'un argenté mêlé de bleu; le dos est bleu; les nageoires sont rougeâtres.

Les naturalistes ne connoissent pas encore l'espèce du cyprin bossu. Nous en avons vu un individu desséché, mais bien conservé, dans la collection hollandoise cédée à la France. La nageoire dorsale est un peu échancrée en forme de faux.

Le commersonnien, dont nous publions les premiers la description, et que le savant Commerson a observé, présente un double orifice pour chaque narine; sa tête est dénuée de petites écailles; ses ventrales et ses pectorales sont arrondies à leur extrémité; la dorsale s'élève vers le milieu de la longueur totale du poisson.

Nous avons trouvé dans les notes intéressantes que notre confrère Bosc a bien voulu nous communiquer, la description du sucet, que nous avons fait graver d'après un dessin qu'il avoit fait de cet abdominal. Ce cyprin est très-commun dans les rivières de la Caroline; sa chair est peu recherchée, et il est très-rare qu'il parvienne à la longueur de quatre décimètres ou environ. Il montre un iris jaune, des nageoires brunes, un dos d'un brun plus ou moins clair, des côtés argentés, avec des taches brunes sur la base des écailles.

Plusieurs lacs d'Italie, et particulièrement le lac de Côme et le lac Majeur, nourrissent le *pigo*. Son poids est quelquefois de trois kilogrammes. Il fraie près des rivages. Sa partie supérieure est d'un bleu mêlé de noir, et sa partie inférieure d'un rouge foible et blanchâtre. Les mâles de presque toutes les espèces de cyprins montrent, pendant le temps du frai, des excroissances aiguës sur leurs principales écailles : il paroît que les *pigos* mâles présentent, dans ce même temps, des piquans qui ont quelque chose de particulier dans leur couleur blanchâtre, dans leur apparence crystalline, et dans leur forme pyramidale; et c'est de ces aiguillons, qui n'étoient pas inconnus à Pline, qu'est venu le nom que nous leur avons conservé. Ces piquans ne disparoissent qu'après trente ou quarante jours.

La chair des *pigos* est très-agréable au goût *.

---

* 22 rayons à la nageoire de la queue du cyprin large.

19 rayons à la caudale du cyprin sope.

17 rayons à chaque pectorale du cyprin catostome.

17   à la nageoire de la queue.

19 rayons à la caudale du cyprin morelle.

17 rayons à chaque pectorale du cyprin frangé.

25   à la nageoire de la queue.

14 rayons à la caudale du cyprin faucille.

19 rayons à la nageoire de la queue du cyprin bossu.

19 rayons à la caudale du cyprin commersonnien.

18 rayons à la nageoire de la queue du cyprin succt.

SECONDE SOUS-CLASSE.

POISSONS OSSEUX.

Les parties solides de l'intérieur du corps, osseuses.

SECONDE DIVISION
DE LA SECONDE SOUS-CLASSE,
ou SIXIÈME DIVISION DE LA CLASSE ENTIÈRE.

Poissons qui ont un opercule branchial, sans membrane branchiale.

VINGT-UNIÈME ORDRE
DE LA CLASSE ENTIÈRE DES POISSONS,
ou PREMIER ORDRE
DE LA SECONDE DIVISION DES OSSEUX.

Poissons apodes, ou qui n'ont pas de nageoires inférieures entre le museau et l'anus.

DEUX CENT TREIZIÈME GENRE.
LES STERNOPTYX.

Le corps et la queue comprimés ; le dessous du corps carené et transparent ; une seule nageoire dorsale.

ESPÈCE.	CARACTÈRES.
LE STERNOPTYX HERMANN. (*Sternoptyx hermann.*)	Un rayon aiguillonné et huit rayons articulés à la nageoire du dos; treize rayons à celle de l'anus ; la caudale fourchue ; point de ligne latérale.

LE STERNOPTYX HERMANN *.

CE poisson, que nous dédions à feu notre confrère le professeur Hermann, et que ce savant a fait connoître aux naturalistes, a sa surface dénuée d'écailles apparentes, mais argentée; son dos est d'un brun verdâtre; ses pectorales, sa caudale et sa cornée sont couleur de succin. Sa longueur ordinaire est à peine d'un décimètre. Une petite bosse paroît derrière la dorsale, dont le premier rayon, dirigé obliquement, immobile et très-fort, est non seulement aiguillonné, mais épineux, et dont la membrane est légèrement dentelée sur le bord. Les opercules sont mous; le devant du dos présente deux carènes qui divergent vers les narines; les yeux sont grands; la langue est épaisse et rude; les dents sont très-petites. La lèvre supérieure est courte; l'inférieure se relève presque perpendiculairement, et montre quatre petites dépressions demi-circulaires : on voit trois enfoncemens semblables sous l'ouverture des branchies. Les côtés de la poitrine qui se réunissent dans la partie inférieure du poisson

---

* Sternoptyx Hermann.
Sternoptyx diaphana. *Linné, édition de Gmelin.*
Hermann, Naturf. 16, *p.* 8, *tab.* 1, *fig.* 12.

pour y former une carène transparente, offrent dix ou onze plis.

Le sternoptyx hermann vit dans l'isle de la Jamaïque *.

---

* 8 rayons à chaque pectorale du sternoptyx hermann.
40   à la nageoire de la queue.

SECONDE SOUS-CLASSE.

POISSONS OSSEUX.

Les parties solides de l'intérieur du corps, osseuses.

TROISIÈME DIVISION
DE LA SECONDE SOUS-CLASSE,

ou SEPTIÈME DIVISION DE LA CLASSE ENTIÈRE.

Poissons qui ont une membrane branchiale, sans opercule branchial.

VINGT-CINQUIÈME ORDRE*
DE LA CLASSE ENTIÈRE DES POISSONS,

ou PREMIER ORDRE

DE LA TROISIÈME DIVISION DES OSSEUX.

Poissons apodes, ou qui n'ont pas de nageoires inférieures entre le museau et l'anus.

---

* On ne connoît pas encore de poissons qui appartiennent au vingt-deuxième, au vingt-troisième ni au vingt-quatrième ordres.

DEUX CENT QUATORZIÈME GENRE.

LES STYLÉPHORES.

Le museau avancé, relevé et susceptible d'être courbé en arrière par le moyen d'une membrane, au point d'aller toucher la partie antérieure de la tête proprement dite; l'ouverture de la bouche au bout du museau; point de dents; le corps et la queue très-alongés et comprimés; la queue terminée par un filament très-long.

ESPÈCE.	CARACTÈRES.
LE STYLÉPHORE ARGENTÉ. (*Stylephorus argenteus.*)	Les yeux au bout d'un cylindre épais; la couleur générale argentée.

LE STYLÉPHORE ARGENTÉ *.

Un individu de cette singulière espèce, dont on doit la description à M. George Shaw, a été pris entre Cuba et la Martinique, à quatre ou cinq myriamètres du rivage, nageant près de la surface de l'eau. Sa longueur totale étoit de plus de sept décimètres; et le filament qui terminoit sa queue, avoit plus d'un demi-mètre de longueur.

On ne pouvoit distinguer aucune écaille sur sa surface argentée. On appercevoit sur son dos deux nageoires, dont la première partoit de la tête, étoit très-longue, et n'étoit séparée de la seconde que par un intervalle très-court. Peut-être ces deux nageoires n'é-toient-elles que deux portions d'une nageoire unique, altérée et divisée en deux par quelque accident.

Le museau étoit d'un brun très-foncé; les nageoires, le long filament, et le cylindre oculaire, offroient des nuances d'un brun clair.

La caudale étoit courte, disposée en éventail, com-posée de cinq rayons aiguillonnés; l'animal avoit trois paires de branchies.

* Stylephorus argenteus.
Stylephorus chordatus. *Georg. Shaw*, *Act. de la Société Linnéenne de Londres*, *décembre* 1788, *vol.* 1, *p.* 90.

SECONDE SOUS-CLASSE.

POISSONS OSSEUX.

Les parties solides de l'intérieur du corps, osseuses.

TROISIÈME DIVISION

DE LA SECONDE SOUS-CLASSE,

ou SEPTIÈME DIVISION DE LA CLASSE ENTIÈRE.

Poissons qui ont une membrane branchiale, sans opercule branchial.

VINGT-HUITIÈME ORDRE *

DE LA CLASSE ENTIÈRE DES POISSONS,

ou QUATRIÈME ORDRE

DE LA TROISIÈME DIVISION DES OSSEUX.

Poissons abdominaux, ou qui ont des nageoires inférieures placées sur l'abdomen, au-delà des pectorales, et en-deçà de la nageoire de l'anus.

---

* On ne connoît pas encore de poissons qui appartiennent au vingt-sixième ni au vingt-septième ordres.

DEUX CENT QUINZIÈME GENRE.

LES MORMYRES.

Le museau alongé ; l'ouverture de la bouche à l'extrémité du museau ; des dents aux mâchoires ; une seule nageoire dorsale.

ESPÈCES.	CARACTÈRES.
1. LE MORMYRE KANNUMÉ. (*Mormyrus kannume.*)	Soixante-trois rayons à la nageoire du dos ; dix-sept à celle de l'anus ; la caudale fourchue ; le museau pointu et arqué ; la mâchoire inférieure un peu plus avancée que celle d'en-haut.
2. LE MORMYRE OXYRHYNQUE. (*Mormyrus oxyrhynchus.*)	Le museau pointu et droit ; la mâchoire inférieure un peu plus avancée que celle d'en-haut ; la dorsale régnant sur toute la longueur du dos.
3. LE MORMYRE DENDERA. (*Mormyrus dendera.*)	Vingt-six rayons à la nageoire du dos ; quarante-un à celle de l'anus ; la caudale fourchue ; le museau pointu ; les deux mâchoires également avancées ; la dorsale placée au-dessus de l'anale, et un peu plus courte que cette nageoire.
4. LE MORMYRE SALAHIÉ. (*Mormyrus salahie.*)	Le museau obtus ; la mâchoire d'en-bas beaucoup plus avancée que la supérieure ; la dorsale placée au-dessus de l'anale, et un peu plus courte que cette nageoire.
5. LE MORMYRE BÉBÉ. (*Mormyrus bebe.*)	Le museau obtus ; les deux mâchoires également avancées ; la dorsale placée au-dessus de l'anale, et six fois plus courte que cette nageoire.

ESPÈCES.	CARACTÈRES.
6. LE MORMYRE HERSÉ. (*Mormyrus herse.*)	Le museau obtus, la mâchoire supérieure un peu plus avancée que celle d'en-bas; la dorsale étendue sur toute la longueur du dos.
7. LE MORMYRE CYPRINOÏDE. (*Mormyrus cyprinoïdes.*)	Vingt-sept rayons à la nageoire du dos; trente-deux à celle de l'anus; la caudale fourchue; le museau obtus; la mâchoire supérieure un peu plus avancée que celle d'en bas; la dorsale située au-dessus de l'anale, et égale en longueur à cette nageoire; deux orifices à chaque narine.
8. LE MORMYRE BANÉ. (*Mormyrus bane.*)	Le museau obtus; la mâchoire supérieure beaucoup plus avancée que l'inférieure; la dorsale égale en longueur à la nageoire de l'anus; un seul orifice à chaque narine.
9. LE MORMYRE HASSELQUIST. (*Mormyrus hasselquist.*)	Vingt rayons à la nageoire du dos; dix-neuf à celle de l'anus; la caudale fourchue.

LE MORMYRE KANNUMÉ [1],

LE MORMYRE OXYRHYNQUE [2],

LE MORMYRE DENDERA [3], LE MORMYRE SALAHIÉ [4], LE MORMYRE BÉBÉ [5], LE MORMYRE HERSÉ [6], LE MORMYRE CYPRINOIDE [7], LE MORMYRE BANÉ [8], ET LE MORMYRE HASSELQUIST [9].

LE Nil est la patrie des mormyres. C'est principalement d'après les notes manuscrites que notre collègue

[1] Mormyrus kannume.
Kachoué ommou bouete, *c'est-à-dire*, kachoué mère du baiser, *en Arabie, suivant mon collègue Geoffroy.*
Mormyrus kannume. *Linné, édition de Gmelin.*
Forskaël, Faun. Arab. p. 75, *n.* 111.
Mormyre kannumé. *Bonnaterre, planches de l'Encyclopédie méthodique.*
Id. *Geoffroy, notes déja citées.*

[2] Mormyrus oxyrhynchus.
Mormyre oxyrhynque. *Geoffroy.*

[3] Mormyrus dendera.
Mormyre dendera. *Geoffroy.*
Mormyrus anguilloïdes. *Linné, édition de Gmelin.*
Mormyre caschivé. *Daubenton et Haüy, Encyclopédie méthodique.*
Id. *Bonnaterre, planches de l'Encyclopédie méthodique.*
Mus. Ad. Frider. 110.

le citoyen Geoffroy a bien voulu dans le temps nous envoyer du Caire, que nous allons parler de ces poissons curieux, si mal connus encore, et dont les dénominations rappellent tant de prodiges, de monumens, de grands noms, de hauts faits, de siècles et de gloire.

Et d'abord, voici les traits généraux qu'a dessinés le professeur Geoffroy.

Le museau alongé des mormyres a quelques rapports avec celui des quadrupèdes fourmiliers. On voit plus d'un rayon à la membrane branchiale ; et c'est à ces rayons que sont attachés les muscles destinés à mouvoir la mâchoire inférieure. Quatre branchies sont

---

4 Mormyrus salahie.
Mormyre salahié. *Geoffroy.*

5 Mormyrus bebe.
Mormyre bébé. *Geoffroy.*

6 Mormyrus herse.
Mormyre hersé. *Geoffroy.*

7 Mormyrus cyprinoïdes.
Id. *Linné, édition de Gmelin.*
Mormyre cyprinoïde. *Daubenton et Haüy, Encyclopédie méthodique.*
Id. *Bonnaterre, planches de l'Encyclopédie méthodique.*
Mus. Ad. Frider. 109.
Mormyre cyprinoïde. *Geoffroy.*

8 Mormyrus bane.
Mormyre bané. *Geoffroy.*

9 Mormyrus hasselquist.
Mormyrus caschive. *Hasselquist, It.* 398.
Mormyre hasselquist. *Geoffroy.*

placées de chaque côté; une masse de graisse est située
au-devant de l'estomac, qu'un muscle épais peut con-
tracter, et d'une partie du canal intestinal, qui, après
avoir tourné autour de deux cœcums égaux, courts,
et roulés sur eux-mêmes, se rend droit à l'anus, toujours garni de deux bandes graisseuses.

Il n'y a qu'un ovaire ou qu'une laite. La vessie natatoire est aussi longue que l'abdomen; elle présente
la forme d'un ellipsoïde très-alongé.

Un vaisseau sanguin règne de chaque côté de la
colonne vertébrale. Il est renfermé entre deux muscles
rouges, dont la longueur égale celle du corps, et
dont les contractions, suivant le citoyen Geoffroy,
produisent des pulsations dans le vaisseau sanguin.

La queue est très-longue, et, au lieu d'être comprimée comme le corps, elle est grosse, renflée, et presque
cylindrique, parce qu'elle renferme des glandes, lesquelles filtrent la substance huileuse qui s'écoule le
long de la ligne latérale.

Passons aux espèces. On n'en comptoit que trois;
nous en compterons neuf, d'après le citoyen Geoffroy.

Le kannumé est blanchâtre. Il a la ligne latérale
droite; sa dorsale est très-longue, mais très-basse.

Le mormyre oxyrhynque est, suivant le citoyen Geoffroy, l'oxyrhynque (*oxyrhynchus*) des anciens auteurs.

Le dendera habite particulièrement dans la partie
du Nil qui coule auprès du temple antique, admirable
et fameux, dont il porte le nom.

C'est auprès de *Salahié* que le citoyen Geoffroy a
vu pour la première fois le mormyre auquel il a
donné le nom de la patrie de cet osseux. Ce naturaliste a trouvé dans le désert un grand nombre d'individus de cette espèce. Ces poissons y étoient à sec; ils
y avoient été apportés par une inondation, et ils y
étoient restés dans un enfoncement dont l'eau s'étoit
évaporée.

On peut voir un nombre très-considérable de *bébés*
dans le voisinage d'un lieu nommé *Bébé* par les habitans de l'Égypte, et où l'on admire encore les ruines
imposantes d'un magnifique temple d'Isis.

Le mormyre *hersé* a reçu son nom spécifique, des
Arabes.

Le nom du *cyprinoïde* indique les rapports de conformation qui le lient avec les cyprins.

Les Arabes ont donné le nom de *bané* à notre huitième espèce de mormyre *.

---

* 15 rayons à chaque pectorale du mormyre kaunumé.
   6   à chaque ventrale.
 20   à la nageoire de la queue.
 10 rayons à chaque pectorale du mormyre dendera,
   6   à chaque ventrale,
 19   à la caudale,
  9 rayons à chaque pectorale du mormyre cyprinoïde.
   6   à chaque ventrale.
 19   à la nageoire de la queue.
 10 rayons à chaque pectorale du mormyre hasselquist.
   6   à chaque ventrale,
 24   à la caudale.

Le citoyen Geoffroy dit dans ses notes, qu'il a tout lieu de croire que le mormyre observé par Hasselquist est différent des huit espèces que nous venons de rappeler. Nous sommes persuadés de cette diversité d'espèce.

Au reste, les Arabes désignent tous les mormyres par le nom générique de *kachoué*.

SECONDE SOUS-CLASSE.

POISSONS OSSEUX.

Les parties solides de l'intérieur du corps, osseuses.

QUATRIÈME DIVISION

DE LA SECONDE SOUS-CLASSE,

ou HUITIÈME DIVISION DE LA CLASSE ENTIÈRE.

Poissons qui n'ont ni opercule branchial, ni membrane branchiale.

VINGT-NEUVIÈME ORDRE *

DE LA CLASSE ENTIÈRE DES POISSONS,

ou PREMIER ORDRE

DE LA QUATRIÈME DIVISION DES OSSEUX.

Poissons apodes, *ou qui n'ont pas de nageoires inférieures placées entre la gorge et l'anus.*

---

* On ne connoît pas encore de poissons qui appartiennent au trentième, au trente-unième ni au trente-deuxième ordres, c'est-à-dire, au second, au troisième ni au quatrième ordres de la huitième et dernière division des animaux dont nous écrivons l'histoire.

DEUX CENT SEIZIÈME GENRE.

LES MURÉNOPHIS.

Point de nageoires pectorales ; une ouverture branchiale sur chaque côté du poisson ; le corps et la queue presque cylindriques ; la dorsale et l'anale réunies à la nageoire de la queue.

ESPÈCES.	CARACTÈRES.
1. LA MURÉNOPHIS HÉLÈNE. (*Muraenophis helena.*)	La dorsale commençant à une distance des ouvertures branchiales, égale, ou à peu près, à celle qui sépare ces orifices du bout du museau ; les deux mâchoires garnies de dents aiguës et éloignées l'une de l'autre ; des dents au palais ; le corps et la queue parsemés de taches irrégulières, grandes et accompagnées ou chargées de taches plus petites.
2. LA MURÉNOPHIS ÉCHIDNE. (*Muraenophis echidna.*)	La tête petite et déprimée ; la nuque très-grosse ; la couleur générale variée de noir et de brun.
3. LA MURÉNOPHIS COLUBRINE. (*Muraenophis colubrina.*)	Le museau pointu ; les yeux très-petits ; les deux mâchoires également ou presque également avancées ; la nageoire dorsale très-basse et commençant à la nuque ; quinze bandes transversales, dont chacune forme un cercle autour du poisson.
4. LA MURÉNOPHIS NOIRÂTRE. (*Muraenophis nigricans.*)	La tête aplatie ; les mâchoires alongées ; le museau arrondi ; la mâchoire inférieure plus avancée que celle d'en-haut ; les dents de la mâchoire supérieure et celles

ESPÈCES.	CARACTÈRES.
4. LA MURÉNOPHIS NOIRATRE. (*Muraenophis nigricans.*)	de l'extrémité de la mâchoire d'en-bas, plus grosses que les autres ; une rangée de dents de chaque côté du palais ; la couleur générale noirâtre.
5. LA MURÉNOPHIS CHAINETTE. (*Muraenophis catenula.*)	La tête et l'ouverture de la bouche petite ; les deux mâchoires garnies de dents petites, pointues et très-serrées ; le palais et la langue lisses ; la ligne latérale peu distincte ; l'origine de la dorsale, plus éloignée des ouvertures branchiales, que celles-ci du bout du museau ; des taches en forme de chaînons.
6. LA MURÉNOPHIS RÉTICULAIRE. (*Muraenophis reticularis.*)	La tête, et l'ouverture de la bouche, petites ; chaque mâchoire garnie d'une rangée de dents pointues et écartées l'une de l'autre ; les dents de devant plus longues que les autres ; le palais et la langue lisses ; la nageoire dorsale commençant à la nuque ; des taches réticulaires.
7. LA MURÉNOPHIS AFRICAINE. (*Muraenophis afra.*)	L'orifice de la bouche grand ; les deux mâchoires armées de dents fortes et recourbées en arrière ; les dents de devant plus grandes que les autres ; la langue lisse ; le palais garni de grandes dents ; la dorsale commençant à la nuque ; le corps et la queue marbrés.
8. LA MURÉNOPHIS PANTHÉRINE. (*Muraenophis pantherina.*)	L'ouverture des branchies à une distance de la tête, égale à la longueur de cette dernière partie ; l'origine de la nageoire dorsale, aussi éloignée des orifices des branchies que ces orifices le sont de la tête ; la couleur générale jaunâtre ; la partie supérieure du poisson parsemée de taches

ESPÈCES.	CARACTÈRES.
8. LA MURÉNOPHIS PANTHÉRINE. (*Muraenophis pantherina.*)	petites, noires, et réunies de manière à former des cercles plus ou moins entiers et plus ou moins réguliers.
9. LA MURÉNOPHIS ÉTOILÉE. (*Muraenophis stellata.*)	La dorsale très-basse et commençant très-près de la nuque; les deux mâchoires garnies de dents aiguës et clair-semées; deux rangées de dents semblables de chaque côté du palais; deux séries longi- tudinales de taches en forme d'étoiles irrégulières, de chaque côté de l'animal.
10. LA MURÉNOPHIS ONDULÉE. (*Muraenophis undulata.*)	La tête grosse; le museau avancé et menu; les yeux très-près de l'extrémité du mu- seau; des dents très-petites et très-clair- semées aux deux mâchoires; la dorsale haute et commençant à la nuque; la sur- face de cette nageoire et celle du corps et de la queue variées par des bandes transversales, étroites, réunies plusieurs ensemble et ondulées.
11. LA MURÉNOPHIS GRISE. (*Muraenophis grisea.*)	Le museau arrondi; la mâchoire supérieure plus épaisse et un peu plus avancée que celle d'en-bas; l'une et l'autre garnies d'un rang de dents recourbées, et sé- parées dans la partie antérieure de la bouche; une dent droite et plus grosse que les autres, à l'angle antérieur du pa- lais; la dorsale commençant au-dessus des orifices des branchies ou à peu près; l'anus plus près de la tête que de la cau- dale; la couleur générale variée de brun et de blanchâtre par de très-petits traits.
12. LA MURÉNOPHIS HAÜY. (*Muraenophis haüy.*)	Les dents fortes et un peu recourbées; la dorsale commençant à une distance des orifices des branchies égale à celle qui

ESPÈCES.	CARACTÈRES.
12. LA MURÉNOPHIS HAUY. (*Muraenophis haüy.*)	sépare ces orifices de la tête ; l'anale extrêmement courte ; la longueur de cette nageoire égale, au plus, à la distance des ouvertures branchiales au bout du museau ; un très-grand nombre de petites taches sur la surface du poisson.

LA MURÉNOPHIS HÉLÈNE *.

CETTE murénophis est la *murène* des anciens. Son histoire est liée avec celle des derniers temps de ce

---

* Murænophis helena.

Σμύραινα.

Serpent de mer.

Sminaria, *par les Grecs modernes.*

Morena, *en Italie.*

Mourene, *en Allemagne.*

Murane, *en Angleterre.*

Muræna helena. *Linné, édition de Gmelin.*

Murène (gymnothorax muræna.) *Bloch, pl.* 153.

Murène flûte. *Daubenton et Haüy, Encyclopédie méthodique.*

Id. *Bonnaterre, planches de l'Encyclopédie méthodique.*

Muræna pinnis pectoralibus carens. *Mus. Ad. Frider.* 1, *p.* 319.

Id. *Artedi, gen.* 55, *syn.* 41.

Η᾽ μύραινα. *Arist. lib.* 1, *cap.* 5; *lib.* 2, *cap.* 13, 15; *lib.* 3, *cap.* 10; *lib.* 5, *cap.* 10; *lib.* 8, *cap.* 2, 13, 15; *et lib.* 9, *cap.* 2.

Id. *AElian. lib.* 1, *cap.* 32, 50; *et lib.* 9, *cap.* 40, 66.

Id. *Athen. lib.* 7, *p.* 312.

Id. *Oppian. lib.* 1, *p.* 21; *et lib.* 8, *p.* 39.

Muræna. *Columell. lib.* 8, *cap.* 16.

Id. *Cicero, Famil. lib.* 7, *epist.* 27.

Id. *Varro, Rustic. lib.* 2, *cap.* 6.

Id. *Plin. lib.* 9, *cap.* 16, 19, 20, 23, 54, 55; *et lib.* 32, *cap.* 2, 5, 7, 8.

Id. *Ambros. Hexam. lib.* 5, *cap.* 2, 7, *p.* 52.

Id. *Bellon.*

Murène. *Rondelet, première partie, liv.* 14, *chap.* 4.

peuple politique et guerrier, qui, après avoir étonné
et subjugué le monde, perdit l'empire avec ses vertus,
et fut précipité par la corruption dans l'abîme creusé
par la tyrannie la plus avilissante. Mais avant de voir
ce que l'homme a fait de cette espèce, voyons ce qu'elle
tient de la Nature.

Dénuée de pectorales et de nageoires du ventre;
ayant sa dorsale, sa caudale et sa nageoire de l'anus
non seulement très-basses, mais recouvertes d'une
peau épaisse qui empêche d'en distinguer les rayons et
la forme; semblable aux serpens par sa conformation
presque cylindrique, ainsi que par ses proportions
déliées; douée d'une grande souplesse et d'une grande
force, flexible dans ses parties, agile dans ses mouvemens, elle nage comme la couleuvre rampe; elle on-
dule dans l'eau comme ce reptile sur la terre; elle
change de place par les contours sinueux qu'elle se
donne; et tendant ou débandant avec énergie les res-

Muræna. *Salvian. fol.* 59, 60.

Id. *Gesner, p.* 575; *et (germ.) fol.* 46 *a.*

Id. *Jonston, lib.* 1, *tit.* 2, *a,* 7, *tab.* 5, *fig.* 3, 4; *Thaum. p.* 422.

Id. *Charleton, p.* 126.

Id. *Willughby, p.* 103.

Id. *Raj. p.* 34.

Gronov. Mus. 1, *n.* 16.

Myraina *et* smyraina. *Artedi, Synonymia piscium, etc. auctore J. G.
Schneider, etc.*

Seb. Mus. 2, *tab.* 69, *fig.* 4 *et* 5.

Catesby, Carol. 2, *tab.* 20, 21.

Murène. *Valmont-Bomare, Dictionnaire d'histoire naturelle.*

sorts produits par les diverses portions de sa queue
ou de son corps, qu'elle plie, rapproche, déplie,
étend en un clin-d'œil, elle monte, descend, recule,
avance, se roule et s'échappe avec la rapidité de
l'éclair.

Aristote et Pline ont même prétendu, et l'opinion
de ces grands hommes est assez vraisemblable, que la
murénophis pouvoit, comme l'anguille et comme les
serpens, ramper pendant quelques momens sur la
terre sèche, et s'éloigner à quelque distance de son
séjour habituel.

Tant de rapports avec les vrais reptiles nous ont
engagés à joindre le nom d'*ophis*, qui veut dire *ser-*
pent, à celui de *murène*, pour en faire le nom composé
de *murénophis*, lorsque nous avons voulu séparer de
l'anguille et de quelques autres osseux auxquels nous
avons laissé la dénomination simple de *murène*, les
poissons dont nous allons nous occuper.

Les murénophis établissent donc des liens assez
étroits entre la classe des poissons et celle des reptiles.
Nous terminons donc l'examen de cette grande classe
des poissons, comme nous l'avons commencé, c'est-
à-dire, en ayant sous nos yeux des animaux qui ont
de très-grands rapports avec les serpens : les murénophis placés à la fin de la longue chaîne qui ras-
semble tous les poissons, comme les pétromyzons à
son origine, rapprochent avec ces derniers les deux
extrémités de cette immense réunion, et après avoir

clos, pour ainsi dire, le cercle, le rattachent de nouveau aux véritables reptiles.

Les dents de la murénophis hélène étant fortes,
nombreuses, et pointues ou recourbées, sa morsure
a été souvent assez dangereuse pour qu'on ait cru que
ce poisson étoit venimeux.

Chacune de ses deux narines a deux orifices. L'ouverture antérieure est placée au bout d'un petit tube
voisin de l'extrémité du museau; et comme ce tube
flexible ressemble à un barbillon très-court, on a écrit
que l'hélène avoit deux petits barbillons vers le bout
de la mâchoire supérieure. Une conformation semblable peut être observée dans presque toutes les
espèces du genre que nous décrivons.

L'orifice des branchies est étroit, et situé presque
horizontalement.

Une humeur visqueuse et très-abondante enduit la
peau, et donne à l'animal la faculté de glisser facilement au milieu des obstacles, et de n'être retenu
qu'avec beaucoup de peine.

Les femelles ont des couleurs plus variées que les
mâles : leurs nuances ne sont pas toujours les mêmes ;
mais ordinairement leur museau est noirâtre. Un brun
rougeâtre et tacheté de jaune distingue le dessus de
la tête ; la partie supérieure du corps et de la queue
offre une teinte d'un brun également rougeâtre, et
d'autant plus foncée qu'elle est plus près de la caudale ;
des points noirs et des taches jaunes, larges, et poin-

tillées ou mouchetées de rougeâtre, sont distribués
sur ce fond brun; la partie inférieure et les côtés de
ces mêmes femelles sont d'une couleur fauve, relevée
par de petites raies et par des taches brunes.

Telles sont les couleurs que le savant et zélé observateur Sonini a vues sur les hélènes femelles pendant
son voyage en Grèce, où il a pu en examiner un très-
grand nombre de vivantes [1].

La livrée des mâles diffère de celle que nous venons
d'indiquer, en ce que les taches sont très-clair-semées
sur leur surface, pendant que le corps et la queue des
femelles en sont presque entièrement couverts [2].

Sur quelques individus femelles ou mâles, le fond
de la couleur est verd ou blanchâtre, au lieu d'être
fauve ou d'un rougeâtre brun.

Lorsque les murénophis hélènes ont atteint une
longueur d'un mètre, leur plus grand diamètre n'égale
pas tout-à-fait le douzième de leur longueur.

Leur chair est grasse, blanche, très-délicate; et sans
les arêtes courtes et recourbées dont elle est remplie,
elle seroit très-agréable à manger.

Suivant le citoyen Sonini, les hélènes ont l'estomac
assez grand, gris et tacheté de noirâtre vers son origine; un foie long et d'un rouge jaunâtre; une vessie

[1] *Voyage en Grèce et en Turquie*, par C. S. Sonini, etc. tome 1, page
190 et suiv.

[2] *Bellon, de Aquatilibus*, lib. 1, cap. 12.

natatoire petite, ovale, jaune en-dehors, blanche en-dedans, et formée par une membrane très-épaisse.

Le même naturaliste nous apprend que les œufs de ces murénophis sont elliptiques et jaunes.

Ces œufs sont fécondés comme ceux des raies, des squales et d'autres poissons, par l'effet d'une réunion intime du mâle et de la femelle, qui, pendant leur accouplement, semblable à celui des couleuvres, en-trelaçent leurs queues et leurs corps déliés. Le témoi-gnage du citoyen Sonini confirme à cet égard l'opinion d'Aristote et de Pline; et c'est cette conformité entre l'accouplement des couleuvres et celui des hélènes, qui a fait croire à tant de naturalistes, et persuade encore aux Grecs modernes, que les serpens s'accouplent avec ces murénophis qui leur ressemblent par un si grand nombre de traits extérieurs.

Les œufs des hélènes étant fécondés dans le ventre même de la mère, on doit regarder comme possible, et même comme très-probable, que dans beaucoup de circonstances ces œufs éclosent dans le corps de la femelle; et dès-lors les murénophis hélènes devroient être comptées parmi les poissons *ovovivipares* *.

Ces apodes vivent non seulement dans l'eau salée, mais encore dans l'eau douce. On les trouve dans les mers chaudes ou tempérées de l'Europe et de l'Amé-rique, particulièrement dans la Méditerranée, et sur-

---

* Voyez l'article du *blennie ovovivipare*, etc.

tout près des côtes de la Sardaigne. Ils se retirent au
fond de l'eau pendant que l'hiver règne.

Dans toutes les saisons ils aiment à se loger dans les
creux des rochers. Quand le printemps commence, ils
fréquentent les rivages.

Ils dévorent une grande quantité de cancres et de
poissons. Ils recherchent avec avidité les polypes. Rondelet raconte que le polype le plus grand et le plus
fort fuit l'approche de la murénophis hélène ; que
cependant, lorsqu'il ne peut éviter son attaque, il
s'efforce de la retenir au milieu des replis tortueux
de ses bras longs et nombreux, de la serrer, de la
comprimer, de l'étouffer ; mais qu'elle glisse comme
une colonne fluide, échappe à ses étreintes, et le déchire avec ses dents aiguës.

Les hélènes sont d'ailleurs si voraces, que lorsqu'elles
manquent de nourriture, elles rongent la queue les
unes des autres. Elles ne meurent pas pour avoir perdu
une partie considérable de leur queue, non plus que
lorsqu'elles sont long-temps hors de l'eau, dont elles
peuvent se passer pendant quelques jours, si la séche-
resse de l'atmosphère n'est pas trop grande, ou si le
froid n'est pas trop violent ; mais on a remarqué que
pendant l'hiver elles sont sujettes à des maladies. Plusieurs de ces murénophis ont présenté, pendant cette
saison, des vessies jaunâtres de diverses formes, et dont
chacune contenoit un ver, sur la tunique externe de
l'estomac, sur la surface extérieure du canal intestinal,

sur le foie, ou sur les muscles du ventre, entre les arêtes, dans la tunique extérieure de l'ovaire, et dans l'intervalle qui sépare les deux tuniques de la vessie urinaire.

On pêche la murénophis hélène avec des nasses et avec des lignes de fond; mais son instinct la fait souvent échapper à la ruse. Lorsqu'elle a mordu à l'hameçon, elle l'avale pour pouvoir couper la ligne avec ses dents, ou bien elle se renverse et se roule sur cette ligne, qui cède quelquefois à ses efforts. La renferme-t-on dans un filet? elle sait choisir les mailles dans l'intervalle desquelles son corps glissant peut en quelque sorte s'écouler.

Les Romains, voisins de ces temps où la république expiroit opprimée par une ambition orgueilleuse, étouffée par une cupidité insatiable, et ensanglantée par une horrible tyrannie, recherchoient avec beaucoup de soin la murénophis hélène : elle servoit et le caprice, et le luxe, et la cruauté. Ils construisirent à grands frais des réservoirs situés sur le bord ou très-près de la mer, et y élevèrent des hélènes. Columelle, qui savoit combien la culture des poissons étoit utile à la chose publique, exposa, dans son fameux ouvrage sur l'agriculture, l'art de construire ces réservoirs, et d'y pratiquer des grottes tortueuses, où les hélènes pussent trouver des abris. Mais ce qu'il fit pour la prospérité de son pays et pour les progrès de l'économie publique, avoit été fait avant lui pour les besoins du

luxe et le goût des riches habitans de Rome. Les murénophis hélènes étoient si multipliées du temps de Cé-
sar, que, lors d'un de ses triomphes, il en donna six
mille à ses amis; et on étoit parvenu à les apprivoiser
au point que M. Licinius Crassus en nourrissoit qui ve-
noient à sa voix et s'élançoient vers lui pour recevoir
l'aliment qu'il leur présentoit.

La mode et l'art de la parure avoient trouvé dans
les formes de ces poissons des modèles pour des pen-
dans d'oreille et d'autres ornemens des belles Romaines *. Le prix qu'on attachoit à la possession de ces
animaux avoit même fait naître une sorte d'affection
si vive, que ce Crassus que nous venons de citer, et,
ce qui est plus étonnant, Quintus Hortensius, duquel
Cicéron a écrit qu'il avoit été un orateur excellent, un
bon citoyen et un sage sénateur, ont pleuré la perte
de murénophis mortes dans leurs viviers.

Cela n'est que ridicule : mais ce qui est horrible, et
ce qui peint les effets épouvantables de l'excès de la
corruption des mœurs, c'est qu'un *Pollio,* qu'il ne faut
pas confondre avec un orateur célèbre du même nom,
engraissoit ses murénophis hélènes avec la chair et le
sang des esclaves qu'il condamnoit à périr; que rece-
vant Auguste chez lui, il ordonna qu'on jetât dans la
funeste piscine un esclave qui venoit de casser involon-

---

* Voyez l'article de la *murène anguille,* relativement aux bracelets des
Romaines, etc.

tairement un plat précieux ; et que l'empereur, révolté
de cette atroce barbarie, n'osa cependant punir ce
monstre qu'en donnant la liberté à l'esclave et en faisant casser tous les vases de prix que *Pollio* avoit ra-
massés. La plume tombe des mains après avoir tracé le
nom de cet exécrable *Pollio*.

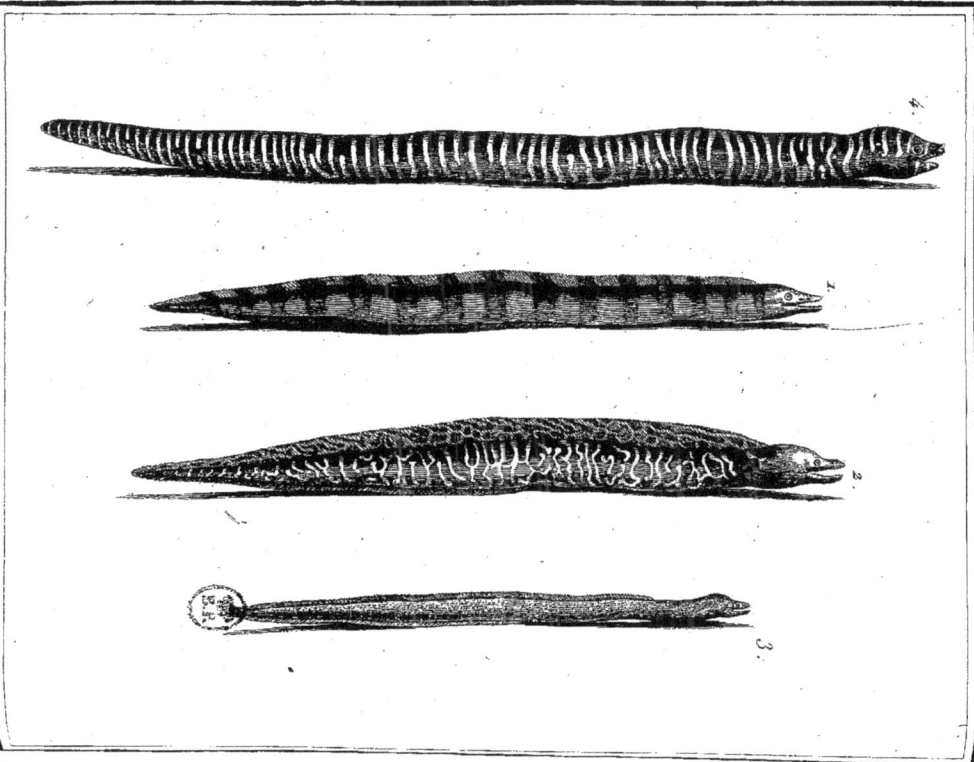

Pl. 19. Page 641.

De Sève Del.

Haussard fe.

1. MURÉNOPHIS, Colubrine. 2. MURÉNOPHIS Onduleé.
3. Verrües de la MURÉNOPHIS Grise. 4. GYMNOMURÉNE Cercle.

4.

1.

2.

3.

LA MURÉNOPHIS ÉCHIDNE[1],

LA MURÉNOPHIS COLUBRINE[2],

LA MURÉNOPHIS NOIRATRE[3], LA MURÉNOPHIS CHAI-NETTE[4], LA MURÉNOPHIS RÉTICULAIRE[5], LA MURÉNOPHIS AFRICAINE[6], LA MURÉNOPHIS PAN-THÉRINE[7], LA MURÉNOPHIS ÉTOILÉE[8], LA MURÉ-NOPHIS ONDULÉE[9], et LA MURÉNOPHIS GRISE[10].

L'ÉCHIDNE, que les compagnons de l'illustre Cook ont vue dans l'île de Palmerston, a près de deux mètres

---

[1] Muraenophis echidna.
Muraena echidna. *Linné, édition de Gmelin.*
Ellis, It. Cook et Clerk, 1, *p.* 53.

[2] Muraenophis colubrina.
Muraena colubrina. *Linné, édition de Gmelin.*
Boddaert apud Pallas N. Nord. Beytr. 2, *p.* 56, *tab.* 2, *fig.* 3.
Conger fasciis brunneis et pallidè fuscis transversis, alternatis. *Commerson, manuscrits déja cités.*

[3] Muraenophis nigricans.
Murène noirâtre. *Bonnaterre, planches de l'Encyclopédie méthodique.*
Gronov. Zooph. n. 163.

[4] Muraenophis catenula.
Gymnothorax à bracelets, gymnothorax catenatus. *Bloch, pl.* 415, *fig.* 1.

de longueur; ses yeux sont petits, mais très-vifs; l'ouverture de sa bouche est très-grande; plusieurs dents
hérissent ses mâchoires; sa chair est très-agréable au
goût : mais les navigateurs anglois n'ont vû cet animal
qu'avec une sorte d'horreur, à cause de sa ressemblance avec un serpent dangereux.

Commerson a rencontré la colubrine au milieu des
rochers détachés du rivage, qui environnent la Nouvelle-Bretagne et les isles voisines. On la trouve aussi
auprès des côtes d'Amboine.

On a comparé la grandeur de cette murénophis à
celle de l'anguille. Les trente zones qui l'entourent,
sont alternativement d'un brun noirâtre et d'un brun
mêlé de blanc ; le dessus de la tête est d'un verd
jaunâtre; les iris sont couleur d'or. Les écailles qui
revêtent la peau, sont très-difficiles à distinguer. Il

---

5 Muraenophis reticularis.
Gymnothorax réticulaire. *Bloch, pl.* 416.

6 Muraenophis afra.
Gymnothorax afer. *Bloch, pl.* 417.

7 Muraenophis pantherina.

8 Muraenophis stellata.
Conger ex albido lutescens, ocellis atro-purpureis flexuosè radiatis,
maculosus, pectore apterygio. *Commerson, manuscrits déja cités.*

9 Muraenophis undulata.

10 Muraenophis grisea.
Conger griseus, fusco varius, infimo ventre albus, lateribus apterygiis.
Commerson, manuscrits déja cités.

n'y a pas de véritable ligne latérale. L'anus est beaucoup plus près de la tête que de la nageoire de la queue. La chair de ce poisson fournit un aliment délicat ; mais la forme aiguë de ses dents rend sa morsure dangereuse.

La noirâtre vit dans l'Amérique méridionale, ainsi que la réticulaire, dont Surinam est la patrie. Cette dernière murénophis a les yeux petits ; l'iris blanc et fort étroit ; les flancs un peu comprimés ; l'anus plus voisin de la caudale que de la tête ; la couleur générale brune, et les taches blanches.

Remarquez dans la réticulaire, que l'on pêche auprès de Tranquebar, la position des yeux très-près de la lèvre supérieure ; la situation de l'anus à une distance un peu plus grande de la tête que de la caudale ; la blancheur de l'iris, qui est très-étroit ; celle de la couleur générale ; les petites bandes brunes du dos et du ventre ; les nuances brunâtres et les taches jaunes de la dorsale.

L'africaine séjourne au milieu des écueils de la côte de Guinée. Son œil est grand et ovale ; son iris bleu ; sa couleur générale brune ; son corps comprimé ; son anus situé au milieu de sa longueur totale ; la peau qui revêt les nageoires, très-épaisse, comme dans presque toutes les murénophis.

La panthérine a les yeux gros et voilés par une membrane transparente, ainsi que presque tous les poissons de son genre ; ses deux mâchoires sont à peu près également avancées. Nous avons vu dans la collection hollandoise cédée à la France, un individu de cette espèce encore inconnue des naturalistes, et dont nous avons choisi le nom spécifique, de manière à indiquer la ressemblance de la distribution et du ton de ses teintes, avec ceux de la robe de la panthère.

L'étoilée n'est pas plus connue que la panthérine. On l'a pêchée au milieu des rochers de la Nouvelle-Bretagne, sous les yeux de Commerson, qui en a laissé une très-bonne description dans ses manuscrits.

La longueur de cette murénophis est d'un demi-mètre. Sa couleur générale paroît d'un jaune mêlé de blanc; le dessus du museau est bleuâtre; les taches étoilées sont d'un pourpre tirant sur le noir; la série supérieure de ces taches étoilées en renferme ordinairement vingt, et l'inférieure vingt-une; l'iris est doré. Une liqueur épaisse humecte les tégumens; la mâchoire supérieure est un peu plus avancée que celle d'en-bas; on voit l'anus situé vers le milieu de la longueur totale. On doit rechercher l'étoilée à cause de la bonté de sa chair, mais avec précaution, parce que ses dents aiguës peuvent faire des blessures fâcheuses.

L'ondulée a été observée par Commerson, qui en a laissé un dessin. La description de cette espèce n'a pas encore été publiée. Son anus est situé plus près de la tête que de la caudale.

La grise aime les mêmes eaux que l'étoilée et la colubrine. On en devra la connoissance à Commerson, dont les manuscrits en contiennent une description étendue.

Cette murénophis a la grandeur de l'anguille; l'iris doré, avec des points bruns; la peau dénuée d'écailles facilement visibles; la langue très-difficile à distinguer. Commerson a écrit que l'effet de la morsure de ce poisson étoit semblable à celui d'un rasoir.

LA MURÉNOPHIS HAÜY *.

Nous dédions cette espèce, qui n'a pas encore été décrite, à notre célèbre collègue, confrère et ami, le citoyen Haüy, membre de l'Institut national, et professeur de minéralogie au Muséum d'histoire naturelle. Non seulement l'Europe savante rend hommage, dans ce savant illustre, au physicien du premier ordre, au créateur de la crystallographie, à l'auteur du bel ouvrage qui répand une lumière si vive sur la science des minéraux; mais encore elle sait, malgré la modestie de ce grand naturaliste, que c'est à lui qu'elle doit une très-grande partie du travail ichthyologique dont l'Encyclopédie méthodique a été enrichie.

La couleur générale de la *murénophis haüy* est d'un jaune doré, mêlé de teintes blanches ou argentines. A la place de la ligne latérale, on voit une raie longitudinale rouge. Les taches dont la surface du poisson est parsemée, sont d'un brun jaunâtre plus ou moins foncé; les nageoires présentent les mêmes nuances que ces taches. L'ouverture branchiale, située beaucoup plus vers le bas que vers le haut de l'animal, lie les muré-

---

* Murænophis haüy.

nophis avec les *sphagebranches*, dont nous allons bientôt nous occuper.

Le citoyen Noël de Rouen a vu, dans la collection
d'un de ses amis, un individu de l'espèce que nous faisons connoître, et a bien voulu nous en envoyer un
dessin.

DEUX CENT DIX-SEPTIÈME GENRE.

LES GYMNOMURÈNES.

Point de nageoires pectorales; une ouverture branchiale sur chaque côté du poisson; le corps et la queue presque cylindriques; point de nageoire du dos, ni de nageoire de l'anus; ou ces deux nageoires si basses et si enveloppées dans une peau épaisse, qu'on ne peut reconnoître leur présence que par la dissection.

ESPÈCES.	CARACTÈRES.
1. LA GYMNOMURÈNE CERCLÉE. (*Gymnomuræna doliata.*)	L'anus beaucoup plus près du bout de la queue que de la tête; la couleur générale brune; soixante (ou environ) bandes transversales, blanches, très-étroites, et formant presque toutes une zone autour du poisson.
2. LA GYMNOMURÈNE MARBRÉE. (*Gymnomuræna marmorata.*)	L'anus plus près de la tête que du bout de la queue; la caudale très-courte; le corps et la queue marbrés de brun et de blanc.

LA GYMNOMURÈNE CERCLÉE,

ET

LA GYMNOMURÈNE MARBRÉE.

LA description de ces poissons n'a pas encore été publiée. Ils ont été observés par Commerson, auprès des rivages de la Nouvelle-Bretagne. Nous les avons séparés des murénophis, parce qu'ils manquent de nageoire dorsale et de nageoire de l'anus, ou n'ont qu'une anale et une dorsale très-difficiles à distinguer. Ces traits de conformation les placent à une distance des serpens encore plus petite que celle qui sépare ces reptiles des murénophis.

La longueur de la cerclée est d'un mètre, ou environ. Outre les zones dont nous avons parlé dans la

---

Gymnomuræna doliata.

Conger brunneus, zonis transversalibus albis, utrinque circiter sexaginta; pinnis dorsi et ani dubiis, pectoralibus nullis, ano caudæ multoties propiori quàm capiti. *Commerson, manuscrits déja cités.*

Gymnomuræna marmorata.

Conger brunneus albo-marmoratus, pinnis pectoralibus, dorsi et ani nullis. *Commerson, manuscrits déja cités.*

Le mot *gymnos*, qui, en grec, signifie *nu*, désigne la *nudité* du dos et du dessous de la queue, c'est-à-dire, le défaut d'anale et de dorsale, ou la petitesse de la dorsale et de la nageoire de l'anus.

table générique, quelques bandes transversales plus ou moins longues, irrégulières et interrompues, paroissent sur les côtés de l'animal. La tête présente plusieurs petites raies irrégulières et blanches. Le corps et la queue sont un peu comprimés. La mâchoire d'en-haut est un peu plus avancée que celle d'en-bas : des dents molaires garnissent le disque formé par chaque mâchoire. Les narines ont chacune deux orifices ; et il paroît que l'orifice antérieur est placé au bout d'un petit tube noir à son extrémité et qui ressemble à un barbillon. Les arcs de cercle qui soutiennent les branchies, sont entièrement lisses. On ne voit pas de véritable ligne latérale. On ne peut s'assurer de l'existence de la dorsale et de l'anale, ni reconnoître les rayons qui les composent, qu'après avoir enlevé la peau qui les recouvre.

Lors de la basse mer, on trouve souvent les *cerclées* sous de grosses pierres ou des blocs de rocher, qu'on retourne pour découvrir ces gymnomurènes laissées à sec. On tue alors ces osseux à coups de bâton ; mais on ne les saisit qu'avec précaution, pour éviter les douleurs aiguës que peut causer leur morsure.

Les *marbrées* ont des dimensions très-peu différentes de celles des *cerclées*. On les voit souvent cachées à demi sous des roches peu submergées, levant leur tête au-dessus de l'eau dans l'attente de leur proie, la lançant, pour ainsi dire, avec rapidité contre leurs victimes, et les mordant avec force et même acharnement.

Elles peuvent d'autant plus déchirer ce qu'elles saisissent, qu'indépendamment d'une rangée de dents très-aiguës qui garnit chaque mâchoire, des dents semblables hérissent le palais.

Le museau est alongé; les joues sont comme gonflées, ainsi que le derrière des yeux. La mâchoire d'en-bas est un peu moins avancée que celle d'en-haut.

Nous croyons que l'orifice antérieur de chaque narine est placé au bout d'un petit tuyau, que l'on peut comparer à un barbillon, et qui s'élève vers le bout du museau.

Il n'y a pas de ligne latérale.

L'iris est doré.

On ne peut découvrir aucune nageoire, excepté à l'extrémité de la queue, où l'on apperçoit sur le bord un rudiment de caudale.

La peau, dénuée d'écailles facilement visibles, est enduite d'une humeur très-visqueuse.

DEUX CENT DIX-HUITIÈME GENRE.

LES MURÉNOBLENNES.

Point de nageoires pectorales ; point d'apparence d'autres nageoires ; le corps et la queue presque cylindriques ; la surface de l'animal répandant, en très-grande abondance, une humeur laiteuse et gluante.

ESPÈCE.	CARACTÈRES.
LA MURÉNOBLENNE OLIVATRE. (*Murænoblenna olivacea.*)	La couleur générale olivâtre et sans taches ; le ventre blanchâtre.

LA MURÉNOBLENNE ' OLIVATRE '.

COMMERSON a vu dans le détroit de Magellan, ce poisson que les naturalistes ne connoissent pas encore, et qui semble organisé de manière à répandre avec plus d'abondance que tout autre, une matière visqueuse. Cette faculté et sa conformation extérieure nous ont obligés à l'inscrire dans un genre particulier.

Il parvient à la longueur d'un demi-mètre. Son diamètre est alors le dix-huitième ou à peu près de sa longueur totale.

La matière huileuse et gluante qui suinte de ses pores, paroît inépuisable : Commerson dit qu'elle donnoit même aux matelots une très-grande répugnance pour la murénoblenne olivâtre, et qu'elle devoit former une si grande partie du volume de ce singulier poisson, que lorsqu'on avoit mis dans de l'alcool un individu de cette espèce, et qu'on l'y avoit laissé pendant deux mois, on trouvoit ce même individu réduit presque en entier en une masse muqueuse, huileuse et gluante.

' *Blenna* , en grec , signifie *mucosité*.

' Conger olivaceo-virens , immaculatus , lac et gluten plurimum fundens. *Commerson , manuscrits déja cités.*

DEUX CENT DIX-NEUVIÈME GENRE.

LES SPHAGEBRANCHES.

Point de nageoires pectorales, ni d'autres nageoires ; les deux ouvertures branchiales sous la gorge ; le corps et la queue presque cylindriques.

ESPÈCE.	CARACTÈRES.
LE SPHAGEBRANCHE MUSEAU-POINTU. (*Sphagebranchus rostratus.*)	Le museau terminé en pointe ; la mâchoire supérieure beaucoup plus avancée que celle d'en-bas.

LE SPHAGEBRANCHE MUSEAU-POINTU *.

BLOCH a reçu dans le temps, des Indes orientales, un individu de cette espèce. L'anus de ce poisson étoit placé vers le milieu de sa longueur totale ; sept petites dents garnissoient les mâchoires ; quatre branchies étoient situées de chaque côté de l'animal. On ne pouvoit distinguer aucune écaille sur la peau.

* Sphagebranchus rostratus.
Collibranche.
Doppelte kalskieme , *en allemand.*
Double-chin-gilt , *en anglois.*
Bloch , pl. 419 , *fig.* 2.

DEUX CENT VINGTIÈME GENRE.

LES UNIBRANCHAPERTURES.

Point de nageoires pectorales ; le corps et la queue serpentiformes ; une seule ouverture branchiale, et cet orifice situé sous la gorge ; la dorsale et l'anale basses et réunies à la nageoire de la queue.

ESPÈCES.	CARACTÈRES.
1. L'UNIBRANCHAPERTURE MARBRÉE. (*Unibranchapertura marmorata.*)	La tête plus grosse que le corps ; le dessus de la tête convexe ; le museau arrondi ; les deux mâchoires presque égales, et garnies de plusieurs rangs de dents petites et coniques ; le palais et la langue lisses ; le corps et la queue marbrés.
2. L'UNIBRANCHAPERTURE IMMACULÉE. (*Unibranchapertura immaculata.*)	La tête plus grosse que le corps ; le dessus de la tête convexe ; le museau pointu ; les deux mâchoires presque égales ; le corps et la queue sans taches.
3. L'UNIBRANCHAPERTURE CENDRÉE. (*Unibranchapertura cinerea.*)	La tête petite ; le museau pointu ; les mâchoires garnies de dents ; la mâchoire supérieure plus avancée que l'inférieure ; la dorsale ne commençant qu'au-delà du milieu de la longueur du tronc ; les nageoires adipeuses ; toute la surface du poisson d'un gris cendré.
4. L'UNIBRANCHAPERTURE RAYÉE. (*Unibranchapertura lineata.*)	La tête grosse ; le museau avancé et pointu ; les deux mâchoires garnies de plusieurs rangs de dents très-petites et crochues ; la dorsale, la caudale et l'anale, très-courtes et adipeuses ; le dessous du corps et de la queue tacheté ; une raie noirâtre étendue sur le dos, depuis la tête jusqu'à l'extrémité de la dorsale.

ESPÈCES.	CARACTÈRES.
5. L'UNIBRANCHAPERTURE LISSE. (*Unibranchapertura lævis.*)	La tête grosse; le museau court, aplati et arrondi; la mâchoire supérieure plus large et plus avancée que celle d'en-bas; les yeux très-petits, et situés très-près du bout du museau; la dorsale commençant aux trois quarts, ou environ, de la longueur totale; l'anus trois fois plus éloigné de la gorge que du bout de la queue; la dorsale, l'anale et la caudale, très-difficiles à distinguer et adipeuses; des plis transversaux sous la gorge.

L'UNIBRANCHAPERTURE MARBRÉE[1];

L'UNIBRANCHAPERTURE IMMACULÉE[2],

L'UNIBRANCHAPERTURE CENDRÉE[3], L'UNIBRANCHAPER-
TURE RAYÉE[4], ET L'UNIBRANCHAPERTURE LISSE[5].

DANS les eaux douces et bourbeuses de Surinam,
se trouve la marbrée, dont la chair est grasse, mais
quelquefois imprégnée d'un goût et d'une odeur de
vase; elle est vorace et se nourrit de petits animaux.
Ses lèvres sont charnues; chaque narine n'a qu'un
orifice. Les yeux sont bleus; le dos est d'un olivâtre
foncé; le ventre et les côtés sont d'un verd jaunâtre;
les taches qui font paroître l'animal comme marbré,
présentent des nuances violettes. La peau est épaisse

---

[1] Unibranchapertura marmorata.
Surinamische halskieme, *en allemand*.
Symbranche marbré. *Bloch, pl.* 418.

[2] Unibranchapertura immaculata.
Symbranche immaculé. *Bloch, pl.* 419, *fig.* 1.

[3] Unibranchapertura grisea.
Murène cendrée. *Bonnaterre, planches de l'Encyclopédie méthodique.*

[4] Unibranchapertura lineata.

[5] Unibranchapertura lævis.

et lâche; la ligne latérale droite; l'anus deux fois plus près de l'extrémité de la queue que de la gorge; l'estomac alongé; et la membrane de cet organe mince.

L'unibranchaperture immaculée vit dans les eaux de Surinam et de Tranquebar. Sa peau est moins lâche que celle de la marbrée; son corps est charnu.

La cendrée n'a pas de taches. Sa longueur est de plus de vingt centimètres; l'ouverture de la bouche médiocre; l'œil très-petit; la peau dénuée d'écailles facilement visibles. Cette unibranchaperture a été pêchée dans les eaux de la Guinée.

Le citoyen Leblond nous a envoyé de Cayenne un individu qui appartenoit à une espèce d'unibranchaperture encore inconnue des naturalistes, ainsi que la lisse, dont nous allons parler.

Cette espèce, que nous avons nommée la rayée, a les yeux très-petits, et placés vers le milieu de la longueur des mâchoires; on voit dans l'intérieur de la bouche, et dans l'angle antérieur de chaque mâchoire, un grouppe de dents crochues et très-petites; l'ouverture branchiale est ovale, longitudinale et petite; on n'apperçoit pas de taches sur la partie supérieure du poisson. La rayée parvient à la longueur de deux tiers de mètre. L'anus est situé aux trois quarts de la longueur totale.

La lisse a la ligne latérale droite; l'orifice branchial assez grand, un peu triangulaire et alongé; l'anale très-courte; la peau très-lisse et sans aucune apparence d'écailles; la couleur générale sans taches, et sans aucune bande ni raie.

Nous avons fait dessiner un bel individu de cette espèce, que nous avons trouvé dans la collection cédée à la France par la République batave.

ADDITIONS AUX ARTICLES

DE PLUSIEURS GENRES DE POISSONS CARTILAGINEUX ET DE POISSONS OSSEUX.

TROISIÈME SUPPLÉMENT

AU TABLEAU

DU GENRE DES RAIES.

PREMIER SOUS-GENRE.

Les dents aiguës ; des aiguillons sur le corps ou sur la queue.

ESPÈCES.	CARACTÈRES.
9 *. LA RAIE BLANCHE. (*Raja alba.*)	Le museau pointu; la tête présentant la forme d'un pentagone ; deux nageoires dorsales, situées sur la queue ; une caudale ; trois rangées d'aiguillons sur la queue de la

---

* Les numéros que l'on voit dans les tableaux supplémentaires de cet ouvrage, à côté des noms des espèces, indiquent la place où elles seront inscrites dans la table générale. On numérotera en conséquence les places de toutes les autres espèces portées sur cette même table générale, après celles dont les tableaux supplémentaires présentent le nom, quel qu'ait été le numéro de ces autres espèces dans les tableaux de genre proprement dits ; et si cette Histoire renferme plusieurs tableaux supplémentaires pour le même genre, les chiffres du dernier de ces tableaux seront ceux que l'on devra nécessairement retrouver dans la table générale.

ESPÈCES.	CARACTÈRES.
9. LA RAIE BLANCHE. (*Raja alba*.)	femelle ; une rangée de piquans sur la queue du mâle, et un grouppe d'aiguillons aux quatre coins de son corps ; le ventre d'un blanc éclatant.
10. LA RAIE BORDÉE. (*Raja marginata*.)	Le museau pointu ; une nageoire dorsale placée sur la queue ; une caudale ; trois rangs d'aiguillons sur la queue ; un aiguillon derrière chaque œil ; le dessous du corps, d'un blanc sale, et entouré, excepté du côté de la tête, d'une large bordure noire.

TROISIÈME SOUS-GENRE.

Les dents obtuses ; des aiguillons sur le corps ou sur la queue.

ESPÈCES.	CARACTÈRES.
20. LA RAIE AIGUILLE. (*Raja acus*.)	Le museau terminé par une pointe très-déliée ; une nageoire dorsale située sur la queue ; point de caudale ; une rangée de piquans sur la queue ; quatre taches foncées, et placées sur le dos, de manière à indiquer une portion de cercle.
25. LA RAIE GIORNA. (*Raja giorna*.)	Deux grands appendices sur le devant de la tête ; chaque pectorale formant un triangle isocèle, dont la base tient au corps du poisson ; une nageoire dorsale placée au-devant d'un aiguillon fort et dentelé des deux côtés, qui termine le corps ; la queue très-longue, très-déliée, et dénuée de nageoires.

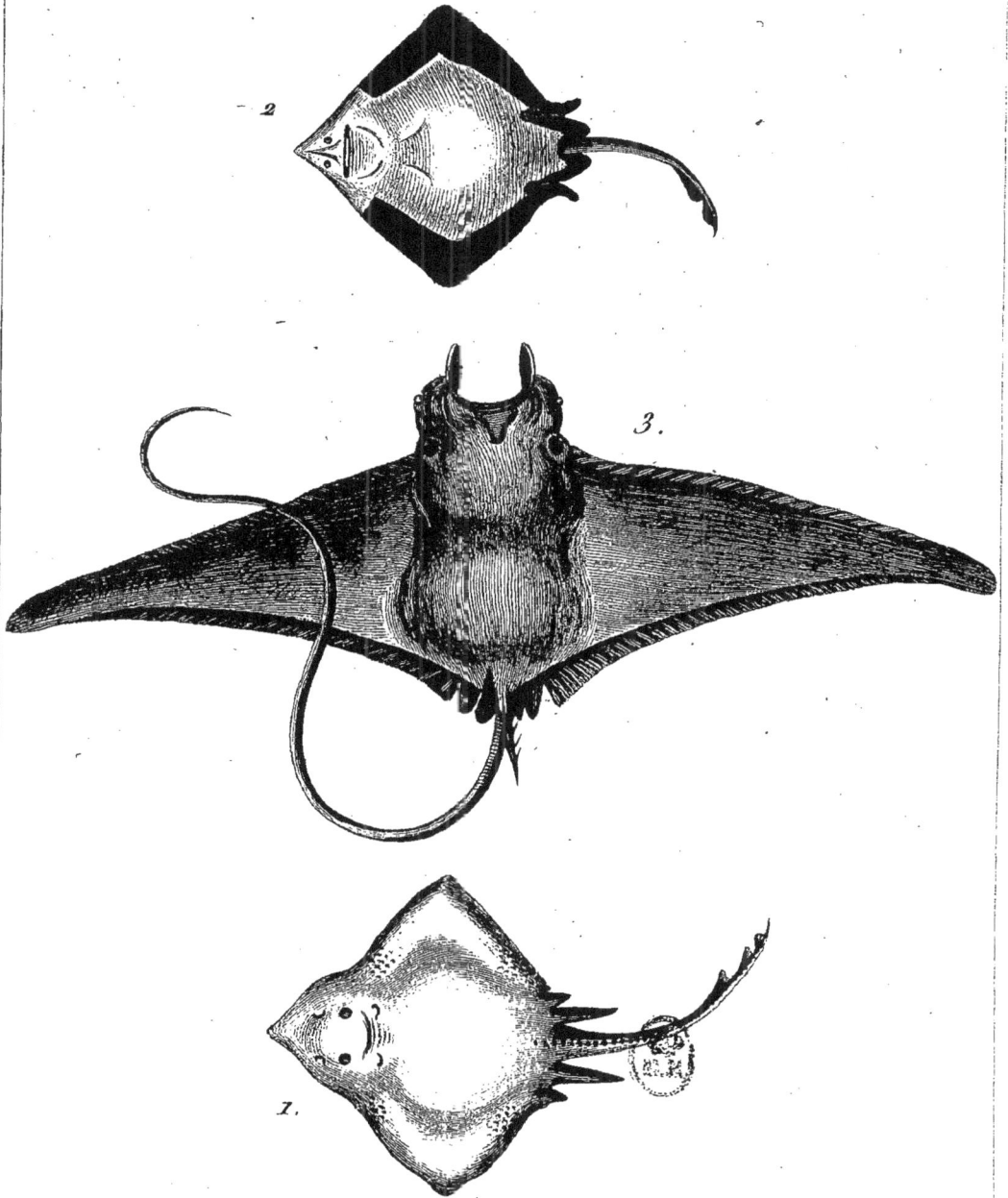

1. *RAIE Blanche.* 2. *RAIE Bordée.* 3. *RAIE Giorna.*

LA RAIE BLANCHE [1],

ET

LA RAIE BORDÉE [2].

CES deux raies ne sont pas encore connues des naturalistes. Le citoyen Noël de Rouen a examiné plus de
deux cents individus de l'espèce à laquelle nous avons
conservé le nom de *blanche*, que lui donnent les pêcheurs. La couleur du dos de cette raie n'est pas aussi
claire que celle du ventre, mais beaucoup moins foncée que les nuances offertes par la plupart des poissons de son genre. L'échancrure que la forme de la
tête fait paroître entre cette partie et les pectorales,
donne à ces nageoires un jeu plus libre et des mouvemens plus faciles. L'épaisseur, ou, ce qui est la même
chose, la hauteur du corps de la raie blanche, doit être
remarquée.

La raie bordée ne parvient pas à de grandes dimensions. Le citoyen Noël en a vu des individus à Dieppe,
à Liverpool, à Brighton. La peau du dos est très-fine

---

[1] Raja alba.
[2] Raja marginata.
Raie à zone brune. *Noël, notes manuscrites.*

sur ce poisson ; et la couleur de cette peau paroît d'un fauve clair. Le museau présente la même nuance tant en-dessus qu'en-dessous ; et d'ailleurs, il est transparent. Une teinte noire, semblable à celle de la bordure inférieure, distingue la queue et les nageoires attachées à cette partie.

Nous devons la description et le dessin de ces deux espèces au zèle du citoyen Noël.

LA RAIE AIGUILLE *.

LES naturalistes devront être étonnés d'entendre parler pour la première fois d'un si grand nombre de raies remarquables par leurs dimensions, leurs formes, leurs couleurs, et qui habitent la plupart auprès des côtes de France ou d'Angleterre les plus fréquentées.

Voici encore une de ces espèces dont nous ignorerions l'existence, sans la constance du citoyen Noël. La tête de cette raie est ovale; et ses dents sont comme mamelonnées.

* Raja acus.

LA RAIE GIORNA *.

QUE l'on rappelle les cinq raies gigantesques que nous avons décrites, et sur lesquelles nous avons fait remarquer un attribut particulier, un double organe du toucher, que la Nature a placé au-devant de leur tête ; que l'on se souvienne de ce que nous avons dit au sujet de ces grandes raies, la *mobular*, la *manatia*, la *fabronienne*, la *banksienne* et la *frangée*, dont l'instinct, par un effet de leur organe double et mobile, doit être supérieur à celui des autres raies, de même que leurs dimensions surpassent celles des cartilagineux de leur genre : on éprouvera une vive reconnoissance pour le citoyen Giorna, qui a reconnu une sixième raie dont la conformation et la grandeur obligent à la placer dans cette famille si favorisée. Cet académicien, qui dirige si dignement le Muséum d'histoire naturelle de Turin, a bien voulu nous adresser un dessin et une description de cette raie, à laquelle nous nous sommes empressés de donner le nom du savant naturaliste qui nous la faisoit connoître.

Un individu de cette espèce avoit été pêché dans

---

* Raja giorna.

la mer qui baigne Nice, et envoyé au citoyen Giorna
par le citoyen Vay son beau-fils.

La *raie giorna* est d'un brun obscur par-dessus, olivâtre sur les bords, et blanche en-dessous. On voit
au-devant de sa tête, qui est large, deux appendices
qu'on seroit tenté de comparer à des cornes, et qui,
présentant une couleur noirâtre, des stries longitudinales, huit rangs obliques de tubercules, s'attachent
à la lèvre supérieure par une sorte de rebord membraneux. Les yeux sont placés sur les côtés de la tête.
Derrière chaque œil paroît un évent large et demi-circulaire. La dorsale a, comme les pectorales, la forme
d'un triangle isocèle. La queue, très-déliée, est lisse
jusqu'au quart de sa longueur, et ensuite tuberculée
des deux côtés. Un petit appendice, placé à côté de
chaque ventrale, tient lieu de nageoire de l'anus.

L'individu décrit par le citoyen Giorna avoit près de
deux mètres de longueur totale, et près d'un mètre et
demi d'envergure, c'est-à-dire, de largeur, à compter
du bout extérieur d'une pectorale au bout extérieur
de l'autre. La queue étoit trois fois plus longue que la
tête et le corps pris ensemble; la base de chaque pectorale avoit, avec chacun des autres côtés de cette nageoire
triangulaire, le rapport de 14 à 26 ou à peu près. La
longueur de chaque appendice du front étoit près du
dixième de la longueur de la queue.

SECOND SUPPLÉMENT

AU TABLEAU

DU GENRE DES BALISTES.

PREMIER SOUS-GENRE.

Plus d'un rayon à la nageoire inférieure ou thorachique, et à la première nageoire dorsale.

ESPÈCE.	CARACTÈRES.
4. LE BALISTE BUNIVA. (*Balistes buniva.*)	Trois rayons aiguillonnés à la première nageoire du dos; sept rayons à chaque ventrale; la caudale rectiligne et sans échancrure.

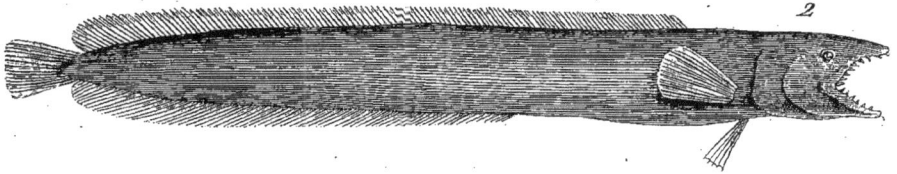

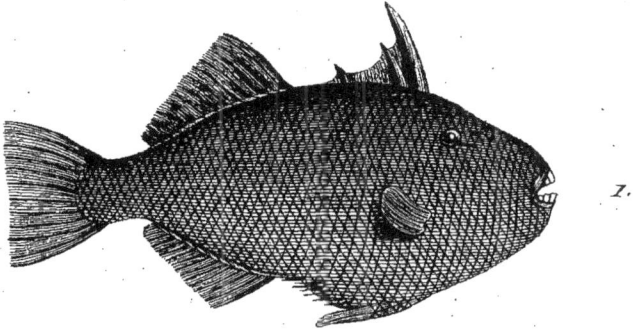

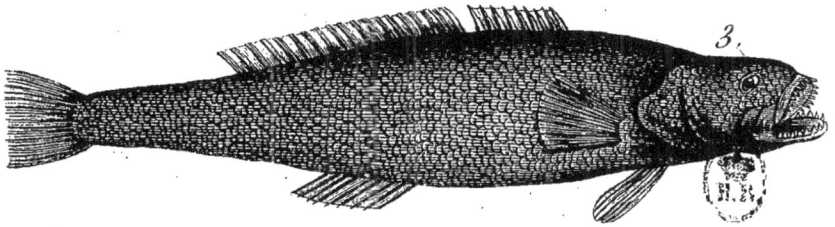

1.BALISTE Buniva. 2. GADE Lubb. 3. CHÉILODIPTÈRE Aigle.

LE BALISTE BUNIVA*.

La description et le dessin de ce baliste encore inconnu nous ont été envoyés par le citoyen Giorna, de l'académie de Turin. Le citoyen Buniva, savant collègue du citoyen Giorna, a bien voulu se charger de nous les remettre. La physique animale, et particulièrement celle des poissons, vont être enrichies par les grandes recherches, les observations précieuses, les belles expériences de ce naturaliste, qui vient de publier les premiers résultats de ses travaux importans. Nous lui dédions ce baliste, que l'on a pêché dans la mer de Nice, dans celle qui est la plus voisine de la patrie qu'il honore.

Ce baliste a les deux mâchoires également avancées, vingt-sept rayons à la seconde nageoire du dos, quatorze à chaque pectorale, quatorze à l'anale, et douze à la nageoire de la queue.

Il est nécessaire de faire observer avec soin que voilà la seconde espèce de baliste pêchée dans la Méditerranée. Le caprisque est la première de ces deux espèces, dont les congénères n'ont été encore vues que dans les mers de l'ancien ou du nouveau continent

---

* Balistes buniva.

voisines des tropiques. Mais une chose plus digne de l'attention des ichthyologistes, c'est que le citoyen Giorna a vu dans le Muséum de Turin, dont l'inspection lui a été confiée avec tant de raison, une chimère arctique femelle, prise auprès de Nice, dans la Méditerranée.

SUPPLÉMENT

AU TABLEAU GÉNÉRIQUE

DES GADES.

PREMIER SOUS-GENRE.

Trois nageoires sur le dos; un ou plusieurs barbillons au bout du museau.

ESPÈCE.	CARACTÈRES.
8. LE GADE ROUGE. (*Gadus ruber.*)	La nageoire de la queue, rectiligne et sans échancrure ; un enfoncement auprès du bout du museau ; le second rayon de chaque jugulaire plus long que les autres, et terminé par un filament ; le premier rayon de la première nageoire de l'anus non épineux.

TROISIÈME SOUS-GENRE.

Deux nageoires dorsales; un ou plusieurs barbillons au bout du museau.

ESPÈCE.	CARACTÈRES.
14. LE GADE NÈGRE. (*Gadus niger.*)	La nageoire de la queue, fourchue ; la dorsale adipeuse ; cinquante-deux rayons à la nageoire de l'anus ; toute la surface du poisson, d'un noir plus ou moins foncé.

CINQUIÈME SOUS-GENRE.

Une seule nageoire dorsale ; des barbillons au bout du museau.

ESPÈCE.	CARACTÈRES.
22. LE GADE LUEB. (*Gadus lubb.*)	La nageoire de la queue, arrondie ; soixante-quinze rayons à l'anale ; point de bandes ou taches transversales sur le corps ni sur la queue.

———————————

LE GADE ROUGE[1],

LE GADE NÈGRE[2], ET LE GADE LUBB[3].

Nous avons dit, à la fin de l'article du gade morue, que nous adoptions l'opinion du citoyen Noël au sujet du gade rouge, et que nous regardions avec lui ce dernier poisson comme une variété de la morue proprement dite : mais depuis la publication de cet article, le citoyen Noël a fait un voyage dans la Grande-Bretagne ; il a observé en Écosse un très-grand nombre de gades rouges ; il m'a envoyé les résultats de ses recherches. Nous avons examiné ce travail avec beaucoup d'attention ; et nous pensons maintenant, ainsi que cet habile naturaliste, que les gades rouges forment une espèce distincte de celle des gades morues.

Les gades rouges sont très-communs dans la mer qui baigne les îles du nord-ouest de l'Écosse. La fermeté de leur chair leur a fait donner le nom de *gades rochers*.

---

[1] Gadus ruber.
Red cod.
Tanny cod.
Rock cod.

[2] Gadus niger.

[3] Gadus lubb.

Ils parviennent souvent à une longueur de plus d'un mètre. Ils ont le ventre large ; la tête longue ; des dents petites et aiguës aux mâchoires, à l'entrée du palais, dans le voisinage de l'œsophage ; un barbillon ; une sorte de rainure auprès de la nuque ; une caudale élevée ; la ligne latérale courbée et blanche. Le citoyen Noël m'écrit qu'on prend de ces poissons à Fécamp, à Dieppe et à Boulogne ; qu'on les y nomme *merluches,* et *petites merluches ;* mais qu'ils n'y présentent pas ordinairement les teintes rouges qui ont fait donner à leur espèce le nom qu'elle porte.

Le gade nègre a été vu, par le citoyen Noël, dans les eaux de l'île de Bute en Écosse, dans le frith de Solway, à Liverpool, dans la rivière de Mersey. Il est long de deux ou trois décimètres ; sa mâchoire inférieure est garnie d'un barbillon ; deux filamens assez longs distinguent chaque jugulaire ; la première dorsale ne renferme qu'un rayon, qui est articulé.

Il ne faut pas confondre le gade nègre avec des morues nommées *noires,* qui ne sont qu'une variété de la morue ordinaire, et dont la peau est en effet noire ou noirâtre[*]. Ces morues noires habitent dans le lac de *Strome,* en *Mainland,* une des îles de *Shetland,* à un mille ou environ du détroit qui fait communiquer ce lac avec la mer. On les y pêche dans des endroits dont l'eau est entièrement douce. Leur chair est de très-bon goût ; ce qui prouve la facilité avec la-

---

[*] *Notes manuscrites communiquées par le citoyen Noël de Rouen.*

quelle on pourroit acclimater, dans des eaux non
salées, des morues et d'autres gades, ainsi que plusieurs autres poissons que l'on ne rencontre encore que
dans la mer [1].

Le *lubb* aime les eaux du Katègat, et les lacs salés
de la côte de Bohus en Suède [2]. Il est encore inconnu
des naturalistes, ainsi que le gade nègre. Son corps
est presque conique; sa queue aplatie; sa longueur
de plus d'un mètre [3]. Les deux mâchoires sont presque
également avancées : on voit à la mâchoire inférieure un

---

[1] Voyez le discours intitulé, *Des effets de l'art de l'homme sur la nature des poissons.*

[2] *Notes manuscrites du citoyen Noël.*

[3] 7 rayons à la membrane branchiale du gade rouge.
   13   à la première dorsale.
   19   à la seconde.
   18   à la troisième.
   18   à chaque pectorale.
    6   à chaque jugulaire.
   19   à la première nageoire de l'anus.
   17   à la seconde.
   54   à la nageoire de la queue.

    7 rayons à la membrane des branchies du gade nègre.
   60   à la seconde nageoire du dos.
   20   à chaque pectorale.
    4   à chaque jugulaire.
   26   à la caudale.

    7 rayons à la membrane branchiale du gade lubb.
  103   à la dorsale.
   21   à chaque pectorale.
    5   à chaque jugulaire.
   36   à la nageoire de la queue.

barbillon court et délié. L'œil est grand, l'iris jaune.
Les mâchoires, le palais et les environs de l'œsophage,
sont garnis de dents ; la langue est lisse, blanche et
charnue ; la ligne latérale, d'abord courbe, et ensuite
droite ; la couleur générale plus ou moins brune ou
verdâtre. Une bande noirâtre s'étend le long de la
nageoire du dos, et borde souvent celle de l'anus ; une
bandelette blanche et une bandelette noire relèvent les
nuances de la caudale.

SUPPLÉMENT

AU TABLEAU

DU GENRE DES GOBIES.

PREMIER SOUS-GENRE.

Les nageoires pectorales attachées immédiatement au corps de l'animal.

ESPÈCE.	CARACTÈRES.
14. LE GOBIE THUNBERG. (*Gobius thunberg.*)	Douze rayons à la seconde nageoire du dos ; les deux mâchoires également avancées ; les écailles petites ; les deux nageoires dorsales de la même hauteur ; vingt-huit rayons à la nageoire de la queue.

LE GOBIE THUNBERG [1].

CE poisson, vu par Thunberg, dans la mer qui baigne les Indes orientales, a beaucoup de rapports avec l'éléotre de la Chine. Sa longueur est de plus d'un décimètre. Plusieurs rangées de dents garnissent les mâchoires. Le museau est obtus. Les thoracines sont une fois moins longues que les pectorales ; la caudale est arrondie. On ne voit sur l'animal, ni bandes, ni taches ; la couleur générale est blanchâtre [2].

---

[1] Gobius patella. *Thunberg*, *Voyage au Japon.*

[2]   5 rayons à la première nageoire du dos du gobie thunberg.
   15   à chaque pectorale.
   9   à la nageoire de l'anus.

SECOND SUPPLÉMENT

AU TABLEAU

DU GENRE DES SCOMBRES.

ESPÈCE.	CARACTÈRES.

Nota. Le *scombre sarde*, décrit dans le premier supplément au tableau du genre des scombres, doit être numéroté 9.

10. LE SCOMBRE ATUN. (*Scomber atun.*)	Six ou sept petites nageoires dorsales au-dessous de la queue ; la mâchoire inférieure plus longue que la supérieure ; la ligne latérale parallèle au dos, jusque vers le commencement de la queue, et s'élevant ensuite ; le dos noir ; le ventre brunâtre ; point de taches ni de raies.

LE SCOMBRE ATUN.

LE voyageur Enphrasen, en allant de Suède à Canton, et de Canton en Suède, en 1782 et 1783, a vu près du cap de Bonne-Espérance, et dans les eaux de l'île de Java, le *scombre atun*, dont la longueur est quelquefois de plus d'un mètre; la tête comprimée; le museau alongé et pointu; la mâchoire supérieure garnie non seulement d'un rang de dents, mais encore de quatre dents aiguës et plus fortes, placées à son extrémité; l'œil ovale; l'iris cendré; la caudale fourchue*.

---

*   7 rayons à la membrane branchiale du scombre atun.
20 rayons aiguillonnés à la première dorsale.
10 rayons articulés à la seconde.
13 rayons à chaque pectorale.
6 rayons à chaque thoracine.
10 ou 13 rayons à l'anale.
22 rayons à la nageoire de la queue.

SECOND SUPPLÉMENT

AU TABLEAU

DU GENRE DES CARANXOMORES.

ESPÈCE.	CARACTÈRES.
4. LE CARANXOMORE SACRESTIN. (*Caranxomorus sacrestinus.*)	Dix rayons aiguillonnés et onze rayons articulés à la nageoire du dos; trois rayons aiguillonnés et huit rayons articulés à la nageoire de l'anus; la mâchoire inférieure plus avancée que celle d'en-haut, et relevée au-dessous du sommet de cette dernière par une apophyse; deux orifices à chaque narine; les écailles bleuâtres, et bordées de brun.

LE CARANXOMORE SACRESTIN *.

COMMERSON a laissé dans ses manuscrits une description de ce poisson, qu'il a observé pendant son
voyage avec notre collègue Bougainville, et que les
naturalistes ne connoissent pas encore. Les dimensions
de ce caranxomore sont assez semblables à celles d'un
scombre maquereau. Du jaunâtre distingue la dorsale
et la nageoire de l'anus; du rouge, les pectorales; du
jaune entouré de bleuâtre, les thoracines; du noirâtre,
la nageoire de la queue, qui est très-fourchue.

Le museau est avancé; chaque mâchoire armée de
dents très-courtes, très-fines et très-serrées; la langue
cartilagineuse et lisse; le palais relevé par deux tubé-
rosités; le dessus du gosier garni, ainsi que le dessous, d'une élévation dure et hérissée de très-petites
dents; l'œil grand; chaque opercule composé de trois
lames, dont la première est revêtue de petites écailles,
la seconde ciselée, la troisième prolongée par un
appendice jusqu'à la base des pectorales; chaque côté

---

* Caranxomorus sacrestinus.

Sciænus è fusco cærulescens, pinnis flavescentibus, dorsali et anali
retrorsum subulatis, caudâ nigrâ, in sinus marginibus, subflavescente.
Commerson, manuscrits déja cités.

Sacrestin. Id. ibid.

de l'occiput strié ou ciselé; le dernier rayon de la dorsale très-alongé, de même que le second de chaque pectorale, et le dernier de la nageoire de l'anus.

La chair du sacrestin est agréable au goût *.

---

* 7 rayons à la membrane branchiale du caranxomore sacrestin.

16 rayons à chaque pectorale.

1 rayon aiguillonné et 5 rayons articulés à chaque thoracine.

17 rayons à la nageoire de la queue.

SUPPLÉMENT

AU TABLEAU

DU GENRE DES CHEILODIPTÈRES.

SECOND SOUS-GENRE.

La nageoire de la queue, rectiligne ou arrondie, et sans échancrure.

ESPÈCE.	CARACTÈRES.
7. LE CHEILODIPTÈRE AIGLE. (*Cheilodipterus aquila.*)	Deux rayons aiguillonnés à la première nageoire du dos; la caudale un peu arrondie ; les deux mâchoires presque également avancées.

LE CHEILODIPTÈRE AIGLE *.

Nous allons décrire ce poisson, que les naturalistes ne paroissent pas connoître encore, d'après des notes manuscrites que le citoyen Noël de Rouen, et le citoyen Mesaize, pharmacien de la même ville, ont bien voulu nous envoyer.

Dans le mois de vendémiaire de l'an 11, des pêcheurs de Dieppe et de Fécamp ont pris neuf ou dix individus d'une grande espèce de poisson qui leur étoit inconnue, et à laquelle ils ont donné le nom d'*aigle de mer*. Le plus grand de ces individus avoit au moins un mètre et deux tiers de longueur, et pesoit trente-cinq kilogrammes. La longueur de la tête étoit le cinquième de la longueur totale.

Les mâchoires de cette *aigle de mer*, que nous avons dû rapporter au genre des cheilodiptères, sont armées de deux rangées de dents : une rainure sépare ces deux rangées : les dents de la première sont fortes; celles de la seconde sont plus petites. La lèvre supérieure est extensible; les os du palais sont unis comme la langue, qui d'ailleurs est courte et cartilagineuse. On

* Cheilodipterus aquila.
Aigle de mer.

peut voir au fond de la bouche deux éminences hérissées d'aiguillons. L'ouverture de la gueule est large; deux orifices appartiennent à chaque narine; l'œil est un peu alongé et incliné vers le bout du museau. Deux pièces composent chaque opercule; la seconde est terminée par une sorte d'appendice. Les deux nageoires du dos ont peu d'élévation. Des écailles grandes, un peu ovales, minces, très-serrées l'une contre l'autre, et fortement attachées à la peau, revêtent le bout du museau, le tour des yeux, une portion des opercules, le corps et la queue. La couleur générale est blanchâtre *.

---

*   7 rayons à la membrane branchiale du cheilodiptère aigle.
    2 rayons aiguillonnés et 7 rayons articulés à la première nageoire du dos.
29 rayons à la seconde dorsale.
17   à chaque pectorale.
6   à chaque thoracine.
9   à l'anale.
16   à la nageoire de la queue.

SECOND SUPPLÉMENT

AU TABLEAU

DU GENRE DES LUTJANS.

SECOND SOUS-GENRE.

La nageoire de la queue, rectiligne ou arrondie, et sans échancrure.

ESPÈCE.	CARACTÈRES.
90. LE LUTJAN PEINT. (*Lutjanus pictus.*)	Dix rayons aiguillonnés et vingt-un rayons articulés à la nageoire du dos ; trois rayons aiguillonnés et sept rayons articulés à l'anale ; la caudale arrondie ; la dorsale longue et basse ; trois raies longitudinales un peu courbes, et dirigées, la première vers le milieu de la dorsale, la seconde vers l'extrémité de cette nageoire, la troisième vers la caudale.

LE LUTJAN PEINT[1].

LA couleur générale de ce lutjan est blanche; la partie supérieure de la dorsale, pointillée de blanc et de brun; l'anale blanche; l'extrémité de cette nageoire noirâtre; la caudale blanche et rayée de noir de chaque côté.

Thunberg a vu ce lutjan dans la mer qui baigne les îles du Japon[2].

[1] Lutjanus pictus.
Perca picta, *Thunberg.*

[2] 14 rayons à chaque pectorale du lutjan peint,
1 rayon aiguillonné et 5 rayons articulés à chaque thoracine,
16 rayons à la nageoire de la queue.

SECOND SUPPLÉMENT

AU TABLEAU

DU GENRE DES CENTROPOMES.

SECOND SOUS-GENRE.

La nageoire de la queue, rectiligne ou arrondie, et sans échancrure.

ESPÈCE.	CARACTÈRES.
19. LE CENTROPOME SIX-RAIES. (*Centropomus sex-lineatus.*)	Cinq rayons aiguillonnés à la première dorsale; quatorze à la seconde; un rayon aiguillonné et dix rayons articulés à la nageoire de l'anus; la caudale arrondie; six raies longitudinales et blanches de chaque côté du poisson.

LE CENTROPOME SIX-RAIES [1].

On a pêché dans la mer qui baigne les Indes orientales, ce centropome, dont la mâchoire inférieure est plus avancée que la supérieure, et dont la tête, le corps et la queue présentent six raies blanches de chaque côté.

Le citoyen Noël nous a envoyé une description et un dessin de ce poisson [2].

[1] Centropomus sex-lineatus.

[2] 6 rayons à la membrane branchiale du centropome six-raies.

15 rayons à chaque pectorale.

1 rayon aiguillonné et 5 rayons articulés à chaque thoracine.

16 rayons à la nageoire de la queue.

SUPPLÉMENT

AU TABLEAU

DU GENRE DES PIMÉLODES.

PREMIER SOUS-GENRE.

La nageoire de la queue, fourchue, ou échancrée en croissant.

ESPÈCE.	CARACTÈRES.
14. LE PIMÉLODE THUNBERG. (*Pimelodus thunberg.*)	Six barbillons aux mâchoires ; un rayon aiguillonné et six rayons articulés à la première dorsale ; vingt-deux rayons à la nageoire de l'anus ; une tache noire sur la nageoire adipeuse.

LE PIMÉLODE THUNBERG [1].

La mâchoire supérieure de ce pimélode est plus avancée que l'inférieure ; elle montre deux barbillons, et l'inférieure quatre : l'une et l'autre sont garnies de dents nombreuses, mais plus petites que celles qui hérissent le palais. Chaque opercule présente un aiguillon. Le premier rayon de la première dorsale, et celui de chaque pectorale, sont forts et dentelés.

Thunberg a vu ce pimélode dans les mers des Indes orientales [2].

[1] Pimelodus thunberg.
Silurus maculatus. *Thunberg*.

[2] 1 rayon aiguillonné et dix rayons articulés à chaque pectorale du pimélode thunberg.
6 rayons à chaque ventrale.
24   à la nageoire de la queue.

SUPPLÉMENT

AU TABLEAU

DU GENRE DES PLOTOSES.

ESPÈCE.	CARACTÈRES.
2. LE PLOTOSE THUNBERGIEN. (*Plotosus thunbergianus.*)	Huit barbillons aux mâchoires ; un rayon aiguillonné et trois rayons articulés à la première dorsale ; cent douze rayons à la seconde dorsale ; la caudale et l'anale réunies.

LE PLOTOSE THUNBERGIEN [1].

La couleur générale de ce poisson est d'un blanc jaunâtre. Deux raies longitudinales et blanches paroissent de chaque côté de la tête, du corps et de la queue. Quatre barbillons garnissent chaque mâchoire. La ligne latérale est droite. On voit une dentelure au premier rayon des pectorales et de la première nageoire du dos.

Ce plotose dont on doit la connoissance au savant voyageur Thunberg, habite la partie orientale de la mer des grandes Indes [2].

---

[1] Plotosus thunbergianus.
Silurus lineatus. *Thunberg.*

[2]   1 rayon aiguillonné et douze rayons articulés à chaque pectorale du plotose thunbergien.
12 rayons à chaque ventrale.

SUPPLÉMENT

AU TABLEAU

DU GENRE DES SALMONES.

ESPÈCE.	CARACTÈRES.
29. LE SALMONE CUMBERLAND. (*Salmo cumberland.*)	Dix rayons à la première nageoire du dos ; huit à la nageoire de l'anus ; neuf à chaque ventrale ; la caudale échancrée ; les deux mâchoires également avancées ; deux rangées de dents fines et pointues à chaque mâchoire ; une rangée longitudinale de dents aiguës au milieu du palais ; des points rouges le long de la ligne latérale.

LE SALMONE CUMBERLAND [1].

LES lacs du Cumberland et ceux de l'Écosse nourrissent ce salmone dont les naturalistes ignorent encore l'existence, et dont le citoyen Noël nous a envoyé une description, après son retour d'Angleterre.

Ce salmone, auquel nous donnons le nom de sa patrie, a la ligne latérale droite; la tête petite; l'œil grand et rapproché du bout du museau; l'ouverture de la bouche grande; la langue un peu libre dans ses mouvemens et garnie de deux rangées de dents; les écailles petites; la nageoire adipeuse longue; la couleur générale blanche; le dos gris; la chair blanche, mais peu agréable au goût [2].

---

[1] Salmo cumberland.

[2] 10 rayons à la membrane branchiale du salmone cumberland.
　8　　　à chaque pectorale.
　28　　à la nageoire de la queue.

SUPPLÉMENT

AU TABLEAU

DU GENRE DES CORÉGONES.

ESPÈCE.	CARACTÈRES.
20. LE CORÉGONE CLUPÉOIDE. (*Coregonus clupeoïdes.*)	Douze rayons à la première dorsale ; treize à l'anale ; neuf à chaque ventrale ; six pièces à chaque opercule ; deux orifices à chaque narine ; les deux mâchoires également avancées ; point de dents ; la ligne latérale droite.

LE CORÉGONE CLUPÉOÏDE *.

LES naturalistes ignorent encore l'existence de ce corégone, au sujet duquel le citoyen Noël vient de m'adresser une note manuscrite très-détaillée.

Ce savant m'apprend que l'on désigne en Écosse par la dénomination de *hareng d'eau douce*, un poisson du *Lochlomoud*, le plus beau lac des montagnes de l'Écosse occidentale. On avoit écrit au citoyen Noël que ce même poisson étoit un hareng de mer, acclimaté dans l'eau douce, et que cet osseux avoit pu remonter dans le *Lochlomoud* par le *Clyde* et la petite rivière de *Leven*. Le citoyen Noël, empressé de vérifier ce fait, alla visiter le Lochlomoud en fructidor de l'an 10, se procura plusieurs clupéoïdes à *Inchtonachon*, une des îles de ce lac, les examina avec beaucoup de soin, et a eu la bonté de me faire parvenir le résultat de son observation.

J'ai dû placer parmi les corégones, ce clupéoïde, qui a beaucoup de rapports, en effet, avec les *clupées*, et particulièrement avec le hareng, mais qui, d'après

---

* Coregonus clupeoïdes.
Fresh water herring, *en Écosse*.
Span, *ibid.*
Pollock, *ibid.*

le citoyen Noël, n'a pas les caractères des clupées, et présente la nageoire adipeuse des salmones, des osmères, des corégones, etc.

Ce clupéoïde a la tête petite, un peu convexe par-dessus, et dénuée de petites écailles; trois petites pièces autour de l'œil, qui est grand et vif. Ses œufs sont d'un rouge orangé; sa chair est blanche, feuil-letée, et très-délicate. Il fraie au commencement de l'hiver. On le cherche, pendant l'été et pendant l'au-tomne, dans les endroits du lac où il y a le moins d'eau. On le prend avec un filet. Il vit en troupes; et sa longueur est quelquefois de plus de quatre déci-mètres *.

A Paris, le 7 ventose an 11.

---

* 8 rayons à la membrane branchiale du corégone clupéoïde.

14   à chaque pectorale.

35   à la nageoire de la queue.

FIN.

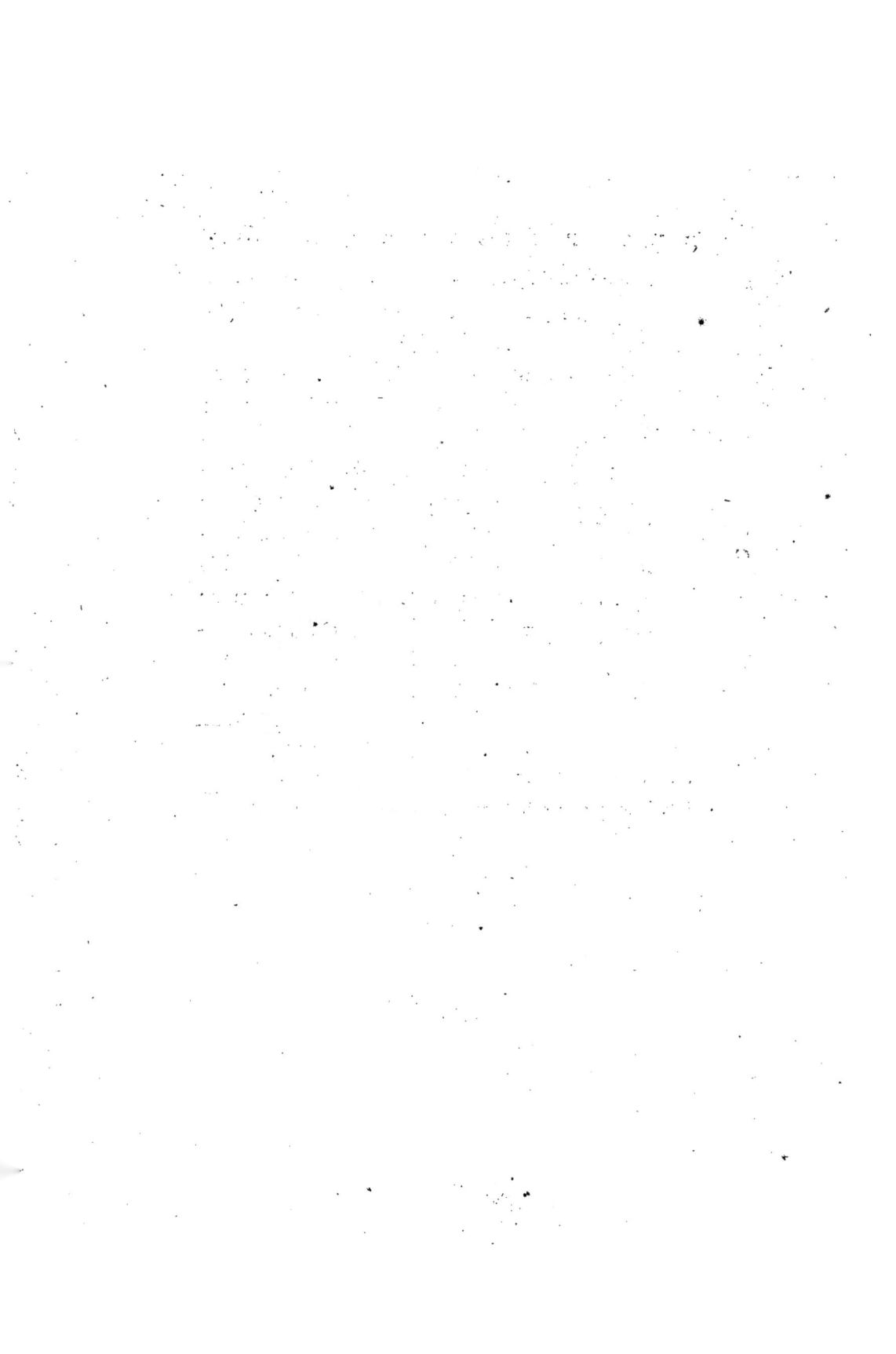

TABLE GÉNÉRALE
DES POISSONS.

POISSONS.

Le sang rouge, des vertèbres, des branchies au lieu de poumons.

SOUS-CLASSES.	DIVISIONS.		ORDRES.
	1.	1. *Point d'opercule, ni de membrane branchiale.*	1. 1. Apodes.
			2. 2. Jugulaires.
			3. 3. Thoracins.
			4. 4. Abdominaux.
POISSONS CARTILAGINEUX.	2.	2. *Point d'opercule, une membrane branchiale.*	5. 1. Apodes.
			6. 2. Jugulaires.
			7. 3. Thoracins.
1. *L'épine dorsale*			8. 4. Abdominaux.
composée de vertèbres cartilagineuses.	3.	3. *Un opercule, point de membrane branchiale.*	9. 1. Apodes.
			10. 2. Jugulaires.
			11. 3. Thoracins.
			12. 4. Abdominaux.
	4.	4. *Un opercule, et une membrane branchiale.*	13. 1. Apodes.
			14. 2. Jugulaires.
			15. 3. Thoracins.
			16. 4. Abdominaux.
	5.	1. *Un opercule, et une membrane branchiale.*	17. 1. Apodes.
			18. 2. Jugulaires.
			19. 3. Thoracins.
			20. 4. Abdominaux.
POISSONS OSSEUX.	6.	2. *Un opercule, point de membrane branchiale.*	21. 1. Apodes.
			22. 2. Jugulaires.
			23. 3. Thoracins.
2. *L'épine dorsale*			24. 4. Abdominaux.
composée de vertèbres osseuses.	7.	3. *Point d'opercule, une membrane branchiale.*	25. 1. Apodes.
			26. 2. Jugulaires.
			27. 3. Thoracins.
			28. 4. Abdominaux.
	8.	4. *Point d'opercule, ni de membrane branchiale.*	29. 1. Apodes.
			30. 2. Jugulaires.
			31. 3. Thoracins.
			32. 4. Abdominaux.

ORDRES,

GENRES, ET ESPÈCES.

PREMIER ORDRE.

Apodes.

1. PÉTROMYZON.

1. Lamproie.
2. Pricka.
3. Lamproyon.
4. Planer.
5. Rouge (première suite d'articles supplémentaires [1]).
6. Sucet (*idem*).
7. Argenté (2e suite d'art. suppl.).
8. Septœuil (*id.*).
9. Noir (*id.*).

1 bis. GASTROBRANCHE.

1. Aveugle.
2. Dombey.

IVᴹᴱ ORDRE [2].

Abdominaux.

2. RAIE.

1. Batis.

2. Oxyrhynque.
3. Museau-pointu (2e suite d'artic. suppl.).
4. Miralet.
5. Chardon.
6. Ronce.
7. Chagrinée.
8. Coucou (2e suite d'art. suppl.).
9. Blanche (3e suite d'art. suppl.).
10. Bordée (*id.*).
11. Torpille.
12. Aigle.
13. Pastenaque.
14. Lymme.
15. Tuberculée (première suite d'art. suppl.).
16. Eglantier (*id.*).
17. Sephen.
18. Bouclée.
19. Nègre (2e suite d'art. suppl.).
20. Aiguille (3e suite d'art. suppl.).
21. Thouin.
22. Bohkat.
23. Cuvier.
24. Rhinobate.
25. Giorna (3e suite d'art. suppl.).
26. Mobular.
27. Schoukie.

---

[1] La première suite d'articles supplémentaires est placée après l'histoire du seizième ordre ; la seconde, après celle du dix-neuvième ; et la troisième, après celle du dernier ordre dont nous avons traité.

[2] On ne connoît pas encore de poissons que l'on puisse inscrire dans le second, le troisième, le cinquième, le neuvième, le dixième, le onzième, le quatorzième, le vingt-deuxième, le vingt-troisième, le vingt-quatrième, le vingt-sixième, le vingt-septième, le trentième, le trente-unième ni le trente-deuxième ordres.

28. Chinoise.
29. Mosaïque (2ᵉ suite d'art. suppl.).
30. Ondulée (*id.*).
31. Gronovienne.
32. Aptéronote (*id.*).
33. Manatia.
34. Fabronienne (première suite d'art. suppl.).
35. Banksienne (*id.*).
36. Frangée.

3. SQUALE.

1. Requin.
2. Très-grand.
3. Pointillé (première suite d'artic. suppl.).
4. Glauque.
5. Long-nez.
6. Philipp.
7. Perlon.
8. Roussette.
9. Rochier.
10. Milandre.
11. Émissole.
12. Barbillon.
13. Barbu.
14. Tigré.
15. Galonné.
16. Œillé.
17. Isabelle.
18. Marteau.
19. Pantouflier.
20. Renard.
21. Griset.
22. Aiguillat.
23. Sagre.
24. Humantin.
25. Liche.
26. Gronovien.
27. Dentelé.
28. Bouclé.
29. Écailleux.
30. Scie.
31. Anisodon (2ᵉ suite d'art. suppl.).
32. Ange.

4. AODON.

1. Massasa.
2. Kumal.
3. Cornu.

VIᵐᵉ ORDRE.

Jugulaires.

5. LOPHIE.

1. Baudroie.
2. Vespertilion.
3. Faujas.
4. Histrion.
5. Chironecte.
6. Double-bosse.
7. Commerson.
8. Ferguson.

VIIᵐᵉ ORDRE.

Thoracins.

6. BALISTE.

1. Vieille.
2. Étoilé.
3. Écharpe.
4. Buniva (3ᵉ suite d'art. suppl.).
5. Double-aiguillon.
6. Chinois.
7. Velu.
8. Mamelonné.
9. Tacheté.
10. Pralin.
11. Kleinien.
12. Curassavien.
13. Épineux.
14. Sillonné.
15. Caprisque.
16. Queue-fourchue.
17. Bourse.
18. Américain.
19. Verdâtre.

20. Grandé-tache.
21. Noir.
22. Bridé.
23. Armé.
24. Cendré.
25. Mungo-park (2e suite d'artic. suppl.).
26. Ondulé (*id.*).
27. Assasi.
28. Monocéros.
29. Hérissé.

VIIIme ORDRE.

Abdominaux.

7. CHIMÈRE.

1. Arctique.
2. Antarctique.

XIIme ORDRE.

Abdominaux.

8. POLYODON.

1. Feuille.

9. ACIPENSÈRE.

1. Esturgeon.
2. Huso.
3. Strelet.
4. Étoilé.

XIIIme ORDRE.

Apodes.

10. OSTRACION.

1. Triangulaire,
2. Maillé.
3. Pointillé.
4. Quatre-tubercules,
5. Museau-alongé,

6. Deux-tubercules.
7. Moucheté.
8. Bossu.
9. Trois-aiguillons.
10. Trigone.
11. Double-aiguillon.
12. Quatre-aiguillons.
13. Lister.
14. Quadrangulaire.
15. Dromadaire.

11. TÉTRODON.

1. Perroquet.
2. Étoilé.
3. Pointillé.
4. Sans-tache.
5. Hérissé.
6. Moucheté.
7. Honckénien.
8. Lagocéphale.
9. Rayé.
10. Croissant.
11. Mal-armé.
12. Spenglérien.
13. Alongé.
14. Museau-alongé.
15. Plumier.
16. Méléagris.
17. Électrique.
18. Grosse-tête.
19. Lune.

12. OVOÏDE.

1. Fascé.

13. DIODON.

1. Atinga.
2. Plumier.
3. Holocanthe,
4. Tacheté,
5. Orbe,
6. Mole,

45. TRACHINE.

1. Vive.
2. Osbeck.

46. GADE.

1. Morue.
2. Æglefin.
3. Bib.
4. Saida.
5. Blennioïde.
6. Callarias.
7. Tacaud.
8. Rouge (3ᵉ suite d'art. suppl.).
9. Capelan.
10. Colin.
11. Pollack.
12. Sey.
13. Merlan.
14. Nègre (*id.*).
15. Molve.
16. Danois.
17. Lote.
18. Mustelle.
19. Cimbre.
20. Merlus.
21. Brosme.
22. Lubb (*id.*).

47. BATRACHOÏDE.

1. Tau.
2. Blennioïde.

48. BLENNIE.

1. Lièvre.
2. Phycis.
3. Méditerranéen.
4. Gattorugine.
5. Sourcilleux.
6. Cornu.
7. Tentaculé.
8. Sujéfien.
9. Fascé.

10. Coquillade.
11. Sauteur.
12. Pinaru.
13. Gadoïde.
14. Belette.
15. Tridactyle.
16. Pholys.
17. Bosquien.
18. Ovovivipare.
19. Gunnel.
20. Pointillé.
21. Garamit.
22. Lumpène.
23. Torsk.

49. OLIGOPODE.

1. Vélifère.

50. KURTE.

1. Blochien.

50 bis. CHRYSOSTROME.

1. Fiatoloïde.

XIXᵐᵉ ORDRE.

Thoracins.

51. LÉPIDOPE.

1. Gouanien.

52. HIATULE.

1. Gardénienne.

53. CÉPOLE.

1. Tænia.
2. Serpentiforme.
3. Trachyptère.

54. TÆNIOÏDE.

1. Hermannien.

55. GOEIE.

1. Pectinirostre.
2. Boddaert.
3. Lancéolé.
4. Aphye.
5. Paganel.
6. Ensanglanté.
7. Noir-brun.
8. Boulerot.
9. Bosc.
10. Arabique.
11. Jozo.
12. Bleu.
13. Plumier.
14. Thunberg (3e suite d'art. suppl.).
15. Éléotre.
16. Nébuleux.
17. Awaou.
18. Noir.
19. Lagocéphale.
20. Menu.
21. Cyprinoïde.
22. Schlosser.

56. GOBIOÏDE.

1. Anguilliforme.
2. Smyrnéen.
3. Broussonnet.
4. Queue-noire.

57. GOBIOMORE.

1. Gronovien.
2. Taiboa.
3. Dormeur.
4. Koelreuter.

58. GOBIOMOROÏDE.

1. Pison.

59. GOBIÉSOCE.

1. Testar.

60. SCOMBRE.

1. Commerson.
2. Guare.
3. Thon.
4. Germon.
5. Thazard.
6. Bonite.
7. Sarde (2e suite d'art. suppl.).
8. Alatunga.
9. Chinois.
10. Atun (3e suite d'art. suppl.).
11. Maquereau.
12. Japonois.
13. Doré.
14. Albacore.

61. SCOMBÉROÏDE.

1. Noël.
2. Commersonnien.
3. Sauteur.

62. CARANX.

1. Trachure.
2. Amie.
3. Fascé (2e suite d'art. suppl.).
4. Chloris (id.).
5. Cruménophthalme (id.).
6. Queue-jaune.
7. Glauque.
8. Blanc.
9. Plumier (id.).
10. Klein (id.).
11. Queue-rouge.
12. Filamenteux.
13. Daubenton.
14. Très-beau.
15. Carangue.
16. Ferdau.
17. Rouge.
18. Gæss.
19. Sansun.
20. Korab.

63. TRACHINOTE.

1. Faucheur.

64. CARANXOMORE.

1. Pélagique.
2. Plumiérien.
3. Pilitschei (2e suite d'art. suppl.).
4. Sacrestin (3e suite d'art. suppl.).

65. CÆSIO.

1. Azuror.
2. Poulain.

66. CÆSIOMORE.

1. Baillon.
2. Bloch.

67. CORIS.

1. Aigrette.
2. Angulé.

68. GOMPHOSE.

1. Bleu.
2. Varié.

69. NASON.

1. Licornet.
2. Loupe.

70. KYPHOSE.

1. Double-bosse.

71. OSPHRONÈME.

1. Goramy.
2. Gal.

72. TRICHOPODE.

1. Mentonnier.
2. Trichoptère.

73. MONODACTYLE.

1. Falciforme.

74. PLECTORHINQUE.

1. Chétodonoïde.

75. POGONIAS.

1. Fascé.

76. BOSTRYCHE.

1. Chinois.
2. Tacheté.

77. BOSTRYCHOÏDE.

1. Œillé.

78. ÉCHÉNÉIS.

1. Rémora.
2. Naucrate.
3. Rayé.

79. MACROURE.

1. Berglax.

80. CORYPHÈNE.

1. Hippurus.
2. Doradon.
3. Chrysurus.
4. Scombéroïde.
5. Ondé.
6. Pompile.
7. Bleu.
8. Plumier.
9. Rasoir.
10. Perroquet.
11. Camus.
12. Rayé.
13. Chinois.
14. Pointu.

95. PRIONOTE.

1. Volant.

96. TRIGLE.

1. Asiatique.
2. Lyre.
3. Caroline.
4. Ponctuée.
5. Lastoviza.
6. Hirondelle.
7. Pin.
8. Gurnau.
9. Grondin.
10. Milan.
11. Menue.
12. Cavillone.

97. PÉRISTÉDION.

1. Malarmat.
2. Chabrontère.

98. ISTIOPHORE.

1. Porte-glaive.

99. GYMNÈTRE.

1. Hawken.

100. MULLE.

1. Rouget.
2. Surmulet.
3. Japonois.
4. Auriflamme.
5. Rayé.
6. Tacheté.
7. Deux-bandes.
8. Cyclostome.
9. Trois-bandes.
10. Macronème.
11. Barberin.
12. Rougeâtre.

13. Rougeor.
14. Cordon-jaune.

101. APOGON.

1. Rouge.

102. LONCHURE.

1. Dianème.

103. MACROPODE.

1. Verd-doré.

104. LABRE.

1. Hépate.
2. Operculé.
3. Aurite.
4. Faucheur.
5. Oyène.
6. Sagittaire.
7. Cappa.
8. Lépisme.
9. Unimaculé.
10. Bohar.
11. Bossu.
12. Noir.
13. Argenté.
14. Nébuleux.
15. Grisâtre.
16. Armé.
17. Chapelet.
18. Long-museau.
19. Thunberg.
20. Grison.
21. Croissant.
22. Fauve.
23. Ceylan.
24. Deux-bandes.
25. Mélagastre.
26. Malaptère.
27. A demi rouge.
28. Tétracanthe.
29. Demi-disque.

120. Ensanglanté.
121. Perruche.
122. Keslik.
123. Combre.
124. Brasilien.
125. Verd.
126. Trilobé.
127. Deux-croissans.
128. Hébraïque.
129. Large-raie.
130. Annelé.

105. CHEILINE.

1. Scare.
2. Trilobé.

106. CHEILODIPTÈRE.

1. Heptacanthe.
2. Chrysoptère.
3. Rayé.
4. Maurice.
5. Cyanoptère.
6. Boops.
7. Aigle (3ᵉ suite d'art. suppl.).
8. Acoupa.
9. Macrolépidote.
10. Tacheté.

107. OPHICÉPHALE.

1. Karruwey.
2. Wrahl.

108. HOLOGYMNOSE.

1. Fascé.

109. SCARE.

1. Sidjan.
2. Étoilé.
3. Ennéacanthe.
4. Pourpré.
5. Harid.
6. Chadri.

TOME V.

7. Perroquet.
8. Kakatoe.
9. Denticulé.
10. Bridé.
11. Catesby.
12. Verd.
13. Ghobban.
14. Ferrugineux.
15. Forskael.
16. Schlosser.
17. Rouge.
18. Trilobé.
19. Tacheté.

110. OSTORHINQUE.

1. Fleurieu.

111. SPARE.

1. Dorade.
2. Sparaillon.
3. Sargue.
4. Oblade.
5. Smaris.
6. Mendole.
7. Argenté.
8. Hurta.
9. Pagel.
10. Pagre.
11. Porte-épine.
12. Bogue.
13. Canthère.
14. Saupe.
15. Sarbe.
16. Synagre.
17. Élevé.
18. Strié.
19. Haffara.
20. Berda.
21. Chili.
22. Éperonné.
23. Morme.
24. Brunâtre.
25. Bigarré.
26. Osbeck.

27. Marseillois.
28. Castagnole.
29. Bogaravéo.
30. Mahséna.
31. Harak.
32. Ramak.
33. Grand-œil.
34. Queue-rouge.
35. Queue-d'or.
36. Cuning.
37. Galonné.
38. Brème.
39. Gros-œil.
40. Rayé.
41. Ancre.
42. Trompeur.
43. Porgy.
44. Zanture.
45. Denté.
46. Fascé.
47. Faucille.
48. Japonois.
49. Surinam.
50. Cynodon.
51. Tétracanthe.
52. Vertor.
53. Mylostome.
54. Mylio.
55. Breton.
56. Rayé-d'or.
57. Catesby.
58. Sauteur.
59. Venimeux.
60. Salin.
61. Jub.
62. Mélanote.
63. Niphon.
64. Demi-lune.
65. Holocyanéose.
66. Lépisure.
67. Bilobé.
68. Cardinal.
69. Chinois.
70. Bufonite.
71. Perroquet.

72. Orphe.
73. Marron.
74. Rhomboïde.
75. Bridé.
76. Galiléen.
77. Carudse.
78. Paon.
79. Rayonné.
80. Plombé.
81. Clavière.
82. Noir.
83. Chloroptère.
84. Zonéphore.
85. Pointillé.
86. Sanguinolent.
87. Acara.
88. Nhoquunda.
89. Atlantique.
90. Chrysomélane.
91. Hémisphère.
92. Panthérin.
93. Brachion.
94. Méaco.
95. Desfontaines.
96. Abildgaard.
97. Queue-verte.
98. Rougeor.

112. DIPTÉRODON.

1. Plumier.
2. Noté.
3. Hexacanthe.
4. Apron.
5. Zingel.
6. Queue-jaune.

113. LUTJAN.

1. Virginien.
2. Anthias.
3. Ascension.
4. Stigmate.
5. Strié.
6. Pentagramme.
7. Argenté.
8. Serran.

9. Écureuil.
10. Jaune.
11. Œil-d'or.
12. Nageoires-rouges.
13. Hamrur.
14. Diagramme.
15. Bloch.
16. Verrat.
17. Macrophthalme.
18. Vosmaer.
19. Elliptique.
20. Japonois.
21. Hexagone.
22. Croissant.
23. Galon-d'or.
24. Gymnocéphale.
25. Triangle.
26. Microstome.
27. Argenté-violet (2ᵉ suite d'art. suppl.).
28. Décacanthe.
29. Scina.
30. Lapine.
31. Rameux.
32. Œillé.
33. Bossu.
34. Olivâtre.
35. Brunnich.
36. Marseillois.
37. Adriatique.
38. Magnifique.
39. Polymne.
40. Paupière.
41. Noir.
42. Chrysoptère.
43. Méditerranéen.
44. Rayé.
45. Écriture.
46. Chinois.
47. Pique.
48. Selle.
49. Deux-dents.
50. Marqué.
51. Linke.
52. Surinam.

53. Verdâtre.
54. Groin.
55. Norvégien.
56. Jourdin.
57. Argus.
58. John.
59. Tortue.
60. Plumier.
61. Oriental.
62. Tacheté.
63. Orange.
64. Blancor.
65. Perchot.
66. Jaunellipse.
67. Grimpeur.
68. Chétodonoïde.
69. Diacanthe.
70. Peint (3ᵉ suite d'art. suppl.).
71. Arauna (2ᵉ suite d'art. suppl.).
72. Cayenne.
73. Trident.
74. Trilobé.

114. CENTROPOME.

1. Sandat.
2. Hober.
3. Safga.
4. Alburne.
5. Lophar.
6. Arabique.
7. Rayé.
8. Loup.
9. Onze-rayons.
10. Plumier.
11. Mulet.
12. Ambasse.
13. De roche.
14. Macrodon.
15. Doré.
16. Rouge.
17. Nilotique.
18. Œillé.
19. Six-raies (3ᵉ suite d'art. suppl.).
20. Fascé (2ᵉ suite d'art. suppl.).
21. Perchot (id.).

115. BODIAN.

1. Œillère.
2. Louti.
3. Jaguar.
4. Macrolépidote..
5. Argenté.
6. Bloch.
7. Aya.
8. Tacheté.
9. Vivanet.
10. Fischer.
11. Décacanthe.
12. Lentjan.
13. Grosse-tête.
14. Cyclostome.
15. Rogaa.
16. Lunaire.
17. Mélanoleuque.
18. Jacob-Évertsen.
19. Bænak.
20. Hiatule.
21. Apua.
22. Étoilé.
23. Tétracanthe.
24. Six-raies.

116. TÆNIANOTE.

1. Large-raie.
2. Triacanthe.

117. SCIÈNE.

1. Abusamf.
2. Coro.
3. Ciliée.
4. Heptacanthe.
5. Chromis.
6. Croker.
7. Umbre.
8. Cylindrique.
9. Sammara.
10. Pentadactyle.
11. Rayée.

118. MICROPTÈRE.

1. Dolomieu.

119. HOLOCENTRE.

1. Sogo.
2. Chani.
3. Schraitser.
4. Crénelé.
5. Ghanam.
6. Gaterin.
7. Jarbua.
8. Verdâtre.
9. Tigré.
10. Cinq-raies.
11. Bengali.
12. Épinéphèle.
13. Post.
14. Noir.
15. Acérine.
16. Boutton.
17. Jaune et bleu.
18. Queue-rayée.
19. Négrillon.
20. Léopard.
21. Cilié.
22. Thunberg.
23. Blanc-rouge.
24. Bande-blanche.
25. Diacanthe.
26. Tripétale.
27. Tétracanthe.
28. Acanthops
29. Radjabau.
30. Diadême.
31. Gymnose.
32. Rabaji (2 suite d'art. suppl.).
33. Marin.
34. Tétard.
35. Philadelphien.
36. Merou.
37. Forskael.
38. Triacanthe.
39. Argenté.

138. ASPISURE.

1. Sohar.

139. ACANTHOPODE.

1. Argenté.
2. Boddaert.

140. SÉLÈNE.

1. Argentée.
2. Quadrangulaire.

141. ARGYRÉIOSE.

1. Vomer.

142. ZÉE.

1. Longs-cheveux.
2. Rusé.
3. Forgeron.

143. GAL.

1. Verdâtre.

144. CHRYSOTOSE.

1. Lune.

145. CAPROS.

1. Sanglier.

146. PLEURONECTE.

1. Flétan.
2. Limande.
3. Sole.
4. Plie.
5. Flez.
6. Flyndre.
7. Pole.
8. Languette.
9. Glacial.
10. Limandelle.
11. Chinois.

12. Limandoïde.
13. Pégouze.
14. Œillé.
15. Trichodactyle.
16. Zèbre.
17. Plagieuse.
18. Argenté.
19. Turbot.
20. Carrelet.
21. Targeur.
22. Denté.
23. Moineau.
24. Papilleux.
25. Argus.
26. Japonois.
27. Calimande.
28. Grandes-écailles.
29. Commersonnien.

147. ACHIRE.

1. Barbu.
2. Marbré.
3. Pavonien.
4. Fascé.
5. Deux-lignes.
6. Orné.

XXme ORDRE.

Abdominaux.

148. CIRRHITE.

1. Tacheté.

149. CHEILODACTYLE.

1. Fascé.

150. COBITE.

1. Loche.
2. Tænia.
3. Trois-barbillons.

151. MISGURNE.

1. Fossile.

152. ANABLEPS.

1. Surinam.

153. FUNDULE.

1. Mudfish.
2. Japonois.

154. COLUBRINE.

1. Chinoise.

155. AMIE.

1. Chauve.

156. BUTYRIN.

1. Banané.

157. TRIPTÉRONOTE.

1. Hautin.

158. OMPOK.

1. Siluroïde.

159. SILURE.

1. Glanis.
2. Verruqueux.
3. Asote.
4. Fossile.
5. Deux-taches.
6. Schilde.
7. Undécimal.
8. Asprède.
9. Cotyléphore.
10. Chinois.
11. Hexadactyle.

160. MACROPTÉRONOTE.

1. Charmuth.
2. Grenouiller.
3. Brun.
4. Hexacicinne.

161. MALAPTÉRURE.

1. Électrique.

162. PIMÉLODE.

1. Bagre.
2. Chat.
3. Scheilan.
4. Barré.
5. Ascite.
6. Argenté.
7. Nœud.
8. Quatre-taches.
9. Barbu.
10. Tacheté.
11. Bleuâtre.
12. Doigt-de-nègre.
13. Commersonnien.
14. Thunberg (3ᵉ suite d'art. suppl.).
15. Matou.
16. Cous.
17. Docmac.
18. Bajad.
19. Érythroptère.
20. Raie-d'argent.
21. Rayé.
22. Moucheté.
23. Casqué.
24. Chili.

163. DORAS.

1. Carené.
2. Côte.

164. POGONATHE.

1. Courbine.
2. Doré.

165. CATAPHRACTE.

1. Callichte.
2. Américain.
3. Ponctué.

166. PLOTOSE.

1. Anguillé.
2. Thunbergien (3ᵉ suite d'art. supplémentaires).

167. AGÉNÉIOSE.

1. Armé.
2. Désarmé.

168. MACRORAMPHOSE.

1. Cornu.

169. CENTRANODON.

1. Japonois.

170. LORICAIRE.

1. Sétifère.
2. Tachetée.

171. HYPOSTOME.

1. Guacari.

172. CORYDORAS.

1. Geoffroy.

173. TACHYSURE.

1. Chinois.

174. SALMONE.

1. Saumon.
2. Illanken.
3. Schiefermuller.
4. Ériox.
5. Truite.
6. Bergforelle.
7. Truite-saumonée.
8. Rouge.
9. Gæden.
10. Huch.

11. Carpion.
12. Salveline.
13. Omble-chevalier.
14. Taimen.
15. Nelma.
16. Lenok.
17. Kundscha.
18. Arctique.
19. Reidur.
20. Icime.
21. Lépechin.
22. Sil.
23. Lodde.
24. Blanc.
25. Varié.
26. René.
27. Rille.
28. Gadoïde.
29. Cumberland(3ᵉ suite d'art. suppl.).

175. OSMÈRE.

1. Éperlan.
2. Saure.
3. Blanchet.
4. Faucille.
5. Tumbil.
6. Galonné.

176. CORÉGONE.

1. Lavaret.
2. Pidschian.
3. Schokur.
4. Nez.
5. Large.
6. Thymalle.
7. Vimbe.
8. Voyageur.
9. Muller.
10. Autumnal.
11. Able.
12. Peled.
13. Marène.
14. Marénule.

15. Wartmann.
16. Oxyrhinque.
17. Leucichthe.
18. Ombre.
19. Rouge.
20. Clupéoïde (3ᵉ suite d'art. suppl.).

177. CHARACIN.

1. Piabuque.
2. Denté.
3. Bossu.
4. Mouche.
5. Double-mouche.
6. Sans-tache.
7. Carpeau.
8. Nilotique.
9. Néfasch.
10. Pulvérulent.
11. Anostome.
12. Frédéric.
13. A bandes.
14. Mélanure.
15. Curimate.
16. Odoé.

178. SERRASALME.

1. Rhomboïde.

179. ÉLOPE.

1. Saure.

180. MÉGALOPE.

1. Filament.

181. NOTACANTHE.

1. Nez.

182. ÉSOCE.

1. Brochet.
2. Américain.
3. Bélone.

4. Argenté.
5. Gambarur.
6. Espadon.
7. Tête-nue.
8. Chirocentre.
9. Verd.

183. SYNODE.

1. Fascé.
2. Renard.
3. Chinois.
4. Macrocéphale.
5. Malabar.

184. SPHYRÈNE.

1. Spet.
2. Chinoise.
3. Orverd.
4. Bécune.
5. Aiguille.

185. LÉPISOSTÉE.

1. Gavial.
2. Spatule.
3. Robolo.

186. POLYPTÈRE.

1. Bichir.

187. SCOMBRÉSOCE.

1. Campérien.

188. FISTULAIRE.

1. Petimbe.

189. AULOSTOME.

1. Chinois.

190. SOLÉNOSTOME.

1. Paradoxal.

191. ARGENTINE.

1. Sphyrène.
2. Bonuk.
3. Caroline.
4. Machnate.

192. ATHÉRINE.

1. Joël.
2. Ménidia.
3. Sihama.
4. Grasdeau.

193. HYDRARGIRE.

1. Swampine.

194. STOLÉPHORE.

1. Japonois.
2. Commersonnien.

195. MUGE.

1. Céphale.
2. Albule.
3. Crénilabe.
4. Tang.
5. Tranquebar.
6. Plumier.
7. Tache-bleue.

196. MUGILOÏDE.

1 Chili.

197. CHANOS.

1. Arabique.

198. MUGILOMORE.

1. Anne-caroline.

199. EXOCET.

1. Volant.
2. Métorien.

3. Sauteur.
4. Commersonnien.

200. POLYNÈME.

1. Émoi.
2. Pentadactyle.
3. Rayé.
4. Paradis.
5. Décadactyle.
6. Mango.

201. POLYDACTYLE.

1. Plumier.

202. BURO.

1. Brun.

203. CLUPÉE.

1. Hareng.
2. Sardine.
3. Alose.
4. Feinte.
5. Rousse.
6. Anchois.
7. Athérinoïde.
8. Raie-d'argent
9. Apalike.
10. Bélame.
11. Dorab.
12. Malabar.
13. Tuberculeuse.
14. Chrysoptère.
15. A bandes.
16. Macrocéphale.
17. Des tropiques.

204. MYSTE.

1. Clupéoïde.

205. CLUPANODON.

1. Cailleu-tassart.

2. Nasique.
3. Pilchard.
4. Chinois.
5. Africain.
6. Jussieu.

206. SERPE.

1. Argentée.

207. MÉNÉ.

1. Anne-caroline.

208. DORSUAIRE.

1. Noirâtre.

209. XYSTER.

1. Brun.

210. CYPRINODON.

1. Varié.

211. CYPRIN.

1. Carpe.
2. Barbeau.
3. Spéculaire.
4. A cuir.
5. Binny.
6. Bulatmai.
7. Murse.
8. Rouge-brun.
9. Goujon.
10. Tanche.
11. Capoet.
12. Tanchor.
13. Voncondre.
14. Verdâtre.
15. Anne-caroline.
16. Mordoré.
17. Verd-violet.
18. Hamburge.
19. Céphale.

20. Soyeux.
21. Zéelt.
22. Doré.
23. Argenté.
24. Télescope.
25. Gros-yeux.
26. Quatre-lobes.
27. Orphe.
28. Royal.
29. Caucus.
30. Malchus.
31. Jule.
32. Gibèle.
33. Goleïan.
34. Labéo.
35. Leptocéphale.
36. Chalcoïde.
37. Clupéoïde.
38. Galian.
39. Nilorique.
40. Gonorhynque.
41. Véron.
42. Aphye.
43. Vaudoise.
44. Dobule.
45. Rougeâtre.
46. Ide.
47. Buggenhagen.
48. Rotengle.
49. Jesse.
50. Nase.
51. Aspe.
52. Spirlin.
53. Bouvière.
54. Américain.
55. Able.
56. Vimbe.
57. Brème.
58. Couteau.
59. Farène.
60. Large.
61. Sope.
62. Chub.
63. Catostome.
64. Morelle.

65. Frangé.
66. Faucille.
67. Bossu.
68. Commersonnien.
69. Sucet.
70. Pigo.

XXIme ORDRE.

Apodes.

212. STERNOPTYX.

1. Hermann.

XXVme ORDRE.

Apodes.

213. STYLÉPHORE.

1. Argenté.

XXVIIIme ORDRE.

Abdominaux.

214. MORMYRE.

1. Kannumé.
2. Oxyrhynque.
3. Dendera.
4. Salahié.
5. Bébé.
6. Hersé.
7. Cyprinoïde.
8. Bané.
9. Hasselquist.

XXIXme ORDRE.

Apodes.

215. MURÉNOPHIS.

1. Hélène.
2. Échidne.
3. Colubrine.
4. Noirâtre.
5. Chaînette.
6. Réticulaire.
7. Africaine.
8. Panthérine.
9. Étoilée.
10. Ondulée.
11. Grise.
12. Haüy.

216. GYMNOMURÈNE.

1. Cerclée.
2. Marbrée.

217. MURÉNOBLENNE.

1. Olivâtre.

218. SPHAGEBRANCHE.

1. Museau-pointu.

219. UNIBRANCHAPERTURE.

1. Marbrée.
2. Immaculée.
3. Cendrée.
4. Rayée.
5. Lisse.

Des Noms donnés aux Poissons, ou à quelques Instrumens de la Pêche, et dont il est fait mention dans les différens volumes de l'Histoire naturelle de ces animaux.

Nota. Les chiffres romains indiquent le tome, et les chiffres arabes indiquent la page.

A

AAL formigen platt leib, *Voyez* Plotose anguillé, *tome* V, *page* 130.

Aalquabbe, *V.* Gade lote, II, 35.

Abacatuaja, *V.* Gal verdâtre, IV, 514.

A bandes, *V.* Characin à bandes, V, 279.

— *V.* Chétodon à bandes, IV, 478.

— *V.* Clupée à bandes, V, 458.

— *V.* Holocentre à bandes, IV, 380.

Abildgaard, *V.* Spare abildgaard, IV, 163.

Ablat, *V.* Cyprin able, V, 585.

Able, *V.* Corégone able, V, 261.

— *V.* Cyprin able, V, 585.

Ablennes, *V.* Ésoce bélone, V, 308.

Ablette, *V.* Cyprin able, V, 585.

Aboe, *V.* Holacanthe anneau, IV, 583.

— betina, *V.* Holacanthe anneau, IV, 583.

Aborn, *V.* Persèque perche, IV, 399.

Aborre, *V.* Persèque perche, IV, 399.

Aboruden-flos, *V.* Holocentre post, IV, 357.

Abramus, *V.* Cyprin brème, V, 585.

Abu-dafur, *V.* Ludjan arauna, IV, 720.

Abugrgmby, *V.* Cyprin vaudoise, V, 570.

Abu-kesckul, *V.* Athérine joël, V, 372.

Abula minor, *V.* Cyprin able, V, 585.

Abu-mgaterin, *V.* Holocentre gaterin, IV, 547.

Abusamf, *V.* Sciène abusamf, IV, 311.

Acanthias, *V.* Centronote acanthias, III, 315.

— *V.* Squale aiguillat, I, 270.

Acanthiniou glaucus, *V.* Acanthinion bleu, IV, 500.

Acanthops, *V.* Holocentre acanthops, IV, 372.

Acanthurus nigricans, *V.* Acanthure noiraud, IV, 548.

— velifer, *V.* Acanthure voilier, IV, 548.

Acara, *V.* Spare acara, IV, 155.

— aya, *V.* Bodian aya, IV, 286.

— mucu, *V.* Baliste monoceros, I, 386.

— pitamba, *V.* Spare queue d'or, IV, 115.

— pitanga, *V.* Spare queue d'or, IV, 115.

Acarauna, *V.* Acanthure noiraud, IV, 548.

— altera major, *V.* Holacanthe cilier, IV, 533.

— du Brésil, *V.* Holacanthe bicolor, IV, 533.

— maculata, *V.* Holacanthe bicolor, IV, 533.

Acaraune, *V.* Holacanthe tricolor, IV, 530.

Acerine, *V.* Murène anguille, II, 226.

— *V.* Holocentre acerine, IV, 357.

Achagual, *V.* Chimère antarctique, I, 400.

Achandes, *V.* Échénéis rémora, III, 147.

Achire, *V.* Pleuronecte flétan, IV, 601.

Achirus bilincatus, *V.* Achire deux-lignes, IV, 663.

— pavoninus, *V.* Achire pavonien, IV, 663.

Acipe esturgeon, *V.* Acipensère esturgeon, I, 411.

Acipe étoilé, *V.* Acipensère étoilé, I, 439.

— ichthyocolle, *V.* Acipensère huso, I, 422.

— schype, *V.* Acipensère esturgeon, I, 411.

— strelet, *V.* Acipensère strelet, I, 435.

Acipenser kostera, *V.* Acipensère esturgeon, I, 411.

— ruthenus, *V.* Acipensère strelet, I, 435.

— schypa, *V.* Acipensère esturgeon, I, 411.

— stellatus, *V.* Acipensère étoilé, I, 439.

— sturio, *V.* Acipensère esturgeon, I, 411.

— tuberculis carens, *V.* Acipensère huso, I, 422.

gent, *V.* Athérine mé-
nidia, **V**, 372.

Athérinoïde, *V.* Clupée
athérinoïde, **V**, 458.

Athernos, *V.* Athérine
joël, **V**, 372.

Athon, *V.* Scombre thon,
II, 605.

Atillus, *V.* Acipensère
esturgeon, **I**, 411.

Atinga, *V.* Diodon atin-
ga, **II**, 3.

Atlantique, *V.* Spare atlantique, **IV**, 155.

Atlas, *V.* Scombre thon,
II, 605.

Atoulri, *V.* Muge plu-
mier, **V**, 386.

A trois doigts, *V.* Blennie
tridactyle, **II**, 484.

A trois queues, *V.* Triure
bougainvillien, **II**, 201.

Atun, *V.* Scombre atun,
V, 680.

Aug, *V.* Ésoce brochet,
V, 297.

Aukschle, *V.* Cyprin able,
V, 585.

Aulostome, *V.* Aulos-
tome chinois, **V**, 357.

Aurada, *V.* Spare dorade,
IV, 57.

Aurado, *V.* Spare dorade,
IV, 57.

Aurata bahamensis, *V.*
Spare porgy, **IV**, 120.

— vulgaris, *V.* Spare dorade, **IV**, 57.

Auraune, *V.* Holacanthe
bicolor, **IV**, 533.

Auriflamme, *V.* Mulle
auriflamme, **III**, 400.

Auriol, *V.* Scombre ma-
quereau, **III**, 24.

Aurite, *V.* Labre aurite,
III, 463.

Aurride, *V.* Salmone truite-saumonée, **V**, 204.

Austral, *V.* Cotte austral,
III, 246.

Autumnal, *V.* Corégone
autumnal, **V**, 253.

Avalette, *voyez* Scombre
thon, **II**, 605.

Aveugle, *V.* Gade bib,
II, 403.

— *V.* Pétromyzon rouge,
II, 100.

Aveugle, *V.* Gastrobran-
che aveugle, **I**, 525.

Awaou, *V.* Gobie awaou,
II, 566.

Aya, *V.* Bodian aya, **IV**,
286.

Aygula, *V.* Coris aigrette,
III, 97.

Azio, *V.* Squale aiguillat,
I, 270.

Azuror, *V.* Cæsio azuror,
III, 86.

B

Baars, *V.* Persèque per-
che, **IV**, 399.

Baarsch, *V.* Persèque perche, **IV**, 399.

Baart-mannetje, *V.* Mulle
surmulet, **III**, 394.

Bacha de mer, *V.* Triure
bougainvillien, **II**, 201.

Bachfore, *V.* Salmone
truite, **V**, 189.

Backra, *V.* Salmone truite, **V**, 189.

Badé, *V.* Pleuronecte argus, **IV**, 652.

Bænak, *V.* Bodiau bæ-
nak, **IV**, 296.

Bagre, *V.* Pimélode ba-
gre, **V**, 98.

Baguntken, *V.* Mulle surmulet, **III**, 394.

Baïkal, *V.* Coméphore
baïkal, **II**, 313.

Baillon, *V.* Cæsiomore
baillon, **III**, 93.

Bajad, *V.* Pimélode ba-
jad, **V**, 110.

Balance, *V.* Squale mar-
teau, **I**, 257.

— fish, *V.* Squale mar-
teau, **I**, 257.

Balaon, *V.* Ésoce espadon,
V, 313.

Baldes, *V.* Pleuronecte
flétan, **IV**, 601.

Balgesche geeb, *V.* Lé-
pisostée gavial, **V**, 333.

Balista, *V.* Squale mar-
teau, **I**, 257.

Baliste à deux piquans,
V. Baliste à double ai-
guillon, **I**, 355.

— écrit, *V.* Baliste mo-
nocéros, **I**, 386.

Baliste noir, *V.* Baliste
américain, **I**, 375.

— noir, *V.* Baliste sillonné, **I**, 370.

Balistes aculeatus, *V.*
Baliste épineux, **I**, 367.

— forcipatus, *V.* Baliste
queue - fourchue, **I**,
574.

— hispidus, *V.* Baliste
hérissé, **I**, 389.

— monoceros scriptus,
V. Baliste monocéros,
I, 386.

— niger, *V.* Baliste mungo-park, **IV**, 682.

— nigra, *V.* Baliste sillonné, **I**, 370.

— nigricans, *V.* Baliste
américain, **I**, 375.

— papillosus, *V.* Baliste
mamelonné, **I**, 359.

— punctatus, *V.* Baliste
vieille, **I**, 337.

— ringens, *V.* Baliste sillonné, **I**, 370.

— totus niger, *V.* Baliste
verdâtre, **I**, 578.

— totus niger, *V.* Baliste
noir, **I**, 378.

— vetula, *V.* Baliste vieille, **I**, 337.

Ballan, *V.* Labre ballan,
II, 513.

Ballerus, *V.* Cyprin large,
V, 604.

Baluna, *V.* Muge céphale,
V, 386.

Banc, *V.* Scombre thon,
II, 605.

Banda, *V.* Hémiptéronote
cinq-taches, **III**, 215.

Bandasche cacatocha, *V.*
Hémiptéronote cinq-
taches, **III**, 215.

Bande-d'argent, *V.* Clu-
pée athérinoïde, **V**, 458.

— blanche, *V.* Holocen-
tre bande-blanche, **IV**,
372.

Bandes, *V.* Clupée à bandes, **V**, 458.

Bandelette, *V.* Cépole tænia, **II**, 526.

Bandirte zunge, *V.* Pleuronecte zèbre, **IV**, 643.

Bandirter klipfisch, *V.*
Chétodon zèbre, **IV**, 489.

Bodian jacob évertsen, IV, 296.

Bodianus macrocephalus, *V*. Bodian grosse-tête, IV, 293.

— maculatus, *V*. Bodian tacheté, IV, 293.

— palpebratus, *V*. Bodian œillère, IV, 286.

— pentacanthus, *V*. Bodian jaguar, IV, 286.

— sexlineatus, *V*. Bodian six-raies, IV, 302.

— tetracanthus, *V*. Bodian tétracanthe, IV, 302.

— vivanet, *V*. Bodian vivanet, IV, 293.

Boga, *V*. Spare bogue, IV, 97.

Bogaravéo, *V*. Spare bogaravéo, IV, 111.

Bogen fisch, *V*. Pomacanthe arqué, IV, 521.

Boglossa, *V*. Pleuronecte sole, IV, 623.

Boglosson, *V*. Pleuronecte sole, IV, 623.

Boglossos, *V*. Pleuronecte sole, IV, 623.

Boglotta, *V*. Pleuronecte sole, IV, 623.

Boglottos, *V*. Pleuronecte sole, IV, 623.

Bogue, *V*. Spare bogue, IV, 97.

Bohar, *V*. Labre bohar, III, 463.

Bohkat, *V*. Raie bohkat, I, 139.

Bois de roc, *V*. Trachine vive, II, 354.

Boisdereau, *V*. Trachine vive, II, 354.

Boisé, *V*. Labre boisé, III, 513.

Bokken visch, *V*. Chétodon teïra, IV, 494.

Boltok in dsoul water, *V*. Lutjan hexagone, IV, 215.

Bondelle, *V*. Corégone lavaret, V, 245.

Bonite, *V*. Scombéromore plumier, III, 293.

— *V*. Scombre albacore, III, 48.

Bonite, *V*. Scombre bonite, III, 14.

— *V*. Scombre sarde, IV, 700.

— *V*. Scombre thon, II, 605.

— (petite), *V*. Scombéroïde sauteur, III, 55.

Boniton, *V*. Scombre sarde, IV, 700.

Bonnet, *V*. Scombre bonite, III, 14.

Bonte duiffe, *V*. Ludjan arauna, IV, 725.

— laertje, *V*. Gal verdâtre, IV, 584.

Bonuk, *V*. Argentine bonuk, V, 366.

Boope, *V*. Spare bogue. IV, 97.

Boops, *V*. Cheilodiptère boops, III, 546.

— *V*. Spare bogue, IV, 97.

— Bellonii, *V*. Spare bogue, IV, 97.

— Rondeletii primus, *V*. Spare bogue, IV, 97.

Borbocha, *V*. Gade lote, II, 435.

Borbotha, *V*. Gade lote, II, 435.

Borde, *V*. Cyprin able, V, 585.

Bordé, *V*. Chétodon bordé, IV, 463.

— *V*. Holocentre bordé, IV, 384.

— *V*. Labre bordé, III, 487.

Bordée, *V*. Raie bordée, V, 663.

Bordelière, *V*. Cyprin sope, V, 604.

— *V*. Cyprin large, V, 604.

Borgne, *V*. Gade bib, II, 403.

Borstelfin, *V*. Clupanodon cailleu-tassart, V, 470.

Borstenflosser, *V*. Clupanodon cailleu-tassart, V, 470.

Borstling, *V*. Persèque perche, IV, 399.

Borting, *V*. Salmone truite-saumonée, V, 210.

Bosc, *V*. Gobie bosc, II, 555.

Bosquien, *V*. Blennie bosquien, II, 495.

— *V*. Piméleptère bosquien, IV, 430.

Bosse, *V*. Centropome loup, IV, 267.

Bossu, *V*. Characin bossu, V, 272.

— *V*. Cyprin bossu, V, 604.

— *V*. Ostracion bossu, I, 463.

— *V*. Labre bossu, III, 463.

— (le), *V*. Kurte blochien, II, 517.

— *V*. Lutjan bossu, IV, 218.

— *V*. Holocentre bossu, IV, 389.

Bostrychoïdes oculatus, *V*. Bostrychoïde œillé, III, 145.

Bostrychus maculatus, *V*. Bostryche tacheté, III, 143.

— sinensis, *V*. Bostryche chinois, III, 141.

Bot, *V*. Pleuronecte sole, IV, 623.

— *V*. Pleuronecte plie, IV, 628.

— *V*. Pleuronecte flez, IV, 633.

Botargo, *V*. Centropome loup, IV, 267.

Botatrissa, *V*. Gade lote, II, 435.

Bothe, *V*. Pleuronecte flétan, IV, 601.

Bottatria, *V*. Gade lote, II, 435.

Botte, *V*. Pleuronecte turbot, IV, 645.

Boue, *V*. Gobie boulerot, II, 552.

— *V*. Spare mendole, IV, 85.

Bouccanègre, *V*. Spare pagel, IV, 85.

Bouclé, *V*. Squale bouclé, I, 283.

Bouclée, *V*. Raie bouclée, I, 128.

Bouclier (petit), *V*. Spare dorade, IV, 57.

Chétodon chirurgien , *V*. Acanthure chirurgien, IV, 548.

— oilier , *V*. Holacanthe oilier , IV, 533.

— daakar , *V*. Chétodon teïra , IV, 494.

— doré , *V*. Chétodon chili , IV, 478.

— empereur du Japon , *V*. Holacanthe empereur , IV, 533.

— enfumé , *V*. Chétodon forgeron , IV, 478.

— faucille , *V*. Pomacentre faucille , IV, 511.

— gahm , *V*. Acanthure noiraud, IV, 548.

— grison , *V*. Pomacanthe grison, IV, 519.

— guaperve , *V*. Chevalier américain , IV, 445.

— jagaque , *V*. Glyphisodon moucharra , IV, 543.

— mulat, *V*. Holacanthe mulat, IV, 533.

— museau - alongé , *V*. Chétodon soufflet, IV, 486.

— noiraud , *V*. Acanthure noiraud, IV, 548.

— nud , *V*. Rhombe alépidote, II, 322.

— œil de paon , *V*. Chétodon œillé , IV, 489.

— orbiculaire , *V*. Acanthinion orbiculaire, IV, 500.

— paon de l'Inde , *V*. Pomacentre paon , IV, 508.

— paru , *V*. Pomacanthe paru , IV, 521.

— persien , *V*. Acanthure noiraud , IV, 548.

— petit-deuil , *V*. Chétodon queue - blanche , IV, 478.

— rabaji , *V*. Holocentre rabaji , IV, 725.

— rayé , *V*. Acanthure rayé , IV, 548.

— rhomboïde , *V*. Acanthinion rhomboïde, IV, 500.

— ruban , *V*. Chétodon peint, IV, 484.

Chétodon sale, *V*. Pomacanthe sale, IV, 519.

— seton , *V*. Pomacentre filament, IV, 511.

— sourcil , *V*. Chétodon vagabond, IV, 478.

— strié , *V*. Chétodon zèbre, IV, 489.

— tricolor , *V*. Holacanthe tricolor , IV, 530.

— veuve coquette , *V*. Holacanthe bicolor , IV, 533.

— unicorne , *V*. Nason licornet, III, 106.

— zèbre , *V*. Acanthure zèbre, IV, 548.

Chétodonoïde , *V*. Lutjan chétodonoïde, IV, 239.

— *V*. Plectorhinque chétodonoïde, III, 135.

Cheval marin aiguille , *V*. Syngnathe aiguille, II, 42.

— marin hippocampe , *V*. Syngnathe hippocampe, II, 42.

— marin pipe , *V*. Syngnathe aiguille, II, 42.

— marin pipe , *V*. Syngnathe pipe, II, 39.

— marin serpent, *V*. Syngnathe ophidion , II, 48.

— marin serpent, *V*. Syngnabe barbe, II, 48.

— marin sexangulaire , *V*. Syngnathe barbe , II, 48.

— marin trompette , *V*. Syngnathe trompette , II, 27.

— marin tuyau de plume , *V*. Syngnathe aiguille, II, 39.

Chevanne, *V*. Cyprin jesse, V, 585.

Chevenne , *V*. Cyprin jesse, V, 585.

Chevesne , *V*. Cyprin jesse, V, 585.

Chevillé, *V*. Scombre maquereau, III, 24.

Chicharou , *V*. Caranx trachure, III, 60.

Chiefis, *V*. Lépisostée gavial, V, 333.

Chien de mer aiguillat , *V*. Squale aiguillat, I, 270.

— de mer ange, *V*. Squale ange, I, 293.

— de mer barbillon , *V*. Squale barbillon, I, 245.

— de mer barbu , *V*. Squale barbu , I, 247.

— de mer barbu , *V*. Squale tigré , I, 249.

— de mer bleu, *V*. Squale glauque, I, 213.

— de mer bouclé , *V*. Squale bouclé , I, 283.

— de mer cornu , *V*. Aodon cornu, I, 300.

— de mer écailleux , *V*. Squale écailleux, I, 284.

— de mer émissole , *V*. Squale émissole, I, 242.

— de mer estellé, *V*. Squale émissole, I, 242.

— de mer galonné , *V*. Squale galonné, I, 251.

— de mer glauque , *V*. Squale glauque, I, 213.

— de mer griset , *V*. Squale griset , I, 269.

— de mer humantin , *V*. Squale humantin, I, 276.

— de mer isabelle , *V*. Squale isabelle, I, 255.

— de mer kumal , *V*. Aodon kumal, I, 298.

— de mer liche, *V*. Squale liche , I, 279.

— de mer marteau , *V*. Squale marteau, I, 257.

— de mer massasa , *V*. Aodon massasa, I, 298.

— de mer milandre , *V*. Squale milandre , I, 237.

— de mer moucheté , *V*. Squale barbu , I, 247.

— de mer nez, *V*. Squale long-nez, I, 216.

— de mer œillé, *V*. Squale œillé , I, 253.

— de mer pantouflier. *V*. Squale pantouflier, I, 261.

— de mer perlon, *V*. Squale perlon , I, 220.

— de mer renard , *V*. Squale renard , I, 267.

Cyprinus mucosus nigrescens, *V.* Cyprin tanche, V, 533.

— mursa, *V.* Cyprin murse, V, 530.

— nigroauratus, *V.* Cyprin mordoré, V, 547.

— nobilis, *V.* Cyprin carpe, V, 504.

— nudus, *V.* Cyprin à cuir, V, 528.

— orfus, *V.* Cyprin orphe, V, 563.

— phoxinus, *V.* Cyprin véron, V, 570.

— pigus, *V.* Cyprin pigo, V, 604.

— rivularis, *V.* Cyprin goléian, V, 563.

— rufescens, *V.* Cyprin nilotique, V, 570.

— rutilus, *V.* Cyprin rougeâtre, V, 570.

— sucetta, *V.* Cyprin sucet, V, 604.

— tinca, *V.* Cyprin tanche, V, 533.

— tinca, *V.* Cyprin tanchor, V, 541.

— tincauratus, *V.* Cyprin tanchor, V, 551.

D

Daakar, *V.* Chétodon teira, IV, 494.

Dab, *V.* Pleuronecte limande, IV, 621.

Dace, *V.* Cyprin vaudoise, V, 570.

Daine, *V.* Persèque umbre, IV, 414.

Damo, *V.* Caranx glauque, III, 66.

Danois, *V.* Gade danois, II, 432.

Dard, *V.* Cyprin vaudoise, V, 570.

Dare, *V.* Cyprin vaudoise, V, 570.

Darne, *V.* Scombre thon, II, 605.

Dasybatus, *V.* Raie batis, I, 35.

— *V.* Raie bouclée, I, 128.

— *V.* Raie miralet, I, 75.

Dasybatus, *V.* Raie ronce, I, 79.

Daubenton, *V.* Caranx daubenton, III, 71.

Dawatschan, *V.* Salmone truite, V, 189.

Décacanthe, *V.* Bodian décacanthe, IV, 293.

— *V.* Lutjan décacanthe, IV, 218.

Décadactyle, *V.* Polynème décadactyle, V, 412.

Deep water fish, *V.* Clupée apalike, V, 458.

Demi-disque, *V.* Labre demi-disque, III, 472.

Demi-folle, *V.* Gade colin, II, 416.

Demi-lune, *voyez* Spare demi-lune, IV, 141.

Demi-museau, *V.* Ésoce espadon, V, 313.

Demoiselle, *V.* Salmone saumon, V, 159.

— *V.* Squale pantouflier, I, 261.

Dendera, *V.* Mormyre dendera, V, 621.

Dentalis, *V.* Spare denté, IV, 120.

Denté, *V.* Characin denté, V, 272.

— *V.* Cheiline scare, III, 530.

— *V.* Cycloptère denté, II, 62.

— *V.* Pleuronecte denté, IV, 652.

— *V.* Spare denté, IV, 120.

— *V.* Spare pagel, IV, 85.

Dentelé, *V.* Spare denté, IV, 120.

— *V.* Squale dentelé, I, 281.

Dentex, *V.* Spare denté, IV, 120.

Dentice, *V.* Spare denté, IV, 120.

Denticulé, *V.* Scare denticulé, IV, 12.

Dentillae, *V.* Spare denté, IV, 120.

Derbio, *V.* Caranx glauque, III, 66.

Der kieferwurm, *V.* Pétromyzon lamproyon, I, 26.

Désarmé, *V.* Agénéiose désarmé, V, 133.

Desfontaines, *V.* Spare desfontaines, IV, 160.

Deux-aiguillons, *V.* Ostracion deux - aiguillons, I, 465.

— bandes, *V.* Labre deux-bandes, III, 472.

— *V.* Mulle deux-bandes, III, 404.

— croissans, *V.* Labre deux - croissans, III, 526.

— dents, *V.* Lutjan deux-dents, IV, 229.

— dents courte épine, *V.* Diodon atinga, II, 5.

— dents courte épine, *V.* Diodon orbe, II, 16.

— dents hérisson, *V.* Diodon orbe, II, 16.

— dents longue épine, *V.* Diodon atinga, II, 5.

— dents longue épine, *V.* Diodon holocanthe, II, 11.

— lignes, *V.* Achire deux-lignes, IV, 665.

— piquans, *V.* Hélacanthe deux-piquans, IV, 533.

— piquans, *V.* Syngnathe deux-piquans, II, 42.

— taches, *V.* Silure deux-taches, V, 75.

— tubercules, *V.* Ostracion, deux-tubercules, I, 459.

Deverekesegi, *V.* Cyprin jesse, V, 585.

Diable de mer, *V.* Lophie baudroie, I, 504.

— *V.* Raie banksienne, II, 115.

— *V.* Raie mobular, I, 161.

— *V.* Scorpène américaine, III, 284.

Diacanthe, *V.* Holocentre diacanthe, IV, 372.

— *V.* Lutjan diacanthe, IV, 259.

— *V.* Persèque diacanthe, IV, 418.

Diadème, *V.* Holocentre diadème, IV, 372.

Douwing hertogin, *V.* Chétodon vagabond, IV, 478.

— marquis, *V.* Holacanthe anneau, IV, 533.

— prinz, *V.* Chétodon vagabond, IV, 478.

Dracunculus, *V.* Callionyme lyre, II, 329.

Dragon, *V.* Pégase dragon, II, 78.

— *V.* Trachine vive, II, 354.

— de mer, *V.* Pégase dragon, II, 78.

— de mer, *V.* Trachine vive, II, 354.

Dragonneau, *V.* Callionyme dragonneau, II, 325.

Dranguel, *V.* Murène anguille, II, 226.

Dranguet dru, *V.* Murène anguille, II, 226.

Dreg-dolfin, *voyez* Cataphracte callichte, V, 126.

Drége, *V.* Gade merlan, II, 424.

Dréges, *V.* Trachine vive, II, 354.

Dréligny, *V.* Centropome loup, IV, 267.

Dreyer, *voyez* Corégone wartmann, V, 261.

Dromadaire, *V.* Ostracion dromadaire, I, 470.

Drum, *V.* Sciène chromis, IV, 314.

Dschirau-malû, *V.* Labre ceylan, III, 472.

Dschium, *V.* Silure glanis, V, 59.

Duc, *V.* Holacanthe duc, IV, 533.

Duchesse, *V.* Holacanthe duc, IV, 533.

Durdo, *V.* Sciène umbre, IV, 314.

E

Écailleux, *V.* Notoptère écailleux, II, 193.

— *V.* Squale écailleux, I, 284.

Écharpe, *voyez* Baliste écharpe, I, 352.

Échène rémore, *V.* Échénéis rémora, III, 147.

— sucet, *voyez* Échénéis naucrate, III, 162.

Echeneis lineata, *voyez* Échénéis rayé, III, 167.

— *V.* Pétromyzon lamproie, I, 3.

Échidne, *V.* Murénophis échidne, V, 641.

Échiquier, *V.* Cobite loche, V, 8.

— *V.* Labre échiquier, III, 492.

Écriture, *V.* Lutjan écriture, IV, 229.

Écrivain, *V.* Cyprin nase, V, 585.

Écureuil, *V.* Lutjan écureuil, IV, 205.

Eel, *V.* Murène anguille, II, 226.

— pout, *V.* Gade lote, II, 435.

Églantier, *V.* Raie églantier, II, 109.

Egle, *V.* Persèque perche, IV, 399.

Egleu, *V.* Persèque perche, IV, 399.

Egrefinus, *V.* Gade æglefin, II, 397.

Éguillette, *V.* Ésoce bélone, V, 308.

Ehrl, *V.* Cyprin dobule, V, 570.

Eichhorn-fisch, *V.* Lutjan écureuil, IV, 205.

Einfleck, *V.* Characin curimate, V, 279.

Ekorkouning, *V.* Holacanthe bicolor, IV, 530.

Elb butt, *V.* Pleuronecte carrelet, IV, 659.

Elbute, *V.* Cyprin véron, V, 570.

Electrical eel, *V.* Gymnote électrique, II, 146.

Électrique, *voyez* Gymnote électrique, II, 146.

— *V.* Malaptérure électrique, V, 91.

— *V.* Tétrodon électrique, I, 507.

Électrique, *V.* Trichiure électrique, II, 188.

Éléotre, *V.* Gobie éléotre, II, 564.

Elephant-fish, *V.* Chimère antarctique, I, 400.

Elephantennasse, *voyez* Ésoce espadon, V, 313.

Elephas, *V.* Centrisque bécasse, II, 95.

Élevé, *V.* Spare élevé, IV, 104.

Elft, *V.* Clupée alose, V, 447.

— *V.* Cyprin orphe, V, 563.

Ellerling, *V.* Cyprin véron, V, 570.

Elliptique, *V.* Lutjan elliptique, IV, 213.

Elops, *voyez* Gomphose bleu, III, 101.

Elritze, *V.* Cyprin véron, V, 570.

Else, *V.* Clupée alose, V, 447.

El volante, *V.* Exocet volant, V, 402.

Elv-kra, *V.* Salmone truite, V, 189.

Elwe-ritze, *V.* Cyprin véron, V, 570.

Émissole, *V.* Squale émissole, I, 242.

Émoi, *V.* Polynème émoi, V, 412.

Emperador, *V.* Xiphias espadon, II, 289.

Empereur, *voyez* Holacanthe empereur, IV, 533.

— *V.* Xiphias espadon, II, 289.

Empetrum, *V.* Blennie pholis, II, 489.

Empile, *V.* Raie bouclée, I, 128.

Enchelyopus, *V.* Gade molve, II, 432.

— *V.* Trichiure lepture, II, 182.

— barbatus, *V.* Ophidie barbu, II, 279.

— flavus imberbis, *V.* Ophidie imberbe, II, 279.

Encrasicholus, *V.* Clupée anchois, V, 455.

Exocætus mesogaster, *V*. Exocet métorien, V, 402.
— volitans , *V*. Exocet volant, V, 402.
Exocet muge volant , *V*. Exocet volant, V, 402.
— pirabe , *V*. Exocet volant, V, 402.
Exos, *V*. Acipensère huso , V, 422.
Expausançon , *V*. Batrachoïde tau , II, 452.

F

FABRO, *V*. Zée forgeron, IV, 577.
Fabronienne, *V*. Raie fabronienne, II, 111.
Fætela, *V*. Holocentre gaterin, IV, 347.
Faisan de mer, *V*. Pleuronecte turbot, IV, 645.
Faitan, *V*. Pleuronecte flétau , IV, 601.
Falciforme, *V*. Monodactyle falciforme , III , 132.
Falcone, *V*. Dactyloptère pirapède, III, 326.
Fanal , *V*. Trigle milan , III, 362.
Farène, *V*. Cyprin farène, V, 585.
Fario, *V*. Salmone truite, V, 189.
— *V*. Salmone truite-saumonée, V, 210.
Farre , *V*. Corégone lavaret, V, 245.
Fascé, *V*. Achire fascé , IV, 662.
— *V*. Blennie fascé, II , 473.
— *V*. Caranx fascé, IV, 705.
— *V*. Centropome fascé , IV, 723.
— *V*. Cheilodactyle fascé, V, 6.
— *V*. Hologymnose fascé, III, 557.
— *V*. Ophisure fascé, IV, 687.
— *V*. Ovoïde fascé , I, 521.
— *V*. Pogonias fascé, III, 158.

Fascé, *V*. Spare fascé, IV, 127.
— *V*. Synode fascé, V, 321.
Father-lasher, *V*. Cotte scorpion, III, 256.
Faucheur, *V*. Chétodon faucheur, IV, 471.
— *V*. Labre faucheur, III, 463.
— *V*. Trachinote faucheur, III, 79.
Faucille, *V*. Cyprin faucille, V, 604.
— *V*. Osmère faucille, V, 235.
— *V*. Pomacentre faucille, IV, 511.
— *V*. Spare faucille , IV, 127.
Faucon de mer, *V*. Dactyloptère pirapède, III, 326.
— de mer, *V*. Raie aigle, I, 104.
Faujas, *V*. Lophie faujas, I, 318.
Fausse vergadelle , *V*. Spare saupe, IV, 97.
Fauve, *V*. Labre fauve, III, 472.
Feinte au gros œil , *V*. Clupée feinte, V, 452.
— bretonne, *V*. Clupée feinte, V, 452.
— noire, *V*. Clupée feinte, V, 452.
Feintière, *V*. Clupée feinte, V, 452.
Fera , *V*. Corégone lavaret, V, 245.
Ferdau , *V*. Caranx ferdau, III , 75.
Ferguson, *V*. Lophie ferguson, I, 330.
Ferrat, *V*. Corégone lavaret, V, 245.
Ferraza , *V*. Raie pastenaque, I, 114.
Ferrugineux , *V*. Scare ferrugineux, IV, 17.
Fersk-vands aborre, *V*. Persèque perche, IV, 399.
Feuille , *V*. Polyodon feuille, I, 403.
Fey bot , *V*. Pleuronecte flez, IV, 655.

Fiæsing , *V*. Trachine vive, II, 354.
Fjarsing, *V*. Trachine vive, II, 354.
Fiatola, *V*. Chrysostrome fiatoloïde, IV, 698.
Fiatole, *V*. Stromatée fiatole, II, 316.
Fiatoloïde, *V*. Chrysostrome fiatoloïde , IV, 698.
Fico , *V*. Gade tacaud , II, 409.
Fierasfer , *V*. Gymnote fierasfer, II, 178.
Fifteen spined stickleback , *V*. Gastérostée spinachie, III, 296.
Figaro, *V*. Sciène umbre, IV, 314.
Fikloja, *V*. Corégone marénule, V, 261.
Filament , *V*. Mégalope filament , V, 290.
— *V*. Pomacentre filament, IV, 511.
Filamenteux , *V*. Caranx filamenteux, III, 70.
— *V*. Labre filamenteux, III, 477.
Filat, *V*. Murène congre, II, 278.
File-fish, *V*. Baliste vieille, I, 337.
Filencul , *V*. Fistulaire petimbe, 350.
Filou , *V*. Spare trompeur, IV, 120.
Finscale, *V*. Cyprin orphe, V, 563.
— *V*. Cyprin rotengle , V, 570.
Fire flaire, *V*. Raie pastenaque, I, 114.
Fischer, *V*. Bodian fischer, IV, 293.
Fisgurn, *V*. Misgurne fossile, V, 17.
Fish piper, *V*. Trigle lyre, III, 345.
Fishing frog , *V*. Lophie baudroie, I, 304.
Fiskligen brosme, *V*. Macroure berglax, III, 170.
Fisk sympen, *V*. Cotte scorpion, III, 236.
Fisksymp, *V*. Cotte scorpion, III, 236.

Gade monoptère,*V.* Blennie méditerranéen, **II**, 467.

— narvaga, *V.* Gade callarias, **II**, 409.

— tau, *V.* Batrachoïde tau, **II**, 452.

— torsk, *V.* Blennie torsk, **II**, 508.

— trident, *V.* Blennie tridactyle, **II**, 484.

Gadoïde, *V.* Blennie gadoïde, **II**, 484.

— *V.* Salmone gadoïde, **V**, 224.

Gadus albidus, *V.* Blennie gadoïde, **II**, 484.

— balthicus, *V.* Gade callarias, **II**, 409.

— barbatus, *V.* Gade tacaud, **II**, 409.

— carbonarius, *V.* Gade colin, **II**, 416.

— garamit, *V.* Blennie garamit, **II**, 508.

— hoitling, *V.* Gade merlan, **II**, 424.

— kolja, *V.* Gade æglefin, **II**, 397.

— longa, *V.* Gade molve, **II**, 432.

— luscus, *V.* Gade bib, **II**, 403.

— lyrblek, *V.* Gade polluck, **II**, 416.

— mediterraneus, *voyez* Blennie méditerranéen, **II**, 467.

— minutus, *V.* Gade capelan, **II**, 409.

— russicus, *V.* Gade mustelle, **II**, 441.

— salarias, *V.* Blennie garamit, **II**, 508.

— squamis majoribus, *V.* Gade morue, **II**, 369.

— tau, *V.* Batrachoïde tau, **II**, 452.

— titling, *V.* Gade tacaud, **II**, 409.

— tricirratus, *V.* Gade mustelle, **II**, 441.

— virens, *V.* Gade sey, **II**, 416.

Gæden, *V.* Salmone gæden, **V**, 210.

Gæse, *V.* Cyprin jesse, **V**, 585.

Gæss, *V.* Caraux gæss, **III**, 75.

Gagnole, *V.* Syngnathe trompette, **II**, 27.

Gal, *V.* Osphronème gal, **III**, 122.

— *V.* Zée forgeron, **IV**, 577.

Galanga, *V.* Lophie baudroie, **I**, 304.

Galea Venetorum, *V.* Gade mustelle, **II**, 441.

Galeetto, *V.* Blennie pholis, **II**, 489.

Galeus acautheas, *V.* Squale aiguillat, **I**, 270.

— acanthias, *V.* Squale sagre, **I**, 274.

— acanthias Clusii exoticus, *V.* Chimère arctique, **I**, 392.

— astérias, *V.* Squale émissole, **I**, 242.

— glaucus, *V.* Squale glauque, **I**, 213.

— lævis, *V.* Squale émissole, **I**, 242.

— lentillat, *V.* Squale émissole, **I**, 242.

— stellaris, *V.* Squale roussette, **I**, 221.

Galian, *V.* Cyprin galian, **V**, 570.

Galiléen, *V.* Spare galiléen, **IV**, 146.

Gallien, *V.* Cyprin aphye, **V**, 570.

Galline, *V.* Chétodon galline, **IV**, 494.

— *V.* Trigle grondin, **III**, 358.

— *V.* Trigle hirondelle, **III**, 355.

— *V.* Trigle milan, **III**, 362.

Gallinette, *V.* Trigle hiroudelle, **III**, 355.

Gallus marinus, *V.* Zée forgeron, **IV**, 577.

Galon-d'or, *V.* Lutjan galon-d'or, **IV**, 216.

Galonné, *V.* Osmère galonné, **V**, 235.

— *V.* Sparc galonné, **IV**, 115.

— *V.* Squale galonné, **I**, 251.

Galuchat, *V.* Raie sephen, **I**, 123.

Gambarur, *V.* Ésoce gambarur, **V**, 313.

Gangüsch, *V.* Corégone wartmann, **V**, 261.

Gangwad, *V.* Pleuronecte flétan, **IV**, 601.

Garimin, *V.* Bodian jacob évertsen, **IV**, 296.

Garamit, *V.* Blennie garamit, **II**, 508.

Garanha, *V.* Bodian aya, **IV**, 286.

Garbotteau, *V.* Cyprin jesse, **V**, 585.

Garbottin, *V.* Cyprin jesse, **V**, 585.

Garcis, *V.* Cyprin hamburge, **V**, 549.

Gardénien, *V.* Centronote gardénien, **III**, 318.

Gardénienne, *V.* Hiatule gardénienne, **II**, 523.

Garfish, *V.* Ésoce bélone, **V**, 308.

Garpike, *V.* Ésoce bélone, **V**, 308.

Garvies, *V.* Clupée sardine, **V**, 444.

Garvock, *V.* Clupée sardine, **V**, 444.

Garum, *V.* Scombre maquercau, **III**, 24.

Gascanet, *V.* Caranx trachure, **III**, 60.

Gascon, *V.* Caranx trachure, **III**, 60.

Gasteropeleus argenteus, *V.* Serpe argentée, **V**, 477.

— sternicla, *V.* Serpe argentée, **V**, 477.

Gasterosteus acanthias, *V.* Centronote acanthias, **III**, 315.

— aculeatus, *V.* Gastérostée épinoche, **III**, 296.

— canadus, *V.* Centronote gardénien, **III**, 318.

— carolinus, *V.* Centronote carolinin, **III**, 318.

— conductor, *V.* Centronote pilote, **III**, 311.

— japonicus, *V.* Lépisacanthe japonois, **III**, 321.

— lyzan, *V.* Centronote lyzan, **III**, 316.

— occidentalis, *V.* Centronote argenté, **III**, 316.

Japonois, *V.* Stoléphore japonois, V, 382.

Jaqueta, *V.* Glyphisodon moucharra, IV, 543.

Jarbua, *V.* Holocentre jarbua, IV, 347.

Jarga, *V.* Salmone saumon, V, 159.

Jass, *V.* Cyprin ide, V. 570.

Jasz, *V.* Cyprin orphe, V, 563.

Jaunâtre, *V.* Labre jaunâtre, III, 487.
— *V.* Pomacanthe jaunâtre, IV, 521.

Jaune, *V.* Lutjan jaune, IV, 205.
— et bleu, *V.* Holocentre jaune et bleu, IV, 367.
— et noir, *V.* Holacanthe jaune et noir, IV, 533.

Jaunellipse, *V.* Lutjan jaunellipse, IV, 239.

Jaunet, *V.* Cheilion doré, IV, 453.

Javaansche vandrig, *V.* Chétodon cornu, IV, 471.

Javanois, *V.* Monoptère javanois, II, 139.

Jci, *V.* Pleuronecte plie, IV, 628.

Jeregh, *V.* Acipensère huso, I, 422.

Jern-lodde, *V.* Osmère éperlan, V, 231.
— lodde, *V.* Salmone lodde, V, 217.
— lodder, *V.* Osmère éperlan, V, 231.

Jerscha, *V.* Holocentre post, IV, 357.

Jesse, *V.* Cyprin jesse, V, 585.

Jew-fish, *V.* Bodian jacob-évertsen, IV, 296.

Joatzmo unagi, *V.* Pétromyzon lamproie, I, 3.

Joël, *V.* Athérine joël, V, 372.

John, *V.* Lutjan john, IV, 235.

Johnius aneus, *V.* Labre anéi, III, 577.
— carut, *V.* Labre karut, III, 517.

Jonkervisch, *V.* Labre girelle, III, 492.

Jotz, *V.* Cyprin rougeâtre, V, 570.

Joulong joulong, *V.* Aulostome chinois, V, 357.

Jourdin, *V.* Lutjan jourdin, IV, 235.

Jozo, *V.* Gobie jozo, II, 557.

Jub, *V.* Spare jub, IV, 136.

Jula, *V.* Labre girelle, III, 492.

Jule, *V.* Cyprin jule, V, 563.

Julis, *V.* Labre girelle, III, 492.

Juoil, *V.* Athérine joël, V, 372.

Jurella, *V.* Labre girelle, III, 492.

Juscle, *V.* Spare mendole, IV, 85.

Jussieu, *V.* Clupanodon jussien, V, 470.

Jüster, *V.* Cyprin large, V, 604.

K

Kablac, *V.* Gade morue, II, 369.

Kachoué ommon bouete, *V.* Mormyre kannumé, V, 621.

Kahha, *V.* Centropome sandat, IV, 255.

Kai-po-y, *V.* Tétrodon croissant, I, 497.

Kaila, *V.* Gade brosme, II, 450.

Kakaitsel, *V.* Glyphisodon kakaitsel, IV, 543.

Kakatoc, *V.* Scare kakatoc, IV, 12.

Kakatoea itam, *V.* Holocentre sonnerat, IV, 389.

Kalamin, *V.* Polynème émoi, V, 412.

Kulbfleischlachs, *V.* Salmone saumon, V, 159.

Kalinkan, *V.* Cyprin able, V, 585.

Kaljor, *V.* Gade æglefin, II, 397.

Kalkoeven visch, *V.* Scorpène volante, III, 289.

Kallie, *V.* Gade æglefin, II, 397.

Kallior, *V.* Gade æglefin, II, 397.

Kamas, *V.* Ésoce brochet, V, 297.

Kamlias, *V.* Pleuronecte flez, IV, 633.

Kamtscha, *V.* Cotte scorpion, III, 236.

Kan, *V.* Tétrodon lagocéphale, I, 495.

Kandawar, *V.* Baliste sillonné, I, 370.

Kaniok kaniuinak, *V.* Cotte scorpion, III, 236.

Kannumé, *V.* Mormyre kannumé, V, 621.

Kapirat, *V.* Notoptère kapirat, II, 190.

Kapisalirksoak, *V.* Salmone saumon, V, 159.

Kapiselikan, *V.* Clupée hareng, V, 427.

Karass, *V.* Cyprin hamburge, V, 549.

Karausche, *V.* Cyprin hamburge, V, 549.

Karawade, *V.* Stromatée gris, IV, 693.

Karkole, *V.* Pleuronecte plie, IV, 628.

Karmouth, *V.* Macroptéronote charmuth, V, 585.

Karpfen-hesing, *V.* Clupée apalike, V, 458.

Karpfenbrut, *V.* Cyprin carpe, V, 504.

Karrak, *V.* Anarhique karrak, II, 309.

Karruwey, *V.* Ophicéphale karruwey, III, 552.

Karsche, *V.* Cyprin hamburge, V, 549.

Karu-wawal, *V.* Stromatée noir, IV, 693.

Karudse, *V.* Cyprin hamburge, V, 549.

Karut, *V.* Labre karut, III, 517.

Kascare, *V.* Tétrodon lagocéphale, I, 495.

Kasmira, *V.* Labre kasmira, III, 483.

Kaul baarsch, *V.* Holocentre post, IV, 357.

Leiobatus , *V*. Raie pas-
tenaque, I, 114.
— *V*. Raie oxyrinque, I,
72.
Leiostomus xanthurus ,
V. Léiostome queue-
jaune, IV, 439.
Lendola , *V*. Exocet sau-
teur, V, 402.
Lenge , *V*. Gade molve ,
II, 432.
Lénok , *V*. Salmone lé-
nok, V, 217.
Lentillade , *V*. Raie oxy-
rinque, I, 72.
Lentjan, *V*. Bodian lent-
jan , IV, 293.
Léopard , *V*. Gade calla-
rias , II, 409.
— *V*.Holocentre léopard,
IV, 367.
— *V*.Labre léopard, III,
517.
Lépechin , *V*.Salmone lé-
pechin , V, 217.
Lépidope jarretière , *V*.
Lépidope gouanien,II,
520.
Lepidotus,*V*.Cyprin biu-
ny, V, 530.
Lépisme , *V*. Labre lépis-
me , III, 463.
Lépisure , *V*. Spare lépi-
sure, IV, 141.
Leptocéphale , *V*. Cyprin
leptocéphale , V, 563.
Lepture , *V*. Trichiure
lepture, II, 182.
Lerbleking , *V*. Gade pol-
lack, II, 416.
Lesser dog-fish,*V*.Squale
roussette, I, 221.
Lesser hake , *V*. Blennie
phycis, II, 465.
— sharpling , *V*. Gasté-
rostée épinochette, III,
296.
Lest , *V*. Gade sey, II,
416.
— hake , *V*. Blennie phycis , II, 465.
Lessler stickleback , *V*.
Gastérostée épinochet-
te, III, 296.
Lestes , *V*. Pleuronecte
flez, IV, 633.
Leth , *V*. Gade morue ,
II, 369.

Letsch,*V*.Cyprin brème,
V, 585.
Leucichthe , *V*.Corégone
leucichthe, V, 261.
Leuciscus , *V*. Cyprin
vaudoise, V, 570.
Leucomænides , *V*. Spare
smaris, IV, 76.
Lever (the) lamprey, *V*.
Pétromyzon pricka, I,
18.
Libella ciambetta , *V*.
Squale marteau , I ,
257.
Libouret , *V*. Scombre
thon , II, 605.
Liche , *V*.Centronote vadigo, III, 318.
— *V*. Squale liche , I,
279.
Lichnis , *V*. Cyprin tanche, V, 533.
Licorne , *V*. Nason licornet , III, 106.
— (petite) , *V*. Lophie
vespertilion , I , 315.
— (petite), *V*. Nason licornet, III, 106.
— à loupe , *V*. Nason
loupe , III, 111.
— marine , *V*. Lophie
vespertilion , I , 315.
Licornet , *V*. Nason li-
cornet , III, 106.
Lièvre , *V*. Blennie lièvre,
II, 461.
— de mer, *V*. Cycloptère
lompe., II, 52.
— marin vulgaire , *V*.
Blennie lièvre, II, 461.
Lima , *V*. Pleuronecte limande , IV, 621.
Limada , *V*. Squale mar-
teau , I, 257.
Limande,*V*.Pleuronecte
limande, IV. 621.
Limandelle , *V*. Pleuro-
necte limandelle, IV,
633.
Limandoïde , *V*. Pleuro-
necte limandoïde, IV,
633.
Line, *V*. Cyprin tanche,
V, 533.
Linéaire , *V*. Labre li-
néaire, III, 508.
Linette , *V*.Trigle hirondelle , III, 353.

Ling , *V*. Gade molve ,
II, 432.
Lingoada , *V*.Pleuronecte
grandes-écailles , IV,
652.
Linguada,*V*.Pleuronecte
argus, IV, 652.
Linguata,*V*. Pleuronecte
sole, IV, 623.
Linguato,*V*.Pleuronecte
sole, IV, 623.
Lingue , *V*. Gade morue,
II, 369.
Linke , *V*. Lutjan linke ,
IV, 252.
Linnore , *V*. Cyprin tan-
che, V, 533.
Liparis , *V*. Blennie gun-
nel, II, 503.
— *V*. Cycloptère liparis ,
II, 69.
Lisette, *V*. Stromatée fiatole, II, 316.
Lisiza , *V*. Aspidophore
armé, III, 222.
Lisse , *V*. Labre lisse ,
III, 477.
— *V*. Unibranchaperture
lisse, V, 658.
Lister, *V*. Ostracion lister, I, 468.
Little old wife, *V*.Baliste
tacheté, I, 361.
— pipe-fish , *V*. Syngnathe barbe, II, 48.
— pipe-fish , *V*. Syngnathe ophidion , II, 48.
Loche , *V*. Cobite loche,
V, 8.
— de mer , *voyez* Gobie
aphye, II, 547.
— de rivière , *V*. Gobie
aphye, II, 547.
— de rivière , *V*. Cobite
tænia, V, 8.
— d'étang , *V*. Misgurne
fossile, V, 17.
— franche , *V*. Cobite loche, V, 8.
Lodde , *V*. Osmère éper-
lan , V, 231.
— *V*. Salmone lodde , V,
217.
Lodjor , *V*.Salmone truite-saumonée, V, 204.
Lodna , *V*. Salmone lod-
de , V, 217.
Loengstrimad tandjœgy ,

Lutjanus chrysops, *V*.
Lutjan œil-d'or, IV, 205.
— elliptico-flavus, *voyez*
Lutjan jaunellipse, IV,
239.
— ephippium, *V*. Lutjan
selle, IV, 229.
— lunulatus, *V*. Lutjan
croissant, IV, 213.
— rostratus, *V*. Lutjan
groin, IV, 252.
Luyer, *V*. Cyprin able,
V, 585.
Luzzaro, *V*. Sphyrène
spet, V, 326.
Luzzo, *V*.Esoce brochet,
V, 297.
— marino, *V*. Sphyrène
spet, V, 326.
Lymme, *V*. Raie lymme,
I, 119.
Lyr, *V*. Gade pollack, II,
416.
— blek, *V*. Gade pollack,
II, 416.
Lyra, *V*. Trigle grondin,
III, 358.
— alata, *V*. Trigle ponctuée, III, 349.
— altera Rondeletii, *V*.
Péristédion malarmat,
III, 369.
— harvicensis, *V*.Callio-
nyme lyre, II, 329.
Lyre, *V*.Callionyme ly-
re, II, 329.
— *V*. Pleuronecte flétan,
IV, 601.
— *V*. Trigle lyre, III,
345.
Lysing, *V*. Gade merlus,
II, 446.
Lyzan , *V*. Centronote
lyzan, III, 316.

M

MAAN visch , *V*. Baliste
tacheté, II, 361.
Macarel , *V*. Scombre
maquereau, III, 24.
Machnate, *V*. Argentine
machnate, V, 366.
Machoiran blanc, *V*. Pi-
mélode chat, V, 98.
Machuelo, *V*.Raie schou-
kie, I, 155.
Macrocéphale , *V*. Clu-

pée macrocéphale, V,
458.
Macrocéphale, *V*. Labre
macrocéphale, III, 480.
— *V*. Synode macrocé-
phale, V, 321.
Macrodon, *V*. Centro-
pome macrodon, IV,
273.
Macrodonte, *V*. Labre
macrodonte, III, 522.
Macrogastère, *V*. Labre
macrogastère, III, 477.
Macrolépidote, *V*.Bodian
macrolépidote, IV, 286.
— *V*. Cheilodiptère ma-
crolépidote, III, 549.
Macronème, *V*. Mulle
macronème, III, 404.
Macrophthalme, *V*. Lut-
jan macrophthalme,
IV, 209.
Macroptère , *V*. Labre
macroptère, III, 477.
Macropteronotus batra-
chus , *V*. Macroptéro-
note grenouiller, V, 85.
Macrourus rupestris , *V*.
Macroure berglax, III,
170.
Madégasse, *V*. Cotte ma-
dégasse, III, 248.
Madrague, *V*. Raie mo-
bular, I, 151.
Mæna , *V*. Spare men-
dole, IV, 85.
— candida, *V*. Spare sma-
ris, IV, 76.
Mænas Rondeletii , *V*.
Spare mendole, IV, 85.
Maerbleier, *V*. Clupano-
don chinois, V, 470.
Magnifique, *V*. Lutjan
magnifique, IV, 222.
Mahé, *V*.Scorpène mahé,
III, 278.
Mahséna, *V*. Spare mah-
séna, IV, 111.
Mai-balik , *V*. Clupée
alose, V, 447.
Maigre, *V*. Persèque um-
bre, IV, 414.
Maile, *V*.Cyprin able, V,
585.
Maillé, *V*. Labre maillé,
III, 508.
— *V*. Ostracion maillé ,
I, 454.

Maîtresse corde, *V*. Raie
bouclée, I, 128.
Makrill, *V*. Scombre ma-
quereau, III, 24.
Mal , *V*. Silure glanis,
V, 59.
Mal-armé , *V*. Tétrodon
mal-armé, I, 497.
Malabar, *V*. Clupée ma-
labar, V, 458.
— *V*. Synode malabar,
V, 325.
Malaptère, *V*. Labre ma-
laptère, III, 472.
Malaptéronote, *V*. Labre
malaptéronote, III,
517.
Malarmat , *V*. Péristé-
dion malarmat, III,
369.
Malchus, *V*.Cyprin mal-
chus, V, 563.
Mall, *V*. Silure glanis,
V, 59.
Malle, *V*. Silure glanis,
V, 59.
Malleus , *V*. Sphyrène
spet, V, 326.
Man visch , *V*. Baliste
épineux, I, 367.
Manati, *V*. Raie mana-
tia, I, 160.
Manatia, *V*. Raie mana-
tia, I, 160.
Manche , *V*. Scombre
thon, II, 605.
Mandrague, *V*. Scombre
thon, II, 605.
Manet, *V*. Scombre ma-
quereau, III, 24.
Mango , *V*. Polynème
mango, V, 412.
Manualai , *voyez* Clu-
panodon chinois, V,
470.
Maquereau, *V*. Scombre
maquereau, III, 24.
Marakay, *V*. Clupée apa-
like, V, 458.
Marbré, *V*. Achire mar-
bré, IV, 660.
— *V*. Labre marbré, III,
592.
Marbrée, *V*. Unibran-
chaperture marbrée,
V, 658.
Marbrée, *V*. Gymnomu-
rène marbrée, V, 649.

TOME V.

Murène congre, *V.* Macroure berglax,III, 170.
— flûte, *V.* Murénophis hélène, V, 631.
— fluviatile, *V.* Pétromyzon lamproie, I, 3.
— noirâtre, *V.* Murénophis noirâtre, V, 641.
— ponctuée, *V.* Murène tachetée, II, 265.
— serpent sans tache, *V.* Ophisure serpent, II, 198.
— serpent taché, *voyez* Ophisure ophis, II, 196.
Murse, *V.* Cyprin murse, V, 530.
Murus alter, *V.* Cépole serpentiforme, II, 529.
Mus marinus, *V.* Baliste caprisque, I, 372.
— marinus, *V.* Raie batis, I, 35.
Muschebout, *V.* Gade callarias, II, 409.
Museau-alongé, *V.* Chétodon museau-alongé, IV, 486.
— alongé, *V.* Ostracion museau-alongé, I, 458.
— alongé, *V.* Tétrodon museau-alongé, I, 502.
— pointu, *V.* Raie museau-pointu, IV, 672.
— pointu, *V.* Sphagebranche museau-pointu, V, 655.
Müsckeu, *V.* Caranx trachure, III, 60.
Musini, *V.* Murène anguille, II, 226.
Mustela, *V.* Pétromyzon lamproie, I, 3.
— *V.* Pétromyzon pricka, I, 18.
— fluviatilis, *V.* Pétromyzon lamproyon, I, 26.
— fluviatilis, *V.* Pétromyzon pricka, I, 18.
— fossilis, *V.* Misgurne fossile, V, 17.
— marina vivipara, *V.* Blennie ovovivipare, II, 496.
— vivipara Schoneveldii, *V.* Blennie ovovivipare, II, 496.

Mustella altera, *V.* Gade mustelle, II, 441.
— fluviatilis, *V.* Gade lote, II, 435.
— vulgaris, *V.* Gade mustelle, II, 441.
Mustelle, *V.* Gade mustelle, II, 441.
Mustelus, *V.* Squale sagre, I, 274.
— lævis, *V.* Squale émissole, I, 242.
— spinax, *V.* Squale aiguillat, I, 270.
Mustus fluviatilis, *V.* Cyprin barbeau, V, 524.
Mutterloseken, *V.* Cyprin aphye, V, 570.
Muythonden, *V.* Cyprin tanche, V, 533.
Mylio, *V.* Spare mylio, IV, 131.
Mylloi, *V.* Sciène umbre, IV, 314.
Mylostome, *V.* Spare mylostome, IV, 131.
Myraina, *V.* Murénophis hélène, V, 631.
Myre, *V.* Murène myre, II, 265.
Mystus, *V.* Cyprin barbeau, V, 524.
— *V.* Pimélode cous, V, 110.
— clupeoïdes, *V.* Myste clupéoïde, V, 467.

N

Nabbgiadda, *V.* Ésoce bélone, V, 308.
Nadelhecht, *V.* Esoce bélone, V, 308.
Naedl-fish, *V.* Ésoce bélone, V, 308.
Nagarey, *V.* Mulle rouget, III, 385.
Nagen, *V.* Pomacentre burdi, IV, 511.
Nageoires-rouges, *V.* Lutjan nageoires-rouges, IV, 205.
Nagmaul, *V.* Centropome sandat, IV, 255.
Naja lavet jang kitsjil, *V.* Pégase dragon, II, 78.
Nalim, *V.* Gade lote, II, 435.

Nappes, *V.* Gade colin, II, 416.
Narcocion, *V.* Raie torpille, I, 82.
Narcos, *V.* Raie torpille, I, 82.
Nars, *V.* Osmère éperlan, V, 231.
Narum, *V.* Clupée athérinoïde, V, 458.
Nase, *V.* Cyprin nase, V, 585.
Nasello, *V.* Gade merlus, II, 446.
Nasique, *V.* Clupanodon nasique, V, 470.
Naso fronticornis, *V.* Nason licornet, III, 106.
— tuberosus, *V.* Nason loupe, III, 111.
Nason, *V.* Nason licornet, III, 106.
Nasse, *V.* Pétromyzon lamproie, I, 3.
Nasting, *V.* Cyprin nase, V, 585.
Nasus, *V.* Cyprin nase, V, 585.
Natling, *V.* Pétromyzon pricka, I, 18.
Naucrates, *V.* Échénéis naucrate, III, 162.
Nébuleux, *V.* Gobie nébuleux, II, 564.
— *V.* Labre nébuleux, III, 467.
Néfasch, *V.* Characin néfasch, V, 272.
Negen oog, *V.* Pétromyzon pricka, I, 18.
Negen oyen, *V.* Pétromyzon pricka, I, 18.
Nègre, *V.* Centrolophe nègre, IV, 442.
— *V.* Centronote nègre, IV, 713.
— *V.* Gade nègre, V, 673.
— *V.* Raie nègre, IV, 674.
Négrillon, *V.* Holocentre négrillon, IV, 567.
Negro-fish, *V.* Spare pointillé, IV, 155.
— mackrel, *V.* Centronote nègre, IV, 713.
Nehbesild, *V.* Ésoce bélone, V, 388.

Persègue norvégienne,*V*. Holocentre norvégien, IV, 389.
— perche de mer, *voyez* Holocentre marin, IV, 376.
— ziugel, *V*. Diptérodon zingel, IV, 170.
Persèque (petite), *V*.Persèque brunnich, IV, 412.
Perro colorado, *V*. Lutjan verrat, IV, 209.
Perroquet, *V*.Coryphène perroquet, III, 205.
— *V*. Labre perroquet, III, 501.
— *V*. Scare perroquet, IV, 12.
— *V*. Spare perroquet, IV, 141.
— *V*. Tétrodon perroquet, I, 477.
— (petit), *V*. Labre perruche, III, 522.
Perruche, *V*. Labre perruche, III, 522.
Perser, *V*. Acanthure noiraud, IV, 648.
Pesce capone, *V*. Péristédion malarmat, III, 369.
— cappone, *V*.Scorpène truie, III, 280.
— colombo,*V*.Tétrodon hérissé, I, 487.
— columbo, *V*. Squale émissole, I, 242.
— di Spagna, *V*. Caranx trachure, III, 60.
— furca, *V*. Péristédion malarmat, III, 369.
— gatto, *V*. Squale roussette, I, 221.
— jouziou, *V*. Squale marteau, I, 257.
— moro, *V*. Gade mustelle, II, 441.
— parsico, *V*. Persèque perche, IV, 399.
— pavotto, *V*. Capros sanglier, IV, 591.
— pettine,*V*.Coryphène rasoir, III, 203.
— prete, *V*.Uranoscope rat, II, 347.
— spado, *V*. Xiphias espadon, II, 289.

TOME V.

Pesche gatto, *V*. Holocentre pira - pixanga, IV, 380.
Pescheteau, *V*. Lophie baudroie, I, 304.
Pessegi, *V*. Cyprin brème, V, 585.
Peter mænnchen, *V*. mulle surmulet, III, 394.
Petimbe, *V*. Fistulaire petimbe, V, 350.
Petimbuaba, *V*. Fistulaire petimbe, V, 350.
Petite gueule, *V*. Pimélode chat, V, 98.
— pélamide, *V*. Scombéroïde sauteur, III, 55.
— tête, *V*. Leptocéphale morrisien, II, 143.
Petromyzon branchialis, *V*. Pétromyzon lamproyon, I, 26.
— corpore annulato, *V*. Pétromyzon planer, I, 30.
— corpore annuloso, *V*. Pétromyzon lamproyon, I, 26.
— fluviatilis, *V*. Pétromyzon pricka, I, 18.
— maculosus, *V*. Pétromyzon lamproie, IV, 633.
— marinus, *V*.Pétromyzon lamproie, I, 3.
— ore lobato, *V*. Pétromyzon lamproyon, I, 26.
— ore papilloso, *V*. Pétromyzon planer,I, 30.
Pfaffenlaus, *V*. Holocentre post, IV, 357.
Pfeiferl, *V*. Diptérodon apron, IV, 170.
Pfeil becht, *V*. Sphyrène spet, V, 326.
Pflugschaar, *V*. Argyréiose vomer, V, 567.
Pfrille, *V*. Cyprin aphye, V, 570.
Pfulfisch, *V*. Misgurne fossile, V, 17.
Phager des anciens, *V*. Characin denté, V, 272.
Phagorio,*V*.Spare pagre, IV, 85.

Phagrus, *V*. Spare pagel, IV, 85.
— *V*.Spare pagre, IV, 85.
Phico, *V*. Blennie phycis, II, 465.
Philadelphien, *V*. Holocentre philadelphien, IV, 376.
Philipp, *V*. Squale philipp, I, 218.
Pholis, *V*. Blennie pholis, II, 489.
Phoxinus lævis, *V*. Cyprin véron, V, 570.
Phycis, *V*. Blennie phycis, II, 465.
— *V*.Cyprin tanche, V, 533.
Piabuque, *V*. Characin piabuque, V, 272.
Pibale, *V*. Pétromyzon lamproie, I, 3.
Picarel, *V*. Spare smaris, IV, 76.
Pichô, *V*.Cyprin pigo, V, 604.
Picked dog, *V*. Squale aiguillat, I, 270.
— dog - fish, *V*. Squale aiguillat, I, 270.
Piclo, *V*. Cyprin pigo, V, 604.
Picot, *V*. Pleuronecte flyndre, IV, 633.
Picuda,*V*.Sphyrène spet, V, 326.
Pidschian, *V*. Corégone pidschian, V, 253.
Pied (petit), *V*. Gobie boddaert, II, 543.
Pieterman, *V*. Trachine vive, II, 354.
Piexe pioltho, *V*. Échénéis rémora, III, 147.
— pogador, *V*. Échénéis rémora, III, 147.
Pigghuars, *V*. Pleuronecte carrelet, IV, 649.
Pignoletti, *voyez* Gobie aphye, II, 547.
Pigo, *V*. Cyprin pigo, V, 604.
Pigus, *V*. Cyprin pigo, V, 604.
Pihkste, *V*. Misgurne fossile, V, 17.
Pike, *V*. Esoce brochet, V, 297.

98

Pudding fish, *V.* Spare rayonné, IV, 151.

Pudiano vermelho, *V.* Bodian bloch, IV, 286.

Pulcher piscis, *V.* Uranoscope rat, II, 347.

Pulvérulent, *V.* Characin pulvérulent, V, 272.

Pungitius, *V.* Gastérostée épinochette, III, 296.

— marinus longus, *V.* Gastérostée spinachie, III, 296.

— pusillus, *V.* Céphalacanthe spinarelle, III, 324.

Puntazzo, *V.* Spare sargue, IV, 76.

Putael, *V.* Gade lote, II, 435.

Putaol, *V.* Gymnote putaol, II, 176.

Pyl-snoek, *V.* Sphyrène spet, V, 316.

Q

Quadrangulaire, *V.* Ostracion quadrangulaire, I, 470.

— *V.* Sélène quadrangulaire, IV, 564.

Quale sild, *V.* Clupée hareng, V, 427.

Quatre-aiguillons, *V.* Ostracion quatre-aiguillons, I, 468.

— cornes, *V.* Cotte quatre-cornes, II, 241.

— dents blanc, *V.* Tétrodon lagocéphale, I, 495.

— dents hérissé, *V.* Tétrodon hérissé, I, 487.

— dents hérisson à bec, *V.* Tétrodon alongé, I, 502.

— dents hérisson à bec, *V.* Tétrodon museau alongé, I, 502.

— dents hérisson oblong, *V.* Tétrodon alongé, I, 502.

— dents lisse, *V.* Tétrodon mal-armé, I, 497.

— dents lisse, *V.* Tétrodon rayé, I, 497.

Quatre-dents penton, *V.* Tétrodon rayé, I, 497.

— dents penton, *V.* Tétrodon speuglérien, I, 497.

— dents perroquet, *V.* Tétrodon perroquet, I, 477.

— dents petit monde, *V.* Tétrodon croissant, I, 497.

— dents petit monde, *V.* Tétrodon rayé, I, 497.

— dents rayé, *V.* Tétrodon rayé, I, 497.

— dents tigré, *V.* Tétrodon honckénien, I, 493.

— lobes, *V.* Cyprin quatre-lobes, V, 553.

— raies, *V.* Holocentre quatre-raies, IV, 380.

— taches, *V.* Pimélode quatre-taches, V, 102.

— tubercules, *V.* Ostracion quatre-tubercules, I, 457.

Quatte, *V.* Osmère éperlan, V, 251.

Qucite-barn, *V.* Pleuronecte flétan, IV, 601.

Quenaro, *V.* Athérine joël, V, 372.

Quetter lodde, *V.* Salmone lodde, V, 217.

Queue aiguillonnée, *V.* Caranx trachure, III, 60.

— blanche, *V.* Chétodon queue-blanche, IV, 478.

— de cheval, *V.* Coryphène hippurus, III, 178.

— de cheval, *V.* Notoptère kapirat, II, 190.

— d'or, *V.* Spare queue-d'or, IV, 115.

— en chevenx, *V.* Trichiure lepture, II, 182.

— fourchue, *V.* Baliste queue-fourchue, I, 374.

— jaune, *V.* Caranx queue-jaune, III, 64.

— jaune, *V.* Diptérodon queue-jaune, IV, 174.

— jaune, *V.* Léiostome queue-jaune, IV, 439.

— noire, *V.* Gobioïde queue-noire, II, 582.

Queue-rouge, *V.* Caranx queue-rouge, III, 68.

— rouge, *V.* Spare queue-rouge, IV, 115.

— rayée, *V.* Holocentre queue-rayée, IV, 367.

— verte, *V.* Spare queue-verte, IV, 163.

Quidd, *V.* Cyprin aphye, V, 570.

Quinze-épines, *V.* Labre quinze-épines, III, 480.

Quiqui, *V.* Cataphracte callichte, V, 126.

R

Rabaji, *V.* Holocentre rabaji, IV, 725.

Rabirrubia, *V.* Spare queue-d'or, IV, 115.

Raboteux, *V.* Cotte raboteux, III, 244.

Radane, *V.* Cyprin rougeâtre, V, 570.

Radjabau, *V.* Holocentre radjabau, IV, 372.

Raedspoette, *V.* Pleuronecte plie, IV, 628.

Raeskalle, *V.* Cyprin rougeâtre, V, 570.

Raett butt, *V.* Pleuronecte targeur, IV, 652.

Rai, *V.* Characin nilotique, V, 272.

Raie à bec pointu, *V.* Raie batis, I, 35.

— à oreilles, *V.* Raie mobular, I, 151.

— à zone brune, *V.* Raie bordée, V, 665.

— alène, *V.* Raie oxyrinque, I, 72.

— au long bec, *V.* Raie oxyrinque, I, 72.

— cardaire, *V.* Raie ronce, I, 79.

— clouée, *V.* Raie bouclée, I, 128.

— coliart, *V.* Raie batis, I, 35.

— cornue, *V.* Raie mobular, I, 151.

— d'argent, *V.* Clupée raie d'argent, V, 458.

— d'argent, *V.* Pimélode raie d'argent, V, 110.

Sciène hober, *V*. Centropome hober, IV, 255.
— hosny, *V*. Spare mahséna, IV, 111.
— hosrom, *V*. Lutjan hamrur, IV, 209.
— korkor, *V*. Persèque korkor, IV, 418.
— loup, *V*. Centropome loup, IV, 267.
— mouche, *V*. Labre unimaculé, III, 463.
— murdjan, *V*. Perseque murdjan, IV, 418.
— uagil, *V*. Labre bossu, III, 463.
— najeb, *V*. Pomadasys argenté, IV, 516.
— pointée, *V*. Persèque pointillée, IV, 418.
— porte-épine, *V*. Persèque porte-épine, IV, 418.
— ramak, *V*. Spare ramak, IV, 111.
— safga, *V*. Centropome safga, IV, 255.
— sagittaire, *V*. Labre sagittaire, III, 465.
— schaafen, *V*. Labre argenté, III, 467.
— striée, *V*. Centropome plumier, IV, 267.
— tahmel, *V*. Labre grisâtre, III, 467.
— tyrki, *V*. Labre kasmira, III, 483.
Scilpa, *V*. Spare saupe, IV, 97.
Scina, *V*. Lutjan scina, IV, 218.
Sclave, *V*. Spare mendole, IV, 86.
Scolping, *V*. Cotte scorpion, III, 236.
Scomber, *V*. Scombre maquereau, III, 24.
— aculeatus, *V*. Centronote vadigo, III, 318.
— albecor, *V*. Scombre thon, III, 605.
— albicans, *V*. Scombre thon, III, 605.
— albus, *V*. Caranx blanc, III, 68.
— amia, *voyez* Caranx amie, III, 64.
— Ascensionis, *V*. Ca-

ranx glauque, III, 66.
Scomber chrysurus, *V*. Caranx queue-jaune, III, 64.
— colias, *V*. Scombre maquereau, III, 24.
— cordyla, *V*. Scombre guare, IV, 700.
— ductor, *V*. Centronote pilote, III, 311.
— edentulus, *V*. Léiognathe argenté, IV, 449.
— falcatus, *V*. Trachinote faucheur, III, 79.
— filamentosus, *V*. Caranx filamenteux, III, 70.
— fulvo-guttatus, *V*. Caranx gæss, III, 75.
— gladius, *V*. Istiophore porte-glaive, III, 375.
— hippos, *V*. Caranx queue-rouge, III, 68.
— ignobilis, *V*. Caranx korab, III, 75.
— minimus americanus, *V*. Scombre doré, III, 46.
— minutus, *V*. Caranxomore pilitschei, IV, 710.
— pelagicus, *V*. Caranxomore pélagique, III, 83.
— pelamides, *V*. Scombre bonite, III, 14.
— pelamis, *V*. Scombre bonite, III, 14.
— pulcher, *V*. Scombre bonite, III, 14.
— regalis, *V*. Scombéromore plumier, III, 293.
— sansun, *V*. Caranx sansun, III, 75.
— speciosus, *V*. Caranx très-beau, III, 72.
— thynnus, *V*. Scombre thon, II, 605.
— trachurus, *V*. Caranx trachure, III, 60.
Scombéroïde, *V*. Coryphène scombéroïde, III, 192.
Scombre amie, *V*. Caranx amie, III, 64.
— bockos, *V*. Caranx sansun, III, 75.

Scombre calcar, *V*. Centronote éperon, IV, 713.
— de rottler, *V*. Scombre guare, IV, 700.
— éperon, *V*. Centronote éperon, IV, 713.
— ferdau, *V*. Caranx ferdau, III, 75.
— gæss, *V*. Caranx gæss, III, 75.
— gascou, *V*. Caranx trachure, III, 60.
— germon, *V*. Scombre thon, II, 605.
— glauque, *V*. Caranx glauque, III, 66.
— hogel, *V*. Trachinote faucheur, III, 79.
— korab, *V*. Caranx korab, III, 75.
— liche, *V*. Centronote vadigo, III, 318.
— lyzan, *V*. Centronote lyzan, III, 316.
— monoptère, *V*. Caranxomore pélagique, III, 83.
— nègre, *V*. Centronote nègre, IV, 713.
— petite jument, *V*. Cæsio poulain, III, 90.
— pilote, *V*. Centronote pilote, III, 311.
— queue-jaune, *V*. Caranx queue-jaune, III, 64.
— queue-rouge, *V*. Caranx queue-rouge, III, 68.
— rim, *V*. Caranx très-beau, III, 72.
— sauteur, *V*. Scombéroïde sauteur, III, 55.
— sufnok, *V*. Caranx blanc, III, 68.
— tabak, *V*. Centropode rhomboïdal, III, 304.
Scombrière, *V*. Scombre thon, II, 605.
Scombrus, *V*. Scombre maquereau, III, 24.
Scorpæna bicirrata, *V*. Scorpène double-filament, III, 270.
— capensis, *V*. Scorpène africaine, III, 266.
— porcus, *V*. Scorpène rascasse, III, 275.

Sétifère, *V.* Loricaire sétifère, V, 141.

Sewalci, *V.* Silure deux-
taches, V, 75.

Sey, *V.* Gade sey, II, 416.

Shad, *V.* Clupée alose,
V, 447.

Sharp nosed ray, *V.* Raie
oxyrinque, I, 72.

Sharpling, *V.* Gastérostée
épinoche, III, 296.

Short sun-fish, *V.* Tétrodon lune, I, 509.

Shorter pipe-fish, *V.* Syngnathe trompette, II,
27.

Shovel, *V.* Callionore in-
dien, II, 344.

Sia-kalle, *V.* Corégone
lavaret, V, 245.

Siamze visch, *V.* Glyphisodon moucharra, IV,
543.

Sichel, *V.* Cyprin cou-
teau, V, 585.

Sichelschwartz, *V.* Pleuronecte argus, IV, 652.

Sickmat, *voyez* Salmone
truite - saumonée, V,
204.

Sicurel, *V.* Caranx tra-
chure, III, 60.

Siddervis, *V.* Gymnote
électrique, II, 146.

Sidjan, *V.* Scare sidjan,
IV, 6.

Sieg, *V.* Corégone lava-
ret, V, 245.

Sieurel, *V.* Caranx tra-
chure, III, 60.

Sihnma, *V.* Athérine si-
hama, V, 372.

Sibka, *V.* Corégone lavaret, V, 247.

Sik - loja, *V.* Corégone
able, V, 261.

Sil, *V.* Salmone sil, V,
217.

Silberfisch, *V.* Cyprin doré, V, 553.

Silberforelle, *V.* Characin piabuque, V, 272.

— *V.* Salmone gæden,
V, 210.

Silberlachs, *V.* Salmone
schiessermuller, V, 187.

Silberstreit, *V.* Characin
piabuque, V, 272.

Sild, *V.* Clupanodon africain, V, 470.

— *V.* Clupée hareng, V,
427.

— konge, *V.* Régalec
glesne, II, 215.

— lodde, *V.* Salmone lodde, V, 217.

— tulst, *V.* Régalec glesne, II, 215.

Sildinger, *V.* Clupée alose, V, 447.

Silk, *V.* Clupée hareng,
V, 427.

Sill, *V.* Clupée hareng,
V, 427.

Sillonné, *V.* Baliste sillonné, I, 370.

Silmad, *V.* Pétromyzon
pricka, I, 18.

Silure armé, *V.* Agénéiose
armé, V, 133.

— ascite, *V.* Pimélode
ascite, V, 102.

— bagré, *V.* Pimélode
bagre, V, 98.

— bajad, *V.* Pimélode
bajad, V, 110.

— barré, *V.* Pimélode
barré, V, 98.

— callichte, *V.* Cata-
phracte callichte, V,
126.

— caréné, *V.* Doras ca-
réné, V, 117.

— casqué, *V.* Pimélode
casqué, V, 114.

— chardonneret, *V.* Ma-
croramphose cornu, V,
137.

— charmuth, *V.* Macrop-
téronote charmuth, V, 85.

— chat, *V.* Pimélode
chat, V, 98.

— côte, *V.* Doras côte,
V, 117.

— cous, *V.* Pimélode
cous, V, 110.

— cuirassé, *V.* Cata-
phracte américain, V,
126.

— désarmé, *V.* Agénéiose
désarmé, V, 133.

— d'étang, *V.* Silure fossile, V, 74.

— dogmak, *V.* Pimélode
docmac, V, 110.

— grenouiller, *V.* Ma-

croptéronote grenouil-
ler, V, 85.

Silure mal, *V.* Silure glanis, V, 59.

— matou, *V.* Pimélode
matou, V, 110.

— raunonent, *V.* Pimé-
lode chili, V, 114.

— scheilan, *V.* Pimélode
scheilan, V, 98.

— trembleur, *V.* Malap-
térure électrique, V, 91.

Siluroïde, *V.* Ompok si-
luroïde, V, 50.

Silurus, *V.* Acipensère
esturgeon, I, 411.

— anguillaris, *V.* Ma-
croptéronote charmuth,
V, 85.

— batrachus, *V.* Macrop-
téronote charmuth, V,
85.

— cataphractus, *V.* Ca-
taphracte américain,
V, 126.

— catus, *V.* Pimélode
matou, V, 110.

— chilensis, *V.* Pimélode
chili, V, 114.

— clarias, *V.* Pimélode
scheilan, V, 98.

— cornutus, *V.* Macro-
ramphose cornu, V, 137.

— costatus, *V.* Doras
côte, V, 117.

— electricus, *V.* Malap-
térure électrique, V, 91.

— fasciatus, *V.* Pimélode
barré, V, 98.

— felis, *V.* Pimélode
chat, V, 98.

— Hertzbergii, *V.* Pimé-
lode argenté, V, 102.

— imberbis, *V.* Centra-
nodon japonois, V, 139.

— lineatus, *V.* Plotose
thunbergien, V, 694.

— maculatus, *V.* Pimé-
lode thunberg, V, 672.

— militaris, *V.* Agénéiose
armé, V, 153.

— mystus, *V.* Silure
schilde, V, 75.

— nodosus, *V.* Pimélode
nœud, V, 102.

— quadrimaculatus, *V.*
Pimélode quatre - ta-
ches, V, 102.

Vagabond, *V*. Chétodon vagabond, IV, 478.

Vairon, *V*. Cyprin goujon, V, 533.

— *V*. Cyprin véron, V, 570.

Variable, *V*. Gade callarias, II, 409.

Varié, *V*. Cyprinodon varié, V, 487.

— *V*. Gomphose varié, III, 104.

— *V*. Labre varié, III, 508.

— *V*. Salmone varié, V, 234.

Variegated angel-fish, *V*. Pomacanthe paru, IV, 521.

Varius, *V*. Cyprin véron, V, 570.

Varolo, *V*. Centropome loup, IV, 267.

Vas-igle, *V*. Pétromyzon lamproyon, I, 26.

Vastango, *V*. Raie pastenaque, I, 114.

Vaudoise, *V*. Cyprin vaudoise, V, 570.

Veckeley, *V*. Cyprin able, V, 585.

Vélifère, *V*. Oligopode vélifère, II, 512.

Velu, *V*. Baliste velu, I, 359.

Vemme, *V*. Corégone marénule, V, 261.

Venimeux, *V*. Spare venimeux, IV, 136.

Ventre noir, *V*. Cyprin nase, V, 585.

Ventru, *V*. Cycloptère ventru, II, 62.

Venturon, *V*. Cobite loche, V, 8.

Verd, *V*. Coryphène verd, III, 212.

— *V*. Esoce verd, V, 318.

— *V*. Gobie paganel, II, 549.

— *V*. Labre verd, III, 526.

— *V*. Scare verd, IV, 17.

— doré, *V*. Macropode verd-doré, III, 417.

— jaune, *V*. Gobie paganel, II, 549.

— violet, *V*. Cyprin verd violet, V, 547.

Verdâtre, *V*. Baliste verdâtre, I, 378.

— *V*. Cyprin verdâtre, V, 541.

— *V*. Gal verdâtre, IV, 584.

— *V*. Holocentre verdâtre, IV, 357.

— *V*. Lutjan verdâtre, IV, 232.

Verdier, *V*. Caranx chloris, IV, 705.

Vergadelle, *V*. Spare saupe, IV, 97.

Vergaut, *V*. Centropome mulet, IV, 267.

Vergo, *V*. Sciène umbre, IV, 314.

Vergule, *V*. Spare dorade, IV, 57.

Verkehrther elbutt, *V*. Pleuronecte moineau, IV, 652.

Vermier, *V*. Gade colin, II, 416.

Vermille, *V*. Murène anguille, II, 226.

Vernhe, *V*. Cyprin véron, V, 570.

Véron, *V*. Cyprin véron, V, 570.

Verrat, *V*. Capros sanglier, IV, 591.

— *V*. Lutjan verrat, IV, 209.

— *V*. Scombre maquereau, III, 24.

Verrucosus, *V*. Baliste épineux, I, 367.

Verruqueux, *V*. Silure verruqueux, V, 72.

Vertor, *V*. Spare vertor, IV, 131.

Verveux, *V*. Gade colin, II, 416.

Vespertilion, *V*. Chétodon vespertilion, IV, 489.

— *V*. Lophie vespertilion, I, 315.

Vid-kieft, *V*. Cotte scorpion, III, 236.

Vieille, *V*. Baliste vieille, I, 337.

— *V*. Labre vieille, III, 517.

Vier-auge, *V*. Anableps surinam, V, 26.

Viif venger visch, *V*. Hémiptéronote cinq-taches, III, 218.

Vilain, *V*. Cyprin jesse, V, 585.

Vimbe, *V*. Corégone vimbe, V, 253.

— *V*. Cyprin vimbe, V, 585.

Virezou, *V*. Acipensère huso, II, 422.

Virginien, *V*. Lutjan virginien, IV, 197.

Vitta, *V*. Cépole tænia, II, 526.

Vittertje, *V*. Cyprin vaudoise, V, 570.

Vivanet, *V*. Bodian vivanet, IV, 293.

Vive, *V*. Trachine vive, II, 354.

Vivelle, *V*. Squale scie, I, 286.

Vivipare, *V*. Blennie ovovivipare, II, 496.

Viviparous blenny, *V*. Blennie ovovivipare, II, 496.

Vliegender visch, *V*. Exocet volant, V, 402.

Vliegerde harder, *V*. Exocet sauteur, V, 402.

Voile, *V*. Oligopode vélifère, II, 512.

Voilier, *V*. Acanthure voilier, IV, 548.

— *V*. Istiophore porteglaive, III, 375.

Volant, *V*. Exocet volant, V, 402.

— *V*. Pégase volant, II, 83.

— *V*. Prionote volant, III, 367.

Volante, *V*. Scorpène volante, III, 289.

Volodor, *V*. Dactyloptère pirapède, III, 326.

Vomer, *V*. Argyréiose vomer, IV, 567.

Voncondre, *V*. Cyprin voncondre, V, 541.

Voorn, *V*. Cyprin rougeâtre, V, 570.

Vosmaer, *V*. Lutjan vosmaer, IV, 213.

Voyager, *V*. Corégone voyageur, V, 253.

FIN DU TOME CINQUIÈME ET DERNIER.

DE L'IMPRIMERIE DE P. PLASSAN.